Leitfäden der Informatik

W. Merzenich / H. C. Zeidler
Informatik für Ingenieure

Leitfäden der Informatik

Herausgegeben von

Prof. Dr. Hans-Jürgen Appelrath, Oldenburg
Prof. Dr. Volker Claus, Stuttgart
Prof. Dr. Günter Hotz, Saarbrücken
Prof. Dr. Lutz Richter, Zürich
Prof. Dr. Wolffried Stucky, Karlsruhe
Prof. Dr. Klaus Waldschmidt, Frankfurt

Die Leitfäden der Informatik behandeln

- Themen aus der Theoretischen, Praktischen und Technischen Informatik entsprechend dem aktuellen Stand der Wissenschaft in einer systematischen und fundierten Darstellung des jeweiligen Gebietes.
- Methoden und Ergebnisse der Informatik, aufgearbeitet und dargestellt aus Sicht der Anwendungen in einer für Anwender verständlichen, exakten und präzisen Form.

Die Bände der Reihe wenden sich zum einen als Grundlage und Ergänzung zu Vorlesungen der Informatik an Studierende und Lehrende in Informatik-Studiengängen an Hochschulen, zum anderen an „Praktiker", die sich einen Überblick über die Anwendungen der Informatik(-Methoden) verschaffen wollen; sie dienen aber auch in Wirtschaft, Industrie und Verwaltung tätigen Informatikern und Informatikerinnen zur Fortbildung in praxisrelevanten Fragestellungen ihres Faches.

Informatik für Ingenieure

Eine Einführung

Von Prof. Dr. rer. nat. Wolfgang Merzenich
Universität-Gesamthochschule Siegen
und Prof. Dr.-Ing. Hans Christoph Zeidler
Universität der Bundeswehr Hamburg

B. G. Teubner Stuttgart 1997

Prof. Dr. rer. nat. Wolfgang Merzenich

Geboren 1942 in Angermünde/Oder. Von 1967 bis 1971 Studium der Mathematik und Informatik an den Universitäten Gießen und Bonn. Von 1971 bis 1973 wiss. Angestellter bei der GMD am Institut für Automatentheorie und Schaltwerke. Promotion 1973 bei Prof. Böhling. Von 1973 bis 1979 wiss. Mitarbeiter in der Abteilung für Informatik an der Universität Dortmund bei Prof. Reusch. Habilitation 1979 und bis 1986 Privatdozent in Dortmund. Von 1986 bis 1989 Leiter einer Abteilung für Softwareentwicklung für industrielle Meßtechnik. Seit 1989 Professur für Programmiersprachen an der Universität-Gesamthochschule Siegen.

Prof. Dr.-Ing. Hans Christoph Zeidler

Geboren 1944 in Würzburg. Von 1966 bis 1971 Studium der Elektrotechnik/Nachrichtentechnik an der Technischen Universität Braunschweig. Von 1971 bis 1980 wiss. Mitarbeiter, ab 1980 Oberingenieur am Institut für Datenverarbeitungsanlagen der TU Braunschweig. Promotion 1979 bei Prof. H.-O. Leilich. Habilitation 1987 und bis 1990 Privatdozent in Braunschweig. Seit 1990 Professur für Technische Informatik im Fachbereich Elektrotechnik der Universität der Bundeswehr Hamburg.

Die Deutsche Bibliothek – CIP-Einheitsaufnahme

Merzenich, Wolfgang:
Informatik für Ingenieure ; eine Einführung / von Wolfgang Merzenich und Christoph Zeidler. – Stuttgart : Teubner, 1997
(Leitfäden der Informatik)

Gesamtherstellung: Zechnersche Buchdruckerei GmbH, Speyer
Einband: Peter Pfitz, Stuttgart

ISBN 978-3-519-02943-4 ISBN 978-3-322-90924-4 (eBook)
DOI 10.1007/978-3-322-90924-4

Vorwort

Die Informatik hat sich in der kurzen Zeit ihres Bestehens zu einer selbständigen Ingenieurdisziplin entwickelt und die Kenntnis über ihre Grundlagen sind heute für jeden Studenten einer technischen Fachrichtung unverzichtbar geworden. Das schlägt sich auch in den Vorschlägen der verschiedenen Fakultätentage zum Curriculum der unterschiedlichen Studiengänge nieder. Mittlerweile hat sich überall eine „Informatik für Ingenieure" als fester Bestandteil des Grundlagenstudiums an Technischen Hochschulen und Universitäten durchgesetzt; mit Blick auf die überfrachteten Lehrpläne wird lediglich noch die zu veranschlagende Stundenzahl diskutiert.

Obwohl es für Teilbereiche der Informatik ein nur noch schwer überschaubares Angebot an einführender Literatur gibt, das laufend ergänzt wird, haben wir uns dennoch der Mühe unterzogen, für den gesamten Kurs „Informatik für Ingenieure" besonders unter dem Aspekt der Grundausbildung eine aktuelle und zusammenfassende Übersicht in einem Buch zusammenzustellen. Wir verstehen darunter die Einheit von algorithmischen Strukturen und der Algorithmenausführung, d.h. eine Kombination aus den Kerngebieten der Informatik, welche die Theorie und die Hintergründe zur Software und Hardware umfassen. Die Motivation zu unserem Entschluß beruhte letztlich auf den eigenen Lehr- und Übungserfahrungen, die wir aus unserer Arbeit an der Universität Siegen bzw. der Universität der Bundeswehr Hamburg und den dort angebotenen Grundvorlesungen ableiten.

Der stoffliche Aufbau des Buches zielt zunächst auf die Vermittlung der wesentlichen mathematischen Grundbegriffe und der Modelle der Informatik, denen nach einer allgemeinen Einführung und Standortbestimmung zwei Kapitel des Buches gewidmet sind. Es folgt – unabhängig von einer konkreten Programmiersprache, aber mit gezielten Hinweisen auf einzelne Implementierungen – ein Kapitel über die Programmierung, das mit den Elementen der objektorientierten Programmierung schließt. Das Kapitel über Algorithmen und Datenstrukturen rundet das Gebiet der theoretischen und in Teilen der praktischen Informatik ab. Es folgen nach einem Einschub über Zahlen und Zeichen Kapitel, die auszugsweise den Bereich der technischen Informatik abdecken. Dabei soll nach den logischen Schaltungen und den Funktionseinheiten das Verständnis für die Vorgänge soweit herausgebildet sein, daß das Wesen des Digitalrechners und der interne Verarbeitungsablauf in seinen Grundzügen erfaßt werden kann. Das letzte Kapitel des Buches befaßt sich in mehr zusammenfassender Form mit der Systemsoftware und rundet damit den Stoff inhaltlich ab.

Die einzelnen Kapitel des Buches sind streng aufeinander aufgebaut. Besonderer Wert wurde auf die Grundlagen, insbesondere aus dem benachbarten Gebiet der Mathematik, gelegt. Die mathematischen Grundbegriffe und Methoden werden oft als eine große Hürde angesehen, die man lieber zu umgehen versucht. Wir sind aber der Auffassung, daß die Fähigkeit zur Abstraktion und formalen Modellbildung für den Ingenieurberuf und insbesondere im Bereich der Informatik von sehr großer Bedeutung ist. Aus diesem Grund konnten wir dem Leser diese Anstrengung nicht ersparen. Der Stoff ist nicht schwer, sondern eher ungewohnt. Durch viele Beispiele und ausführliche Erklärungen haben wir versucht, die Anstrengung zu mildern.

Im Vordergrund steht ansonsten der umfassende Überblick, in den einzelne Ausflüge in die Tiefe eingebettet sind. Insofern wurde der allgemeine Vertiefungsgrad auf das für das Verständnis notwendige Maß beschränkt.

Die Fachsprache der Informatik umfaßt sehr viele Begriffe aus der englischen Sprache. So entsteht teilweise eine Mischung aus deutschen und englischen Vokabeln. Zum besseren Verständnis haben wir an vielen Stellen hinter den deutschen Begriffen in Klammern die entsprechenden englischen Bezeichnungen aufgeführt. Bei denjenigen Begriffen, die gar nicht oder nur unglücklich ins Deutsche übersetzt sind, haben wir von der deutschen Form abgesehen (z. B. Hardware).

Abschließend wollen wir all denen danken, die zum Teil intensiv dazu beigetragen haben, daß das Buch in der vorliegenden Form überhaupt zustande kam. Dazu gehören vor allem die „hilfreichen Geister“ in Siegen und Hamburg. In Siegen hat Herr Dipl.-Math. F. Katritzke die Verantwortung für die gesamte TEXnik getragen. Er und Herr Dipl.-Ing. A. Schrader haben den Text gründlich gelesen und wertvolle Anregungen gegeben. In Hamburg erwarb sich vor allem Frau H. Bartels große Verdienste um die Reinschrift und Herr Eckermann übernahm die mühevolle Arbeit der Zeichnungen. Dazu ruhte über allen Aktivitäten das wachsame Auge von Herrn Dipl.-Ing.

J.-P. Akelbein, der auch die vielen anfallenden technischen Kleinigkeiten erledigte und jederzeit ein hilfsbereiter Diskussionspartner war. Unser Dank gebührt aber auch den Herren Prof. Claus und Prof. Waldschmidt. Beide unterzogen sich der Mühe der Begutachtung unserer Vorschläge und Texte. Nicht zuletzt gilt unser Dank auch Herrn Dr. Spuhler vom Teubner–Verlag für die verständnisvolle und unaufdringliche Begleitung unserer Arbeit.

Einen ganz besonderen Dank schulden wir aber unseren Ehefrauen, die für unser Treiben in den vergangenen beiden Jahren immer geduldiges Verständnis aufgebracht haben.

Siegen und Hamburg, im Juli 1997

W. Merzenich und H. Ch. Zeidler

Inhaltsverzeichnis

1 Einleitung

1.1 Ziele dieses Buches

Die *Informatik* ist eine junge Wissenschaft. Die ersten Fachbereiche für Informatik an deutschen Hochschulen wurden Anfang der siebziger Jahre eingerichtet. Die wissenschaftlichen und technischen Grundlagen reichen zwar viel weiter zurück; aber erst die Möglichkeit, programmierbare digitale Rechenmaschinen herzustellen und in der Praxis einzusetzen, hat zu der raschen Entwicklung dieser Wissenschaft beigetragen. Insbesondere die Miniaturisierung und damit die Massenproduktion von sehr leistungsfähigen und kostengünstigen elektronischen Rechnern hat zu ihrer starken Verbreitung beigetragen.

Heute ist die weltweite Vernetzung der Rechner Herausforderung und zusätzlicher Antrieb, immer neue Gebiete in der Informatik zu erforschen und für die Anwendungen aufzubereiten. Das Tempo dieser Entwicklung ist atemberaubend. Die Integration von Telekommunikation, Informationsverarbeitung und Unterhaltungselektronik gibt dieser Entwicklung weitere neue Impulse.

Noch vor etwa 20 Jahren galt das weltweite Telefonnetz als die komplizierteste „Maschine" der Welt. Die Vernetzung der Computer mit ihren universellen Möglichkeiten zu einem ähnlich umfangreichen Netzwerk kann als eine gigantische Maschine betrachtet werden, zu der jeder Teilnehmer und jede Teilnehmerin Zugang hat. Diese gesamte Maschine stellt den Teilnehmern einen weltweit verteilten Speicher von extremer Größe und Dynamik zur Verfügung. Gespeichert sind hier Daten, die über ein logisches Netzwerk von dynamisch wechselnden Beziehungen gekoppelt sind. Es ist eine Herausforderung, Ordnung und Struktur für dieses Speichermedium zu entwickeln, um seinen Nutzen weiter zu steigern. Das Telefonnetz etwa der siebziger Jahre ist im Vergleich zu dieser neu heranwachsenden Maschine ein Spielzeug.

Jede Ingenieurin und jeder Ingenieur wird in ihrem bzw. seinem Arbeitsfeld mit Teilgebieten der Informatik mehr oder weniger intensiv in Berührung kommen. Es gibt praktisch kein Gebiet der Technik, in der nicht Computer zusammen mit geeigneter Software eingesetzt werden. Es ist allenfalls die Frage, ob man kreativ selbst Informatikprobleme zu lösen hat oder aber spezialisierte Software als Anwender nutzen möchte.

Die Informatik ist heute trotz ihres verhältnismäßig geringen Alters ein sehr umfangreiches Wissensgebiet. Es ist daher kaum möglich, in einem einführenden Buch das gesamte Gebiet mit genügender Breite und Tiefe darzustellen. Es gibt dafür bereits recht gute enzyklopädische Darstellungen. Die Informatik wird in einem sehr raschen Tempo weiterentwickelt. Nur wenige Teilgebiete können als mehr oder weniger abgeschlossen gelten. Auch bekannter Stoff wird oft unter dem Einfluß neuer Erkenntnisse unter einem neuen Gesichtswinkel betrachtet. So verlieren ehemals wichtige Teilgebiete an Bedeutung, während andere an Bedeutung zunehmen oder neu entstehen. Selbst eine umfassende Darstellung der Informatik kann also, wie bei den meisten Wissenschaften, stets nur die Momentaufnahme eines dynamischen Prozesses sein.

Es zeichnet sich heute in der Informatik ein Trend ab, der sehr stark auf die Kommunikation und die audiovisuelle Darstellung (Multimedia) ausgerichtet ist. Insbesondere steht hier die Unterhaltung zusammen mit der Übertragung und Speicherung von Daten im Mittelpunkt des kommerziellen Interesses (Datenautobahn, Internet, Intranetze, interaktive Video-Unterhaltung, elektronisches Buch, virtuelle Welten usw.). Große Konzerne investieren verstärkt auf diesen Gebieten, da sie hier große Wachstumschancen sehen. Neue Studiengänge entstehen mit dem Ziel, die Informatik mit einem anderen technischen Gebiet zu verbinden. Für Ingenieurinnen und Ingenieure sind solche Kombinationen zu attraktiven Ausbildungszielen geworden.

Während einerseits der Wissensstoff ständig anwächst und immer neue, bessere Methoden entwickelt werden, so gibt es andererseits auch grundsätzliche Denkweisen und klassische Methoden, die das Verständnis der Informatik erleichtern und eine langfristige Bedeutung haben. Wer die Informatik im Grundsatz verstehen will und ihre Methoden und Denkweisen für die Anwendungen nutzbringend einsetzen will, der soll hier eine erste Einführung finden. Es wird einerseits grundlegender Stoff vermittelt, auf dessen Basis man viele Teilgebiete der Informatik weiter erschließen kann. Andererseits werden einige Gebiete exemplarisch und durch praktische Beispiele ausführlicher behandelt.

Der Leser und die Leserin sollen einen ersten Einblick in die Informatik erhalten, um selbst zu beurteilen, welches Teilgebiet für ihre Anwendungen und

Probleme wesentlich ist und individuell weiter vertieft werden soll. Durch Literaturhinweise soll auf die genaueren Darstellungen der Einzeldisziplinen verwiesen werden. Es werden gewissermaßen Werkzeuge bereitgestellt, mit denen man dann selbst einzelne Gebiete der Informatik weiter erkunden kann.

Die Ergebnisse der Informatik hatten und haben eine sehr starke Auswirkung auf unsere Gesellschaft. Datenbanken und Informationssysteme im großen Stil haben zu der Furcht vor dem gläsernen Bürger geführt. Die Automatisierung von Arbeitsgängen, die lange Zeit dem Menschen zugeordnet wurden, haben zur Reduzierung von Arbeitsplätzen und damit auch zu Arbeitslosigkeit geführt. Andererseits sind auch wieder ganz neue Arbeitsplätze mit neuen Anforderungsprofilen entstanden. Die Technik der neuen Medien und die Leistungsfähigkeit moderner Kommunikationsnetze werden dem Einzelnen eine immer stärkere Überflutung mit Informationen bringen. Aber auch die gezielte Beschaffung von dringend benötigten Informationen wird zunehmend effizienter.

Militärische Superwaffen sind erst möglich geworden durch die Integration (Einbettung) von Hochleistungscomputern zusammen mit der erforderlichen Software, etwa zur Erkennung von Landschaftsprofilen in Videobildern. Die Erkenntnis der nahezu unvermeidbaren Fehleranfälligkeit von Computerprogrammen im Zusammenhang mit solchen Waffensystemen vermittelt zumindest ein gewisses Gefühl des Ausgesetztseins. Ähnliches gilt für die Programmsysteme zur Überwachung und Steuerung von Atomkraftwerken. Computerkriminalität in der Wirtschaft und die immer wieder kolportierten Nachrichten über das Eindringen von sogenannten Hackern in empfindliche Informationssysteme sowie die Manipulierbarkeit solcher Systeme gehören ebenfalls zu den Problemfeldern der Informatikanwendungen.

Die Andeutung dieser Themen sollte zum Abschluß der Einführung auf einige Probleme hinweisen, die sich aus den Anwendungen der Informatik ergeben können. Jeder Anwender und jede Anwenderin und insbesondere die Entwickler von Informatikprodukten sollten sich der Problematik bewußt sein und selbst dazu beitragen, diese vielleicht unvermeidbaren Gefahren zumindest klar zu erkennen und diese Erkenntnis der Öffentlichkeit zugänglich zu machen. Es ist Aufgabe der Politik und damit auch jedes Einzelnen, die Gefahren und den Nutzen der technischen Entwicklungen möglichst realistisch einzuschätzen. Die Betonung nur einer dieser beiden Seiten liefert ein verzerrtes Bild der Realität. Es ist das Ziel des Ingenieurberufs, die Technik zu verbessern zum Nutzen für die Gesellschaft. Aber leider besitzt jeder technische Fortschritt auch das Potential von offensichtlichen und versteckten Gefahren.

Wir haben in diesem Abschnitt versucht, die geschlechtsspezifischen Bezeichnungen jeweils für beide Geschlechter auszuschreiben. In den folgenden Kapiteln werden wir diese Schreibweise aber nicht fortführen. Der Text würde dadurch nicht klarer, sondern eher etwas künstlich aufgebläht. Andere bekannte Schreibweisen, die dieses Problem lösen wollen, sind sprachlich nicht glücklich. Daher werden wir auf solche Konstruktionen verzichten. Es ist den Autoren sehr wohl bewußt, daß die Sprache das Denken und Urteile und Vorurteile prägt, und daß ein starkes Übergewicht der männlichen Form unsere Sprache kennzeichnet. Jeder Leser und jede Leserin sollte daher ganz bewußt die männliche Form im Text eher als eine sächliche Form betrachten, die die männliche und die weibliche Form umfaßt.

1.2 Bedeutung der Informatik für Ingenieure

Es wurde schon darauf hingewiesen, daß Informatikanwendungen für alle Ingenieurberufe eine wesentliche Bedeutung erlangt haben. In vielen Disziplinen dienen sie als Werkzeuge, die man oft übertrieben als intelligent bezeichnet. Das ist sicher werbewirksam, aber wenn man mit Intelligenz die wesentlichen Leistungen des menschlichen Gehirns meint, dann ist diese Bezeichnung weder falsch noch richtig, sondern einfach unpassend.

Es ist aber richtig, daß aufwendige (rein mechanische) Rechenarbeit, die alle Ingenieurberufe kennzeichnet, von Rechenmaschinen extrem schnell und sicher ausgeführt werden kann. Dazu gehört auch die visuelle Darstellung komplexer Zusammenhänge durch moderne Methoden der Computergrafik. Die Zusammenfassung von Text, Bild und Ton zu einer multimedialen Darstellung und die Verwendung von bequemen Eingabeinstrumenten (Maus, Datenhandschuh) erleichtern den Umgang mit den Rechenmaschinen. Diese immer bessere Anpassung der Kommunikation zwischen Mensch und Maschine macht die Anwendungsprogramme (Applikationen) immer mehr Menschen zugänglich, die eigentlich keine Informatikkenntnisse benötigen.

So verliert der Computer immer mehr von seiner einst eher mystischen und oft mit viel Respekt betrachteten Rolle. Er wird zusehends als das angesehen, was er ist, nämlich ein Werkzeug, dessen Bedienung man erlernen kann, ohne zu wissen, wie diese Maschine eigentlich funktioniert. So wie die meisten

Menschen ein Automobil benutzen können, ohne die technischen Details etwa des Motors oder des Getriebes zu kennen oder zu verstehen.

Das besondere Merkmal des Computers liegt darin, daß er eine universelle Maschine ist, die für sehr viele Anwendungen speziell programmiert werden kann. Es ist immer die gleiche Maschine, mit der man Text verarbeitet, eine Datenbank betreibt oder Differentialgleichungen löst. Diese eine Maschine kann viele nützliche spezielle Maschinen simulieren. Darin liegt die eigentliche Faszination. Wenn man selbst die universelle Maschine für einen bestimmten Zweck programmieren will, dann sind allerdings bestimmte Grundkenntnisse der Informatik erforderlich.

Neben den Anwendungsprogrammen, die heute für fast alle Berufsgruppen zur Verfügung stehen und damit auch die meisten Menschen unmittelbar mit dem Computer konfrontieren, ist für den Ingenieur aber auch die Methodik der Informatik selbst von Interesse.

In der Informatik wurden viele Problemlösungen und Methoden entwickelt, die nicht auf den Rechner beschränkt sind und eher einen allgemeingültigen Charakter haben. Diese Methoden und Denkweisen sind geprägt durch die Verwendung von formalen Modellen zur Lösung und Beschreibung praktischer Probleme. Die algorithmische Lösung der Probleme erfordert die Modellbildung.

Die Teilgebiete der praktischen Informatik enthalten eine Fülle von Problemen, die typisch sind für eine Ingenieurwissenschaft. Es werden bestimmte Anforderungen festgelegt (spezifiziert) und diese sind auf kreative Weise mit den gegebenen Mitteln der Hard- und Software zu lösen. Ein Programm oder ein großes System von Programmen oder Software Modulen ist zu entwerfen, auf seine Funktionsfähigkeit zu überprüfen und schließlich in Betrieb zu nehmen. Immer mehr fließen hier auch die Kenntnisse aus anderen Teilgebieten ein. Wenn mit einem Programm etwa eine mechanische Maschine (z.B. ein Roboter) gesteuert werden soll, dann sind die elektrischen und mechanischen Eigenschaften der Antriebe genauso zu beachten, wie die Statik und die Dynamik der bewegten Komponenten. Die Hardware des Rechners wird mit externen elektronischen Schaltkreisen gekoppelt, und daher müssen bestimmte elektrische Bedingungen eingehalten werden. Soll eine Bewegung geregelt ablaufen, so sind die Methoden der Regelungstechnik in die Hardware-Software Lösung mit einzubeziehen. Gerade dieses Zusammenwirken unterschiedlicher Ingenieurdsziplinen kennzeichnet die Anforderungen, die bei der Entwicklung komplexer Systeme gestellt werden.

Auf diese Weise sind auch die Ingenieure der Disziplinen außerhalb der Informatik mehr oder weniger gezwungen, sich mit der algorithmischen Denkweise und der Konstruktion von komplexen Systemen zu befassen, die ganz wesentlich durch Hard- und Software geprägt sind. Während die Steuerung einer mechanischen Maschine traditionell mit äußerst raffinierten mechanischen Konstruktionen realisiert wurde, geht man immer mehr dazu über, die Steuerung durch eine Hard- und Software Kombination zu realisieren. Eine solche Steuerung ist nicht nur einfacher herzustellen, sondern auch wesentlich flexibler.

1.3 Historische Entwicklung

1.3.1 Die technische Entwicklung

Für die Kaufleute war die Addition und Subtraktion von Zahlen schon immer von großer Bedeutung, und so wurden frühzeitig Geräte erfunden, mit denen man diese arithmetischen Operationen rein mechanisch fehlerfrei und schnell ausführen konnte. Ein bekanntes Beispiel ist der *Abakus* (Abb. 1.1), bei dem Perlen auf Stäben verschoben werden.

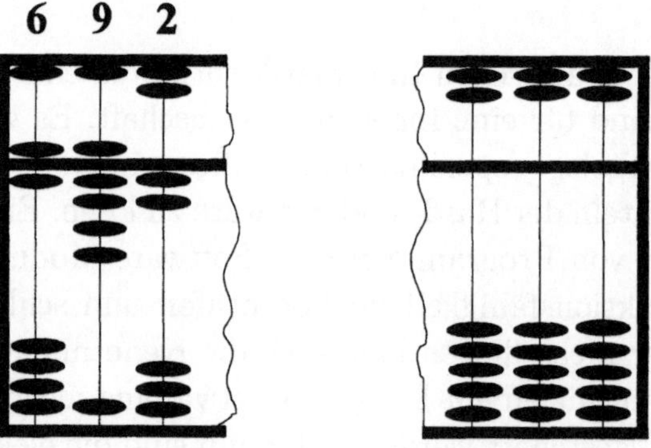

Abb. 1.1 Der Abakus

So wird eine sehr anschauliche Zahldarstellung und auch eine einsichtige Art der Berechnung ermöglicht. Aus diesem Grund wird der Abakus auch heute noch gelegentlich aus didaktischen Gründen im Schulunterricht verwendet. Als Suan-Pan taucht er in der Geschichte Chinas bereits etwa 1100 Jahre

v. C. auf und wird noch heute in China verwendet. Mit einiger Übung läßt sich damit auch eine gewisse Sicherheit und Geschwindigkeit erreichen.

Der Abakus ist eine primitive digitale Rechenmaschine. Die Regeln, nach denen die Perlen bewegt werden müssen, muß aber ein Mensch auswendig lernen, um zusammen mit dem Abakus überhaupt eine Berechnung durchführen zu können. Heute würde man sagen, daß der Abakus nur eine Datenstruktur ist, die noch durch den Menschen manipuliert werden muß.

Der Abakus bekam erst eine ernsthafte Konkurrenz, als man Zahlzeichen (Zifferdarstellung von Zahlen) so manipulieren konnte, daß man damit die arithmetischen Operationen wiederum rein mechanisch, aber auf einer höheren Abstraktionsebene, ausführen konnte, nämlich als reine Zeichenmanipulation anstatt der sinnfälligen Perlen des Abakus.

Der persische Mathematiker *Mohammed ibn Musa abu Djafar al Khowarizmi* (etwa 800-850) hat solche Verfahren untersucht und beschrieben, um zur Lösung bestimmter Rechenaufgaben aus den arabischen Zahldarstellungen der Eingabedaten die Zahldarstellung der gesuchten Ausgabedaten herzustellen. Diese Verfahren konnten durch Menschen ausgeführt werden, die den mathematischen Inhalt der bearbeiteten Rechenaufgabe nicht zu verstehen brauchten. Man mußte nur die Zahlzeichen und einige weitere Sonderzeichen erkennen und schreiben können und ansonsten die Vorschrift gewissenhaft abarbeiten. Dabei wurden einfache Tabellen verwendet für die Ziffernmultiplikation und die Ziffernaddition mit Überträgen. Wenn man einmal bewut eine schriftliche Addition oder Multiplikation ausführt, dann bekommt man eine gute Vorstellung von dem mechanischen Charakter des Rechnens. Aber auch diese Form der mechanischen Berechnung erfordert, genau wie der Abakus, den Menschen, der die Zeichen nach bestimmten Regeln manipuliert.

Bemerkung 1 *Khowarizmi ist die heutige Stadt Chiva am Amu Daria in Usbekistan in der Nähe des Aralsees. Es gibt dort ein Denkmal für den berühmten Mathematiker aus Khowarizmi (al Khowarizmi), der diese Rechenverfahren entwickelt hat, um damit Steuern und Abgaben zu berechnen.*

Ein später in lateinischer Sprache erschienenes Buch mit den Verfahren des Mohammed al Khowarizmi trägt den Titel „Liber Algorithmi“ und hat so den Begriff *Algorithmus* geprägt für Verfahren, mit denen nach festen Regeln gewisse Zeichenmanipulationen durchgeführt werden. In Europa wird *Boethius* (um 1500) die Erfindung des schriftlichen Rechnens mit indischen

Zahlzeichen zugeschrieben, obwohl erst das Werk von *Adam Riese* (1492-1559) eine größere Verbreitung dieser Verfahren bewirkt hat.

1623 konstruierte der Tübinger Professor *Wilhelm Schickard* (1592-1635) eine mechanische Rechenmaschine für die Grundrechenarten, und 1642 entwickelte der Philosoph, Mathematiker und Physiker *Blaise Pascal* (1623-1662) eine ebenfalls mechanische Rechenmaschine für die Addition und die Subtraktion. 1674 hat der Philosoph und Mathematiker *Gottfried Wilhelm Freiherr von Leibniz* (1646-1716) ebenfalls eine mechanische Vorrichtung zur Ausführung der Grundrechenarten entwickelt.

Diese Maschinen oder zumindest Nachbauten sind noch heute in verschiedenen Museen zu betrachten. Sie basieren auf der Zahldarstellung mit Dezimalziffern, die durch die Stellung von Zahnrädern repräsentiert werden. Durch geeignete Koppelung der Zahnräder und spezielle Mechanismen für den Übertrag konnte so die Addition mechanisch durchgeführt werden. Die Regeln, die der Mensch ursprünglich auswendig lernen mußte, waren hier in die Mechanik der Maschine eingebaut, so daß nur noch die Operanden eingestellt und durch Betätigen einer Kurbel der Rechenablauf mit der notwendigen Energie versorgt werden mußte.

Eine herausragende Leistung in der Entwicklung der Rechenmaschinen findet man in dem Lebenswerk von *Charles Babbage* (1791-1871). Auch Babbage war Mathematiker und Philosoph und darüberhinaus ein genialer Konstrukteur. Babbage stellte fest, daß viele Tafelwerke seiner Zeit, die für genaue natur- und ingenieurwissenschaftliche Berechnungen verwendet wurden, fehlerhaft waren. Um die Fehlerquellen auszuschließen, die durch die Arbeitsgänge bei der Erstellung solcher Tafeln auftraten, wollte er eine Rechenmaschine von hoher Genauigkeit zur mechanischen Erzeugung der Tafeln einschließlich des Druckens auf eine Art von Lochkarten konstruieren. Die Berechnung von Polynomen mit der Methode der Differenzen diente als Grundlage für seine *Difference Engine*. Probleme der mechanischen Fertigungsqualität und ein Abbruch der finanziellen Unterstützung durch die Regierung ließen das ehrgeizige Projekt scheitern.

Viel weitergehend war aber sein detaillierter Entwurf der *Analytical Engine*. Babbage konzipierte damit bereits einen Rechenautomaten, mit dem man umfangreiche Rechenabläufe programmieren konnte. Der Ablauf eines Programms sollte durch Lochkarten gesteuert werden, die zuvor von *Joseph-Marie Jacquard* (1752-1834) erfunden wurden, um damit auf automatischen

Webstühlen vorgegebene Muster zu weben. Der Entwurf von Babbage sah bereits die folgenden Komponenten vor:

- **Rechenwerk** für 50-stellige Dezimalzahlen
- **Speicher** für 1000 Variablen mit je 50 Dezimalstellen
- **Steuerwerk** zur Organisation der Rechenschritte

Seine Mitarbeiterin *Lady Ada Augusta Byron* (Countess of Lovelace, 1815-1852) entwickelte bereits eine Programmiersprache für diese Maschine und die Idee einer Programmbibliothek. Dieses Projekt wurde nie verwirklicht. Es war seiner Zeit um etwa 100 Jahre voraus. Im Londoner Wissenschaftsmuseum wurde die Difference Engine No.2 nachgebaut, um zu beweisen, daß die Konstruktion mechanisch durchaus zu bewältigen gewesen wäre. Diese Maschine wiegt drei Tonnen und besteht aus etwa 4000 Einzelteilen [Swa93].

1934 plante *Konrad Zuse* (1910-1995) in Berlin eine programmgesteuerte elektromechanische Rechenmaschine. 1938 entstand eine erste Testversion Z1, und 1941 folgte die Relaisversion Z3, die nach dem Binärsystem arbeitete. Diese Maschine kann als der erste funktionsfähige programmierbare Rechenautomat überhaupt angesehen werden. Interessant ist, daß der Bauingenieur Zuse einen Rechenautomaten entwickelte, um die aufwendigen Berechnungen, die er durchzuführen hatte, schneller und sicherer einer Maschine zu überlassen. So hatte Zuse eine ähnliche Motivation wie Babbage.

1944 stellte *Howard H. Aiken* (1900-1973) in Harvard, USA den elektromechanischen Rechner MARK I für IBM fertig. 1946 entstand ENIAC, ein elektronischer Rechner, der mit Röhren Flip-Flops arbeitete. Dieser Rechner wurde von *John.P.Eckert* (1919-1995) und *John W. Mauchly* (1907-1980) ebenfalls in den USA an der Universität von Pennsylvania entwickelt. In der anglo-amerikanischen Literatur werden diese Maschinen oft als die ersten funktionsfähigen programmierbaren Rechenmaschinen genannt.

Im Jahr 1946 schreibt *John von Neumann* (1903-1957) einen richtungweisenden Aufsatz, in dem er die Architektur eines universellen Rechners vorstellt. Die Konzepte gelten im Prinzip noch heute für moderne Digitalrechner. Man nennt diese Architektur daher auch die von Neumann Architektur. Andere innovative Architekturen, wie die Datenfluß-Maschine oder die Rechner der fünften Generation, sind bisher eher universitäre Studien geblieben.

Etwa 1950 begann die industrielle Produktion von Digitalrechnern, die zunächst als Großrechner in der Industrie und in den Forschungseinrichtungen installiert wurden. 1974 stellte Intel den 8-Bit Mikroprozessor 8080 vor. Mit der Entwicklung der Mikroprozessoren und dem Konzept des Personal Computer (PC) setzte eine lawinenartige Verbreitung von Digitalrechnern in fast allen Bereichen ein, und heute ist eine solche Maschine schon fast selbstverständliches Werkzeug auf den meisten Schreibtischen. Aber auch die Verwendung des universellen Rechners für spezielle Aufgaben in der Elektrotechnik und im Maschinenbau sorgen für die weitere Verbreitung von Mikrorechnerkomponenten.

1.3.2 Die logische Entwicklung

Neben der technischen Entwicklung der Rechenmaschine hat es auch eine mathematisch logische Entwicklung gegeben, die den heutigen Stand der Rechner (Hardware) und der Programme (Software) ganz wesentlich mit beeinflußt hat.

Euklid (300 v.C.) hatte bereits ein Verfahren entwickelt, mit dem man zu zwei gegebenen Zahlen den gröten gemeinsamen Teiler berechnen kann, und nachdem *Descartes* (1596-1650) Koordinaten eingeführt hatte, war es möglich, Probleme der Geometrie auf Aufgaben der Arithmetik und Algebra zurückzuführen. Damit konnten auch geometrische Probleme durch Algorithmen gelöst werden.

Leibniz hatte eine Rechenmaschine und auch bereits das System der binären Zahldarstellung verwendet. Sein Ziel war es jedoch, Verfahren (Kalküle) zu finden, mit denen man inhaltlich wahre Aussagen der Mathematik rein mechanisch (kalkülhaft) erzeugen kann. Ein *Kalkül* ist ein System von Axiomen und Regeln. Alles was sich aus den Axiomen rein formal durch die festgelegten Regeln ableiten läßt, wird durch den Kalkül erzeugt.

Bis zum Ende des vorigen Jahrhunderts wurden sehr viele Algorithmen für praktische Problemstellungen gefunden, so daman annehmen konnte, daß sich im Prinzip alle Aufgaben der Mathematik, wenn sie nur präzise genug formuliert sind, auch durch einen geeigneten Algorithmus lösen lassen.

David Hilbert (1862-1943) entwickelte den Kalkülbegriff für eine formale Beweistheorie in der Mathematik. Mathematische Aussagen sollten durch Axiome und Regeln rein formal bewiesen werden. Das Ziel war es, die gesamte Mathematik auf ein solches Regelwerk zu begründen. Auf dem Mathematikerkongress 1900 in Paris formulierte er eine Reihe bis dahin ungelöster

Probleme, von denen das 10. Hilbertsche Problem eine besondere Popularität erhalten sollte.

Erst in den dreißiger Jahren dieses Jahrhunderts konnte der Begriff Algorithmus u.a. von dem englischen Mathematiker *A.M.Turing* (1912-1954) durch ein Maschinenmodell mathematisch präzisiert werden. Mit diesem Modell konnte Turing beweisen, daes zu bestimmten Aufgaben prinzipiell keinen Algorithmus geben kann, der sie löst.

Es konnte aber auch gezeigt werden, daß es eine *universelle Turingmaschine* gibt. Eine universelle Maschine benötigt als Eingabe die Beschreibung einer speziellen Maschine und Eingabedaten für diese spezielle Maschine. Sie simuliert dann das Verhalten der speziellen Maschine und berechnet die Ausgabedaten zu den Eingabedaten so, wie die spezielle (simulierte) Maschine. Diese universelle Turingmaschine bildet die mathematische Grundlage für einen programmierbaren Universalrechner. Die Beschreibung einer speziellen Maschine ist ein Programm für einen speziellen Algorithmus.

Alonzo Church (1903-1995) und *Stephen S. Kleene* (1909-1994) entwickelten andere mathematische Modelle für den Begriff der berechenbaren Funktion. Es stellte sich aber sehr bald heraus, daß alle diese Ansätze die gleiche Klasse von Funktionen charakterisierten. Das führte schließlich zu der *These von Church*, daß jede im intuitiven Sinn berechenbare Funktion auch in jedem der mathematischen Modelle eine berechenbare Funktion ist.

Der Logiker *Kurt Gödel* (1906-1978) zeigte in seinem berühmten Unvollständigkeitstheorem der Arithmetik, daß es nicht, wie Leibniz und Hilbert vermutet hatten, einen Kalkül geben kann, der genau die wahren Aussagen der Arithmetik erzeugt. Jeder solche Kalkül kann entweder alle wahren Aussagen erzeugen (*Vollständigkeit*), dann erzeugt er aber auch unendlich viele falsche Aussagen, oder er erzeugt nur wahre Aussagen (*Widerspruchsfreiheit*), aber dann kann er nicht alle wahren Aussagen erzeugen. Ein solcher Kalkül kann also nur widerspruchsfrei oder vollständig sein; aber nicht beides zugleich.

Dieses Ergebnis und das Ergebnis von Turing über die Existenz nicht berechenbarer Funktionen haben die Grenzen aufgezeigt, denen rein mechanische Verfahren unterworfen sind. *Matijasević* konnte 1970 beweisen, daß das berühmte 10. Hilbertsche Problem nicht algorithmisch lösbar ist. Die Komplexitätstheorie, die in den sechziger Jahren einsetzte, zeigt aber noch weitere Grenzen für die algorithmischen Verfahren, auf die wir später (Kapitel 5) noch genauer eingehen werden.

Durch die Ergebnisse der mathematischen Theorie und durch die bald darauf einsetzende praktische Entwicklung der elektro-mechanischen und elektronischen Rechenmaschinen wurden algorithmische Verfahren und ihre Realisierung auf elektronischen Rechnern ein Schwerpunkt theoretischer und ingenieurwissenschaftlicher Untersuchungen. Aus diesen Anfängen ist das heutige Gebiet der Informatik entstanden. Algorithmen sind dabei ein zentrales Thema dieser Wissenschaft geblieben.

1.4 Algorithmus, Programm und Datenstruktur

Ein Algorithmus ist ein Verfahren zur Berechnung von Ausgabedaten aus Eingabedaten auf Grund einer gegebenen Problemfunktion. Die Erkenntnisse der Theorie der berechenbaren Funktionen haben gezeigt, daß es verschiedene Modelle gibt, in denen man ein Berechnungsverfahren beschreiben kann. Diese Modelle sind in dem Sinne als äquivalent anzusehen, daß man jede Funktion, die in einem der Modell berechenbar ist, auch in allen anderen berechenbar ist. Es gibt daher kein besonders ausgezeichnetes Modell, in dem man die algorithmischen Verfahren beschreiben sollte.

Man kann eine berechenbare Funktion mit den Mitteln des Lambda-Kalküls als Funktionsausdruck definieren, wobei zur Konstruktion eines solchen Ausdrucks nur ganz bestimmte Mittel zugelassen sind. Dieser Ansatz führt in das Gebiet der *Funktionalen Programmierung*. Folgt man der Modellvorstellung von Turing, dann ist das Denkmodell eine Maschine, die im Prinzip rein mechanisch arbeiten könnte. Dieses Modell wurde entwickelt, um damit mathematische Beweise führen zu können, und ist deshalb ganz bewußt so einfach wie möglich gehalten. Eine etwas modifizierte Maschinenform ist die Registermaschine (Abb. 1.2). Dieses Maschinenmodell ist den realen Rechnern näher als die Turingmaschine. Die Registermaschine ist das Denkmodell für die *imperative Programmierung*.

Der Speicher der Registermaschine besteht aus einer Menge von Registern. Jedes Register kann eine natürliche Zahl speichern. Ein Programm für diese Maschine besteht aus Instruktionen, die Registerinhalte miteinander arithmetisch verknüpfen (Summe, Differenz) oder transportieren. Die Instruktionen eines Programms sind durchnumeriert. Eine Instruktion kann auch einen Sprung zu einer anderen Instruktion bewirken. Ein solcher Sprung kann von einem Registerinhalt abhängen (bedingter Sprung) oder auch nicht (unbedingter Sprung). Wenn eine Instruktion keine Sprunginstruktion ist, dann wird danach die Instruktion mit der nächst größeren Nummer ausgeführt.

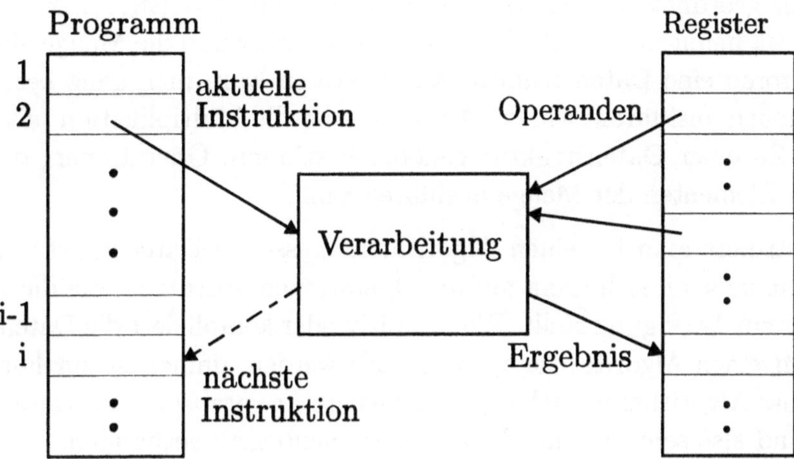

Abb. 1.2 Maschinenmodell: Registermaschine

Dieses Maschinenmodell ist sehr intuitiv. Natürlich ist es in der beschriebenen Form immer noch recht primitiv.

Zur algorithmischen Lösung eines Problems macht man sich zunächst ein (gedankliches) Modell, das die Komponenten des Problems möglichst deutlich modelliert. In diesem Modell definiert man bestimmte Daten und (verallgemeinerte) Register für Datenelemente, die ihrerseits eine bestimmte Struktur haben können. Auch die Operationen, die man auf diesen selbst definierten Daten ausführen möchte, wird man selbst definieren, so daß sie die Problemlösung besonders anschaulich zu formulieren gestatten. In den höheren Programmiersprachen werden nun gerade sprachliche Mittel zur Verfügung gestellt, mit denen man eine solche Modellbildung vornehmen kann. Die Übertragung des Verfahrens auf die primitivere Registermaschine überläßt man einem speziellen Algorithmus (Sprachübersetzer, Compiler).

Ein Algorithmus ist die exakte Beschreibung eines Verfahrens zur Lösung einer definierten Aufgabe (Problemfunktion). Aber es gibt viele Sprachen, in denen man einen Algorithmus formulieren kann. Eine universelle Programmiersprache ist eine formalisierte Sprache, in der man jeden Algorithmus formulieren kann.

Ein Algorithmus führt bestimmte Operationen an Daten aus. Daten sind die Elemente von Mengen im mathematischen Sinn. Daher muß die Abgrenzung dieser Mengen genau definiert sein. Eine Menge kann wieder aus anderen Mengen konstruiert sein. So stellt man etwa die Vektoren der linearen Algebra als geordnete Listen von reellen Zahlen dar: $x = (x_1, \ldots, x_n)$. In der Informatik nennt man solche Elemente strukturiert und die Menge aller dieser Vektoren eine Datenstruktur. Mit Vektoren kann man ganz bestimmte Operationen ausführen, wie die Addition oder die Multiplikation mit einem Skalar. Zu einer Datenstruktur gehören bestimmte Operationen, die man mit den Elementen der Menge ausführen kann.

So konstruiert man für einen Algorithmus passende Datenstrukturen. Der Algorithmus kann sich dann auf die Operationen abstützen, die die Datenstruktur zur Verfügung stellt. Wie primitiv oder kompliziert die Datenstrukturen für einen Algorithmus auch gewählt werden, immer ist zur Formulierung eines Algorithmus auch eine Datenstruktur vorausgesetzt. Datenstrukturen sind also sehr eng mit dem Algorithmenbegriff verbunden.

Ein Programm ist die Formulierung eines Algorithmus in einer bestimmten Programmiersprache.

1.5 Abstraktion

Für den Menschen gibt es bestimmte obere Schranken für den Umfang eines gleichzeitig durchschaubaren Zusammenhangs. Ein umfangreicher Text, der sehr viele Details beschreibt, muß daher in bestimmte Abschnitte zerlegt werden, die jeweils für sich genommen noch durchschaubar sind, und derart, daß die Gesamtheit der Abschnitte wieder einen durchschaubaren Zusammenhang auf einer höheren Abstraktionsstufe ergibt.

Komplizierte Zeichnungen werden in Überblicks- und Detailzeichnungen zerlegt. Durch Zusammenfassung bestimmter Teile zu einer neuen Einheit entstehen Blockbilder, die sich ihrerseits weiter zusammenfassen lassen usw.

Diese Überlegungen sind sehr allgemein, und wenn man Maße für durchschaubare Darstellungen entwickeln wollte, müßte man auf psychologische Experimente zurückgreifen. Es ist aber klar, daß z.B. ein Text von 20 Zeilen zu 80 Zeichen pro Zeile i.a. einen gut überschaubaren Inhalt darstellt, während ein Text von hunderttausend solcher Zeilen neben der längeren Lesezeit auch sehr viel höhere Ansprüche an das Gedächtnis und das Abstraktionsvermögen des Lesers stellt, um die Zusammenhänge inhaltlich zu verstehen.

Abstraktion bedeutet zunächst eine Beschränkung auf diejenigen Aspekte eines Ganzen, die man für eine bestimmte Betrachtung für wesentlich hält. Dabei werden unwesentliche Details entweder ganz weggelassen oder durch Zusammenfassung unter einen Begriff mit einbezogen. Abstraktion ist also nicht (wie fälschlicherweise oft befürchtet wird) eine komplizierte Darstellung eines einfachen Sachverhaltes, sondern genau das Gegenteil. Durch Abstraktion werden die zum Verständnis übergreifender Zusammenhänge wesentlichen Aspekte von den (für diesen Zweck) unwesentlichen Details getrennt. Diese Form der Komplexitätsbewältigung ist nicht nur für Programme und Rechnerstrukturen wichtig. Sie ist eine entscheidende Methode des Menschen, seine Umwelt zu erfassen und zu verstehen.

Beispiel 1 *Man verwendet in der Umgangssprache das Wort Baum, ohne dabei an einen bestimmten Baum zu denken. So kann man in der Zeitung lesen:*
„Das Fahrzeug prallte gegen einen Baum und wurde erheblich beschädigt, während der Fahrer unverletzt blieb.“
Diese Nachricht konzentriert sich auf das wesentliche. Es spielt für den Leser keine Rolle, ob es ein Laub- oder Nadelbaum war, oder ob der Baum überhaupt botanisch exakt klassifiziert wurde. Noch genauer könnte man das spezielle Exemplar seiner Gattung beschreiben durch die Höhe und den Durchmesser des Stammes und durch die zusätzlichen Angaben über die Anzahl der Zweige und Anzahl und Farbe der Blätter. Führt man diesen Gedankengang weiter, so stellt man fest, daß jede noch so detaillierte Beschreibung nur eine Abstraktion des speziellen Baumes sein kann. Das gleiche gilt natürlich auch für den Autofahrer und das Fahrzeug. Je detaillierter die beteiligten Objekte beschrieben werden, desto mehr wird die uns interessierende Nachricht in diesen Details untergehen.

Abstraktion ist eine natürliche Methode des Menschen, mit der Komplexität seiner Erfahrungs- und Modellwelt umzugehen. Es ist naheliegend, dieses Prinzip auch auf die Beschreibung komplexer Systeme in den Ingenieurwissenschaften und somit auch in der Informatik zur Beschreibung von komplexen Programmstrukturen (Software) und Rechnerstrukturen (Hardware) anzuwenden. Wir wollen einmal am Beispiel eines Anwenderprogramms untersuchen, wie man die Wirkung eines solchen Programms beschreiben oder verstehen kann.

Wenn man beschreiben will, wie ein Anwendungsprogramm eigentlich genau arbeitet, dann muß man auch fragen, auf welcher *Abstraktionsebene* die Beschreibung erfolgen soll. Dabei kann man sich zunächst auf eine Angabe der Ein-/Ausgabe-Beziehung beschränken, die durch das Programm berechnet wird. Wir nennen dies die Abstraktionsebene des Anwenders oder die *Anwender-Ebene*.

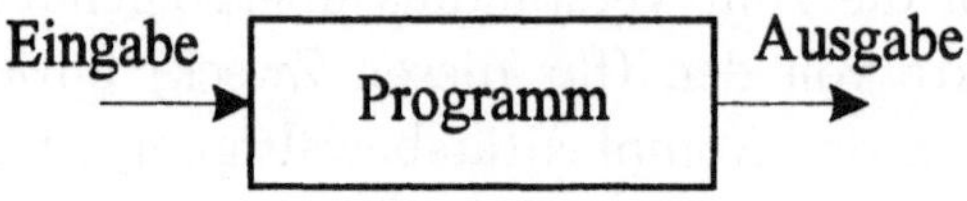

Abb. 1.3 Programm als schwarzer Kasten

Bei dieser Beschreibung interessiert man sich nur dafür, *was* ein Programm berechnet; aber nicht dafür, *wie* diese Berechnung in einzelnen Schritten durchgeführt wird (Abb. 1.3). Man spricht dabei auch von der Beschreibung des *äußeren Verhaltens* (oder der Semantik) ohne Betrachtung der *inneren Struktur* (Syntax) des Programms. Das Programm befindet sich im Inneren eines schwarzen Kastens (*black box*). Diese *Kapselung* der inneren Struktur wird auch mit dem englischen Begriff „*information hiding*" bezeichnet. Information hiding ist ein wichtiges Prinzip der *Softwaretechnik*, die sich mit der disziplinierten Konstruktion von (großen) Programmen beschäftigt. Die Trennung von Struktur und Verhalten ist ein wichtiges Mittel zur Abstraktion in der Informatik.

Wenn man wissen möchte, *wie* ein Programm aus den Eingabedaten die Ausgabedaten berechnet, dann muß man den schwarzen Kasten öffnen und das Programm betrachten. Dazu muß man die Programmiersprache kennen, in der das Programm geschrieben ist. Auf dieser *Ebene einer speziellen Programmiersprache* (etwa C oder C++) wird man von Variablen, Datentypen und Anweisungen sprechen. Das Programm zu verstehen bedeutet, daß man aus der Programmstruktur (Syntax) das Ein-/Ausgabe Verhalten (die Semantik) ableiten kann. Dazu verwenden die meisten Programmierer das Modell einer (abstrakten) Maschine. In dieser Maschine stellt der Wert aller Programmvariablen zu einem Zeitpunkt einen Zustand der Maschine dar. Die *Anweisungen* modifizieren die Werte von Variablen und somit den Zustand. *Kontrollstrukturen* regeln den zeitlichen Ablauf elementarer Anweisungen. Ein Programmierer versteht die Wirkung seines Programms durch das Modell dieser Maschine, die aber physisch als Maschine gar nicht existiert. Alles, was man zum Verständnis benötigt, liefert das abstrakte Maschinenmodell und darüberhinaus benötigt man keine weiteren Details. Die abstrakte Maschine ist ein *Interpreter* für die Programmiersprache (Abb. 1.4).

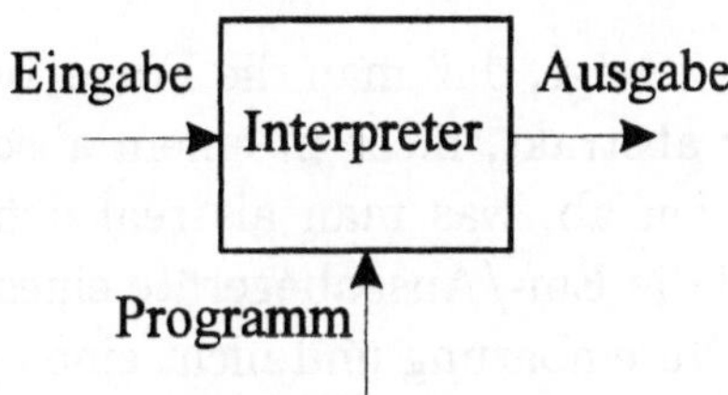

Abb. 1.4 Interpreter für Programme

Wenn es aber den Interpreter I für die Sprache, die wir gerade betrachten, gar nicht real gibt, wie wird dann ein Programm *wirklich* ausgeführt?

Im nächsten Schritt stützen wir uns auf die Existenz eines anderen Interpreters I' ab, der eine ganz andere Sprache interpretiert als unsere höhere Programmiersprache. Dieser Interpreter ist die zentrale Verarbeitungseinheit (*CPU*, central processing unit) eines realen Rechners. Sie kann Programme interpretieren, die in einer speziellen Maschinensprache in der Form einer langen Folge von Instruktionen im Speicher abgelegt sind.

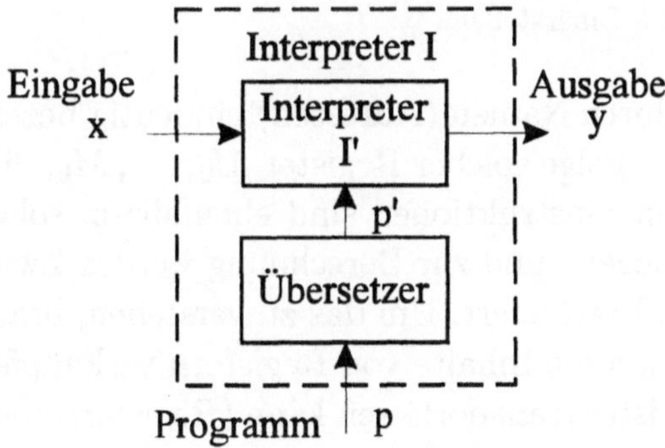

Abb. 1.5 Übersetzer und Interpreter

Ein *Übersetzer* transformiert das gegebene Programm p der höheren Programmiersprache in ein Programm p' der *Maschinensprache*. Das Programm

p' kann dann direkt von dem Interpreter I', also der CPU, interpretiert werden. Die Ebene der CPU und der Maschinenprogramme nennt man auch die *CPU-Ebene*. Die Zusammenfassung des Übersetzers und des Interpreters I' wirkt nach außen, wie ein (realer) Interpreter I für die höhere Programmiersprache (Abb. 1.5).

Dieser Schritt hat auch gezeigt, daß man die Frage, ob ein Interpreter (eine Maschine) real ist oder abstrakt, nicht in einem absoluten Sinn beantworten kann. Es hängt davon ab, was man als real definiert. Wenn man die CPU, den Speicher und die Ein-/Ausgabegeräte eines Rechners als real ansieht, dann ist das eine Vereinbarung und nicht eine absolute Wahrheit. Die Beschreibung in einer Abstraktionsebene stützt sich ab auf eine als vorhanden vorausgesetzte niedrigere Abstraktionsebene. Wir können nämlich noch weiter untersuchen, *wie* die CPU 'wirklich' arbeitet.

Um das zu beschreiben, muß man sich wieder auf bestimmte Funktionseinheiten abstützen, deren Existenz man als real annimmt. Eine CPU besteht aus einer Menge von *Registern*, die man sich als Speichereinheiten einer festen Anzahl von Binärziffern (also den Ziffern 0 und 1) vorstellen kann. Ein Register kann ein bestimmtes Muster solcher Binärziffern enthalten (Abb. 1.6).

1	0	0	1	1	0	1	0

Abb. 1.6 Register mit 8 Binärstellen

Die Register sind durch Namen (Adressen) eindeutig bezeichnet. Außerdem gibt es eine endliche Folge solcher Register $M_0, \ldots, M_k$, die den Speicher M bilden. Die Maschineninstruktionen sind ebenfalls in solchen Registern als Binärmuster gespeichert, und zur Berechnung werden Zwischenwerte in Registern abgelegt und verändert. Um das zu verstehen, braucht man sich nur vorzustellen, daß man die Inhalte von Registern verknüpfen und die Ergebnisse wieder in Register transportieren kann (*Registertransfer Operationen*).

So kann man mit den Binärmustern Zahlen darstellen und arithmetische Operationen wie Addition und Multiplikation realisieren. Jede Maschineninstruktion des Maschinenprogramms wird zur Interpretation in ein Register der CPU geladen, und ein Interpreter in der CPU löst die Maschineninstruktion auf in eine Folge von Registertransfer Operationen.. So stützt sich die

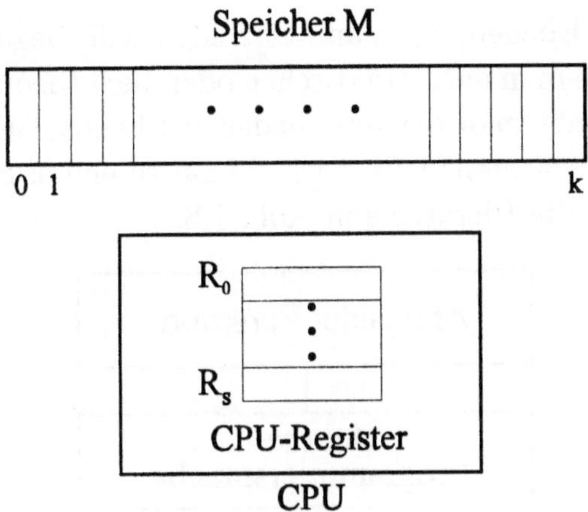

Abb. 1.7 Verarbeitungseinheit (CPU) und Speicher (Memory)

CPU-Ebene wieder auf eine tiefere Ebene ab, die man die *Registertransfer-Ebene* nennt.

Will man wieder verstehen, wie ein Registertransfer oder eine Registerverknüpfung zustande kommt, dann stützt man sich auf die Ebene der logischen Bausteine ab. Logische Bausteine sind Funktionseinheiten mit Eingängen und Ausgängen für Binärwerte. Ein solcher Baustein wird auch *Gatter* genannt und kann eine Funktion im mathematischen Sinn zwischen den Eingängen und den Ausgängen realisieren (*Boolesche Funktion*). Außerdem gibt es Bausteine, die eine oder mehrere Binärwerte speichern können (Flip-Flop, Register). Auf der Basis solcher Bausteine kann man die Funktionen der Registertransfer-Ebene beschreiben. Diese Ebene nennt man die *Gatter-Ebene*. Gatter sind als *reale* Bausteine zu betrachten, die industriell gefertigt werden.

Aber ein Gatter ist wieder ein schwarzer Kasten, der ein bestimmtes äußeres Verhalten hat. Im Inneren befindet sich eine elektronische Schaltung, die z.B. mit Transistoren aufgebaut ist. Die Gatter-Ebene stützt sich also ihrerseits auf eine *Transistor-Ebene* ab. Hier verläßt man aber schon die Informatik und begibt sich auf das Gebiet der Elektrotechnik. Und hier kann man natürlich weiter fragen, wie der Transistor funktioniert. Was ist die Ursache für die Ladungstransporte in Halbleitern? Und damit benötigt man Kenntnisse aus der Halbleiterphysik.

Die Hierarchie der Ebenen, die man betrachten will, beginnt mit einer Abstraktionsebene, die man nach praktischen oder auch theoretischen Gesichtspunkten festlegt. Faßt man die verschiedenen Ebenen, auf denen man eine Rechenmaschine betrachten kann, noch einmal zu einem Bild zusammen, so erhält man in etwa die Hierarchie in Abb. 1.8.

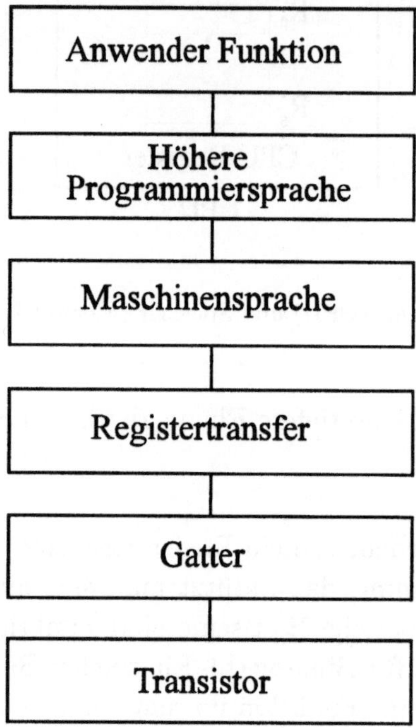

Abb. 1.8 Abstraktionsebenen für eine Anwender Funktion

Man beachte aber, daß auch diese Hierarchie ein Festlegung ist. In anderem Zusammenhang wählt man sie vielleicht noch feiner oder gröber unterteilt oder auch nach anderen Gesichtspunkten.

Hierarchien von Abstraktionsebenen sind auch in der Beschreibung von Softwaresystemen üblich. Hier kann man generell z.B. die folgenden Ebenen betrachten:

- System-Ebene
- Modul-Ebene
- Prozedur-Ebene

- Anweisungsebene

Ein weiteres populäres Beispiel für eine hierarchische Systembeschreibung ist das ISO/OSI Referenzmodell für die Architektur von Kommunikationssystemen (siehe Abschnitt 9.4.2).

Die Hierarchiebeziehung hat dabei immer die Bedeutung, daß die Funktionen einer Ebene abgestützt werden auf die Funktionen der darunterliegenden Ebene. Eine Basisebene wird dabei durch eine Festlegung definiert.

2 Mathematische Grundbegriffe

Es ist für Ingenieure selbstverständlich, daß sie Grundbegriffe, Methoden und Ergebnisse aus den traditionellen Teilgebieten der Mathematik kennen und intensiv verwenden. Das sind vor allem die Gebiete der Analysis (Differential- und Integralrechnung), der linearen Algebra (Vektoren, Matrizen, Gleichungssysteme), der komplexen Zahlen (Funktionentheorie), der Differentialgleichungen und der Integraltransformationen (z.B. Fourier- und Laplace-Transformation). Die Studenten in den Ingenieurwissenschaften müssen schon in frühen Semestern mit diesen Begriffen umgehen und bestimmte Methoden anwenden, ohne daß sie die zugehörige mathematische Theorie mit ihrer Sammlung von Sätzen und Beweisen genau kennen. Dieser Hintergrund kann eigentlich nur im Hauptstudium der Mathematik erworben werden. Spezielle Mathematikvorlesungen für Ingenieure vermitteln in erster Linie die für die Anwendungen wesentlichen Methoden.

Weniger eingehend werden dagegen meist entsprechende Methoden und Ergebnisse aus den Gebieten der Logik, der allgemeinen Algebra und der Modelltheorie behandelt. In der Informatik spielen aber gerade diese letztgenannten Gebiete eine große Rolle.

Aussagen- und Prädikatenlogik sind Grundlage vieler Anwendungen, wie z.B.:

- Entwurf von logischen Schaltkreisen
- Formale Spezifikation von Anwenderproblemen
- Programmverifikation
- Abfragesprachen für Datenbanken
- Expertensysteme in der künstlichen Intelligenz.

Deduktionssysteme (auch *formale Systeme* genannt) sind von großer Bedeutung für die konstruktiven Grundlagen der Informatik, wie z.B.:

- Grammatiken

- Automaten
- Programmverifikation
- Syntax und Semantik von Programmiersprachen

Algebra und *Modelltheorie* stellen Sprache und Methoden zur Verfügung, z.B. für:

- Abstrakte Datentypen
- Mathematische Modellierung von Anwenderproblemen
- Syntax und Semantik von Programmiersprachen
- Beschreibung von logischen Schaltkreisen und Schaltwerken.

Zur Präzisierung der Semantik von Programmiersprachen verwendet man neben den Deduktionssystemen, der Prädikatenlogik und der Algebra außerdem Fixpunkttheorien, um rekursiven Definitionen eine präzise Bedeutung zu geben. In der Theorie der parallelen (oder nebenläufigen) Prozesse verwendet man Petri-Netze, Prozeßalgebren und Methoden der Kategorientheorie. Für Betriebssysteme und für Leistungsmessungen von Rechnersystemen werden Teile der Wahrscheinlichkeitsrechnung und Statistik benötigt. Diese kurze und nicht vollständige Aufzählung zeigt deutlich, wieviel Mathematik in der Informatik verwendet wird. Es ist nicht möglich, alle diese Gebiete in diesem Kapitel zu behandeln [DP88] [KS89]. Um Methoden und Ergebnisse der Informatik zu verstehen und sinnvoll einsetzen zu können, sind aber gewisse Kenntnisse der Grundbegriffe aus diesen Gebieten unerläßliche Voraussetzung.

Es ist ein Wesen der Informatik, praktische Probleme, die zunächst umgangssprachlich oder halb formal beschrieben sind, in ein formales mathematisches Modell abzubilden. In diesem Modell kann man bestimmte Eigenschaften untersuchen und schließlich Algorithmen zur konstruktiven Lösung (Programme) formulieren. Die Probleme sind dabei nicht nur numerischer Art, sondern meistens durch gewisse Objekte und ihre logischen und funktionalen Abhängigkeiten und Randbedingungen (constraints) charakterisiert.

Oft wird zur Formalisierung die Sprache mathematischer Strukturen verwendet, um Zusammenhänge präzise auszudrücken. Es sind aber auch Beweistechniken erforderlich, um bestimmte Eigenschaften formal nachweisen zu können.

So wird in diesem Kapitel eher in bestimmte Teilgebiete der Logik und Algebra eingeführt, als daß die Gebiete erschöpfend mathematisch dargestellt werden könnten. Es wird versucht, so viel Mathematik zu vermitteln, wie für die Erklärungen in den folgenden Kapiteln benötigt wird. Insbesondere im ersten Abschnitt dieses Kapitels soll der konstruktive Aspekt der Informatik hervorgehoben werden. So wird am Beispiel der natürlichen Zahlen der Unterschied zwischen der abstrakten Kennzeichnung durch Axiome (*Peano-Axiome*) und den unterschiedlichen Möglichkeiten der konkreten Darstellung von Zahlen ausführlich diskutiert. Da der Umgang mit den natürlichen Zahlen durch ein langes Training zur Selbstverständlichkeit geworden ist, erscheint diese Diskussion möglicherweise als zu kleinlich. Sobald man aber andere algebraische Strukturen behandelt, wird einsichtig, daß diese Unterscheidung für die Informatik sehr wesentlich ist.

Wir verwenden oft den Begriff *Objekt*. Ein Objekt ist ein bestimmter Gegenstand unserer Betrachtung, und damit kann fast alles zum Objekt werden: eine Zahl, ein bestimmter Mensch, ein Satz, ein Land, alle Einwohner eines Landes usw. Wir legen an dieser Stelle Wert auf die Unterscheidung zwischen einem Objekt und einer *Bezeichnung* des Objektes.

Ein Beispiel soll das verdeutlichen. Gegenstand unserer Betrachtung (also Objekt) sei: *das Buch „Die Buddenbrooks" von Thomas Mann.* Die kursiv gedruckte Zeichenreihe ist nicht das betrachtete Objekt, sondern eine Bezeichnung für ein (anderes) Objekt. Aber welches Objekt wird hier bezeichnet? Ist es das spezielle Exemplar, das vor mir auf dem Tisch liegt, oder irgendein anderes spezielles Exemplar? Das wären immerhin gegenständliche Objekte. Die meisten Leser werden die Bezeichnung aber nicht so verstehen, daß ein spezielles Exemplar gemeint ist, sondern der Text, der in allen diesen Exemplaren gleich ist. Mit dem Text ist auch nicht ein bestimmtes Druckbild gemeint. Es ist die Folge der Wörter, die der Autor in einer ganz spezifischen Form zusammengestellt hat. Das bezeichnete Objekt ist ein abstraktes Objekt, und jedes gedruckte oder handschriftliche Exemplar repräsentiert dieses gleiche abstrakte Objekt.

Um von Objekten zu sprechen, benötigen wir eine sprachlich formulierte Bezeichnung. Wenn wir von einem bestimmten Menschen reden, dann verwenden wir selbstverständlich seinen Namen, und wenn dieser nicht aus dem Zusammenhang eindeutig ist, dann verwenden wir Zusätze zum Namen. Die scherzhafte Frage: „Ist Rom die Hauptstadt von Italien oder ein Wort mit drei Buchstaben?" zeigt deutlich den Unterschied zwischen einer Bezeichnung und dem bezeichneten Objekt. Das Wort „Rom" bezeichnet die Hauptstadt von Italien. Man mache sich auch klar, wie schwer es ist, das durch „Rom" bezeichnete Objekt genau zu charakterisieren.

Diese Erklärung sollte nur dazu dienen, daß man sich des Unterschiedes zwischen Objekt und Bezeichnung bewußt wird. Im täglichen Sprachgebrauch und auch in den folgenden Abschnitten und Kapiteln dieses Buches wird oft etwas lässig Bezeichnung und Objekt identifiziert. Zur Bezeichnung von Objekten verwendet man bestimmte Zeichenfolgen. Wir nennen solche Zeichenfolgen daher auch Bezeichner.

Der Leser sollte bereit sein, seine Kenntnisse der Mathematik zu erweitern, auch wenn das nicht ohne Mühe geht, um die Begriffsbildungen und Argumentationen zu den Grundlagen der Informatik gründlich zu verstehen. Wer mit den Grundbegriffen aus diesem Kapitel vertraut ist, kann direkt zu Kapitel 3 weitergehen und auf Kapitel 2 gegebenenfalls zurückgreifen, wenn über einen Begriff Unklarheit besteht.

2.1 Aussagen und Prädikate

Aussagen und *Prädikate* sind sprachliche Gebilde (*Syntax*), denen man durch eine Interpretation eine Bedeutung (*Semantik*) zuordnen kann. Die Bedeutung einer Aussage oder eines Prädikats ist ein Wahrheitswert. Bei einer Aussage hängt dieser Wahrheitswert nur von den Wahrheitswerten ab, die man den Aussagevariablen zuordnet, während ein Prädikat in verschiedenen mathematischen Strukturen interpretiert werden kann. Hier hängt der Wahrheitswert von der zur Interpretation gewählten Rechenstruktur ab.

2.1.1 Aussagen

Eine *Aussage* ist in der Umgangssprache die Formulierung einer Behauptung, also grammatisch ein Satz von bestimmter Form. Die Behauptung kann zutreffen oder nicht. Man ordnet einer Aussage einen *Wahrheitswert* zu. Der Wahrheitswert ist **wahr**, wenn die Aussage zutrifft, und **falsch**, wenn sie nicht zutrifft. Für die Wahrheitswerte **wahr** und **falsch** sind auch die englischen Bezeichnungen **true** und **false** oder auch die binären Ziffern 1 und 0 gebräuchlich. Ob eine Behauptung zutrifft oder nicht, kann man ggf. prüfen, indem man den Satz interpretiert. Die Bestandteile des Satzes haben eine bestimmte Bedeutung, und so beschreibt der Satz einen bestimmten Sachverhalt. Dieser Sachverhalt kann zutreffen oder nicht zutreffen. Da sich ein Satz sehr unterschiedlich interpretieren läßt, hängt sein Wahrheitswert von der gewählten Interpretation ab. Es kann auch vorkommen, daß die Überprüfung des behaupteten Sachverhaltes sehr schwierig ist oder daß wir nicht genügend Kenntnisse haben, um den Sachverhalt zu überprüfen. Es kann auch vorkommen, daß ein Satz die Form einer Aussage hat, daß man dieser Aussage aber keinen sinnvollen Wahrheitswert zuordnen kann.

Beispiel 2 *Die folgenden Sätze sind Behauptungen, also Aussagen:*

1. *4 ist eine Primzahl.*
2. *Maria liebt Sebastian.*
3. *Ein Methanmolekül besteht aus einem Kohlenstoffatom und vier Wasserstoffatomen.*
4. *Wenn gilt:* $a \geq 3$, *dann gilt:* $a + 7 \geq 9$.
5. *Wenn gilt:* $0 \geq 1$, *dann gilt: 4 ist eine Primzahl.*
6. *Jede gerade Zahl* ≥ 6 *ist die Summe von zwei ungeraden Primzahlen.*
7. *Diese Aussage hat den Wahrheitswert* **falsch.**

Ob eine Aussage einen zutreffenden (wahren) Sachverhalt beschreibt oder nicht, das hängt von einem Modellbereich ab, in dem man die Aussage deuten will. In einem solchen Modell hat die Aussage eine Bedeutung, und diese ist im Modell entweder eine wahre oder eine falsche Behauptung. Zu einer solchen festen Interpretation kann man dann davon sprechen, daß eine Aussage inhaltlich (semantisch) gültig (wahr) ist oder nicht (falsch).

In der üblichen Interpretation ist 4 das Zeichen für eine bestimmte natürliche Zahl, und es gibt eine exakte Definition für den Begriff *Primzahl.* Unter dieser Interpretation gilt für die Aussagen in Beispiel 2:

1. Aussage ist falsch.

2. Die Aussage ist schon schwieriger zu überprüfen. Wir gehen aber davon aus, daß aus dem Kontext, in dem diese Aussage gemacht wir, klar hervorgeht, daß es sich bei Maria und Sebastian um die Namen von zwei ganz bestimmten Personen handelt. Ob Maria aber wirklich Sebastian liebt, das kann eigentlich nur Maria genau wissen. Eine objektive Beurteilung des behaupteten Sachverhaltes ist also zumindest schwer, wenn nicht unmöglich.

3. Die Aussage ist in der naheliegenden Interpretation eine wahre Aussage.

4. Die Aussage ist eine Folgerung. Sie besteht eigentlich aus zwei Aussagen: $a \geq 3$ und: $a + 7 > 9$. Die gesamte Aussage behauptet nun, daß die zweite Teilaussage: $a + 7 > 9$ immer dann zutrifft, wenn die Voraussetzung $a \geq 3$ zutrifft. In der üblichen Arithmetik ist das eine zutreffende Schlußfolgerung und zwar unabhängig davon, welchen Zahlenwert man a zuordnet.

5. Die Aussage hat die gleiche Form wie die 4. Aussage. Sie ist in der Arithmetik stets richtig also wahr. Weil die Voraussetzung $0 \geq 1$ aber nicht zutrifft, ist der Wahrheitswert der zweiten Teilaussage nicht relevant für den Wahrheitswert der gesamten Aussage.

6. Die Aussage ist eine Behauptung, die auf unendlich viele Zahlen (die geraden natürlichen Zahlen ≥ 6) zutreffen soll. Es ist die bekannte *Goldbach Vermutung*, die bis heute weder bewiesen noch widerlegt werden konnte. Der Wahrheitswert dieser Aussage (bei der üblichen arithmetischen Interpretation) ist also unbekannt, obwohl die Aussage entweder wahr oder falsch sein muß.

7. Die Aussage stellt eine Behauptung über ihren eigenen Wahrheitswert auf. Wenn wir diese Interpretation zulassen, dann können wir einen Widerspruch ableiten. Entweder der Wahrheitswert der Aussage ist **wahr**, dann trifft die Behauptung zu, und der Wahrheitswert ist **falsch**, oder der Wahrheitswert der Aussage ist **falsch**, dann trifft die Behauptung nicht zu, und somit muß der Wahrheitswert **wahr** sein. Man kann dieser Aussage keinen sinnvollen Wahrheitswert im Sinne der obigen Interpretation zuordnen.

Alle diese Beispiele haben gezeigt, daß der Wahrheitswert einer Aussage von dem Bereich abhängt, in dem man sie interpretiert. Ist eine Aussage aus mehreren Teilaussagen zusammengesetzt, so bestimmen die Wahrheitswerte der Teilaussagen und die *Form* der Zusammensetzung den Wahrheitswert der Gesamtaussage.

Die Aussagenlogik (AL) beschäftigt sich nun nicht damit, wie man einer umgangssprachlichen Aussage einen „richtigen" Wahrheitswert zuordnet. Man geht in der AL davon aus, daß eine Aussage entweder *atomar* ist, d.h. sie läßt sich nicht weiter in Bestandteile zerlegen; oder sie ist nach ganz bestimmten Regeln zusammengesetzt. Man definiert eine *Formelsprache* für Aussagen. Diese besteht aus ganz bestimmten Zeichenreihen, die man dann auch *aussagenlogische Formeln* nennt.

Die atomaren Aussagen werden durch bestimmte Bezeichner repräsentiert. Als Bezeichner sollen hier kleine lateinische Buchstaben verwendet werden, die eventuell noch einen Index besitzen können: $a, b, c, \ldots, a_1, a_2, \ldots$ sind Bezeichner für atomare Aussagen. Solche Bezeichner heißen auch *Variablen* oder *Aussagenvariablen*. Der Begriff Variable kommt in der Informatik und in der Mathematik in mehreren Bedeutungen vor. Hier ist eine Variable ein Bezeichner, an den man einen Wahrheitswert binden kann. Diese Bezeichner sollen die *atomaren Formeln* sein. Atomare Formeln kann man zu *zusammengesetzten Formeln* zusammenbauen. Dazu werden die logischen *Junktoren* (Verknüpfungszeichen) $\vee$, $\wedge$ und $\neg$ eingeführt. Mit diesen Zeichen können Formeln zu neuen Formeln verknüpft werden. Wir verwenden kleine griechische Buchstaben $\varphi, \psi, \xi, \ldots, \varphi_1, \varphi_2, \ldots$ als Bezeichner für beliebige Formeln (also sowohl atomar als auch zusammengesetzt). Diese Bezeichner nennt man *Metavariablen*, denn sie stehen in einem Ausdruck stellvertretend für eine beliebige Formel. Damit kann man die aussagenlogischen Formeln wie folgt definieren:

Definition 1 *Formeln (der AL) sind Zeichenreihen, die nach folgenden Regeln gebildet werden können:*

1. *Die Variablen sind (atomare) Formeln.*
2. *Wenn φ und ψ Formeln sind, dann sind auch $(\varphi \wedge \psi)$, $(\varphi \vee \psi)$ und $\neg\varphi$ Formeln.*
3. *Nur Zeichenreihen, die mit diesen Regeln in endlich vielen Schritten erzeugt werden können, sind Formeln.*

Die Definition der Formeln hat die folgende wichtige Konsequenz: Jede Formel ist entweder atomar oder hat genau eine der drei Formen $(\varphi\wedge\psi)$, $(\varphi\vee\psi)$

oder $\neg\varphi$, wobei φ und ψ wieder Formeln sind. Diese eindeutige Zerlegbarkeit ist für die spätere Interpretation der Formeln von großer Bedeutung.

Beispiel 3 *Zeichenreihen und Formeln der AL:*

1. $((a \vee b) \wedge (a \vee c))$
2. $(((a \wedge \neg b) \vee (a \wedge c)) \vee (a \wedge \neg c))$
3. $(((a \vee b(\wedge b \vee \neg a))$

Alle drei Beispiele sind Zeichenreihen, die mit den verabredeten Zeichen aufgebaut sind. 1 und 2 sind Formeln; aber 3 ist keine Formel.
Um zu zeigen, daß 1 und 2 Formeln sind, zeigt man, daß sie nach den Regeln aufgebaut sind. Wir wollen das für die Formel 1 einmal ausführlich durchführen: Sei also $\varphi = ((a \vee b) \wedge (a \vee c)) = (\varphi_1 \wedge \varphi_2)$ mit $\varphi_1 = (a \vee b)$ und $\varphi_2 = (a \vee c)$. Wenn φ_1 und φ_2 Formeln sind, dann ist nach Definition auch φ eine Formel. Es bleibt also zu zeigen, daß φ_1 und φ_2 Formeln sind. Sei also $\varphi_1 = (a \vee b) = (\varphi_{11} \vee \varphi_{12})$ mit $\varphi_{11} = a$ und $\varphi_{12} = b$. φ_{11} und φ_{12} sind atomare Formeln und somit auch Formeln nach Definition. Der Nachweis für φ_2 erfolgt ganz analog. Daß die Zeichenreihe unter 3 keine Formel ist, folgt aus der

Proposition 1 *In jeder Formel ist die Zahl der öffnenden Klammern gleich der Zahl der schließenden Klammern.*

Beweis. Eine Formel ist entweder atomar oder nach einer der Regeln der obigen Definition aus Teilformeln zusammengesetzt. Ist die Formel atomar, dann besitzt sie keine Klammern, und daher gilt die Behauptung. Bei jeder Anwendung einer der Regeln werden aber immer genauso viele öffnende wie schließende Klammern erzeugt. Da jede Formel in endlich vielen Schritten aus atomaren Formeln ausschließlich mit diesen Regeln erzeugt wird, gilt die Behauptung für jede Formel. ∎

Proposition 1 liefert eine *notwendige Bedingung* für Formeln. Die Bedingung ist aber nicht *hinreichend*, denn wenn sie erfüllt ist, muß es sich nicht immer um eine Formel handeln. Wir werden später noch über den Begriff der notwendigen und hinreichenden Bedingung sprechen (Abschnitt 2.1.2). Die Formel 3 hat vier öffnende und nur zwei schließende Klammern und kann daher keine Formel sein, denn sie erfüllt nicht die notwendige Bedingung.

Der Beweis zu Proposition 1 wurde über den *strukturellen Aufbau* der Formeln geführt. Man mache sich klar, daß hier eine Behauptung über unendlich viele verschiedene Formeln aufgestellt wird. Durch die Definition der Formeln als Zeichenreihen, die nach speziellen Regeln in endlich vielen Schritten aufgebaut sind, ist es möglich, eine Eigenschaft für alle Formeln zu beweisen. Dazu zeigt man, daß die Eigenschaft für alle atomaren Formeln gilt, und daß die Anwendung einer Regel die Eigenschaft erhält; d.h. wenn die Teilformeln die Eigenschaft besitzen, dann auch die zusammengesetzte Formel. Man nennt einen solchen Beweis auch einen Beweis durch *strukturelle Induktion*.

Zunächst haben die Formeln keinerlei Bedeutung. Es sind lediglich Zeichenreihen, die eine spezielle Bauart (Syntax) haben. Diese Bauart erlaubt nun die Zuordnung von Wahrheitswerten über den strukturellen Aufbau der Formeln. Die Junktoren werden zunächst nur als Zeichen für den Aufbau von Formeln verwendet. Da aber die Aussagenlogik eine formalisierte Sprache definiert, die die umgangssprachliche Formulierung von Aussagen präzisieren soll, ist für die Junktoren eine ganz bestimmte Bedeutung beabsichtigt. Dabei sollen $\wedge$, $\vee$ und $\neg$ die Bedeutung von *und*, *oder* und *nicht* erhalten.

Sind φ und ψ beliebige Formeln, die einen Wahrheitswert besitzen, dann soll die Formel $(\varphi \wedge \psi)$ genau dann den Wahrheitswert **wahr** erhalten, wenn φ *und* ψ *beide* den Wahrheitswert **wahr** haben. Entsprechend soll $(\varphi \vee \psi)$ genau dann den Wahrheitswert **wahr** erhalten, wenn φ *oder* ψ *oder beide* den Wahrheitswert **wahr** haben. Diese Deutung der *Oder*-Verknüpfung nennt man auch das *inklusive Oder*, da es einschließt, daß auch beide Teilformeln (Aussagen) den Wahrheitswert **wahr** haben. Die umgangssprachliche Verwendung von *oder* ist dagegen oft im exklusiven Sinn gemeint, d.h. als *entweder oder* (und nicht beides). Ein solches *exklusives Oder* werden wir später auch noch einführen.

Zunächst sollen Rechenoperationen für Wahrheitswerte definiert werden. Der Wahrheitswert **wahr** (oder **true**) soll durch die Ziffer 1 und der Wahrheitswert **falsch** (oder **false**) durch die Ziffer 0 bezeichnet werden. Es soll betont werden, daß nicht die Zahlen *Eins* und *Null* gemeint sind, sondern nur die Ziffern als Schriftzeichen. Man könnte auch die Buchstaben t für **true** und f für **false** verwenden. In der Literatur findet man alle diese Bezeichnungen. Wir verwenden die Ziffern 1 und 0 zur Bezeichnung der Wahrheitswerte. Wegen der eindeutigen Zuordnung betrachten wir diese Bezeichner auch selbst als die Wahrheitswerte.

Es werden drei Rechenregeln eingeführt, eine mit einem Operanden (einstellige oder unäre Rechenoperation) und zwei mit je zwei Operanden (zweistellige oder binäre Rechenoperationen). Für die Rechenoperationen werden ebenfalls Bezeichner eingeführt, die man auch *Operatorsymbole* nennt. Wir verwenden die Symbole $\cdot$, $+$ und $\backsim$. Dabei bezeichnet $\backsim$ die einstellige Operation und $\cdot$ und $+$ zweistellige Operationen. Da es nur zwei Wahrheitswerte gibt, kann man die Operationen (also die Bedeutung der Operatorsymbole) durch endliche Tabellen definieren:

$\cdot$	0	1
0	0	0
1	0	1

$+$	0	1
0	0	1
1	1	1

$\backsim$	
0	1
1	0

Die Tabellen sind so zu lesen, daß jeweils links oben das Symbol für die Rechenoperation steht. Zeilen- und Spaltenköpfe enthalten die Argumente (Operanden), und in dem zugehörigen Kreuzungspunkt steht das Ergebnis der Operation. Es gilt also z.B.:

$$1 \cdot 0 = 0\ ;\ 1 + 0 = 1;\ \backsim 1 = 0\ ;\ \backsim 0 = 1$$

Mit diesen einfachen Rechenoperationen für die Wahrheitswerte haben wir ein erstes Beispiel für eine *Rechenstruktur* kennengelernt.

Es soll jetzt die Bedeutung der aussagenlogischen Formeln über den strukturellen Aufbau der Formeln definiert werden. Einer Formel φ soll ein Wahrheitswert zugeordnet werden, der nur von den Wahrheitswerten der Variablen und dem Aufbau der Formel abhängt. Darin liegt gerade die Abstraktion der Aussagenlogik von der Umgangssprache. Es gibt keine *inhaltliche* Interpretation der atomaren Formeln. Wenn jede atomare Formel einen Wahrheitswert hat, dann ist der Wahrheitswert der gesamten Formel auf Grund ihres Aufbaus eindeutig bestimmt.

Der Wahrheitswert der atomaren Formeln (also der Variablen) kann beliebig gewählt werden. Man nennt eine Zuordnung von Wahrheitswerten zu den Variablen auch eine Bindung der Variablen an Werte oder eine Belegung der Variablen mit Werten. Ist a eine Variable und val eine Belegung der Variablen, dann sei $\mathrm{val}[a]$ der Wahrheitswert, der an a gebunden ist.

Die Auswertung (oder Interpretation) einer Formel liefert zu jeder Belegung der Variablen einen eindeutig bestimmten Wahrheitswert. Der Wahrheitswert einer Formel φ soll mit $\mathrm{val}^*[\varphi]$ bezeichnet werden. $\mathrm{val}^*[\varphi]$ wird über den strukturellen Aufbau der Formeln definiert:

Definition 2 *Auswertung von Formeln der AL.*

1. *Für jede atomare Formel a sei ein Wahrheitswert* $\mathrm{val}[a]$ *gegeben. Dann sei* $\mathrm{val}^*[a] = \mathrm{val}[a]$.
2. *Seien* φ *und* ψ *beliebige Formeln, dann sei:*
   1. $\mathrm{val}^*[(\varphi \wedge \psi)] = \mathrm{val}^*[\varphi] \cdot \mathrm{val}^*[\psi]$
   2. $\mathrm{val}^*[(\varphi \vee \psi)] = \mathrm{val}^*[\varphi] + \mathrm{val}^*[\psi]$
   3. $\mathrm{val}^*[\neg\varphi] = \backsim \mathrm{val}^*[\varphi]$

Nach dieser Vorschrift kann man den Wahrheitswert einer beliebigen Formel berechnen, wenn die darin vorkommenden atomaren Formeln einen Wahrheitswert haben. Wir haben die Zuordnung val, die nur für die atomaren Formeln gegeben ist, auf alle Formeln ausgedehnt. Für die atomaren Formeln stimmt val* mit val überein. Daher wollen wir ab jetzt die erweiterte Zuordnung val* auch einfach mit val bezeichnen.

Beispiel 4 *Gegeben sei die Formel:* $\varphi = \neg((a \vee b) \wedge (a \vee c))$. *Darin kommen* a, b *und* c *als atomare Formeln (Variablen) vor. Wir geben für die atomaren Formeln die folgenden Wahrheitswerte vor:* $\mathrm{val}[a] = 0, \mathrm{val}[b] = 1, \mathrm{val}[c] = 1$. *Damit berechnet man jetzt* $\mathrm{val}[\varphi]$*:*

$$\begin{aligned}
\mathrm{val}[\varphi] &= \mathrm{val}[\neg((a \vee b) \wedge (a \vee c))] \\
&= \backsim \mathrm{val}[((a \vee b) \wedge (a \vee c))] \\
&= \backsim (\mathrm{val}[(a \vee b)] \cdot \mathrm{val}[(a \vee c)]) \\
&= \backsim ((\mathrm{val}[a] + \mathrm{val}[b]) \cdot (\mathrm{val}[a] + \mathrm{val}[c])) \\
&= \backsim ((0+1) \cdot (0+1)) \\
&= \backsim (1 \cdot 1) = \backsim 1 = 0
\end{aligned}$$

Wenn n die Zahl der verschiedenen Variablen ist, die in der Formel φ vorkommen, dann gibt es 2^n verschiedene Belegungen dieser Variablen mit Wahrheitswerten. Zu jeder dieser Belegungen liefert die Auswertung von φ einen Wahrheitswert. Man kann daher alle möglichen Interpretationen der Formel φ in einer endlichen Tabelle mit 2^n Zeilen zusammenfassen. Um die Berechnung zu erleichtern, kann man zu jeder Teilformel eine Spalte vorsehen, in der die Interpretation dieser Teilformel steht. Wir wollen das für die Formel φ aus Beispiel 4 zeigen.

Beispiel 5 *Gegeben sei die Formel* $\varphi = \neg((a \vee b) \wedge (a \vee c))$. *Teilformeln sind die Variablen* a, b *und* c *und außerdem:* $(a \vee b)$, $(a \vee c)$ *und* $((a \vee b) \wedge (a \vee c))$. *Für jede Teilformel wird eine Spalte verwendet, in der die verschiedenen Werte der Teilformel eingetragen werden. Für jede der* $2^3 = 8$ *Belegungen der Variablen wird eine Zeile verwendet. In den Spaltenköpfen lassen wir jeweils das äußere Klammerpaar weg.*

a	b	c	$a \vee b$	$a \vee c$	$(a \vee b) \wedge (a \vee c)$	$\neg((a \vee b) \wedge (a \vee c))$
0	0	0	0	0	0	1
0	0	1	0	1	0	1
0	1	0	1	0	0	1
0	1	1	1	1	1	0
1	0	0	1	1	1	0
1	0	1	1	1	1	0
1	1	0	1	1	1	0
1	1	1	1	1	1	0

Die Spalte der Wahrheitswerte einer Formel φ ist eine wichtige Eigenschaft der Formel. Zwei Formeln φ und ψ heißen *äquivalent* (dafür schreibt man: $\varphi \equiv \psi$), wenn sie für jede Belegung der Variablen den gleichen Wahrheitswert haben. Die Äquivalenz von zwei Formeln ist mit den oben eingeführten Tabellen einfach nachzuprüfen. Danach sind zwei Formeln äquivalent, wenn sie die gleiche Spalte von Wahrheitswerten haben.

Man kann jetzt einige wichtige Äquivalenzen mit der Tabellenmethode aus Beispiel 5 nachweisen.

Proposition 2 *Für beliebige Formeln* α, β, γ *gilt:*

1. $(\alpha \vee \beta) \equiv (\beta \vee \alpha)\,; (\alpha \wedge \beta) \equiv (\beta \wedge \alpha)$
2. $((\alpha \vee \beta) \vee \gamma) \equiv (\alpha \vee (\beta \vee \gamma))\,; ((\alpha \wedge \beta) \wedge \gamma) \equiv (\alpha \wedge (\beta \wedge \gamma))$
3. $(\alpha \wedge (\beta \vee \gamma)) \equiv ((\alpha \wedge \beta) \vee (\alpha \wedge \gamma))\,; (\alpha \vee (\beta \wedge \gamma)) \equiv ((\alpha \vee \beta) \wedge (\alpha \vee \gamma))$
4. $(\alpha \vee 0) \equiv \alpha; \quad (\alpha \wedge 1) \equiv \alpha$
5. $(\alpha \vee \neg\alpha) \equiv 1; \quad (\alpha \wedge \neg\alpha) \equiv 0$
6. $\neg(\alpha \wedge \beta) \equiv (\neg\alpha \vee \neg\beta)\,; \neg(\alpha \vee \beta) \equiv (\neg\alpha \wedge \neg\beta)$

Beweis. Nach der Definition von val hängt der Wert von zusammengesetzten Formeln $(\alpha \wedge \beta)$, $(\alpha \vee \beta)$ und $\neg\alpha$ nur von den Werten der Teilformeln α und β und dem Junktor $\wedge$, $\vee$ oder $\neg$ ab. Um alle möglichen Fälle zu betrachten, genügt es, wenn man alle möglichen Bewertungen der Teilformeln betrachtet, wobei gleich bezeichnete Teilformeln (die gleiche Metavariable) natürlich gleich bewertet werden müssen. Da in den behaupteten Äquivalenzen maximal drei verschiedene Metavariablen vorkommen und jede genau einen von zwei Werten annehmen kann, erhält man also maximal $2^3 = 8$ verschiedene Fälle. Diese kann man in einer Tabelle systematisch berechnen. Das soll hier exemplarisch nur für die Äquivalenzen unter 3 und 6 gezeigt werden:

α	β	γ	$\beta \vee \gamma$	$\alpha \wedge (\beta \vee \gamma)$	$\alpha \wedge \beta$	$\alpha \wedge \gamma$	$(\alpha \wedge \beta) \vee (\alpha \wedge \gamma)$
0	0	0	0	0	0	0	0
0	0	1	1	0	0	0	0
0	1	0	1	0	0	0	0
0	1	1	1	0	0	0	0
1	0	0	0	0	0	0	0
1	0	1	1	1	0	1	1
1	1	0	1	1	1	0	1
1	1	1	1	1	1	1	1

Damit ist die erste der beiden Äquivalenzen von 3 nachgewiesen. Für die erste Äquivalenz unter 6 erhält man folgende Tabelle:

α	β	$\alpha \wedge \beta$	$\neg(\alpha \wedge \beta)$	$\neg\alpha$	$\neg\beta$	$\neg\alpha \vee \neg\beta$
0	0	0	1	1	1	1
0	1	0	1	1	0	1
1	0	0	1	0	1	1
1	1	1	0	0	0	0

Auch hier zeigen die vierte und siebente Spalte, daß die behauptete Äquivalenz gültig ist.

Alle anderen Fälle bleiben dem Leser als Übung überlassen. ■

Die in Proposition 2 aufgeführten Äquivalenzen können als Rechenregeln für Formeln verwendet werden. Man kann Formeln durch äquivalente Umformungen auf andere (äquivalente) Formeln transformieren. Mit den Formeln kann man also rein formal rechnen, indem man sie geeignet umformt. Man kann bestimmte *Normalformen* von Formeln definieren, so daß sich jede Formel auf genau eine Normalform transformieren läßt. Solche Normalformen werden später in der Schaltalgebra ausführlich behandelt (disjunktive und konjunktive Normalform, siehe Abschnitt 7.3).

Man kann die Sprache der Aussagenlogik noch um weitere Junktoren erweitern, die in der Praxis wichtig sind. Die Bedeutung neuer Junktoren läßt sich auf diejenige der vorhandenen zurückführen. Wir wollen je einen Junktor $\rightarrow$ für die Implikation und $\leftrightarrow$ für die Äquivalenz einführen.

Formel	Bedeutung
$(\varphi \rightarrow \psi)$	$\neg(\varphi \wedge \neg\psi)$
$(\varphi \leftrightarrow \psi)$	$((\varphi \rightarrow \psi) \wedge (\psi \rightarrow \varphi))$

Man kann die so erweiterten Formeln mit den neuen Junktoren $\rightarrow$ und $\leftrightarrow$ durch Formeln ersetzen, in denen diese Junktoren nicht mehr vorkommen. Insofern kann man die neuen Junktoren als rein syntaktische Abkürzungen betrachten. Wir können die Bedeutung der neuen Junktoren aber auch direkt durch die Wahrheitswert-Tabellen definieren:

φ	ψ	$(\varphi \rightarrow \psi)$	$(\varphi \leftrightarrow \psi)$
0	0	1	1
0	1	1	0
1	0	0	0
1	1	1	1

Die *Implikation* $\varphi \rightarrow \psi$ ist genau dann falsch (hat den Wahrheitswert 0), wenn φ wahr ist und ψ falsch. Ist dagegen φ falsch, dann ist die Implikation wahr, unabhängig davon, ob ψ wahr oder falsch ist. Die *Äquivalenz* $\varphi \leftrightarrow \psi$ ist genau dann wahr, wenn φ und ψ den gleichen Wahrheitswert haben. In der Umgangssprache ist die Implikation eine **wenn-dann**-Aussage. Die obige Definition der Implikation ist in der Umgangssprache aber etwas ungewohnt. So ist die Aussage: „**Wenn** Weihnachten und Ostern auf den gleichen Tag fallen, **dann** ist Rom die Hauptstadt von China“ wahr, da die Voraussetzung der Implikation falsch ist.

2.1.2 Prädikate

Ein *Prädikat* ist ebenfalls eine Formel, die nach bestimmten syntaktischen Regeln aufgebaut ist. Ein Prädikat kann in einer Rechenstruktur interpretiert werden und hat bei jeder solchen Interpretation einen Wahrheitswert. Bevor wir den Begriff des Prädikats formal definieren, soll ein einfaches Beispiel betrachtet werden.

Beispiel 6

$$x \leq 10 \rightarrow x + 1 \leq 11$$

Wenn man diese Formel in der Rechenstruktur der natürlichen Zahlen in der gewohnten Weise deutet, dann wird für jede Ersetzung von x durch eine natürliche Zahl n eine wahre Aussage aus der Formel. Ist $n \leq 10$, dann ist $n + 1 \leq 11$, und ist $n > 10$, dann ist die Voraussetzung der Implikation $\rightarrow$ falsch und damit ist die gesamte Aussage wahr.

Zum Aufbau der Formel haben wir den Bezeichner x verwendet, der bei der speziellen Interpretation durch eine natürliche Zahl interpretiert wird. Bezeichner für die Elemente einer Rechenstruktur heißen auch (Individuen-) Variablen. Außerdem haben wir die Symbole $\leq$ und $+$ verwendet, die ebenfalls in der Rechenstruktur der natürlichen Zahlen eine konkrete Bedeutung haben. Dabei bezeichnet $\leq$ die Ordnungsrelation und $+$ die Addition für natürliche Zahlen. Schließlich sind zwei Teilformeln durch den logischen Junktor $\rightarrow$ miteinander verknüpft.

Prädikate sind die Formeln der *Prädikatenlogik* (PL). Zum Aufbau von Prädikaten werden Symbole für Funktionen (Operationen) und Relationen verwendet, die in einer konkreten Rechenstruktur eine konkrete Bedeutung haben. Obwohl die Begriffe Menge, Rechenstruktur, Funktion und Relation erst in den folgenden Abschnitten definiert werden, soll der Prädikatbegriff schon hier vorbereitet werden, da wir auch Prädikate verwenden, um Definitionen und Behauptungen zu formulieren.

Der Aufbau von Prädikaten ist etwas komplizierter als der von Formeln der Aussagenlogik. Man verwendet die folgenden Bestandteile zum Aufbau von Prädikaten:

1. Variablen: $v_1, v_2, \ldots$

2. Funktionssymbole: $f_1, f_2, ...$
3. Relationssymbole: $\rho_1, \rho_2, ...$
4. jedem Funktionssymbol f_i ist eine natürliche Zahl n_i zugeordnet
5. jedem Relationssymbol ρ_j ist eine natürliche Zahl p_j zugeordnet

Die Zahl n_i heißt *Stelligkeit* des Funktionssymbols f_i und p_j heißt Stelligkeit des Relationssymbols ρ_j. Um den Aufbau der Formeln besser zu verstehen, sollte man die beabsichtigte Interpretation betrachten. Das Funktionssymbol f_i soll durch eine Funktion mit n_i Argumenten gedeutet werden, und diese Funktion hat dann für eine Liste von n_i Argumenten einen bestimmten Funktionswert. Das Relationssymbol ρ_j soll als eine Relation, d.h. als eine Beziehung zwischen p_j Argumenten gedeutet werden. Eine solche Relation trifft für die Argumente zu oder auch nicht. Eine Relation hat also für jede Argumentenliste einen Wahrheitswert.

In unserem Beispiel oben ist x eine Variable, $+$ ein Funktionssymbol der Stelligkeit zwei und $\leq$ ein Relationssymbol der Stelligkeit zwei. Die Zahlsymbole $1, 10$ und 11 sind Funktionssymbole der Stelligkeit 0, also Konstanten. Der Implikationspfeil wird als logischer Junktor auch für Prädikate verwendet. Damit kann man den Aufbau der Formeln definieren. Man unterscheidet dabei Terme, atomare Formeln und allgemeine Formeln.

Definition 3 *Formeln der Prädikatenlogik*

1. *Terme*
   (a) Jede Variable v_i ist ein Term.
   (b) Sind $t_1, ..., t_{n_i}$ Terme, dann ist auch $f_i(t_1, ..., t_{n_i})$ ein Term.
   (c) Nur Zeichenreihen, die nach 1a und 1b in endlich vielen Schritten erzeugt werden können, sind Terme.
2. *Atomare Formeln*
   (a) Sind $t_1, ..., t_{p_j}$ Terme, dann ist $\rho_j(t_1, ..., t_{p_j})$ eine atomare Formel.
   (b) Nur Zeichenreihen, die nach 2a gebildet sind, sind atomare Formeln.
3. *Formeln*

(a) Jede atomare Formel ist eine Formel.

(b) Sind φ und ψ Formeln, dann sind auch

$(\varphi \wedge \psi); (\varphi \vee \psi); \neg\varphi; (\varphi \rightarrow \psi)$ und $(\varphi \leftrightarrow \psi)$ Formeln.

(c) Ist φ eine Formel und x eine Variable, dann sind auch

$(\forall_x : \varphi)$ und $(\exists_x : \varphi)$ Formeln.

(d) Nur Zeichenreihen, die nach 3a - 3c in endlich vielen Schritten gebildet werden können, sind Formeln.

Beispiel 7 *Zeichenreihen und Formeln der PL:*
Als Funktionssymbole betrachten wir die üblichen Symbole $+, *$ *und* $-$ *für die arithmetischen Operationen und als Relationssymbole die Symbole für die Vergleiche:* $<, \leq, >, \geq$ *und* $=$. *Man beachte aber, daß wir hier nur die Stelligkeiten dieser Symbole benötigen, nicht ihre Bedeutung. Wir schreiben zweistellige Funktions- und Relationssymbole wie üblich zwischen die Operanden (Infix-Notation)*

1. $(((v_1 < v_2) \wedge \neg(v_2 = v_5)) \rightarrow \neg(v_1 = v_5))$

2. $(\forall_{v_1} : (\exists_{v_2} : ((v_1 \leq v_2) \rightarrow (v_2 = v_1))))$

3. $(v_1 : \forall_{v_1} \wedge \neg v_7)$

Die Zeichenreihen in 1 und 2 sind Formeln der PL, während die Zeichenreihe 3 keine Formel ist.

Natürlich verwendet man in der PL auch wieder Konventionen zur Einsparung von Klammern, wie in Beispiel 6.

Die Formeln der PL können in einer Rechenstruktur interpretiert werden, wenn darin jedem Funktionszeichen eine Funktion der gegebenen Stelligkeit und jedem Relationssymbol eine Relation der gegebenen Stelligkeit zugeordnet ist. Wenn man dann jeder Variablen einen Wert (ein Element der Rechenstruktur) zuordnet, dann ist die Interpretation eines Terms ein Wert der Rechenstruktur. Ein Term ist ein Rechenausdruck, der in der Struktur ausgewertet werden kann. Eine atomare Formel wird zu einer Aussage, denn die Werte der Terme können in der Relation, die dem Relationssymbol zugeordnet ist stehen oder nicht, d.h. der Wert einer atomaren Formel ist ein Wahrheitswert.

Beispiel 8 *Wir betrachten die Funktionssymbole* $\sqcup$, $\sqcap$ *mit der Stelligkeit* 2, $\lhd$ *mit der Stelligkeit* 1 *und* **0**, **1** *mit der Stelligkeit* 0 *(Konstanten). Als Variablen verwenden wir aus Bequemlichkeit statt der indizierten Symbole* $v_1, v_2, \ldots$ *einfach kleine lateinische Buchstaben* $x, y, \ldots\ldots$ *Dann sind die folgenden Zeichenreihen Terme:*

1. x
2. $\lhd(\mathbf{1})$
3. $\sqcup(x, y)$
4. $\sqcap(\sqcup(x, \lhd(y)), \sqcup(\lhd(x), y))$

Für diese Terme soll eine Interpretationen angegeben werden. Die Rechenstruktur ist gegeben durch die Wahrheitswerte 0 *und* 1 *mit den Rechenoperationen, die im vorigen Abschnitt definiert wurden. Die Bedeutung der Funktionssymbole ist durch folgende Tabelle definiert:*

Symbol	*Funktion*	*Stelligkeit*
0	0	0
1	1	0
$\sqcup$	$+$	2
$\sqcap$	$\cdot$	2
$\lhd$	$\tilde{}$	1

Damit kann man jetzt die Terme berechnen, wenn man den darin jeweils vorkommenden Variablen Wahrheitswerte zuordnet. Wir verwenden die folgende Tabelle für die Belegung der Variablen:

Variable	*Wert*
x	0
y	1

Die Terme haben dann die folgenden Werte:

Term	*Wert*
x	0
$\lhd(\mathbf{1})$	0
$\sqcup(x, y)$	1
$\sqcap(\sqcup(x, \lhd(y)), \sqcup(\lhd(x), y))$	0

Atomare Formeln haben die Form $\rho(t_1, ..., t_j)$, wobei $t_1, ..., t_j$ Terme sind und ρ ein Symbol für eine j-stellige Relation, also in der Interpretation eine Beziehung, die zwischen den Werten der Terme $t_1, ..., t_j$ besteht oder nicht. Wenn die Terme in einer geeigneten Rechenstruktur interpretiert werden, dann haben sie für diese Interpretation einen Wahrheitswert. Ein Beispiel für eine atomare Formel ist:

$$+(x, 5) \leq 7 \text{ oder in gewohnter Form: } x + 5 \leq 7$$

Wenn man diese Formel in der Rechenstruktur der ganzen Zahlen interpretiert, dann hängt der Wahrheitswert davon ab, welchen Wert die Variable x hat. Hat x den Wert 1, dann hat die Formel den Wahrheitswert 1 (**wahr**). Hat aber x den Wert 4, dann ist der Wahrheitswert für diese spezielle Interpretation 0 (**falsch**). Da atomare Formeln in jeder Interpretation einen Wahrheitswert erhalten, kann man sie mit den logischen Junktoren (Operatorzeichen) verknüpfen. Die Bedeutung dieser Junktoren ist die gleiche, wie in der Aussagenlogik. Wenn eine Formel φ der Prädikatenlogik in einer ganz bestimmten Interpretation I den Wahrheitswert 1 annimmt, dann sagt man auch, die Formel φ ist *gültig* unter der Interpretation I.

Es muß noch auf die besonderen Formeln der Bauart $(\forall_x : \varphi)$ und $(\exists_x : \varphi)$ eingegangen werden. Die Zeichen $\forall$ und $\exists$ heißen *Quantoren* und können einfach umgangssprachlich durch „für alle" bzw. „es gibt" ersetzt werden. $(\forall_x : \varphi)$ ist also zu lesen als: „für alle x gilt die Formel φ", und $(\exists_x : \varphi)$ ist zu lesen als: „es gibt ein x, so daß die Formel φ gültig ist". Ist φ eine Formel, in der zunächst kein Quantor vorkommt, und ist x eine Variable, die in φ vorkommt, und kommen sonst keine weiteren Variablen in φ vor, dann hat die Formel φ bei einer Interpretation in einer gegebenen Rechenstruktur für jede Belegung der Variablen x einen der beiden Wahrheitswerte. Die Formel $(\forall_x : \varphi)$ soll dann und nur dann den Wahrheitswert 1 erhalten, wenn die Formel φ bei *jeder* Ersetzung der Variablen x durch einen Wert den Wahrheitswert 1 hat. Die Formel $(\exists_x : \varphi)$ soll dann und nur dann den Wahrheitswert 1 erhalten, wenn die Formel φ bei *mindestens einer* Ersetzung der Variablen x durch einen Wert den Wahrheitswert 1 hat.

Wenn x in der Formel φ vorkommt, dann wird dieses Vorkommen von x durch den Quantor in $(\forall_x : \varphi)$ gebunden. Man unterscheidet in einer Formel also zwischen dem *gebundenen* und dem *freien Vorkommen* einer Variablen. Diese technischen Details sollen hier nicht weiter verfolgt werden. Sie werden aber sehr wichtig für eine genauere Betrachtung der Prädikatenlogik [Sch87]. Die Verwendung der Quantoren soll durch Beispiele erläutert werden.

Beispiel 9 *Wir betrachten die Rechenstruktur der ganzen Zahlen und deuten darin die Funktionssymbole* $+, -,$ *und* $\cdot$ *und die Relationssymbole* $\leq$ *und* $\geq$ *sowie die Konstantensymbole* $..-2,-1,0,1,2,..$ *auf die gewohnte Weise. Wir betrachten jetzt das Prädikat*

$$(\forall_x : ((x \leq 0) \rightarrow (-x \geq 0)))$$

Diese Formel enthält keine freie Variable (sie heißt deshalb auch abgeschlossen) und hat bei der genannten Interpretation den Wahrheitswert 1, *denn wenn man in der Teilformel* $((x \leq 0) \rightarrow (-x \geq 0))$ *für* x *eine beliebige ganze Zahl einsetzt, dann hat diese Formel stets den Wahrheitswert* 1. *Die folgende Formel dagegen hat den Wahrheitswert* 0*:*

$$(\exists_x : (((x \leq 0) \wedge (-x \leq 0)) \wedge \neg(x = 0)))$$

Prädikate sind Formeln, die nach den obigen Regeln gebildet werden. Die Symbole für Funktionen und Relationen, die in diesen Prädikaten vorkommen, hängen ab von der Rechenstruktur, in der man die Prädikate interpretieren will. Wenn man eine solche Rechenstruktur als gegeben voraussetzt und die Interpretation festgelegt ist, dann hängt der Wahrheitswert noch von der Belegung der (freien) Variablen in dem Prädikat ab.

Wir verwenden Prädikate im folgenden Text dieses Buches, um damit bestimmte Eigenschaften von mathematischen Objekten zu definieren, zu behaupten oder zu beweisen. Dabei werden wir uns nicht streng an die formalen Regeln der obigen Definition halten. Wir werden Klammern einsparen, soweit keine Mißverständnisse zu befürchten sind. Für die Implikation und die Äquivalenz von Eigenschaften verwenden wir auch die Zeichen $\Rightarrow$ bzw. $\Leftrightarrow$. Eine Behauptung wie etwa $A \Rightarrow B$ soll also bedeuten: Wenn A gilt, dann gilt auch B, oder: aus A folgt B. Dafür sagt man manchmal auch: A ist eine *hinreichende* Bedingung für B, oder: B ist eine *notwendige* Bedingung für A. Die Behauptung: $A \Leftrightarrow B$ besagt, daß A genau dann gilt, wenn B gilt. Man sagt dann auch: A und B sind äquivalent. Wir verwenden auch die Quantoren $\forall$ und $\exists$, um Behauptungen für alle Elemente einer Menge zu formulieren bzw. um die Existenz eines Elementes mit bestimmten Eigenschaften zu behaupten. Ein Beispiel soll unseren Gebrauch der Quantoren zur Formulierung mathematischer Sachverhalte erläutern.

Beispiel 10 *Sei* prim(x) *die Eigenschaft einer Zahl* x, *Primzahl zu sein. Es gilt dann etwa* prim(2) *und* prim(17), *denn* 2 *und* 17 *sind Primzahlen. Aber es gilt nicht:* prim(22). *Man kann* prim *als einstellige Relation betrachten, so daß man die Formel* prim(x) *für natürliche Zahlen interpretieren kann. Jede Ersetzung von* x *durch eine natürliche Zahl liefert dann für diese atomare Formel einen Wahrheitswert:* prim(17) = 1, *aber* prim(22) = 0. *Sei jetzt* $a_1, a_2, ..., a_{100}$ *eine Folge von natürlichen Zahlen. Die Behauptung:*

$$\forall_i : (1 \leq i \leq 30 \Rightarrow \text{prim}(a_i))$$

bedeutet dann: Wenn der Index i *zwischen* 1 *und* 30 *jeweils einschließlich liegt, dann ist die Zahl* a_i *eine Primzahl. Man sieht, daß ein langer umgangssprachlicher Satz durch eine kompakte Formel ersetzt werden kann. Umgekehrt lassen sich solche Formeln auch in umgangssprachliche Sätze umwandeln, aber der Gebrauch der Formeln ist bequem und weniger mißverständlich als die Umgangssprache. Mit den gleichen Voraussetzungen wie oben kann man die folgende Behauptung formulieren: Unter den Zahlen* $a_3, ..., a_{100}$ *gibt es mindestens eine Zahl, die die Summe aus ihren beiden Vorgängern ist. In der kompakteren Form ist das:*

$$\exists_i : (3 \leq i \leq 100) \land (a_i = a_{i-1} + a_{i-2})$$

oder auch noch stärker abgekürzt:

$$\exists_{3 \leq i \leq 100} : a_i = a_{i-1} + a_{i-2}$$

Bei der Definition neuer Begriffe verwendet man auch die Schreibweise

$$P(x) :\Leftrightarrow Q(x)$$

als Kurzform für: Die Eigenschaft $P(x)$ gilt definitionsgemäß genau dann, wenn $Q(x)$ gilt.

Die Prädikatenlogik wird in der Informatik verwendet, um die *Korrektheit* von Programmen zu beweisen. Man definiert dazu innerhalb eines Programmtextes an bestimmten Stellen Eigenschaften, die erfüllt sein sollen, wenn das Programm im Ablauf an diese Stellen gelangt. Die Anweisungen des Programms stellen so eine Beziehung zwischen den annotierten Prädikaten her (Prädikattransformation). Die Semantik einer Programmiersprache kann damit durch Regeln definiert werden, die diese Prädikattransformation festlegen. Diese Technik wird verwendet, um Programme so zu entwerfen, daß sie zusammen mit ihrem Korrektheitsbeweis entstehen [DF88] [Gri81] [Kal90].

Eine zweite ganz wesentliche Anwendung der Prädikatenlogik ist ihre Verwendung als Programmiersprache (logische Programmierung). Da wir eine Beziehung zwischen den Eingaben und Ausgaben eines Programms durch Prädikate beschreiben können (Spezifikation), kann man diese deklarative Problembeschreibung selbst als ein Programm auffassen. Es muß dann ein Interpreter existieren, der die Formeln der Prädikatenlogik geeignet auswerten kann. Die Programmiersprache PROLOG verwendet eine eingeschränkte Formelsprache (Hornklauseln) der Prädikatenlogik. In dieses interessante Gebiet können wir hier aber nicht weiter eindringen [CM84] [Sch87] [Spi96].

2.2 Mengen

Die *Mengenlehre* wurde von Georg Cantor (1845-1918) begründet. Ziel der damals neuen Denkweise war es, die Grundlagen der Mathematik auf nur wenige Grundbegriffe zurückzuführen. Der Mengenbegriff ist ein solcher grundlegender Begriff, der auf viele mathematische Objekte anwendbar ist. Insbesondere sollte der Mengenbegriff ein besseres Verständnis für unendliche Gesamtheiten wie etwa die natürlichen oder die reellen Zahlen liefern.

Cantor betrachtete es als fundamental, daß man bestimmte Objekte zu einer neuen Gesamtheit zusammenfassen kann und dann diese Gesamtheit als ein neues Objekt betrachtet. Objekt ist dabei ein beliebiger Gegenstand unserer Betrachtung. Objekte müssen nicht gegenständlich sein. Es sind gerade in der Mathematik meistens abstrakte, rein gedankliche Begriffe, die zum Gegenstand der Betrachtung werden. Ein Objekt kann ein bestimmtes Haus, eine Zahl, eine bestimmte Gruppe von Menschen, eine Farbe, eine Zeichenfolge oder das gesamte Universum sein.

Cantor beschreibt seinen Mengenbegriff so:

„Unter einer Menge verstehen wir jede Zusammenfassung M von bestimmten wohlunterschiedenen Objekten unserer Anschauung oder unseres Denkens (welche die Elemente von M genannt werden) zu einem Ganzen."

Die Bedeutung dieses neuen Grundbegriffs wurde besonders klar, als es Cantor gelang, zu zeigen, daß unendliche Mengen miteinander verglichen werden können und daß es unendliche Mengen unterschiedlicher Größe (Kardinalzahl) gibt. Es wurde aber auch bald erkannt, daß die uneingeschränkte Bildung von Mengen im Cantorschen Sinn zu Widersprüchen führt (Russels Antinomie). So wurde eine axiomatische Mengenlehre entwickelt, in der diese Widersprüche nicht mehr konstruiert werden konnten. Es soll hier aber nicht weiter auf diese mathematischen Grundlagenfragen eingegangen werden.

2.2.1 Der Begriff der Menge.

Wir betrachten den Mengenbegriff naiv, indem wir uns keine Einschränkungen der Mengenbildung auferlegen. Allerdings werden wir nur solche Mengen konstruieren, die nicht zu den bekannten Widersprüchen führen.

Beispiel 11 *Zusammenfassungen von Objekten unserer Anschauung:*

1. *Menge der positiven ganzen Zahlen, die kleiner sind als* 10
2. *Menge der Buchstaben des deutschen Alphabets*
3. *Menge der Studenten, die Informatik studieren*
4. *Menge der im Intervall* $[0,1]$ *stetigen Funktionen*

Man beachte, daß eine Menge nicht etwas absolut gegebenes ist, sondern daß wir durch eine gedankliche Abgrenzung erst eine Menge schaffen.

Eine *Menge* ist die Zusammenfassung bestimmter Objekte. Die Objekte können dabei auch selbst wieder Mengen sein. Ist M eine Menge und x ein Element von M, dann schreibt man dafür: $x \in M$. Wenn x nicht zur Menge M gehört, so schreibt man dafür: $x \notin M$. Um eine Menge zu beschreiben, verwendet man oft die geschweiften Klammern $\{\}$ und definiert darin durch ein Prädikat $H(x)$, daß genau diejenigen Objekte x zur Menge gehören, die die Eigenschaft H besitzen. Dafür verwendet man die folgende Schreibweise:

$$M = \{x \mid H(x)\}.$$

Man nennt die Objekte x, für die $H(x)$ gilt auch die *Extension* des Prädikates H. Ist M eine endliche Menge, dann kann man auch die (Bezeichner der) Objekte direkt in die Mengenklammern schreiben, wie in $M = \{1,2,3,7,22\}$. Diese Menge M soll also gerade die Zahlen enthalten, die wir in der üblichen dezimalen Darstellung mit $1, 2, 3, 7$ und 22 bezeichnen. Für unendliche Mengen wird auch ganz intuitiv eine Schreibweise mit „Pünktchen" verwendet, die zwar nicht sehr präzise aber aus dem jeweiligen Kontext i.a. eindeutig ist, wie in: $\mathbf{N} = \{0, 1, 2, 3, ...\}$ oder in: $\mathbf{Z} = \{..., -2, -1, 0, 1, 2, ...\}$. Hier sind die Mengen der natürlichen und der ganzen Zahlen gemeint.

Zwei Mengen, die durch unterschiedliche Beschreibungen der definierenden Eigenschaft (also durch verschieden formulierte Prädikate) gegeben sind, sollen gleich sein genau dann, wenn sie die gleichen Elemente enthalten. Daher sind die folgenden Mengen paarweise gleich: $\{x \mid (x \in \mathbf{N}) \wedge (x + 3 \leq 8)\}$, $\{0, 1, 2, 3, 4, 5\}$, $\{x \mid (x \in \mathbf{N}) \wedge (x \leq 5)\}$. Es sollen noch einige Beispiele für Mengen aufgelistet werden.

Beispiel 12 *Mengen, die über Eigenschaften von Objekten definiert sind als*$\{x \mid H(x)\}$*:*

- Sei $H(x)$ die Eigenschaft: x ist eine Primzahl und kleiner als 25 und damit: $M_1 = \{2, 3, 5, 7, 11, 13, 17, 19, 23\}$
- Sei $H(x)$ die Eigenschaft: x ist eine positive gerade ganze Zahl und damit: $M_2 = \{0, 2, 4, 6, ...\}$
- Sei $H(x)$ die Eigenschaft: $x \in M_2$ und x ist durch 3 teilbar und damit: $M_3 = \{6, 12, 18, ...\}$
- Sei $H(x)$ die Eigenschaft: $x \in M_1$ und $x \notin M_2$ und damit: $M_4 = \{3, 5, 7, 11, 13, 17, 19, 23\}$

Welche Objekte zu einer Menge gehören, wird auf unterschiedliche Weise ausgedrückt. Statt $M = \{x \mid H(x)\}$ schreibt man manchmal auch: $x \in M \Leftrightarrow H(x)$. Das soll gelesen werden als: x gehört zu M genau dann, wenn x die Eigenschaft H erfüllt. Die Menge M_2 im obigen Beispiel kann man also auch wie folgt beschreiben: $x \in M_2 \Leftrightarrow (x \in \mathbf{N}) \wedge \exists_{y \in \mathbf{N}} : x = 2y$.

Es gibt eine ganz bestimmte Menge, die kein Element enthält. Diese Menge heißt die *leere Menge* und wird durch $\emptyset$ oder auch durch ein leeres Paar von Mengenklammern $\{\}$ bezeichnet. Diese leere Menge ist eindeutig, d.h. es gibt eine und nur eine leere Menge. Wir können Mengen miteinander kombinieren, wie das im obigen Beispiel schon gezeigt wurde.

Definition 4 *Seien A und B zwei Mengen, dann definiert man:*

1. $A \cup B = \{x \mid (x \in A) \vee (x \in B)\}$ *Vereinigung*
2. $A \cap B = \{x \mid (x \in A) \wedge (x \in B)\}$ *Durchschnitt*
3. $A - B = \{x \mid (x \in A) \wedge (x \notin B)\}$ *Differenz*
4. $A \oplus B = (A - B) \cup (B - A)$ *symmetrische Differenz*

Solche *Mengenoperationen* (Verknüpfungen von Mengen) werden oft anschaulich geometrisch durch Diagramme (*Venn-Diagramme*) dargestellt. Diese Diagramme sind ein gutes Hilfsmittel, um sich bestimmte Eigenschaften der Mengenoperationen klar zu machen. Eine Menge wird dabei durch einen Kreis oder eine Ellipse (oder eine andere geeignete geschlossene Kurve) dargestellt. Die in der Abbildung grau schattierten Flächen stellen das Ergebnis der jeweiligen Mengenoperation dar (siehe Abb. 2.1).

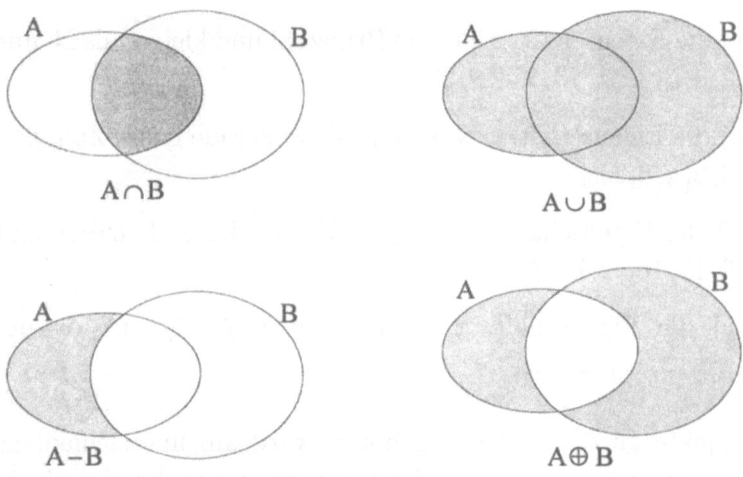

Abb. 2.1 Venn-Diagramme für Mengenoperationen

Zwei Mengen A und B heißen *disjunkt* genau dann, wenn gilt $A \cap B = \emptyset$. Mengen können in anderen Mengen enthalten sein. Man definiert daher: $A \subseteq B$ gilt genau dann, wenn jedes Element $x \in A$ auch Element aus B ist, d.h. $\forall_x : x \in A \Rightarrow x \in B$. Zwei Mengen A und B sollen gleich sein, wenn sie die gleichen Elemente enthalten (die gleiche *Extension* haben): $A = B \Leftrightarrow (A \subseteq B) \wedge (B \subseteq A)$. Diese Beziehung wird sehr häufig benutzt, um zu zeigen, daß zwei Mengen gleich sind.

Proposition 3 *Für beliebige Mengen A, B gilt:* $A \subseteq B \Leftrightarrow A \cap B = A$

Beweis. Sei $A \subseteq B$. Dann ist $A \cap B = \{x \mid (x \in A) \wedge (x \in B)\}$. Nach Voraussetzung gilt für jedes $x \in A$ auch $x \in B$ und somit gilt für jedes $x \in A$ auch $x \in A \cap B$. Daher gilt $A \subseteq A \cap B$.

Umgekehrt ist jedes Element $x \in A \cap B$ auch Element aus A und somit ist $A \cap B \subseteq A$. Daher gilt $A \cap B = A$.

Sei jetzt $A \cap B = A$, also $A \cap B = \{x \mid (x \in A) \wedge (x \in B)\} = A$. Für $x \in A = A \cap B$ gilt dann insbesondere auch $x \in B$. Also gilt $\forall_x : x \in A \Rightarrow x \in B$ und somit $A \subseteq B$. ■

Die leere Menge ist Teilmenge jeder anderen Menge, d.h. für jede Menge A gilt $\emptyset \subseteq A$. Wenn X eine gegebene Menge ist, dann kann man die Menge aller Teilmengen von X betrachten. Diese Menge heißt auch die *Potenzmenge* von X und wird mit $\mathbf{P}(X)$ bezeichnet: $\mathbf{P}(X) = \{A \mid A \subseteq X\}$. Jede solche Potenzmenge hat die folgenden Eigenschaften, die man leicht nachweisen kann:

1. $\emptyset \in \mathbf{P}(X)$, $X \in \mathbf{P}(X)$
2. $(A \in \mathbf{P}(X)) \wedge (B \in \mathbf{P}(X)) \Rightarrow A \cup B \in \mathbf{P}(X)$
3. $(A \in \mathbf{P}(X)) \wedge (B \in \mathbf{P}(X)) \Rightarrow A \cap B \in \mathbf{P}(X)$
4. $(A \in \mathbf{P}(X)) \Rightarrow (X - A) \in \mathbf{P}(X)$

Die Menge $X - A$ heißt auch die *Komplementärmenge* von A oder einfach das *Komplement* von A und wird bei festgelegter Grundmenge X einfach mit $\overline{A}$ bezeichnet. Man mache sich aber klar, daß der Begriff des Komplements nur eine Bedeutung in der Potenzmenge $\mathbf{P}(X)$ hat, d.h. wenn eine Grundmenge X gegeben ist. Man sagt, daß die Menge $\mathbf{P}(X)$ ist *abgeschlossen* gegen die Operationen $\cap, \cup$ und Komplement, weil das Ergebnis dieser Operationen immer wieder in der Menge $\mathbf{P}(X)$ liegt. Damit besitzt $\mathbf{P}(X)$ eine Rechenstruktur. Die Elemente dieser Rechenstruktur sind die Teilmengen von X, und $\cap, \cup$ und die Komplementbildung sind die Rechenoperationen. Für diese Rechenstruktur lassen sich leicht die folgenden Rechenregeln nachweisen.

Proposition 4 *Für beliebige* $A, B, C \in \mathbf{P}(X)$ *gilt:*

1. $\cup$ *und* $\cap$ *sind kommutativ:*

$$A \cup B = B \cup A \text{ und } A \cap B = B \cap A$$

2. *$\cup$ und $\cap$ sind assoziativ:*

$$A \cup (B \cup C) = (A \cup B) \cup C \text{ und } A \cap (B \cap C) = (A \cap B) \cap C$$

3. *$\cap$ ist distributiv über $\cup$ und $\cup$ ist distributiv über $\cap$:*

$$A \cap (B \cup C) = (A \cap B) \cup (A \cap C) \text{ und}$$
$$A \cup (B \cap C) = (A \cup B) \cap (A \cup C)$$

4. *$\emptyset$ ist neutral bezüglich $\cup$ und X ist neutral bezüglich $\cap$:*

$$A \cup \emptyset = A \text{ und } A \cap X = A$$

5. *A und $\overline{A}$ sind komplementär zueinander:*

$$A \cup \overline{A} = X \text{ und } A \cap \overline{A} = \emptyset$$

6. *Gesetze von de Morgan:*

$$\overline{(A \cap B)} = (\overline{A} \cup \overline{B}) \text{ und } \overline{(A \cup B)} = (\overline{A} \cap \overline{B})$$

Beweis. Exemplarisch sollen hier nur das erste Distributivgesetz und das erste Gesetz von de Morgan bewiesen werden.

- Zeige: $A \cap (B \cup C) = (A \cap B) \cup (A \cap C)$.
  - Sei $x \in A \cap (B \cup C)$, dann gilt $(x \in A) \wedge ((x \in B) \vee (x \in C))$. Wenn $x \in B$ gilt, dann gilt auch $x \in (A \cap B) \subseteq (A \cap B) \cup (A \cap C)$. Analog gilt für $x \in C : x \in (A \cap C) \subseteq (A \cap B) \cup (A \cap C)$. In beiden Fällen gilt daher: $x \in (A \cap B) \cup (A \cap C)$ und somit $A \cap (B \cup C) \subseteq (A \cap B) \cup (A \cap C)$.
  - Sei $x \in (A \cap B) \cup (A \cap C)$, dann gilt $x \in (A \cap B)$ oder $x \in (A \cap C)$. Damit ist in jedem Fall $x \in A$. Außerdem ist $x \in B$ oder $x \in C$ und damit $x \in B \cup C$. Insgesamt gilt daher $x \in A \cap (B \cup C)$, also ist $(A \cap B) \cup (A \cap C) \subseteq A \cap (B \cup C)$

  aus beiden Ergebnissen folgt die behauptete Gleichheit.

- Zeige: $\overline{(A \cap B)} = (\overline{A} \cup \overline{B})$.

$$\begin{aligned} x \in \overline{(A \cap B)} &\Leftrightarrow x \notin (A \cap B) \\ &\Leftrightarrow ((x \in B) \wedge (x \notin A)) \vee ((x \in A) \wedge (x \notin B)) \\ &\qquad \vee ((x \notin A) \wedge (x \notin B)) \\ &\Leftrightarrow x \in (B \cap \overline{A}) \cup (A \cap \overline{B}) \cup (\overline{A} \cap \overline{B}) \\ &\Leftrightarrow x \in (B \cap \overline{A}) \cup ((A \cup \overline{A}) \cap \overline{B}) \\ &\Leftrightarrow x \in (B \cap \overline{A}) \cup (X \cap \overline{B}) = (B \cap \overline{A}) \cup \overline{B} \\ &= (B \cup \overline{B}) \cap (\overline{A} \cup \overline{B}) = X \cap (\overline{A} \cup \overline{B}) = (\overline{A} \cup \overline{B}) \end{aligned}$$

Hier wurden bereits einige der Gesetze angewendet, die weiter oben in dieser Proposition auftreten. ■

Wenn man diese Beziehungen mit den Äquivalenzen in Proposition 2 vergleicht, dann stellt man fest, daß sie formal bis auf eine Umbenennung der Operatorsymbole gleich sind. Das liegt an einer engen Verwandtschaft der logischen Verknüpfungen mit den Mengenoperationen. Der Grund für die Übereinstimmung liegt darin, daß beide Rechenstrukturen *Boolesche Algebren* sind. Eine *Boolesche Algebra* ist eine Rechenstruktur, in der die Beziehungen von 4 gelten. Wir werden diese Struktur später noch einmal besprechen.

2.2.2 Die natürlichen Zahlen als abstrakter Datentyp.

Wir wollen die Menge der *natürlichen Zahlen* **N** präzise durch die Axiome von Peano (1858-1932) definieren. Diese Axiome charakterisieren die Menge **N** (abstrakt) durch Eigenschaften.

Axiome von Peano:

P1 Es gibt ein Element $0 \in \mathbf{N}$.

P2 Zu jedem Element $x \in \mathbf{N}$ gibt es einen Nachfolger $s(x) \in \mathbf{N}$.

P3 Sind $x, y \in \mathbf{N}$ und gilt $s(x) = s(y)$, dann gilt $x = y$.

P4 Sind $x, y \in \mathbf{N}$ und gilt $y = s(x)$, dann gilt $y \neq 0$.

P5 Ist $U \subseteq \mathbf{N}$ und gilt: $0 \in U$ und $\forall_{x \in \mathbf{N}} : x \in U \Rightarrow s(x) \in U$

dann ist $U = \mathbf{N}$.

Wir werden später eine konkrete Rechenstruktur konstruieren, die diese Axiome erfüllt. Wir gehen aber davon aus, daß der Leser mit den natürlichen Zahlen bereits einigermaßen vertraut ist. Der Nachfolger einer natürlichen Zahl $n \in \mathbf{N}$ ist die Zahl $n + 1$.

Das Axiom P5 heißt *Induktionsaxiom* und ist die Grundlage für induktive Beweise (*vollständige Induktion*) und Definitionen. Ist H eine Eigenschaft (Prädikat), die auf natürliche Zahlen zutreffen kann, und möchte man beweisen, daß $H(x)$ für alle natürlichen Zahlen gilt, dann setzt man $U = \{x \in |H(x)\}$. Es genügt dann zu zeigen:

- *Induktionsverankerung*: $0 \in U$; also $H(0)$ (oder: 0 hat die Eigenschaft H)
- *Induktionsschritt*: $\forall_{x \in \mathbf{N}} : x \in U \Rightarrow s(x) \in U$; oder $\forall_{x \in \mathbf{N}} : H(x) \Rightarrow H(s(x))$

In dem Beweisschritt: $H(x) \Rightarrow H(s(x))$ heißt $H(x)$ die *Induktionsvoraussetzung*. Man beweist die Gültigkeit von $H(s(x))$ unter der Annahme, daß $H(x)$ gültig ist.

Für das folgende Beispiel und in späteren Abschnitten benötigen wir das Summenzeichen $\sum$, mit dem man Summen von endlich vielen (oder sogar unendlich vielen) Summanden darstellt. Sei $I = \{i_1, \cdots, i_s\} \subseteq \mathbf{N}$ ein Indexbereich. Für jedes $i \in I$ sei e_i ein Ausdruck, der eine Zahl als Wert hat, dann bedeutet:

$$\sum_{i \in I} e_i = e_{i_1} + e_{i_2} + \cdots + e_{i_s},$$

d.h. $\sum_{i \in I} e_i$ ist eine Abkürzung für den Ausdruck auf der rechten Seite. Für ein ganzzahliges Intervall $I = \{k, k+1, \cdots, k+m\}$ schreibt man auch:

$$\sum_{i \in I} e_i = \sum_{i=k}^{k+m} e_i$$

Für $I = \emptyset$ soll $\sum_{i \in I} e_i = 0$ gesetzt werden. Mit der Konvention, daß unter dem Summenzeichen die linke Intervallgrenze steht, ist z.B. $\sum_{i=2}^{1} i^2 = 0$.

Beispiel 13 *Induktionsbeweis:*

Behauptung: $\forall_{n \in \mathbf{N}} : \sum_{i=1}^{n} i = \frac{n(n+1)}{2}$

Beweis:

1. *Induktionsverankerung: Für $n = 0$ ist die Summe leer und hat somit den Wert 0, und der Bruch auf der rechten Seite hat ebenfalls den Wert 0.*

2. *Induktionsschritt: angenommen, die Behauptung gilt für $n \in \mathbf{N}$, dann gilt:*

$$\begin{aligned}\sum_{i=1}^{n+1} i &= \sum_{i=1}^{n} i + (n+1) \\ &= \frac{n(n+1)}{2} + (n+1) \quad \textit{(nach Voraussetzung)} \\ &= \frac{n(n+1)+2n+2}{2} = \frac{n^2+n+2n+2}{2} \\ &= \frac{n^2+3n+2}{2} = \frac{(n+1)(n+2)}{2}\end{aligned}$$

Also gilt die Behauptung dann auch für $n+1$. Damit ist der Induktionsbeweis beendet, und die Behauptung ist bewiesen. ■

In diesem Beweis wurden bereits die üblichen arithmetischen Rechengesetze benutzt. Wir wollen hier noch kurz darauf eingehen, daß für die Rechenstruktur der natürlichen Zahlen die arithmetischen Operationen über das Induktionsaxiom definiert werden. Es soll nur die Addition mit Hilfe der vollständigen Induktion aus den Peano-Axiomen definiert werden.

Definition 5 *Auf* $\mathbf{N}$ *wird die Operation* $+$ *eingeführt:*

Für alle $x, y \in \mathbf{N}$ *sei:*

1. $x + 0 = x$
2. $x + s(y) = s(x + y)$

Damit kann man zeigen: Wenn man die Zahl $s(0)$ mit 1 bezeichnet, dann gilt für jedes $x \in \mathbf{N} : s(x) = 1 + x$, denn für $x = 0$ gilt $s(0) = 1$ und $1 + 0 = 1$. Wenn die Behauptung für $x \in \mathbf{N}$ gültig ist, dann gilt also: $s(x) = 1 + x$, und damit: $s(s(x)) = s(1 + x) = 1 + s(x)$.

Es ist vielleicht nicht so einfach einzusehen, daß man scheinbar selbstverständliche Zusammenhänge so aufwendig formal beweisen muß. Diese Beispiele sollen aber gerade deutlich machen, daß die vertrauten Rechengesetze aus wenigen Grundvoraussetzungen (Axiomen) rein formal hergeleitet werden können.

Es soll jetzt noch auf den abstrakten Charakter der Menge der natürlichen Zahlen eingegangen werden, weil an diesem sehr einfachen Beispiel der Begriff des abstrakten Datentyps (ADT) bereits gut erklärt werden kann. Durch die Peano-Axiome ist eigentlich gar keine explizite Menge angegeben worden, sondern es werden nur Eigenschaften der Menge **N** zusammen mit dem ausgezeichneten Element 0 und der Operation s gefordert. Eine beliebige Menge X, für die ein ausgezeichnetes Element $x_0 \in X$ und zu jedem $x \in X$ ein Nachfolger $s(x)$ definiert ist, so daß die Peano-Axiome erfüllt sind, ist als eine Menge von natürlichen Zahlen aufzufassen. Jede solche Menge heißt ein *Modell* der Peano-Axiome. In dieser Formulierung gibt es nicht *die* Menge der natürlichen Zahlen, sondern sehr viele solcher Mengen.

Beispiel 14 *Ein Modell für die Peano-Axiome*
Sei $B = \{0,1\}$ die Menge der beiden Binärziffern. Wir definieren die Menge X der zulässigen Folgen *rein syntaktisch als eine Menge von bestimmten Ziffernfolgen:*

1. *1 ist eine zulässige Folge.*
2. *Wenn α eine zulässige Folge ist, dann sind auch $\alpha 0$ und $\alpha 1$ zulässige Folgen*
3. *Nur Zeichenfolgen, die nach 1 und 3 in endlich vielen Schritten herstellbar sind, sind zulässig.*

Jedes Element aus X beginnt danach mit dem Zeichen 1, und dann folgen endlich viele Zeichen aus B in beliebiger Folge. x_0 sei die spezielle Folge $1 \in X$. Der Nachfolger $s(\alpha)$ einer Folge $\alpha \in X$ wird wie folgt definiert:

$$s(1) = 10$$
$$s(\alpha b) = \begin{cases} \alpha 1 & \textit{falls} \quad b = 0 \\ s(\alpha)0 & \textit{falls} \quad b = 1 \end{cases},$$

wobei α eine zulässige Folge ist und $b \in \{0,1\}$. So ist z.B. für $\alpha = 1001011$:

$$s(1001011) = s(100101)0 = s(10010)00 = 1001100.$$

Man kann zeigen, daß X zusammen mit x_0 und s ein Modell für die Peano-Axiome ist.

Obwohl es beliebig viele Modelle für die Peano-Axiome gibt, so sind sie doch alle bis auf eine Umbenennung der Elemente und Operationen gleich (isomorph). Erst in diesem Sinn wird durch die Peano-Axiome eigentlich doch nur *ein* Modell definiert. Ein abstrakter Datentyp wird ganz analog durch die Eigenschaften von Operationen spezifiziert. Unter bestimmten Bedingungen wird dann ebenfalls (bis auf Umbenennung) genau ein Modell definiert. Dieses Modell ist in dem Sinne abstrakt, daß eine genaue Form zur Darstellung der Elemente nicht spezifiziert ist. Jede Darstellung (Implementation), die die spezifizierten Eigenschaften hat, ist ein konkretes Modell.

Außer den natürlichen Zahlen sind in der Mathematik weitere Zahlenmengen mit folgenden Bezeichnungen gebräuchlich: ganze Zahlen ($\mathbf{Z}$), rationalen Zahlen ($\mathbf{Q}$), reellen Zahlen ($\mathbf{R}$) und komplexe Zahlen ($\mathbf{C}$), und es gilt: $\mathbf{N} \subset \mathbf{Z} \subset \mathbf{Q} \subset \mathbf{R} \subset \mathbf{C}$.

Diese Mengen werden aufeinander aufbauend jeweils durch Vervollständigungen definiert. So ergibt sich die Menge $\mathbf{Z}$ aus $\mathbf{N}$ dadurch, daß in $\mathbf{N}$ nicht jede Gleichung der Form $x + a = b$ für $a, b \in \mathbf{N}$ eine Lösung in $\mathbf{N}$ besitzt. Man erweitert daher $\mathbf{N}$ um die negativen ganzen Zahlen und in dieser Erweiterung ist jede solche Gleichung lösbar. Die Erweiterung wird dabei so klein wie möglich gehalten. Aber darauf soll hier nicht weiter eingegangen werden [KS89].

2.2.3 Konstruktion von Mengen.

Wir wollen jetzt *Mengenkonstruktionen* kennenlernen, die nicht nur für den weiteren Aufbau des mathematischen Grundgerüstes von Bedeutung sind, sondern auch zur Strukturierung von Daten Verwendung finden. Wir haben bereits die Konstruktion der Potenzmenge $\mathbf{P}(A)$ einer Menge A kennengelernt. In diesem Abschnitt werden weitere Mengenkonstruktionen beschrieben.

2.2.3.1 Mengenfamilien, Durchschnitt und Vereinigung.

Eine *Mengenfamilie* $\mathcal{A}$ ist eine Zuordnung, die jedem Element $i \in I$ einer Menge I eine Menge A_i zuordnet. Man schreibt dafür auch: $\mathcal{A} = (A_i \mid i \in$

I). Die Menge I heißt in diesem Zusammenhang die *Indexmenge*. Man kann für beliebige Mengenfamilien ihre Vereinigung und ihren Durchschnitt definieren:

$$\bigcup_{i\in I} A_i = \{x \mid \exists_{i\in I} : x \in A_i\} \text{ und } \bigcap_{i\in I} A_i = \{x \mid \forall_{i\in I} : x \in A_i\}$$

2.2.3.2 Das cartesische Produkt.

Wenn A und B zwei Mengen sind, dann kann man die Menge $A \times B = \{(a,b) \mid a \in A \ \wedge \ b \in B\}$ aller *geordneten Paare* (a,b) definieren. Man nennt $A \times B$ auch das *cartesische Produkt* (oder einfach das *Produkt*) von A und B. Allgemeiner kann man das Produkt auch für endlich viele Mengen $A_1, A_2, ...A_n$ mit ($n \in \mathbf{N}$) definieren:

$$A_1 \times A_2 \times ... \times A_n = \{(a_1, a_2, ..., a_n) \mid a_i \in A_i, 1 \le i \le n\}$$

Diese Menge besteht aus geordneten Listen $(a_1, a_2, ..., a_n)$ von Elementen, wobei an der i-ten Stelle stets ein Element aus A_i steht. Eine geordnete Liste $(a_1, a_2, ..., a_n)$ nennt man auch ein *n-tupel* (als Verallgemeinerung von Tripel, Quadrupel usw.). Sind insbesondere alle $A_i = A$, für eine feste Menge A, dann schreibt man A^n für $A_1 \times A_2 \times ... \times A_n$. Es soll noch der Fall erwähnt werden, bei dem $\mathcal{A} = (A_i \mid i \in I\ )$ eine beliebige Mengenfamilie ist. Man kann auch in diesem Fall das Produkt der eventuell unendlich vielen Mengen definieren. Dazu benötigt man aber den Begriff der Abbildung, der erst etwas später eingeführt wird (siehe Abschnitt 2.3.2.2).

2.2.3.3 Summe oder disjunkte Vereinigung.

Seien $A_1, A_2, \ldots, A_n$ Mengen ($n \in \mathbf{N}$), und nehmen wir zunächst an, daß diese Mengen paarweise disjunkt sind, d.h. es gilt: $\forall_{1\le i<j\le n} : A_i \cap A_j = \emptyset$, dann kann man als *Summe* dieser Mengen ihre Vereinigung definieren:

$$A_1 + A_2 + ... + A_n = \{x \mid \exists_{1\le i\le n} : x \in A_i\} = \bigcup_{1\le i\le n} A_i$$

Wenn die Mengen aber nicht paarweise disjunkt sind, kann man jedes Element mit einer *Kennung* versehen, die genau festlegt, zu welcher Menge das Element gehört. Man ersetzt einfach die Menge A_i durch die Menge $A_i \times$

$\{i\} = \{(x,i) \mid x \in A_i\}$. In dem Paar (x,i) legt die zweite Komponente (also i) fest, aus welcher der Mengen das x in der ersten Komponente stammt. Diese Mengen sind dann nach Konstruktion paarweise disjunkt. So kann man die Summe einer beliebigen Familie von Mengen definieren:

$$\sum_{i \in I} A_i = \bigcup_{i \in I} (A_i \times \{i\})$$

Wir verwenden das Symbol $\sum$ also auch für die Summe (disjunkte Vereinigung) von Mengen.

Beispiel 15 *Es ist* $\mathbf{N} \times \mathbf{N} = \{(x,y) \mid x,y \in \mathbf{N}\}$ *aber*

$\mathbf{N} + \mathbf{N} = \{(x,i) \mid x \in \mathbf{N},\, i \in \{1,2\}\}$.

2.2.3.4 Wortmengen.

Wir kommen damit zu einer ganz wichtigen Mengenkonstruktion, die in der Informatik für viele Zwecke Verwendung findet. Wir haben bereits als Modell für die natürlichen Zahlen bestimmte Folgen mit den Ziffern 0 und 1 gebildet. Die Formeln der Aussagenlogik und der Prädikatenlogik wurden als Zeichenreihen eingeführt. Eine *Zeichenreihe* ist einfach eine endliche Folge von Zeichen eines festgelegten Zeichenvorrates. Den Zeichenvorrat nennt man daher auch das Alphabet, und die Zeichenfolgen oder Zeichenreihen nennt man Wörter. Jedes Wort in diesem Buch ist ein Beispiel für eine Zeichenreihen über unserem lateinischen Alphabet; aber auch das ganze Buch ist eine (ziemlich lange) Zeichenreihe, wenn man das Trennzeichen (Zwischenraum) und die vielen hier verwendeten Sonderzeichen mit in das Alphabet aufnimmt. Der gesamte Speicherinhalt eines Rechners zusammen mit dem Inhalt der externen Speicher ist letztlich eine (noch viel längere) Folge von Binärziffern. Zeichenreihen sind also das wesentliche Mittel zur (syntaktischen) Darstellung von Daten.

Sei $X = \{x_1, ..., x_q\}$ $(q \in \mathbf{N})$ eine endliche Menge. Eine solche Menge nennen wir auch ein (endliches) *Alphabet*. Für jede natürliche Zahl $n \in \mathbf{N}$ ist dann X^n definiert. X^n heißt auch die Menge der Wörter der Länge n. Man definiert auch ein spezielles Wort der Länge 0. Dieses Wort heißt das *leere Wort* und soll hier mit ε bezeichnet werden. Es ist $X^0 = \{\varepsilon\}$ die Menge mit genau einem Element, dem leeren Wort. Die Menge aller Wörter über dem Alphabet X ist definiert durch:

$$X^* = \sum_{i \in \mathbf{N}} X^i = \{\varepsilon\} + X^1 + X^2 + X^3 + ...$$

Für $X = \{a, b\}$ ist z.B.: $X^0 = \{\varepsilon\}$; $X^1 = \{a, b\}$; $X^2 = \{aa, ab, ba, bb\}$ und $X^3 = \{aaa, aab, aba, abb, baa, bab, bba, bbb\}$ usw. Man faßt in X^* alle Wörter endlicher Länge in einer Menge zusammen. Wenn man das leere Wort aus X^* herausnimmt, dann bleiben nur die Wörter positiver Länge. Diese Menge bezeichnet man mit X^+:

$$X^+ = X^* - \{\varepsilon\} = \sum_{i \in \mathbf{N},\ i>0} X^i = X^1 + X^2 + X^3 + ...$$

Man beachte die folgenden Eigenschaften:

- $X^0 = \{\varepsilon\} \neq \emptyset$
- $\emptyset^* = \{\varepsilon\} \neq \emptyset$
- Wenn $X \neq \emptyset$ ist, dann ist X^* eine unendliche Menge

Auf X^* lassen sich nun wieder bestimmte *Rechenoperationen* (und damit eine Rechenstruktur) definieren. Wir wollen hier die *Konkatenation* oder Hintereinanderschreibung von Wörtern einführen. Seien $u = (u_1, ..., u_n) \in X^n$ und $v = (v_1, ..., v_m) \in X^m$, dann definiert man die zusammengesetzte Folge $u \circ v = (u_1, ..., u_n, v_1, ..., v_m) \in X^{n+m}$. Man läßt meistens die Klammern und die Kommata weg und erhält so die intuitive Schreibweise:

$$u_1 \cdots u_n \circ v_1 \cdots v_m = u_1 \cdots u_n v_1 \cdots v_m.$$

Konkatenation ist also einfach das Hintereinanderschreiben von Wörtern. Für $u \circ v$ schreibt man daher auch einfach uv.

Mit diesen Definitionen zeigt man leicht die Gültigkeit einiger Rechengesetze. Für alle $u, v, w \in X^*$ gilt: $u(vw) = (uv)w$ und $u\varepsilon = u = \varepsilon u$. Die Operation der Konkatenation ist also *assoziativ* und ε ist für diese Operation ein *neutrales Element* (wie etwa die 0 in $\mathbf{N}$ bezüglich der Addition neutral ist). Man kann jedes Wort $u \in X^+$ eindeutig in das erste Zeichen und ein Restwort zerlegen: Sei $u \in X^+$, dann hat u die Form $u = xv$ mit

$x \in X$ und $v \in X^*$. Für diese spezielle Zerlegung definiert man $\text{first}(xv) = x$ und $\text{rest}(xv) = v$. Es gilt dann:

$$\forall_{u \in X^+} : u = \text{first}(u) \circ \text{rest}(u).$$

Die *Länge* $l(u)$ eines Wortes $u \in X^*$ kann man jetzt induktiv über den Aufbau der Wörter definieren:

- $l(\varepsilon) = 0$
- für $u \in X^+$ sei $l(u) = 1 + l(\text{rest}(u))$

Damit ist jedem Wort eine natürliche Zahl als Länge zugeordnet, und es gilt: $l(u) = k \Leftrightarrow u \in X^k$. Ein Wort kann mit sich selbst konkateniert werden. Ist $k \in \mathbf{N}$ und $u \in X^*$, dann schreibt man u^k für $\underbrace{u \circ u \circ \cdots \circ u}_{k \text{ mal}}$. Es lassen sich endliche und unendliche Teilmengen von Wörtern definieren.

Beispiel 16 *Sei wieder* $X = \{0, 1\}$ *(es sind die Ziffern* 0 *und* 1 *gemeint und nicht die Zahlen).*

1. $\{u \in X^+ \mid \text{first}\,(u) = 1 \wedge l\,(u) = 3\} = \{100, 101, 110, 111\}$
2. $\{u \in X \mid u = 1v1 \wedge v \in X^*\} = \{11, 101, 111, 1001, 1011, 1101, 1111, ...\}$
3. $\{1^n 0^n \mid n \in \mathbf{N}\} = \{\varepsilon, 10, 1100, 111000, 11110000, ...\}$

Man sollte sich klar machen, daß jedes Wort $u \in X^*$ eine endliche Länge $l\,(u)$ hat, aber die Länge der Wörter ist nicht begrenzt, d.h. zu jeder natürlichen Zahl $n \in \mathbf{N}$ gibt es (mindestens) ein Wort $u \in X^*$ mit $l\,(u) > n$. Während man eine unendliche Teilmenge $L \subseteq X^*$ nicht explizit durch Auflisten definieren kann, kann man aber jede Teilmenge $L_i = L \cap X^i$ explizit auflisten, und es gilt nach Konstruktion:

$$L = \sum_{i \in \mathbf{N}} L_i$$

L läßt sich also als eine disjunkte Vereinigung von endlichen Teilmengen darstellen.

Die besondere Bedeutung der Wortmengen liegt darin, daß sie zur konkreten Darstellung von Programmiersprachen und allgemeiner zur Definition syntaktischer Mengen verwendet werden. Teilmengen $L \subseteq X^*$ heißen daher auch *formale Sprachen.*

Formale Sprachen sind die Grundlage für die Syntax von Programmiersprachen. Sie spielen aber auch in anderen Teilen der Informatik eine wichtige Rolle. Man sollte den Begriff Sprache aber hier rein formal betrachten. Der Bezug zu natürlichen Sprachen und auch zu Programmiersprachen ist durch diesen Begriff zunächst nur ganz schwach gegeben. Eine natürliche Sprache oder eine Programmiersprache besteht aus gewissen (zugelassenen) Zeichenfolgen (also Wörtern) über einem fest vereinbarten Alphabet. Insofern kann jede Sprache als Menge von Wörtern betrachtet werden. Eine Sprache hat aber auch eine innere Struktur (z.B. Satzbau, Grammatik), und es ist diese Struktur, die einen wesentlichen Teil der Bedeutung ausmacht. Diese Beziehung zwischen Struktur und Bedeutung für eine Sprache werden wir in dem Kapitel über Programmiersprachen noch genauer zu untersuchen haben.

Man kann auch für Sprachen eine reichhaltige Rechenstruktur definieren. Für ein Alphabet X ist $\mathbf{P}(X^*)$ die Menge aller Teilmengen von X^* und damit die Menge aller Sprachen über dem Alphabet X. Für die Sprachen stehen uns also alle Operationen zur Verfügung, die es für jede Potenzmenge gibt: $\cap, \cup$ und Komplementärmenge. Man kann aber auch die Konkatenation von Wörtern auf eine Konkatenation von Sprachen ausdehnen. Seien $L, M \subseteq X^*$, dann definiert man

$$LM = \{uv \mid u \in L \wedge v \in M\}$$

LM ist die Sprache (Menge), die aus allen Wörtern $w \in X^*$ besteht, die eine Zerlegung in zwei Teilwörter $w = uv$ besitzen, so daß $u \in L$ ist und $v \in M$. Für $u \in X^*$ und $M \subseteq X^*$ definiert man $uM = \{u\}M = \{uv \mid v \in M\}$ und analog $Mu = M\{u\} = \{vu \mid v \in M\}$.

Ist $M \subseteq X^*$, dann definiert man die *Iteration* von M durch $It(M) = \bigcup_{i\in\mathbf{N}} M^i$. Es ist zu beachten, daß diese Vereinigung i.a. nicht mehr disjunkt ist. Für $It(M)$ schreibt man auch einfach M^*.

Zwischen den verschiedenen Rechenoperationen in $\mathbf{P}(X^*)$ bestehen bestimmte Beziehungen, von denen hier nur einige exemplarisch aufgeführt werden sollen.

Proposition 5 *Sei X ein gegebenes Alphabet und seien $L, M, N \subseteq X^*$, dann gilt:*

1. $(L \cup M)\,N = LN \cup MN$; $N\,(L \cup M) = NL \cup NM$
2. $(L \cap M)\,N \subseteq LN \cap MN$; $N\,(L \cap M) \subseteq NL \cap NM$
3. $L^* \cup M^* \subseteq (L \cup M)^*$; $L^* \cap M^* \supseteq (L \cap M)^*$
4. $\varepsilon L = L = L\varepsilon$; $\emptyset L = \emptyset = L\emptyset$
5. $\emptyset^* = \{\varepsilon\} = \{\varepsilon\}^*$

Beweis.

1. Sei $u = vw \in (L \cup M)\,N$ mit $v \in L \cup M$ und $w \in N$. Ist $v \in L$, dann ist $vw \in LN$, und ist $v \in M$, dann ist $vw \in LM$. In jedem Fall ist $u = vw \in LN \cup MN$. Damit ist gezeigt: $(L \cup M)\,N \subseteq LN \cup MN$. Sei umgekehrt $u \in LN \cup MN$, dann gibt es eine Zerlegung $u = vw$ mit $w \in N$ und $v \in L \cup M$. Somit gilt: $LN \cup MN \subseteq (L \cup M)\,N$ und damit: $(L \cup M)\,N = LN \cup MN$. Die zweite Gleichung zeigt man analog.
2. Sei $u = vw \in (L \cap M)\,N$ mit $v \in L \cap M$ und $w \in N$. Dann ist $vw \in LN$, weil $v \in L$ und $vw \in MN$, weil $v \in M$. Somit ist $u = vw \in LN \cap MN$. Die zweite Behauptung zeigt man analog. Die Umkehrung gilt hier nicht allgemein, denn mit $X = \{a, b\}$, $L = \{a\}$, $M = \{\varepsilon\}$ und $N = \{ab, b\}$ gilt: $LN = \{aab, ab\}$, $MN = N$ und $LN \cap MN = \{ab\}$, während $L \cap M = \emptyset$ ist und somit: $(L \cap M)\,N = \emptyset$.
3. Es ist $L^* \subseteq (L \cup M)^*$ und $M^* \subseteq (L \cup M)^*$ und daher auch $L^* \cup M^* \subseteq (L \cup M)^*$.

Die restlichen Beweise sollte der Leser zur Übung selbst führen. ■

Diese Beispiele zeigen, daß $\mathbf{P}\,(X^*)$ bereits eine umfangreiche Rechenstruktur besitzt. Diese interessante Menge hat noch sehr viele weitere Eigenschaften, die in der Theorie der formalen Sprachen [HU88] [Sal78] und damit für die Syntax von Programmiersprachen und die Theorie der Automaten [HU88] eine wichtige Rolle spielen.

2.3 Relationen und Abbildungen

Relationen und Abbildungen sind eigentlich spezielle Mengen. Da diese Begriffe aber in der Informatik (und auch in der Mathematik) eine wichtige Rolle spielen, sollen sie in diesem Abschnitt getrennt behandelt werden.

2.3.1 Relationen.

Eine *Relation* ist eine Beziehung. Wenn zwischen zwei Objekten a und b eine bestimmte Beziehung R besteht, dann führt man dafür die Notation aRb ein und sagt, a steht in der Relation R zu b.

Beispiel 17 *Sei aRb die Beziehung:*

1. *a ist Hauptstadt von b, dann gilt: Rom R Italien und: Paris R Frankreich; aber es gilt nicht: Berlin R Spanien.*
2. *a ist Teiler von b, dann gilt:* 3 R 27 *und:* 7 R 147; *aber es gilt nicht:* 2 R 6541.
3. *a ist eine Bestandteil von b, dann gilt: Vergaser R Benzinmotor und: Gnomon R Sonnenuhr; aber es gilt nicht: Haustür R Fahrrad.*

Wenn die Beziehung R zwischen zwei Objekten nicht besteht, dann verwendet man das Negationszeichen der Logik: $\neg(aRb)$ bedeutet also das aRb nicht gilt.
Eine Beziehung kann auch zwischen mehr als zwei Objekten bestehen. Auch hierzu ein einfaches

Beispiel 18 *Sei $\mathbf{R}^2$ die Menge der Punkte in der Ebene. $p = (x, y)$ ist der Punkt mit den Koordinaten x und y in einem cartesischen Koordinatensystem. Der Punkt q liegt zwischen den Punkten p und r genau dann, wenn er auf der Verbindungsgeraden dieser beiden Punkte liegt. Ein Kriterium dafür liefert die Parameterdarstellung dieses Geradenabschnittes:*

$$\text{seg}(p, r) = \{q \mid q = p + \lambda(r - p) \wedge 0 \leq \lambda \leq 1\}$$

Damit kann man für die Elemente aus $\mathbf{R}^2$ eine 3-stellige Relation definieren:

$$B(q, p, r) \Leftrightarrow q \in \text{seg}(p, r)$$

Es gilt dann z.B.:

$$B((2,1),(0,0),(6,3)) \textit{ und } \neg B((0,1),(0,0),(6,3))$$

In diesem Beispiel können drei Punkte p, q und r in der Beziehung B stehen (oder auch nicht). In der Geometrie gibt es viele weitere Beispiele für Relationen. So können vier Punkte $u, v, w, x \in \mathbf{R}^2$ auf dem gleichen Kreis liegen usw. Für solche Beziehungen verwendet man dann meist eine Schreibweise, bei der das Zeichen für die Relation (hier B) einer Liste von entsprechend vielen Elementen vorangestellt wird, wie im obigen Beispiel. Die speziellen zweistelligen Relationen können ebenfalls in dieser Schreibweise notiert werden: $R(a,b) \Leftrightarrow aRb$. $R(a,b) \Leftrightarrow aRb$.

Relationen sind die wesentlichen Informationen in einer *relationalen Datenbank*. Es ist daher von großer praktischer Bedeutung, wenn man mit solchen Relationen rechnen kann, d.h. wenn man für Relationen geeignete Rechenstrukturen definiert. Eine solche Rechenstruktur ist die *Relationenalgebra* von Codd [Cod70], die speziell für Datenbanken entwickelt wurde.

Wir können jetzt formal den Begriff der Relation endlicher Stelligkeit definieren.

Definition 6 *Seien* $A_1, \ldots, A_n$ $(n \in \mathbf{N})$ *beliebige Mengen und* $R \subseteq A_1 \times \cdots \times A_n$. *Dann heißt* $\mathcal{R} = (A_1, \ldots, A_n; R)$ *eine* n-stellige Relation.

Es ist zu beachten, daß zwar R die Elemente der Relation definiert, aber daß die Angabe der Mengen $A_1, \ldots, A_n$ zur genauen Beschreibung der Relation dazugehört. Wenn die Angabe der Komponentenmengen aus dem Zusammenhang klar ist, läßt man sie auch wieder weg und spricht dann einfach von der Relation R. Es ist üblich, in diesem Zusammenhang für $(a_1, a_2, \ldots, a_n) \in R$ auch $R(a_1, \ldots, a_n)$ zu schreiben. Man liest das als: $(a_1, \ldots, a_n)$ *stehen in der Relation* R, oder: R *gilt* für $(a_1, \ldots, a_n)$.

Es soll noch auf eine weitere technische Feinheit aufmerksam gemacht werden. Es kann vorkommen, daß eine Komponentenmenge A_i selbst wieder ein (cartesisches) Produkt ist, daß also gilt $A_i = B_1 \times \cdots \times B_k$. Dann ist

$$R \subseteq A_1 \times \cdots \times A_{i-1} \times B_1 \times \cdots \times B_k \times A_{i+1} \times \cdots \times A_n,$$

und das sieht aus wie eine Relation der Stelligkeit $n+k-1$. Erst die zusätzliche Angabe der Komponentenmengen $A_1, \ldots, A_n$ hebt diese scheinbare Mehrdeutigkeit auf und legt ganz klar fest, daß die i-te Komponente ein k-tupel ist. Es gibt auch einstellige Relationen: $R \subseteq A$, das sind die üblichen Teilmengen. Eine 0-stellige Relation ist nach unserer Definition eine Teilmenge $R \subseteq A^0 = \{\varepsilon\}$ für eine beliebige Menge A. Die 0-stelligen Relationen sind also ziemlich uninteressant und werden daher nicht weiter betrachtet. Wenn für eine Relation $\mathcal{R} = (A_1, A_2, .., A_n; R)$ alle Mengen A_i gleich einer Menge A sind, also $R \subseteq A^n$, dann sagt auch: R ist eine n-stellige *Relation auf* A.

Beispiel 19 *Eine (stark vereinfachte) Datenbank für eine Bibliothek:*

Jedes Buch hat eine eindeutig bestimmte Inventarnummer. Sei A die endliche Menge aller verwendeten Inventarnummern. Die Benutzer der Bibliothek sind namentlich erfaßt und haben außerdem noch eine Benutzernummer. Sei B die Menge $N \times I$, wobei N die Menge der Namen und I die Menge der Benutzernummern ist. Eine dritte Menge D soll alle Datumsangaben von 1900 bis zum Jahr 3000 umfassen, also 1.1.1900 *bis* 31.12.2999. *Die Bibliothek verwaltet dann eine Relation Ausleihe, die wir mit R bezeichnen wollen, so daß gilt: $R \subseteq A \times B \times D$. Wenn $(a, (s, i), d) \in R$ gilt, dann bedeutet das: Das Buch mit der Nummer a ist zum Datum d ausgeliehen worden an den Benutzer $b = (s, i)$ mit dem Namen s und der Benutzernummer i.*

Während für relationale Datenbanken die allgemeinen Relationen wesentlich sind, sollen in diesem Abschnitt insbesondere die zweistelligen Relationen betrachtet werden. Ist $R \subseteq A \times B$ eine zweistellige Relation, dann definiert man $R^{op} = \{(b, a) \mid (a, b) \in R\}$. R^{op} heißt die *Umkehrrelation* (opposite) zu R. Ein bekanntes Beispiel ist die Relation $\leq$ auf $\mathbf{N}$. Wegen $a \leq b \Leftrightarrow b \geq a$ gilt somit: $\geq = \leq^{op}$, d.h. $\geq$ ist die Umkehrrelation zu $\leq$.

Definition 7 *Seien A und B Mengen und $R \subseteq A \times B$. R heißt:*

1. links vollständig $\Leftrightarrow \forall_{a \in A} \exists_{b \in B} : aRb$
2. rechts vollständig $\Leftrightarrow$ R^{op} *ist links vollständig*
3. links eindeutig $\Leftrightarrow \forall_{x,y \in A, b \in B} : xRb \wedge yRb \Rightarrow x = y$
4. rechts eindeutig $\Leftrightarrow$ R^{op} *ist links eindeutig*
5. partielle Abbildung $\Leftrightarrow$ *R ist rechts eindeutig*
6. Abbildung $\Leftrightarrow$ *R ist rechts eindeutig und links vollständig*

Eine Abbildung $R \subseteq A \times B$ ordnet jedem Element $a \in A$ genau ein Element $b \in B$ zu, denn nach Definition gibt es zu jedem $a \in A$ genau ein $b \in B$ mit aRb.

Für Relationen kann man einige Verknüpfungen definieren. Seien A und B Mengen, dann ist $\mathbf{P}(A \times B)$ die Menge aller Teilmengen von $A \times B$ und damit die Menge aller Relationen zwischen diesen Mengen. Da auf jeder Potenzmenge die mengentheoretischen Operationen Durchschnitt, Vereinigung und Komplement definiert sind, kann man diese Operationen auch auf Relationen anwenden. Mit $R, S \subseteq A \times B$ sind somit auch $R \cap S$, $R \cup S$, und $\overline{R}$ wieder Relationen zwischen A und B. Man kann Relationen aber auch *hintereinander schalten.*

Definition 8 *Seien $R \subseteq A \times B$ und $S \subseteq B \times C$, dann definiert man die Relation $R \circ S \subseteq A \times C$ durch:*

$$a(R \circ S)c \Leftrightarrow \exists_{b \in B} : aRb \wedge bSc.$$

Man nennt $R \circ S$ auch das Relationenprodukt von R und S.

Ein anschauliches Beispiel für ein solches Relationenprodukt ist das folgende:

Beispiel 20 *Sei R die Relation, die die Sohn-Elternteil-Beziehung zwischen Menschen ausdrückt: aRb bedeutet a ist Sohn von b. S soll die Geschwister-Beziehung ausdrücken: xSy soll bedeuten, daß x und y die gleichen Eltern haben und daß $x \neq y$ ist. Dann ist $R \circ S$ die Neffen-Beziehung, denn es gilt $a(R \circ S)c \Leftrightarrow \exists_{b \in B} : aRb \wedge bSc$, und das bedeutet umgangssprachlich: a ist Neffe von c dann und nur dann, wenn es eine Person b gibt, die Elternteil von a ist: aRb und zugleich mit c verschwistert ist: bSc.*

Das Beispiel ist ein kleiner Hinweis auf die Bedeutung der Relationen für Datenbanken. In der logischen Programmierung, etwa in der Sprache PROLOG, kann man solche Relationen definieren und berechnen.

Eine zweistellige Relation auf einer Menge A, also eine Teilmenge $R \subseteq A \times A = A^2$ kann man iterieren, was formal genauso definiert wird wie die Iteration von Sprachen. Zunächst definiert man die *identische Relation* (Identität): $Id_A = \{(a, a) \mid a \in A\} \subseteq A^2$ und damit:

1. $R^0 = Id_A$

2. $R^{n+1} = R \circ R^n$
3. $R^* = \bigcup_{i \in \mathbf{N}} R^i$
4. $R^+ = \bigcup_{i \in \mathbf{N}, i>0} R^i$

Man nennt R^* auch die *reflexive* und *transitive Hülle* von R und R^+ die transitive Hülle von R. Diese Begriffe werden jetzt noch genauer betrachtet.

Definition 9 *Eine Relation $R \subseteq A^2$ heißt:*

1. *reflexiv* $\Leftrightarrow Id_A \subseteq R \Leftrightarrow \forall_{a \in A} : aRa$
2. *symmetrisch* $\Leftrightarrow R^{op} \subseteq R \Leftrightarrow \forall_{a,b \in A} : aRb \Rightarrow bRa$
3. *anti-symmetrisch* $\Leftrightarrow R \cap R^{op} \subseteq Id_A \Leftrightarrow \forall_{a,b \in A} : aRb \wedge bRa \Rightarrow a = b$
4. *transitiv* $\Leftrightarrow R \circ R \subseteq R \Leftrightarrow \forall_{a,b,c \in A} : aRb \wedge bRc \Rightarrow aRc$
5. *Äquivalenzrelation* $\Leftrightarrow$ *R ist reflexiv, transitiv und symmetrisch*
6. *Quasi-Ordnung* $\Leftrightarrow$ *R ist reflexiv und transitiv*
7. *Halbordnung* $\Leftrightarrow$ *R ist reflexiv, transitiv und anti-symmetrisch*
8. *Totale Ordnung* $\Leftrightarrow$ *R ist Halbordnung, und es gilt zusätzlich:* $R \cup R^{op} = A \times A$

Diese speziellen Relationen spielen in der Informatik eine große Rolle. So basieren die bekannten Algorithmen zum *Suchen* und *Sortieren* auf der Angabe einer geeigneten totalen Ordnung. Eine totale Ordnung heißt auch *lineare Ordnung*. Halbordnungen sind für die Semantikbeschreibung von Programmiersprachen ebenso von Bedeutung wie zur Beschreibung zeitlicher Beziehungen von Ereignissen in einem verteilten System.

Äquivalenzrelationen treten sehr oft im Zusammenhang mit dem Begriff der Abstraktion auf. Ist A eine Menge und $R \subseteq A^2$ eine Äquivalenzrelation, dann nennt man Elemente $a, b \in A$ mit aRb auch *äquivalent*. Eine Abstraktion kann darin bestehen, daß man äquivalente Elemente nicht mehr unterscheidet und sie somit als gleich auffaßt. Für diese Art der Abstraktion werden wir noch viele Beispiele kennenlernen. Jetzt sollen Beispiele für die neuen Begriffe angegeben werden.

Beispiel 21 *Relationen mit bestimmten Eigenschaften:*

1. *Die identische Relation* $Id_A \subseteq A^2$ *ist reflexiv, transitiv und symmetrisch.*
2. *Ist* M *eine Menge, dann ist* $\mathbf{P}(M)$ *die Potenzmenge von* M*, und darauf ist* $\subseteq$ *eine Relation. Seien* $X, Y, Z \in \mathbf{P}(M)$ *beliebige Teilmengen von* M*. Die Relation* $\subseteq$ *auf* $\mathbf{P}(M)$ *ist*
   - *reflexiv, denn es gilt:* $Y \subseteq Y$.
   - *transitiv, denn es gilt* $X \subseteq Y \wedge Y \subseteq Z \Rightarrow X \subseteq Z$
   - *anti-symmetrisch, denn es gilt:* $X \subseteq Y \wedge Y \subseteq X \Rightarrow X = Y$

   Das Paar $(\mathbf{P}(M), \subseteq)$ *ist also eine Halbordnung.*
3. *Ist* $R \subseteq A^2$ *eine beliebige Relation, dann ist* $S = R \cup Id_A$ *reflexiv, und es gilt:* S *ist in der Halbordnung der Relationen auf* A*, also in* $\mathbf{P}(A \times A)$ *die kleinste reflexive Relation auf* A*, die* R *enthält.* S *heißt die reflexive Hülle von* R.
4. *Ist* $R \subseteq A^2$ *eine beliebige Relation, dann ist* R^+ *die kleinste transitive Relation auf* A*, die* R *enthält (transitive Hülle von* R*).*
5. *Die* $\leq$*-Relation auf* $\mathbf{N}$ *ist eine totale Ordnung, denn für zwei beliebige natürliche Zahlen* $n, m \in \mathbf{N}$ *gilt* $n \leq m$ *oder* $m \leq n$.
6. *Sei* X *ein Alphabet, dann kann man auf der Menge* X^* *die folgende Äquivalenzrelation definieren:* $uRv \Leftrightarrow l(u) = l(v)$. *Man überzeugt sich leicht, daß* R *eine Äquivalenzrelation ist.*
7. *Auf* X^* *kann man die Präfix-Halbordnung* $\preceq$ *definieren durch:*

   $u \preceq v \Leftrightarrow \exists_{w \in X^*} : v = uw$ *(u ist Anfangsstück oder Präfix von v)*

Ist R eine Äquivalenzrelation auf A, dann kann man A in Teilmengen zerlegen, so daß alle Elemente, die untereinander paarweise äquivalent sind, in je einer Menge zusammengefaßt werden. Zu jedem $a \in A$ definiert man die *Äquivalenzklasse* von a durch:

$$[a] = \{a' \in A \mid aRa'\} \subseteq A.$$

Es gilt dann:

$$A = \bigcup_{a \in A} [a] \text{ und } \forall_{a,b \in A} : [a] \cap [b] \neq \emptyset \Rightarrow [a] = [b] .$$

Die erste Behauptung ist leicht nachzuweisen, denn wegen aRa gilt stets $a \in [a]$, und damit liegt jedes Element a in mindestens einer dieser Mengen. Sei nun $c \in [a] \cap [b]$, dann gilt $aRc \wedge cRb$ und daher $b \in [a]$, und für jedes $b' \in [b]$ gilt $aRb \wedge bRb'$ also auch aRb' und daher gilt $[b] \subseteq [a]$. Mit der gleichen Argumentation zeigt man auch $[a] \subseteq [b]$ und somit gilt $[a] = [b]$. Die Mengen sind also paarweise disjunkt und ihre Vereinigung ergibt ganz A. Eine solche Zerlegung einer Menge A erhält eine besondere Bezeichnung.

Definition 10 *Sei A eine Menge und seien $A_1, ..., A_n \subseteq A$ Teilmengen mit den folgenden Eigenschaften:*

1. $\bigcup_{i=1}^{n} A_i = A$
2. $\forall_{1 \leq i < j \leq n} : A_i \cap A_j = \emptyset$
3. $\forall_{1 \leq i \leq n} : A_i \neq \emptyset$

Dann heißt die Menge $\{A_1, ..., A_n\}$ eine Partition *auf A. Wenn man die Reihenfolge der A_i als wesentlich betrachten will, dann sagt man auch, das n-tupel $(A_1, ..., A_n)$ ist eine* geordnete Partition *auf A.*

2.3.2 Abbildungen.

Abbildungen heißen auch *Funktionen*. Diese beiden Begriffe werden hier synonym verwendet. Für eine Abbildung R verwendet man eine besondere Notation, die diese eindeutige Zuordnung ausdrückt:

$$R : A \rightarrow B \text{ oder } A \xrightarrow{R} B$$

Eine partielle Abbildung ordnet nicht notwendig jedem $a \in A$ ein $b \in B$ zu, aber jedem $a \in A$ höchstens ein $b \in B$. Für partielle Abbildungen verwendet man auch die Notation mit einem (halben) Zuordnungspfeil:

$$R : A \rightharpoonup B \text{ oder } A \overset{R}{\rightharpoonup} B$$

Für Abbildungen und partielle Abbildungen verwendet man meistens kleine Buchstaben, wie z.B.: $f : A \rightarrow B$. Statt afb oder $(a, b) \in f$ schreibt man dann auch $b = f(a)$. Man nennt dabei a das *Argument* und b den *Funktionswert* von f an der Stelle a. Wenn man betonen möchte, daß eine partielle Abbildung links vollständig ist (und damit eine Abbildung), dann nennt man sie auch *vollständig* oder *total*. Jede vollständige Abbildung ist natürlich auch eine partielle Abbildung. Ist $f : A \rightharpoonup B$ eine partielle Abbildung, dann nennt man A den *Quellbereich* und B den *Zielbereich* von f. Die Menge $D_f = \{a \in A \mid \exists_{b \in B} : b = f(a)\}$ heißt *Definitionsbereich* (domain) von f und $R_f = \{b \in B \mid \exists_{a \in A} : b = f(a)\}$ der *Bildbereich* (range) von f. Es gilt also stets: $D_f \subseteq A$ und $R_f \subseteq B$.

Da Abbildungen spezielle Relationen sind, gehört die Angabe des Quell- und des Zielbereichs stets zur vollständigen Angabe der Abbildung. Aber auch hier wird diese Angabe oft weggelassen, wenn diese Bereiche aus dem Zusammenhang klar sind.

Eine partielle Abbildung $f : A \rightharpoonup B$ ist genau dann vollständig, wenn gilt: $D_f = A$. Ist $f : A \rightharpoonup B$ eine partielle Abbildung und $S \subseteq A$, dann definiert man die *Einschränkung* $f_{|S} : S \rightharpoonup B$ durch $f_{|S} = f \cap (S \times B)$. Es gilt insbesondere, daß $f_{|D_f}$ eine vollständige Abbildung ist. Ist $f : A \rightharpoonup B$ eine partielle Abbildung und $a \notin D_f$, dann schreibt man dafür auch $f(a) = \text{undef}$ und sagt, daß f an der Stelle a *undefiniert* ist.

Beispiel 22 *Abbildungen*

1. *Die Zuordnung, die jeder natürlichen Zahl $n \in \mathbf{N}$ ihren Nachfolger $s(n) \in \mathbf{N}$ zuordnet, ist eine (totale) Abbildung $s : \mathbf{N} \to \mathbf{N}$.*
2. *Die logische Negation von Wahrheitswerten ist eine Abbildung* $\backsim : \{0,1\} \to \{0,1\}$, *die definiert ist durch* $\backsim(0) = 1$ *und* $\backsim(1) = 0$.
3. *Die Zuordnung g, die jeder geraden natürlichen Zahl $n = 2m$ die Zahl $m \in \mathbf{N}$ zuordnet, ist eine partielle Abbildung $g : \mathbf{N} \rightharpoonup \mathbf{N}$, denn sie ist nur für gerade Zahlen definiert.*
4. *Sei X ein Alphabet und $x \in X$, dann definiert man die Abbildung $l_x : X^* \to X^*$ durch $l_x(u) = xu$ (Linksmultiplikation).*
5. *Sei $n \in \mathbf{N}$ und $\mathbf{n} = \{0, 1, ..., n-1\}$ die Menge der ersten n natürlichen Zahlen. Man definiert auf dem rechts offenen Einheitsintervall $I = [0,1) \subseteq \mathbf{R}$ die Digitalisierungsfunktion $\Delta_n(x) = i \Leftrightarrow \frac{i}{n} \leq x < \frac{i+1}{n}$ für $(0 \leq i < n)$. Somit ist $\Delta_n : I \to \mathbf{n}$.*

Ist $f : A \rightharpoonup B$ eine partielle Abbildung, und ist A ein endliches Produkt: $A = A_1 \times \cdots \times A_n$, dann sagt man auch, daß f eine n-stellige partielle Abbildung ist, und man schreibt $f(a_1, ..., a_n) = b$ für $(a_1, ..., a_n)\, fb$. Insbesondere heißt eine n-stellige Abbildung $f : A^n \to A$ eine n-stellige *Operation* auf A.

Die Addition von natürlichen Zahlen ist eine Abbildung $+ : \mathbf{N} \times \mathbf{N} \to \mathbf{N}$ mit: $+(x,y) = x + y$. Die übliche Schreibweise $x + y$ nennt man auch *Infix-Notation*, da das Symbol für die Operation zwischen den Argumenten steht. Das ist aber lediglich eine Frage der Notation, also der textuellen Darstellung. Die Schreibweise $+(x,y)$ betont den Abbildungscharakter dieser Rechenoperation. In funktionalen Programmiersprachen ist die *Präfix-Notation* üblich: $(+\ x\ y)$, und wenn man das Operationssymbol hinter die Argumente schreibt: $x\ y+$, dann spricht man von der *polnischen Notation* oder von der *Postfix-Notation*. Die Postfix-Notation ist besonders vorteilhaft für die maschinelle Interpretation von Ausdrücken.

An dieser Stelle muß auf eine weitere Feinheit hingewiesen werden. Ein Ausdruck wie $x + y$ ist ein Rechenausdruck. Darin sind x und y Variablen, d.h. sie stehen in dem Ausdruck als sogenannte Platzhalter für konkrete Werte aus $\mathbf{N}$. Erst wenn man x und y durch Werte aus $\mathbf{N}$ ersetzt, kann man den Wert des Ausdrucks $x + y$ berechnen. $x + y$ ist also nicht die Notation für eine Abbildung, sondern es ist ein Ausdruck, in dem die Variablen x und y vorkommen. Aber man kann diesen Ausdruck auch als Notation für eine Funktion betrachten, indem man verabredet, daß man damit die Funktion meint, die einem Paar von natürlichen Zahlen $(n, m) \in \mathbf{N} \times \mathbf{N}$ die natürliche Zahl $n + m \in \mathbf{N}$ zuordnet.

Um hier sauber zwischen Ausdruck und Funktion unterscheiden zu können, wurde die λ-Notation (*Lambda-Notation*) eingeführt. Sei $E(x)$ ein Rechenausdruck, in dem die Variable x (frei) vorkommt, und sei eine Rechenstruktur gegeben, in der der Ausdruck $E(x)$ für jede Ersetzung von x durch einen Wert $a \in A$ einen definierten Wert $b \in B$ annimmt (A und B sind geeignete Mengen). Man schreibt dafür auch $b = \mathrm{val}(E(x/a))$. $E(x/a)$ ist der Rechenausdruck, den man erhält, wenn man die Variable x durch den Wert $a \in A$ ersetzt (oder substituiert). $\mathrm{val}(E(x/a))$ ist die *Bewertung* des Rechenausdrucks $E(x/a)$ in der gegebenen Rechenstruktur. Dann kann man durch $E(x)$ eine Funktion $\lambda x.E(x)$ definieren:

$$\begin{aligned} \lambda x.E(x) &: A \to B \\ [\lambda x.E(x)](a) &= \mathrm{val}(E(x/a)) \end{aligned}$$

Man verwendet dafür manchmal auch die suggestive Schreibweise: $x \mapsto E(x)$.

Bemerkung 2 *Es erscheint sicher als sehr technisch, wenn man eine komplizierte (oder besser eine ungewohnte) Notation einführt für einen Sachverhalt, der einem gut bekannt ist. Es muß aber darauf hingewiesen werden, daß der gewohnte Gebrauch oft die inhaltliche Klarheit verschleiert. Es ist daher notwendig, sich klar zu machen, daß eine präzise Beschreibung des Sachverhaltes möglich ist, und daß man diese auch verstanden hat. Dann kann man die gewohnte, vereinfachte Notation beruhigt verwenden.*

Beispiel 23 *Mehrstellige Operationen:*

1. *Sei X ein Alphabet. Die Konkatenation von Wörtern ist eine zweistellige Operation $\circ : X^* \times X^* \to X^*$ auf der Menge X^*. Man kann diese Operation jetzt auch so definieren: $\circ(u,v) = uv$ oder $\circ = (u,v) \mapsto uv$ oder $\circ = \lambda uv.uv$.*

2. *Die Division ist auf der Menge **N** eine partielle zweistellige Operation $/ : \mathbf{N} \times \mathbf{N} \to \mathbf{N}$:*

$$/(x,y) = \begin{cases} q \text{ falls } x = qy \\ \text{undef sonst} \end{cases}$$

3. *Die ganzzahlige Division mit Rest ist eine Abbildung $h : \mathbf{N}^2 \to \mathbf{N}^2$ und ist durch die folgende Eigenschaft der natürlichen Zahlen definiert: Zu je zwei natürlichen Zahlen x und $y \neq 0$ gibt es eindeutig bestimmte natürliche Zahlen q und r mit:*

$$x = qy + r \wedge 0 \leq r < y$$

Man nennt q den ganzzahligen Anteil oder Quotienten und r den Rest. Damit definiert man dann $h(x,y) = (q,r)$. Diese Funktionen sind oft auch in Programmiersprachen definiert und heißen dort z.B. **div** *und* **mod** *(Pascal). Es ist dann: $q = x$ **div** y und $r = x$ **mod** y.*

4. *Sei **C** die Menge der komplexen Zahlen, und für $n \in \mathbf{N}$ sei $\mathbf{C}^n$ die Menge der Vektoren $x = (x_0, \ldots, x_{n-1})$. Hier sei i die komplexe Einheit:*

$i^2 = -1$. Auf $\mathbf{C}^n$ definiert man die folgende Abbildung $H : \mathbf{C}^n \to \mathbf{C}^n$ durch $H(x) = y = (y_0, \ldots, y_{n-1})$ mit:

$$y_k = \sum_{j=0}^{n-1} x_j e^{i2\pi jk/n}$$

H heißt diskrete Fouriertransformation. Hier wird jedem Vektor $x \in \mathbf{C}^n$ ein neuer Vektor $y = H(x) \in \mathbf{C}^n$ zugeordnet.

Für Mengen A und B definiert man die neue Menge $[A \to B]$ aller Abbildungen f mit Quellbereich A und Zielbereich B. Statt $f : A \to B$ kann man dann auch schreiben: $f \in [A \to B]$. Analog ist $[A \rightharpoonup B]$ die Menge aller partiellen Abbildungen von A nach B, und es gilt natürlich: $[A \to B] \subseteq [A \rightharpoonup B]$, denn jede Abbildung ist auch partielle Abbildung.

Man kann gegebene Abbildungen zu neuen Abbildungen verknüpfen (und damit auch für Abbildungen eine Rechenstruktur definieren). Für $f : A \to B$ und $g : B \to C$ definiert man die Hintereinanderausführung oder *Komposition* $g \circ f : A \to C$ durch $(g \circ f)(a) = g(f(a))$. Für diese Verknüpfung läßt man das Symbol $\circ$ dann meistens weg und schreibt einfach: gf für $g \circ f$. Man definiert speziell eine *identische Funktion* für jede Menge A durch $Id_A : A \to A$ und $Id_A(a) = a$ für jedes $a \in A$. Damit gilt für $f : A \to B$ stets: $f \circ Id_A = f = Id_B \circ f$. Die identischen Abbildungen sind also neutrale Elemente für die Komposition von Abbildungen. Die Komposition $g \circ f$ kann auch sehr intuitiv notiert werden durch:

$$A \xrightarrow{f} B \xrightarrow{g} C.$$

Seien $f \in [A \to B]$ und $g \in [C \to D]$, dann kann man ein Produkt $(f \times g) : A \times C \to B \times D$ der Abbildungen f und g definieren durch $(f \times g)(a, c) = (f(a), g(c))$.

Es sollen jetzt Abbildungen mit besonderen Eigenschaften betrachtet werden.

Definition 11 *Eine Abbildung $f : A \to B$ heißt:*

1. *injektiv $\Leftrightarrow$ f ist als Relation links eindeutig*
2. *surjektiv $\Leftrightarrow$ f ist als Relation rechts vollständig*

3. bijektiv $\Leftrightarrow$ *f ist injektiv und surjektiv*

Statt injektiv sagt man auch, f sei *ein-eindeutig*, und statt surjektiv sagt man, f ist eine *Abbildung auf B*. Man kann das informell auch so beschreiben:

- f ist injektiv, wenn je zwei verschiedene Elemente aus A auf zwei verschiedene Elemente aus B abgebildet werden, oder formal:

$$f : A \to B \text{ ist injektiv} \Leftrightarrow \forall_{x,y \in A} : f(x) = f(y) \Rightarrow x = y.$$

- f ist surjektiv, wenn es zu jedem Element $b \in B$ ein Element $a \in A$ gibt mit $f(a) = b$, oder formal:

$$f : A \to B \text{ ist surjektiv } \Leftrightarrow \forall_{b \in B} \exists_{a \in A} : b = f(a).$$

Wenn $f : A \to B$ eine injektive Abbildung ist und $A \neq \emptyset$, dann gibt es (mindestens) eine *Umkehrabbildung* $h : B \to A$ mit der Eigenschaft: $hf = Id_A$. Man kann eine solche Abbildung wie folgt konstruieren: Da f links eindeutig ist, ist f^{op} als Relation rechts eindeutig, daher ist f^{op} eine partielle Abbildung, und es gilt für jedes $a \in A : f^{op}(f(a)) = a$. Man wählt ein $a_0 \in A$ und definiert:

$$h(b) = \begin{cases} f^{op}(b) & \text{falls} \quad b \in D_{f^{op}} \\ a_0 & \text{sonst} \end{cases}$$

Damit gilt nach Konstruktion für jedes $a \in A : h(f(a)) = a$, also $hf = Id_A$. Wenn f außerdem surjektiv ist, dann ist $D_{f^{op}} = B$, damit ist f^{op} eine vollständige Abbildung, und somit ist h eindeutig bestimmt. Daraus folgt, daß jede bijektive Abbildung $f : A \to B$ eine eindeutig bestimmte *Umkehrabbildung* $h : B \to A$ besitzt. Diese bezeichnet man mit f^{-1}, und es gilt $f^{-1}f = Id_A$ und $ff^{-1} = Id_B$. Die Abbildung f^{-1} heißt auch die *Inverse* von f oder *invers* zu f.

2.3.2.1 Mächtigkeit von Mengen.

Injektive Abbildungen werden für Codierungen benutzt, weil man aus dem Bild (Codierung) das Urbild (Klartext) wieder eindeutig herstellen kann, falls man die Umkehrabbildung kennt. Wenn $f : A \to B$ eine bijektive Abbildung ist, dann nennt man f auch eine *Bijektion*. Die Mengen A und B heißen *isomorph* und man schreibt dafür $A \cong B$. Isomorphe Mengen sind bis auf eine Umbenennung der Elemente gleich. Der Begriff der Isomorphie kann dazu dienen, von den spezifischen Elementen einer Menge zu abstrahieren und Mengen als äquivalent anzusehen, wenn sie isomorph sind. So gilt offensichtlich $\{0,1\} \cong \{\textbf{false, true}\}$. Weniger offensichtlich ist die folgende Bijektion.

Proposition 6 *Wenn X ein endliches, nichtleeres Alphabet ist, dann gilt $X^* \cong \mathbf{N}$.*

Beweis. Man zerlegt X^* in endliche Mengen: $X^* = \sum_{i \in \mathbf{N}} X^i$. Die Anzahl der Elemente von X^i ist m^i, wenn m die Anzahl der Elemente von X ist: $X = \{x_1, \ldots, x_m\}$. Man bildet nun die m^i Elemente von X^i auf den Zahlenabschnitt (ganzzahliges Intervall) $[a_i, b_i] = H(m,i) \subseteq \mathbf{N}$ ab. Dabei ist $H(m,i)$ definiert durch:

$$\begin{aligned} H(m,0) &= [0,0] = \{0\} \\ H(m,i+1) &= \left[b_i + 1, b_i + m^{i+1}\right] \end{aligned}$$

Jedes Intervall $H(m,i)$ hat nach Konstruktion genau m^i Elemente, und daher gilt $X^i \cong H(m,i)$. Außerdem gilt für die Intervalle:

$$\sum_{i \in \mathbf{N}} H(m,i) = \mathbf{N},$$

denn jede natürliche Zahl liegt in genau einem dieser Intervalle. Man zeigt durch vollständige Induktion die Beziehungen:

$$a_i = \frac{m^i - 1}{m - 1} \text{ und } b_i = m a_i$$

Für $i = 0$ ist das direkt die Definition von $H(m, 0) = [0, 0] = [a_0, b_0]$. Nach Definition ist:

$$a_{i+1} = b_i + 1 \text{ und } b_{i+1} = b_i + m^{i+1}$$

Nach Induktionsvoraussetzung und mit der Summenformel für endliche geometrische Reihen gilt:

$$a_i = \frac{m^i - 1}{m - 1} = \sum_{j=0}^{i-1} m^j \text{ und } b_i = ma_i = \sum_{j=1}^{i} m^j$$

Und damit erhält man:

$$a_{i+1} = b_i + 1 = \sum_{j=1}^{i} m^j + 1 = \sum_{j=0}^{i} m^j = \frac{m^{i+1} - 1}{m - 1}$$

$$b_{i+1} = b_i + m^{i+1} = \sum_{j=1}^{i} m^j + m^{i+1} = \sum_{j=1}^{i+1} m^j$$

$$= m \sum_{j=0}^{i} m^j = ma_{i+1}$$

■

Wir wollen diese Bijektion $X^* \cong \mathbf{N}$ noch auf eine andere Art graphisch verdeutlichen. Sei $X = \{0, 1\}$, dann gilt:

$$\begin{aligned} H(2,0) &= [0,0] \\ H(2,1) &= [1,2] \\ H(2,2) &= [3,6] \\ &\vdots \\ H(2,i) &= [2^i - 1, 2(2^i - 1)] \end{aligned}$$

Man kann die Wörter über X durch einen unendlichen binären Baum darstellen. Obwohl dieser Begriff noch nicht definiert wurde, ist er doch anschaulich ziemlich klar (siehe Abb. 2.2).

Die Verzweigungspunkte heißen auch *Knoten*. Von jedem Knoten führen zwei *Kanten* zu je einem Nachfolgerknoten. In jeder Ebene liegen daher

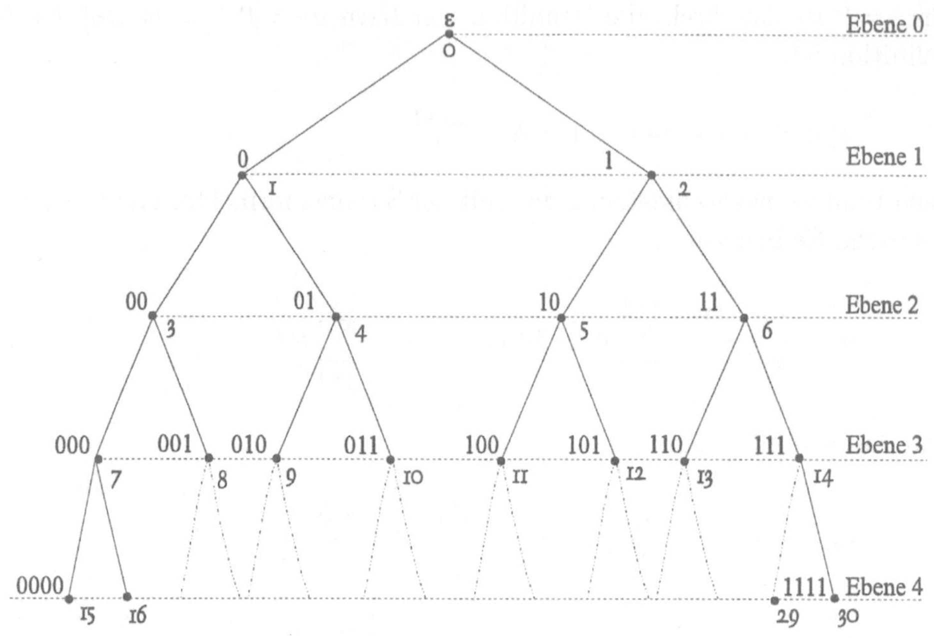

Abb. 2.2 Unendlicher Binärbaum mit zwei Beschriftungen

doppelt so viele Knoten wie in der vorhergehenden. In der Ebene 0 ein Knoten, und dieser heißt auch die Wurzel des Baumes. Die Knoten kann man mit den Wörtern $u \in X^*$ wie folgt beschriften:

- Die Wurzel wird mit ε beschriftet.
- Wenn ein Knoten mit $u \in X^*$ beschriftet ist, dann wird
  - der linke Nachfolger mit $u0$ beschriftet,
  - der rechte Nachfolger mit $u1$ beschriftet.

Diese (endliche) Vorschrift definiert die Beschriftung des gesamten (unendlichen) Baumes. Man sieht aus der Skizze 2.2, die natürlich nur ein endliches Anfangsstück des Baumes darstellen kann, daß die Ebene i genau mit den Wörtern der Länge i beschriftet ist, also alle Wörter aus X^i liegen in der Ebene i. Die Ebenen dieses Baumes stellen die Zerlegung dar: $X^* = \sum_{i \in \mathbf{N}} X^i$. Man kann die Knoten aber auch mit den natürlichen Zahlen beschriften:

- Die Wurzel wird mit 0 beschriftet
- Wenn ein Knoten mit $n \in \mathbf{N}$ beschriftet ist, dann wird
  - der linke Nachfolger mit $2n + 1$ beschriftet
  - der rechte Nachfolger mit $2n + 2$ beschriftet

Äquivalent zu dieser Vorschrift kann man einfacher formulieren: Ausgehend von der Wurzel werden die natürlichen Zahlen in ihrer natürlichen Reihenfolge aufsteigend nach Ebenen und in einer Ebene von links nach rechts den Knoten zugeordnet. Diese doppelte Beschriftung des unendlichen Binärbaumes liefert dann die bijektive Abbildung $X^* \cong \mathbf{N}$.

Definition 12 *Jede Menge M, die isomorph zu $\mathbf{N}$ ist ($M \cong \mathbf{N}$), heißt* abzählbar unendlich.

Mit Proposition 6 haben wir gezeigt, daß für jedes endliche und nicht leere Alphabet X die Wortmenge X^* abzählbar unendlich ist. Allgemeiner sollen isomorphe Mengen jetzt gleichmächtig heißen.

Definition 13 *Zwei Mengen M und M' heißen* gleichmächtig *genau dann, wenn gilt $M \cong M'$.*

Man kann die Mächtigkeit von Mengen vergleichen. Seien M und M' zwei beliebige Mengen, dann sagt man: Die *Mächtigkeit* von M ist kleiner oder gleich der Mächtigkeit von M', falls es eine *injektive* Abbildung $h : M \to M'$ gibt. Sei $\mathbf{n} = \{0, 1, .., n-1\}$ die Menge der ersten n natürlichen Zahlen. Eine Menge M heißt *endlich*, wenn es eine natürliche Zahl $n \in \mathbf{N}$ gibt, so daß $M \cong \mathbf{n}$. Damit sind endliche und abzählbar unendliche Mengen charakterisiert. Bereits Cantor hat gezeigt, daß die Menge der rationalen Zahlen $\mathbf{Q}$ abzählbar unendlich ist, während es keine Bijektion zwischen $\mathbf{R}$ und $\mathbf{N}$ gibt. Es gibt zwar eine injektive Abbildung $h : \mathbf{N} \to \mathbf{R}$, denn nach Konstruktion der reellen Zahlen ist $\mathbf{N} \subseteq \mathbf{R}$; aber es gibt keine surjektive Abbildung von $\mathbf{N}$ nach $\mathbf{R}$. Eine Menge M heißt *überabzählbar unendlich*, wenn ihre Mächtigkeit mindestens so groß ist wie die der reellen Zahlen. Die Anschauung führt bei unendlichen Mengen manchmal in die Irre. Dazu betrachten wir das folgende

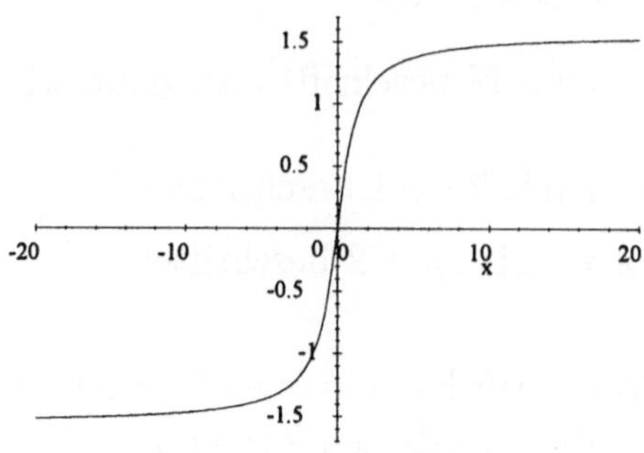

Abb. 2.3 Die Funktion arctan bildet die reellen Zahlen bijektiv auf das Intervall $\left(-\frac{\pi}{2}, \frac{\pi}{2}\right)$ ab

Beispiel 24 *Das offene Intervall* $I = \left(-\frac{\pi}{2}, \frac{\pi}{2}\right)$ *ist eine echte Teilmenge von* $\mathbf{R}$*, die aber die gleiche Mächtigkeit hat wie* $\mathbf{R}$*. Das zeigt die streng monoton wachsende Funktion* $h(x) = \arctan(x)$ *(Abb.: 2.3):*

Ein analoges Phänomen gibt es auch bei den natürlichen Zahlen.

Beispiel 25 *Die Menge der geraden Zahlen ist gleichmächtig zu* $\mathbf{N}$*, denn die Abbildung* $x \mapsto 2x$ *hat die Umkehrabbildung:* $x \mapsto 2^{-1}x$.

Bemerkung 3 *Die Unendlichkeit von* $\mathbf{N}$ *und die Bijektion aus 25 kann man wie folgt veranschaulichen. Wir nehmen an, daß es ein Hotel gibt, das abzählbar unendlich viele Zimmer hat, die mit den Zahlen* $0, 1, 2, \cdots$ *durchnumeriert sind. Das Hotel ist vollständig belegt, und es kommt noch ein Gast an. Es ist kein Problem, diesen Gast noch unterzubringen, wenn jeder Gast von seinem Zimmer mit der Nummer* i *in das Zimmer mit der Nummer* $i+1$ *umzieht, denn dann wird das Zimmer mit der Nummer* 0 *leer. Auch abzählbar unendlich viele neue Gäste können noch untergebracht werden. Dazu muß jeweils der Gast aus Zimmer* i *in das Zimmer* $2i+1$ *umziehen. Dann sind alle Zimmer mit geradzahliger Nummer frei.*

Die Mächtigkeit einer Menge M nennt man auch die *Kardinalzahl* von M und schreibt dafür $|M|$. Somit gilt für Beispiel 24: $|I| = |\mathbf{R}|$, für Beispiel 25 $|\{2m \mid m \in \mathbf{N}\}| = |\mathbf{N}|$ und $\{0,1\} = |\mathbf{2}| = |\{\mathbf{true}, \mathbf{false}\}|$. Für endliche Mengen ist die Kardinalzahl die Anzahl der Elemente der Menge, und $\mathbf{n} =$

$\{0, 1, ..., n-1\}$ ist eine Standardmenge mit Kardinalzahl $n \in \mathbf{N}$. Daher ist $|\mathbf{n}| = n$.

Ist M eine beliebige Menge, dann gibt es stets eine injektive Abbildung $h : M \to \mathbf{P}(M)$ in die Potenzmenge von M, nämlich $h(m) = \{m\}$. Aber es kann keine surjektive solche Abbildung geben. Der Beweis zu dieser Behauptung stammt von Cantor und ist sehr lehrreich. B. Russel hat diese Beweisidee später verwendet, um damit auf grundsätzliche Probleme der (naiven) Mengenlehre aufmerksam zu machen (Russels Antinomie).

Proposition 7 *Sei M eine beliebige Menge. Es gibt keine surjektive Abbildung $g : M \to \mathbf{P}(M)$.*

Beweis. Angenommen $g : M \to \mathbf{P}(M)$ ist eine surjektive Abbildung. Dann gibt es zu jeder Teilmenge $S \subseteq M$ ein Element $m \in M$ mit: $g(m) = S$. Sei nun die Menge L wie folgt definiert:

$$L = \{x \in M \mid x \notin g(x)\}$$

Zu L gibt es nach Voraussetzung ein $y \in M$ mit $g(y) = L$. Für das Element y erhält man dann den Widerspruch:

$$y \in L \Leftrightarrow y \notin g(y) = L$$

Daher muß die Annahme der Existenz einer surjektiven Abbildung $g : M \to \mathbf{P}(M)$ falsch sein. ■

Es gilt also stets: $|M| < |\mathbf{P}(M)|$, d.h. die Mächtigkeit der Potenzmenge $\mathbf{P}(M)$ (also der Menge aller Teilmengen) einer Menge M ist stets größer als die Mächtigkeit der Menge M selbst. Für endliche Mengen gilt insbesondere: $|\mathbf{P}(\mathbf{n})| = 2^n$ für jedes $n \in \mathbf{N}$.

Der Begriff der *Kardinalzahl* ist ein sehr gutes Beispiel für eine Abstraktion. Die Kardinalzahl abstrahiert von der spezifischen Menge und faßt alle untereinander gleichmächtigen Mengen zu einem neuen abstrakten Begriff zusammen. Man sagt auch, daß die Mengen gleicher Mächtigkeit in ein und derselben Isomorphieklasse liegen, und diese Klasse ist die Kardinalzahl. Diese Abstraktion von den speziellen Mengen wurde erst durch den Begriff der injektiven und surjektiven Abbildung möglich.

Wir wollen das Gebiet der Mengenlehre hier nicht weiter verfolgen. Es sollte nur klar zwischen Mengen unterschieden werden, die endlich sind (z.B. **n** für

$n \in \mathbf{N}$), abzählbar unendlich (z.B. $\mathbf{N}$ oder $\mathbf{Q}$) oder überabzählbar unendlich (z.B. $\mathbf{R}$). Die für uns so wesentlichen Wortmengen X^* sind immer abzählbar unendlich, d.h. bijektiv abbildbar auf $\mathbf{N}$, wenn X endlich und nicht leer ist.

2.3.2.2 Mengenkonstruktionen durch Abbildungen.

Mit dem Abbildungsbegriff kann man jetzt auch das *cartesische Produkt* für unendlich viele Mengen definieren. Sei I eine *Indexmenge* und zu jedem $i \in I$ sei A_i eine Menge. Dann definiert man:

$$\prod_{i\in I} A_i = \left\{ a : I \to \bigcup_{i\in I} A_i \mid \forall_{i\in I} : a(i) \in A_i \right\}.$$

Das Produkt $\prod_{i\in I} A_i$ ist also eine Menge von Abbildungen $a : I \to \bigcup_{i\in I} A_i$, und a gehört zu dieser Menge genau dann, wenn für jeden Index $i \in I$ gilt $a(i) \in A_i$. Zu einem cartesischen Produkt definiert man die *Projektionsabbildungen* $\pi_j : \prod_{i\in I} A_i \to A_j$ für jedes $j \in I$ durch: $\pi_j(a) = a(j) \in A_j$. Die endlichen Produkte, die wir weiter oben definiert haben, sind ein Spezialfall. Die Elemente $a \in \prod_{i=1}^{n} A_i$ werden in diesem Fall als n-tupel $a = (a(1), ..., a(n)) = (a_1, ..., a_n)$ geschrieben, und es ist $\pi_j(a) = a(j) = a_j$ die j-te Komponente von a.

Jede Abbildung $h : A \to B$ erzeugt auf A eine Äquivalenzrelation $\equiv_h$und damit eine Partition auf folgende Weise: $a \equiv_h a' \Leftrightarrow h(a) = h(a')$. Man überzeugt sich leicht, daß $\equiv_h$ wirklich eine Äquivalenzrelation ist. Die Äquivalenzklassen dieser Relation sind dann gerade die Teilmengen, auf denen die Abbildung h einen konstanten Funktionswert hat (siehe Abb. 2.4).

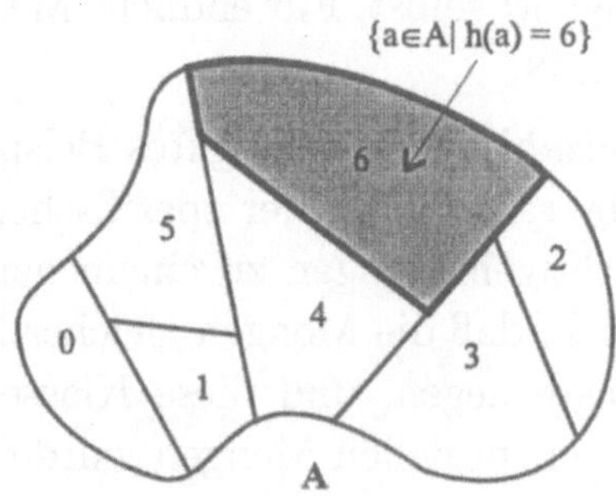

Abb. 2.4 Von der Abbildung h erzeugte Äquivalenzrelation

Die große Fläche soll die Menge A darstellen. h ist eine Abbildung $h : A \to \{0, 1, \ldots, 6\}$ und die Flächenaufteilung soll die Zerlegung in Äquivalenzklassen darstellen. In jedes Feld ist der Funktionswert eingetragen, der für alle Elemente dieser Äquivalenzklasse gleich ist. Die schraffierte Fläche stellt die Klasse aller Elemente dar, die auf 6 abgebildet werden.

Die Höhenlinien in Landkarten oder in Darstellungen von Funktionen $f : \mathbf{R}^2 \to \mathbf{R}$ sind Beispiele für solche Äquivalenzklassen, nämlich die Orte gleicher Höhe. Ist umgekehrt $\{A_1, \ldots, A_n\}$ eine Partition auf der Menge A, dann definiert man die Abbildung $h : A \to \{1, ..., n\}$ durch: $h(a) = i \Leftrightarrow a \in A_i$. Die Äquivalenzklassen dieser Abbildung sind dann genau die Mengen $A_1, ..., A_n$. Die Abbildungen mit dem Definitionsbereich A und Äquivalenzrelationen auf A sind also eng miteinander verwandt.

2.3.2.3 Charakteristische Funktionen.

Zum Schluß dieses Abschnittes soll noch eine Beziehung zwischen Teilmengen einer Menge und bestimmten Abbildungen betrachtet werden. Sei M eine beliebige Menge und $\mathbf{P}(M)$ die Potenzmenge von M. Für $\{0, 1\}$ schreiben wir vereinbarungsgemäß auch $\mathbf{2}$ und definieren zu jeder Teilmenge $X \subseteq M$ die *charakteristische Funktion* $c_X : M \to \mathbf{2}$ wie folgt:

$$c_X(y) = \begin{cases} 1 & \text{falls} \quad y \in X \\ 0 & \text{sonst} \end{cases}$$

Jede Funktion $c : M \to \mathbf{2}$ definiert eine eindeutig bestimmte Teilmenge von M, und zu jeder Teilmenge $X \subseteq M$ gehört eindeutig die Funktion c_X. Diese Beziehung kann man durch eine Bijektion ausdrücken:

$$\mathbf{P}(M) \cong [M \to \mathbf{2}]$$

Diese Bijektion ist gegeben durch die Abbildung $\Phi : \mathbf{P}(M) \to [M \to \mathbf{2}]$ mit $\Phi(X) = c_X$.

Die Beziehung zwischen diesen beiden Mengen geht aber noch weiter. Man kann auf der Menge $[M \to \mathbf{2}]$ nämlich eine Rechenstruktur definieren, die der auf $\mathbf{P}(M)$ entspricht und damit haben wir ein erstes Beispiel für zwei *isomorphe* Rechenstrukturen. Die Rechenstruktur auf der Menge $\mathbf{2}$ mit den Operationen $+, \cdot, \backsim$ wurde bereits weiter oben definiert. Es wird auf $\mathbf{2}$ noch eine Halbordnung definiert durch: $0 < 1$. Auf $[M \to \mathbf{2}]$ definiert man die folgenden Operationen durch entsprechende Operationen in der Menge $\mathbf{2}$.

Definition 14 *Seien $f, g \in [M \to \mathbf{2}]$, dann sei:*

1. $(f+g)(x) = f(x) + g(x)$
2. $(f \cdot g)(x) = f(x) \cdot g(x)$
3. $(\backsim f)(x) = \backsim (f(x))$
4. $f \leq g \Leftrightarrow \forall_{x \in M} : f(x) \leq g(x)$

Damit kann man jetzt zeigen:

Proposition 8 *Sei M eine Menge und X, Y seien beliebige Teilmengen von M, dann gilt:*

1. $c_{X \cup Y} = c_X + c_Y$
2. $c_{X \cap Y} = c_X \cdot c_Y$
3. $c_{\overline{X}} = \backsim c_X$
4. $X \subseteq Y \Leftrightarrow c_X \leq c_Y$

Beweis.

1. $c_{X \cup Y}$:
$$\begin{aligned} c_{X \cup Y}(m) = 1 \quad &\Leftrightarrow m \in X \cup Y \Leftrightarrow m \in X \vee m \in Y \\ &\Leftrightarrow c_X(m) + c_Y(m) = 1 \Leftrightarrow (c_X + c_Y)(m) = 1 \end{aligned}$$
2. $c_{X \cap Y}$ ist analog zu beweisen.
3. $c_{\overline{X}}$:
$$\begin{aligned} c_{\overline{X}}(m) = 1 \quad &\Leftrightarrow m \notin X \Leftrightarrow c_X(m) = 0 \\ &\Leftrightarrow \backsim (c_X(m)) = 1 \Leftrightarrow (\backsim c_X)(m) = 1 \end{aligned}$$
4. $c_X \leq c_Y$:
$$\begin{aligned} X \subseteq Y \quad &\Leftrightarrow (\forall_{m \in M} : m \in X \Rightarrow m \in Y) \\ &\Leftrightarrow (\forall_{m \in M} : c_X(m) = 1 \Rightarrow c_Y(m) = 1) \\ &\Leftrightarrow \forall_{m \in M} : c_X(m) \leq c_Y(m) \\ &\Leftrightarrow c_X \leq c_Y \quad \blacksquare \end{aligned}$$

Es gilt also nicht nur die Gleichmächtigkeit $\mathbf{P}(M) \cong [M \rightarrow \mathbf{2}]$, sondern es entsprechen sich auch die Rechenoperationen in diesen Mengen. Dies führt zum Begriff der Isomorphie von Rechenstrukturen, die wir im folgenden Kapitel noch genauer betrachten werden. Die charakteristischen Funktionen werden auch zur Darstellung von Teilmengen einer („kleinen") Menge in verschiedenen Programmiersprachen benutzt.

2.4 Information

Die deutsche Bezeichnung für das Fach *Informatik* stellt die Beziehung her zum Begriff der *Information*. Die anglo-amerikanische Bezeichnung des Faches ist *computer science*. Diese Bezeichnung stellt mehr den zentralen Begriff der Rechenmaschine und der Berechnung in den Vordergrund. Eine Rechenmaschine verarbeitet Information. Eine Datenbank heißt auch Informationssystem. Daten und Information stehen in engem Zusammenhang.

Interessanterweise ist der Informationsbegriff i.a. nicht Gegenstand des Informatikstudiums. Dafür gibt es in der Nachrichtentechnik das gut ausgearbeitete Teilgebiet der *Informationstheorie*. In diesem Teilgebiet wird eine quantitative Theorie der Information behandelt, die aber nur die syntaktischen Aspekte mit stochastischen Methoden untersucht. Wenn man sagt, daß eine Rechenmaschine Information speichert und verarbeitet, dann ist damit aber (zumindest vordergründig) auch nur ein syntaktischer Aspekt gemeint. Syntaktisch soll hier bedeuten, daß man lediglich Zeichenreihen als Eingabe und Ausgabe betrachtet. Der Rechner stellt eine durch ein Programm definierte Beziehung zwischen gewissen Zeichenreihen her. Die Zeichenreihen sind auf der Maschinenebene Bitfolgen und für den Anwender Texte, Bilder, Grafiken oder auch Töne.

Wenn man als *Zeichenalphabet* ein endliches Alphabet X für die Eingabe und die Ausgabe festlegt, dann definiert ein Programm p eine i.a. partielle Funktion $f_p : X^* \rightharpoonup X^*$. Da auch das Programm p nur ein endlicher Text ist, der über dem gleichen Zeichensatz X dargestellt werden kann, ist die (universelle) Rechenmaschine selbst als eine partielle Funktion $F : X^* \times X^* \rightharpoonup X^*$ aufzufassen und es ist $f_p(u) = F(p, u)$. In diesem Sinn ist eine Rechenmaschine eine *Wortfunktion*, die Eingabewörter im Prinzip rein mechanisch in die entsprechenden Ausgabewörter transformiert. Das Modell der Turingmaschine und insbesondere das der universellen Turingmaschine präzisiert diese Vorstellung. Diese Modelle werden in Kapitel 3 vorgestellt. Wenn wir aber von Information sprechen, dann meinen wir nicht nur den syntaktischen Aspekt. Ein Eingabewort $u \in X^*$ kann für den Anwender eines Programms eine ganz bestimmte Bedeutung haben. Es wird eine Frage gestellt. Die Antwort (Ausgabe) $f_p(u) = v$, die das Programm p berechnet, hat dann ebenfalls eine ganz bestimmte Bedeutung.

Diese Beziehung zwischen der Bedeutung der Frage zur Bedeutung der Antwort stellt eine Verarbeitung (Transformation) von Information dar. Allerdings kann die Bedeutung der Frage und der Antwort vom Anwender abhängen, so daß der Informationsgehalt ein subjektiver Begriff ist. Die Schwierigkeit, den Informationsbegriff zu behandeln liegt darin, daß man den subjektiven Aspekt des Begriffs schwer formalisieren kann. Wir wollen daher nicht den (möglicherweise nutzlosen) Versuch machen, den Begriff Information formal zu definieren. Wenn man sich aber auf den syntaktischen und damit objektiven Aspekt einschränkt, dann bleibt die reine Zeichenmanipulation, und diese kann man formal gut erfassen.

Wir beginnen wieder mit Beispielen, die etwas mit dem intuitiven Informationsbegriff zu tun haben. Man findet auch eine Unterteilung der Begriffe in *Nachricht* und *Information*, wobei die Nachricht die (objektive) syntaktische Komponente ist, und die Information die (subjektive) semantische Komponente, also die Zuordnung einer Bedeutung zu einer Nachricht.

Beispiel 26 *Nachricht und Information*

1. *Winkelposition der Zeiger einer Uhr: Uhrzeit*
2. *Glockenschlag der Kirchturmuhr: Uhrzeit*
3. *Wirtschaftsnachricht in der Zeitung: DAX um 34 Punkte gefallen.*
4. *Knoten im Taschentuch: Erinnerung an einen dringenden Anruf.*
5. *Chiffrierter Text: geheime Botschaft, mit einem Schlüssel zu decodieren.*
6. *Verkehrszeichen: Vorfahrt beachten.*
7. *CD-ROM mit 512 MB Information: Software Paket.*

Das sind Beispiele dafür, wie ein Mensch aus (objektiven) syntaktischen Zeichen eine Information erhalten kann. Man sieht an den Beispielen, daß es nicht immer einfach ist, zu bestimmen, was genau die Nachricht und was die

Bedeutung ist. So ist auch der Glockenschlag einer Kirchturmuhr erst durch gewisse Vereinbarungen und Erfahrungen zu einer (objektiven) Nachricht zu abstrahieren. Soll dieser Glockenschlag als Zeitangabe gedeutet werden, dann sind die relative Tonhöhe und die Anzahl der durch Pausen getrennten Einzeltöne die Nachricht, z.B. viermal hoher Ton gefolgt von siebenmal tiefer Ton. Diese Nachricht ist natürlich auch nur dem zugänglich, der diese physikalischen Phänomene wahrnehmen und geeignet differenzieren kann (tiefer Ton, hoher Ton).

Das verknotete Taschentuch ist eine Nachricht, für jeden, der das verknotete vom nicht verknoteten Taschentuch unterscheiden kann. Was allerdings die Bedeutung eines verknoteten Taschentuchs ist, das hängt sehr stark vom Betrachter ab. Wenn jemand ein Taschentuch verknotet, um nicht zu vergessen, daß am Nachmittag ein Vortrag stattfindet und es dann einer anderen Person in die Tasche steckt, dann wird die letztere sich über den Knoten wundern, aber sehr wahrscheinlich nicht an einen Vortrag erinnert.

Bei der CD-ROM wird eine *Informationsmenge* gemessen. Dazu stellt man sich vor, daß eine CD eine lange Folge von Zeichen aus dem Alphabet $\mathbf{2} = \{0, 1\}$ als Nachricht enthält. Die Nachricht ist ein Element aus $\mathbf{2}^q$ und die Länge dieser Nachricht ist q. Diese Länge q kann als ein Maß für die Informationsmenge verwendet werden. Die Länge einer Zeichenreihe $u \in \mathbf{2}^*$ ist eine natürliche Zahl, und die Maßeinheit heißt *Bit*

Dieses Maß bezieht sich rein syntaktisch auf die Länge einer Zeichenreihe über dem Alphabet der Binärziffern (**bi**nary digi**t**). Die nächst größere Einheit ist das *Byte*: 1 Byte = 8 Bit. Außerdem setzt man fest (siehe auch Abschnitt 6.1.1):

$$\begin{array}{lclcl} 1\text{KB} & = & 2^{10}\text{Byte} & = & 1024\text{Byte} \\ 1\text{MB} & = & 2^{10}\text{KB} & = & 2^{20}\text{Byte} \\ 1\text{GB} & = & 2^{10}\text{MB} & = & 2e^{30}\text{Byte} \end{array}$$

Somit enthält eine CD-ROM mit 512 MB = 2^9 MB eine Zeichenreihe von $2^9 2^{20} 2^3 = 2^{32} = 4.294.967.296$ Binärziffern. Über den subjektiven Informationsgehalt ist damit aber nicht viel gesagt, denn wenn jede Binärziffer eine 0 ist, dann erscheint uns der Gehalt an Information eher gering, verglichen mit einer Dualbruchdarstellung der Zahl π auf 4.294.9 67.296 Stellen.

Fassen wir diese intuitiven Beispiele zusammen, dann kann man sagen, daß zur Darstellung einer (subjektiven) Information stets eine (objektive) Nachricht verwendet wird. Eine Nachricht m ist Element einer bestimmten festgelegten Menge M (m kann als eine abstrakte Form der Nachricht aufgefaßt werden). Diese abstrakten Nachrichten müssen für eine Verarbeitung oder Übertragung (Kanal) durch geeignete physikalische Zustandsgrößen repräsentiert werden. Dabei können i.a. verschiedene physikalische Zustände die gleiche abstrakte Nachricht repräsentieren. Darin besteht gerade die Abstraktion. Eine Nachricht ist eine Klasse von bestimmten physikalischen Zuständen. Diese grundsätzlichen Überlegungen sollen wieder etwas anschaulicher erläutert werden.

Ein physikalischer Zustand wird durch ein Meßinstrument erfaßt und auf einer *Skala* geeignet angezeigt. Die Einstellung dieser Skala ist selbst ein physikalischer Zustand, so daß ein Meßinstrument nur einen physikalischen Zustand in einen anderen transformiert, den wir mit den Sinnesorganen erfassen und somit wahrnehmen können. Wir beschränken uns daher auf physikalische Systeme, die als ablesbare Skala verwendet werden können. Ein solches System kann verschiedene Zustände annehmen.

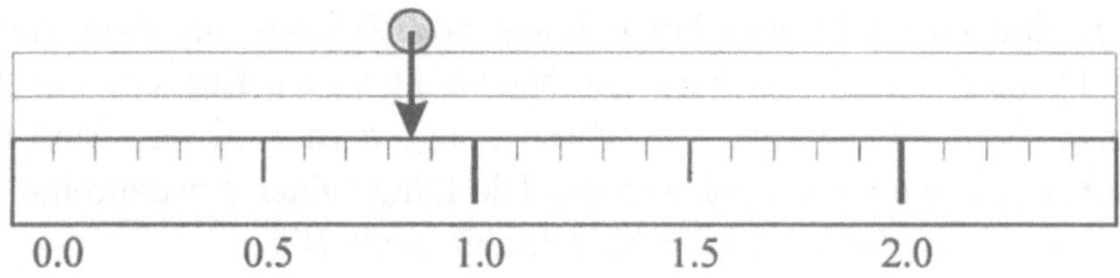

Abb. 2.5 Analoge Skala für kontinuierliche Werte

Die *analoge Skala* in Abb. 2.5 kann beliebige reelle Zahlen aus einem Intervall anzeigen. Das ist allerdings ganz offensichtlich physikalisch nicht zu erreichen. Ungenauigkeiten der mechanischen Ausführung, der Ablesemöglichkeit, thermische Bewegung usw. führen dazu, daß jede solche Skala mit einer gewissen Unsicherheit versehen ist.

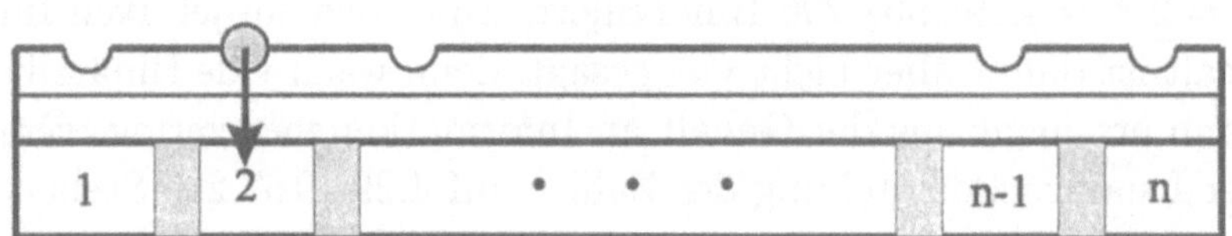

Abb. 2.6 Skala für n diskrete Zustände

Die *diskrete Skala* in Abb.2.6 besitzt Ablesefelder für die diskreten Werte $1,\ldots,n$. Der Zeiger ist auf einer Führungsbahn verschiebbar, rastet aber jeweils in einem bestimmten Bereich fest ein. Im Gegensatz zu einer analogen Skala sind Zwischenwerte nicht einstellbar. Eine solche Skala heißt auch *digital*. Eine extreme Vereinfachung ist eine Skala, die genau einen von zwei Werten annehmen kann, wie in Abb. 2.7.

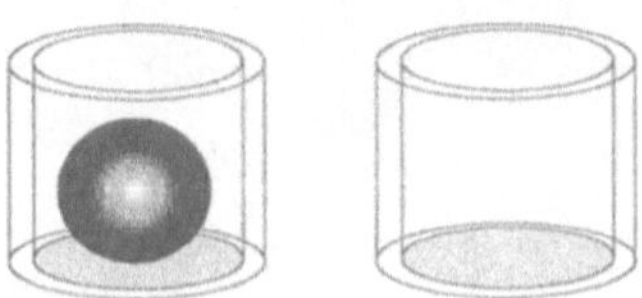

Abb. 2.7 Binäre Skala in zwei Zuständen

Diese *binäre Skala* besteht aus einem Gefäß, in dem sich eine Kugel befinden kann (links) oder auch nicht (rechts). Eine solche Skala ist mit sehr hoher Sicherheit ablesbar. Es gibt praktisch keinen Einstell- oder Ablesefehler. Verbindet man n solche Gefäße zu einer neuen Skala, dann kann jedes der Gefäße 0 bis $n-1$ entweder eine Kugel enthalten oder nicht, und es gibt 2^n verschiedene Zustände dieser Skala. Die Zahl der Zustände läßt sich beliebig erhöhen, ohne daß dabei die Unsicherheit zunimmt. Man erhält so eine n-fache Binärskala wie in Abb. 2.8. Das ist gerade der große Vorteil der digitalen und insbesondere der binären Darstellung.

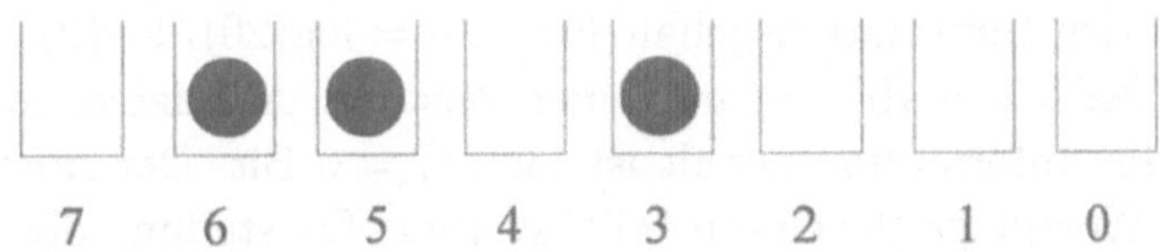

Abb. 2.8 Zustand der 8-fachen Binärskala

Eine Skala mit dem gleichen Wertebereich erhält man, wenn man n Kugeln mit den Nummern $0,\ldots,n-1$ versieht, so daß man sie unterscheiden kann, und wenn man ein Gefäß verwendet, daß bis zu n solcher Kugeln aufnehmen kann. Dann ist der Zustand dieser Skala durch die Menge der Nummern der Kugeln charakterisiert, die sich gerade in dem Gefäß befinden. Das bedeutet aber, daß ein Zustand einfach eine Teilmenge ist von $\mathbf{n} = \{0, 1, ..., n-1\}$. Es gibt genau 2^n solche Zustände.

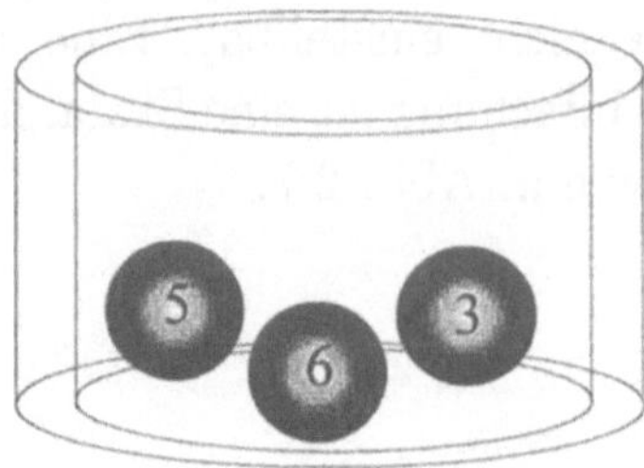

Abb. 2.9 Skala mit k aus n Werten

Die Skala in Abb. 2.9 ist im Zustand $\{3, 5, 6\}$. Wenn man n binäre Skalen zusammenfaßt, dann bildet man mathematisch den Produktraum $S = \{0, 1\}^n = \mathbf{2}^n$, also die Menge der n-tupel von Binärziffern. Man kann den Begriff der Skala mit der Zustandsmenge identifizieren, und daher ist eine (endliche, diskrete) Skala abstrakt als endliches Alphabet aufzufassen.

Will man eine Skala $T = \{t_0, ..., t_{n-1}\} \cong \{0, ..., n-1\} = \mathbf{n}$ durch Binärskalen darstellen, dann benötigt man dafür $q = \lceil \log_2(n) \rceil$ Binärskalen. Dabei bedeutet $\lceil x \rceil$ für eine reelle Zahl x die kleinste ganze Zahl q, für die $x \leq q$ gilt, und $\log_2$ ist der *Logarithmus* zur Basis 2. Man nennt die Größe $\log_2(|T|)$ den *Informationsgehalt* der Skala (oder des Alphabets) mit der Zustandsmenge T und verwendet dafür die Maßeinheit Bit.

Die binäre Skala $\mathbf{2} = \{0, 1\}$ hat den Informationsgehalt 1 Bit. Die Skala $\mathbf{20} = \{0, ..., 19\}$ hat den Informationsgehalt $\log_2(20) = \log(20)/\log(2) = 4.3219..$ Bit, und die Skala $\mathbf{1} = \{0\}$ hat nur einen Zustand und liefert somit keine Information. Ihr Informationsgehalt ist $\log_2(1) = 0$ Bit. Der Informationsgehalt ist die Wortlänge für eine möglichst kurze Darstellung der Zustände mit Binärziffern. Es ist aber zu beachten, daß der Begriff Informationsgehalt sich nur auf die Darstellbarkeit von Zuständen bezieht und somit nur den syntaktischen Aspekt erfaßt. Die jeweilige Bedeutung (Semantik) eines Zustandes bleibt hier völlig unberücksichtigt.

Wir wollen jetzt etwas genauer untersuchen, was eine möglichst kurze Darstellung ist. Diese Überlegungen werden in natürlicher Weise die Definition des Informationsgehaltes und der *Entropie* nach C. Shannon [Sha48] begründen.

Sei $S = \{s_1, ..., s_n\}$ ein Alphabet (Skala). Man möchte die Zeichen $s_i \in S$ über ein Medium (Kanal) übertragen. Das Medium kann aber nur die Zustände eines Alphabets $T = \{t_1, ..., t_m\}$ annehmen und übertragen. Zur Darstellung der Zeichen von S müssen daher Zeichenfolgen über dem Alphabet T verwendet werden. In diesem Zusammenhang nennt man S das *Quellalphabet* und T das *Kanalalphabet.*

Definition 15 *Seien $S = \{s_1, ..., s_n\}$ und $T = \{t_1, ..., t_m\}$ zwei endliche Alphabete. Eine Codierung ist eine injektive Abbildung $\varphi : S \to T^*$.*

Der Sprachgebrauch ist hier nicht immer einheitlich. Eine Codierung heißt manchmal auch einfach *Code.* Andere Autoren bezeichnen die Menge der Codewörter $\varphi(S) \subseteq T^*$ als den Code. Wir werden beide Bezeichnungen verwenden. Meistens macht der Zusammenhang die genaue Bedeutung klar.

Beispiel 27 *Sei S die Menge der kleinen und großen lateinischen Buchstaben zusammen mit den zehn Dezimalziffern und den üblichen Satz- und Sonderzeichen. T sei das Alphabet der Binärziffern, also $T = \mathbf{2}$. Der* **A***merican* **S***tandard* **C***ode for* **I***nformation* **I***nterchange (ASCII) definiert eine injektive Abbildung $\varphi : S \to \mathbf{2}^*$ (eine Tabelle findet man in Abschnitt 6.4.3).*

Definition 16 *Eine Codierung $\varphi : S \to T^*$ heißt Block-Code, wenn gilt: $\exists_{k \in \mathbf{N}} \forall_{s \in S} : \varphi(s) \in T^k$. k heißt dann die Blocklänge der Codierung.*

Bei einem Block-Code haben alle Codewörter die gleiche Länge k. Der ASCII ist ein solcher Block-Code mit $k = 7$ und $T = \mathbf{2}$. Da φ injektiv sein soll, muß für einen Block-Code $\varphi : S \to T^k$ stets gelten:

$$|S| \leq \left|T^k\right| = |T|^k$$

oder mit $|S| = n$ und $|T| = m$:

$$n \leq m^k$$
$$k \geq \log_m(n)$$

$\log_m(n)$ ist also eine untere Schranke für die Länge der Codewörter eines Block-Codes. Speziell für $m = 2$ haben wir das weiter oben den Informationsgehalt eines Zeichens $s \in S$ genannt.

Wenn man eine Folge von Zeichen aus S übertragen will, dann muß man diese Folge $u \in S^*$ so in eine Folge $\Phi(u) \in T^*$ übersetzen, daß man durch eine geeignete Maßnahme aus $\Phi(u)$ wieder die ursprüngliche Folge u rekonstruieren kann. Jede Codierung $\varphi : S \to T^*$ läßt sich zu einer Abbildung $\Phi : S^* \to T^*$ auf natürliche Weise fortsetzen durch die (rekursive) Definition:

$$\Phi(\varepsilon) = \varepsilon$$
$$\Phi(us) = \Phi(u)\varphi(s) \text{ für } s \in S \text{ und } u \in S^*$$

Es werden dabei einfach die Code-Wörter der einzelnen Zeichen des Wortes u hintereinander geschrieben.

Beispiel 28 *Sei $S = \{a, b, c\}$, $T = \mathbf{2}$ und φ_1, φ_2 seien zwei Codierungen, die durch folgende Tabelle definiert sind:*

s	$\varphi_1(s)$	$\varphi_2(s)$
a	01	01
b	001	010
c	011	101

Die folgende Tabelle zeigt Beispiele für $\Phi_i(u)$, $(i = 1, 2)$:

$u \in S^*$	$\Phi_1(s)$	$\Phi_2(u)$
a	01	01
ab	01001	01010
abc	01001011	01010101

Das Beispiel zeigt, daß die Fortsetzung einer Codierung nicht notwendig injektiv ist, denn φ_2 ist injektiv, aber es ist z.B.: $\Phi_2(abc) = 01010101 = \Phi_2(aaaa)$. Die Folge 01010101 kann also sowohl aus abc, wie auch aus $aaaa$ gebildet werden.

Definition 17 *Eine Codierung $\varphi : S \to T^*$ heißt umkehrbar genau dann, wenn die Fortsetzung $\Phi : S^* \to T^*$ eine injektive Abbildung ist.*

Trivialerweise ist jeder Block-Code umkehrbar, denn man braucht nur die Ausgabefolge in Gruppen der Blocklänge k einzuteilen, um dann mit der Codetabelle für φ jeweils das zugehörige Ursprungszeichen zu ermitteln. Man kann umkehrbare Codierungen mit nicht konstanter Länge der Codewörter konstruieren, wenn man fordert, daß kein Codewort Anfangsstück eines anderen Codewortes ist. Wir haben die Präfix-Halbordnung für Zeichenfolgen bereits in Beispiel 21 aufgeführt.

Definition 18 *Sei X ein beliebiges Alphabet, dann definiert man auf X^* die Relation $\leq$ durch: $u \leq v :\Leftrightarrow \exists_{w \in X^*} : uw = v$. Für $u \leq v$ sagt man auch, daß u ein Anfangsstück oder Präfix von v ist.*

Es ist also u ein Anfangsstück von v, wenn sich u durch Anhängen eines Wortes w zu v verlängern läßt. Man prüft leicht nach, daß diese Relation eine Halbordnung auf X^* ist. Diese Halbordnung kann man sich leicht durch einen Baum mit der Knotenmenge X^* veranschaulichen. Wenn $u \in X^*$ ein Knoten ist, dann sind genau die Wörter $\{ux \mid x \in X\}$ die Söhne von u. In diesem Baum ist $\varepsilon \in X^*$ die Wurzel.

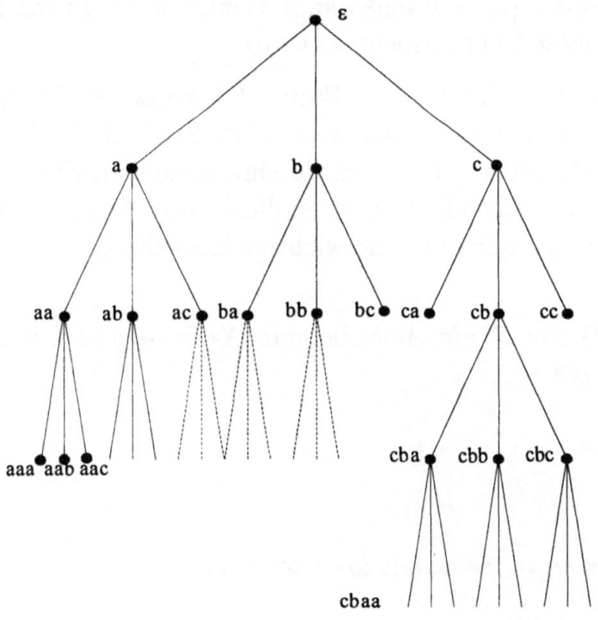

Abb. 2.10 Ausschnitt aus dem Baum von $\{a, b, c\}^*$

Betrachtet man in diesem Baum einen beliebigen Knoten $u \in X^*$, dann liegen alle seine Präfixe auf dem Pfad von diesem Knoten zur Wurzel.

Definition 19 *Eine Teilmenge $L \subseteq X^*$ heißt*

1. präfixfrei *(pf) genau dann, wenn gilt:*

$$\forall_{u,v \in L} : u \leq v \Rightarrow u = v$$

2. maximal präfixfrei *(mpf) genau dann, wenn gilt:*

$$L \text{ ist } pf \text{ und } \forall_{u \in X^*} : L \cup \{u\} \text{ ist } pf \Rightarrow u \in L$$

Betrachtet man X^* zusammen mit der Relation $\leq$ als Baum, dann ist eine pf Teilmenge L eine Menge von Knoten, so daß weder Vorgänger noch Nachfolger in L liegen. Die pf Teilmengen von X^* sind durch die Mengeninklusion halbgeordnet, und die maximalen Elemente in dieser Halbordnung sind die mpf Teilmengen. Jede Teilmenge $L = X^k \subseteq X^*$ für $k \in \mathbf{N}$ ist mpf, denn sei $u \in X^*$ und $u \notin L$, dann ist entweder $|u| < k$ und damit Präfix eines Wortes aus L, oder $|u| > k$ und damit besitzt u ein Präfix in $L = X^k$. In beiden Fällen wäre $L \cup \{u\}$ nicht mehr pf.

Anschaulich ist $L = X^k$ in dem Baum X^* genau die Menge der Knoten die auf der Ebene k liegen (siehe auch Abb. 2.10). Jede Hinzunahme eines Knoten, der nicht zu L gehört, würde eine Menge ergeben, die nicht mehr pf ist. Es gibt also unendlich viele endliche mpf Teilmengen von X^*. Für endliche pf Mengen gilt nun eine wichtige Beziehung.

Proposition 9 *Sei X ein Alphabet mit $|X| = m$ und $L \subseteq X^*$ sei endlich und pf. Dann gilt:*

$$\sum_{u \in L} m^{-|u|} \leq 1$$

Ist L außerdem mpf, dann gilt die Gleichheit.

Beweis. Sei $X = \{x_1, ..., x_m\}$ und $\mu(L) = \sum_{u \in L} m^{-|u|}$, und sei k die Länge des längsten Wortes in L. Der Beweis wird induktiv über k geführt.

Induktionsverankerung: Für $k = 1$ ist $L \subseteq X$. In diesem Fall ist $\mu(L)$ maximal, wenn gilt: $L = X$, und es ist dann $\mu(L) = \sum_{x \in X} m^{-1} = mm^{-1} = 1$.

Induktionsschritt: Sei die Behauptung bewiesen für alle $k' \leq k$. Es soll gezeigt werden, daß sie dann auch für $k+1$ zutrifft. Wir zerlegen die Menge L in die Teilmengen $L_i = \{u' \in X^* | \, x_i u' \in L\}$ für $1 \leq i \leq m$. Jede Menge L_i ist pf, denn wenn in L_i eine Beziehung $u' \leq v'$ gilt, dann gilt auch $x_i u' \leq x_i v'$ und daher $x_i u' = x_i v'$ und somit auch $u' = v'$. Das längste Wort in jeder Menge L_i hat jetzt nach Voraussetzung höchstens die Länge k, und damit gilt die Behauptung für jede Menge L_i. Es ist aber:

$$\begin{aligned}
\mu(L) &= \sum_{u \in L} m^{-|u|} = \sum_{i=1}^{m} \sum_{v \in L_i} m^{-|x_i v|} \\
&= \sum_{i=1}^{m} \sum_{v \in L_i} m^{-1} m^{-|v|} = m^{-1} \sum_{i=1}^{m} \sum_{v \in L_i} m^{-|v|} \\
&= m^{-1} \sum_{i=1}^{m} \mu(L_i) \leq m^{-1} m = 1 \qquad (2.1)
\end{aligned}$$

Sei L eine mpf Menge, $w \in X^*$ und $L_i \cup \{w\}$ sei pf. Dann ist auch $L \cup \{x_i w\}$ eine pf Menge, denn wenn in L eine der Beziehungen $u \leq x_i w$ bzw. $x_i w \leq v$ besteht, dann ist $u = x_i u'$ bzw. $v = x_i w v'$ und somit $u' \leq w$ bzw. $w \leq w v'$ in L_i. Da L_i eine pf Menge ist, gilt $u' = w$ bzw. $v' = \varepsilon$. Damit ist dann aber auch $u = x_i w$ bzw. $v = x_i w$. Wenn also L eine mpf Menge ist, dann ist jedes L_i ebenfalls mpf. Damit gilt dann die Gleichheit in 2.1 ■

Definition 20 *Eine Codierung $\varphi : S \to T^*$ heißt Präfix-Code genau dann, wenn die Menge der Codewörter $\varphi(S)$ präfixfrei ist.*

Ein Präfix-Code $\varphi : S \to T^*$ ist stets umkehrbar. Die Codewörter sind spezielle Knoten in dem Baum T^*, und kein Knoten auf dem Pfad von der Wurzel zu einem Codewort ist selbst schon ein Codewort. Ist nun $\Phi(u) = v \in T^*$ eine codierte Folge, dann definiert jedes Anfangsstück von v einen Knoten in dem Baum T^*. Es gibt genau ein Anfangsstück w von v mit $v = wv'$, so daß w in $\varphi(S)$ liegt, und zu w gibt es genau ein $x \in X$ mit $\varphi(x) = w$. Damit ist das erste Zeichen von u decodiert. Mit dem Restwort v' verfährt man nun genauso weiter.

Beispiel 29 $S = \{a, b, c\}$, $T = \mathbf{2}$ *und* φ *ist durch die folgende Tabelle definiert*

s	$\varphi(s)$
a	0
b	10
c	11

Man kann φ *auch durch einen endlichen Teilbaum von* $\mathbf{2}^*$ *darstellen, in dem die Codewörter gerade die Blätter sind (Abb. 2.11). Durch diese Eigenschaft ist garantiert, daß* φ *ein Präfix-Code ist.*

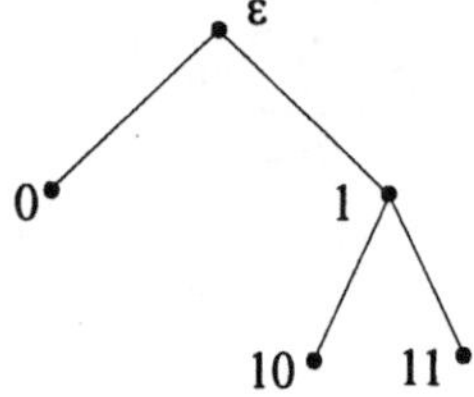

Abb. 2.11 Codewörter als Blätter im Binärbaum

Wir betrachten jetzt das Wort $u = aababc \in S^*$ *und die Codierung* $v = \Phi(u) = 001001011$. *Nur ein Anfangsstück von* v *ist Codewort, nämlich* 0. *Somit ist eindeutig* a *das erste Zeichen von* u. *Das Restwort ist* $v' = 01001011$ *und beginnt wieder mit* 0, *somit ist auch das zweite Zeichen von* u *ein* a. *Dann ist das Restwort* $v'' = 1001011$ *und* 10 *ist das eindeutig bestimmte Anfangsstück, das Codewort ist. Somit ist das dritte Zeichen von* u *ein* b. *Man sieht leicht, daß diese Methode eindeutig das Wort* u *rekonstruiert.*

In dem Beispiel ist die Länge der Codewörter nicht konstant. Bei einem Block-Code für $S = \{a, b, c\}$ und $T = \mathbf{2}$ hätte man $k = \lceil \log_2(3) \rceil = 2$ wählen müssen, während in dem Präfix-Code die mittlere Länge der Codewörter $5/3 \approx 1.666$ beträgt. In gewisser Weise ist dieser Präfix-Code günstiger, denn die Folgen werden im Mittel um etwa 16% kürzer, als beim Block-Code. Allerdings ist $\log_2(3) = \ln(3)/\ln(2) \approx 1.5855 < 1.666$. Kann man eventuell durch geschickte Wahl eines Präfix-Codes den Wert von $\log_2(3)$ für die mittlere Länge der Codewörter unterschreiten, oder ist das eine untere Grenze?

Satz 10 (Kraft) *Es gibt einen Präfix-Code $\varphi : S \to T^*$ mit $|T| = m$ genau dann, wenn gilt:*

$$\sum_{s \in S} m^{-k_s} \leq 1.$$

Beweis.

1. Sei $\varphi : S \to T^*$ ein Präfix-Code mit $|\varphi(s)| = k_s$, $(s \in S)$. Dann ist $\varphi(S) \subseteq T^*$ die Menge der Codewörter, und $\varphi(S)$ ist *pf*. Nach Proposition 9 gilt dann $\sum_{s \in S} m^{-k_s} \leq 1$.

2. Sei umgekehrt $S = \{s_1, ..., s_n\}$ und zu jedem $s_i \in S$ sei eine natürliche Zahl k_i gegeben, so daß gilt: $\sum_{i=1}^{n} m^{-k_i} \leq 1$. Man konstruiert eine *pf* Menge $L = \{v_1, ..., v_n\} \subseteq T^*$ mit $|v_i| = k_i$, $(i = 1...n)$, und damit den Präfix-Code $\varphi(s_i) = v_i$.

   Der Beweis wird induktiv über $n = |S|$ geführt.

   (a) Sei also $n = 1$ und $k_1 \in \mathbf{N}$, dann ist $m^{-k_1} \leq 1$, und man wählt $v_1 \in T^{k_1}$ beliebig. $\{v_1\}$ ist trivialerweise *pf*.

   (b) Sei jetzt $n > 1$. Gegeben sind Zahlen $k_1, ..., k_n \in \mathbf{N}$ mit $\sum_{i=1}^{n} m^{-k_i} \leq 1$. Dann ist auch $\sum_{i=1}^{n-1} m^{-k_i} \leq 1$, und nach Induktionsvoraussetzung gibt es eine *pf* Menge $L = \{v_1, ..., v_{n-1}\} \subseteq T^*$ mit $|v_i| = k_i$ für $i = 1...n-1$. Wegen $\sum_{i=1}^{n-1} m^{-k_i} \leq 1 - m^{-k_n}$ ist die Menge L nicht *mpf*. Es gibt also ein Wort $w \in T^*$, so daß $L \cup w$ auch noch *pf* ist.

   Ist $|w| < k_n$, dann wählt man $v' \in T^*$ so daß $|wv'| = k_n$ und setzt $v_n = wv'$. Dann ist $L' = L \cup \{v_n\}$ ebenfalls *pf*.

   Ist dagegen $|w| > k_n$, dann wählt man ein Anfangsstück $v_n \leq w$ mit $|v_n| = k_n$. Dann ist $L' = L \cup \{v_n\}$ eine *pf* Menge.

   Die so konstruierte Menge L' liefert also den Präfix-Code mit den geforderten Eigenschaften. ■

Der Satz läßt sich verallgemeinern auf beliebige umkehrbare Codes [KW73], so daß man sich bei der Untersuchung von optimalen Codierungen auf Präfix-Codes beschränken kann.

Für einen Präfix-Code $\varphi : S \to T^*$ mit $S = \{s_1, ..., s_n\}$, $|T| = m$ und $|\varphi(s_i)| = k_i$ definieren wir die durchschnittliche Länge der Codewörter

$$\|\varphi\| = \frac{1}{n}\sum_{i=1}^{n} k_i$$

als ein Maß für die Güte der Codierung. Je kleiner $\|\varphi\|$, desto günstiger ist die Codierung. Andererseits muß jeder Präfix-Code die Ungleichung von Kraft erfüllen:

$$\sum_{i=1}^{n} m^{-k_i} \leq 1$$

Kann man unter diesen Bedingungen eine optimale Codierung φ bestimmen? Um diese Frage zu beantworten, betrachten wir das Problem als eine (kontinuierliche) Extremwertaufgabe mit Nebenbedingungen im Raum $\mathbf{R}^n$. Gesucht wird ein Vektor $x = (x_1, ..., x_n)$, für den die Funktion

$$f(x_1, ..., x_n) = \frac{1}{n}\sum_{i=1}^{n} x_i$$

ein Minimum hat unter der Nebenbedingung:

$$\sum_{i=1}^{n} m^{-x_i} \leq 1. \tag{2.2}$$

Da $f(x_1, ..., x_n)$ in jeder Komponente monoton wächst, wird ein Minimum für möglichst kleine Werte x_i in 2.2 erreicht, also dann, wenn in 2.2 Gleichheit gilt. Damit erhält man die Nebenbedingung:

$$g(x_1, ..., x_n) = \sum_{i=1}^{n} m^{-x_i} - 1 = 0 \tag{2.3}$$

Nach der Methode der Lagrangeschen Multiplikatoren bestimmt man ein Extremum für die Funktion:

$$F(x_1, ..., x_n) = f(x_1, ..., x_n) + \lambda g(x_1, ..., x_n)$$

Notwendig für ein Extremum ist, daß alle partiellen Ableitungen den Wert 0 haben. Daraus erhält man die Gleichungen für $(i = 1...n)$:

$$\frac{\partial F}{\partial x_i}(x_1, ..., x_n) = 0$$

oder:

$$\frac{\partial f}{\partial x_i}(x_1, ..., x_n) + \lambda \frac{\partial g}{\partial x_i}(x_1, ..., x_n) = 0$$

zusammen mit 2.3 erhält man $n + 1$ Gleichungen für die Unbekannten $x_1, ..., x_n$ und λ. Es ist:

$$\frac{\partial f}{\partial x_i} = \frac{1}{n} \text{ und } \frac{\partial g}{\partial x_i} = -m^{-x_i} \ln(m)$$

und damit:

$$\frac{1}{n} = m^{-x_i} \lambda \ln(m) \tag{2.4}$$

$$m^{x_i} = n\lambda \ln(m) \tag{2.5}$$

$$x_i = \log_m(n\lambda \ln(m)) \tag{2.6}$$

Setzt man 2.5 in 2.3 ein, dann erhält man:

$$\sum_{i=1}^{n} \frac{1}{n\lambda \ln(m)} = 1 \tag{2.7}$$

$$\sum_{i=1}^{n} \frac{1}{n} = \lambda \ln(m) \tag{2.8}$$

$$\lambda = \frac{1}{ln(m)} \tag{2.9}$$

und mit 2.6:

$$x_i = \log_m(n) \tag{2.10}$$

Diese Lösung ist ein Minimum, und es ist genau der Wert, den wir weiter oben bereits als eine untere Schranke für die mittlere Codewortlänge vermutet hatten.

Sehr oft treten in konkreten Fällen die Zeichen des Quellalphabets nicht mit der gleichen Häufigkeit auf. Untersucht man deutschsprachige Texte, dann stellt man fest, daß der Buchstabe 'e' viel häufiger auftritt, als etwa der Buchstabe 'q'. Es ist denkbar, daß man diese unterschiedliche Häufigkeit zu einer Verbesserung der Codierung ausnutzen kann.

Die Tatsache, daß die Zeichen mit unterschiedlichen Häufigkeiten auftreten hat ihre Ursache in der Art und Weise, wie Zeichenreihen erzeugt werden. Ein deutscher Text wird nicht von einem Zufallsgenerator erzeugt, der jedes Zeichen mit der gleichen relativen Häufigkeit erzeugt. Man stellt sich vor, daß eine Quelle Zeichenfolgen erzeugt, und daß jedes Zeichen mit einer bestimmten Wahrscheinlichkeit erzeugt wird. Was genau diese Quelle ist, und wie die Wahrscheinlichkeiten bestimmt werden (etwa aus Messungen der relativen Häufigkeit), soll hier nicht weiter untersucht werden.

Wir definieren den Begriff einer stochastischen Quelle.

Definition 21 *Eine* stochastische Quelle *ist ein Paar $Q = (S, p)$. Dabei ist $S = \{s_1, ..., s_n\}$ ein Alphabet und $p = (p_1, ..., p_n)$ ist eine diskrete Wahrscheinlichkeitsverteilung auf der Menge S.*

Eine endliche *Wahrscheinlichkeitsverteilung* ist ein Vektor $p = (p_1, ..., p_n)$ mit den Eigenschaften:

1. $0 \leq p_i \leq 1$ für alle $1 \leq i \leq n$
2. $\sum_{i=1}^{n} p_i = 1$

Eine stochastische Quelle heißt in der Literatur auch *Markov-Quelle* der Ordnung 0. Dieser Begriff wird verständlich, wenn man die Erzeugung der Zeichenreihen als *Markovprozeß* betrachtet. Die Ordnung k gibt an, wie die Wahrscheinlichkeit des Auftretens eines Zeichens von den k vorhergehenden Zeichen abhängt. Wir wollen nur Quellen der Ordnung 0 betrachten, so daß jedes Zeichen s_i mit einer Wahrscheinlichkeit p_i erzeugt wird, unabhängig davon, welche Zeichen die Quelle bereits erzeugt hat. Außerdem betrachten wir nur Quellen, bei denen jedes Zeichen eine positive Wahrscheinlichkeit hat: $\forall_{1 \leq i \leq n} : p_i > 0$.

Sei $Q = (S, p)$ eine Quelle mit $|S| = n$, $\varphi : S \to T^*$ sei ein Präfix-Code mit $|T| = m$ und $|\varphi(s_i)| = k_i$. Wir definieren jetzt die mittlere Codewortlänge als den Erwartungswert:

$$\|\varphi\|_Q = \sum_{i=1}^{n} p_i k_i.$$

Es soll jetzt genau wie oben ein Minimum bestimmt werden für die Funktion

$$f(x_1, ..., x_n) = \sum_{i=1}^{n} p_i x_i$$

mit der Nebenbedingung (Kraftsche Ungleichung):

$$g(x_1, ..., x_n) = \sum_{i=1}^{n} m^{-x_i} - 1 = 0$$

Die Berechnung verläuft genau wie oben, und man erhält mit:

$$x_i = \log_m(\frac{1}{p_i}) = -\log_m(p_i) \tag{2.11}$$

die mittlere Codewortlänge:

$$-\sum_{i=1}^{n} p_i \log_m(p_i). \tag{2.12}$$

Normiert man das Alphabet T auf $T = \mathbf{2}$, dann erhält man als den minimalen Wert (in Bit) für die mittlere Codewortlänge einer Quelle $Q = (S, p)$:

$$H_Q = -\sum_{i=1}^{n} p_i \log_2(p_i)$$

Diese Größe H_Q heißt wegen ihrer engen Beziehung und formalen Verwandtschaft mit einer entsprechenden Größe der Thermodynamik auch die *Entropie* der Quelle Q, und $I_Q(s_i) = \log_2(\frac{1}{p_i}) = -\log_2(p_i)$ heißt der *Informationsgehalt* des Zeichens $s_i \in S$. H_Q ist der Erwartungswert des Informationsgehaltes der Quelle. Über diese Begriffe, ihre Beziehungen zur statistischen

Thermodynamik und ihre philosophische Bedeutung gibt es sehr viele interessante Arbeiten [Wei88].

Die obigen Überlegungen leiten H_Q als eine nur syntaktisch bedeutsame Größe ab, die eine untere Schranke für die mittlere Codewortlänge darstellt. Im folgenden Beispiel schreiben wir statt $\log_2$ auch kurz ld (Logarithmus dualis).

Beispiel 30 *Die Entropie von Quellen*

1. *Sei* $Q = (S, p)$ *gegeben mit* $|S| = n$ *und* $p_i = \frac{1}{n}$ *für alle* $1 \leq i \leq n$. *Jedes Zeichen hat die gleiche Wahrscheinlichkeit. Dann ist:*

$$H_Q = -\sum_{i=1}^{n} \frac{1}{n} \mathrm{ld}(\frac{1}{n}) = \sum_{i=1}^{n} \frac{1}{n} \mathrm{ld}(n) = \mathrm{ld}(n) = I_Q(s_i).$$

Der mittlere Informationsgehalt ist gleich dem Informationsgehalt jedes Zeichens.

2. *Sei* $Q = (S, p)$ *gegeben mit* $|S| = 6$ *und*

i	1	2	3	4	5	6
p_i	$\frac{18}{36}$	$\frac{8}{36}$	$\frac{4}{36}$	$\frac{3}{36}$	$\frac{2}{36}$	$\frac{1}{36}$
$I_Q(s_i)$	1.00	2.17	3.17	3.58	4.17	5.17

Dann ist:

$$\begin{aligned} H_Q &= -\textstyle\sum_{i=1}^{6} p_i \mathrm{ld}(p_i) = \sum_{i=1}^{6} p_i \mathrm{ld}(1/p_i) \\ &= \tfrac{1}{36}(18\mathrm{ld}(2) + 8\mathrm{ld}(9/2) + 4\mathrm{ld}(9) + 3\mathrm{ld}(12) + 2\mathrm{ld}(18) + \mathrm{ld}(36)) \\ &= 2.0084\cdots \end{aligned}$$

Man kommt mit einer mittleren Codewortlänge von etwas mehr als 2 *Bit aus, während bei einer Gleichverteilung die mittlere Codewortlänge* $\mathrm{ld}(6) = 2.585$ *Bit beträgt. Außerdem sieht man, daß die Codewortlänge für das Zeichen* s_1 *nur genau* 1 *Bit beträgt, weil dieses Zeichen mit der Wahrscheinlichkeit* 0.5 *auftritt.*

Die Entropie einer Quelle ist maximal, wenn die Zeichen alle mit der gleichen Wahrscheinlichkeit auftreten.

Proposition 11 *Sei* $Q = (S, p)$ *eine Quelle mit* $|S| = n$, *dann ist die Entropie maximal genau dann, wenn gilt:* $p_i = \frac{1}{n}$ *für jedes* $i = 1...n$.

Beweis. Wir verwenden die gleiche Methode, wie weiter oben. Es gilt, für die Funktion

$$f(p_1, ..., p_n) = -\sum_{i=1}^{n} p_i \mathrm{ld}(p_i)$$

ein Maximum zu finden mit der Nebenbedingung:

$$g(p_1, ..., p_n) = \sum_{i=1}^{n} p_i - 1 = 0.$$

Das ergibt $p_i = \frac{1}{n}$ ■

3 Modelle der Informatik

Es gehört zum Wesen der Informatik (aber nicht nur der Informatik), Probleme aus der Praxis in abstrakte mathematische Modelle zu übertragen. Im Modell lassen sich dann präzise Aussagen machen und überprüfen. Die Lösung eines Problems wird in der Sprache des Modells beschrieben, und die Struktur des Modells wird schließlich geeignet in eine Programmiersprache übertragen. Ein mathematisches Modell läßt sich oft auch auf andere Fälle in der Praxis anwenden, so daß eine bestimmte Lösung, die für ein spezielles Problem gefunden wurde, dann auch für andere Probleme (wieder-) verwendet werden kann.

Mathematisch ist ein Modell gegeben durch Mengen und Operationen auf diesen Mengen. Eine solche Struktur heißt auch mehrsortige (oder heterogene) Algebra. Mehrsortige Algebren werden in der Informatik zur Datenmodellierung verwendet. Ein *abstrakter Datentyp* (*ADT*) wird definiert durch bestimmte Eigenschaften der Operationen, und jede Algebra mit diesen Eigenschaften ist dann ein (konkretes) Modell. Diese Zusammenhänge werden in den Gebieten Logik, allgemeine Algebra und Modelltheorie ausführlich behandelt [Mal79] [Gra68].

Wir werden hier als Modell stets eine mathematische Struktur betrachten, die durch bestimmte Mengen und Abbildungen definiert wird.

3.1 Rechenstrukturen

In den ersten Abschnitten haben wir bereits einige Beispiele für Rechenstrukturen kennengelernt. Im einfachen Fall besteht eine solche Struktur aus einer Menge A und gewissen Operationen. Als einfaches Beispiel denke man an die Menge $\mathbf{2} = \{0, 1\}$ mit den Booleschen Operationen $+, \cdot$ und $\backsim$ aus Abschnitt 2.1.1. Eine Operation (auch Rechenoperation, Operator oder Verknüpfung) ist eine Funktion, die eines oder mehrere Elemente aus A als Argumentliste verwendet und daraus ein neues Element aus A berechnet.

In unserem Beispiel ist $\backsim$ eine Operation, die *ein* Argument aus $\{0,1\}$ benötigt und $+$ eine Operation, die *zwei* Argumente benötigt. Eine k-stellige *Operation* auf der Menge A ist eine Abbildung $h : A^k \to A$, wobei $k \in \mathbf{N}$.

3.1.1 Algebren

Wir können jetzt den Begriff der Rechenstruktur [BW81] oder der Algebra definieren. Zur Unterscheidung wollen wir *Rechenstrukturen* als solche Algebren betrachten, in denen jede Operation durch einen Algorithmus, d.h. durch eine konkrete Rechenvorschrift (siehe dazu Kapitel 5) berechnet werden kann. Wir werden mathematische Strukturen meistens dadurch beschreiben, daß wir die Bestimmungsstücke der Struktur in ein Klammerpaar schreiben. Bestimmungsstücke sind dabei Mengen, Abbildungen und Relationen.

Eine *Algebra* besteht aus einer Menge A (*Trägermenge*) zusammen mit einer Familie von Operatoren (Funktionen). Jeder Operator hat einen symbolischen Namen $\omega \in \Omega$ und eine Stelligkeit $\sigma(\omega) \in \mathbf{N}$, so daß für jedes $\omega \in \Omega$ ein Operator $h\omega : A^{\sigma(\omega)} \to A$ gegeben ist. Ist A eine Menge, Ω ebenfalls eine Menge und $h\omega : A^{\sigma(\omega)} \to A$ ein $\sigma(\omega)$-stelliger Operator für jedes $\omega \in \Omega$, dann schreibt man für diese Familie von Operatoren auch $h = (h\omega : A^{\sigma(\omega)} \to A \mid \omega \in \Omega)$. Jedes $\sigma(\omega)$ ist dabei eine natürliche Zahl, die man die *Stelligkeit* des Operators $h\omega$ nennt. Die Abbildung $\sigma : \Omega \to \mathbf{N}$ nennt man eine *Signatur* und Ω eine Menge von *Operatorsymbolen*. Man beachte, daß die Elemente aus Ω zunächst keine Bedeutung haben, daß man sie aber als *Namen für Rechenoperationen* betrachten kann. Jedes Operatorsymbol $\omega \in \Omega$ wird in einer Algebra als konkrete Rechenoperation $h\omega$ gedeutet. Eine besondere Rolle spielen 0-stellige Operatoren. Ein Operator $g : A^0 \to A$ ist wegen $A^0 = \{\varepsilon\}$ das gleiche, wie ein Element aus A, also eine Konstante $g(\varepsilon) \in A$. Dafür schreibt man einfach auch $g \in A$.

Definition 22 *Sei $\sigma : \Omega \to \mathbf{N}$ eine Signatur. Eine Algebra (auch Ω-Algebra) ist eine mathematische Struktur $\mathcal{A} = (A, h)$. Dabei ist A eine Menge und $h = \big(h\omega : A^{\sigma(\omega)} \to A \mid \omega \in \Omega\big)$ eine Familie von Operatoren auf A.*

Wir kennen bereits Beispiele für solche Algebren, die wir auch Rechenstrukturen nennen.

Beispiel 31 *Algebren:*

1. *Sei* $\Omega = \{\neg, \wedge, \vee\}$ *und die Stelligkeit* σ *sei durch die folgende Tabelle gegeben:*

ω	$\neg$	$\wedge$	$\vee$
$\sigma(\omega)$	1	2	2

Weiter sei $A = \mathbf{2} = \{0, 1\}$ *und* h *wie folgt definiert:*

$$\begin{array}{lcccccc} h_\neg & = & \backsim & : & \mathbf{2} & \rightarrow & \mathbf{2} \\ h_\wedge & = & \cdot & : & \mathbf{2}^2 & \rightarrow & \mathbf{2} \\ h_\vee & = & + & : & \mathbf{2}^2 & \rightarrow & \mathbf{2} \end{array}$$

Damit ist für jedes $\omega \in \Omega$ *ein Operator* $h\omega : A^{\sigma(\omega)} \rightarrow A$ *definiert, und somit ist* $\mathcal{A} = (\mathbf{2}, h)$ *eine Algebra zur Signatur* σ.

2. *Sei* $\sigma : \Omega \rightarrow \mathbf{N}$, *wie im vorigen Beispiel.* F *sei die Menge der aussagenlogischen Formeln, wie sie in Abschnitt 2.1.1 definiert wurden. Man kann auf der Menge dieser Formeln Rechenoperationen definieren. Seien* $\varphi, \psi \in F$ *beliebige Formeln*

$$\begin{aligned} g_\neg(\varphi) &= \neg\varphi \\ g_\wedge(\varphi, \psi) &= (\varphi \wedge \psi) \\ g_\vee(\varphi, \psi) &= (\varphi \vee \psi) \end{aligned}$$

Damit ist $\mathcal{F} = (F, g)$ *ebenfalls eine Algebra mit der gleichen Signatur wie* $\mathcal{A}$. *Die Symbole aus* Ω *werden in der Algebra* $\mathcal{F}$ *zu konkreten Operatoren, welche Formeln zu neuen Formeln verknüpfen.*

3. *Sei* $\sigma : \Omega \rightarrow \mathbf{N}$ *wieder die gleiche Signatur und* M *eine beliebige Menge. Dann kann man auf der Potenzmenge* $\mathbf{P}(M)$ *die Struktur einer Algebra mit dieser Signatur in naheliegender Weise definieren. Seien* $X, Y \subseteq M$

$$\begin{aligned} d_\neg(X) &= \overline{X} \\ d_\wedge(X, Y) &= X \cap Y \\ d_\vee(X, Y) &= X \cup Y \end{aligned}$$

Wieder ist $\mathcal{P} = (\mathbf{P}(M), d)$ *eine Algebra mit der gleichen Signatur* σ, *wie die beiden vorhergehenden. Die gleichen Operatorsymbole werden aber in jeder dieser Algebren durch unterschiedliche Operatoren interpretiert.*

4. Sei $\Omega = \{\text{null}, \succ\}$ *und* σ *durch eine Tabelle definiert:*

ω	null	$\succ$
$\sigma(\omega)$	0	1

Die Menge $\mathbf{N}$ *der natürlichen Zahlen ist eine Algebra zu dieser Signatur, wenn man definiert:*

$$h_{\text{null}} = 0 \in \mathbf{N}$$
$$h_{\succ}(n) = s\,(n) = n + 1$$

5. Man kann natürlich auf der Menge $\mathbf{N}$ *weitere Rechenoperationen definieren, wie z.B. Summe, Produkt und nichtnegative Differenz. Dazu erweitert man die Signatur um geeignete Symbole:* $\Omega = \{\text{null}, \succ, +, -, *\}$ *und Stelligkeiten:*

ω	null	$\succ$	$+$	$-$	$*$
$\sigma(\omega)$	0	1	2	2	2

und definiert die entsprechenden Operatoren:

$$h_{\text{null}} = 0 \in \mathbf{N}$$
$$h_{\succ}(n) = s\,(n) = n + 1$$
$$h_{+}(n,m) = n + m$$
$$h_{-}(n,m) = \begin{cases} n - m & \textit{falls} \quad n \geq m \\ 0 & \textit{sonst} \end{cases}$$
$$h_{*}(n,m) = n \cdot m$$

6. Ist $X = \{x_1, \ldots, x_n\}$ *ein Alphabet mit n Zeichen. Die Menge* X^* *aller endlichen Wörter über X kann wie folgt eine Rechenstruktur erhalten:* $\Omega = X \cup \{\text{null}, \circ\}$ *und* $\sigma : \Omega \to \mathbf{N}$ *sei definiert durch:*

$$\sigma\,(x) = 1 \textit{ für alle } x \in X$$
$$\sigma(\text{null}) = 0 \textit{ und } \sigma(\circ) = 2$$

und die Operatoren durch (siehe dazu auch Abschnitt 2.2.3.4):

$$h_x\,(u) = xu \textit{ für } x \in X \textit{ und } u \in X^*$$
$$h_{\text{null}} = \varepsilon \in X^*$$
$$h_{\circ}(u,v) = uv \textit{ für } u,v \in X^*$$

Diese Beispiele sollten den Begriff einer Algebra verdeutlicht haben. Viele weitere Strukturen aus der Mathematik wie Gruppen, Vektorräume, Polynomringe können als solche Algebren betrachtet werden, so daß dieser Begriff eine weitreichende Anwendung findet.

Da wir eine Algebra als Rechenstruktur auffassen, sind wir daran interessiert, *Rechenausdrücke*, so wie sie in Programmiersprachen vorkommen, für eine Rechenstruktur zu definieren. Ein Rechenausdruck soll in einer Rechenstruktur einen definierten Wert besitzen. Für die Informatik ist dabei entscheidend, daß der Ausdruck eine bestimmte syntaktische Struktur hat, und daß der Wert des Ausdrucks konstruktiv aus der Struktur hergeleitet werden kann.

Ein Beispiel für Rechenausdrücke und die entsprechende Auswertungsfunktion haben wir bereits in Definition 2 kennengelernt. Dieses Vorgehen soll jetzt allgemein für Algebren definiert werden. Ausdrücke können Variablen enthalten, so daß der Wert des Ausdrucks davon abhängt, welchen Wert die Variablen haben. Dazu ein kleines Beispiel aus der Arithmetik: Gegeben sei der Ausdruck $(x-2)^2$. Man kann den Wert dieses Ausdrucks erst berechnen, wenn man einen konkreten Wert für die Variable x einsetzt. Setzt man etwa für x den Wert 7 in den Ausdruck ein, dann berechnet man: $(7-2)^2 = 5^2 = 25$.

Sei $\sigma : \Omega \rightarrow \mathbf{N}$ eine Signatur. Eine solche Signatur wird durch das Paar $\boldsymbol{\Omega} = (\Omega, \sigma)$ angegeben. Wenn der Zusammenhang die Bedeutung klar macht, dann nennt man auch einfach Ω oder σ die Signatur.

Definition 23 *Sei $\boldsymbol{\Omega} = (\Omega, \sigma)$ eine Signatur und V eine (abzählbar unendliche) Menge von Variablen $V = \{v_1, v_2, ...\}$. Man definiert dann die Menge $T_\Omega(V)$ aller Terme (Rechenausdrücke), die man mit den Operatorsymbolen aus Ω und den Variablen aus V bilden kann:*

1. $v \in V \Rightarrow v \in T_\Omega(V)$

2. *Sei $\omega \in \Omega$, $\sigma(\omega) = k$ und $t_1, \ldots, t_k \in T_\Omega(V)$, dann ist auch $\omega(t_1, \ldots, t_k)$ $\in T_\Omega(V)$*

3. *Nur Ausdrücke, die nach 1. und 2. in endlich vielen Schritten gebildet werden können, gehören zu $T_\Omega(V)$*

Es gilt stets $V \subseteq T_\Omega(V)$. Jede Variable ist also ein Term und nicht weiter zerlegbar. Jeder andere Term t ist eindeutig zerlegbar in ein Operatorsymbol $\omega \in \Omega$ mit $\sigma(\omega) = k$, und ein k-tupel von Termen $(t_1, \ldots, t_k)$. Dabei kann auch $k = 0$ sein. In diesem Fall besteht der Term nur aus einem Operatorsymbol. Diese eindeutige Zerlegbarkeit der Terme führt dazu, daß man Abbildungen auf der Termmenge induktiv über den Aufbau der Terme definieren kann.

Beispiel 32 *Betrachten wir die Signatur aus Beispiel 6. Dann sind die folgenden Ausdrücke aus $T_\Omega(V)$:*

1. null
2. $\circ\,(\text{null}, v_1)$
3. $\circ\,(x_1\,(\text{null})\,, \circ\;(x_2\,(v_2)\,, v_3))$

Man beachte, daß hier v_1, v_2 und v_3 Variablen sind, während x_1 und x_2 einstellige Operatorsymbole sind. null *ist 0-stelliges Operatorsymbol und somit auch ein Term. Es soll die eindeutige Zerlegung des Terms unter 3 durch einen Baum verdeutlicht werden (Abb. 3.1)*

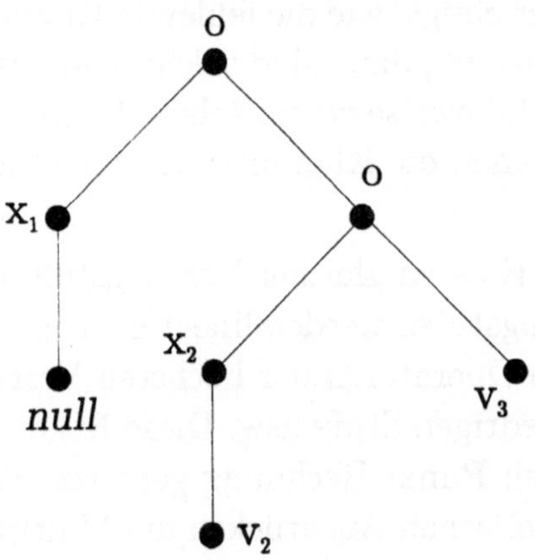

Abb. 3.1 Baumdarstellung und Zerlegung eines Terms

Statt $T_\Omega(V)$ schreibt man einfach $T(V)$, wenn die Signatur aus dem Zusammenhang eindeutig gegeben ist. Es ist klar, daß gilt: $V \subseteq U \Rightarrow T(V) \subseteq$

$T(U)$. Somit ist stets $T(\emptyset) \subseteq T(V)$, d.h. $T(\emptyset)$ ist in jeder Termmenge enthalten. Die Terme aus $T(\emptyset)$ enthalten keine Variablen, sind also nur aus Operatorsymbolen zusammengesetzt. Die nicht zerlegbaren Teilterme sind darin 0-stellige Operatorsymbole. In der logischen Programmierung heißen solche Terme auch *Grundterme*. Diese Terme spielen eine besondere Rolle, da sie in jeder Ω-Algebra einen definierten Wert haben. Sie sind als komplexe Namen für Elemente aus der Trägermenge der Algebra aufzufassen.

Um Ausdrücke einfacher notieren zu können, führt man gewisse Verabredungen zu deren Abkürzung ein. Man verwendet kleine lateinische Buchstaben (ggf. mit Index) für Variablen und schreibt zweistellige Operatorsymbole in Infix-Notation. Durch eine *Rangordnung* (auch *Präzedenz* oder *Vorrang*) der Operatorsymbole lassen sich Klammern einsparen. Legt man beispielsweise fest, daß jeder einstellige Operator stärker bindet als jeder zweistellige, und läßt man äußere Klammerpaare weg, dann kann man die Ausdrücke in dem obigen Beispiel 32 wie folgt vereinfachen:

$$\text{null}$$
$$\text{null} \circ v_1$$
$$x_1\text{null} \circ (x_2 v_2 \circ v_3)$$

Solche Vereinfachungen werden aus praktischen Gründen sehr oft verwendet. Wenn man sich darüber einigt, wie die fehlende Klammerung auf eindeutige Weise wieder herzustellen ist, dann sind solche Verabredungen sehr nützlich, da sie die Schreib- und Leseweise vereinfachen. Es sollen hier zwei Regeln betrachtet werden, mit denen die Klammerung wesentlich vereinfacht werden kann.

Operatoren können in Klassen gleicher Vorrangstufe (Präzedenz) eingeteilt werden, und die Vorrangstufen werden linear geordnet. Bei fehlender Klammerung sind zuerst die Operatoren der höchsten Vorrangstufe anzuwenden, dann die der nächst niedrigen Stufe usw. Diese Regel entspricht der aus der Schule bekannten Regel: Punkt-Rechnung geht vor Strich-Rechnung. Diese besagt, daß bei arithmetischen Ausdrücken die Multiplikation und die Division eine höhere Vorrangstufe haben als die Addition und die Subtraktion.

Beispiel 33 *Arithmetische Ausdrücke:*
$\Omega = \{\cdot, /, +, -\}$ *und jeder Operator hat die Stelligkeit* 2.
Vorrangstufen: $\{\cdot, /\}$ *und* $\{+, -\}$; *Rangfolge:* $\{\cdot, /\} > \{+, -\}$
Der Ausdruck $x + 3 \cdot y - x \cdot y$ *erhält zunächst durch die Vorrang-Regel die Klammerung:* $x + (3 \cdot y) - (x \cdot y)$

Bei zweistelligen Operatoren der gleichen Vorrangstufe kann man ebenfalls Klammern sparen, wenn diese assoziativ sind. Ein zweistelliger Operator $\circ$ ist assoziativ, wenn für beliebige Argumente x, y und z gilt: $((x \circ y) \circ z) = (x \circ (y \circ z))$. Die Reihenfolge der Klammerung spielt dann keine Rolle. Daher kann man auch einfach $x \circ y \circ z$ schreiben. Für diesen letzten Ausdruck ist nun die Klammerung nicht eindeutig. Man führt daher eine Regel für die Klammerung ein. Es wird oft die eine der beiden folgenden Regeln verabredet:

Linksassoziierend: Klammerung von links nach rechts
Rechtsassoziierend: Klammerung von rechts nach links

Der Ausdruck $a \circ b \circ c \circ d \circ e$ wird also linksassoziierend zu $((((a \circ b) \circ c) \circ d) \circ e)$ geklammert und rechtassoziierend zu $(a \circ (b \circ (c \circ (d \circ e))))$. Die entsprechenden Baumdarstellungen dazu sind in Abb. 3.2 wiedergegeben.

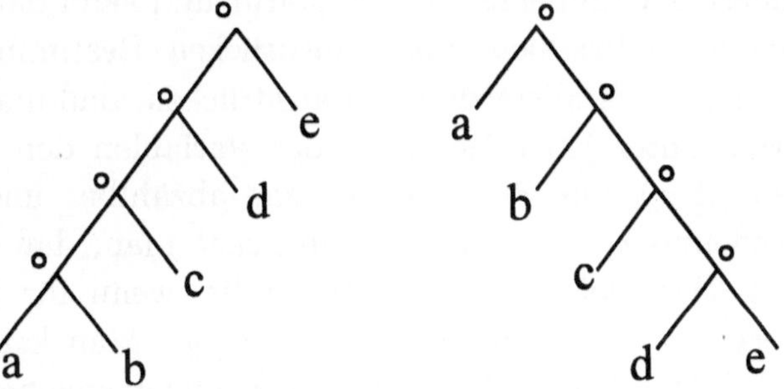

Abb. 3.2 Unterschiedliche Klammerung

Wenn man für Operatoren der gleichen Vorrangordnung eine Linksklammerung verabredet, dann wird der Ausdruck in Beispiel 33 vollständig wie folgt geklammert:

$$((x + (3 \cdot y)) - (x \cdot y))$$

Man kann sich Ausdrücke stets als vollständig geklammert vorstellen. Da Ausdrücke induktiv definiert sind, kann man die Auswerteregeln ebenfalls induktiv definieren.

Definition 24 *Sei (Ω, σ) eine Signatur und V eine abzählbar unendliche Menge von Variablen. Sei $\mathcal{A} = (A, h)$ eine Ω-Algebra und* $\mathrm{val} : V \to A$ *eine beliebige Abbildung, die jeder Variablen einen konkreten Wert in A zuordnet. Dann kann man die Abbildung* val *auf ganz $T_\Omega(V)$ definieren durch:*

1. *Für $v \in V$ ist* $\mathrm{val}(v) \in A$ *bereits definiert*
2. *Sei $t \in T_\Omega(V)$ und $t \notin V$, dann hat t eine eindeutig bestimmte Zerlegung $t = \omega(t_1, \ldots, t_k)$ und man definiert:*
   $\mathrm{val}(t) = \mathrm{val}(\omega(t_1, \ldots, t_k)) = h\omega(\mathrm{val}(t_1), \ldots, \mathrm{val}(t_k))$

Die Ausdrücke $t_1, \ldots, t_k$ sind *Teilausdrücke* von t und haben daher (als Zeichenreihen betrachtet) eine kleinere Länge als t selbst. Daher geht die Induktionsannahme davon aus, daß die Funktion val für diese Teilausdrücke bereits definiert ist.

Wenn man eine Rechenstruktur durch ihre Eigenschaften abstrakt definieren will, dann definiert man zunächst eine Signatur und kann dann Eigenschaften durch Formeln der Prädikatenlogik ausdrücken. Bestimmte Eigenschaften lassen sich aber auch allein dadurch ausdrücken, daß man fordert, daß bestimmte Terme unter jeder Belegung der Variablen den gleichen Wert liefern. Sei also (Ω, σ) eine Signatur, V eine abzählbar unendliche Menge von Variablen und $t_1, t_2 \in T_\Omega(V)$, dann sagt man, daß die Ω-Algebra $\mathcal{A} = (A, h)$ die *Termgleichung* $t_1 = t_2$ erfüllt, wenn für jede Belegung der Variablen $\mathrm{val} : V \to A$ gilt: $\mathrm{val}(t_1) = \mathrm{val}(t_2)$. Man kann eine Menge $\mathbf{E} = \{(t_{11}, t_{12}), \ldots, (t_{n1}, t_{n2})\}$ solcher Termgleichungen angeben und dann alle Ω-Algebren betrachten, in denen alle Termgleichungen gelten. Eine solche Klasse von Ω-Algebren heißt dann auch eine *gleichungsdefinierte Klasse* und wird definiert durch eine Signatur $\mathbf{\Omega}$ und die Termgleichungen $\mathbf{E}$, also durch ein Paar $(\mathbf{\Omega}, \mathbf{E})$. Man nennt $(\mathbf{\Omega}, \mathbf{E})$ auch die *algebraische Spezifikation* eines abstrakten Datentyps (ADT).

Beispiel 34 *Eine Boolesche Algebra wird spezifiziert durch:*

1. Signatur*: Sei $\Omega = \{\neg, \wedge, \vee, \mathbf{0}, \mathbf{1}\}$ und die Stelligkeit σ sei durch die folgende Tabelle gegeben:*

ω	$\neg$	$\wedge$	$\vee$	$\mathbf{0}$	$\mathbf{1}$
$\sigma(\omega)$	1	2	2	0	0

2. Termgleichungen:

(a) $x \wedge y = y \wedge x$; $x \vee y = y \vee x$

(b) $x \wedge (y \wedge z) = (x \wedge y) \wedge z$; $x \vee (y \vee z) = (x \vee y) \vee z$

(c) $x \wedge (y \vee z) = (x \wedge y) \vee (x \wedge z)$; $x \vee (y \wedge z) = (x \vee y) \wedge (x \vee z)$

(d) $x \vee \neg x = \mathbf{1}$; $x \wedge \neg x = \mathbf{0}$

(e) $(y \vee z) \wedge y = y$; $(y \wedge z) \vee y = y$

Syntaktisch gleiche Ausdrücke haben in verschiedenen Algebren i.a. unterschiedliche Bedeutungen. So kann man etwa den Term $a \cdot (b+c)$ als arithmetischen Ausdruck für ganze Zahlen auswerten aber auch als Rechenausdruck für eine *Boolesche Algebra*, wenn man $\cdot$ durch $\wedge$ und $+$ durch $\vee$ ersetzt.

3.1.2 Mehrsortige Algebren

In den praktischen Anwendungen treten oft Rechenoperationen auf, deren Argumente und Funktionswerte u.U. in verschiedenen Mengen liegen können. So ist z.B. die bekannte Vergleichsoperation zwischen natürlichen Zahlen zunächst aufzufassen als eine Relation $\leq \subseteq \mathbf{N} \times \mathbf{N}$. Die charakteristische Funktion $c_{\leq} : \mathbf{N} \times \mathbf{N} \rightarrow \mathbf{2}$ ist eine zweistellige Operation mit Werten in $\mathbf{2}$, der Menge der Wahrheitswerte. In diesem Sinn wird die Vergleichsoperation in Programmiersprachen verwendet, wie z.B. in Pascal:

```
if (3 * x+4) ≤ (2 * y) then x := 0;
```

Das Ergebnis der Vergleichsoperation ist ein Wahrheitswert (**true** oder **false**), und die Anweisung nach dem **then** wird nur ausgeführt, wenn der Wert des Vergleichs **true** ist. Eine Algebra, in der Argumente und Funktionswert alle aus verschiedenen Mengen stammen können, nennen wir *heterogen* oder *mehrsortig*. Die mehrsortigen Rechenstrukturen sind das wesentliche mathematische Modell für Datentypen in der Programmierung und daher soll noch kurz auf die formale Definition eingegangen werden.

Bei mehrsortigen Algebren gibt es mehrere Trägermengen, deren Elemente als Argumente und Funktionswerte verwendet werden. Jede Trägermenge erhält eine Bezeichnung, die man *Sorte* nennt. Es sei S eine Menge von Sorten und $A = (A_s | s \in S)$ eine Familie vom Mengen, so daß es zu jeder

Sorte $s \in S$ eine Menge A_s gibt. Eine Funktion f könnte jetzt eine Argumentliste der Form $(a_1, \ldots, a_k)$ haben, wobei jedes a_i mit $(1 \leq i \leq k)$ aus einer der Mengen der Familie A sein kann $(a_i \in A_{s_i})$, und der Funktionswert $f(a_1, \ldots, a_k) = b$ kann ebenfalls aus einer dieser Mengen sein $(b \in A_{s_{k+1}})$. Die Funktion f ist dann eine heterogene Operation auf der Familie A, und man nennt $s_1 ... s_k s_{k+1} \in S^+$ die *Funktionalität* (oder auch Stelligkeit) von f. Dafür schreibt man suggestiv auch: $f : s_1, \ldots, s_k \rightarrow s_{k+1}$, um anzudeuten von welcher Sorte die Argumente und der Funktionswert für f sind.

Bemerkung 4 *Hier gibt es eine einfache Beziehung zu Programmiersprachen. In der Programmiersprache C werden Funktionen durch einen Prototyp deklariert. Der Prototyp einer C-Funktion legt die Liste der Argumenttypen und den Typ des Funktionswertes fest. In* $f : s_1, \ldots, s_k \rightarrow s_{k+1}$ *ist* f *der Name der Funktion,* $s_1, \ldots, s_k$ *ist die Liste der Typen der Parameter, und* s_{k+1} *ist der Typ des Funktionswertes. Der Prototyp in der Programmiersprache C ist nichts anderes als die Funktionalität einer Operation in einer mehrsortigen Rechenstruktur.*

Beispiel 35 *Mehrsortige Operation:*
Sei $A = (\mathbf{N}, \mathbf{2})$. *Auf* $\mathbf{N}$ *seien die zweistelligen (Rechen-) Operationen* $+$ *und* $*$ *und die nullstellige Operation* $0 \in \mathbf{N}$ *gegeben. Dann ist z.B. die Addition eine Operation* $+ : \mathbf{N} \times \mathbf{N} \rightarrow \mathbf{N}$ *wie im homogenen Fall. Nimmt man aber eine Vergleichsoperation hinzu, dann ist* $\leq$ *eine heterogene Operation* $\leq : \mathbf{N} \times \mathbf{N} \rightarrow \mathbf{2}$.

Bemerkung 5 *Operationen mit Werten in* $\mathbf{2}$ *kann man auch als Relationen auffassen, denn es sind ja charakteristische Funktionen. Ist* $f : A_{s_1} \times ... \times A_{s_k} \rightarrow \mathbf{2}$ *eine Operation, dann ist*

$$R_f = \{(a_1, ..., a_k) \in A_{s_1} \times ... \times A_{s_k} \mid f(a_1, ..., a_k) = 1\}$$

eine k*-stellige Relation.*

Definition 25 *Eine mehrsortige Signatur ist ein Tripel* $\mathbf{\Omega} = (\Omega, S, \sigma)$, *wobei* $\sigma : \Omega \rightarrow S^+$. *Ist* $\sigma(\omega) = s_1 \ldots s_k s_{k+1} \in S^+$, *dann ist* $s_1 \ldots s_k$ *die Liste der Argumentsorten und* s_{k+1} *die Ergebnissorte.*

Es ist zu beachten, daß hier auch $k = 0$ zugelassen ist. Ein Operatorzeichen ω mit $\sigma(\omega) = s$ steht für eine 0-stellige Operation und daher für ein Element (eine Konstante) der Sorte s.

Definition 26 *Sei $\sigma : \Omega \to S^+$ eine mehrsortige Signatur mit Sortenmenge S. Eine Algebra (auch Ω-Algebra) ist eine mathematische Struktur $\mathcal{A} = (A, h)$. Dabei ist $A = (A_s \mid s \in S)$ eine Mengenfamilie und $h = (h\omega \mid \omega \in \Omega)$ eine Familie von Operatoren, so daß für $\sigma(\omega) = s_1 ... s_k s_{k+1}$ gilt: $h\omega : A_{s_1} \times \cdots \times A_{s_k} \to A_{s_{k+1}}$.*

Beispiel 36 *Wir betrachten nochmals das Beispiel 35. Sei $S = \{\mathbf{nat}, \mathbf{bool}\}$ die Sortenmenge und $\Omega = \{\text{add}, \text{mult}, \text{null}, \text{comp}\}$ die Menge der Operatorzeichen. Für σ verwenden wir die oben verabredete Schreibweise:*

$$\begin{array}{ll} \text{add} & : \mathbf{nat}, \mathbf{nat} \to \mathbf{nat} \\ \text{mult} & : \mathbf{nat}, \mathbf{nat} \to \mathbf{nat} \\ \text{null} & : \qquad\qquad\; \to \mathbf{nat} \\ \text{comp} & : \mathbf{nat}, \mathbf{nat} \to \mathbf{bool} \end{array}$$

Damit haben wir eine Signatur definiert. Zu dieser Signatur können wir jetzt eine Algebra $\mathcal{A} = (A, h)$ wie folgt angeben:

$$\begin{aligned} A_{\mathbf{nat}} &= \mathbf{N} \\ A_{\mathbf{bool}} &= \mathbf{2} \end{aligned}$$

$$\begin{aligned} h_{\mathbf{add}} &= + : \mathbf{N} \times \mathbf{N} \to \mathbf{N} \\ h_{\mathbf{mult}} &= * : \mathbf{N} \times \mathbf{N} \to \mathbf{N} \\ h_{\mathbf{null}} &= 0 \in \mathbf{N} \\ h_{\mathbf{comp}} &= \leq : \mathbf{N} \times \mathbf{N} \to \mathbf{2} \end{aligned}$$

Damit ist $\mathcal{A} = (A, h)$ eine mehrsortige Algebra im Sinne der Definition.

Mehrsortige Rechenstrukturen sind die mathematische Formulierung für die Datentypen in der Programmierung. Ein *abstrakter Datentyp* (ADT) (siehe z.B. [GTW78]) ist eine mehrsortige Rechenstruktur, die aber nicht konkret durch eine Darstellung ihrer Elemente und Operationen gegeben ist, sondern nur durch eine *Spezifikation*. Eine Spezifikation besteht auch im mehrsortigen Fall aus einer Signatur, die die Namen von Operatoren und deren Stelligkeiten festlegt und darüberhinaus aus einer formalen Spezifikation der

Wirkung dieser Operatoren. Bei einer *algebraischen Spezifikation* wird die Wirkung der Operatoren durch Termgleichungen spezifiziert [EM85]. Wir werden dieses Prinzip noch an weiteren Beispielen in Kapitel 5 kennenlernen.

Der Vorteil einer abstrakten Spezifikation ist darin zu sehen, daß sie keinerlei Angaben zu einer Implementation (Programmierung) enthält. Es bleibt die Aufgabe des Programmierers, sowohl eine Darstellung für die Elemente der Trägermengen als auch die Algorithmen für die Operatoren in einer gegebenen Programmiersprache zu entwerfen. Die abstrakte Spezifikation definiert die Rechenstruktur nur in dem Sinne eindeutig, daß alle konkreten Realisierungen bis auf Umbenennung gleich sind (man sagt dann auch, daß alle Modelle der Spezifikation bis auf *Isomorphie* gleich sind).

In den folgenden Abschnitten wird oft kein scharfer Unterschied gemacht zwischen einer Trägermenge A_s und der Sorte $s \in S$. Wir verwenden sehr oft das Sortensymbol $s \in S$ auch als Bezeichnung für die Menge A_s, wenn klar ist, welche Trägermengen gemeint sind.

3.2 Graphen

Graphen werden in der Informatik sehr oft verwendet. Sie stellen eine mathematische Abstraktion dar, die auf sehr viele praktische Situationen anwendbar ist.

Eine Landkarte im Atlas zeigt die geographische Lage von Städten, den Verlauf von Flüssen, Grenzlinien und durch geeignete Färbung auch die Höhenlage der Orte an. Eine Straßenkarte ist i.a. nicht ganz so ausführlich, denn sie soll eigentlich nur dazu dienen, daß man eine Straßenverbindung zwischen gegebenen Orten finden kann. Man könnte die Abstraktion noch weiter treiben, indem man nur noch angibt, ob es zwischen zwei Orten A und B eine direkte Straßenverbindung (ohne einen weiteren Ort dazwischen) gibt. Abb. 3.3 zeigt einen solchen Verbindungsplan.

Die Punkte sollen Orte darstellen und die Geraden sollen Verbindungen darstellen. Die relative Lage der Orte zueinander ist absichtlich nicht berücksichtigt. So kann der Ort F näher am Ort R liegen als an B. Auch ist durch die Anordnung der Punkte in der Ebene keine Himmelsrichtung definiert. So kann etwa der Ort B südlich von P und östlich von T liegen.

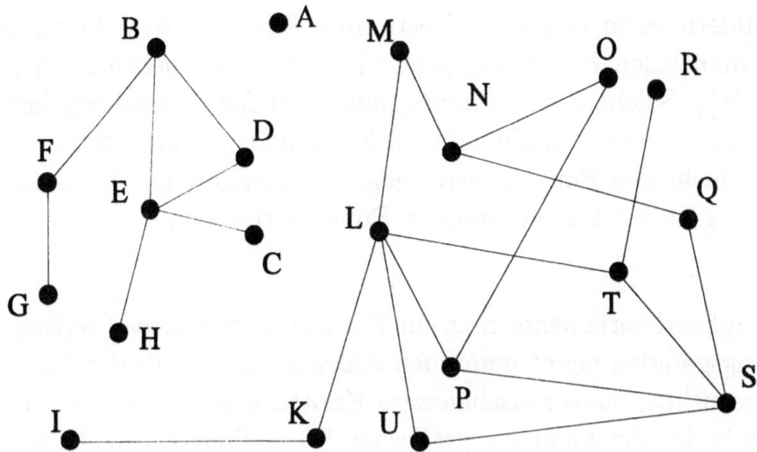

Abb. 3.3 Ein Verbindungsplan für Städte

Diese Beziehungen sind nicht in der Darstellung berücksichtigt. Die Zeichnung kann daher auch stark verändert werden, ohne daß die darin enthaltene Information verändert wird (Abb. 3.4).

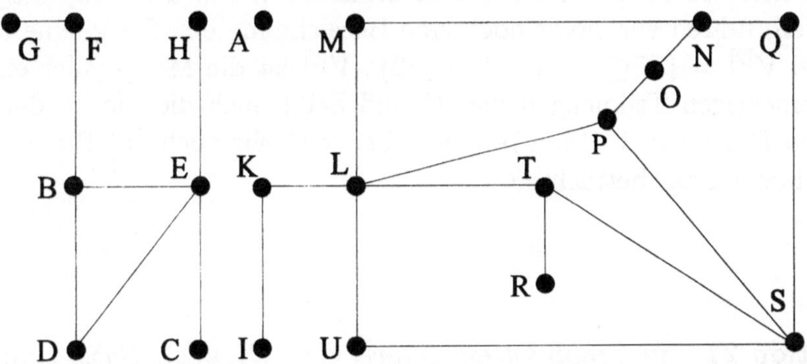

Abb. 3.4 Der gleiche Verbindungsplan, stärker schematisiert

Dieses Bild soll den gleichen Sachverhalt und damit den gleichen Graphen darstellen. Man mache sich klar, daß die Beziehung „Ort X ist mit Ort Y über eine Gerade verbunden" erhalten geblieben ist, während die Darstellung durch Punkte und Geraden auf dem Papier verändert wurde. Die *Graphentheorie* ist ein Zweig der Mathematik, der die Eigenschaften solcher Beziehungen untersucht. Einige dieser Eigenschaften kann man an den obigen Bildern leicht erkennen. Bestimmte Punkte (Orte) bilden Klassen, in denen man jeden Punkt von jedem Punkt aus erreichen kann (wie z.B. $\{B, C, ..., H\}$). Solche Klassen nennt man auch Zusammenhangskomponenten. Dagegen existiert zwischen diesen Klassen keine Verbindung. Man kann von E aus nicht den Punkt T erreichen. Insbesondere ist A vollständig isoliert, denn A ist mit keinem anderen Punkt verbunden.

In der Graphentheorie nennt man die Punkte auch *Knoten* (*vertex*) und die Verbindungsgeraden nennt man auch *Kanten* (*edge*). Für den Graphbegriff ist nur wesentlich, ob es zwischen zwei Knoten eine Kante gibt, oder nicht. So werden in den Zeichnungen (grafischen Darstellungen) von Graphen auch Kurvenstücke zur Verbindung von Knoten verwendet, wenn das die Lesbarkeit verbessert. Die Zeichnung ist also nur eine Form der Darstellung, und zu einem gegebenen Graphen gibt es i.a. unendlich viele solcher Darstellungen. Man kann auch Graphen betrachten, bei denen die Verbindungen nur eine Richtung zulassen (Einbahnstraßen). In diesem Fall zeichnet man die Verbindungslinie mit einer Pfeilspitze. Solche Graphen heißen *gerichtet*. Man kann auch Graphen definieren, bei denen zwischen zwei Knoten mehrere Kanten existieren können (Mehrfachkanten). Um den Graphbegriff zu definieren, führen wir zuvor noch eine Bezeichnung ein. Sei V eine Menge, dann sei $V^{[2]} = \{K \subseteq V \mid 1 \leq |K| \leq 2\}$. $V^{[2]}$ ist die Menge aller ein- und zwei-elementigen Teilmengen von V und heißt auch die Menge der *ungeordneten Paare* von V. Man beachte aber, daß wir auch $\{v\}$ für $v \in V$ als ungeordnetes Paar betrachten.

Definition 27 *Ein Graph ist ein 3-tupel $G = (E, V, \rho)$. Dabei sind E die Menge der Kanten, V die Menge der Knoten und ρ ist die Randabbildung.*

1. *Ist $\rho : E \to V^2$, dann heißt der Graph* gerichtet.

2. *Ist $\rho : E \to V^{[2]}$, dann heißt der Graph* ungerichtet.

Beispiel 37 $V = \{A, B, C\}$, $E = \{a, b, c, d, e\}$. *Die folgende Tabelle definiert zwei Graphen, einen gerichteten* ρ_1 *und einen ungerichteten* ρ_2 *(Abb. 3.5).*

	ρ_1	ρ_2
a	(C, A)	$\{C, A\}$
b	(A, B)	$\{A, B\}$
c	(C, B)	$\{C, B\}$
d	(B, C)	$\{B, C\}$
e	(A, A)	$\{A\}$

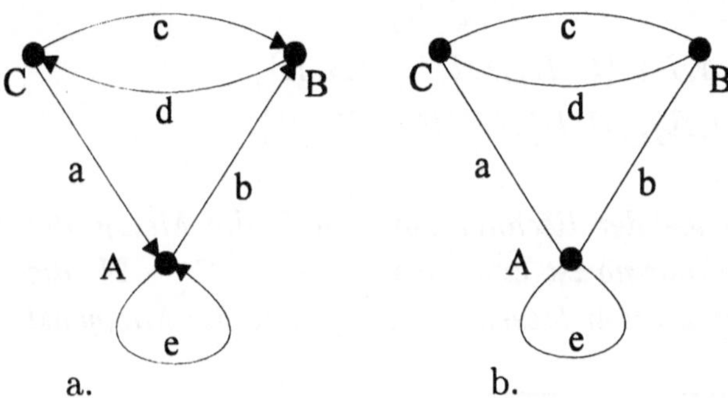

Abb. 3.5 Graphen: a. gerichtet, b. ungerichtet

Die Kanten haben bei dieser Betrachtungsweise einen *Rand*. Der Rand besteht aus zwei Knoten, die auch identisch sein können. Sind die beiden Randknoten identisch, dann heißt die Kante eine *Schlinge*, wie z.B. Kante e in den Graphen des Beispiels 37. Ein Graph heißt *schlingenfrei*, wenn er keine Schlinge besitzt. Man nennt einen ungerichteten Graphen auch oft nur einen Graphen. Ein Graph heißt *einfach*, wenn die Randabbildung injektiv ist, d.h. zwischen zwei Knoten gibt es höchstens eine Kante. In diesem Fall verwendet man eine vereinfachte Notation, indem man $\rho(E) \subseteq V^{[2]}$ (bzw. $\rho(E) \subseteq V^2$) mit E gleichsetzt. Graphen mit Mehrfachkanten heißen auch *Multigraphen*.

Ein einfacher (gerichteter) Graph ist dann ein Paar $G = (E, V)$, wobei $E \subseteq V^{[2]}$, bzw. im gerichteten Fall $E \subseteq V^2$ gilt. In den Anwendungen werden oft auch *markierte Graphen* betrachtet. Dabei kann man sowohl die Menge E der Kanten als auch die Menge V der Knoten oder beide mit

Elementen einer geeigneten Menge beschriften. Eine *Kantenmarkierung* ist eine Abbildung $\mu_E : E \to M_E$ und eine *Knotenmarkierung* ist entsprechend eine Abbildung $\mu_V : V \to M_V$, wobei M_E und M_V beliebige Mengen sind. Ein einfaches Beispiel soll diesen Begriff verdeutlichen.

Beispiel 38 *Als Modell für ein einfaches Rechnernetz betrachten wir einen (ungerichteten) kantenmarkierten einfachen Graphen. Die Knoten dieses Graphen seien die Rechner und die Kanten stellen eine Verbindung zwischen Rechnern dar. Die Kantenmarkierung soll die Entfernung zwischen den Rechnern beschreiben. Sei also*

$$\begin{aligned} V &= \{A,B,C,D,G,H,Q,R\} \\ E &= \{\{A,R\},\{C,R\},\{H,R\},\{B,R\}, \\ &\quad \{D,R\},\{B,D\},\{B,Q\},\{G,Q\}\} \end{aligned}$$

V stellt die Menge der Rechner dar und E die Menge der Verbindungen. Die Kantenmarkierung ist eine Abbildung $\mu : E \to \mathbf{N}$, die durch folgende Tabelle definiert ist (wir lassen in der Tabelle die Mengenklammern weg):

Kante	μ	*Kante*	μ
A,R	9	D,R	8
C,R	10	B,Q	17
H,R	12	B,D	5
B,R	9	G,Q	23

Abb. 3.6 zeigt den markierten Graphen.Man beachte auch hier, daß die Längen der dargestellten Kanten nicht die Entfernungen wiedergeben müssen. Es ist nur die Markierung der Kanten ausschlaggebend.

Ein einfacher schlingenfreier Graph mit n Knoten ($n \in \mathbf{N}$) kann maximal $\binom{n}{2}$ Kanten haben, denn es ist $E \subseteq V^{[2]}$, und da der Graph schlingenfrei ist, ist E eine Menge von zwei-elementigen Teilmengen von V. Es gibt aber genau $\binom{n}{2} = \frac{n(n-1)}{2}$ zwei-elementige Teilmengen von V, wenn gilt: $|V| = n$. Ein einfacher schlingenfreier Graph mit n Knoten und der maximalen Zahl von Kanten heißt *vollständig*. Der vollständige Graph mit n Knoten ist (bis auf eine Umbenennung von Knoten und Kanten) eindeutig bestimmt und wird mit K_n bezeichnet. Abb. 3.7 zeigt einige vollständige Graphen.

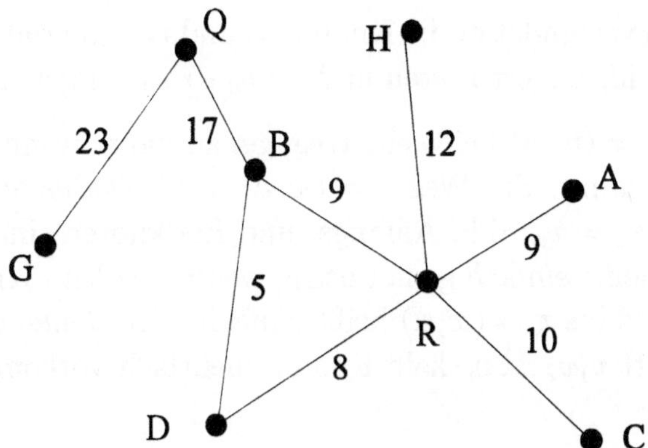

Abb. 3.6 Kantenmarkierter Graph

In Abb. 3.7 haben wir weder die Knoten noch die Kanten bezeichnet. Darin drückt sich die Vorstellung aus, daß es zu jeder natürlichen Zahl $n \geq 1$ nur einen vollständigen Graphen gibt. Genauer kann man das so ausdrücken, daß alle vollständigen Graphen mit n Knoten untereinander isomorph (strukturgleich) sind.

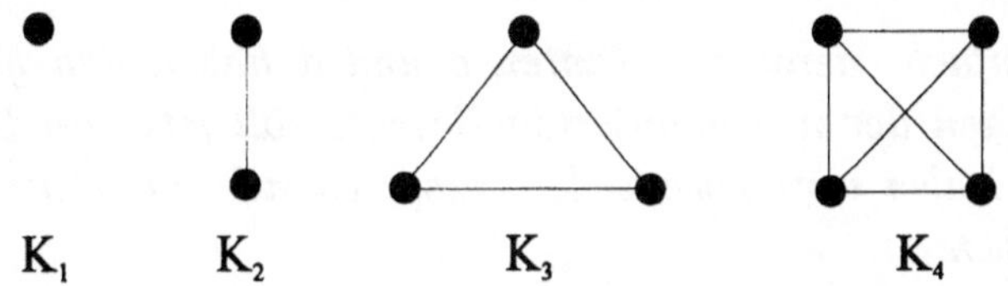

Abb. 3.7 Die vollständigen Graphen K_1 bis K_4

Ist $G = (E, V, \rho)$ ein ungerichteter (nicht notwendig einfacher) Graph, dann heißt eine Folge von Kanten $w = e_1 e_2 \dots e_n \in E^*$ ein *Kantenzug*, genau dann, wenn es eine Folge $u = v_0 v_1 \dots v_n \in V^*$ von Knoten gibt, so daß gilt: $\forall_{i=1,\dots,n} : \rho(e_i) = \{v_{i-1}, v_i\}$. Ein Kantenzug ist eine Folge von Kanten, die man anschaulich in dieser Reihenfolge durchlaufen kann. Ist $w \in E^*$ ein Kantenzug mit der zugehörigen Knotenfolge $u \in V^*$, dann nennen wir auch das Paar einen Kantenzug. Es soll außerdem für jeden Knoten $v \in V$ der *leere* Kantenzug $\pi = (\varepsilon, v)$ definiert sein. Für gerichtete Graphen wird der Kantenzug ganz analog definiert: man ersetze in der obigen Definition die Bedingung $\rho(e_i) = \{v_{i-1}, v_i\}$ durch $\rho(e_i) = (v_{i-1}, v_i)$. Ist $= (w, u)$ ein

Kantenzug, dann verbindet er die Knoten v_0 und v_n, und dafür schreibt man auch $\pi : v_0 \leftrightarrow v_n$ im ungerichteten und $\pi : v_0 \rightarrow v_n$ im gerichteten Fall.

Ein Kantenzug $\pi = (w, u)$ heißt ein *Weg*, genau dann, wenn keine Kante in w mehrfach vorkommt. Ein Weg $\pi = (w, u)$ heißt *Zyklus* oder *Kreis* genau dann, wenn gilt: $v_0 = v_n$, d.h. Anfangs- und Endknoten sind identisch. Ein Weg $\pi = (w, u)$ heißt *einfach* genau dann, wenn in u kein Knoten mehrfach vorkommt. Ein Zyklus $\pi = (w, u)$ heißt *einfach* oder *elementar* genau dann, wenn in dem Wort $v_1 v_2 \dots v_n$ kein Knoten mehrfach vorkommt.

Beispiel 39 *Gegeben sei der Graph* $G = (E, V, \rho)$ *mit:* $E = \{a, b, c, d, e, f, g, h\}$, $V = \{Q, R, S, T, U, V\}$ *und mit der Randabbildung* ρ*:*

$x \in E$	$\rho(x)$	$x \in E$	$\rho(x)$
a	Q, Q	e	Q, R
b	Q, U	f	R, V
c	U, V	g	R, S
d	U, V	h	R, T

Der Graph G kann gezeichnet werden wie in Abb. 3.8.

G ist nicht einfach, denn die Kanten c und d haben den gleichen Rand $\{U, V\}$. *Für jeden der neu definierten Begriffe soll jetzt ein Beispiel angegeben werden. Dabei wird jeweils der entsprechende Kantenzug* $\pi = (w, u)$ *explizit angegeben:*

1. Kantenzug, *aber kein Weg:* $w = bdcdfg$; $u = QUVUVRS$, *denn Kante d kommt in w doppelt vor.*
2. Weg, *aber nicht einfach:* $w = cbaeh$; $u = VUQQRT$, *denn Knoten Q kommt in u doppelt vor.*
3. einfacher Weg*:* $w = bcfg$; $u = QUVRS$, *denn weder w noch u enthalten eine Wiederholung.*
4. Zyklus, *aber nicht einfach:* $w = dbaef$; $u = VUQQRV$, *denn in u kommt Q doppelt vor.*
5. einfacher Zyklus*:* $w = dbef$; $u = VUQRV$, *denn in u kommt nur V doppelt vor.*

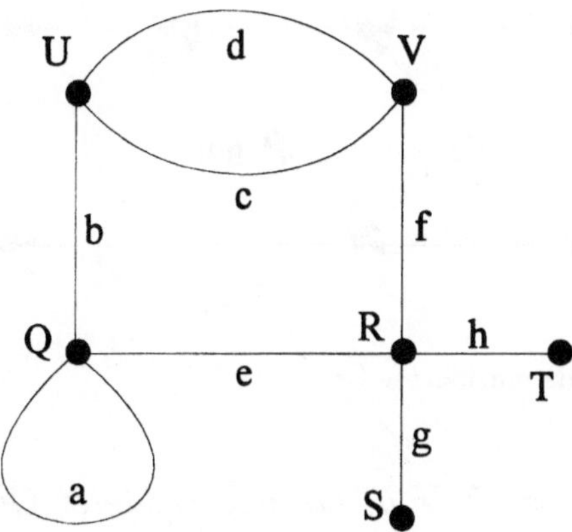

Abb. 3.8 Graph, Kantenzüge, Wege und Zyklen

Ein Graph, der keine Zyklen enthält, heißt *zyklenfrei* oder *azyklisch*. Gerichtete azyklische Graphen sind ein geeignetes Modell für die Verbindungsstruktur von kombinatorischen Schaltungen in der Schaltwerktheorie. Man betrachtet die logischen Verknüpfungen (Gatter) und Ausgangs- und Eingangspunkte als Knoten und die Verbindungsleitungen als Kanten. Als Beispiel wählen wir die Schaltung des Halbaddierers, der in Abschnitt 7.5.1 ausführlicher behandelt wird. Abb. 3.9 zeigt die Schaltung eines Halbaddierers und Abb. 3.10 einen knotenmarkierten gerichteten Graphen, der diese Schaltung darstellt.

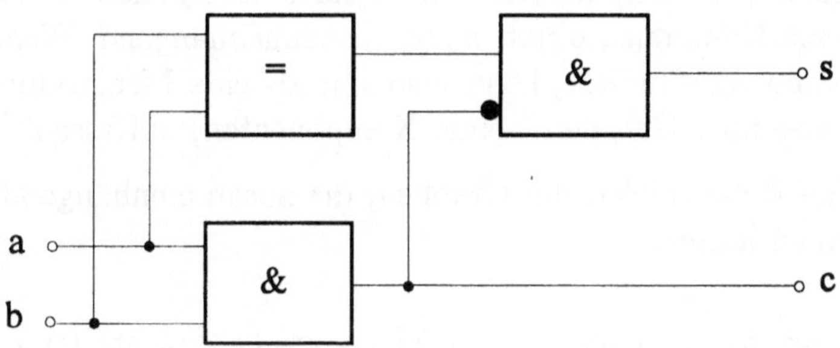

Abb. 3.9 Schaltung eines Halbaddierers

Es soll jetzt der anschauliche Begriff des Zusammenhangs in Graphen definiert werden.

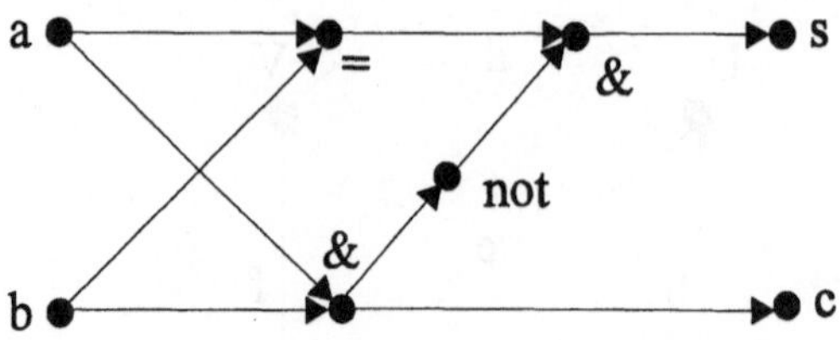

Abb. 3.10 Halbaddierer als markierter Graph

Definition 28 *Sei $G = (E, V, \rho)$ ein ungerichteter Graph. Auf der Menge V der Knoten wird die* $\mathrm{Con} \subseteq V \times V$ *wie folgt definiert:*
$(x, y) \in \mathrm{Con} \Leftrightarrow$ *es existiert ein Weg* $\pi = (w, u)$ *mit* $u = u_0 u_1 .. u_n$ *und* $u_0 = x$ *und* $u_n = y$.

Zwei Knoten x und y stehen also genau dann in der Relation Con, wenn man ausgehend von x über eine Folge von Kanten nach y gelangen kann. Dabei gilt insbesondere für jeden Knoten $v \in V$ auch $(v, v) \in \mathrm{Con}$, d.h. die Relation Con ist reflexiv. Da der Graph nicht gerichtet ist, ist ein Weg von x nach y in umgekehrter Reihenfolge ein Weg von y nach x, und somit ist Con symmetrisch. Wenn man ausgehend von x den Knoten y erreichen kann und ausgehend von y den Knoten z, dann kann man auch ausgehend von x den Knoten z erreichen, indem man die beiden Wege hintereinander durchläuft. Damit ist Con transitiv und somit eine *Äquivalenzrelation.* Die Klassen dieser Relation bilden eine Zerlegung der Knotenmenge und heißen *Zusammenhangskomponenten* oder einfach *Komponenten.* Ein Graph, der genau eine Komponente hat, heißt *zusammenhängend.* Wenn er mehr als eine Komponente besitzt, kann man ihn als eine Menge unabhängiger zusammenhängender Graphen (seiner Komponenten) auffassen.

Eine wichtige Rolle spielen die Graphen, die zusammenhängend sind und keine Zyklen enthalten.

Definition 29 *Ein einfacher ungerichteter Graph $G = (E, V)$ heißt Baum genau dann, wenn gilt: G ist zusammenhängend und zyklenfrei.*

Abb. 3.11 zeigt einen Graphen, der ein Baum ist.

Ein Baum hat die beiden folgenden Eigenschaften:

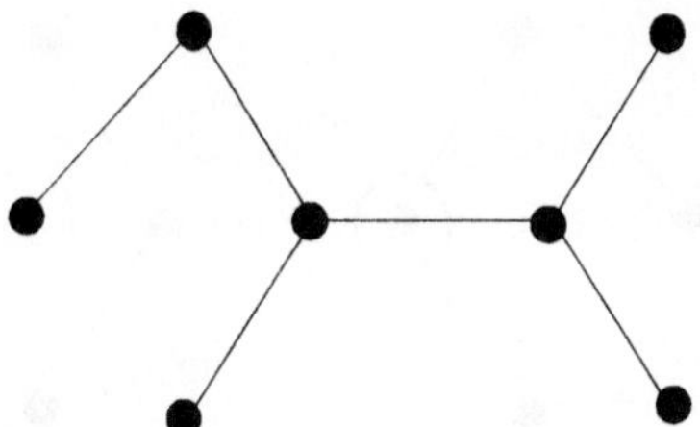

Abb. 3.11 Baum

- Fügt man bei gleicher Knotenzahl eine weitere Kante hinzu, dann erhält man einen Zyklus (Abb. 3.12).
- Entfernt man eine beliebige Kante, dann ist der Graph nicht mehr zusammenhängend (Abb. 3.13).

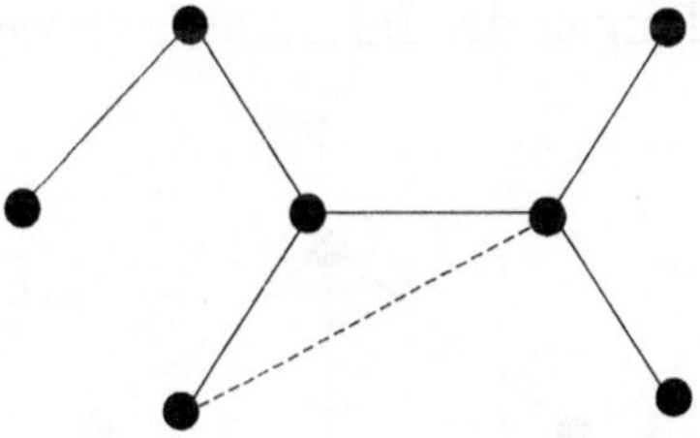

Abb. 3.12 Einfügen einer Kante ergibt einen Zyklus

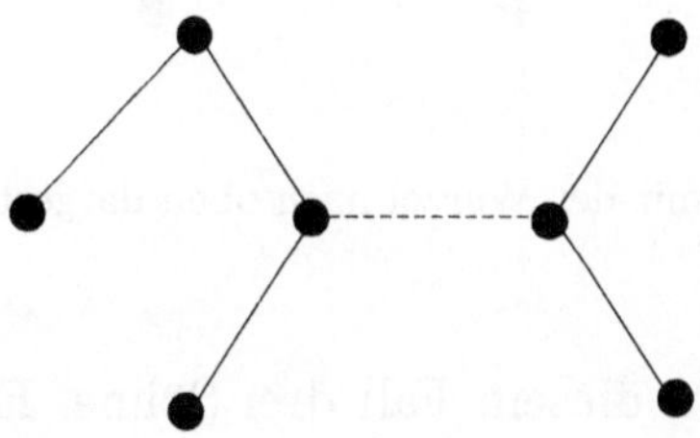

Abb. 3.13 Entfernen einer Kante zerstört den Zusammenhang

Wenn man in einem Baum einen Knoten besonders auszeichnet, dann heißt der Graph *Wurzelbaum* und der ausgezeichnete Knoten heißt *Wurzel* (Abb. 3.14).

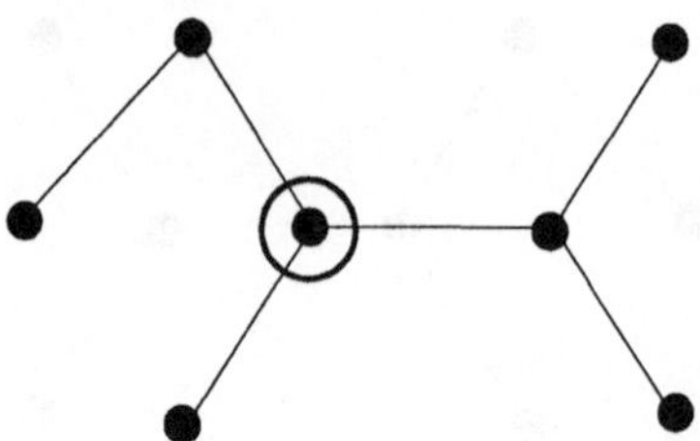

Abb. 3.14 Baum mit ausgezeichneter Wurzel

In der Informatik betrachtet man meistens Wurzelbäume und nennt sie einfach Bäume. In der Darstellung zeichnet man meistens die Wurzel nach oben. Man spricht von *Vater-* und *Sohnknoten*, weil ein solcher Baum als eine Art Stammbaum (bei ungeschlechtlicher Vermehrung) betrachtet werden kann. Wenn man den Wurzelbaum (Abb. 3.14) umzeichnet, erhält man die Form, wie sie in vielen Anwendungen der Informatik verwendet wird (Abb. 3.15).

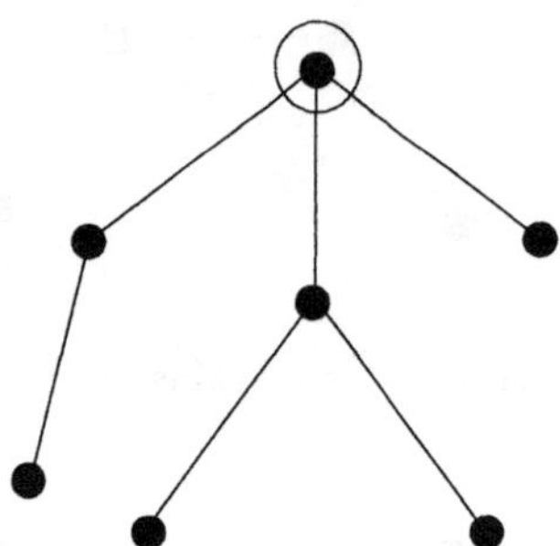

Abb. 3.15 Ein Wurzelbaum mit der Wurzel nach oben dargestellt

Der Wurzelknoten hat in diesem Fall drei Söhne. Ein Knoten, der keinen Sohn hat, heißt ein *Blatt*. Man macht in der Informatik oft noch eine weitere stillschweigende Vereinbarung, indem man für die Sohnknoten jeweils eine Ordnung annimmt. Diese wird implizit durch die Zeichnung definiert. Die Söhne werden dabei einfach von links nach rechts aufsteigend angeordnet.

Ein Baum, bei dem jeder Knoten höchstens zwei Söhne hat, heißt ein *binärer Baum*oder *Binärbaum*.

Beispiel 40 *Abb. 3.16 zeigt einen binären Baum mit 6 Knoten. Knoten a ist die Wurzel und hat den linken (ersten) Sohn b und den rechten Sohn c. Knoten b hat nur einen linken Sohn. Die Knoten d, e und f sind Blätter.*

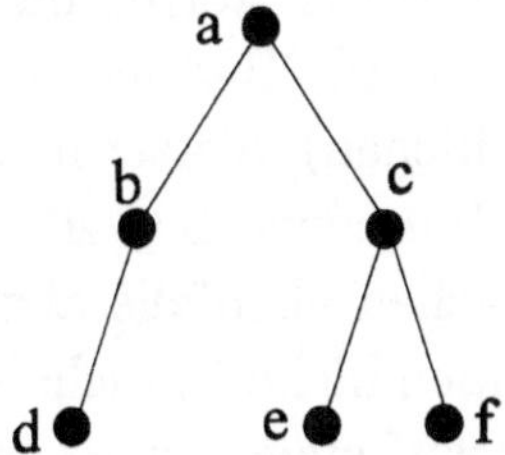

Abb. 3.16 Binärer Baum

Ist B ein Wurzelbaum mit der Wurzel x, dann gibt es zu jedem anderen Knoten y genau einen Weg $\pi : x \leftrightarrow y$ von x nach y, und jeder Knoten außer x hat genau einen Vaterknoten. Ist y ein beliebiger Knoten, dann hat der eindeutig bestimmte Weg von der Wurzel x nach y eine bestimmte Zahl von Kanten. Diese Zahl nennt man auch die *Ebene* des Knotens y. In Beispiel 40 liegt der Knoten a auf der Ebene 0, b und c haben die Ebene 1 und alle Blätter die Ebene 2. Die maximale Ebene in einem endlichen Baum heißt auch die *Höhe* des Baumes B und man bezeichnet sie durch $h(B)$. Der Beispielbaum hat demnach die Höhe 2.

Zwischen der Höhe eines Binärbaumes und der maximalen Zahl der Knoten und auch der Blätter besteht eine einfache aber wichtige Beziehung. Da jeder Knoten maximal zwei Söhne haben kann, können auf der Ebene $i \in \mathbf{N}$ maximal 2^i Knoten liegen (siehe auch Abschnitt 2.3.2.1). Die Gesamtzahl der Knoten eines Binärbaumes mit der Höhe $n \in \mathbf{N}$ ist daher maximal:

$$\sum_{i=0}^{n} 2^i = 2^{n+1} - 1$$

Die Anzahl der Blätter ist maximal 2^n. Für Binärbäume, die bei gegebener Höhe $h(B) = n \in \mathbf{N}$ die maximale Zahl von Knoten haben, gilt daher auch $h(B) + 1 = \log_2(|V| + 1)$. In solchen maximalen Binärbäumen wächst die Höhe logarithmisch mit der Zahl der Knoten.

Wer weiter in das interessante Gebiet der Graphen eindringen möchte, sei verwiesen auf [Jun90].

3.3 Automaten und Grammatiken

Eine ganz bedeutende Rolle in der Informatik spielen die *Sprachen* oder Wortmengen, die wir bereits mehrfach betrachtet haben (siehe Abschnitt 2.2.3.4). Die Menge aller syntaktisch korrekten C-Programme ist z.B. eine Sprache über dem Alphabet der ASCII-Zeichen. Für ein endliches Alphabet A ist A^* die Menge aller (endlichen) Wörter mit Zeichen aus dem Alphabet A, und eine Sprache ist eine Teilmenge $L \subseteq A^*$. Da A^* abzählbar unendlich ist (für $A \neq \emptyset$), können Sprachen ebenfalls abzählbar unendlich sein. Wir sagen dann auch, daß eine unendliche Sprache ein unendliches Objekt ist. In diesem Abschnitt wird darauf eingegangen, wie man solche unendlichen Objekte mit endlichen Mitteln charakterisieren kann. Ein endliches Mittel ist dabei eine endliche Beschreibung, und eine endliche Beschreibung ist ein endlicher Text, d.h. ein Wort über einem geeigneten Alphabet.

Die Aufgabe erscheint nicht einfach. Wie kann *ein* endliches Wort $u \in V^*$ eine unendliche Sprache $L \subseteq A^*$ vollständig festlegen? Für endliche Sprachen ist das einfach, denn man kann einfach alle Wörter der Sprache explizit aufschreiben. Man kann sie mit einem geeigneten Trennzeichen zu einem einzigen Wort zusammenfassen und hat damit eine endliche Beschreibung (Definition durch Auflistung).

Eine einfache Überlegung zeigt, daß die Aufgabe nicht generell lösbar ist. Sei also V ein geeignet gewähltes endliches Alphabet, mit dem alle Sprachen $L \subseteq A^*$ dargestellt werden sollen. Die Menge aller Sprachen über A ist die Menge $\mathbf{P}(A^*)$, also die Potenzmenge von A^*. Nehmen wir an, es gibt eine Abbildung $\phi : V^* \to \mathbf{P}(A^*)$, die jeder endlichen Beschreibung $u \in V^*$ eine Sprache $\phi(u) \subseteq A^*$ zuordnet, dann kann diese Abbildung nicht surjektiv sein, denn die Kardinalzahl (Mächtigkeit) von $\mathbf{P}(A^*)$ ist echt größer als die von V^* (Abschnitt 2.3.2.1). Es ist daher prinzipiell unmöglich, alle Sprachen mit endlichen Mitteln darzustellen.

Es bleibt die Frage, was genau man als eine Charakterisierung (eindeutige Festlegung) einer Sprache zuläßt. Diese Fragestellung ist für die Informatik von grundlegender Bedeutung. Es wird gefordert, daß eine solche Darstellung *konstruktiv* ist, und das soll bedeuten, daß man jedes Element der Sprache und auch nur solche nach bestimmten Regeln in endlich vielen Schritten herstellen kann. Man unterscheidet dabei *generierende* und *akzeptierende Systeme.* Ein generierendes System erzeugt die Elemente der Sprache und ein akzeptierendes System ist eine Maschine, die ein Wort der Sprache als Eingabe lesen kann, und dann nach endlich vielen Schritten anhält und damit die Zugehörigkeit des Wortes zur Sprache bestätigt. Die endliche Beschreibung eines solchen Systems ist dann eine implizite Beschreibung der erzeugten bzw. der erkannten Sprache.

Automaten sind akzeptierende und *Grammatiken* sind generierende Systeme. Man kann Automaten darüberhinaus auch noch mit einem Ausgabemedium versehen, über das Wörter ausgegeben werden können. Solche Automaten heißen dann auch Automaten mit Ausgabe oder *Transduktoren*, während rein akzeptierende Automaten auch *Akzeptoren* heißen. Automaten mit Ausgabe bilden die Grundlage für unsere heutigen Rechenmaschinen, und Grammatiken spielen eine wesentliche Rolle bei der Definition von Programmiersprachen und zur Konstruktion ihrer Übersetzer (Compiler), aber auch in anderen Gebieten, wie z.B. zur Beschreibung von Textmustern in der Textverarbeitung oder bei der *Mustererkennung* in der Bildverarbeitung (*pattern matching*)

3.3.1 Automaten

Automaten heißen auch Maschinen und sind als Spezialfälle der allgemeinen Turingmaschine (nach A.M.Turing) aufzufassen. Eine Turingmaschine ist eine gedachte Maschine, die aber prinzipiell auch rein mechanisch oder mechatronisch konkret aufgebaut werden könnte. Sie verwendet einen potentiell unbeschränkten Speicher, den man sich auch als endlich vorstellen kann, wenn man bereit ist, immer wenn der Speicherplatz zu knapp wird, neuen Speicher hinzuzufügen. Ein solcher idealisierter Speicher ist physikalisch nicht zu realisieren, aber ein genügend großer endlicher Speicher ist für viele Anwendungen eine akzeptable Approximation.

Eine *Turingmaschine* besteht aus einer *Kontrolleinheit*, einem *Schreib-Lesekopf* und einem *Speicherband* (Abb. 3.17). Das Band ist in einzelne Zellen eingeteilt und jede Zelle kann genau ein Zeichen aus einem vorgegebenen endlichen *Bandalphabet* A enthalten. Ein spezielles Symbol $\# \in A$ heißt Blank-Symbol und markiert eine leere Zelle. Man kann das Band als nach beiden Seiten unendlich ausgedehnt betrachten. Dieser unbeschränkte Speicher gibt der Maschine eine außerordentlich weitreichende Fähigkeit der Manipulation von Zeichenreihen.

Die Kontrolleinheit besteht aus einer Zustandsanzeige, die jeweils genau einen Zustand $s \in S = \{s_0, s_1, \ldots, s_e\}$ anzeigt. Man sagt dann auch, daß sich die Maschine im Zustand $s \in S$ befindet. Die Funktion der Maschine

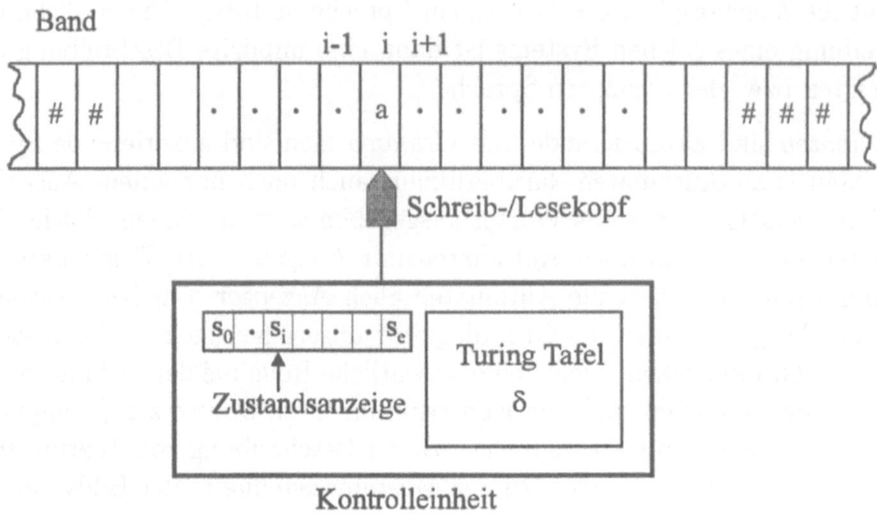

Abb. 3.17 Modell der Turingmaschine

wird wesentlich bestimmt durch eine eingebaute Tabelle (*Turing-Tafel*). Die Kontrolleinheit verfügt zu jedem Zeitpunkt über eine *lokale Information*, die aus dem angezeigten Zusand $s \in S$ und dem gelesenen Zeichen $a \in A$ besteht. Eine lokale Information ist ein Paar $(s, a) \in S \times A$, und es gibt nur endlich viele solche Informationen, denn die Menge $S \times A$ ist endlich.

Die Tabelle δ definiert zu jeder lokalen Information eine *Aktion* der Maschine. Eine Aktion besteht in einem sehr elementaren Schritt. Entweder wird der Schreib-/Lesekopf um eine Zelle nach links (L-Operation) oder nach rechts (R-Operation) bewegt, oder er bleibt an der aktuellen Position stehen und schreibt ein Zeichnen $a \in A$ in die aktuelle Zelle. Außerdem wird ein neuer Zustand $s' \in S$ eingestellt. Die Menge der möglichen Aktionen ist daher $\text{Act} = S \times \text{Op}$ mit $\text{Op} = A \cup \{L, R\}$. Die Tabelle δ ist eine (endliche) Funktion $\delta : S \times A \to \text{Act}$, die jeder lokalen Information eine Aktion zuordnet.

Man kann nun eine Startkonfiguration vorgeben, bei der die Maschine im Zustand s_0 ist und eine endliche Menge von (Speicher-)Zellen mit Elementen aus $A - \{\#\}$ belegt ist. Der Inhalt aller anderen Zellen sei $\#$, d.h. die Zellen sind leer. In dieser Startkonfiguration setzt man den Schreib-/Lesekopf auf die am weitesten links befindliche Zelle, deren Inhalt nicht leer ist. Die Maschine wird dann schrittweise jeweils die lokale Information ablesen und dann die Aktion ausführen, die für diese Information in der Tabelle steht. Die Maschine hält definitionsgemäß an, wenn zum ersten Mal der spezielle Zustand s_e (Endzustand) angenommen wird. Die Maschine hat dann den Inhalt des Speichers modifiziert.

Beispiel 41 $A = \{\#, |\}$; $S = \{s_0, s_e\}$ *und* δ *ist gegeben durch die folgende Tabelle:*

	$\#$	$\|$
s_0	$(s_e, \|)$	(s_0, R)
s_e	$(s_e, \#)$	$(s_e, \#)$

Der folgende Ablauf zeigt, welche Aktionen die Maschine in der zeitlichen Folge durchführt (siehe Abb. 3.18).Die Maschine bewegt den Kopf solange nach rechts (und bleibt dabei im Zustand s_0 *), bis eine Zelle mit einem* $\#$ *gefunden wird. Dann wird an dieser Position das* $\#$ *durch ein* $|$ *ersetzt, und die Maschine geht in den Endzustand* s_e *über. Damit beendet sie ihre Berechnung, d.h. sie hält an. Betrachtet man die Folge der* $|$*-Symbole auf dem Band als Darstellung einer natürlichen Zahl, so berechnet die Maschine für jede eingegebene Zahl* $n \in \mathbf{N}$ *den Nachfolger* $\succ (n) = n + 1$. *Die Maschine berechnet in diesem Sinn rein mechanisch eine zunächst abstrakt definierte mathematische Funktion*

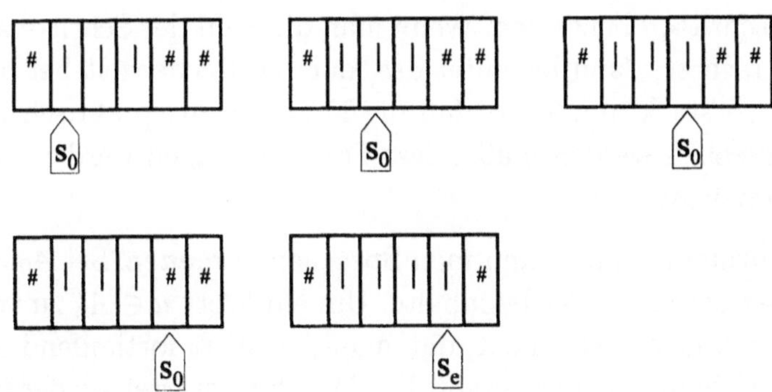

Abb. 3.18 Verlauf einer Berechnung der Turingmaschine

Die folgende Behauptung wird auch als *Turing-These* bezeichnet:

These von Turing:

> Die in einem intuitiven Sinn berechenbaren Funktionen sind genau die Funktionen, die durch Turingmaschinen berechnet werden können.

Diese These ist kein mathematischer Satz, da der Begriff der im intuitiven Sinn berechenbaren Funktion nicht mathematisch definiert werden kann. Vielmehr soll die These besagen, daß das Modell der Turingmaschine den Begriff der berechenbaren Funktion mathematisch definiert. Diese These könnte widerlegt werden, wenn man eine Funktion findet, die im intuitiven Sinn berechenbar ist, für die es aber keine Turingmaschine gibt, die sie berechnet. Dafür gibt es bisher aber kein Beispiel.

Es gibt andere Definitionen für berechenbare Funktionen, die sich alle als äquivalent erwiesen haben. Das bestärkt die Annahme, daß dieser Begriff wirklich unsere Intuition genau trifft (*These von Church*).

Die These besagt nicht mehr und nicht weniger, als daß alles, was eine noch so moderne Rechenmaschine berechnen kann, auch durch eine so extrem primitive Maschine, wie die Turingmaschine, berechnet werden kann. Durch die physikalischen Grenzen für die Speicherkapazität jeder realen Maschine ist die Klasse der real berechenbaren Funktionen sogar noch eingeschränkt. An dieser Stelle kann man auch bereits erwähnen, daß es Funktionen gibt, die zwar mit einer Turingmaschine berechenbar sind, die aber mit zunehmender Größe der Eingabedaten eine (mindestens) exponentiell wachsende Zahl von Rechenschritten benötigen. Wenn man die Zahl der Schritte als Maß für die Zeit betrachtet, dann bedeutet das, daß die Rechenzeit bei bestimmten Funktionen so stark anwächst, daß die Funktion als praktisch nicht berechenbar angesehen werden muß. Diese Fragestellungen werden in Kapitel 5 genauer untersucht.

Mit einer Turingmaschine kann man Sprachen *erkennen.* Sei $A_0 = A - \{\#\}$ das Alphabet der echten Zelleninhalte. Um ein Wort $u \in A_0^*$ zu verarbeiten, wird die Maschine so verwendet, daß man das Wort fortlaufend auf das ansonsten leere Eingabeband schreibt. Die Maschine startet wieder im Zustand s_0 und der Kopf befindet sich auf dem ersten Zeichen des Eingabewortes. Das Wort soll akzeptiert werden, wenn die Maschine im Zustand s_e anhält und dabei das Band vollständig leer ist. Die Maschine muß also das eingegebene Wort noch löschen. Dies ist aber nur eine technische Forderung, die durch Varianten des Maschinenmodells leicht modifiziert werden kann. Die

Menge aller Wörter $u \in A_0^*$, die von der Maschine akzeptiert werden, nennt man die von der Maschine erkannte Sprache $L \subseteq A_0^*$.

Beispiel 42 *Sei wieder* $A = \{\#, |\}$*;* $S = \{s_0, s_1, s_2, s_3, s_4, s_e\}$ *und* δ *durch folgende Tabelle gegeben:*

	$\#$	$\|$
s_0	$s_e, \#$	$s_1, \#$
s_1	s_2, R	$s_e, \|$
s_2	$s_e, \|$	$s_3, \#$
s_3	s_4, R	$s_e, \|$
s_4	$s_e, \#$	$s_0, \|$
s_e	$s_e, \#$	$s_e, \|$

Um Platz zu sparen, soll immer nur der wesentliche Bandinhalt notiert werden und darin der Zustand unmittelbar vor dem Zeichen, auf dem der Kopf steht. Für die Konfiguration von Abb. 3.19. Eine Konfiguration wie in Abb. 3.19 kann man einfach so schreiben:

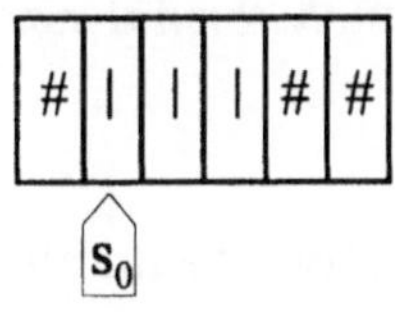

Abb. 3.19 Startkonfiguration

$$\# s_0 \,|\,|\,|\, \# \#$$

Damit erhält man die folgenden Berechnungen:

$$\begin{aligned} \# s_0 \,|\,|\,|\, \# &\mapsto \# s_1 \# \,|\,|\, \# \mapsto \# \# s_2 \,|\,|\, \# \\ &\mapsto \# \# s_3 \# \,|\, \# \mapsto \# \# \# s_4 \,|\, \# \\ &\mapsto \# \# \# s_0 \,|\, \# \mapsto \# \# \# s_1 \# \# \\ &\mapsto \# \# \# \# s_2 \# \mapsto \# \# \# \# s_e \,| \end{aligned}$$

Diese Berechnung hält im Zustand s_e an. Es steht dann aber noch ein | auf dem Band, und somit wird | | | als Eingabewort nicht akzeptiert. Das Eingabewort | | | | dagegen wird akzeptiert:

$$\begin{aligned}\#s_0 \mid\mid\mid\mid \# &\mapsto \#s_1 \; \# \mid\mid\mid \# \mapsto \# \; \#s_2 \mid\mid\mid \# \\ &\mapsto \# \; \# \; s_3\# \mid\mid \# \mapsto \# \; \# \; \#s_4 \mid\mid \# \\ &\mapsto \# \; \# \; \#s_0 \mid\mid \# \mapsto \# \; \# \; \#s_1 \; \# \mid \# \\ &\mapsto \# \; \# \; \# \; \#s_2 \mid \# \mapsto \# \; \# \; \# \; \#s_3 \; \# \; \# \\ &\mapsto \# \; \# \; \# \; \# \; \#s_4 \; \# \\ &\mapsto \# \; \# \; \# \; \# \; \#s_e \; \#\end{aligned}$$

Wenn man weitere Beispiele berechnet, dann merkt man sehr schnell, daß diese Maschine genau die Strichfolgen akzeptiert, die eine gerade Anzahl von Strichen haben. Man kann auch sagen, daß dieser Automat genau die geraden Zahlen (genauer eine ganz spezielle Darstellung) akzeptiert. Um sich das klar zu machen, kann man feststellen, daß die Maschine von links nach rechts durch die Folge läuft und dabei jedes |-Symbol löscht (durch das #-Symbol ersetzt). Im Zustand s_2 hat sie eine ungerade und im Zustand s_4 eine gerade Zahl von Strichen gelöscht. Alle diese Behauptungen lassen sich durch einen Induktionsbeweis auch formal nachweisen, was hier dem Leser überlassen werden soll.

Die Turingmaschine ist ein Automatenmodell, mit dem man unendliche Sprachen mit endlichen Mitteln charakterisieren kann. Die akzeptierte Sprache in Beispiel 42 kann man natürlich auch wie folgt charakterisieren:

$$u \in L \Leftrightarrow \exists_{m \in \mathbf{N}} : l(u) = 2m.$$

Aber diese Charakterisierung ist noch kein *Verfahren*, mit dem man *rein mechanisch* die Zugehörigkeit eines Wortes u zur Sprache L feststellen kann. Die Turingmaschine dagegen, die diese Sprache akzeptiert, ist ein endlich dargestelltes Berechnungsverfahren. Wir nennen die formale Beschreibung der Maschine auch die *Spezifikation* der (eigentlichen) Maschine.

Man kann diese Spezifikation selbst durch ein einziges Wort über einem geeigneten Alphabet $V \supseteq A_0$ darstellen, indem man die Tabelle δ und Anfangs- und Endzustand geeignet codiert. Damit läßt sich die Spezifikation einer Turingmaschine selbst als Wort auf ein Turingband schreiben. Sei $g(M) = v$ die

Codierung der Maschine M. Es ist ein fundamentales Ergebnis der Theorie, daß es eine Turingmaschine M_U gibt mit der folgenden Eigenschaft: Wenn man auf das Band der Maschine M_U die Spezifikation $v = g(M)$ einer anderen Maschine M schreibt und ein Wort $u \in A_0^*$, das als Eingabewort für M möglich ist, dann liest M_U die Spezifikation von M und verarbeitet das Wort u so, wie M es verarbeiten würde, d.h. M_U berechnet für die Eingabe (v, u) das Ergebnis, das M für die Eingabe u berechnen würde. Es gilt also:

$$M_U(g(M), u) = M(u)$$

M_U ist eine *universelle Turingmaschine*, die jede andere Turingmaschine simulieren kann. Sie ist die eigentliche Grundlage für jeden programmierbaren *Universalrechner*. Die Spezifikation einer speziellen Turingmaschine M ist also nichts anderes als ein Programm für das Verfahren, das die Maschine M durchführt. Die universelle Turingmaschine liest ein Programm und arbeitet dann das durch dieses Programm spezifizierte Verfahren ab. Es ist überraschend, daß eine solche universelle Rechenmaschine sehr einfach sein kann.

Es hat viele Versuche gegeben, das Modell der Turingmaschine zu erweitern. So kann man mehrere Bänder und mehrere Köpfe zulassen. Bänder können verallgemeinert werden zu mehrdimensionalen Bändern usw. Alle diese Erweiterungen liefern die gleiche Klasse von berechenbaren Funktionen und damit die gleiche Klasse erkennbarer Sprachen, denn eine Sprache $L \subseteq A_0^*$ kann man auch durch die charakteristische Funktion $c_L : A_0^* \to \mathbf{2}$ beschreiben.

An dieser Stelle soll bemerkt werden, daß es eine wichtige Verallgemeinerung für den Rechenprozeß gibt. Bei unserer Beschreibung ist in einer Konfiguration der Maschine der nächste auszuführende Rechenschritt genau festgelegt. Daher definiert die Startkonfiguration eindeutig eine Berechnung (Folge von Rechenschritten). Wenn man zuläßt, daß die Maschine in einer Konfiguration unter endlich vielen Rechenschritten *auswählen* kann, dann kann es zu einer Konfiguration sehr viele mögliche Berechnungsfolgen geben. Man spricht dann von einer *nichtdeterministischen Maschine*. Dieses Modell ist für die Theorie von großer Bedeutung. In Abschnitt 5.5 werden wir darauf noch näher eingehen.

Wir wollen uns jetzt weiteren Automatenmodellen zuwenden, die als spezielle Turingmaschinen betrachtet werden können. Die stärkste Restriktion einer Turingmaschine ist der endliche Automat.

Ein *endlicher Automat* (genauer: endlicher Akzeptor) ist eine Turingmaschine mit einem Eingabeband, von dem nur gelesen werden kann, und bei dem sich der Kopf nur von links nach rechts bewegen darf (siehe Abb. 3.20).

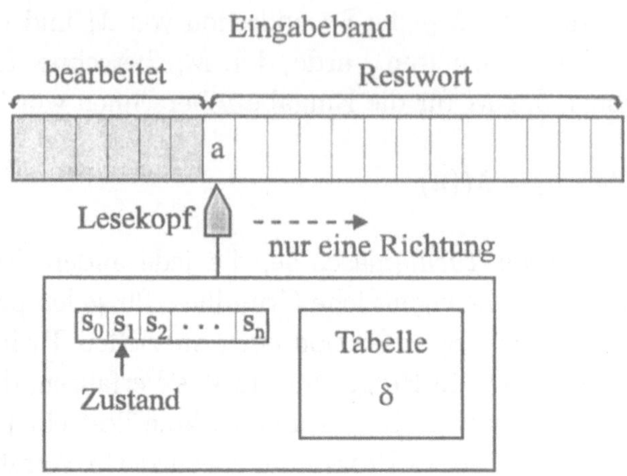

Abb. 3.20 Endlicher Automat

Sei $A = \{a_1, \ldots, a_r\}$ das Eingabealphabet und $S = \{s_0, \ldots, s_n\}$ die Zustandsmenge. Die Aktionen dieses Automaten sind darauf beschränkt, daß der Kopf automatisch um eine Position nach rechts rückt, und sich somit nur der Zustand in Abhängigkeit von der lokalen Information $(s_i, a) \in S \times A$ ändern kann. Die Tabelle ist einfach eine Abbildung $\delta : S \times A \to S$, und eine Konfiguration ist bestimmt durch den Zustand $s \in S$ und das Restwort $u \in A^*$ der Eingabe. Hier entfällt auch die Notwendigkeit für ein Blanksymbol #. Es werden i.a. mehrere Zustände als Endzustände festgelegt. Das geschieht durch Angabe einer Teilmenge $F \subseteq S$. Startzustand ist $s_0 \in S$. Wir wollen uns mit diesem Automatenmodell etwas ausführlicher beschäftigen.

Definition 30 *Ein* endlicher Akzeptor *ist ein* 5*-tupel* $\mathcal{A} = (A, S, s_0, \delta, F)$. *Dabei ist:*

1. A *ein endliches* Eingabealphabet

2. S *eine endliche* Zustandsmenge

3. $s_0 \in S$ *der* Anfangszustand

4. $F \subseteq S$ *die Menge der* Endzustände

5. $\delta : S \times A \to S$ *die* Zustandsüberführungsfunktion

Um zu definieren, welche Sprache $L \subseteq A^*$ von diesem Akzeptor erkannt wird, setzt man die Funktion δ auf Eingabewörter fort zu $\delta^* : S \times A^* \to S$ mit:

$$\delta^*(s,\varepsilon) = s$$
$$\delta^*(s,au) = \delta^*(\delta(s,a),u) \text{ für } (u \in A^*; a \in A).$$

Durch diese Definition wird jedem Eingabewort $u \in A^*$ und jedem Zustand $s \in S$ derjenige Zustand $\delta^*(s,u)$ zugeordnet, in dem sich der Automat befindet, wenn man im Zustand s das Wort u eingibt. Für $\delta(s,a)$ schreibt man auch kurz: sa und für $\delta^*(s,u)$ einfach su und damit ist die Definition kurz und prägnant:

$$s\varepsilon = s; \; s(au) = (sa)\,u$$

Es kann jetzt die von $\mathcal{A}$ erkannte Wortmenge definiert werden:

$$L(\mathcal{A}) = \{u \in A^* | \quad s_0 u \in F\}$$

Das bedeutet anschaulich einfach, daß ein Wort $u \in A^*$ genau dann erkannt wird, wenn die Maschine im Zustand s_0 gestartet wird und dann nach Abarbeitung des Wortes u in einen Endzustand $s \in F$ übergeht.

Bevor wir ein Beispiel dazu betrachten, soll noch eine sehr anschauliche Darstellung für endliche Akzeptoren eingeführt werden. Man kann nämlich die Funktion $\delta : S \times A \to S$ durch einen gerichteten Graphen mit der Knotenmenge S und mit Elementen aus A markierten Kanten wie folgt darstellen. Für jeden Übergang $sa = s'$ erhält der Graph eine gerichtete und beschriftete Kante (siehe Abb. 3.21). Diese Kante zeigt an, daß der Automat bei Eingabe von a vom Zustand s in den Zustand s' übergeht. Man kann dann noch den Anfangszustand und die Endzustände geeignet markieren und erhält so eine sehr übersichtliche und verständliche Darstellung des Akzeptors.

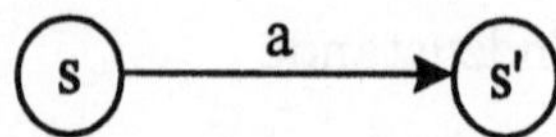

Abb. 3.21 Zustandsübergang als Kante eines gerichteten Graphen

Beispiel 43 *Sei* $A = \{0, 1\}$; $S = \{s_0, s_1, s_2, s_3\}$; $F = \{s_2\}$ *und* δ *wird durch folgende Tabelle definiert:*

δ	0	1
s_0	s_0	s_1
s_1	s_1	s_2
s_2	s_2	s_3
s_3	s_3	s_3

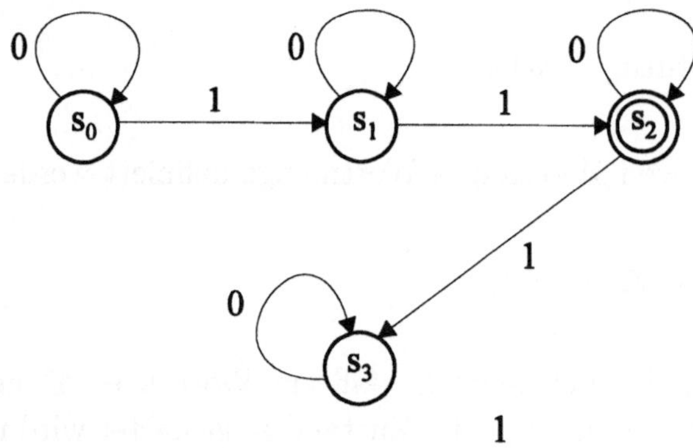

Abb. 3.22 Übergangsgraph des Automaten

Die Tabelle beschreibt den Automaten nicht so übersichtlich wie der Übergangsgraph in Abb. 3.22. Der Endzustand s_2 *ist durch eine doppelte Umrandung gekennzeichnet und* s_0 *ist der Anfangszustand. Man kann aus diesem Graphen sehr leicht die erkannte Wortmenge ablesen. Solange das Symbol* 0 *eingegeben wird, bleibt der Automat im Zustand* s_0. *Die erste* 1 *der Eingabefolge führt den Automaten über in den Zustand* s_1, *und dort bleibt er solange, bis die zweite* 1 *auftritt. Dann geht er in den Endzustand* s_2 *über, und dort bleibt er, bis eine dritte* 1 *auftritt. Dann verläßt er den Zustand*

s_2, geht über in s_3 und bleibt dort. Eine Eingabefolge wird also genau dann erkannt, wenn sie genau zweimal das Symbol 1 *enthält:*

$$L(\mathcal{A}) = \{u \in A^* \mid u \textit{ enthält genau zweimal das Symbol } 1\}$$

Das ist eine unendliche Menge, denn beispielsweise gehören alle Wörter der Form: 0^m11 $(m \in N)$ *zu* $L(\mathcal{A})$. *Man kann* $L(\mathcal{A})$ *aber auch exakt als Wortmenge beschreiben:*

$$L(\mathcal{A}) = \{0\}^* \{1\} \{0\}^* \{1\} \{0\}^*$$

oder kürzer, ohne die Mengenklammern:

$$L(\mathcal{A}) = 0^*10^*10^*$$

und das besagt das gleiche wie:

$$u \in L(\mathcal{A}) \Leftrightarrow \exists_{p,q,r \in \mathbf{N}} : u = 0^p10^q10^r$$

An diesem Beispiel kann man auch leicht die Wirkung der Funktion δ^* *zeigen:*

$$\begin{aligned} \delta^*(s_0, 00110) &= (s_00)0110 \\ &= (s_00)110 = (s_01)10 = (s_11)0 = s_20 = s_2 \end{aligned}$$

Die Sprachen, die von endlichen Automaten (Akzeptoren) erkannt werden, bilden eine echte Teilklasse der Klasse der Sprachen, die von Turingmaschinen erkannt werden. Diese Sprachen heißen auch *regulär* oder *reguläre Mengen*, da sie durch die *regulären Ausdrücke* charakterisiert werden können.

Definition 31 *Sei A ein endliches Alphabet. Man definiert die Menge* R_A *der* regulären Ausdrücke *über A wie folgt:*

1. null $\in R_A$.
2. *Wenn* $a \in A$, *dann ist auch* $a \in R_A$.
3. *Wenn* $\alpha, \beta \in R_A$, *dann sind auch aus* R_A*:*

$(\alpha\beta)$, $(\alpha + \beta)$ *und* α^*

4. *nur Ausdrücke, die nach 1 bis 3 in endlich vielen Schritten erzeugt werden können, gehören zu* R_A.

Jeder reguläre Ausdruck $\alpha \in R_A$ definiert eine Sprache $\Phi(\alpha) \subseteq A^*$.

Definition 32 *Sei A ein endliches Alphabet. Man definiert die Abbildung* $\Phi : R_A \to \mathbf{P}(A^*)$ *durch:*

1. $\Phi(\text{null}) = \emptyset$
2. $\Phi(a) = \{a\}$; *für alle* $a \in A$
3. $\Phi(\alpha\beta) = \Phi(\alpha)\Phi(\beta)$
4. $\Phi(\alpha + \beta) = \Phi(\alpha) \cup \Phi(\beta)$
5. $\Phi(\alpha^*) = (\Phi(\alpha))^*$

Beispiel 44 *Sei* $A = \{a, b, c\}$, *dann sind* null^*, $(a + b)^*$ *und aus* R_A, *und es ist:*

1. $\Phi(\text{null}^*) = \Phi(\text{null})^* = \emptyset^* = \sum_{i \in \mathbf{N}} \emptyset^i = \emptyset^0 = \{\varepsilon\}$
2. $\Phi((a + b)^*) = (\Phi(a) \cup \Phi(b))^* = \{a, b\}^*$
3. $\Phi((ac)^* + (bb)) = \{a, c\}^* \cup \{bb\}$

Nach einem Satz von S.Kleene sind die Sprachen, die von endlichen Automaten erkannt werden, genau die Sprachen, die durch reguläre Ausdrücke definiert werden können. Reguläre Ausdrücke werden in der Textverarbeitung und im Compilerbau verwendet, um Textmuster zu definieren (siehe dazu auch Abschnitt 10.1.1.1).

Ein einfaches Beispiel für eine Sprache, die nicht durch einen endlichen Automaten erkannt werden kann, ist $L = \{0^n 1^n | \ n \in \mathbf{N}\}$. Man kann das plausibel machen durch die Überlegung, daß der Automat die 0-Symbole zählen muß, um ihre Anzahl mit der der 1-Symbole zu vergleichen. Da n aber beliebig groß werden kann, ist keine endliche Zustandsmenge ausreichend, um beliebig große Zahlen zu speichern. Für einen exakten Beweis sei auf die Literatur [HU88] hingewiesen.

In der technischen Informatik spielen endliche Automaten eine wichtige Rolle. Sie bilden das theoretische Modell für *synchrone Schaltwerke* (siehe auch Abschnitt 7.6).

Zu diesem Zweck erweitert man das Modell um ein *Ausgabealphabet* Y und eine *Ausgabefunktion* $\lambda : S \times A \to Y$, die bei jedem Zustandsübergang ein Symbol $y \in Y$ ausgibt (oder auf ein gedachtes Ausgabeband schreibt). Man erhält so einen endlichen Automaten mit Ausgabe.

Definition 33 *Ein* endlicher Automat mit Ausgabe *ist ein 6-tupel* $\mathcal{A} = (A, Y, S, s_0, \delta, \lambda)$. *Dabei ist*

1. A *ein endliches* Eingabealphabet
2. Y *ein endliches* Ausgabealphabet
3. S *eine endliche* Zustandsmenge
4. $s_0 \in S$ *der* Anfangszustand
5. $\delta : S \times A \to S$ *die* Zustandsüberführungsfunktion
6. $\lambda : S \times A \to Y$ *die* Ausgabefunktion

Auch Automaten mit Ausgabe kann man durch gerichtete Graphen darstellen. Man beschriftet dabei eine Kante von s nach s' mit einem Paar $(a, y) \in A \times Y$, falls gilt:

$$\delta(s, a) = s' \text{ und } \lambda(s, a) = y$$

(siehe Abb. 3.23).

Abb. 3.23 Zustandsübergang mit Ausgabe

Ein solcher Automat übersetzt jede Eingabefolge $u \in A^*$ in eine gleichlange Ausgabefolge $v \in Y^*$:

$$\lambda^*(s, \varepsilon) = \varepsilon$$
$$\lambda^*(s, au) = \lambda(s, a)\lambda^*(sa, u) \text{ für } (u \in A^*; a \in A).$$

Die leere Eingabe (also keine Eingabe) bewirkt die leere (also keine) Ausgabe. Wenn im Zustand $s \in S$ das Eingabewort au mit $a \in A$ und $u \in A^*$ eingegeben wird, dann wird das Symbol $\lambda(s,a) \in Y$ ausgegeben und der Automat geht über in den Zustand $\delta(s,a) = sa \in S$. Danach wird die Folge $\lambda^*(sa,u)$ ausgegeben, die bei Eingabe von $u \in A^*$ im Zustand sa ausgegeben wird, also: $\lambda^*(sa,u)$. Das ist wieder eine rekursive Definition. Setzt man zur kompakteren Schreibweise $\lambda(s,a) = [s,a]$ und $\lambda^*(s,u) = [s,u]$, dann kann man die obige Definition für λ^* einfacher formulieren:

$$[s,\varepsilon] = \varepsilon \ ; \ [s,au] = [s,a]\,[sa,u]$$

Man definiert das Verhalten des Automaten durch die *Übertragungsfunktion* $\phi_{\mathcal{A}} : A^* \to Y^*$ durch $\phi_{\mathcal{A}}(u) = [s_0,u]$.

Beispiel 45 *Wir verwenden den gleichen Automatengraphen, wie in Beispiel 43. Aber jetzt wird zusätzlich die Ausgabefunktion $\lambda : S \times A \to Y$ berücksichtigt. Es sei $Y = A = \{0,1\}$:*

δ	0	1
s_0	s_0	s_1
s_1	s_1	s_2
s_2	s_2	s_3
s_3	s_3	s_3

λ	0	1
s_0	0	0
s_1	0	1
s_2	1	0
s_3	0	0

Abb. 3.24 zeigt den Übergangsgraphen dieses Automaten. Es soll die Ausgabefolge für die Eingabe $u = 0101001$ berechnet werden. Man muß dazu nur die Eingabefolge als eine Wegbeschreibung für die Landkarte (den Graphen des Automaten) betrachten. Die Kanten sind Einbahnstraßen, die mit einem Eingabesymbol und einem Ausgabesymbol beschriftet sind. Die Eingabefolge dient als Wegweiser, und während man diesen Weg durchläuft, notiert man die Ausgabesymbole der durchlaufenen Straßen in der Reihenfolge des Durchlaufens. Startpunkt ist der Startzustand s_0:

$$\begin{aligned}\phi(0101001) &= [s_0, 0101001] = 0\,[s_0, 101001] = 00\,[s_1, 01001] \\ &= 000\,[s_1, 1001] = 0001\,[s_2, 001] = 00011\,[s_2, 01] \\ &= 000111\,[s_2, 1] = 0001110\,[s_3, \varepsilon] = 0001110\end{aligned}$$

Man kann das Verhalten des Automaten auch so deuten: Die Ausgabefolge beginnt mit 0-Symbolen und wechselt von 0 auf 1, wenn das erste Mal zwei

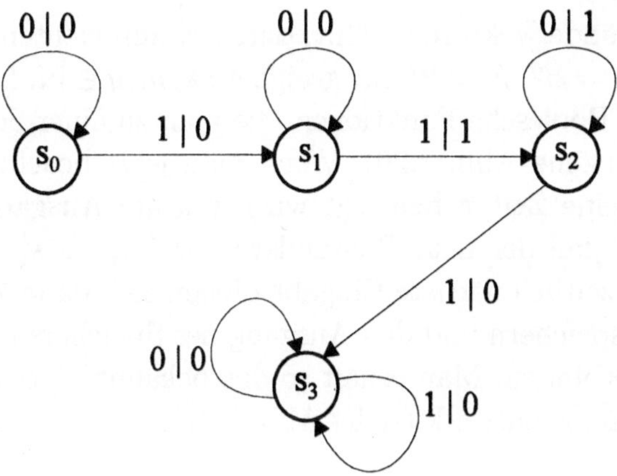

Abb. 3.24 Endlicher Automat mit Ausgabe

1-*Symbole in der Eingabefolge aufgetreten sind. Dann bleibt die Ausgabefolge bei dem Symbol* 1, *solange, bis das dritte* 1-*Symbol in der Eingabe aufgetreten ist. Dann bleibt die Ausgabefolge ständig beim Symbol* 0. *Die Abb. 3.25 zeigt die Beziehung der Ein-/Ausgabefolgen hier durch digitale Signale, die über einer definierten Taktung (synchron) dargestellt sind.*

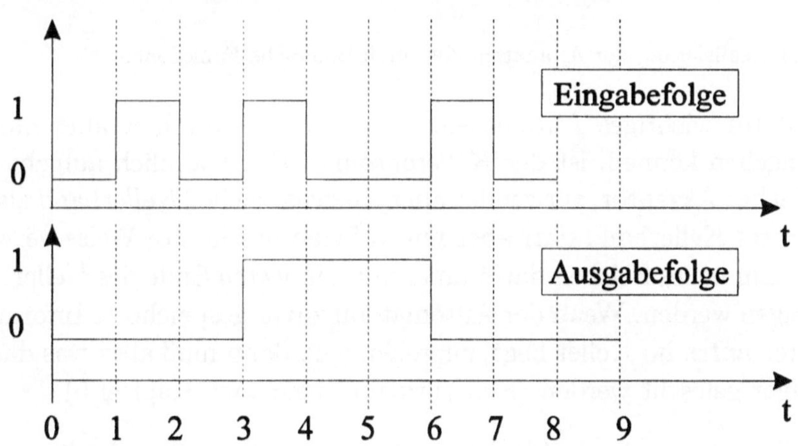

Abb. 3.25 Ein-/Ausgabe des Automaten als digitale Signale in der Zeit

Man kann die Beziehung zu den Schaltwerken der technischen Informatik leicht dadurch verdeutlichen, daß man für die Ein- und Ausgabealphabete und für die Zustände Vektoren wählt, deren Komponenten aus $B = \{0, 1\}$ sind: $A = B^m$, $Y = B^q$, $S = B^k$ für geeignete $k, m, q \in \mathbf{N}$. Die Funktionen δ und λ sind dann Boolesche Funktionen, die man zu einer Schaltung zusammenfassen kann (siehe Abb. 3.26). Wenn man jetzt beachtet, daß für eine reale Schaltung eine Zeit τ benötigt wird, um am Ausgang stabile Werte zu erhalten, und daß der neue Zustandsvektor $(s'_1, \ldots, s'_k)$ wieder zur Berechnung für die zeitlich nächste Eingabe dienen soll, dann kann man diesen Vektor geeignet speichern und den Ausgang des Speichers mit dem Eingang der Schaltung verbinden. Man erhält so das bekannte *Modell von Huffman* für ein synchrones Schaltwerk (siehe Abb. 3.27).

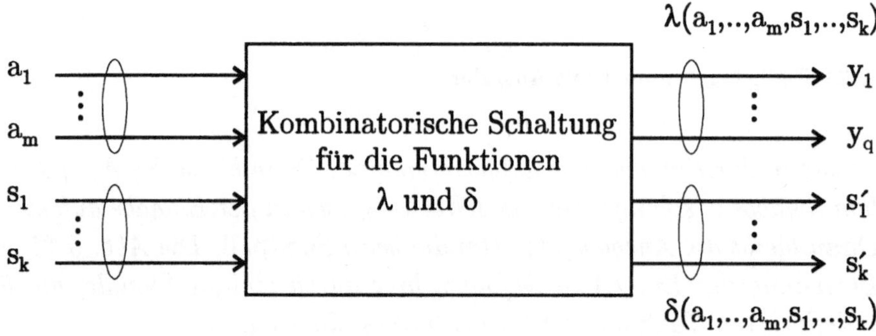

Abb. 3.26 Realisierung der Atomatentafel durch Boolesche Funktionen

Ein weiteres wichtiges Automatenmodell, auf das wir hier aber nur ganz kurz eingehen können, ist der *Kellerautomat*. Er ist ähnlich aufgebaut wie ein endlicher Akzeptor, verwendet aber ein zusätzliches *Kellerband* als Speicher. Dieses Kellerband darf aber nur auf eine bestimmte Weise verwendet werden. Ein neues Zeichen darf immer nur am *oberen* Ende des Kellerbandes eingetragen werden. Wenn der Automat auf zuvor gespeicherte Information, die weiter *unten* im Keller liegt, zugreifen will, dann muß alles was darüberliegt zuvor gelöscht werden (Kellerprinzip, siehe auch Kapitel 5).

Der Kellerautomat kann die weiter oben angegebene Sprache $L = \{0^n 1^n | n \in \mathbf{N}\}$ erkennen. Wenn eine 0 gelesen wird, dann wird sie auf dem Keller gespeichert. Wenn eine 1 gelesen wird, dann wird eine 0 auf dem Keller gelöscht. Wenn der Automat dann in einem Endzustand ankommt und dabei das Kellerband leer ist, dann und nur dann wurde ein Wort der Sprache L erkannt. Man sieht, daß ein Kellerautomat sehr gut geeignet ist, Klammerstrukturen zu analysieren. Er wird auch verwendet, um die Syntax von

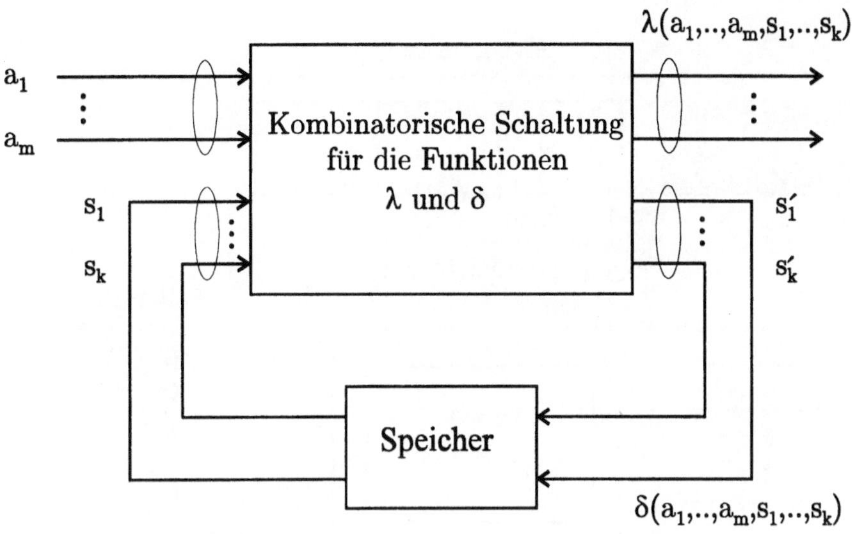

Abb. 3.27 Synchrones Schaltwerk nach Huffman

Programmiersprachen zu analysieren. Arithmetische Ausdrücke in der Postfixform können sehr einfach durch Kellerautomaten verarbeitet werden. Der Anwendungsbereich dieses Automatentyps ist also sehr groß.

Wir wollen damit die Einführung in das Gebiet der Automaten abschließen.

3.3.2 Grammatiken

Grammatiken sind eine weitere Möglichkeit, Sprachen mit endlichen Mitteln darzustellen. Ein Automat kann eine Sprache *erkennen*. Das bedeutet, daß der Automat zu einer eingegebenen Zeichenfolge nach endlich vielen Schritten in einen Endzustand übergehen kann, der dann anzeigt, daß die Eingabefolge zu der durch den Automaten definierten Sprache gehört. Man kann umgekehrt Systeme betrachten, die auf eine bestimmte Weise Zeichenfolgen *erzeugen*. Solche Systeme sind die Grammatiken, die ein wichtiges Mittel zur formalen Definition der Syntax von Programmiersprachen darstellen. Die Syntax einer Programmiersprache ist eine formale Sprache, und man verwendet zur ihrer Definition speziell kontextfreie Grammatiken. Wir wollen uns daher hier auf *kontextfreie Grammatiken* beschränken. Das Studium der Grammatiken, wie auch der Automaten, fällt in das Gebiet der

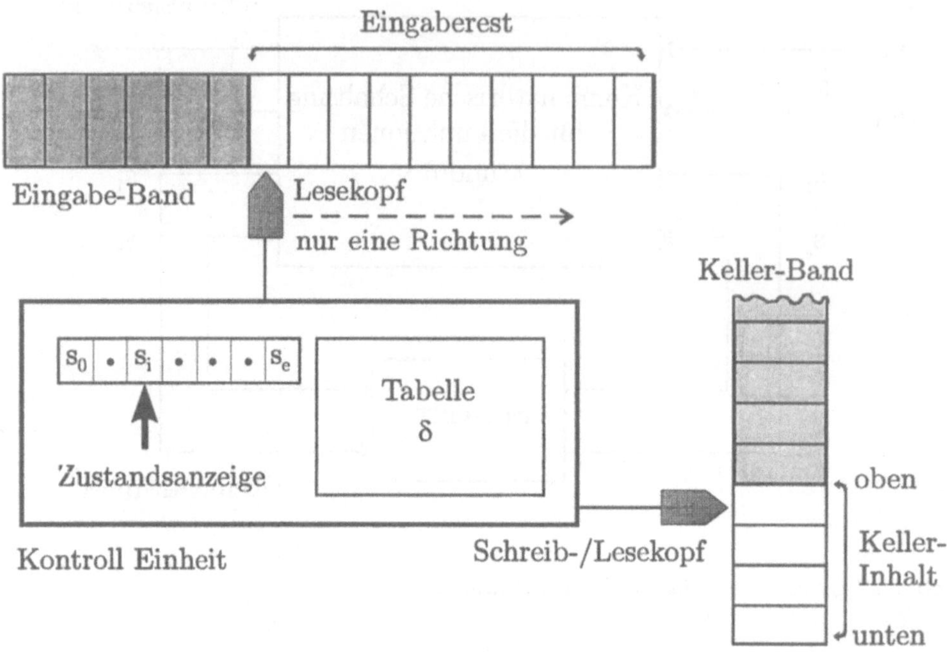

Abb. 3.28 Kellerautomat

formalen Sprachen, das wir hier aber nicht weiter vertiefen können [HU88] [Sal78].

In der Praxis haben sich zur Syntaxbeschreibung zwei Formen besonders durchgesetzt. Die eine ist die *Backus-Naur-Form* (BNF) oder die erweiterte Backus-Naur-Form EBNF (extended BNF). Die andere Form sind *Syntaxgraphen*. Dabei werden die Regeln durch gerichtete Graphen sehr anschaulich dargestellt.

Wir betrachten zunächst ein Beispiel für eine Syntaxdefinition in der BNF. Eine solche BNF wird definiert durch zwei Alphabete N und T, deren Elemente man entsprechend *nichtterminale*

und *terminale Symbole* nennt. Die terminalen Symbole sind die Zeichen, aus denen die zu definierenden Zeichenreihen aufgebaut sind. Jedes nichtterminale Symbol bezeichnet eine bestimmte Menge von terminalen Zeichenreihen, die man auch eine *syntaktische Klasse* (oder *syntaktische Kategorie*) nennt.

Die BNF besteht aus einzelnen Vereinbarungen und jede Vereinbarung hat die Form:

$$X ::= q_1|q_2|...|q_n.$$

Dabei ist die linke Seite (also X) ein nichtterminales Symbol. Die rechte Seite ist eine endliche Menge von Zeichenreihen, die sowohl nichtterminale, als auch terminale Zeichen enthalten können. Es ist also $X \in N$ und $q_i \in (N \cup T)^*$ für $(1 \leq i \leq n)$. Die Zeichenreihen auf der rechten Seite werden durch senkrechte Striche (das Zeichen | gehört weder zu N noch zu T) getrennt.

An dem Beispiel für einfache arithmetische Ausdrücke sollen die Begriffe jetzt verdeutlicht werden. Es soll definiert werden, was ein (wohlgeformter) arithmetischer Ausdruck ist. Der Einfachheit halber sollen nur natürliche Zahlen und auch nur die Rechenoperationen Addition und Multiplikation berücksichtigt werden. Wir verwenden die üblichen druckbaren Zeichen als Alphabet. Es gibt unendlich viele arithmetische Ausdrücke, da es (zumindest theoretisch) keine Beschränkung für die Länge eines Ausdrucks gibt.

Die Form eines Ausdrucks kann informell so beschrieben werden: Die textuelle Darstellung für eine Zahl oder einen Bezeichner allein ist ein Ausdruck. Ein Ausdruck, der nicht Zahl oder Bezeichner ist, kann auf eindeutige Weise in Teilausdrücke und Operatorzeichen zerlegt werden. Operatorzeichen sind die Symbole + und $*$. Weitere Symbole werden für die Klammerung verwendet. Die BNF für die Ausdrücke hat die folgende Form:

<table>
<tr><th>syntakt. Klasse</th><th></th><th>Definition der Klasse</th><th>Regel Nr.</th></tr>
<tr><td><ausdruck></td><td>::=</td><td><term>|<term>+<ausdruck></td><td>1</td></tr>
<tr><td><term></td><td>::=</td><td><faktor>|<faktor>*<term></td><td>2</td></tr>
<tr><td><faktor></td><td>::=</td><td><zahl>|<bezeichner>|(<ausdruck>)</td><td>3</td></tr>
<tr><td><zahl></td><td>::=</td><td><ziffer>|<ziffer><zahl></td><td>4</td></tr>
<tr><td><bezeichner></td><td>::=</td><td><buchstabe>|<bezeichner><ziffer>
|<bezeichner><buchstabe></td><td>5</td></tr>
<tr><td><ziffer></td><td>::=</td><td>0|1|2|3|4|5|6|7|8|9</td><td>6</td></tr>
<tr><td><buchstabe></td><td>::=</td><td>A|B|...|Z|a|b|...|z</td><td>7</td></tr>
</table>

Darin sind <ausdruck>, <term>, <faktor>, <zahl> usw. nichtterminale Symbole, während 0,1,2,... und A,B,C,... die terminalen Symbole sind. Diese BNF definiert zu jedem Symbol auf der linken Seite eine Menge von

Zeichenreihen, die eine bestimmte Struktur haben, also jeweils selbst eine *formale Sprache.*

Die folgende Tabelle zeigt einige Beispiele für Zeichenreihen und ihre syntaktischen Klassen. Zeichenreihen, die zu keiner Klasse gehören ordnen wir in eine syntaktische Fehlerklasse ein.

Zeichenfolge	syntaktische Klasse(n)
354	zahl, faktor, term, ausdruck
A	buchstabe, bezeichner, faktor, term, ausdruck
$ab23$	bezeichner, faktor, term, ausdruck
$(x5 + a) * b$	term, ausdruck
$(12 * 3) + 1$	ausdruck
$1 - 32 * 3$	Fehler: - Zeichen nicht erlaubt
$x12 * ((a + b)$	Fehler: Klammer zuviel

Wir wollen jetzt für eine Zeichenreihe über dem Alphabet T beweisen, daß sie nach den Syntaxregeln aufgebaut ist. Dazu verwenden wir die folgende Schreibweise. Sei X ein nichtterminales Symbol und $u \in (N \cup T)^*$ eine Zeichenreihe. Dann soll $X[u]$ bedeuten: u ist eine Zeichenreihe, die zu der syntaktischen Klasse X gehört.. Der Ausdruck, den wir untersuchen sei:

$$x + (y + 13) * 9$$

In dem folgenden Beweis sind die jeweils angewendeten Regeln für jeden Schritt angegeben.

buchstabe[x] $\overset{7,5}{\Rightarrow}$ bezeichner[x] $\overset{3}{\Rightarrow}$ faktor[x] $\overset{2}{\Rightarrow}$ term[x]

buchstabe[y] $\overset{7,5}{\Rightarrow}$ bezeichner[y] $\overset{3}{\Rightarrow}$ faktor[y] $\overset{2}{\Rightarrow}$ term[y]

ziffer[3] $\overset{6,4}{\Rightarrow}$ zahl[3]

ziffer[1], zahl[3] $\overset{6,4}{\Rightarrow}$ zahl[13] $\overset{3,2,1}{\Rightarrow}$ ausdruck[13]

term[y], ausdruck[13] $\overset{1}{\Rightarrow}$ ausdruck[y+13] $\overset{3}{\Rightarrow}$ factor[(y+13)]

ziffer[9] $\overset{6,4}{\Rightarrow}$ zahl[9] $\overset{3}{\Rightarrow}$ faktor[9] $\overset{2}{\Rightarrow}$ term[9]

factor[(y+13)], term[9] $\overset{2}{\Rightarrow}$ term[(y+13) * 9] $\overset{1}{\Rightarrow}$ ausdruck[(y+13) * 9]

term[x], ausdruck[(y+13) * 9] $\overset{1}{\Rightarrow}$ ausdruck[x+(y+13) * 9]

Dieser Beweis läßt sich auch übersichtlich durch einen Baum darstellen, dessen innere Knoten mit nichtterminalen Symbolen und dessen Blätter mit terminalen Symbolen beschriftet sind (siehe Abb. 3.29). Jeder innere Knoten entspricht mit seinen Söhnen einer Regel der Grammatik. Der vaterknoten trägt als Markierung die linke Seite der Regel, und die Markierungen der Sohnknoten von links nach rechts gelesen, ergeben die rechte Seite der Regel. Ein solcher Baum heißt auch *Ableitungsbaum*, da er zeigt, wie der Ausdruck durch die Regeln abgeleitet wurde.

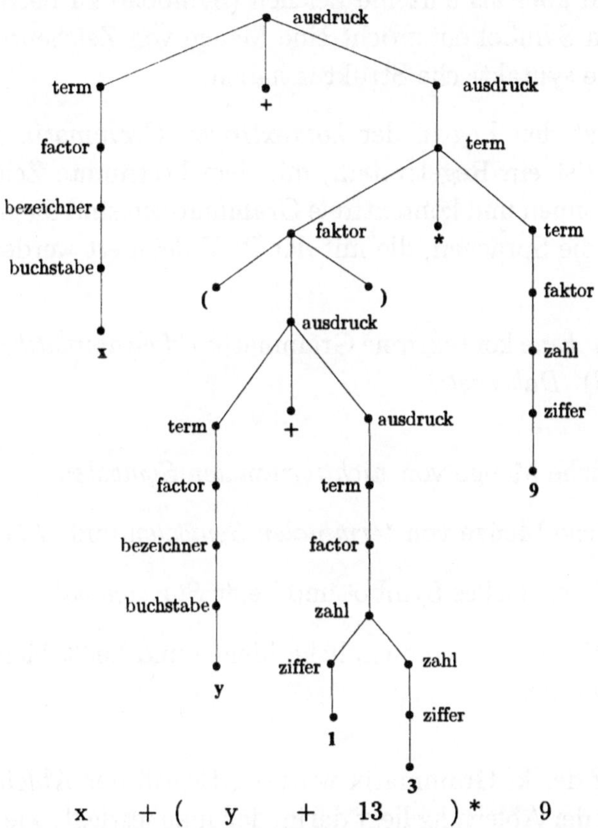

Abb. 3.29 Ableitungsbaum für den Ausdruck $x + (y + 13) * 9$

Wenn man das Definitionsschema aus dem Beispiel betrachtet, dann kann man die folgenden Bestandteile erkennen. Es gibt ein Alphabet von nichtterminalen Symbolen und ein Alphabet von terminalen Symbolen. Das Schema besteht aus einer Menge von Regeln, und eine Regel hat auf der linken Seite ein nichtterminales Symbol und auf der rechten Seite ein Wort, das aus terminalen und nichtterminalen Symbolen gebildet wird. Wenn es mehrere Regeln mit der gleichen linken Seite gibt, dann wird die linke Seite nur einmal geschrieben und die rechten Seiten werden durch das spezielle (Meta-)Zeichen | getrennt. Die terminalen Symbole sind diejenigen Zeichen, aus denen die zu erzeugenden Zeichenreihen aufgebaut werden. Im Beispiel sind das die Dezimalziffern, die lateinischen Buchstaben, die Operatorzeichen + und * und die Klammern. Die nichtterminalen Symbole sind im Beispiel durch ganze Wörter (wie: *ausdruck, zahl, ziffer, bezeichner*) dargestellt, sie sind aber als einzelne Zeichen (Symbole) zu betrachten. Jedem nichtterminalen Symbol entspricht eine Menge von Zeichenreihen, die eine ganz bestimmte syntaktische Struktur haben.

Wir wollen jetzt den Begriff der *kontextfreien Grammatik* definieren. Eine *Grammatik* ist ein Regelsystem, mit dem bestimmte Zeichenfolgen erzeugt werden können und kontextfreie Grammatiken sind die mathematische Grundlage für die Sprachen, die mit der BNF definiert werden.

Definition 34 *Eine* kontextfreie Grammatik *(kf Grammatik) ist ein 4-tupel* $\mathcal{G} = (N, T, P, S)$. *Dabei ist:*

1. N eine endliche Menge von *nichtterminalen Symbolen*
2. T eine endliche Menge von *terminalen Symbolen* und $N \cap T = \emptyset$
3. $S \in N$ ist ein spezielles Symbol und heißt *Startsymbol*
4. $P \subseteq N \times (N \cup T)^*$ ist eine endliche Menge und heißt Menge der *Regeln* oder *Produktionen.*

Zu dem Begriff der kf Grammatik wird der Begriff der *Ableitung* definiert. Die Bedeutung der Ableitung liegt darin, daß man festlegt, wie man mit Hilfe der Regeln bestimmte Zeichenreihen herleiten kann. Sei also $\mathcal{G} = (N, T, P, S)$ eine kf Grammatik. Es sei stets $V = N \cup T$ die Menge aller Symbole der Grammatik. Dann ist also $P \subseteq N \times V^*$. Ein *Ableitungsschritt* ist ein Übergang von einem Wort $u \in V^*$ zu einem neuen Wort $v \in V^*$. Ein solcher Übergang ist durch die Anwendung einer Regel der Grammatik definiert. Dabei wird ein nichtterminales Symbol, das in u an einer bestimmten Stelle vorkommt, durch die rechte Seite der Regel ersetzt. Man kann das sehr einfach durch eine Relation $R_P \subseteq V^* \times V^*$ ausdrücken:

$$(u, v) \in R_P \Leftrightarrow u = u'Xu'' \wedge v = u'wu'' \wedge (X, w) \in P$$

Man nennt R_P auch die *Einschritt-Ableitungsrelation*. Für $(u,v) \in R_P$ schreibt man $u \underset{P}{\rightarrow} v$ und sagt, daß man v aus u in einem Schritt ableiten kann. Den Begriff der *Mehrschritt-Ableitung* erhält man, indem man definiert, daß v aus u ableitbar ist, wenn es eine endliche Folge $u_0, u_1, ..., u_n$ gibt mit $u_i \in V^*$ und:

$$u = u_0 \underset{P}{\rightarrow} u_1 \underset{P}{\rightarrow} \dots \underset{P}{\rightarrow} u_n = v$$

Die so definierte Relation ist nichts anderes als die *transitive Hülle* der Relation R_P. Man definiert daher:

$$u \overset{*}{\underset{P}{\rightarrow}} v \Leftrightarrow (u,v) \in R_P^*.$$

Wenn die Grammatik aus dem Zusammenhang klar ist, dann schreibt man statt $u \overset{*}{\underset{P}{\rightarrow}} v$ auch einfach $u \overset{*}{\rightarrow} v$.

In dem Beispiel der arithmetischen Ausdrücke ist eine kf Grammatik angegeben, die in der BNF notiert wurde. Wir können diese Grammatik jetzt auch formal wie folgt definieren:

Symbole:

N = {ausdruck, bezeichner, zahl, ziffer}
S = ausdruck
T = {0,1,2,..,9} ∪ {a,b,..,z} ∪ {(,),+,*,}

Regeln:

P = {(ausdruck, term), (ausdruck, term + ausdruck),
(term, faktor), (term, faktor * term),
(faktor, zahl), (faktor, bezeichner), (faktor, (ausdruck)),
(zahl, ziffer), (zahl, ziffer zahl),
(bezeichner, buchstabe), (bezeichner, bezeichner ziffer)
(bezeichner, bezeichner buchstabe),
(ziffer,0),(ziffer,1), . . . ,(ziffer,9),
(buchstabe, A), . . . ,(buchstabe,Z),(buchstabe, a), . . . ,(buchstabe,z)}

Damit kann man eine vollständige Ableitung für den Ausdruck $x+(y+13)*9$ angeben:

ausdruck → term + ausdruck → faktor + ausdruck
→ bezeichner + ausdruck → buchstabe + ausdruck
→ x + ausdruck → x+ term → x + faktor ∗ term
→ x + (ausdruck) ∗ term → x + (term + ausdruck) ∗ term
→ x + (faktor + ausdruck) ∗ term
→ x + (bezeichner + ausdruck) ∗ term
→ x + (buchstabe + ausdruck) ∗ term
→ x + (y + ausdruck) ∗ term → x + (y + term) ∗ term
→ x + (y + faktor) ∗ term → x + (y + zahl) ∗ term
→ x + (y + ziffer zahl) ∗ term → x + (y + 1 zahl) ∗ term
→ x + (y + 1 ziffer) ∗ term → x + (y + 13) ∗ term
→ x + (y + 13) ∗ faktor → x + (y + 13) ∗ zahl
→ x + (y + 13) ∗ ziffer
→ x + (y + 13) ∗ 9

Wenn man die Ableitung in dem Ableitungsbaum verfolgt, dann erkennt man, wie der Ausdruck von oben nach unten (*top-down*) systematisch erzeugt wird. Die Zerlegung der Ableitung in eine Folge von Einschrittableitungen ist durchaus nicht immer eindeutig. Vielmehr kann in einem Schritt jedes beliebige nichtterminale Symbol als nächstes ersetzt werden. Man beachte, daß in dem Beispiel bei jedem Ableitungsschritt immer das am weitesten links stehende nichtterminale Symbol zuerst ersetzt wurde. Diese normierte Form der Ableitung nennt man auch eine *Linksableitung*. Analog ist der Begriff *Rechtsableitung* definiert.

Eine kf Grammatik $\mathcal{G} = (N, T, P, S)$ erzeugt eine Sprache $L(\mathcal{G}) \subseteq T^*$ auf folgende Weise:

$$L(\mathcal{G}) = \left\{ u \in T^* \mid S \overset{*}{\to} u \right\} ,$$

d.h. $L(\mathcal{G})$ ist die Menge aller terminalen Zeichenreihen, die man in endlich vielen Einzelschritten aus dem Startsymbol ableiten kann. Damit ist die Beziehung zwischen dem endlichen Beschreibungsmittel $\mathcal{G}$ und der erzeugten Sprache $L(\mathcal{G}) \subseteq T^*$ hergestellt. Die Sprache, die von einer kf Grammatik erzeugt wird, kann endlich oder abzählbar unendlich sein. Daß die Sprache im obigen Beispiel unendlich ist, sieht man leicht daran, daß die folgenden Zeichenreihen alle aus dem Startsymbol *ausdruck* ableitbar sind:

$$x, \quad x+x, \quad x+x+x, \quad x+x+\cdots+x$$

Man kann also beliebig lange Ausdrücke dieser Form erzeugen. Man sagt, daß eine kf Grammatik $\mathcal{G}$ *eindeutig* ist, wenn es zu jedem Wort $u \in L(\mathcal{G})$ genau eine Links- (bzw. Rechts-)ableitung gibt.

Jede Zeichenreihe, die aus dem Startsymbol in endlich vielen Schritten abgeleitet werden kann, heißt eine *Satzform*, und die Menge aller Satzformen zu einer kf Grammatik ist :

$$S(\mathcal{G}) = \left\{ u \in (N \cup T)^* \mid S \xrightarrow{*} u \right\}.$$

Eine Satzform charakterisiert jeweils die Menge aller terminalen Zeichenreihen, die man aus ihr noch ableiten kann, d.h. die Sprache

$$L(\mathcal{G},u) = \left\{ v \in T^* \mid u \xrightarrow{*} v \right\}.$$

Man kann mit kf Grammatiken auch Sprachen definieren, die von endlichen Automaten erkannt werden können. Wir betrachten dazu die folgende kf Grammatik $\mathcal{G} = (N,T,P,S)$, die genau solche Bitfolgen erzeugt, die eine gerade Anzahl von 1-en haben. Sei also $T = \{0,1\}$, $N = \{S,X\}$, und P sei in BNF gegeben durch:

$$\begin{aligned} S &::= 0S \mid 1X \mid \varepsilon \\ X &::= 0X \mid 1S \end{aligned}$$

Die Folge 00101101 wird von dieser Grammatik erzeugt:

$$\begin{aligned} S &\to 0S \to 00S \to 001X \to 0010X \to 00101S \to 001011X \\ &\to 0010110X \to 00101101S \to 00101101 \end{aligned}$$

Die Idee dieser Grammatik ist es, daß S alle Folgen mit geradzahlig vielen 1-en und X alle Folgen mit ungeradzahlig vielen 1-en erzeugt. Diese Behauptung stimmt sicher für die leere Folge ε, die nur von S erzeugt wird. Angenommen, die Behauptung gilt für alle Folgen mit einer Länge, die kleiner als $n \in \mathbf{N}$ sind und sei u eine Folge der Länge $n-1$. Dann sind $0u$ und $1u$ Folgen der Länge n. Wenn u von X erzeugt wird, dann wird $0u$ ebenfalls von X erzeugt und hat die gleiche Anzahl von 1-en wie u, also eine ungerade Anzahl nach Induktionsvoraussetzung. $1u$ wird von S erzeugt und hat eine gerade Anzahl von 1-en. Analog beweist man den Fall, in dem u von S erzeugt wird.

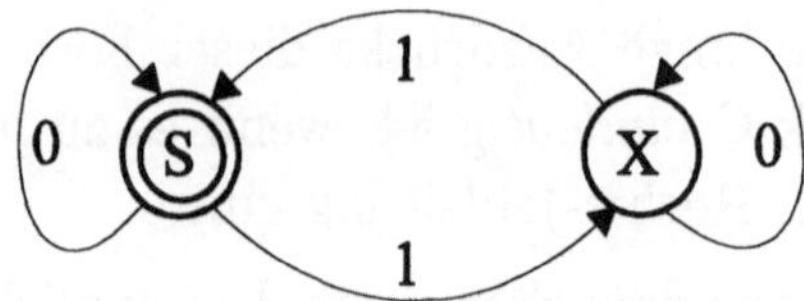

Abb. 3.30 Endlicher Automat zur Erkennung der Sprache $L(\mathcal{G})$

Es soll jetzt noch ein endlicher Automat angegeben werden, der die Sprache $L(\mathcal{G})$ erkennt (siehe Abb. 3.30). Die Zustände wurden hier genauso benannt, wie die nichtterminalen Symbole der Grammatik. S ist Anfangs- und Endzustand. Man sieht leicht ein, daß dieser Automat genau die Bitfolgen akzeptiert, die eine gerade Anzahl von 1-en enthalten. Es ist kein Zufall, daß dieser Graph auch eine kombinatorische Schaltung charakterisiert, die man *T-Flip-Flop* oder Zähler modulo 2 nennt.

Kontextfreie Grammatiken sind aber ein mächtigeres Werkzeug als die endlichen Automaten. Jede Sprache, die ein endlicher Automat erkennt, kann auch mit einer kf Grammatik erzeugt werden. Die Umkehrung gilt aber nicht. Weiter oben (Abschnitt 3.3.1) wurde anschaulich plausibel gemacht, daß die Sprache $L = \{0^i1^i |\ i \in \mathbf{N}\}$ nicht von einem endlichen Automaten erkannt werden kann. Die folgende, sehr einfache kf Grammatik erzeugt gerade diese Sprache:

$$
\begin{aligned}
T &= \{0,1\};\\
N &= \{S\};\\
P &= \{(S, 0S1), (S, \varepsilon)\}
\end{aligned}
$$

Diese Grammatik hat nur ein nichtterminales Symbol S und nur zwei Regeln: $S \to 0S1$ und $S \to \varepsilon$. Die letzte Regel kann man nur genau einmal anwenden, da dann das nichtterminale Zeichen S gelöscht wird (es wird durch das leere Wort ε ersetzt). Jede Ableitung wendet i-mal die erste Regel an und erzeugt somit 0^iS1^i und dann wird die zweite Regel angewendet, und man erhält 0^i1^i. Diese Grammatik erzeugt also genau die Sprache L.

Die kf Grammatiken werden zur Definition der Syntax von Programmiersprachen verwendet, weil für diese Grammatiken (eigentlich sogar nur für eine bestimmte Teilklasse) effiziente Algorithmen (Berechnungsverfahren) existieren, die als Eingabe ein Element der Sprache, also ein Programm, erhalten und dann den zugehörigen Ableitungsbaum generieren. Ein solcher

Algorithmus heißt auch *Parser* und ist eine wichtige Komponente in einem *Compiler*. kf Grammatiken werden oft benutzt, um Kommandosprachen für Anwendungsprogramme zu definieren, oder auch um die Kommunikation einer Schnittstelle zu spezifizieren.

Es gibt *Software-Werkzeuge*, mit denen man geeignete Programme zur Spracherkennung, zur Erzeugung von Ableitungsbäumen und zur Sprachübersetzung automatisch generieren kann. Als Beispiel seien hier die bekannten UNIX-Werkzeuge LEX und YACC genannt.

LEX ist ein Programm, das als Eingabe eine Menge von regulären Ausdrücken liest und dann ein C-Programm erzeugt, das in einem Eingabetext (ASCII-Zeichenfolge) nach Teilfolgen sucht, die zu einem der regulären Ausdrücke passen (also in der durch diesen Ausdruck definierten Sprache liegen). Wird eine solche Folge erkannt, kann ein beliebiges Teilprogramm ausgeführt werden., das man vorher in der Spezifikation mit dem regulären Ausdruck verbunden hat. Damit können komplexe Aufgaben der Textverarbeitung behandelt werden.

YACC liest als Eingabe eine kf Grammatik in einer Form, die der BNF sehr ähnlich ist. Hier kann man mit jeder Produktion der Grammatik eine Aktion verbinden (beliebige C-Funktion). YACC erzeugt dann ein C-Programm, das einen Eingabetext (ASCII-Zeichenreihe) liest und versucht, eine Ableitung nach den Regeln der definierten Grammatik zu finden, die genau den Eingabetext aus dem Startsymbol erzeugt. Bei jedem Einzelschritt einer solchen Ableitung wird dann die Aktion ausgeführt, die mit der Regel verbunden ist, die in dem Ableitungsschritt angewendet wird.

Für diese interessanten Werkzeuge sei der Leser auf die Literatur verwiesen. Wir geben hier nur das Buch von Herold [Her92] [LMB92] für den Einstieg an.

4 Programmierung

Ein Programm im umgangssprachlichen Sinn legt die zeitliche Abfolge von bestimmten Aktivitäten fest (Konferenz-Programm, Theater-Programm, Fernseh-Programm usw.). Eine mechanische Bearbeitungsmaschine kann bestimmte primitive Aktionen ausführen. Durch eine geeignete zeitliche Abfolge (Programm) solcher primitiven Operationen kann man eine komplexe Bearbeitung eines Werkstückes erreichen. Ein Taschenrechner verfügt über eine mehr oder weniger umfangreiche Sammlung von primitiven Operationen (Grundrechenarten, mathematische Funktionen, Speichern von Werten). Eine komplexe Rechenaufgabe erfordert eine u.U. lange Folge von Tastatureingaben. Bei einem programmierbaren Taschenrechner kann man die Abfolge der Operationen in einem Programm festlegen, das man ebenfalls im Speicher des Rechners ablegen kann. Bei solchen Programmen ist es auch möglich, die nächste auszuführende Operation von einer Bedingung abhängig zu machen (Verzweigung) oder Teilfolgen wiederholt ausführen zu lassen, bis eine bestimmte Bedingung erfüllt ist (Iteration). Sowohl für die Bearbeitungsmaschine, wie auch für den Taschenrechner dient ein Programm dazu, auf der Basis eines festgelegten Satzes von primitiven Operationen eine spezielle, komplexe Aufgabe zu lösen. Das wird erreicht, indem man eine geeignete Folge dieser Operationen konstruiert, und eine solche Folge nennt man ein Programm.

Ein Programm muß auf eine bestimmte Weise dargestellt werden. Das kann auf sehr unterschiedliche Arten erfolgen. Eine sehr frühe Form wurde von Jacquard (Kapitel 1) entwickelt, der zur Steuerung eines mechanischen Webstuhls für komplexe Stoffmuster bereits breite Kartonstreifen mit Lochmustern (Vorläufer der späteren Lochkarten) verwendete. Ein Programm kann aber auch einfach als Text auf Papier gedruckt oder in der Form von ASCII-Zeichen in einem Speicher dargestellt sein. Ein Programm kann als Text für einen Menschen lesbar und verständlich sein, oder es kann eine Folge von Aufrufen primitiver Operationen sein, die in einer Maschine so dargestellt ist, daß die Maschine selbst jeden Aufruf sofort ausführen kann.

Wir betrachten eine Maschine M, die über einen Satz von primitiven Operationen $Op = \{op_1, op_2, .., op_n\}$ verfügt und ein Programm P, das als eine Folge von ASCII-Zeichen (Textdatei) gegeben ist. Dann muß eine weitere Maschine S existieren, die das Programm P „liest" und daraus eine Folge von Operationen $u = \omega_1\omega_2 \ldots \omega_n \in Op^*$ ableitet, die direkt durch M ausführbar ist. S interpretiert das Programm und daher besitzt eine programmierbare Maschine entweder als Teilmaschine oder getrennt stets einen *Interpreter* für die Programme Abb. 4.1.

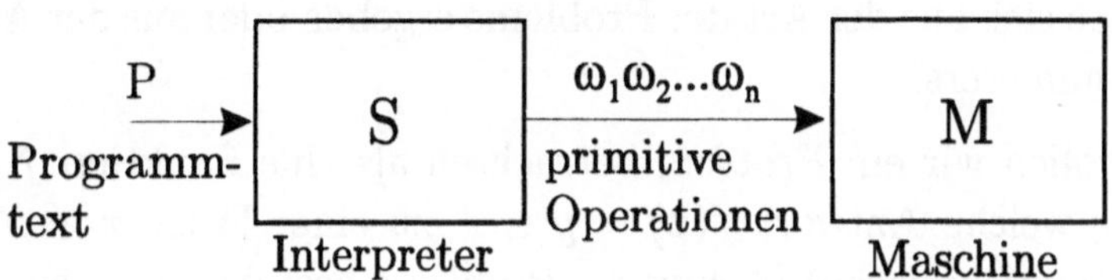

Abb. 4.1 Programm, Interpreter und Maschine

Die Darstellung des Programms P kann eine einfache textuelle Codierung der primitiven Operationen in der notwendigen Reihenfolge sein und ist somit sehr maschinennah. Diese Form der Programmierung findet sich in der *Assembler-Programmierung*. Die Maschine ist dabei eine konkrete CPU (Central Processing Unit), die selbst einen Interpreter enthält, der Maschinenprogramme interpretieren kann. Die primitiven Operationen dieser CPU sind durch einen Satz von Instruktionen gegeben.

Wenn aber der Interpreter mehr leisten kann, als lediglich bestimmte Zeichenfolgen zu decodieren, dann kann man zur Darstellung eines Programms sprachliche Mittel und Konstrukte verwenden, die der Denkweise des Programmierers viel besser entsprechen als die primitiven Operationen der Maschine. Für den Programmierer entsteht so der Eindruck einer viel eleganteren Maschine M', die direkt die Programme P ausführen kann. Der Interpreter schafft so eine höhere Ebene der sprachlichen Formulierung. Eine Programmiersprache sollte also einerseits an die Denk- und Ausdrucksweise des Programmierers angepaßt sein und andererseits muß es möglich sein, den Programmtext in seiner Struktur durch einen Algorithmus (Interpreter) zu analysieren, so daß eine bedeutungsgleiche Folge von Maschineninstruktionen berechnet werden kann.

Der Maschinenbegriff hat unsere Vorstellung von Programmen und der Tätigkeit des Programmierens, also der Konstruktion von Programmen, stark beeinflußt. Die Programmierung ist auf eine Maschine bezogen und das Maschinenmodell prägt die Denkweise des Programmierers. Das Maschinenmodell muß dabei nicht die CPU eines konkreten Rechners sein, sondern kann in einer abstrakten Form gegeben sein. Solche abstrakten Maschinenmodelle bilden die Grundlage der *imperativen Programmierung.* Wer gewohnt ist, mit einem Maschinenmodell zu arbeiten, wird jedes Problem auf diese Weise zu lösen versuchen.

Es gibt aber auch andere Formen der Denkweise zur Lösung von Problemen. Diese können sich aus der Art der Probleme ergeben oder aus der Ausbildung des Programmierers.

Abstrakt wollen wir ein *Problem* betrachten als eine Funktion $f : X \to Y$, die festlegt, welche Antwort $f(x) = y \in Y$ zu einer Frage $x \in X$ erwartet wird. Die (algorithmische) Lösung des Problems besteht darin, ein Verfahren anzugeben, das zu jeder Frage $x \in X$ die zugehörige Antwort $f(x) = y \in Y$ mit *vorgegebenen Mitteln effektiv* herstellt. Die Art der vorgegebenen Mittel unterscheidet nun ganz erheblich die Formulierung der Problemlösung und somit auch die Denkweise und die Anschauung des Programmierers.

Bemerkung 6 *Der Begriff „effektiv" soll bedeuten, daß ein Verfahren im Prinzip rein mechanisch durchführbar ist. Eine Präzisierung ist der Begriff der Turingmaschine (Abschnitt 3.3.1) oder der berechenbaren Funktion. „Effektiv" sollte nicht verwechselt werden mit „effizient", denn letzteres steht für leistungsfähig, was in Abschnitt 5.1 genauer beschrieben wird.*

In der *funktionalen Programmierung* verwendet man ein Modell, in dem die erlaubten Mittel darin bestehen, daß man einen bestimmten Satz primitiver Funktionen vorgibt und Konstruktionen, mit denen man aus vorhandenen Funktionen weitere Funktionen zusammensetzen kann. Programmierung bedeutet hier also die Konstruktion der Problemfunktion f mit den zugelassenen Mitteln. Dieser Ansatz entspricht einer mathematischen Denkweise viel direkter als der Umweg über ein Maschinenmodell. Wir werden in diesem Buch nur kurz auf die funktionale Programmierung eingehen und verweisen den interessierten Leser auf die Literatur [ASS91] [Eis90] [FWH92] [Set89] [Pau91].

Eine *Relation* $R \subseteq A_1 \times A_2 \times \ldots \times A_n$ setzt die Elemente verschiedener Mengen miteinander in Beziehung und kann so praktische Sachverhalte formal beschreiben. Ist etwa S die Menge der Studenten und V die Menge der

Vorlesungen in einem bestimmten Fachbereich, dann drückt die Relation *s besucht v* aus, daß der Student $s \in S$ die Vorlesung $v \in V$ besucht. Die Relation *besucht* ist dann eine Teilmenge: *besucht* $\subseteq S \times V$. Da eine Relation eine Menge ist, kann man mit Relationen rechnen wie mit Mengen, also Durchschnitt, Vereinigung, Differenz usw. bilden (siehe Kapitel 2). Man kann die Relation $R \subseteq A_1 \times A_2 \times ... \times A_n$ auch als die *charakteristische Funktion* $c_R : A_1 \times A_2 \times ... \times A_n \rightarrow \mathbf{2}$ auffassen, so daß man eine Relation auch wieder als Problemfunktion betrachten kann.

Wenn man bestimmte endliche Relationen vorgibt und ganz bestimmte Regeln, nach denen man neue Relationen definieren darf, dann kann man in einem solchen Modell komplexe Relationen konstruieren. Diese relationale Betrachtung ist besonders geeignet, Beziehungen darzustellen, wie sie etwa in Datenbanken verwendet werden. Man kann die Sprache der Prädikatenlogik verwenden, um solche Relationen zu charakterisieren. Diese Art der Programmierung nennt man auch *logische Programmierung*. Die Problemlösung durch ein logisches Programm, besteht in der Definition von elementaren Relationen und der durch bestimmte Einschränkungen begrenzten logischen Konstruktion weiterer Relationen mit dem Ziel, eine oder mehrere Problemrelationen zu beschreiben. Bei dieser Art der Programmierung wird also überhaupt nicht mehr an eine schrittweise Ausführung primitiver Rechenoperationen gedacht, sondern nur an die Spezifikation der Problemrelation mit Mitteln der Prädikatenlogik.

Wir fassen daher den Begriff der Programmierung etwas weiter als die reine Festlegung des zeitlichen Ablaufs primitiver Operationen.

Ein Problem ist gegeben durch eine Funktion $f : X \rightarrow Y$. Ein Problem wird durch bestimmte Mittel sprachlich dargestellt oder *spezifiziert*. Ein *Programm* zur Lösung des Problems f ist eine sprachliche Darstellung der Funktion f mit Mitteln, die in einer ganz bestimmten Weise vorgegeben sind. Spezifikation und Programm unterscheiden sich also lediglich in der Einschränkung der sprachlichen Mittel.

Die Einschränkungen für die Spezifikationsmittel sind dabei nur bestimmt durch die Forderung, daß f eindeutig festgelegt sein muß. Die Einschränkungen für die Darstellung eines Programms hängen dagegen ab von der Forderung, daß die dargestellte Funktion berechenbar sein muß. Meistens werden aber bei der sprachlichen Formulierung von Programmen weitere Einschränkungen erforderlich, um die Interpretation mit einem vernünftigen Aufwand an Zeit und Speicherplatz zu ermöglichen. Die sprachliche Ausdrucksstärke wird also bewußt begrenzt durch Forderungen nach der effizienten Interpretation. So verwendet man für viele gebräuchliche Programmiersprachen das Mittel der *kontextfreien Grammatiken* (siehe Abschnitt 3.3.2) zur textuellen Darstellung der Programme, da für deren Strukturanalyse *effiziente* Algorithmen vorliegen.

Beim Entwurf einer Programmiersprache sind mehrere Forderungen zu erfüllen, die, wie bei den meisten Entwurfsaufgaben, nicht alle gleichzeitig optimal erfüllt werden können:

- Lesbarkeit und Verständlichkeit
- Ausdrucksstärke zur Formulierung der Lösungsverfahren
- Unterstützung von Abstraktion und Modularisierung
- Orthogonalität der Konzepte
- Wiederverwendbarkeit von programmierten Lösungen
- Aufwand für Änderungen
- Fehlerbehandlung und Fehlervermeidung
- Erlernbarkeit
- Effiziente Übersetzung
- Leichte Portierbarkeit

Die große Vielfalt der existierenden Programmiersprachen (z.Zt. existieren mehr als 2000 implementierte Programmiersprachen) zeigt deutlich den großen Spielraum für Kompromisse zur Verwirklichung der verschiedenen Forderungen.

In diesem einführenden Buch werden wir grundlegende Konzepte der Programmierung vorstellen. Diese werden aber auf die imperative Programmierung bezogen, die an dem Modell der *Registermaschine* orientiert ist. Eine Registermaschine ist ein abstraktes Maschinenmodell, das über eine Menge von Speicherplätzen (*Registern*) verfügt, in denen man bestimmte Daten speichern kann. Die Maschine kann bestimmte Operationen mit Registerinhalten ausführen und Rechenergebnisse wieder in Registern ablegen. Die kontrollierte Ausführung primitiver Operationen erfolgt durch *Kontrollstrukturen*. Das sind Anweisungen, die die nächste auszuführende Anweisung in Abhängigkeit vom aktuellen Inhalt der Register bestimmen.

Während die Beispiele konkret in der Sprache C++ formuliert werden, werden die Konzepte allgemeiner beschrieben und auch andere Sprachmittel herangezogen. Die Wahl von C++ ist vor allem im Hinblick auf den Leserkreis getroffen worden. Die meisten Ingenieure, die mit der Programmierung zu tun haben werden, werden wahrscheinlich in der Sprache C oder der Erweiterung C++ programmieren oder solche Programme lesen. Diese Sprache hat sich in den letzten Jahren insbesondere in den technischen Anwendungen als dominierend herausgestellt. Es soll hier nicht auf die Gründe eingegangen werden, und es soll auch nicht der Eindruck erweckt werden, daß C++ eine Sprache ist, die anderen Sprachen in der Qualität überlegen ist. So findet man in vielen einführenden Lehrbüchern der Informatik Sprachen wie Pascal oder Modula2, aber auch funktionale Sprachen wie *Scheme* oder die logische Programmiersprache *Prolog*. Die Wahl der Sprache wird durch den Standpunkt des Autors oft aus speziellen didaktischen Überlegungen heraus gewählt. Dazu werden manchmal auch eigens aus didaktischen Gründen eigene Programmiersprachen entwickelt [Kow96].

C++ ist eine Weiterentwicklung der Sprache C, und C wurde ursprünglich als eine Sprache für die Systemprogrammierung entwickelt. Als solche sollte sie einerseits sehr nahe an der Rechnerstruktur konkreter Maschinen orientiert sein (wie eine Assemblersprache), andererseits sollten die Programme leichter portierbar sein als Assemblerprogramme, und sie sollten die Vorteile der strukturierten Programmierung nutzen, um die Wartung zu erleichtern. C ist also eine Sprache, die aus der Praxis der maschinennahen Systemprogrammierung heraus entwickelt wurde, um diese Art der Programmierung möglichst effizient zu unterstützen. Sie steht in einer sehr engen Beziehung zu dem verbreiteten Betriebssystem UNIX, das zu einem sehr großen Teil in C geschrieben ist.

Die Aspekte der logischen Klarheit der Sprache standen zunächst nicht im Vordergrund. Die Folge ist, daß in C und auch in C++ bestimmte Konstruktionen nicht die logische Klarheit besitzen, wie etwa in der Sprache Pascal, die gerade für die Ausbildung entwickelt wurde. Die Weiterentwicklung zu C++ besteht vor allem darin, daß die wesentlichen Konzepte der *objektorientierten Programmierung* (OOP) hinzugefügt wurden. Bei dieser Erweiterung von C wurden aber auch noch einige weitere Konzepte neu eingeführt, wie z.B. Ein- und Ausgabeströme.

Es wird in diesem Buch nicht versucht, einen einführenden Programmierkurs in C++ zu geben. Die Sprache wird also nicht vollständig in diesem Buch beschrieben. Dazu gibt es in der Literatur sehr gute Quellen [Qua95]

[Rin92]. Außerdem verwenden wir für die meisten Beispiele nur wenige der Erweiterungen von C++, so daß die Beispielprogramme auch leicht in C zu übertragen sind.

Wir möchten darauf hinweisen, daß Programmierung zwar konkret an eine Sprache gebunden ist, aber in erster Linie die gedankliche Durchdringung eines Problems bedeutet, mit dem Ziel, eine algorithmische Lösung zu entwickeln. Ein guter Programmierer sollte daher mehrere Programmiersprachen zumindest kennen, wenn auch nicht notwendig beherrschen, um verschiedene Ansätze und Blickwinkel zur Problemlösung in unterschiedlichen Situationen verwenden zu können. Dabei ist es oft möglich, die Konzepte spezieller Programmiersprachen in der eigenen Programmiersprache zu verwenden.

In der Praxis ist ein weiterer Typ von Sprachen sehr verbreitet. Auf der Basis eines Betriebssystems wird dem Anwender die Möglichkeit gegeben, bestimmte Systemfunktionen, wie das Ausführen von Programmen, das Arbeiten mit dem Dateisystem, die Abfrage und Weiterverwendung von Systemparametern usw. in einer kontrollierten Folge anzuwenden und ein solches Programm in einer *Skriptsprache* textuell zu formulieren. Ein solches Programm (Skriptdatei) erhält einen Namen und kann dann einfach unter diesem Namen aufgerufen werden. Ein spezieller Interpreter (*Shell*) analysiert den Text und wandelt ihn in eine Folge ausführbarer Operationen der Maschine um.

Es gibt zahlreiche Beispiele für solche Sprachen. Speziell für UNIX-Workstations (oder Rechner, die mit dem Betriebssystem LINUX arbeiten) gibt es beispielsweise die Bourne Shell [Bou87], Pearl [WS90], Tcl/Tk [Wel95] u.a.m.

Die Programmierung wird heute gekennzeichnet durch *objektorientierte Programmiersprachen* (z.B. Eiffel, C++, JAVA), Window-Programmierung (z.B. X-Windows, MS Windows API), Datenbankanbindung mit dem *Client-Server Konzept* (SQL-Schnittstelle, Relationale Datenbanken), Computergraphik und Multimediatechniken. Es stehen dazu leistungsfähige Entwicklungsumgebungen zur Verfügung (z.B. Delphi, Visual C++, Visual Café).

Für die praktischen Programmierbeispiele in diesem Buch verwenden wir die Programmiersprache C und die objektorientierte Erweiterung C++. Die Beispielprogramme wurden mit Borland C++ auf einem PC unter Windows 95 entwickelt und getestet. Es ist daher möglich, daß diese Programme für andere Compiler eventuell geringfügig modifiziert werden müssen.

4.1 Syntax und Semantik von Programmiersprachen

Die Begriffe *Syntax* und *Semantik* sind in der Informatik von großer Bedeutung. Grob kann man sie zunächst wie folgt beschreiben. Eine Syntax legt bestimmte Zeichenreihen fest, die in einem definierten Sinn wohlgeformt sind. Eine Semantik ist eine Vorschrift, die jeder syntaktisch wohlgeformten Zeichenreihe eine Bedeutung in einem (mathematischen) Modell zuordnet. Mathematisch kann man diesen Zusammenhang sehr allgemein durch eine Abbildung ausdrücken. Ist L die Menge der wohlgeformten Zeichenreihen und M der Bereich, in dem diese Zeichenreihen gedeutet werden sollen, dann ist die Semantik eine Abbildung $\text{sem} : L \to M$.

Ein wichtiges Beispiel sind die *Terme* zu einer algebraischen *Signatur*, die ausführlich in Kapitel 3 behandelt wurden. Die variablenfreien Terme haben in jeder *Rechenstruktur* (*Algebra*), die zu der gegebenen Signatur paßt, einen eindeutig bestimmten Wert, und so kann jede passende Rechenstruktur als ein *semantischer Bereich* dienen. Terme, die Variablen enthalten, haben in einer (passenden) Rechenstruktur einen eindeutig bestimmten Wert, wenn man jeder vorkommenden Variablen einen Wert zuordnet. Diese Situation findet man z.B. bei arithmetischen oder Booleschen Ausdrücken und ihrer gewohnten Auswertung. Die *Booleschen Formeln* (Formeln der Aussagenlogik) bilden eine Menge von Zeichenreihen ganz bestimmter Bauart. Sie enthalten Variablen, Operatorzeichen und Klammern. Sie bilden einen *syntaktischen Bereich.* Man kann jeder Booleschen Formel φ mit n Variablen eine Boolesche Funktion $\Phi : 2^n \to 2$ zuordnen, die den Wert der Formel für jede mögliche Belegung der Variablen liefert (siehe Kapitel 2). Der Übergang $\varphi \longmapsto \Phi$ von der Formel φ zur Funktion Φ ist eine typische *semantische Abbildung*.

Ein Programm soll bewirken, daß zu bestimmten Eingaben bestimmte Ausgaben berechnet werden. Ist I die Menge der möglichen Eingaben, O die Menge der Ausgaben und L die Menge der syntaktisch korrekten Programme, dann soll die Semantik (Bedeutung) eines Programms $p \in L$ eine partielle Abbildung $f : I \rightharpoonup O$ sein. Diese Abbildung ist i.a. partiell, da ein Programm für bestimmte Eingaben u.U. nicht zu einem Ende kommt (nicht anhält). Wir können das jetzt so ausdrücken: Eine Programmiersprache

$\mathcal{L} = (L, I, O, \text{sem})$ besteht aus den Mengen I, O, L und einer semantischen Abbildung

$$\text{sem} : L \to [I \rightharpoonup O],$$

die jedem Programm $p \in L$ eine partielle Abbildung von der Menge der Eingaben in die Menge der Ausgaben zuordnet. Mit dieser Definition des Begriffs einer Programmiersprache kann man sehr anschaulich die Funktion eines *Compilers* und eines *Interpreters* beschreiben.

Wenn $\text{sem} : L \to [I \rightharpoonup O]$ die Semantik einer Programmiersprache $\mathcal{L} = (L, I, O, \text{sem})$ ist, dann kann man statt der Abbildung sem auch die Abbildung $\text{sem} : L \times I \rightharpoonup O$ definieren durch $\text{sem}(p, x) = (\text{sem}(p))(x)$. Das ist nur eine andere Form der semantischen Abbildung. Sie ist wieder partiell. sem ordnet einem Programm $p \in L$ und einer Eingabe $x \in I$ die Ausgabe $\text{sem}(p, x) = y \in O$ zu (Abb. 4.2).

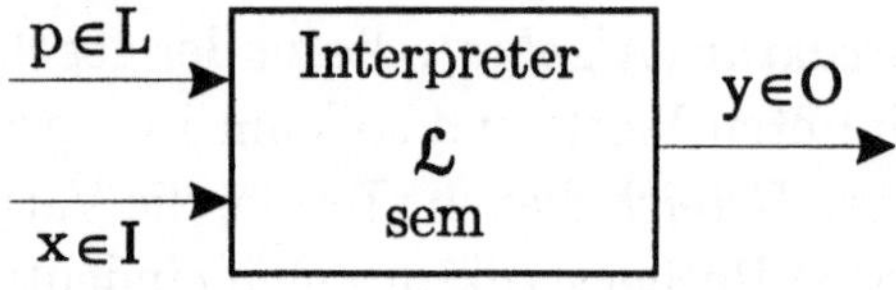

Abb. 4.2 Interpreter als semantische Funktion

Ein *Übersetzer* oder *Compiler* ist eine Abbildung, die die Programme einer Programmiersprache L_1 (*Quellsprache*) in semantisch äquivalente Programme einer anderen Programmiersprache L_2 (*Zielsprache*) übersetzt, also eine Abbildung $\text{comp} : L_1 \to L_2$ mit der Eigenschaft, daß ein übersetztes Programm die gleiche Ein-/Ausgabefunktion liefert wie das ursprüngliche Programm: Für jedes $p \in L_1$ gilt:

$$\text{sem}_2(\text{comp}(p)) = \text{sem}_1(p).$$

$\text{comp}(p) \in L_2$ ist dabei das übersetzte Programm. Man kann das auch durch ein Abbildungsdiagramm ausdrücken (Abb. 4.3).

Wir können einen Compiler auch als eine Funktionseinheit mit Eingaben aus L_1 und Ausgaben in L_2 darstellen (Abb. 4.4). Ein Compiler ist also ein Verfahren, das einen Programmtext in einen anderen Programmtext

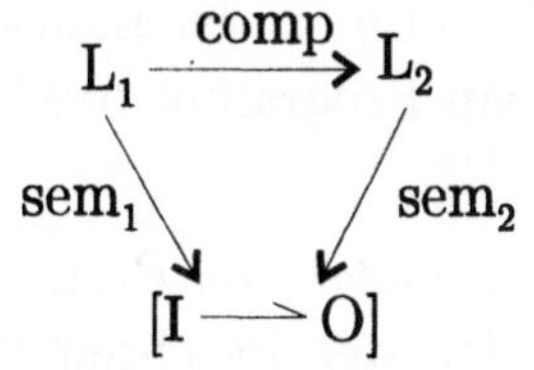

$$\begin{array}{ccc} L_1 & \xrightarrow{\text{comp}} & L_2 \\ & \text{sem}_1 \searrow \quad \swarrow \text{sem}_2 & \\ & [I \rightarrow O] & \end{array}$$

Abb. 4.3 Der Compiler als Sprachübersetzer

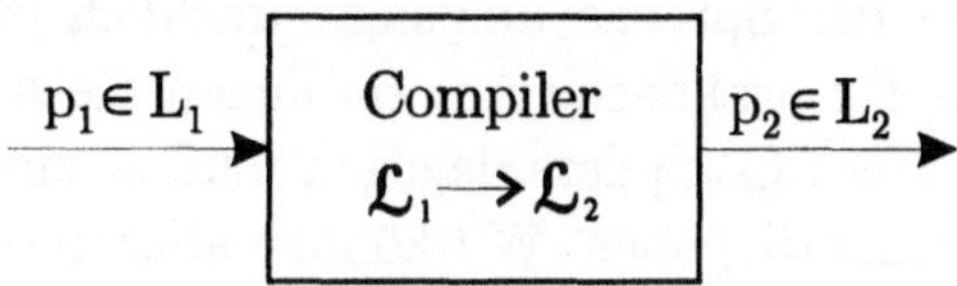

Abb. 4.4 Der Compiler als Funktionseinheit

übersetzt. Zur Ausführung des Programms muß ein Interpreter verwendet werden.

Ein Compiler kann zusammen mit einem Interpreter der Zielsprache so wirken wie ein Interpreter der Quellsprache (Abb. 4.5).

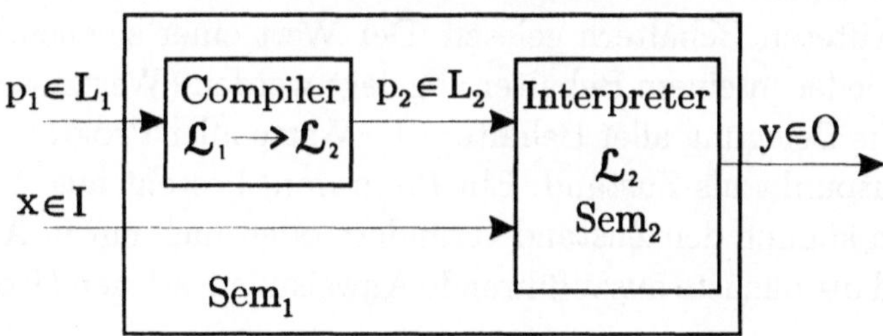

Abb. 4.5 Simulation eines Interpreters für L_1 durch einen Compiler $L_1 \to L_2$ und einen Interpreter für L_2

Um $\text{sem}_1(p_1, x)$ zu berechnen, berechnet man $p_2 = \text{comp}(p_1)$ mit dem Compiler und dann $y = \text{sem}_2(p_2, x)$ mit dem Interpreter für $\mathcal{L}_2$. Wenn man das übersetzte Programm p_2 zwischenspeichert, dann braucht man den Übersetzungsprozess natürlich nur einmal auszuführen.

Wenn man eine Programmiersprache verstehen will, dann muß man sowohl die *Syntaxregeln* zur korrekten Formulierung von Programmen verstehen als auch die Art und Weise, in der man aus der Formulierung eines Programms auf die von diesem Programm bewirkte Ein-/Ausgabefunktion schließen kann.

Für die Syntax und für die Semantik von Programmiersprachen gibt es formale mathematische Methoden der Beschreibung. Während eine formale Syntaxbeschreibung heute in den meisten Handbüchern zu Programmiersprachen zu finden ist, wird die Semantik eher informell beschrieben. Man verwendet ein anschauliches Maschinenmodell, an dem man die Wirkung einzelner Konstrukte der Sprache umgangssprachlich erklärt. Diese Form der Beschreibung ist für praktische Anwendungen meist auch ausreichend. Für den Entwickler eines Compilers dagegen muß es eine unmißverständliche Definition der Semantik geben. Wir können aber in diesem Buch auf die mathematische Semantikdefinition von Programmiersprachen nicht näher eingehen [AS88] [Gun92] [Ten91].

Zur Beschreibung der Semantik verwenden wir in diesem Buch informelle Methoden. Wir werden ein abstraktes, aber sehr intuitives *Maschinenmodell* verwenden, in dem die *Variablen* als Behälter betrachtet werden, die eine Aufschrift haben (Namen, Bezeichner), und die zu jedem Zeitpunkt einen Inhalt haben, der ein Wert aus einer mit der Variablen fest vereinbarten Wertemenge (Datentyp) ist. Wenn ein Ausdruck ausgewertet wird, der Variablennamen enthält, so werden die Werte dieser Variablen aus den entsprechend beschrifteten Behältern gelesen. Der Wert einer solchen Berechnung kann dann wieder in einem Behälter abgelegt werden (Wertzuweisung). Wir betrachten die Belegung aller Behälter (die Werte aller Programmvariablen) zu einem Zeitpunkt als Zustand. Ein Programm besteht aus *Anweisungen*. Anweisungen können den Zustand verändern oder auch nur in Abhängigkeit vom Zustand die nächste auszuführende Anweisung festlegen (*Kontrollstruktur*).

4.1.1 Syntaxregeln

Um Programme zu formulieren, muß man die Form festlegen, in der man sie darstellt. Da das wesentliche Mittel für eine solche Darstellung der gewöhnliche Text ist, verwendet man für Programme eine textuelle Darstellung. Es muß darauf hingewiesen werden, daß die Zeichen eines Alphabets selbst verschiedene Formen der Darstellung haben. Einmal sind es Druckbilder auf dem Papier für einen Menschen als Leser, und zum anderen werden die Zeichen als Bitfolgen in maschinenlesbarer Form gespeichert.

Ein Programm ist eine endliche Zeichenfolge über einem festen endlichen Zeichensatz. Sei T das gegebene Alphabet (z.B. ASCII-Zeichen), dann ist ein Programm eine endliche Folge solcher Zeichen, wobei der Zwischenraum und alle anderen zugelassenen Sonderzeichen mit eingeschlossen sind, d.h. ein Programm ist eine Wort $p = t_1 t_2..t_k \in T^*$. Zur Definition einer Programmiersprache muß man Regeln festlegen, nach denen die gültigen Programme aufgebaut sind. Diese Regeln definieren eine Teilmenge $L \subseteq T^*$, und genau die Zeichenfolgen $p \in L$ sind die gültigen Programmtexte. Die Regeln, die diese Zeichenfolgen bestimmen, nennt man auch die *Syntaxregeln* oder einfach die *Syntax* der Programmiersprache. Man kann auch $L \subseteq T^*$ als die Syntax auffassen, aber es muß ein konkretes endliches Regelwerk geben, das diese Menge eindeutig festlegt. $L \subseteq T^*$ ist eine formale Sprache. Manchmal wird auch einfach L als die Programmiersprache betrachtet. Genaugenommen ist aber die Menge der gültigen Programmtexte nur der syntaktische Teil einer Programmiersprache.

In Kapitel 3 wurden Systeme vorgestellt, mit denen man (formale) Sprachen $L \subseteq T^*$ mit endlichen Mitteln beschreiben kann. Dazu wurden einerseits *Automatenmodelle* eingeführt, die von einem vorgelegten Text $q \in T^*$ entscheiden, ob gilt $q \in L$ oder nicht. Zum anderen haben wir Grammatiken beschrieben, die aus einer endlichen Menge von Regeln bestehen, mit denen man genau die gültigen Programmtexte erzeugen kann. In der Praxis verwendet man *kontextfreie Grammatiken*, da es für diese (oder zumindest für eine genügend ausdrucksstarke Teilklasse) effiziente Verfahren der automatischen Übersetzung gibt.

Zur Syntaxbeschreibung haben wir in Abschnitt 3.3.2 ausführlich die kontextfreien Grammatiken und die BNF-Darstellung behandelt. Wir wollen daher nur noch kurz auf die Darstellung durch Syntaxdiagramme eingehen.

Ein *Syntaxdiagramm* ist ein gerichteter Graph mit verschiedenen Knotentypen. Jeder Knoten steht für eine syntaktische Klasse. Terminale Symbole werden dabei durch Kreise und Mengen solcher Symbole durch abgerundete Rechtecke dargestellt (Abb. 4.6). Rechtecke stehen für nichtterminale Symbole. Ein Rechteck soll die zu diesem Symbol gehörige syntaktische Klasse repräsentieren.

Für jedes nichtterminale Symbol wird ein Diagramm angegeben, das genau die zu diesem Symbol gehörende rechte Seite der entsprechenden BNF wiedergibt. Die BNF Vereinbarung

<zahl> ::= <ziffer>|<ziffer><zahl>

Abb. 4.6 Knotentypen in einem Syntaxdiagramm

wird als Syntaxdiagramm dargestellt wie in Abb. 4.7.

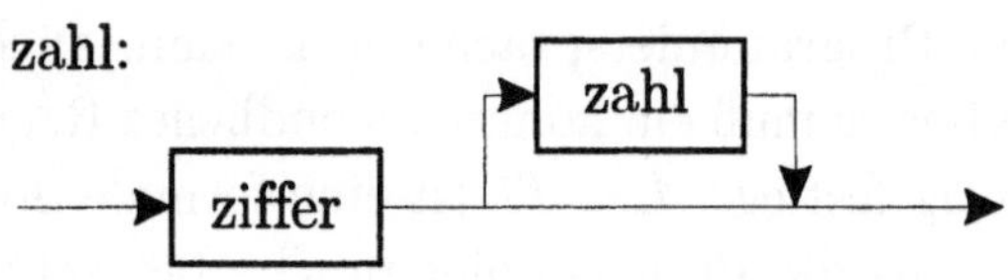

Abb. 4.7 Syntaxdiagramm für das nichtterminale Symbol *zahl*

Jedes Diagramm beschreibt daher die Struktur einer syntaktischen Klasse, indem es sich rekursiv auf die Diagramme für andere syntaktische Klassen oder auch sich selbst abstützt.

Man kann diese Graphen verwenden wie Straßenkarten. Wenn man einen Weg durch den Graphen verfolgt und dabei einen Knoten durchläuft, der mit terminalen Zeichen markiert ist, dann soll eines dieser Zeichen ausgewählt und ausgedruckt werden. Wenn man einen Knoten durchläuft, der für ein nichtterminales Symbol steht, dann soll man an seiner Stelle das zu diesem Symbol gehörende Diagramm durchlaufen. An Verweigungspunkten kann man den Weg frei auswählen. Bei einem solchen Durchlauf durch ein Syntaxdiagramm erzeugt man eine syntaktisch korrekte Zeichenfolge der entsprechenden syntaktischen Klasse. Umgekehrt ist eine syntaktisch korrekte Zeichenfolge eine von (unendlich) vielen Wegbeschreibungen durch den Graphen.

Das Beispiel in Abb. 4.8 zeigt Syntaxdiagramme für die arithmetischen Ausdrücke. Die Diagramme für <buchstabe> und <ziffer> wurden dabei weggelassen.

Mit diesen Mitteln kann man die syntaktische Struktur einer Programmiersprache sehr anschaulich und zugleich präzise beschreiben.

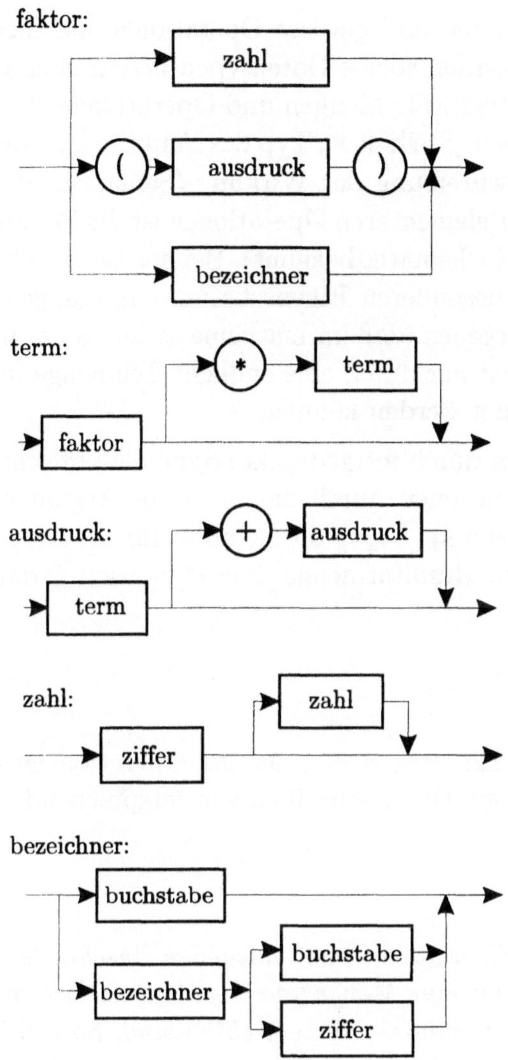

Abb. 4.8 Syntaxdiagramme für arithmetische Ausdrücke

4.2 Elementare Datentypen und Kontrollstrukturen

Um die Elemente der Programmierung zu beschreiben, benötigt man zunächst einfache *Rechenstrukturen*, so daß man Ausdrücke berechnen kann. Rechenstrukturen heißen in der Programmierung auch *Datentypen* und sind definiert durch Mengen und gewisse Operationen auf diesen Mengen (Abschnitt 3.1). Wir werden solche Datentypen beschreiben durch die Angabe von Symbolen (Namen) für Mengen und Operationen sowie der *Funktionalität* der Operationen (Stelligkeit, Typ des Funktionswertes) und einer meist nicht formalen Beschreibung der Wirkung (Semantik) dieser Operationen. Bei den meisten der elementaren Operationen ist die Wirkung ohnehin offensichtlich (aus der Mathematik bekannt). Bei der Beschreibung der Semantik muß aber auf die besonderen Eigenschaften eingegangen werden, die sich aus der Tatsache ergeben, daß im mathematischen Sinn unendliche Mengen (wie $\mathbf{Z}$ und $\mathbf{R}$) meist nur durch eine endliche Teilmenge in einem konkreten Rechner nachgebildet werden können.

Die Mengen werden durch fettgedruckte Symbole bezeichnet und die Funktionalität der Operationen durch die Liste der Argumentmengen und die Resultatmenge. Wenn $\mathbf{s}_1, \ldots, \mathbf{s}_n$ die Symbole für die Argumentmengen sind und $\mathbf{s}$ Symbol für die Resultatmenge einer Operation f, dann wird das durch die Schreibweise

$$f : \mathbf{s}_1, \ldots, \mathbf{s}_n \to \mathbf{s}$$

sinnfällig ausgedrückt. Für $n = 0$ ist die Operation eine Konstante, also Element einer Menge. Dafür schreiben wir entsprechend

$$c :\to \mathbf{s}.$$

Bemerkung 7 *Wir werden in den folgenden Abschnitten nicht immer zwischen dem Symbol für eine Menge und der Menge selbst unterscheiden, wenn dabei keine Mißverständnisse zu befürchten sind. So bedeutet: $x \in \mathbf{s}$, daß x Element der durch* $\mathbf{s}$ *bezeichneten Menge ist.*

Aus einfachen Operationen kann man *Ausdrücke* konstruieren, und die Berechnung eines Ausdrucks liefert einen Wert. In der *imperativen Programmierung* kann man einen Wert unter einem Namen (*Referenz*) speichern, um ihn später im Verlauf des Programms wieder verwenden zu können. Zur Speicherung eines Wertes dient ein *Speicherplatz*, der durch einen *Referenzausdruck* bezeichnet wird.

Die einfachste Form einer solchen Referenz ist der Name einer Programmvariablen. Der Begriff *Variable* ist leider mit unterschiedlichen Bedeutungen belegt (überladen), was häufig zu Mißverständnissen führt. Wir verwenden daher zunächst den Begriff *Programmvariable*. Später werden wir aber wegen der einfachen und gebräuchlichen Sprechweise dann auch den überladenen Begriff verwenden. Die Zuweisung eines Wertes an einen Speicherplatz nennt man eine *Wertzuweisung* (*assignment*). Die Wertzuweisung ist ein wesentliches Konzept der imperativen Programmierung.

Ein imperatives Programm besteht aus einer Folge von *Anweisungen*. Der Ablauf umfangreicher Berechnungen wird durch *Kontrollstrukturen* geregelt. In diesem Abschnitt werden einfache Datentypen als Rechenstrukturen eingeführt. Die Begriffe Programmvariable und Wertzuweisung werden behandelt, und es werden die wesentlichen Kontrollstrukturen eingeführt.

4.2.1 Elementare Datentypen und Ausdrücke

Die elementaren Datentypen der meisten Programmiersprachen sind Zahlen, Wahrheitswerte und Zeichenalphabete. Das jeweils verwendete Zeichenalphabet spielt eine grundlegende Rolle, weil mit diesen Zeichenfolgen wiederum Zahlen und Wahrheitswerte bezeichnet werden. Die Darstellung von Werten bestimmter Datentypen durch Zeichenfolgen eines festgelegten Alphabets nennt man auch *Literale* (buchstäbliche Darstellung). Es gibt Literale für ganze und reelle Zahlen, für Wahrheitswerte und für Zeichenreihen (Strings).

Jeder Datentyp ist eine Rechenstruktur und wird definiert durch eine oder mehrere Mengen, zusammen mit bestimmten Operationen auf diesen Mengen. Auf den meisten elementaren Datentypen kann man zusätzlich die Struktur einer *linearen Ordnung* einführen, um so Elemente miteinander vergleichen zu können. Wir wollen diese Datentypen aber nicht ganz abstrakt einführen, sondern gleich auf Fragen der Darstellung im Rechner eingehen, da diese die Programmierung durchaus beeinflussen. Die elementaren Datentypen werden zunächst allgemein beschrieben und dann wird auf die spezielle Ausprägung in der Sprache C++ eingegangen.

4.2.1.1 Wahrheitswerte

Der Datentyp **bool** ist sehr einfach und wurde schon in3.1 ausführlich beschrieben. Die Menge **bool** enthält genau zwei Elemente:

$$true : \to \textbf{bool}$$
$$false : \to \textbf{bool}$$

Die üblichen Operationen sind:

$$\begin{aligned} not &: \mathbf{bool} \to \mathbf{bool} \\ and &: \mathbf{bool}, \mathbf{bool} \to \mathbf{bool} \\ or &: \mathbf{bool}, \mathbf{bool} \to \mathbf{bool} \\ xor &: \mathbf{bool}, \mathbf{bool} \to \mathbf{bool} \end{aligned}$$

Die Bedeutung dieser Operationen wurde bereits in Kapitel 2 besprochen, so daß hier auf eine Erklärung verzichtet werden kann. Man kann für jede dieser Operationen eine Funktionstabelle aufstellen. Die Elemente $true$ und $false$ werden durch die Literale "true" und "false" als Zeichenreihen dargestellt. Die Ordnungsstruktur auf **bool** ist einfach gegeben durch:

$$false < true$$

und damit erhält man die üblichen sechs *Vergleichsoperationen*, die alle die gleiche Funktionalität haben:

$$<, >, \leq, \geq, =, \neq: \mathbf{bool}, \mathbf{bool} \to \mathbf{bool}$$

So gilt also z.B.:

$$\begin{aligned} &\leq (false, true) = true \\ &< (true, false) = false \\ &= (false, false) = true \end{aligned}$$

Man schreibt natürlich in einer konkreten Programmiersprache die zweistelligen Operatoren in der üblichen *Infix-Schreibweise*:

$$\begin{gathered} false < true \\ false \; or \; true \\ (false < true) \; or \; (true = false) \end{gathered}$$

Das sind bereits Beispiele für Ausdrücke, auf die wir etwas später noch genauer eingehen werden.

Während Sprachen wie Pascal, Modula3 (oder auch Modula2) und Ada einen Typ **Boolean** besitzen, gibt es diesen Datentyp in C++ (noch) nicht explizit. Dafür werden in C++ die Werte anderer elementarer Typen in Ausdrücken wie Wahrheitswerte behandelt. Wie das geschieht, wird etwas weiter unten erklärt.

4.2.1.2 Ganze Zahlen

Als einen elementaren Datentyp für Zahlen haben wir in Beispiel 31 unter 5 im Abschnitt 3.1.1 die Rechenstruktur der natürlichen Zahlen eingeführt. Wenn man Vergleichsoperationen hinzunimmt, dann erhält man eine (mehrsortige) Rechenstruktur mit den Mengen **nat** und **bool** und den folgenden Operationen:

$$\begin{array}{ll} \mathbf{0} & : \quad\quad\quad\quad\; \rightarrow \mathbf{nat} \\ succ & : \mathbf{nat} \quad\quad \rightarrow \mathbf{nat} \\ +,-,*,/ & : \mathbf{nat}, \mathbf{nat} \rightarrow \mathbf{nat} \\ <,\leq,>,\geq,=,\neq & : \mathbf{nat}, \mathbf{nat} \rightarrow \mathbf{bool} \end{array}$$

Die Bedeutung dieser Operationen ist die übliche mathematische Bedeutung. **0** ist das spezielle Element Null. *succ* ist die *Nachfolgerfunktion.* $+,-,*$ und / sind die Addition, die Subtraktion, die Multiplikation und die ganzzahlige Division. In der letzten Zeile stehen alle Vergleichsoperationen, die als Ergebnis einen Wahrheitswert haben.

Bemerkung 8 *Die Division erlaubt nicht, daß durch* 0 *geteilt wird. Genau genommen ist / eine partielle Operation, die nicht definiert ist, wenn der Divisor* 0 *ist. Da dieser Fall in der Programmierung durchaus vorkommen kann, geht man davon aus, daß die Division durch* 0 *ein spezielles Element* **error** *ergibt, das dann eine Fehlermeldung auslöst. Wir nehmen an, daß es ein solches Element für alle Datentypen gibt.*

In den meisten Programmiersprachen gibt es einen elementaren Datentyp dieser Art, der aber nur eine endliche Teilmenge der Menge der natürlichen Zahlen umfaßt, da die Zahlen in Speicherplätzen von begrenzter, fester Größe (Speicherwörter oder Register; siehe Abschnitt 6.5) dargestellt werden. Der genaue Bereich der *darstellbaren Zahlen* ist abhängig vom Compiler. Wenn man k Bit zur Darstellung der Zahlen verwendet, dann kann man die Zahlen $\{0, 1, .., 2^k - 1\} \subseteq \mathbf{N}$ darstellen.

Wir nennen einen Datentyp T *ordinal*, wenn es sich um eine endliche, linear geordnete Menge handelt. Es gibt dann stets die Vergleichsoperationen und (partielle) *Nachfolger-* und *Vorgängerfunktionen*:

$$succ, pred : T \to T$$

Solche Mengen können immer aufgefaßt werden als endliches Anfangsintervall der Menge der natürlichen Zahlen $\{0, 1, .., m-1\}$ mit m Elementen. Die maximal darstellbare Zahl kann meistens durch eine Funktion der Sprache ermittelt werden.

Der Datentyp **int** ist durch eine endliche Teilmenge der Menge

$$\mathbf{Z} = \{..., -2, -1, 0, 1, 2, ...\}$$

der ganzen Zahlen definiert. Die Menge **int** wird definiert durch ein ganzzahliges Intervall $[a, b] \subseteq \mathbf{Z}$. Dieses Intervall ist meistens symmetrisch (bzw. fast symmetrisch) um 0 angeordnet, so daß gilt $a = -b$ (bzw. $a = -b - 1$). Die Zahl b kennzeichnet also in diesem Fall die Menge **int.** Die genaue Definition der Menge **int** ist abhängig vom Compiler. Verwendet man k Bit zur Darstellung einer ganzen Zahl, dann ist der Bereich der darstellbaren ganzen Zahlen:

$$\left\{-2^{k-1}, \ldots, 2^{k-1} - 1\right\}$$

Man hat bei dieser Darstellung 2^{k-1} negative und 2^{k-1} nichtnegative Zahlen. In C++ kann man den Typ **int** so modifizieren (durch **unsigned**), daß nur mit nichtnegativen Zahlen gerechnet wird.

Beispiel 46 *Häufig werden zur Darstellung* 2 *Byte* = 16 *Bit verwendet. Dann ist* $b = 2^{15} - 1 = 32.767$ *und* $a = -2^{15} = -32.768$. *Verwendet man dagegen* 4 *Byte* = 32 *Bit, dann ist* $b = 2^{31} - 1 = 2.147.483.647$ *und* $a = -2^{31} = -2.147.483.648$.

Diese Begrenzung hat für die Programmierung einige Konsequenzen, und deshalb muß man diese Grenzen kennen. Wenn bei Berechnungen der zulässige Bereich überschritten wird, dann führt das zu Fehlermeldungen (*Bereichsüberschreitung*, *Überlauf* o.ä.) oder aber schlimmer zu unbemerkten Fehlern.

Beispiel 47 *Man berechne die Ausdrücke* $(x + y) - z$ *und* $x + (y - z)$ *für folgende Werte von* x, y *und* z*:* $x = 32.765$, $y = 4$, $z = 3$. *Es sei* $b = 2^{15} - 1 = 32.767$. *Beide Ausdrücke liefern den gleichen Wert:*

$$(32.765 + 4) - 3 = 32.769 - 3 = 32.766$$
$$32.765 + (4 - 3) = 32.765 + 1 = 32.766$$

Das ist für die ganzen Zahlen korrekt. Wenn aber 32.767 *die größte darstellbare Zahl ist, dann liefert die Zwischenrechnung:*

$$(32.765 + 4)$$

eine nicht darstellbare Zahl. Das führt entweder zu einer Fehlermeldung oder es wird mit einem verfälschten Zwischenergebnis weitergerechnet, so daß man ein falsches Endergebnis erhält. Berechnet man aber

$$32.765 + (4 - 3),$$

dann erhält man als erstes Zwischenergebnis $4-3 = 1$ *und damit das korrekte Ergebnis:*

$$32.765 + 1 = 32.766$$

Dieses Beispiel soll zeigen, daß man in der Programmierung die genauen Bereiche der Datentypen kennen muß, um solche Fehlerquellen zu vermeiden. Der gewohnte Umgang mit Zahlen kann für die Zahlenbereiche der Programmierung nicht uneingeschränkt übernommen werden. Das gilt in noch stärkerem Maße für die Darstellung der reellen Zahlen.

Den Datentyp **int** gibt es in den meisten Programmiersprachen. In C++ gibt es die bereits erwähnte Möglichkeit, Modifikationen dieses Typs zu definieren. Diese Modifikationen sind im Zusammenhang mit der Darstellung zu verstehen.

Man kann die Anzahl der Bytes (**short**, **long**) für die Darstellung beeinflussen (wenn auch nicht direkt festlegen) und man kann festlegen, ob man nur nichtnegative Zahlen oder Zahlen mit Vorzeichen (**signed, unsigned**) verwenden möchte. Wir werden auf diese Möglichkeiten noch bei den praktischen Beispielen eingehen. Auch die Menge der verfügbaren Rechenoperationen ist in C++ umfangreicher als oben angegeben. Die folgende Liste enthält einige Operatoren nach ihrem Vorrang geordnet.

<table>
<tr><th>Operator</th><th>Argumente</th><th></th><th>Wert</th></tr>
<tr><td>+,-,!,~</td><td>int</td><td>→</td><td>int</td></tr>
<tr><td>*,/,%</td><td>int, int</td><td>→</td><td>int</td></tr>
<tr><td>+,-</td><td>int, int</td><td>→</td><td>int</td></tr>
<tr><td><<, >></td><td>int, int</td><td>→</td><td>int</td></tr>
<tr><td><,>,<=,>=,==,!=</td><td>int, int</td><td>→</td><td>int</td></tr>
<tr><td>&, ^,|</td><td>int, int</td><td>→</td><td>int</td></tr>
<tr><td>&&</td><td>int, int</td><td>→</td><td>int</td></tr>
<tr><td>||</td><td>int, int</td><td>→</td><td>int</td></tr>
</table>

Bei fehlender Klammerung in Ausdrücken werden die einstelligen Operatoren rechts und die zweistelligen linksassoziativ geklammert. Man beachte aber, daß z.B. die Wertzuweisung als zweistelliger Operator von geringstem Vorrang und mit rechts assoziativer Klammerung definiert ist. Die vollständige Rangordnung und Klammerung entnehme man der Syntaxbeschreibung von C oder C++.

Die Semantik der Operatoren soll hier noch etwas genauer betrachtet werden. Die einstelligen Operatoren $+, -$, die zweistelligen Operatoren $+, -, *$ und die Vergleichsoperatoren müssen nicht näher erläutert werden. Hier sind lediglich die möglichen Bereichsüberschreitungen zu beachten. Die *ganzzahlige Division* / und der nichtnegative Rest % bei Division wurden bereits in Kapitel 2 erklärt. Es ist $x/y = \mathbf{div}(x, y)$ und $x\%y = \mathbf{mod}(x, y)$, falls x und y nichtnegativ sind und $y \neq 0$ gilt. Allgemein gilt für ganze Zahlen:

$$
\begin{aligned}
x/y &= \mathbf{div}(|x|, |y|) * \mathrm{sign}(x) * \mathrm{sign}(y) \\
x\%y &= \mathbf{mod}(|x|, |y|) * \mathrm{sign}(x) \\
\mathrm{sign}(x) &= \begin{cases} 1 & \text{falls} \quad x \geq 0 \\ -1 & \text{falls} \quad x < 0 \end{cases}
\end{aligned}
$$

Beispiel 48 *Die folgende Tabelle zeigt die Werte der Operationen / und % für die vier möglichen Fälle der Vorzeichenverteilung:*

x	y	x/y	$x\%y$
30	7	4	2
30	−7	−4	2
−30	7	−4	−2
−30	−7	4	−2

Es wurde bereits gesagt, daß Zahlenwerte in C++ wie Wahrheitswerte behandelt werden, wenn sie in Ausdrücken wie Wahrheitswerte verwendet werden. Die logischen Operatoren &&, || und ! sind ihrer Bedeutung nach die Booleschen Operatoren *and*, *or* und *not*. Sie haben also Wahrheitswerte als Argumente und Funktionswert, obwohl sie auf ganzzahligen Werten operieren. Dazu verwendet C++ die folgende Konvention. Der Zahlenwert 0 wird behandelt wie der Wahrheitswert $false$ und alle anderen Zahlenwerte wie *true*. Man kann das auch betrachten als eine implizite *Typkonversion* (*Typanpassung*):

$$int\_to\_bool : \mathbf{int} \rightarrow \mathbf{bool}$$

$$int\_to\_bool(x) = \begin{cases} false & \text{falls} \quad x = 0 \\ true & \text{sonst} \end{cases}$$

Entsprechend wird der Wert einer solchen Operation bestimmt. Der Wahrheitswert $false$ wird durch den Zahlenwert 0 dargestellt und für *true* kann jede beliebige Zahl außer 0 verwendet werden. Meist wird der Wert 1 als Ergebnis berechnet. Damit erhält man z.B. die folgende Tabelle für den &&-Operator ($n \neq 0$, sonst beliebig):

x	y	x && y
0	0	0
0	n	0
n	0	0
n	n	1

Solche impliziten Typumwandlungen werden auch noch in anderen Situationen verwendet. Sie sind ein Beispiel dafür, daß in einer Programmiersprache oft Kompromisse gemacht werden, die die Klarheit der Konzepte verschleiern, um dafür Tradition, Gewohnheit oder auch nur eine einfachere Schreibweise zu unterstützen.

Die Semantik der Operatoren &, | und ~ hängt mit den Booleschen Operatoren zusammen und bezieht sich auf die Binärdarstellung der Zahlenwerte. Man betrachtet zur Erklärung dieser Operationen nur die Bitmuster der Zahlenwerte. Nehmen wir der Einfachheit halber an, daß ein Wert vom Typ **int** mit 8 Bit dargestellt wird. Jeder Operand ist eine Folge von 8 Bit. Der zweistellige Operator & verknüpft jede Bitposition der beiden Operanden mit der Booleschen Funktion *and*. Das Ergebnis ist ein neues Bitmuster von 8 Bit. Man nennt diese Operation daher auch '*bitweises* AND'. In den folgenden beiden Beispielen gehen wir von einer Darstellung mit acht Bit aus.

Beispiel 49 *Sei* $x = 178$ *und* $y = 117$, *dann ist:* $x \,\&\, y = 48$, $x|y = 247$, $\tilde{\ }x = 77$, *wie die folgende Tabelle zeigt:*

x	1	0	1	1	0	0	1	0
y	0	1	1	1	0	1	0	1
$x\&y$	0	0	1	1	0	0	0	0
$x\|y$	1	1	1	1	0	1	1	1
$\tilde{\ }x$	0	1	0	0	1	1	0	1

Analog ist das *bitweise* XOR (^) definiert. Die *Verschiebeoperationen* << und >> sind ebenfalls als Operationen auf dem Bitmuster einfach zu beschreiben. $x << n$ ist das Bitmuster, das entsteht, wenn man das Bitmuster von x um n Positionen nach links verschiebt, wobei in die freiwerdenden Positionen der Bitwert 0 nachgezogen wird.

Beispiel 50 *Sei* $x = 178$ *und* $n = 3$, *dann liefern* $x << n$ *und* $x >> n$ *die folgenden Bitmuster:*

x	1	0	1	1	0	0	1	0
$x << 3$	1	0	0	1	0	0	0	0
$x >> 3$	0	0	0	1	0	1	1	0

und somit die Zahlenwerte: $x << 3 = 144$ *und* $x >> 3 = 22$

Bei Darstellungen mit 16 oder 32 Bit wirken diese Operationen analog, man beachte jedoch, daß sich dann die Zahlenbeispiele entsprechend ändern. Eine *Linksverschiebung* um eine Bitposition hat die gleiche Wirkung wie eine Multiplikation mit 2 und eine *Rechtsverschiebung* um eine Bitposition entspricht der ganzzahligen Division durch 2.

Diese Operationen auf den Bitmustern der Zahldarstellung erlauben eine Datenmanipulation auf der *Bit-Ebene* und werden daher besonders zur maschinennahen Programmierung verwendet, bei der z.B. das Statusregister eines Bausteins gesetzt oder abgefragt werden muß.

Literale für ganze Zahlen sind die üblichen Folgen von Dezimalziffern, die durch die folgende Syntax definiert werden:

<decimal_digit>	::=	1|2|3|4|5|6|7|8|9|0
<sign>	::=	+ | −
<cardinal>	::=	<decimal_digit> | <decimal_digit><cardinal>
<integer>	::=	<cardinal>|<sign><cardinal>

4.2.1.3 Zeichen.

Die Zeichen, die man mit der Tastatur eingeben kann, die auf dem Bildschirm erscheinen und die auf Papier gedruckt werden können, bilden den für eine Programmiersprache definierten *Zeichenvorrat*. Die Zeichen können zu Zeichenfolgen (Strings) zusammengesetzt werden, und solche Zeichenfolgen werden benutzt, um die Programme selbst aufzuschreiben, aber auch um Eingaben und Ausgaben für ein laufendes Programm darzustellen. Der Datentyp **char** ist definiert durch eine endliche Menge von druckbaren Symbolen. Diese umfassen die üblichen Buchstaben des lateinischen Alphabets, die Ziffern, spezielle Interpunktionszeichen und einige spezielle Steuerzeichen, die i.a. nicht ausgedruckt werden, sondern die ein Ausgabegerät wie z.B. einen Drucker steuern (z.B. Zeilenvorschub und Tabulator). Die Zeichen sind linear geordnet, so daß man sie vergleichen kann. Man kann für diese linear geordnete endliche Menge eine Abbildung in die Menge der natürlichen Zahlen definieren:

$$ord : \mathbf{char} \to \mathbf{nat}$$

Dabei wird das kleinste Zeichen (in der linearen Ordnung) auf 0 abgebildet, das nächste auf 1 usw.

Bemerkung 9 *Meistens werden die Zeichen durch bestimmte Bitfolgen fester Länge dargestellt und so angeordnet, daß die zu einem Zeichen gehörende Binärzahl gerade ihr Wert unter der Abbildung ord ist. Der ASCII-Code (siehe Abschnitt 6.4.3) ist ein solches Zeichenalphabet zusammen mit der Codierung dieser Zeichen durch je 7 Bit. Eine Erweiterung dieses Zeichensatzes auf 256 darstellbare Zeichen mit einer 8 Bit Codierung ist der erweiterte IBM Zeichensatz, der für viele PC-Programme verwendet wird. Wegen der gewachsenen Ansprüche an Zeichensätze wurde ein neuer Zeichensatz mit 16 Bit definiert (Unicode).*

Als Literale für die Elemente vom Typ **char** werden spezielle Zeichenfolgen verwendet. In C++ wird das druckbare Zeichen *c* durch 'c' (also durch eine Folge von drei Zeichen) als Literal (buchstäblich) geschrieben. Einige spezielle Steuerzeichen werden auch in die Hochkommata eingeschlossen. Das jeweilige Zeichen wird aber symbolisch durch das sogenannte *Fluchtsymbol* '\' zusammen mit einem kleinen Buchstaben oder der Oktaldarstellung der Zeichencodierung mit genau drei Oktalziffern dargestellt.

Beispiel 51 *Literale und Codierungen für einige Zeichen in C++ sind:*

ASCII-Zeichen	Literal	dezimal	oktal	hexadezimal
A	'A'	65	101	41
1	'1'	49	061	31
Zeilenvorschub(NL)	'\n'	10	012	0A
Tabulator(Tab)	'\t'	9	011	09
Glocke(Bel)	'\007'	7	007	07

Zeichenfolgen werden auch *Strings* genannt und stellen einen eigenen (strukturierten) Datentyp dar, den wir später noch genauer behandeln wollen. Aber es soll schon hier darauf hingewiesen werden, daß solche Strings auch literal dargestellt werden, indem man die Zeichenfolge in Anführungszeichen einschließt.

Beispiel 52 *Beispiele für String-Literale in C++:*

1. *"Dies ist ein String"*
2. *"Dieser String ! , * enthält auch (()) Interpunktionszeichen"*
3. *"Die Zeile endet hier\n"*
4. *"A"*
5. *""*

Der String 3 endet mit einem Zeilenvorschubzeichen. Der String 4 besteht nur aus einem Zeichen, ist aber zu unterscheiden von dem Zeichenliteral 'A' und der letzte String ist leer (enthält keine Zeichen).

4.2.1.4 Gleitkommazahlen.

Für das Rechnen mit reellen Zahlen besitzen viele Programmiersprachen einen elementaren Datentyp **real**. Da die Zahldarstellung für reelle Zahlen in Kapitel 6 genauer erklärt wird, kann hier darauf verzichtet werden. In der Darstellung reeller Zahlen durch eine feste Anzahl von Binärziffern (Bits) für die *Mantisse* und den *Exponenten* liegt allerdings auch eine besondere Problematik, die bei numerischen Berechnungen sehr genau beachtet werden muß. Es gibt bei den reellen Zahlen in der Programmierung einen Überlauf nach oben und nach unten, d.h. eine darzustellende Zahl kann größer sein als die größte darstellbare Zahl (*Überlauf*) oder eine positive Zahl kann kleiner sein als die kleinste darstellbare positive Zahl (*Unterlauf*).

Das liegt an der halblogarithmischen Darstellung

$$x = \sigma \cdot m \cdot 2^e.$$

Dabei ist $\sigma \in \{-1, +1\}$ das Signum (Vorzeichen), m die Mantisse und e der Exponent (Abb. 4.9).

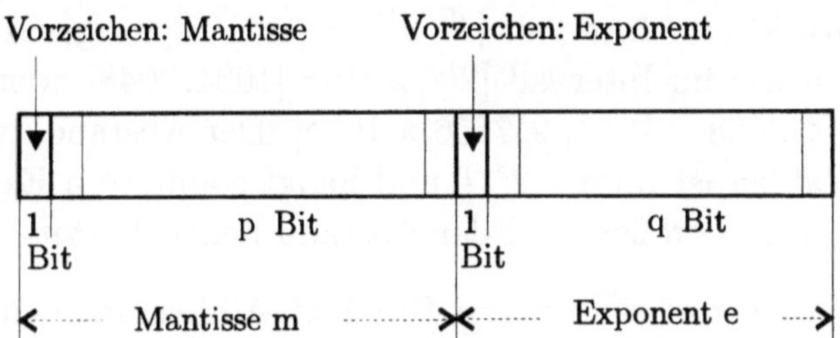

Abb. 4.9 Gleitkommadarstellung in einem Register

Wenn m mit p Bit dargestellt wird und e mit $q + 1$ Bit (1 Bit für das Vorzeichen), dann gilt für die *normierte Gleitkommadarstellung*: $1 \leq m < 2$ und $|e| < 2^q$ und somit gilt für positives x :

$$1 \cdot 2^{-2^q} < x < 2 \cdot 2^{2^q} = 2^{2^q+1}$$

Für $q = 7$ ist eine positive Zahl x, die kleiner ist als $2^{-128} \approx 2.9387 \times 10^{-39}$, nicht mehr darstellbar und verursacht somit einen Unterlauf. Ist sie größer als $2^{129} \approx 6.8056 \times 10^{38}$, dann verursacht sie einen Überlauf.

Mit der Mantisse m kann man 2^p natürliche Zahlen darstellen und entsprechend soviele verschiedene reelle positive Zahlen zum gleichen Exponenten e. Die Zahlen zu diesem Exponenten sind definiert durch die Menge

$$\{x \mid x = 2^e + k2^{e-p} \wedge 0 \leq k < 2^p\}$$
$$2^e \leq x < +2^e + 2^e = 2^{e+1}$$
$$e \leq log_2 x < e + 1$$

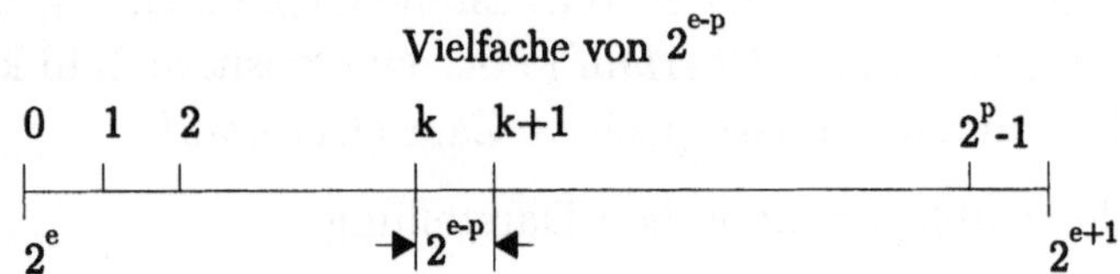

Abb. 4.10 Verteilung der darstellbaren Zahlen in der Oktave $[2^e, 2^{e+1}]$

Diese beiden Beziehungen besagen, daß in jeder *Oktave* (Intervall von 2^i bis 2^{i+1}) gleichviele darstellbare Zahlen liegen, nämlich 2^p (Abb. 4.10). Oder anders ausgedrückt: Im Intervall $[2^0, 2^1] = [1, 2]$ liegen genauso viele darstellbare Zahlen wie im Intervall $[2^{10}, 2^{11}] = [1024, 2048]$ oder im Intervall $[2^{-11}, 2^{-10}] \approx [4.8828 \times 10^{-4}, 9.7656 \times 10^{-4}]$. Der Abstand zweier benachbarter dieser Zahlen ist immer 2^{e-p} und hängt somit vom Exponenten ab. Je größer e ist, desto größer wird der Abstand benachbarter Zahlen.

Daraus ergibt sich sofort ein weiteres Problem. Addiert man eine kleine Zahl und eine große Zahl, so ist die Summe nicht mehr direkt darstellbar. Es muß die nächst benachbarte Zahl zur Darstellung des Resultats verwendet werden. Das ist aber die große Zahl selbst oder ihr Nachbar, so

daß die Berechnung der Summe eigentlich unsinnig geworden ist.

Beispiel 53 *Zwischen den darstellbaren Zahlen* $2^e + k2^{e-p} = 2^e(1 + k2^{-p})$ *und* $2^e(1 + (k+1)2^{-p})$ *für* $(0 \leq k < 2^p)$ *gibt es keine weitere darstellbare Zahl, so daß z.B. für k* $= 0$ *und e* $= 0$ *die Berechnung* $2^0 + \frac{1}{4}2^{-p} = 1 + 2^{-p-2}$ *auf* 1 *gerundet werden muß. Sei* $p = 23$ *und* $q = 7$ *(32-Bit Darstellung,* ***float****). Wir berechnen den folgenden Ausdruck* $(1 + 2^{-25}) - 1$ *und erhalten den Wert* 0. *Dagegen liefert der Ausdruck* $(1 - 1) + 2^{-25}$ *den Wert* $2^{-25} \approx 2.98023 \times 10^{-8}$.

Für den Datentyp **real** gibt es die üblichen arithmetischen Operationen und natürlich auch die Vergleichsoperationen ganz analog zum Datentyp **int**. Mathematisch ist die Menge der ganzen Zahlen eine echte Teilmenge der Menge der reellen Zahlen ($\mathbf{Z} \subset \mathbf{R}$). Für die elementaren Datentypen muß man die entsprechenden Rechenstrukturen aber zunächst wegen der unterschiedlichen Darstellung auch als unterschiedlich betrachten. Es gibt also eigentlich zwei verschiedene Operatoren für die Addition, nämlich die Addition zweier Werte vom Typ **int** und die Addition zweier Werte vom Typ **real**:

$$+_{int} : \mathbf{int}, \mathbf{int} \to \mathbf{int}$$
$$+_{real} : \mathbf{real}, \mathbf{real} \to \mathbf{real}.$$

Man verwendet aber für beide Operatoren das gleiche Symbol +. Insofern sind die Symbole für die arithmetischen Operationen *überladen* (besitzen mehrere Bedeutungen).

Man kann sogar zwei Operanden unterschiedlichen Typs addieren. Wenn n ein Wert vom Typ **int** ist und x ein Wert vom Typ **real**, dann ist der Wert von $n + x$ vom Typ **real**. Es muß also zwei weitere Bedeutungen des +-Operators geben, mit den Funktionalitäten:

$$+ : \mathbf{int}, \mathbf{real} \to \mathbf{real}$$
$$+ : \mathbf{real}, \mathbf{int} \to \mathbf{real}$$

In vielen Programmiersprachen gibt es eine implizite Typumwandlung

$$int\_to\_real : \mathbf{int} \to \mathbf{real}.$$

Man benötigt dann nur die zwei zuerst erwähnten Operationen für die Addition. Wenn ein Operand für eine Addition den Typ **real** hat, und der andere den Typ **int**, dann wird zuerst der Operand vom Typ **int** implizit (ohne daß man es ausdrücklich schreibt) in den Typ **real** umgewandelt und dann die Addition für den Typ **real** ausgeführt.

Es gibt in den meisten Programmiersprachen auch Funktionen, die explizit reelle Zahlen in ganze Zahlen transformieren:

$$\begin{array}{lcl} floor, ceiling & : & \mathbf{real} \rightarrow \mathbf{int} \\ floor(x) & = & max\,\{m \in \mathbf{Z} \mid m \leq x\} \\ ceiling(x) & = & min\,\{m \in \mathbf{Z} \mid m \geq x\} \end{array}$$

In C++ gibt es die Typen **float** und **double**, die beide eine Teilmenge der Menge der reellen Zahlen darstellen. Die Zahlen vom Typ **double** werden i.a. mit mehr (doppelt so vielen) Bitpositionen dargestellt als die Zahlen vom Typ **float**. Sowohl für die Mantisse als auch für den Exponenten stehen damit größere Bereiche zur Verfügung, so daß man reelle Zahlen mit einer größeren Genauigkeit (Stellenzahl) und aus einem größeren Intervall zur Verfügung hat. Es werden in der Regel für den Typ **float** 32 Bit und für den Typ **double** 64 Bit verwendet. Die Funktionen *floor* und *ceiling* gibt es als Bibliotheksfunktionen (Definition z.B. in math.h).

4.2.1.5 Ausdrücke

Wir verfügen bereits über genügend viele Rechenstrukturen, um Aufgaben zu behandeln, die etwa ein Taschenrechner (ohne Programmierung) auch lösen kann. Bevor wir ein erstes Programm betrachten, soll noch auf die Konstruktion von Ausdrücken eingegangen werden. Arithmetische Ausdrücke sind uns wohlbekannt, und die Konstruktion von Ausdrücken in Programmiersprachen richtet sich weitgehend nach den bekannten Konventionen. Ausdrücke sind zusammengesetzte (strukturierte) Operationen. Die Konstruktion eines Ausdrucks ist durch die Stelligkeiten der Operationen festgelegt und folgt den Regeln zur Bildung von *Termen* in *mehrsortigen Algebren*. In Kapitel 3 haben wir auch gezeigt, wie man einen Term als *Baum* darstellen kann. Ausdrücke in der Programmierung sind nichts anderes als solche Terme.

Zur Vermeidung von Klammern führt man *Vorrang-* (*Präzedenz-*)*Regeln* und *Assoziationsregeln* ein, wie sie bereits in Kapitel 3 beschrieben wurden. So besitzen die multiplikativen Operatoren ($*, /$) eine höhere Priorität als die additiven Operatoren ($+, -$) (Punktrechnung geht vor Strichrechnung). Die Vergleichsoperatoren haben den niedrigsten Rang, werden also zuletzt angewendet. In den meisten Programmiersprachen besteht darüberhinaus die Konvention, daß zweistellige Operationen des gleichen Ranges in der

Folge von links nach rechts ausgewertet werden (*linksassoziativ*), während einstellige Operatoren von rechts nach links angewendet werden (*rechtsassoziativ*). Diese Regeln sind in der Mathematik oft nicht wesentlich, da viele Operationen assoziativ sind und somit die Reihenfolge bei gleichrangigen Operationen beliebig gewählt werden kann. Wir haben aber bereits an Beispielen gesehen, daß die *Assoziativ-* und *Kommutativgesetze* der Arithmetik nicht mehr uneingeschränkt für die in der Programmierung verwendeten Datentypen gelten.

Das folgende Beispiel soll einige Ausdrücke der Sprache C++ und ihre Besonderheiten erklären.

Beispiel 54 *Es werden einige Ausdrücke, ihre vollständige Klammerung und ihre Werte angegeben. Die Variablen x, y und z haben die Werte $x = 1; y = 2$ und $z = 3$.*

Ausdruck	*Klammerung*	*Wert*
$x + 3 * 2 - y\%2$	$((x + (3 * 2)) - (y\%2))$	7
$x + y == 3 * x$	$((x + y) == (3 * x))$	1
$x << 3 + y * z$	$(x << (3 + (y * z)))$	512
$x + (y = z - 2)$	$(x + (y = (z - 2)))$	2

Man sieht, daß C++ mit den elementaren Datentypen bereits reiche Rechenstrukturen zur Verfügung stellt.

Bemerkung 10 *Die Notation von C und C++ ist für den Anfänger zunächst etwas verwirrend. Hinzu kommt noch die Überladung von Operatoren. So werden wir gleich den Operator $<<$ auch noch für die Zeichenausgabe in einen Ausgabestrom kennenlernen. Da wir aber hier nicht einen Programmierkurs für die Sprache C++ anstreben, werden wir auch nicht alle Feinheiten dieser Sprache behandeln. Sie soll uns nur dazu dienen, Konzepte der Programmierung an einer praxisrelevanten Sprache zu erläutern [Qua95] [Rin92].*

4.2.2 Programmvariablen und Wertzuweisung

Es soll zuerst der Begriff der *Programmvariablen* erklärt werden. Wir sprechen hier zunächst von Programmvariablen im Unterschied zu den Variablen in der Mathematik. Auch hier kann die Begriffsüberladung zu Mißverständnissen führen. In der Mathematik ist eine Variable ein Symbol, das in einem formalen Ausdruck durch einen Wert ersetzt werden kann, wie etwa in $3 \cdot x + \sqrt{x-1}$. Hier ist das Symbol x eine Variable, und wenn man x durch eine reelle Zahl ($x \geq 1$) ersetzt, dann hat der Ausdruck einen reellen Wert. Eine Programmvariable ist eine Referenz (ein Bezug) auf einen Speicherplatz, und ein Speicherplatz ist ein Behälter für Werte eines bestimmten Datentyps. Wir wollen das an der Skizze in Abb. 4.11 erläutern.

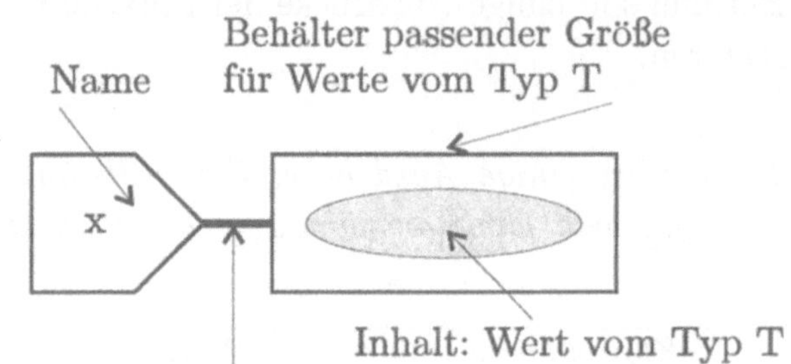

Abb. 4.11 Programmvariable

Der *Speicherplatz* ist ein Behälter, in dem Werte eines festgelegten Datentyps abgelegt (gespeichert) werden können. Der Behälter hat daher eine bestimmte Größe, die vom Typ der Werte abhängt, die er aufnehmen soll.

Bemerkung 11 *Da in einem realen Rechner alle Information in Registern aus binären Speicherelementen dargestellt wird, kann man die Größe eines solchen Behälters in der Anzahl der verwendeten Register und somit in Bit oder Byte konkret angeben. Wenn für die Werte vom Typ* **int** *2 Byte (16 Bit) verwendet werden, dann muß ein Speicherplatz für einen solchen Wert die Größe von 2 Byte haben. Für Werte vom Typ* **double** *werden dagegen schon 8 Byte (64 Bit) benötigt.*

Wir nehmen an, daß es zu jedem Typ passende Behälter gibt. Ein Speicherplatz hat also einen Typ, und sein Inhalt ist ein Wert dieses Typs. Außerdem ist jeder Speicherplatz durch eine (eindeutige) *Adresse* gekennzeichnet. Zur Veranschaulichung solcher Speicherplätze verwenden wir ein Rechteck (Box) und darin die Typangabe und, falls zur Erklärung eines Sachverhaltes notwendig, auch die Adresse. Ein Speicherplatz vom Typ T wird dargestellt wie in Abb. 4.12.

T	Inhalt
α	

int	12
64210	

Abb. 4.12 Speicherplatz allgemein und konkret mit Typ **int**, Inhalt 12 und Adresse 64210

Eine Programmvariable ist die Verbindung (oder *Bindung*) zwischen einem Namen und einem Speicherplatz. Man sagt daher auch, daß der Speicherplatz an den Namen *gebunden* ist.In Abb. 4.13 ist an den Namen x ein Speicherplatz vom Typ T gebunden. Eine solche Bindung ist anschaulich zu betrachten wie ein Etikett mit einem Namen, das an einen Behälter geklebt (oder gebunden) ist. Der Name ist eine *Referenz* auf einen Speicherplatz, d.h. er stellt einen Bezug zu diesem her.

Man kann sich fragen, ob man als Referenz nicht direkt die Adresse des Speicherplatzes verwenden könnte. Die Speicherplätze und ihre Adressen sind eine Abstraktion von der realen Speicherstruktur eines konkreten Rechners. Durch eine *Speicherabbildung* werden die abstrakten Speicherplätze auf bestimmte Registergruppen in einem realen Speicher abgebildet. Der Typ bestimmt dabei die Zahl der benötigten Register (Speicherwörter oder Bytes) und die reale Adresse des ersten Registers dieser Gruppe wird dann meistens als die Adresse des Speicherplatzes verwendet. Die Bindung von Variablennamen an reale Speicheradressen erfolgt i.a. erst dann, wenn ein Programm in den Rechner zur Ausführung geladen wird (*Ladezeit*), so daß ein Bezug auf reale Adressen ziemlich sinnlos wäre. Erst die Verwendung symbolischer Namen macht den Programmtext unabhängig von der realen Speicherabbildung. Außerdem kann man mit symbolischen Namen die beabsichtigte Verwendung von Programmvariablen ausdrücken.

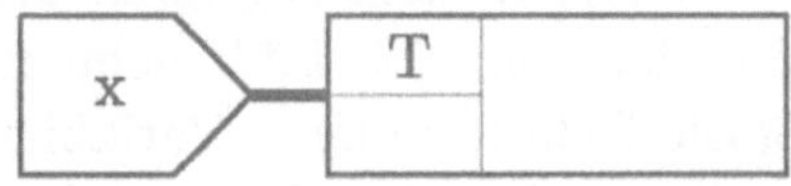

Abb. 4.13 Bindung eines Speicherplatzes vom Typ T an den Namen x

In einem Programm wird eine Menge solcher Programmvariablen definiert. Damit entsteht dann eine vom Programmierer konstruierte Speicherstruktur und die Anweisungen des Programms beziehen sich auf diese Speicherstruktur unter Verwendung der festgelegten Namen.

Zur Definition einer Programmvariablen wird ein Name und ein Datentyp angegeben. Man kann das durch die Schreibweise

$$x : T$$

ausdrücken. Dabei ist x der Name der Programmvariablen und T der Typ. Eine solche Definition bewirkt die oben dargestellte Bindung zwischen dem Namen x und einem Speicherplatz für Werte vom Typ T. Die genaue syntaktische Formulierung einer solchen Definition ist in den einzelnen Programmiersprachen unterschiedlich.

Definition einer Variablen:	
Pascal	**var** x : T;
C++	T x;

Beispiel 55 *Die folgenden Definitionen in der Syntax von C++ definieren zwei Programmvariablen vom Typ **int**, eine vom Typ **double** und eine vom Typ **char**.*

```
// Definition von Variablen

int    zaehler, index;
double kreis_umfang;
char   eingabe_zeichen;
```

Die Namen der Programmvariablen wurden dabei so gewählt, daß man erkennt, zu welchem Zweck sie verwendet werden sollen. Das ist nicht zwingend; aber eine Frage des Programmierstils.

Nach dieser Einführung des Begriffs der Programmvariablen, wollen wir jetzt eine Programmvariable einfach eine *Variable* nennen. In den meisten Programmiersprachen heißt die Definition einer Variablen auch *Deklaration*. In C++ unterscheidet man diese beiden Begriffe. Bei der *Definition* einer Variablen wird der Name mit einem Speicherplatz verbunden. Eine solche Definition darf daher nur einmal für die gleiche Variable erfolgen. Wenn Name und

Typ einer Variablen in einem (eventuell getrennten) anderen Programmteil bekanntgemacht werden sollen, dann verwendet man eine Deklaration dieser Variablen. Die Deklaration hat dabei die gleiche Form wie die Definition, es wird ihr aber das Schlüsselwort **extern** vorangestellt. So wird z.B. durch

extern int anzahl_der_messwerte;

eine **int**-Variable mit dem Namen anzahl_der_messwerte deklariert. Die Definition dieser Variablen erfolgt an anderer Stelle. Dieser Unterschied wird wichtig, wenn man ein Programm in mehrere Module zerlegt.

Man sagt auch, daß durch die Definition x : T eine *Typenbindung* erfolgt. Der Typ T wird an die Programmvariable (mit Namen) x gebunden. In C++ erfolgt diese Typenbindung zu dem Zeitpunkt, zu dem das Programm übersetzt wird, d.h. wenn aus dem Programmtext ein Maschinenprogramm erzeugt wird. Dieser Zeitpunkt heißt auch die *Übersetzungszeit* oder *Compile-Zeit* für ein Programm, wogegen man bei dem laufenden Maschinenprogramm von der *Ausführungszeit* spricht.

Bindungen, die zur Übersetzungszeit festgelegt werden, nennt man *statisch* und solche, die zur Laufzeit stattfinden, *dynamisch*. Daher sagt man, daß C++ eine statische Typenbindung verwendet. Die objektorientierte Programmiersprache Smalltalk verwendet dagegen eine dynamische Typenbindung. Hier wird eine Programmvariable nur durch ihren Namen definiert.

Es gibt in C++ Operationen, mit denen man für eine Variable x vom Typ T den *Speicherplatzbedarf* (also die Größe in Bytes) und die *Adresse* im Speicher ermitteln kann:

Operation	Wert
sizeof(x)	Speicherplatzbedarf für Variable x in Bytes
sizeof(T)	Speicherplatzbedarf für Typ T in Bytes
&x	Adresse der Variablen x.

Wir betrachten jetzt eine Programmvariable x : T vom Typ T anhand der Abb. 4.11 und stellen uns die Frage: Wenn man im Programmtext auf x Bezug nimmt, was ist dann eigentlich gemeint? Meint man den mit x bezeichneten Behälter (Speicherplatz) oder den Inhalt dieses Behälters? Die Antwort hängt davon ab, in welchem Zusammenhang (Kontext) der Name x vorkommt.

Man unterscheidet daher zwei Werte von x, einen *L-Wert* (left-value) und einen *R-Wert* (right-value). Der L-Wert von x ist der Speicherplatz, der an x gebunden ist, und der R-Wert ist der Inhalt dieses Speicherplatzes, also ein Wert vom Typ T. Wenn man für die Speicherplätze vom Typ T einen eigenen Datentyp **loc**(T) einführt, dann ist der L-Wert von x vom Typ **loc**(T) und der R-Wert vom Typ T. Diese Unterscheidung sollte durch die Abb. 4.11 deutlich werden. Sie ist kennzeichnend für die imperative Programmierung und zum Verständnis der Wertzuweisung und für den noch einzuführenden Begriff der *Zeiger* ganz wesentlich.

Eine *Wertzuweisung* ist eine elementare Anweisung (für eine abstrakte Maschine), die einen Wert vom Typ T an einen Speicherplatz vom Typ T bindet, oder anschaulicher, die einen Wert vom Typ T in einem Behälter vom Typ T ablegt. Der bisherige Inhalt des Behälters geht dabei verloren (er wird überschrieben). Wir betrachten als Beispiel einen Speicherplatz vom Typ **int**, dem der neue Wert 12 zugewiesen werden soll. Vor der Wertzuweisung soll der Inhalt −4395 sein (Abb. 4.14).

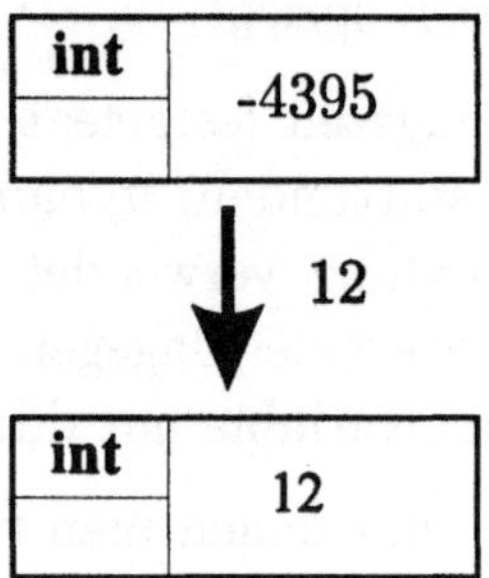

Abb. 4.14 Zuweisung eines neuen Wertes an einen Speicherplatz.

Unmittelbar nach der Zuweisung des neuen Wertes ist der Inhalt 12. Der alte Inhalt des Speicherplatzes wird durch den zugewiesenen Wert ersetzt. Wenn der Speicherplatz etwa an den Namen x gebunden ist, dann kann man über diesen Namen Bezug auf den Speicherplatz nehmen und eine Wertzuweisung wie folgt formulieren:

$$x \leftarrow 12$$

Auf der linken Seite einer solchen Wertzuweisung kann aber ein beliebiger Ausdruck E_l stehen, dessen Wert ein passender Speicherplatz ist. Nehmen wir an, E_l ist ein Ausdruck, der einen Wert vom Typ **loc**(T) liefert und E_r ein Ausdruck, dessen Wert vom Typ T ist. Man kann dann eine *Wertzuweisung* wie folgt formulieren:

$$E_l \leftarrow E_r$$

Die Ausführung dieser Wertzuweisung soll dann die folgende Wirkung (Semantik) haben.

Semantik: *Wertzuweisung*:

1. Berechne den L-Wert von E_l und den R-Wert von E_r.
2. Der L-Wert von E_l ist ein Speicherplatz vom gleichen Typ wie der R-Wert von E_r.
3. Der R-Wert von E_r wird in diesem Speicherplatz (im L-Wert von E_l) abgelegt.

In dem anschaulichen Modell mit den Behältern kann man das auch so formulieren: Der Wert des Ausdrucks E_l wählt einen ganz speziellen Behälter aus, und in diesem wird der Wert des Ausdrucks E_r abgelegt. Jetzt erklären sich auch die Bezeichnungen L-Wert und R-Wert. Welcher dieser beiden Werte gemeint ist, hängt von der Stellung des Ausdrucks ab. Wenn E der Ausdruck auf der linken Seite einer Wertzuweisung ist, dann wird sein L-Wert benutzt, steht er auf der rechten Seite einer Wertzuweisung, so wird der R-Wert berechnet. Es gibt auch Ausdrücke, die nur einen R-Wert haben und deshalb nicht auf der linken Seite einer Wertzuweisung stehen können.

Man findet für die Wertzuweisung oft eine einfachere Erklärung, wenn die Wertzuweisung die Form hat

$$x \leftarrow E,$$

wobei x der Name einer Variablen ist und E ein Ausdruck. Man sagt dann, daß der Wert des Ausdrucks E der Variablen x zugewiesen wird. Unsere Erklärung soll aber deutlich zeigen, daß man für ein genaues Verständnis der Wertzuweisung sauber zwischen L- und R-Werten unterscheiden muß.

Eine Programmvariable x vom Typ T ist mit einem Speicherplatz vom Typ T verbunden. Deshalb hat eine Programmvariable stets einen L-Wert *und* einen R-Wert. Ein arithmetischer Ausdruck, der nicht nur aus einer Programmvariablen besteht, hat dagegen *nur* einen R-Wert.

Wir wollen diese etwas kompliziert erscheinenden Zusammenhänge jetzt anhand einiger Beispiele praktisch demonstrieren. In der Syntax von C++ wird die Wertzuweisung durch das Gleichheitszeichen '=' notiert:

$$E_l = E_r$$

Bemerkung 12 *Das Zeichen '=' drückt i.a. Gleichheit und damit eine symmetrische Relation aus. Nach der obigen Diskussion ist die Wertzuweisung aber keineswegs symmetrisch. Außerdem verwechseln Anfänger in der Sprache C++ sehr leicht den Vergleichsoperator '==' mit dem Zuweisungsoperator '=', was dann oft zu erstaunlichen Ergebnissen führt. Die Schreibweise ist also etwas unglücklich etwa im Vergleich zur Sprache Pascal, in der die Wertzuweisung die Form* $E_l := E_r$ *hat und '=' für den Vergleichsoperator steht.*

Um das folgend Beispielprogramm zu verstehen, muß vorwegnehmend etwas über die Ausgabe und über Zeichenfolgen (Strings) in C++ gesagt werden. Die Variable cout kann als das Ausgabemedium (Bildschirm) betrachtet werden. Durch den Operator << werden Zeichenfolgen in die Ausgabe geschrieben. So bewirkt etwa

```
cout << ''Der Wert von x ist: '' << x;
```

daß zuerst die Zeichenfolge "Der Wert von x ist: " (ohne die Anführungszeichen) und dann eine Textdarstellung des Wertes der Variablen x ausgegeben werden. Damit diese Form der Ausgabe verwendet werden kann, muß eine sogenannte *Header-Datei* mit den zugehörigen Definitionen in den Programmtext einbezogen werden. Dafür sorgt die Zeile:

```
#include <iostream.h>;
```

Diese Zusammenhänge werden in Abschnitt 4.3.5 genauer behandelt. Jedes C und C++-Programm hat mindestens eine *Funktionsdefinition* der Form *main*(){}. Darin ist *main* der Name für das Hauptprogramm, () enthält eine (hier leere) Liste der Parameter und zwischen den geschweiften Klammern stehen Definitionen und Anweisungen. Mit "//" beginnt ein Kommentar, der am Ende der Zeile beendet ist. Kommentar dient nur der Lesbarkeit eines Programms und wird vom Übersetzer ignoriert. Diese sehr knappe Beschreibung sollte ausreichen, das erste Programmbeispiel zu verstehen. Die Details werden erst im Laufe dieses Kapitels genauer erklärt.

Beispiel 56 *Das folgende C++-Programm definiert zunächst einige Variablen, weist diesen dann Werte zu, berechnet einen einfachen Ausdruck und gibt die Werte der Variablen und des Ausdrucks mit erklärenden Texten auf dem Bildschirm aus.*

```
//  ex422_1
//  Beispiel: Variable, Wertzuweisung und Ausdruck
//-----------------------------------------------------------
#include <iostream.h>  // für den Ausgabestrom

main(){

  int x, y, z;          // Variablen für Ausdruck
  int res;              // Variable für Resultat

  // Variablenbelegung (Initialisierung)
  x   = 9;
  y   = -7;
  z   = 2;
  res = 0;

  // Auswertung des Ausdrucks
  res = 2*x - 3*y*(z-x);

  // Ausgabe
  // Zeile 1: die R-Werte der Variablen
  cout << "Werte der Variablen:"
       << "  x = "       << x
       << "; y = "       << y
       << "; z = "       << z
       << "; res = "     << res
       << "\n";
  // Zeile 2: der Wert des Ausdrucks
  cout << "Wert des Ausdrucks :  2x - 3y(z-x) = "
       << (2*x - 3*y*(z-x)) << "\n";
}
```

Ausgabe:

```
Werte der Variablen:  x = 9; y = -7; z = 2; res = -129
Wert des Ausdrucks :  2x - 3y(z-x) = -129
```

Es sollen jetzt einige Beispiele zeigen, daß die korrekte Interpretation von Wertzuweisungen und Ausdrücken in C++ einige Übung erfordert. Dazu sind nochmals die Regeln der *Operator-Präzedenz* (Vorrangregeln) und der *Assoziativität* zu erwähnen. Es ist in C++ möglich, die Wertzuweisung innerhalb eines Ausdrucks zu verwenden. Die Wertzuweisung wird also selbst als ein Operator mit der niedrigsten Vorrangstufe aufgefaßt, der rechtsassoziativ geklammert wird. Das bedeutet, daß bei mehreren Zuweisungen innerhalb eines Ausdrucks zuerst diejenige erfolgen soll, die am weitesten rechts im Ausdruck steht.

Beispiel 57 *Dieses Beispiel zeigt die Wirkung einiger Wertzuweisungen in C++. Es werden drei Variablen x, y und z vom Typ* **int** *definiert. Diese werden vor jeder neuen Wertzuweisung der Tabelle erneut wie folgt initialisiert : $x = 1$; $y = 2$; $z = 3$. Die Wirkung dieser Wertzuweisungen auf die Programmvariablen demonstriert die komplexe Semantik dieser einfachen Anweisung.*

Anweisung	*geklammert*	x	y	z
Initialisierung		1	2	3
$x = y = z;$	$(x = (y = z));$	3	3	3
$(x = y) = z;$	$((x = y) = z);$	3	2	3
$x = (y == z);$	$(x = (y == z));$	0	2	3
$(x = 3) = x + 3;$	$((x = 3) = (x + 3));$	4	2	3
$(x = 3) = x == 3;$	$((x = 3) = (x == 3));$	0	2	3
$x = (3 == z) - y;$	$(x = ((3 == z) - y));$	-1	2	3
$x = y\&(z = 3);$	$(x = (y\&(z = 3)));$	2	2	3
$x = y\&\&(z = 3)$	$(x = (y\&\&(z = 3)));$	1	2	3
$x = (y \| z == 3);$	$(x = ((y \| z) == 3));$	3	2	3

Die folgenden Anweisungen führen zu Fehlermeldungen oder Warnungen:

Anweisung	*Klammerung*	*Fehler, Warnung*
$x = y\&z = 3;$	$(x = ((y\&z) = 3));$	*L-Value required*
$x = 3 = x == 3;$	$(x = (3 = (x == 3)));$	*L-Value required*
$x = y \| z == 3;$	?	*ambiguous op*

Die beiden ersten Zeilen führen zu einem Fehler, die letzte Zeile liefert eine

Warnung, um den Programmierer vor einem möglichen Mißverständnis zu bewahren.

Das Beispiel hat gezeigt, daß sowohl in E_l als auch in E_r selbst wieder eine Wertzuweisung vorkommen kann. Diese Konstruktion gibt dem Programmierer eine große Flexibilität der Formulierung, führt aber sehr leicht zu schwer verständlichen Programmtexten. Die Auswertung solcher Ausdrücke kann *Seiteneffekte* haben, d.h. es können Werte von mehreren Variablen in einem Ausdruck verändert werden. Solche Seiteneffekte erschweren i.a. das Verständnis eines Programms und sollten daher möglichst vermieden werden. Meist werden sie nur verwendet, um den Programmtext kompakt zu formulieren. Solche Verkürzungen haben aber oft große Nachteile für die Wartbarkeit und Lesbarkeit eines Programms. Es gibt bei der heutigen Technik der Optimierung bei den Compilern keinen Grund mehr, ein Programm kompakt und unverständlich zu schreiben. Wir werden die Problematik der Seiteneffekte nochmals betrachten, wenn wir Prozeduren und Funktionen behandeln (Abschnitt 4.4).

Es soll jetzt noch auf eine spezielle Form der Wertzuweisung und den Inkrementoperator in C++ eingegangen werden. Einmal steht $E_l + = E_r$ als Abkürzung für $E_l = E_l + E_r$, und das gilt auch für die anderen zweistelligen Operationen. So hat $x* = y$ die gleiche Wirkung wie $x = x * y$ usw. Der *Inkrementoperator* in der Anweisung

$$x{+}{+}$$

hat eine etwas schwerer verständliche Semantik. Ist x eine Variable vom Typ **int**, dann wird durch x++ der Wert von x um 1 erhöht. Man kann ++ aber nur auf Ausdrücke anwenden, die einen L-Wert haben. So liefert $x = 3$++ einen Fehler; aber $(x = 3)$++ nicht. Warum wohl? Interessanterweise kann der Operator ++ vor oder nach einer Variablen (oder einem Ausdruck mit L-Wert) stehen. Diese Formen haben auch eine unterschiedliche Semantik.

Anweisung	hat die gleiche Wirkung wie:
cout << ++x;	x++; cout << x;
cout << x++;	cout << x; x++;

Beispiel 58 *Wirkung des Inkrementoperators*

```
// ex422_2
// Beispiel: Inkrementoperator
//------------------------------------
#include <iostream.h>

main(){

  int x, y;

  x = y = 0;
  cout << x++ << ' ';
  cout << ++y << ' ';
  cout << x   << ' ';
  cout << y   << '\n';
}
```

Ausgabe:*0 1 1 1*

Der Grund für diese Ausgabe ist, daß x nach *und y* vor *der ersten Ausgabe inkrementiert wird.*

Dies ist ein typisches Beispiel für die kompakte Schreibweise in C++, die aber nicht immer ganz einfach zu verstehen ist und manchmal auch erfahrene Programmierer zu Fehlern verleitet. Es gibt auch einen *Dekrementoperator* --, der ganz analog definiert ist.

Bemerkung 13 *Der Operator ++ hat der Programmiersprache C++ ihren Namen gegeben als eine Erweiterung (Inkrement) der Sprache C.*

4.2.3 Anweisungen und Kontrollstrukturen

Ein imperatives Programm setzt sich aus Anweisungen zusammen. Eine Anweisung legt eine bestimmte Aktion der abstrakten Maschine fest. Es gibt *elementare* Anweisungen, die sich nicht weiter in Teilanweisungen zerlegen lassen, und es gibt *strukturierte* Anweisungen, die aus Teilanweisungen nach einem bestimmten Muster zusammengesetzt sind. Die Art der Zusammensetzung bestimmt die zeitliche Reihenfolge der Ausführung der Teilanweisungen. Daher heißen die Konstruktionen, die die zeitliche Folge der Ausführung in Abhängigkeit von den Werten der Variablen festlegen, auch *Kontrollstrukturen.*

Wir werden hier die wesentlichen Kontrollstrukturen der imperativen Programmierung einführen. Es wird dabei jeweils eine allgemeine, eher an Pascal angelehnte, Notation verwendet, bevor auf die spezielle Syntax von C++ eingegangen wird.

Die Semantik werden wir am Modell einer abstrakten Registermaschine erklären. Wir nennen die Belegung der Variablen zu einem Zeitpunkt den *Zustand* zu diesem Zeitpunkt. Mit Zeitpunkt ist hier nicht eine absolute Zeit gemeint, sondern als Zeitpunkte betrachtet man die Zeiten jeweils unmittelbar vor und nach der Ausführung einer Anweisung. *Vor* der Ausführung einer Anweisung C liegt ein bestimmter Zustand z vor. Die Ausführung von C hat eine Auswirkung auf diesen Zustand. Sie verändert den Zustand zu einem neuen Zustand z', der dann zum Zeitpunkt *nach* der Ausführung von C vorliegt. Wenn wir mit Z die Zustandsmenge bezeichnen, dann ist die Semantik einer Anweisung C aufzufassen als eine *partielle Abbildung*

$$S_C : Z \rightharpoonup Z.$$

Ist E ein Ausdruck (von beliebigem Typ) und z ein Zustand, dann hat der Ausdruck E im Zustand z einen Wert, und diesen bezeichnen wir mit $val(E, z)$. Ist insbesondere E ein Variablenname x, so ist $val(x, z)$ der R-Wert der Variablen x im Zustand z. So wird die Semantik eines Programms strukturell definiert durch:

- die Semantik der elementaren Anweisungen und
- für strukturierte Anweisungen rekursiv durch die Struktur und die Bestandteile der strukturierten Anweisung.

Es soll darauf hingewiesen werden, daß man die Zustandstransformationen der Anweisungen auch abstrakter durch ausdrücken kann. Diese *axiomatische Semantik* verwendet man für die *Programmverifikation*, also für formale Korrektheitsbeweise. Auf dieses Thema können wir hier aber nicht weiter eingehen [DF88] [Kal90].

4.2.3.1 Elementare Anweisungen

Die *Wertzuweisung* $E_l \leftarrow E_r$ betrachten wir als elementare Anweisung. Ihre Semantik haben wir im vorhergehenden Abschnitt ausführlich beschrieben. Mit der Wertzuweisung und der Auswertung von Ausdrücken kann man bereits sehr einfache Programme schreiben, die eine bestimmte Anzahl von Ausdrücken berechnen und die Resultate ausgeben. Ein solches Programm wird streng in der Reihenfolge abgearbeitet, in der es aufgeschrieben ist.

Beispiel 59 *Das Programm in diesem Beispiel berechnet für konstante Parameter eines Zylinders dessen Volumen und Masse.*

```
//  ex423_1
//  Berechnung von Volumen und Masse eines Zylinders
//---------------------------------------------------------
#include <iostream.h>  // für den Ausgabestrom

main(){

  // Definition einer Konstanten für die Zahl pi
  const float PI = 3.1415926535; // Approximation von pi

  // Definition der Variablen
  float radius, hoehe;  // Zylinderabmessungen in mm
  float dichte;         // Materialkonstante
  float volumen;        // berechnetes Volumen in ccm
  float masse;          // berechnete Masse in g

  // Variablenbelegung (Initialisierung)
  radius = 25.81;
  hoehe  = 97.23;
  dichte = 7.32;

  // Berechnungen
  volumen = (PI*radius*radius * hoehe) /1000.0; // ccm
  masse   = (dichte * volumen);                 // g

  // Ausgabe
  cout << "Auswertung\n\n";
  cout << "Zylinderabmessungen:\n"
       <<  "\tRadius [mm]    = "  << radius  << '\n'
       <<  "\tHoehe  [mm]    = "  << hoehe   << "\n\n";
  cout << "Materialeigenschaften:\n"
       <<  "\tDichte [g/ccm] = "  << dichte  << "\n\n";
  cout << "Ergebnisse:\n"
       <<  "\tVolumen[ccm]   = "  << volumen << '\n'
       <<  "\tMasse  [g]     = "  << masse   << "\n\n";
}
```

Ausgabe:

```
Auswertung

Zylinderabmessungen:
    Radius [mm]    = 25.81
    Hoehe  [mm]    = 97.23

Materialeigenschaften:
    Dichte [g/ccm] = 7.32

Ergebnisse:
    Volumen[ccm]   = 203.482
    Masse  [g]     = 1489.49
```

Die Berechnung der Ausdrücke in diesem Beispiel sollte klar sein. Es enthält aber noch ein paar neue Aspekte. Mit dem Wortvorsatz **const** kann man eine *Konstante* definieren. Bei einer solchen Definition wird an den Namen der Konstanten ein Typ und ein Speicherplatz gebunden, wie bei einer Variablendefinition; aber gleichzeitig (zur Übersetzungszeit) wird an den Speicherplatz ein Wert gebunden. Diese Bindung kann dann zur Laufzeit nicht mehr geändert werden, im Gegensatz zu einer Variablen. Eine Wertzuweisung an eine Konstante liefert schon zur Übersetzungszeit eine Fehlermeldung.

Man kann auch eine Variablendefinition direkt mit der Bindung an einen Anfangswert kombinieren. Wir hätten daher die Definition und die Initialisierung der Variablen wie folgt zusammenfassen können:

```
const float PI = 3.1415926535; // Approximation von pi

 // Definition der Variablen
 float radius = 25.81,
       hoehe  = 97.23;      // Zylinderabmessungen in mm
 float dichte = 7.32;       // Materialkonstante
 float volumen;             // berechnetes Volumen in ccm
 float masse;               // berechnete Masse in g
```

Man beachte auch im Beispiel die Sonderzeichen '\n' und '\t' für den Zeilenwechsel und den Tabulator. Dagegen ist "\n\n" eine Zeichenfolge (String) die aus zwei Zeichen besteht und zwei Zeilenwechsel bewirkt.

4.2.3.2 Kontrollstrukturen

Für die folgenden Kontrollstrukturen wollen wir jeweils auch ein Diagramm verwenden, das den Kontrollfluß auf anschauliche Weise beschreibt. Diese *Flußdiagramme* haben eine gewisse Ähnlichkeit mit den Syntaxdiagrammen, dürfen aber nicht mit diesen verwechselt werden. Ein Flußdiagramm ist ein (gerichteter) *Graph* mit verschiedenen Knotentypen. Eine Anweisung C, die auch schon selbst eine komplexe Struktur haben kann, wird durch ein Rechteck mit einem Eingang und einem Ausgang dargestellt wie in Abb. 4.15.

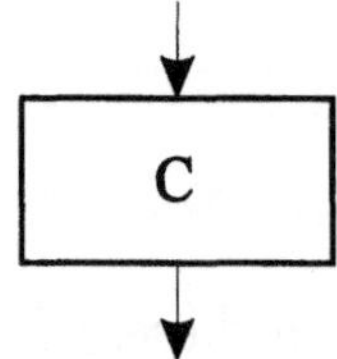

Abb. 4.15 Flußdiagramm für die Anweisung C

Weitere Elemente für Flußdiagramme führen wir im Laufe dieses Abschnittes noch ein.

Sequenz. Das letzte Beispielprogramm enthielt bereits die einfachste Form einer *Kontrollstruktur.* Wenn C_1 und C_2 zwei Anweisungen sind, dann ist auch $C_1;C_2$ eine Anweisung. Die Konstruktion $C_1;C_2$ heißt *Sequenz.* Die Semantik ist die Hintereinanderausführung: Zuerst C_1, dann C_2 ausführen. Wenn C_1 den Zustand z in z' überführt und C_2 den Zustand z' in z'', dann überführt $C_1;C_2$ den Zustand z in den Zustand z''

Semantik: *Sequenz*

$$S_{C_1;C_2}(z) = S_{C_2}(S_{C_1}(z))$$

Das zugehörige Flußdiagramm ist in Abb. 4.16 wiedergegeben.

In vielen Programmiersprachen ist das Semikolon das syntaktische Zeichen, mit dem die Sequenz ausgedrückt wird. Es ist aber zu beachten, daß in C++ nach jeder Anweisung ein Semikolon steht. Sind C_1 und C_2 Anweisungen ohne das abschließende Semikolon, dann wird die Sequenz in C++

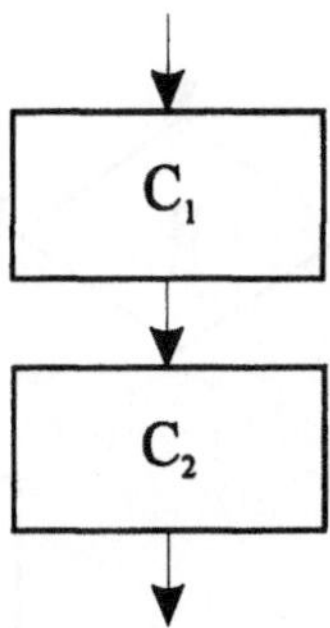

Abb. 4.16 Hintereinanderausführung: C_2 nach C_1

durch $C_1; C_2;$ und in Pascal durch $C_1; C_2$ notiert. Wenn eine Folge von Anweisungen als eine neue Anweisung verwendet wird, so setzt man die Folge in ein **begin-end**-Klammerpaar:

$$\textbf{begin } C_1; C_2; \ldots; C_n \textbf{ end}$$

In C++ verwendet man stattdessen die geschweiften Klammern und natürlich ein Semikolon am Ende der letzten Anweisung:

$$\{C_1; C_2; \ldots; C_n; \}$$

Da man in einem Programmtext endlicher Länge nur endlich viele Anweisungen hintereinander aufschreiben kann, liegt die eigentliche Stärke der imperativen Programmierung in der Möglichkeit zu einer (bedingten oder unbedingten) Verzweigung und darin, daß man mit einer Anweisung einen iterativen Prozeß definieren kann, bei dem eine andere Anweisung solange ausgeführt wird, bis eine bestimmte Bedingung erfüllt ist.

Konditional. Eine einfache Form der *Verzweigung* basiert auf der Auswertung eines Booleschen Ausdrucks B. Der Ausdruck B wird ausgewertet. Der Wert hängt ab vom augenblicklichen Zustand, d.h. von den Werten der Variablen, die in B vorkommen. Ist der Wert *true*, dann soll die Anweisung C_1 ausgeführt werden und wenn der Wert $false$ ist, die Anweisung C_2. Man bezeichnet diese Kontrollstruktur auch als *Konditional.* Das Flußdiagramm in Abb. 4.17 verdeutlicht die Semantik des Konditionals. Die Raute ist das Symbol für die Verzweigung in Abhängigkeit vom Wert eines Ausdrucks. Nach der Ausführung von C_1 bzw. C_2 führen die Kontrollpfade wieder zusammen. Danach kann also eine weitere (gemeinsame) Anweisung stehen.

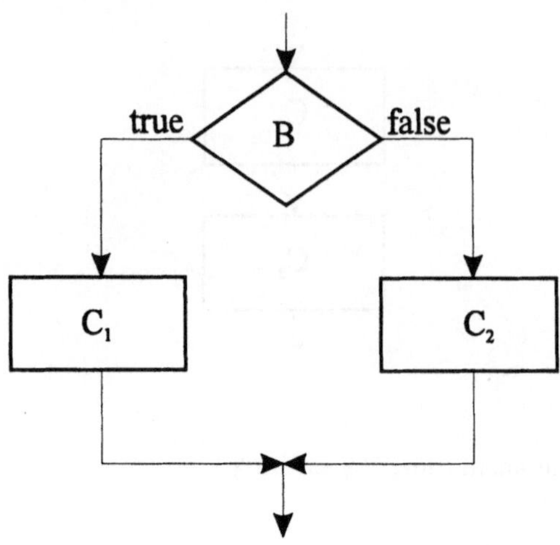

Abb. 4.17 Das Konditional: **if-then-else**

Die syntaktische Formulierung dieser bedingten Verzweigung wird meistens in der folgenden Form ausgedrückt:

if B **then** C_1 **else** C_2

B ist ein Boolescher Ausdruck, also ein Ausdruck, dessen Wert ein Wahrheitswert ist. C_1 und C_2 sind beliebige, meist selbst wieder strukturierte Anweisungen. Ist z der Zustand vor der Ausführung von **if** B **then** C_1 **else** C_2 und führt C_i den Zustand z in den Zustand z_i über $(i = 1, 2)$, dann gilt für den Zustand z' nach der Ausführung des Konditionals:

$$z' = \begin{cases} z_1 & \text{falls} \quad val(B,z) = true \\ z_2 & \text{falls} \quad val(B,z) = false \end{cases}$$

Semantik: *Konditional*

$$S_{\textbf{if } B \textbf{ then } C_1 \textbf{else } C_2}(z) = \begin{cases} S_{C_1}(z) & \text{falls} \quad val(B,z) = true \\ S_{C_2}(z) & \text{falls} \quad val(B,z) = false \end{cases}$$

Es gibt noch eine spezielle Form dieser Anweisung, bei der man den **else**-Zweig weglassen kann:

if B **then** C

mit der Bedeutung, daß C nur ausgeführt wird, wenn der Ausdruck B den Wert *true* hat (Abb. 4.18).

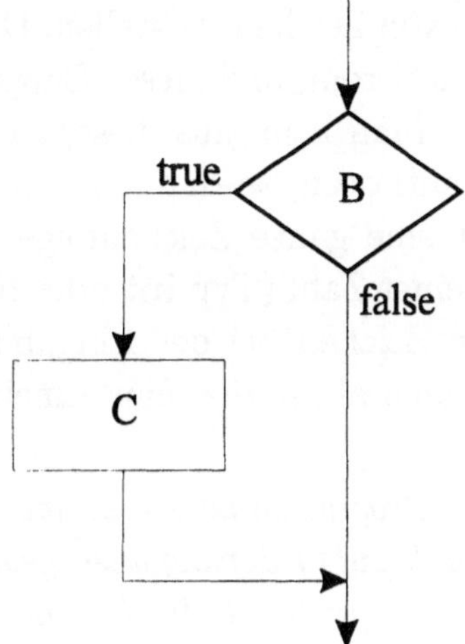

Abb. 4.18 Abgekürztes Konditional: **if-then**

Semantik: *Abgekürztes Konditional*

$$S_{\textbf{if } B \textbf{then } C}(z) = \begin{cases} S_C(z) & \text{falls } val(B,z) = true \\ z & \text{falls } val(B,z) = false \end{cases}$$

Wir wollen jetzt ein Beispiel dazu in der Sprache C++ betrachten. Es muß daran erinnert werden, daß es den Typ **bool** in C++ nicht in dieser reinen Form gibt, sondern daß Werte vom Typ **int** (ganze Zahlen) als Wahrheitswert betrachtet werden, wenn sie an einer Stelle im Programm verwendet werden, wo ein Boolescher Ausdruck stehen muß. Der Boolesche Ausdruck nach dem **if** wird in runde Klammern gesetzt, und in C++ wird das Schlüsselwort **then** nicht verwendet. Wenn die Anweisungen nach der Bedingung bzw. nach dem **else** eine Sequenz von mehreren Anweisungen bilden, dann müssen diese in geschweifte Klammern gesetzt werden.

if (B) $\{C_1; C_2; \ldots; C_n;\}$
else $\{D_1; D_2; \ldots; D_m;\}$

In der praktischen Programmierung verwendet man natürlich geeignete Einrückungen, so wie das in den Beispielen zu sehen ist.

Wir wollen für unser Beispiel jetzt auch die Eingabe von Zahlen und Zeichen aus dem *Strom* (stream) *cin* kennenlernen. Die genauere Erklärung zum Begriff Strom erfolgt in Abschnitt 4.3.5. Man kann sich einen Zeichenstrom aber einfach als eine Folge von Zeichen vorstellen. Das Eingabemedium (Tastatur) liefert einen solchen Strom, und dieser Eingabestrom wird durch die Variable *cin* repräsentiert. Man kann aus diesem Zeichenstrom verschiedene Muster als Einheiten auffassen, so daß man entweder nur ein einzelnes Zeichen (Typ **char**) oder eine ganze Zeichenfolge (Typ String) oder aber die textuelle Darstellung einer Zahl (Typ **int** oder **float** oder **double**) lesen kann. Wie eine Folge von Zeichen bei der Eingabe interpretiert wird, das hängt vom Typ der Variablen ab, in die man 'hineinliest'.

Beispiel 60 *Das folgende Programm ist ein einfaches Beispiel für das Konditional. Es wird eine Eingabeaufforderung ausgegeben. Dann kann eine Zahl eingegeben werden. Es wird geprüft, ob die Eingabe durch* 3 *teilbar ist, und das Ergebnis wird ausgegeben.*

```
// ex423_2
// Beispiel: Test auf Teilbarkeit durch 3
//-----------------------------------------------------------
#include <iostream.h>  // Streams cin, cout

void main(){

  int number;           // Eingabe Variable definieren

  // Eingabeaufforderung
  cout << "Eingabe: ganze Zahl n mit: 0 <= n < 100\n";
  cout << "<- ";
  cin  >> number;       // Eingabewert
  // Ausgabe
  if ((number < 0) || (number >= 100)){
    cout << "Eingabe nicht zulässig!\n";
  }
  else{
    cout << "-> " << number << " ist ";
    if (number       cout << "nicht";
    cout << "durch 3 teilbar\n";
  }
}
```

Dialog:

```
Eingabe: ganze Zahl n mit: 0 <= n < 100
```

```
<- 87
-> 87 ist durch 3 teilbar
```

Fallunterscheidung (case-Anweisung). Eine Verallgemeinerung des Booleschen Konditionals ist die *Fallunterscheidung* für endlich viele Fälle. Sei dazu T ein Datentyp mit der endlichen Wertemenge $\{a_1, \ldots, a_n\}$ und E ein Ausdruck, der nur Werte dieses Typs annehmen kann. Weiter seien $C_1, \ldots, C_n$ Anweisungen. Dann kann man je nach dem Wert von E in eine dieser Anweisungen verzweigen (Abb. 4.19).

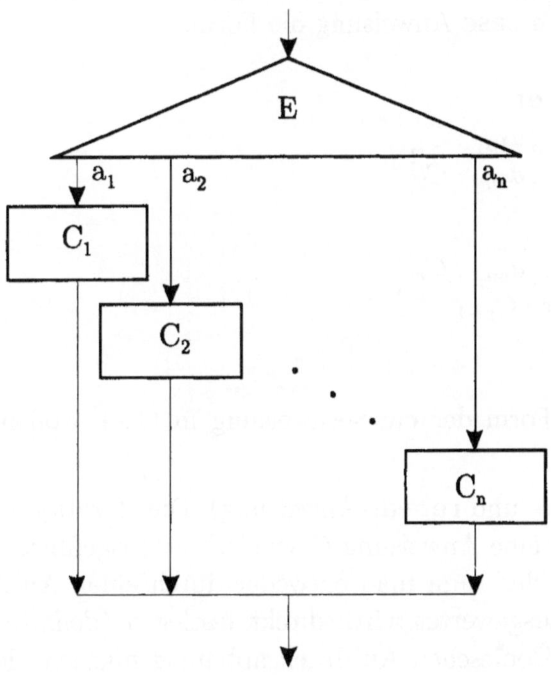

Abb. 4.19 Fallunterscheidung mit n Zweigen

Die Fallunterscheidung heißt auch **case**-*Anweisung* und hat die Form:

$$\begin{array}{l} \textbf{case } E \textbf{ of} \\ \quad a_1 : C_1; \\ \quad a_2 : C_2; \\ \quad \vdots \\ \quad a_n : C_n; \\ \textbf{end} \end{array} \tag{4.1}$$

Die Semantik ist genau durch diese Fallunterscheidung gegeben.

Semantik: case-Anweisung

Sei C die **case**-Anweisung 4.1, dann definiert man:
$S_C(z) = \;\; S_{C_i}(z) \quad \text{falls} \quad val(E,z) = a_i. \quad (i = 1, \ldots, n)$

Wenn man nicht für jeden möglichen Wert von E eine spezielle Anweisung festlegen möchte, dann kann man auch mehrere Fälle zu einem Fall und alle nicht berücksichtigten Fälle zu einem *default*-Fall zusammenfassen. Damit hat die allgemeine **case**-Anweisung die Form:

$$
\begin{array}{l}
\textbf{case } E \textbf{ of} \\
\quad a_{11}, \ldots, a_{1n_1} : C_1; \\
\quad a_{21}, \ldots, a_{2n_2} : C_2; \\
\quad \vdots \\
\quad a_{p1}, \ldots, a_{pn_p} : C_p; \\
\quad \text{default} : C_{p+1} \\
\textbf{end}
\end{array}
$$

Auf die genaue Form der **case**-Anweisung in C++ wollen wir erst etwas später eingehen.

Iteration (while- und repeat-Anweisung). Die *Iteration* ist eine Kontrollstruktur, bei der eine Anweisung C wiederholt ausgeführt wird. Wie oft C ausgeführt wird, das kann man entweder durch einen Ausdruck E, der zu Beginn einmal ausgewertet wird, direkt festlegen (*definite Iteration*) oder aber von einem Booleschen Ausdruck abhängig machen, der bei jeder Iteration neu ausgewertet wird (*indefinite Iteration*). Wir wollen zuerst die indefinite Iteration behandeln, da die definite Iteration ein Spezialfall davon ist. Mit dem Konstrukt der indefiniten Iteration kann man auch die definite Iteration programmieren, so daß für die letztere eigentlich keine spezielle Form nötig ist. Die definite Iteration ist aber aus mehreren Gründen für die praktische Programmierung sehr vorteilhaft.

Die **while**-*Anweisung* oder (**while**-*Schleife*) ist eine Form der indefiniten Iteration. Sie besteht aus einem Booleschen Ausdruck B und einer Anweisung C und hat die Form:

while B **do** C

Man nennt B die *Schleifenbedingung* und C den *Schleifenrumpf.* Die Semantik soll zunächst durch das Flußdiagramm in Abb. 4.20 intuitiv erklärt werden.

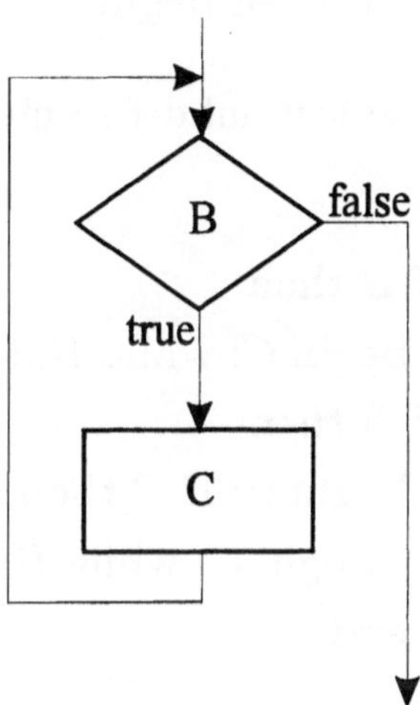

Abb. 4.20 Iteration: **while**-Schleife

Wenn die Anweisung **while** B **do** C ausgeführt wird, dann wird als erstes der Ausdruck B ausgewertet. Wenn er den Wert $false$ ergibt, dann ist die Ausführung der Anweisung beendet und der Zustand bleibt unverändert, falls B keine *Seiteneffekte* hat. Ist der Wert von B aber *true*, dann wird die Anweisung C (der Rumpf) einmal ausgeführt. Danach wird die gesamte Anweisung **while** B **do** C nochmals ausgeführt. Die Anweisung C wird also solange wiederholt ausgeführt, bis ein Zustand erreicht wird, für den B den Wert $false$ annimmt.

Semantik: while-*Anweisung*

$$S_{\textbf{while } B \textbf{ do } C}(z) = \begin{cases} z & \text{falls} \quad val(B,z) = false \\ S_{\textbf{while } B \textbf{ do } C}(C(z)) & \text{falls} \quad val(B,z) = true \end{cases}$$

Die Definition der Semantik ist rekursiv, da auf der rechten Seite nochmals die Semantik dieser Anweisung auftritt. Daß solche rekursiven Definitionen einen präzisen Sinn haben, wird in der theoretischen Informatik bewiesen (*Fixpunkttheorie* [AS88] [Ten91]. Hier soll die intuitive Erklärung genügen.

Wir nennen syntaktisch verschiedene Anweisungen, die die gleiche Semantik haben, *äquivalent* und schreiben für $S_{C_1} = S_{C_2}$ dann auch $C_1 \equiv C_2$. Mit dieser Schreibweise kann man die Semantik der **while**-Schleife auch (wieder rekursiv) so formulieren:

$$\textbf{while } B \textbf{ do } C \equiv \textbf{ if } B \textbf{ then begin } C; \textbf{ while } B \textbf{ do } C \textbf{ end}$$

Man kann diese Äquivalenz erneut auf der rechten Seite anwenden und erhält:

$$\begin{aligned}\textbf{while } B \textbf{ do } C &\equiv \textbf{if } B \textbf{ then}\\ &\qquad \textbf{begin } C; \textbf{ while } B \textbf{ do } C \textbf{ end}\\ &\equiv \textbf{if } B \textbf{ then}\\ &\qquad \textbf{begin } C; \textbf{ if } B \textbf{ then}\\ &\qquad\quad \textbf{begin } C; \textbf{ while } B \textbf{ do } C \textbf{ end}\\ &\qquad \textbf{end}\end{aligned}$$

Wenn man das so fortsetzt, dann erkennt man den iterativen Prozeß, der durch die **while**-Schleife definiert ist. Wenn der Ausdruck B niemals den Wert *false* annimmt, dann wird die Ausführung der **while**-Schleife niemals beendet, und somit ist dann auch kein Zustand z' nach der Ausführung dieser Anweisung definiert (*Endlos-Schleife*). Daher ist die Semantik von Anweisungen i.a. eine partielle Abbildung.

Wir betrachten dazu wieder ein Beispielprogramm in C++. Die **while**-Anweisung hat hier die Form:

while (B) C;

Dabei kann C auch eine Sequenz sein, die dann natürlich in geschweiften Klammern steht.

Beispiel 61 *Das Programm in diesem Beispiel berechnet die ganzzahlige Division mit Rest. Die Eingabebeschränkungen werden in der Eingabeaufforderung angezeigt.*

```
// ex423_3
// Beispiel: Division mit Rest
//-------------------------------------------------------
#include <iostream.h>
```

```
main(){

  const int MAXINT = (1 << 15) - 1 ;
  int n,m,quotient,rest;

  //
  cout << "Ganzzahlige Division mit Rest: n = qm + r\n";
  cout << "n ist nichtnegativ und m positiv\n";
  cout << "und n,m sind kleiner als " << MAXINT << "\n\n";
  // Eingabe-Dialog für n und m
  cout << "<- Dividend n = ";   // Eingabeaufforderung
  cin  >> n;                    // Eingabe von n
  cout << "<- Divisor  m = ";   // Eingabeaufforderung
  cin  >> m;                    // Eingabe von m

  // Test auf Bereichsgrenzen
  if ((0 <= n) && (n < MAXINT) && (0 < m) && (m < MAXINT)){
    // Berechnung
    rest = n; quotient = 0;
    while(rest >= m){
      rest -= m; quotient++;
    }
    // Ausgabe
    cout << "-> Quotient   = " << quotient << '\n';
    cout << "-> Rest       = " << rest     << '\n';
  }
  else
    // Fehlermeldung
    cout << "Eingabe unzulässig!\n";
}
```

Dialog:

```
Ganzzahlige Division mit Rest: n = qm + r
n ist nichtnegativ und m positiv
und n,m sind kleiner als 32767

<- Dividend n = 3419
<- Divisor  m = 47
-> Quotient   = 72
-> Rest       = 35
```

Eine andere Form der indefiniten Iteration ist die **repeat**-*Anweisung*, bei der die Abfrage nach der Abbruchbedingung nicht am Anfang, sondern am Ende steht. Die allgemeine Form ist:

repeat C **until** B

Das zugehörige Flußdiagramm in Abb. 4.21 verdeutlicht die Semantik und den Unterschied zur **while**-Schleife.

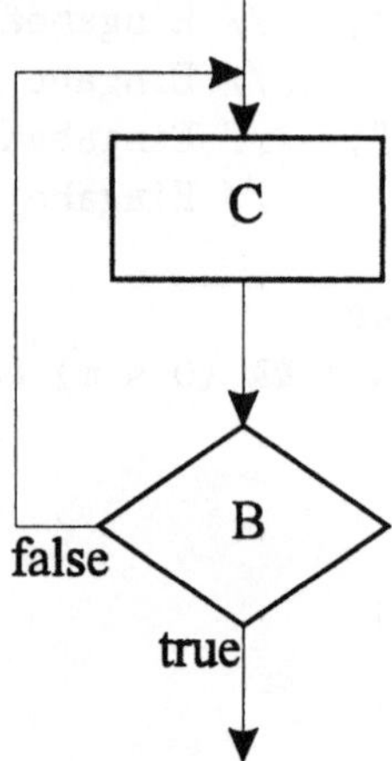

Abb. 4.21 Iteration: **repeat**-Schleife

Die Anweisung C wird in jedem Fall erst einmal ausgeführt, und erst danach wird die Bedingung (der Boolesche Ausdruck B) ausgewertet. Ist sie erfüllt, dann ist die Anweisung beendet, sonst wird die gesamte Anweisung nochmals ausgeführt. Die Semantik der **repeat**-Schleife läßt sich auf die Semantik der **while**-Schleife zurückführen.

Semantik: repeat-*Anweisung*

repeat C **until** $B \equiv$ **begin** C; **while not** B **do** C **end**

Man kann die **repeat**-Anweisung also durch die **while**-Anweisung ersetzen und umgekehrt:

while B **do** $C \equiv$ **if** B **then repeat** C **until not** B

Mit solchen Äquivalenzen kann man die Semantik neuer Konstrukte durch die Semantik bekannter Konstrukte definieren, wie wir das hier für die **repeat**-Schleife gemacht haben.

In C++ hat die **repeat**-Schleife die syntaktische Form:

do C **while** (B);

mit der Semantik:

do C while (B) $\equiv$ **repeat** C **until not** B

Im folgenden Beispiel wird das Programm zur ganzzahligen Division so erweitert, daß man beliebig viele Paare von Zahlen eingeben kann. Auch nach einer Fehleingabe wird man zu einer neuen Eingabe aufgefordert. Außerdem wird der Eingabefehler etwas besser kommentiert.

Beispiel 62 *Fortsetzung zu Beispiel 61. Dieses Programm verwendet eine Eingabeschleife mit der* ***repeat****-Anweisung.*

```
// ex423_4
// Beispiel: Division mit Rest, Fortsetzung
//--------------------------------------------------------------
#include <iostream.h>

main(){

  const int MAXINT = (1 << 15) - 1 ; // 2^^15 - 1
  int n,m,quotient,rest;
  int input_error;                   // Boolesche Variable
  char weiter = 'j';                 // Abbruchkriterium

  // Ausgabe der Eingabebeschränkungen
  cout << "Ganzzahlige Division mit Rest: n = qm + r\n";
  cout << "n ist nichtnegativ und m positiv\n";
  cout << "und n,m sind kleiner als " << MAXINT << '\n';

  while((weiter == 'j') || (weiter == 'J')){
    cout << '\n';

    // Eingabe Dividend, mit Bereichskontrolle
    do{
```

```
      cout << "<- Dividend n = ";
      cin  >> n;
      input_error = (n < 0) || (MAXINT <= n);
      if (input_error)
        cout << "-> Fehler: Dividend nicht im Bereich\n";
    } while(input_error);

    // Eingabe Divisor, mit Bereichskontrolle
    do{
      cout << "<- Divisor  m = ";
      cin  >> m;
      input_error = (m <= 0) || (MAXINT <= n);
      if (input_error)
        cout << "-> Fehler: Divisor nicht im Bereich\n";
      } while(input_error);

    // Berechnung
    rest = n; quotient = 0;
    while(rest >= m){
      rest -= m; quotient++;
    }
    // Ausgabe
    cout << "-> Quotient   = " << quotient << '\n';
    cout << "-> Rest       = " << rest     << '\n';
    // Frage nach Fortführung
    cout << "<- Weiter (j,n) ";
    cin  >> weiter;
  }
}
```

Dialog:

```
Ganzzahlige Division mit Rest: n = qm + r
n ist nichtnegativ und m positiv
und n,m sind kleiner als 32767

<- Dividend n = 34678
-> Fehler: Dividend nicht im Bereich
<- Dividend n = 32766
<- Divisor  m = 23
-> Quotient   = 1424
-> Rest       = 14
<- Weiter (j,n) j
```

```
<- Dividend n = 7532
<- Divisor  m = -5
-> Fehler: Divisor nicht im Bereich
<- Divisor  m = 5
-> Quotient   = 1506
-> Rest       = 2
<- Weiter (j,n) n
```

Das Beispiel zeigt auch, daß der Programmieraufwand für die eigentliche Berechnung u.U. gering ist im Verhältnis zu den Vorkehrungen für die Ein-/Ausgabe und die Fehlerbehandlung.

Mit den Kontrollstrukturen, die wir bisher kennengelernt haben, lassen sich bereits alle Funktionen programmieren, die theoretisch überhaupt berechenbar sind. Eine Sprache mit dieser Eigenschaft heißt auch *universell*, und natürlich sollte eine Programmiersprache diese Eigenschaft haben. Weitere Kontrollstrukturen werden oft eingeführt, um in bestimmten Situationen Programme bequemer oder auch übersichtlicher formulieren zu können.

Definite Iteration (**for**-Anweisung). Bei der *definiten Iteration* wird die Anzahl der Schleifendurchläufe zu Beginn der Ausführung berechnet und festgelegt. In der Anweisung erfolgt dann die Überprüfung auf das Abbruchkriterium implizit, d.h. man schreibt dafür keinen zusätzlichen Programmtext. Eine bekannte Form ist die **for**-Schleife, wie sie etwa in Pascal realisiert ist:

$$\textbf{for } index := E_1 \textbf{ to } E_2 \textbf{ do } C$$

Dabei ist *index* eine Variable mit ordinalem Typ, also einer endlichen linear geordneten Wertemenge, wie z.B. **int, char** oder Aufzählungstyp (siehe Abschnitt 4.2.1). E_1 und E_2 sind Ausdrücke des gleichen Typs und die Anweisung C heißt der *Rumpf* der Schleife.

Wenn die **for**-Schleife ausgeführt wird, dann werden zunächst die Werte a_1 und a_2 der Ausdrücke E_1 und E_2 berechnet. Dann wird die Variable *index* mit dem Wert a_1 initialisiert. Solange der Wert von *index* kleiner oder gleich a_2 ist, wird zunächst die Anweisung C ausgeführt und dann *index* inkrementiert (auf

den nächst größeren Wert gesetzt). Damit ist die Zahl der Durchläufe dieser Schleife definiert durch: $a_2 - a_1 + 1$, falls diese Zahl nicht negativ ist. Ist

$a_1 > a_2$, dann wird C nicht ausgeführt. Man kann diese Semantik auf die der **while**-Schleife zurückführen

Semantik: for-*Anweisung*

$$\begin{aligned}\textbf{for}\ \ & \textit{index} := E_1 \text{ to } E_2 \text{ do } C \equiv \\ & \textit{index} := E_1;\ \mathrm{a}_2 := E_2; \\ & \textbf{while}\ \textit{index} \le a_2\ \textbf{do begin}\ C;\ \textit{inc(index)}\ \textbf{end}\end{aligned}$$

a_2 ist dabei eine Variable, die nicht in C vorkommt.

Dabei ist zu beachten, daß die Variable *index* im Rumpf der Schleife nicht durch eine Anweisung verändert werden darf. Man macht sich leicht klar, was das für die Semantik der Schleife bedeuten würde. Es ist auch wesentlich, daß bei dieser Semantik der Wert des Ausdrucks E_2 zu Beginn der Ausführung 'eingefroren' wird, so daß der Wert von a_2 durch den Rumpf C nicht mehr beeinflußt werden kann, obwohl der Wert von E_2 sehr wohl verändert werden könnte. Es gibt in Pascal auch eine *abwärtszählende* **for**-Schleife

for *index* := E_1 **downto** E_2 **do** C

die eine ganz analoge Semantik hat, nur wird der Schleifenindex dekrementiert, statt inkrementiert. Es gibt auch **for**-Schleifen in anderen Programmiersprachen (z.B. [Weh85]), bei denen man die Schrittweite festlegen kann.

Die **for**-Schleife von C++ ist sehr mächtig. Man kann mit ihr praktisch jede Art von Iteration durchführen. Sie hat die Form:

for (E_1; E_2; E_3) C;

Darin sind E_1, E_2 und E_3 Ausdrücke, die die folgende Bedeutung haben. Zuerst wird der Ausdruck E_1 ausgewertet (*Initialisierung*). E_1 ist sehr oft eine Wertzuweisung für einen Schleifenindex, aber das ist nicht notwendig so. E_2 ist ein Ausdruck, der als Boolescher Ausdruck behandelt wird (*Schleifenbedingung*). Solange E_2 den Wert *true* ergibt, wird die Anweisung C, also der Rumpf der Schleife, ausgeführt. Nach jeder Ausführung von C wird der Ausdruck E_3 ausgewertet (*Re-Initialisierung*). Diese Auswertung hat i.a. auch wieder einen Seiteneffekt. Bemerkenswert ist, daß jeder dieser drei Ausdrücke auch 'leer' sein kann, d.h. man kann ihn ganz weglassen. So ist auch **for** (; ;) C eine syntaktisch korrekte **for**-Schleife in C++. Dabei wird der (fehlende) Boolesche Ausdruck E_2 implizit als konstant *true* bewertet, und man erzielt die gleiche Wirkung wie mit: **while** (1) C, also eine *Endlos-Schleife*.

Da in C++ ein Ausdruck wie eine Anweisung betrachtet wird, kann man die Semantik der **for**-Schleife wie folgt auf die der **while**-Schleife zurückführen.

Semantik: for-*Anweisung in C*

$$\textbf{for}\ (E_1;\ E_2;\ E_3)\ C \equiv E_1;\ \textbf{while}\ (E_2)\ \{C;\ E_3\}$$

Umgekehrt kann man in C++ eine **while**-Schleife durch eine **for**-Schleife ersetzen:

$$\textbf{while}\ (E)\ C \equiv \textbf{for}\ (\ ;E;\ )\ C$$

Die **for**-Schleife aus Pascal, die wir weiter oben besprochen haben, könnte in C++ so geschrieben werden:

$$\textbf{for}\ (\text{index} = E_{anf};\ \text{index} < E_{end};\ \text{index++})\ C$$

Dabei ist allerdings zu beachten, daß der Ausdruck E_{end} nach jedem Durchlauf neu ausgewertet wird. Bei dieser Nachbildung der **for**-Schleife aus Pascal wird der Wert des Ausdrucks für den Endwert nicht zu Beginn eingefroren. Das kann man aber auch erreichen:

$$\begin{aligned} &\text{end\_index} &=\ & E_{end}; \\ &\textbf{for}\ (\mathit{index} &=\ & E_{anf};\ \mathit{index} < \text{end\_index};\ \text{index++})\ C; \end{aligned}$$

Programmsprünge. In den maschinennahen *Assemblersprachen* gibt es bedingte und unbedingte Sprünge. Die Anweisungen sind dort Instruktionen, die in einer linearen Folge angeordnet und numeriert sind. So hat jede Instruktion eine Programmadresse. Die Instruktionen werden normalerweise in der Reihenfolge ihrer Numerierung ausgeführt. Eine Sprunginstruktion bewirkt aber, daß zu einer bestimmten Programmadresse gesprungen wird. Dieses Konzept ist sehr maschinennah und liegt daher auf einer niedrigen Abstraktionsebene.

Man hat dieses Konzept als **goto**-*Anweisung* auch in viele höhere Programmiersprachen aufgenommen, obwohl es nicht unbedingt notwendig ist. Es gab viele Diskussionen um die Vor- und Nachteile des **goto**, die wir hier aber nicht wiedergeben wollen. Die strukturierte Programmierung kommt ohne ein **goto** aus, aber es gibt doch Situationen, in denen ein Sprung eine besser verständliche Lösung liefert als die **goto**-freie Programmierung.

Wir wollen hier nur die für C++ wichtige **break**-Anweisung kurz behandeln. Die **case**-Anweisung in C++ erfordert die Möglichkeit, zum Ende der gesamten Anweisung zu springen, da sonst noch die folgenden Abfragen ausgeführt würden. Zu diesem Zweck gibt es die **break**-Anweisung. Das soll an einem kleinen Beispiel erläutert werden.

Beispiel 63 *Dieses Programm ist ein einfacher Interpreter für die Grundrechenarten. Der Interpreter verwendet intern eine Variable result vom Typ* **int**. *Jede Eingabe besteht aus einem Operatorzeichen op* $\in \{+.-, *, /\}$ *und einem Operanden operand vom Typ* **int**. *Der Interpreter führt die Operation mit der internen Variablen result und dem Operanden operand durch und gibt das neue Resultat aus.*

$$result = result\ op\ operand$$

Man erkennt die typische Lesen-Auswerten-Drucken Schleife (read-evaluate-print).

```
// ex423_5
// Beispiel: Einfacher Tischnrechner
// Interpreter für Grundrechenarten
//-------------------------------------------------------------
#include <iostream.h>

main(){

  int  result, operand;
  char op;

  // Ausgabe der Bedienung
  cout << "Tischrechner\n";
  cout << "Eingabe:   Operator(char) Operand(int)\n";
  cout << "Beispiel:  + 23 <CR>\n";
  cout << "Beenden mit: $\n\n";

  // Initialisierung der Variablen
```

```
  result = 0;
  op = ' ';

  // Read-Evaluate-Print Schleife eines Interpreters
  while(op != '$'){
    cout << "-> " << result << '\n';
    cout << "<- ";
    cin  >> op;
    if((char)op != '$'){
      cin >> operand;
      switch((char)op){
        case '+' : result += operand;
                   break;                      // Sprung nach ENDE
        case '-' : result -= operand;
                   break;                      // Sprung nach ENDE
        case '*' : result *= operand;
                   break;                      // Sprung nach ENDE
        case '/' : if(operand == 0){
                     cout << "Division durch 0 ignoriert!\n";
                   }
                   else
                     result /= operand;
                   break;                      // Sprung nach ENDE
        default  : cout << "Unbekannter Operator: "
                        << op << '\n';
      }
      // ENDE : der switch-Anweisung
    }
  }
  cout << "\nBerechnungen beendet.\n";
}
```

Dialog:

```
Tischrechner
Eingabe:   Operator(char) Operand(int)
Beispiel:  + 23 <CR>
Beenden mit: $

-> 0
<- +123
-> 123
<- -23
```

```
-> 100
<- /4
-> 25
<- /2
-> 12
<- /0
Division durch 0 ignoriert!
-> 12
<- *5
-> 60
<- $

Berechnungen beendet.
```

4.3 Strukturierte Datentypen und Ein-/Ausgabe

Strukturierte Datentypen entstehen durch eine bestimmte Konstruktionsvorschrift aus vorhandenen Datentypen. Da die Datentypen Mengen mit gewissen Operationen sind, ist es nicht erstaunlich, daß die Konstruktionen denen der mathematischen Mengen sehr ähnlich sind. Die mathematischen Konstruktionen mit Mengen (Abschnitt 2.2.3) sollen uns aber nur eine abstrakte Vorstellung geben. Die entsprechenden Konstruktionen der Programmierung sind konkreter, da sie durch den praktischen Umgang und die Beschränkungen bei konkreten Rechenmaschinen geprägt sind.

In diesem Abschnitt werden die Konstruktionen jeweils kurz mathematisch beschrieben und dann die Aspekte der Programmierung hervorgehoben. Beispiele in C++ sollen den Umgang mit den strukturierten Datentypen verdeutlichen. Wir wollen jetzt auch den Begriff der *Speicherabbildung* verwenden und jeweils das *Speicherbild* der einzelnen Datentypen darstellen.

In Abschnitt 4.2.2 wurde eine Variable x : T mit Datentyp T als ein Behälter betrachtet, der eine eindeutige Identifikation (*Adresse*) und eine geeignete *Größe* besitzt, so daß Elemente vom Typ T in diesem Behälter abgelegt werden können. Der Speicher eines konkreten Rechners wird aufgefaßt als endliche Folge von elementaren Speicherwörtern (oder Registern). Jedes *Speicherwort* kann eine feste Informationsmenge aufnehmen (Wortlänge in Bit oder Byte) und hat eine eindeutige Adresse. Die Adressen sind als eine fortlaufende Numerierung der Speicherwörter zu verstehen (Abb. 4.22). Ein Speicherwort in dieser Folge ist die kleinste *adressierbare Einheit*. Die-

0	1	2		…		n-2	n-1
			. .		. .		

Abb. 4.22 Speicher als lineare Folge von Speicherwörtern gleicher Größe

se Einheit besteht heute bei den meisten Rechnern aus 8 Bit = 1 Byte. In dieser homogenen Struktur müssen Daten der unterschiedlichsten Typen also auch mit unterschiedlichem *Platzbedarf* dargestellt werden. Wenn man einen Wert vom Typ **int** in diesem Speicher darstellen will, dann benötigt man dazu beispielsweise zwei (oder vier) Bytes und damit zwei Register im Speicher. Für reelle Zahlen mit einer Zahldarstellung von acht Byte benötigt man entsprechend acht dieser Register usw.

Wenn man eine Variable x : T mit Datentyp T definiert, dann muß man für diese Variable einen Abschnitt von Registern im Speicher festlegen, der soviele Register zusammenfaßt, wie sie für die Darstellung der Elemente vom Typ T notwendig sind. Dieser Abschnitt erhält als Adresse die Adresse des ersten Registers in dem Abschnitt (Abb. 4.23), und diese Adresse heißt *Anfangsadresse*.

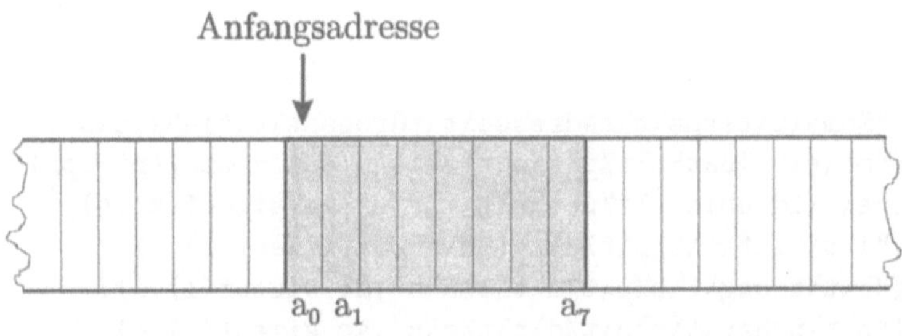

Abb. 4.23 Speicherabbildung einer Variablen vom Typ **float** mit acht Byte

Diese Zuordnung eines Speicherabschnittes durch Anfangsadresse und Abschnittsgröße nennen wir die *Speicherabbildung*. Für das Verständnis verschiedener Konstrukte ist die Kenntnis der Speicherabbildung sehr wichtig.

In C++ gibt es Funktionen, mit denen man diese Parameter der Speicherabbildung bestimmen kann. Ist x eine Variable vom Typ T, dann liefert *sizeof*(T) die Größe des benötigten Speicherabschnittes für Werte vom Typ

T in Bytes, und &x liefert den konkreten Zahlenwert der Anfangsadresse von x.

Beispiel 64 *Dieses Beispiel zeigt ein kleines C++-Programm, das die Speicherabbildung für verschiedene Zahlentypen ausdruckt. Für die formatierte Ausgabe wurde diesmal die Standardfunktion printf (in stdio.h) verwendet. Auf die Details der Formatierung kann aber hier nicht eingegangen werden. Die Adressen sind durch zwei vierstellige Hexadezimalzahlen (Abschnitt 6.1.3) in der Form segment:offset angegeben (Abschnitt 9.2.2.3). Für unserer Zwecke braucht man nur die offset-Teile miteinander zu vergleichen, um die relative Lage der Speicherbilder zu erkennen.*

```
// ex43_1
// Beispiel: Speicherabbildung
//-----------------------------------------------------------
#include <stdio.h>

  float   pi  = 3.1415926;
  double  e   = 2.71828182845904;
  int     i   = 10;
  long    l   = 12345;
  char    c   = 'x';

main(){

  printf("Name\t\tType\t\tAdresse\t\tGroesse\t\tInhalt\n");
  printf("pi\t\tfloat\t\t%p\t%d\t\t%f\n",&pi,sizeof(pi),pi);
  printf("e\t\tdouble\t\t%p\t%d\t\t%f\n",&e,sizeof(e),e);
  printf("i\t\tint\t\t%p\t%d\t\t%d\n",&i,sizeof(i),i);
  printf("l\t\tlong\t\t%p\t%d\t\t%d\n",&l,sizeof(l),l);
  printf("c\t\tchar\t\t%p\t%d\t\t%c\n",&c,sizeof(c),c);
}
```

Ausgabe:

```
Name     Type     Adresse     Groesse     Inhalt
pi       float    8FAF:0076   4           3.141593
e        double   8FAF:007A   8           2.718282
i        int      8FAF:0082   2           10
l        long     8FAF:0084   4           12345
c        char     8FAF:0088   1           x
```

4.3.1 Aufzählungstyp

Eine ganz einfache Konstruktion sind endliche Mengen mit wenigen Elementen, die man durch die Aufzählung ihrer Elemente konstruiert. Man verwendet zur Bezeichnung der Elemente gewöhnliche Bezeichner. Man kann diese Konstruktion wie folgt formulieren:

$$\mathrm{T} = \{id_0, id_1, ..., id_{n-1}\}$$

Die Reihenfolge der Aufschreibung definiert dann auch gleich eine *lineare Ordnung* auf einer solchen Menge, so daß man die Elemente vergleichen kann. Die Elemente erhalten auch einen *Ordinalwert*: $ord(id_k) = k$ für $(0 \leq k < n)$. Man nennt T einen *Aufzählungstyp*. Solche Aufzählungstypen können wegen der Ordinalwerte ihrer Elemente sehr ähnlich verwendet werden wie natürliche Zahlen.

In C++ werden Aufzählungstypen wie folgt definiert:

enum id $\{id_0,\ id_1, \ldots, id_{n-1}\}$;

Bemerkung 14 *enum steht dabei als ein Schlüsselwort für enumeration (Aufzählung).*

Beispiel 65 *Dieses Beispiel soll die Anwendung eines Aufzählungstyps verdeutlichen.*

```
// ex431_1
// Beispiel: Aufzählungstyp
//--------------------------------------------------------
#include <iostream.h>

enum vornamen
     {bernd, ralf, karin, christian,
             sabine, hans, beate, ullrich};

enum vornamen kind;

main(){

  for(kind = bernd; kind <= ullrich; kind++)
    cout << kind << ' ';
}
```

Ausgabe:

```
0 1 2 3 4 5 6 7
```

Die Ausgabe in Beispiel 65 ist etwas enttäuschend, denn die Aufzählungstypen werden nur durch ihre ordinalen Werte dargestellt und daher auch so ausgegeben. Wenn man die Bezeichner zur Ausgabe zur Verfügung haben will, dann muß man das geeignet programmieren. Man beachte in dem Beispiel, daß **enum** vornamen hier der neu definierte Typ ist, und daß *kind* eine Variable dieses Typs ist. Wegen der ordinalen Werte dieses Typs kann man Vergleichsoperatoren und den *Inkrementoperator* (++) anwenden. Für den Aufzählungstyp wird intern eine Darstellung durch ganze Zahlen vorgenommen, so daß dieser Typ die gleiche Speicherabbildung hat wie der Typ **int**. Die gewählten Bezeichner werden zur Übersetzungszeit durch ganze Zahlen ersetzt. In C++ kann man auch eine explizite Zuordnung zwischen dem Symbol und dem ordinalen Wert angeben.

4.3.2 Array und String

Mengentheoretische Produkte sind auch für die Programmierung eine wesentliche Konstruktion. In Kapitel 2 wurde gezeigt, wie man zu einer Menge A und einer endlichen Indexmenge $I = \{i_1, \ldots, i_n\}$ das homogene cartesische Produkt A^I konstruiert. Elemente aus A^I sind n-tupel der Form $(a_1, \ldots, a_n)$, wobei gilt: $a_i \in A$; $(1 \leq i \leq n)$. Ein solches n-tupel wird in der Programmierung auch *Feld*, *Array* oder *Vektor* genannt. Als wesentliche Operationen gibt es die Projektionsabbildungen $\pi_i : A^I \to A; (1 \leq i \leq n)$ durch $\pi_i(a_1, \ldots, a_n) = a_i$. Mit der Projektion π_i kann man also auf die i-te Komponente des n-tupels zugreifen. Eine solche Operation nennt man in der Programmierung einen *Selektor*, weil man damit auf die Komponenten eines strukturierten Typs zugreifen kann.

Ein Array (oder *Vektor*) wird aus zwei Mengen (Datentypen) I und T_0 konstruiert:

$$\mathrm{T} = \textbf{array}[\mathrm{I}] \textbf{ of } \mathrm{T}_0$$

Dabei ist I ein endlicher ordinaler (linear geordneter) Typ und T_0 irgendein anderer Datentyp, der selbst wieder strukturiert sein kann. $\mathrm{I} = \{i_1, \ldots, i_n\}$ heißt dabei auch *Indextyp* (Indexmenge) und T_0 ist der *Basistyp*. Ist die

Indexmenge ein Teilabschnitt $\mathrm{I} = \{k \mid i \leq k \leq j\}$ ein Teilabschnitt eines ordinalen Typs, dann kann man I in der Form $[i..j]$ notieren.

In unserem abstrakten Speichermodell kann man eine solche Variable auffassen als einen (großen) Behälter, der selbst aus n Behältern des Typs T_0 besteht (Abb. 4.24)

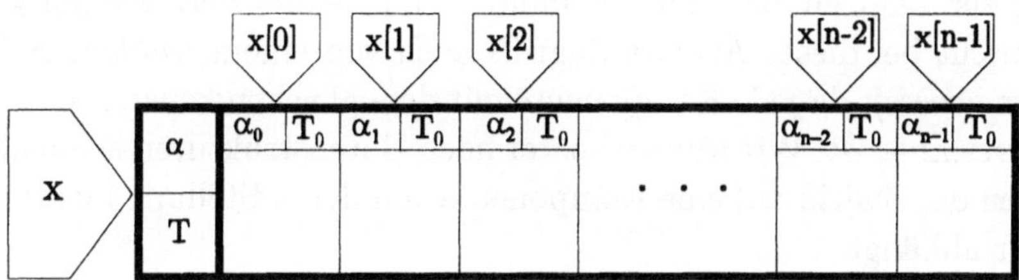

Abb. 4.24 Struktur eines Arrays

An den Namen x ist der „große" Behälter vom Typ T gebunden. Dieser besteht aus n Behältern, die alle den gleichen Typ T_0 haben. Jeder dieser Behälter hat eine eigene Adresse α_i und kann mit $x[i]$ einzeln referenziert werden. $x[i]$ ist zu betrachten als der Name einer Variablen vom Typ T_0. Somit hat $x[i]$ einen L-Wert vom Typ $\mathrm{loc}(\mathrm{T}_0)$ (das ist gerade α_i) und einen R-Wert vom Typ T_0, das ist der Inhalt dieses Behälters. Vereinfacht stellt man diese Situation auch so dar, wie in Abb. 4.25.

	0	1	2		n-2	n-1
x				. . .		

Abb. 4.25 Verinfachte Darstellung eines Arrays

Ein Array ist einfach eine indizierte Menge von Variablen des Basistyps. Der Selektorausdruck ist allgemein $x[E]$, wobei E ein Ausdruck ist, dessen R-Wert in der Indexmenge liegen muß. Ist der Wert von E zur Laufzeit außerhalb der Indexmenge, dann verursacht die Auswertung $x[E]$ einen Laufzeitfehler. Der Speicherplatzbedarf für eine Variable vom Typ

$$\mathrm{T} = \textbf{array}[\mathrm{I}] \textbf{ of } \mathrm{T}_0$$

mit I = $\{i_1, \ldots, i_n\}$ ist:

$$\text{sizeof(T)} = n \cdot \text{sizeof}(T_0).$$

Der große Vorteil von Arrays besteht gerade darin, daß man für eine Vielzahl gleichartiger Variablen nur einen Namen verwendet und daß die Komponenten mit zur Laufzeit berechneten Indexwerten referenziert werden können. Man spricht bei dieser Art des Zugriffs auch von einem *wahlfreien Zugriff* (*random access*), da jede Komponente mit dem gleichen konstanten Zeitaufwand erreichbar ist. Wir werden später noch Datenstrukturen kennenlernen, bei denen der Zugriff auf eine Komponente von deren Stellung innerhalb der Struktur abhängt.

In C++ ist die Indexmenge stets durch ein Anfangsintervall der natürlichen Zahlen festgelegt: $I = \{0, 1, ..., n-1\}$, und daher ist I durch die Zahl n eindeutig bestimmt. Die Definition einer Vektor-Variablen in C++ hat die folgende Form:

$$\text{T} \quad x[\text{n}];$$

dabei ist T der Basistyp, n definiert die Indexmenge $\{0, 1, ..., n-1\}$, und x ist der Name der Variablen.

Beispiel 66 *In diesem Beispiel sollen Zahlen eingelesen werden und in umgekehrter Reihenfolge wieder ausgegeben werden. Die Zahlen werden dazu in der Reihenfolge der Eingabe in einem Vektor abgelegt. Nach der Eingabe könnten die Zahlen dann in jeder beliebigen Reihenfolge wieder ausgegeben werden. Wenn man die Zahlen 1,2,...,5 in dieser Folge eingibt, dann werden sie in der umgekehrten Reihenfolge wieder ausgegeben.*

```
// ex432_1
// Beispiel: Vektor
//--------------------------------------------------------
#include <iostream.h>

main(){

  // Konstante für Zahl der Elemente
  int const MAX_ELEM = 5;
  int index;
```

```
  // Definition eines Vektors, Basistyp int
  // Indexmenge 0..MAX_ELEM-1
  int eingabe[MAX_ELEM];

  cout << "Eingabe:\n";
  for (index = 0; index < MAX_ELEM; index++){
    cout << "Zahl " << index;
    cout << " = ";
    cin  >> eingabe[index];
  }
  cout << "Ausgabe: ";
  // Abwärtszählende Schleife
  for (index = MAX_ELEM - 1; index >= 0; index--){
    cout << eingabe[index] << '\t';
  }
}
```

Dialog:

```
Eingabe:
Zahl 0 = 1
Zahl 1 = 2
Zahl 2 = 3
Zahl 3 = 4
Zahl 4 = 5
Ausgabe: 5       4       3       2       1
```

Die Speicherabbildung für Arrays oder Vektoren ist bestimmt durch die Speicherabbildung des Basistyps und durch die Zahl der Komponenten, d.h. durch die Mächtigkeit der Indexmenge. Sei x definiert durch

x : **array**[0..n-1] **of** T

und der Platzbedarf für T sei m Bytes. Für die Variable x wird ein Speicherabschnitt von $n \cdot m$ Bytes benötigt. Man wählt eine geeignete Anfangsadresse α_0 und kann dann leicht die Adressen α_i für $x[i]$ mit $(0 \leq i < n)$ bestimmen:

$$\alpha_i = \alpha_0 + i \cdot m.$$

Abb. 4.26 zeigt diese Speicherabbildung für den Typ **long int** $x[5]$.

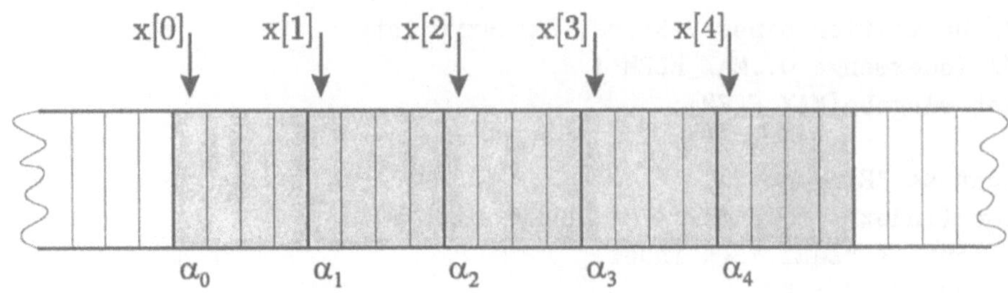

Abb. 4.26 Speicherabbildung für ein Array

In diesem Abschnitt wollen wir auch den Datentyp für *Zeichenreihen* (*Strings*) kurz betrachten. Eine Zeichenreihe ist eine endliche Folge von Zeichen, also von Elementen des Typs **char**. Da man für einen Wert vom Typ **char** genau ein Byte benötigt, kann man eine endliche Zeichenreihe auch als Vektor von Zeichen darstellen. Mit

char $s[32]$;

z.B. definiert man eine Variable x als Vektor von 32 Zeichen in C++. Solche Zeichenfolgen werden oft verwendet, um Text oder einzelne Wörter zu speichern. Man möchte dafür einen geeigneten Datentyp **string** zur Verfügung haben, mit dem man Zeichenreihen manipulieren kann. So sollte eine Variable dieses Typs Wörter verschiedener Länge aufnehmen können. Elemente vom Typ **string** sollen verknüpft werden können (z.B. Konkatenation). Auf den Zeichenreihen gibt es eine *lexikographische Ordnungsrelation*, das ist eine Anordnung wie in einem Lexikon, mit der man Elemente vergleichen kann. Für zwei Zeichenfolgen r und s ist $r < s$, falls r vor s in einem Lexikon stehen würde.

In C++ gibt es den Datentyp **string** nicht als Bestandteil der Sprache. Aber es gibt eine bestimmte Form der Darstellung solcher Strings und *Bibliotheksfunktionen* (in string.h), um die genannten und viele weitere Operationen mit Strings ausführen zu können.

Da wir den Begriff *Funktion* in der imperativen Programmierung noch nicht eingeführt haben, können wir hier noch nicht genau zwischen Operationen unterscheiden, die Bestandteil der Sprache sind und solchen, die durch eine Bibliothek zusätzlich angeboten werden. Wir werden aber in Beispielen solche Funktionen für Strings verwenden und dort auch erklären.

Das Problem mit der variablen Länge von Strings wird in C++ dadurch gelöst, daß man ein spezielles Zeichen als Abschlußzeichen verwendet. Dieses Zeichen ist in C++ das ASCII-Zeichen *Null* mit dem (ordinalen) Wert 0. Man nennt die Strings daher auch *Null-terminierte Strings*. Das Zeichen Null ist damit nicht Bestandteil eines dargestellten Strings, und man benötigt für einen String der Länge n mindestens einen Vektor der Länge $n + 1$:

Inhalt	I	n	f	o	r	m	a	t	i	k	\0	p	-	2
Adresse	0	1	2	3	4	5	6	7	8	9	10	11	12	13

In diesem Beispiel ist die Zeichenreihe "Informatik" in einem **char**-Vektor der Länge 14 gespeichert. Die Zeichenreihe selbst hat nur die Länge 10 und wird durch das spezielle Zeichen Null (hier durch \0 dargestellt) abgeschlossen. So lassen sich beliebige Zeichenreihen bis zur Länge 13 in diesem Vektor darstellen.

Beispiel 67 *In diesem Programm verwenden wir Bibliotheksfunktionen zur Bearbeitung von Strings. Eine solche Funktion kann man sich zunächst vorstellen als ein Teilprogramm, dessen Programmtext wir nicht kennen. Aber man weiß, was die Funktion für eine Wirkung hat. Um solche Funktionen verwenden zu können, muß man eine entsprechende Datei mit den notwendigen Definitionen in den eigenen Programmtext einbinden (Abschnitt 4.6). Das geschieht hier mit:*

#include <string.h>

Durch Einbinden dieser Datei in den Programmtext stehen die Funktionen strcpy, strlen und strcat zur Verfügung.

```
// ex432_2
// Beispiel: Strings
//-------------------------------------------------------
#include <iostream.h>  // Streamoperationen
#include <string.h>    // Stringoperationen

main(){

  int const LENGTH = 16; // maximale Stringlänge
  char wort1[LENGTH], wort2[LENGTH], wort3[2*LENGTH];
  int compare;
```

```
  //Eingabe Dialog
  cout << "Eingabe:\n";
  cout << "Zwei Zeichenfolgen mit je maximal "
       << (LENGTH-1) << " Zeichen.\n\n";
  cout << "<- wort1: "; cin >> wort1;
  cout << "<- wort2: "; cin >> wort2;

  // wort3 wird Konkatenation von wort1 und wort2
  strcpy(wort3, wort1);   //Kopiere wort1 nach wort3
  strcat(wort3, wort2);   //Anhängen von wort2 an wort3

  //Ausgabe:
  cout << "\nErgebnisse:\n\n";
  cout << "Konkatenation:  " << wort3 << '\n';
  cout << "Wortvergleich:  " << wort1;

  compare = strcmp(wort1, wort2);
  if(compare == 0)     cout << " = ";
  else if(compare < 0) cout << " < ";
  else                 cout << " > ";

  cout << wort2 << "\n\n";

  cout << "Die Wortlängen sind: \n";
  cout << wort1 << ": " << strlen(wort1) << '\n';
  cout << wort2 << ": " << strlen(wort2) << '\n';
  cout << wort3 << ": " << strlen(wort3) << '\n';
}
```

Dialog:

```
Eingabe:
Zwei Zeichenfolgen mit je maximal 15 Zeichen.

<- wort1: Gravitations
<- wort2: Differentiation

Ergebnisse:

Konkatenation:  GravitationsDifferentiation
Wortvergleich:  Gravitations > Differentiation
```

```
Die Wortlängen sind:
Gravitations: 12
Differentiation: 15
GravitationsDifferentiation: 27
```

Wir haben hier drei **char**-*Vektoren wort1, wort2 und wort3 verwendet. Zwei Zeichenreihen werden gelesen und in wort1 und wort2 abgelegt. Dann werden einige Operationen mit Zeichenreihen ausgeführt. Das geschieht durch die String-Funktionen. Anschließend erfolgt die Ausgabe der Ergebnisse.*

Wenn man nicht weiß, wie lang die Strings zur Laufzeit eines Programms werden, dann kann man versuchen, die maximale Länge abzuschätzen, wie wir das in dem Beispiel auch gemacht haben. Damit wird aber manchmal viel Speicherplatz verschwendet, da man sich ja auf die längsten Strings einstellt. Um dieses Problem zu lösen, kann man den Speicherplatz zur Laufzeit (dynamisch) anfordern. Dieses Konzept werden wir in Abschnitt 4.5 noch besprechen.

Da der Basistyp für ein Array selbst auch strukturiert sein kann, kann also der Basistyp selbst ein Array sein:

x : **array**[I]**of array**[J] **of** T

Damit ist dann x[i] selbst ein Array mit Indexmenge J und daher ist x[i][j] eine Variable vom Basistyp T. Das 2-dimensionale Array x ist also aufzufassen als eine I $\times$ J–Matrix mit Elementen aus T. Analog kann man

y : **array**[I_1]**of array**[I_2]**of...array**[I_k]**of** T

bilden, und mit y[i_1][i_2]...[i_k] auf die Komponenten vom Basistyp zugreifen. Die Speicherabbildung ist analog zu der von eindimensionalen Arrays. Abb. 4.27 zeigt einen k-dimensionalen Block der Ausdehnung $n_1, \ldots, n_{k-1}, n_k$ als Folge von n_k $(k-1)$-dimensionalen Blöcken der Ausdehnung $n_1, \ldots, n_{k-1}$.

Um auf ein Element mit Adresse $\varphi_k(i_1, ..., i_k)$ im Block i_k zuzugreifen, berechnet man zunächst den Speicherplatz, den die vorausgehenden i_k Blöcke Block$_0, \ldots,$Block$_{i_k-1}$ belegen. Die Zahl der Elemente in einem Block der Ausdehnung $n_1, \ldots, n_{k-1}$ ist: $n_1 n_2 \cdots n_{k-1}$, also beginnt Block$_{i_k}$ nach $i_k \cdot n_1 \cdots n_k$ Elementen. Die Adresse innerhalb dieses Blockes berechnet man

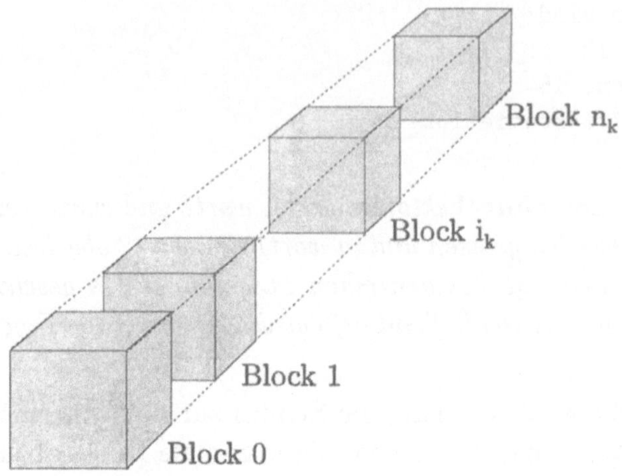

Abb. 4.27 Block der Dimension k als Folge von Blöcken der Dimension $k-1$

rekursiv mit der Speicherabbildung für Blöcke der Dimension $k-1$, also mit $\varphi_{k-1}(i_1, \ldots, i_{k-1})$. Wenn der Speicherplatzbedarf für den Basistyp 1 ist, $\alpha_0 = 0$ die Anfangsadresse und $n_i = |I_i|$, dann erhält man insgesamt die (normierte) Speicherabbildung φ_k:

$$\begin{aligned}\varphi_k(i_1, ..., i_k) &= i_k \cdot n_1 \cdots n_{k-1} + \varphi_{k-1}(i_1, \ldots, i_{k-1}) \\ \varphi_1(i_1) &= i_1\end{aligned}$$

und damit:

$$\varphi_k(i_1, ..., i_k) = \sum_{s=1}^{k} i_s n_1 \cdots n_{s-1}.$$

Für eine beliebige Anfangsadresse α_0 und für Basistyp mit Platzbedarf m erhält man:

$$\alpha_{i_1 i_2 .. i_k} = \alpha_0 + m\varphi_k(i_1, .., i_k)$$

Solche mehrdimensionalen Arrays werden in C++ wie folgt definiert:

```
T x[n1][n2]...[nk];
```

Beispiel 68 *Dieses Beispiel ist eine leichte Abwandlung des vorhergehenden. Es wird ein Vektor von Zeichenreihen (Strings) angelegt. Ein solcher Vektor ist eine Matrix von einzelnen Zeichen, also eine* ***char****-Matrix oder ein zwei-dimensionaler* ***char****-Vektor*

```
// e432-6
//  Beispiel: Vektor von Strings
//------------------------------------------------------
#include <iostream.h>
#include <string.h>

main(){

  // Konstante für maximale Länge und Anzahl der Strings
  int const MAX_LENGTH = 16, WORT_ANZAHL = 4;

  // Vektor von Zeichenreihen; char-Matrix
  char wort[WORT_ANZAHL][MAX_LENGTH];
  int i, j;

  // Eingabe
  cout << "Eingabe:\n";
  cout << "Maximal " << WORT_ANZAHL
       << " Zeichenfolgen mit je höchstens "
       << (MAX_LENGTH-1) << " Zeichen.\n";
  cout << "Wörter durch Zwischenraum trennen\n\n";
  for (i = 0; i < WORT_ANZAHL; i++){
    cin  >> wort[i];
  }

  // Ausgabe: Wörter gespiegelt
  cout << "\nAusgabe:\n";

  for (i = 0; i < WORT_ANZAHL; i++){
    for (j = strlen(wort[i])-1; j >= 0; j--)
      cout << wort[i][j];
    cout << '\n';
  }
}
```

Dialog:

```
Eingabe:
```

```
Maximal 4 Zeichenfolgen mit je höchstens 15 Zeichen.
Wörter durch Zwischenraum trennen

Turing Church Babbage Zuse

Ausgabe:
gniruT
hcruhC
egabbaB
esuZ
```

4.3.3 Records

Ein Array ist das mehrfache cartesische Produkt einer gegebenen Basismenge. In vielen Anwendungen werden aber auch Produkte benötigt, deren Komponenten sehr unterschiedliche Mengen sein können. Mathematisch bedeutet das, daß man cartesische Produkte mit beliebigen Datentypen bilden möchte. Diese Konstruktion nennt man *Record* oder *Struktur*.

Seien $A_1, \ldots, A_n$ Mengen, dann ist $A = A_1 \times A_2 \cdots \times A_n$ das cartesische Produkt. Die Elemente von A sind n-tupel der Form $(a_1, \ldots, a_n)$, wobei $a_i \in A_i$ für $1 \leq i \leq n$. Mit den Projektionen $\pi_i(a_1, \ldots, a_n) = a_i$ kann man auf die Komponenten zugreifen.

Ein *Record-Typ* wird gebildet aus (nicht notwendig) verschiedenen Typen $T_1, \ldots, T_n$ und jede Komponente wird durch einen Bezeichner referenziert. Man kann das auch so auffassen, daß man in einer Record-Variablen mehrere Variablen verschiedenen Typs zusammenfaßt. Die allgemeine Definition wollen wir wieder in einer Pascal ähnlichen Form notieren:

$$
\begin{aligned}
T = \quad & \textbf{record} \\
& \quad id_1 : T_1; \\
& \quad id_2 : T_2; \\
& \quad \vdots \\
& \quad id_n : T_n \\
& \textbf{end}
\end{aligned}
$$

Dabei sind die id_j *Bezeichner*, wie sie auch als Namen für Variablen verwendet werden. Die *Selektoren* haben eine besondere Form. Ist x : T eine Variable des Typs T, dann kann man auf die einzelnen Komponenten zugreifen (referenzieren), indem man hinter den Variablennamen einen Punkt und danach den Namen der entsprechenden Komponente setzt. So ist $x.id_j$ eine Variable vom Typ T_j. Man nennt die Komponenten eines Records auch *Felder*.

Man bildet Records, wenn man mehrere Variablen unterschiedlichen Typs zu einer logischen Einheit zusammenfassen möchte.

Beispiel 69 *Eine einfache Kartei für die Teilnehmer an einer Laborübung soll für jeden Teilnehmer die folgenden Daten enthalten. Dabei wird auch gleich der passende Datentyp angegeben.*

Bedeutung	*Datentyp*
Name	***string***
Vorname	***string***
Matrikelnummer	***string***
Liste der 5 Versuche mit Benotung	***array**[1..5]**of int***
Gesamtbewertung, arithmetisches Mittel	***real***

und man könnte dafür die folgende Typdefinition verwenden:

```
T =  record
        name: string;
        vorname: string;
        matrikel_nr: string;
        versuch: array[1..5]of int;
        gesamt_note: real;
     end;
```

Sei nun x : T eine Variable dieses Typs. Um die Note für den Versuch 7 zu erhalten, verwendet man den Selektor: x.versuch[7].

Die „Teilvariablen" heißen Komponenten oder Felder eines Records, haben einen L-Wert und können somit auf der linken Seite einer Wertzuweisung auftreten. Für die Speicherabbildung gelten ganz analoge Beziehungen wie für Arrays. Nur sind die Teilfelder jetzt nicht mehr von gleicher Größe. In Abb. 4.28 ist die Speicherabbildung für eine Record-Variable mit den fünf Feldern id_1:$T_1, \ldots,$ id_5:T_5 dargestellt. Die Datentypen $T_1, \ldots, T_5$ haben dabei entsprechend einen Speicherplatzbedarf von: $2, 6, 4, 6$ und 2 Bytes. Die Größe der Teilbereiche hängt jeweils vom Datentyp ab, der in diesem

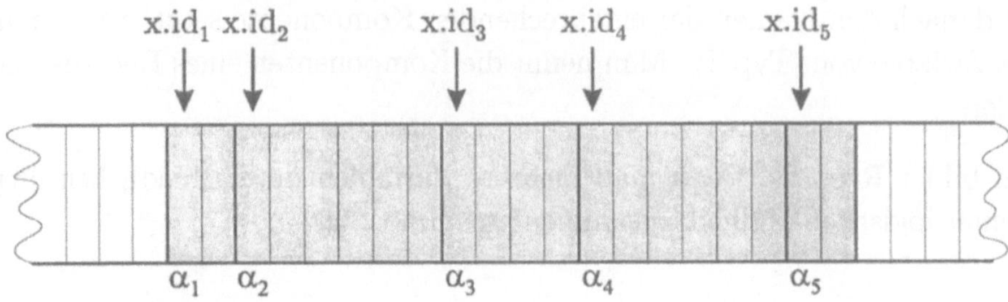

Abb. 4.28 Speicherabbildung für eine Record-Variable x

Teilbereich gespeichert werden soll. Der gesamte Speicherplatzbedarf für eine Variable mit dem Typ

$$\mathrm{T} = \textbf{record} \quad \mathrm{id_1{:}T_1;\ id_2{:}T_2;} \cdots \mathrm{;\ id_n{:}T_n} \quad \textbf{end}$$

beträgt:

$$sizeof(\mathrm{T}) = \sum_{i=1}^{n} sizeof(\mathrm{T_i})$$

Die Adressen α_i für die einzelnen Komponenten werden vom *Compiler* zur *Übersetzungszeit* berechnet.

In C++ heißt ein Record eine *Struktur* (structure). Man definiert eine Struktur wie folgt:

```
struct T{
    T1 id1; T2 id2; ···; Tn idn;
}
```

und damit kann man eine Variable x dieses Typs definieren:

```
struct T x;
```

Der Typname ist also **struct** T. Dabei ist T ein frei gewählter Bezeichner. Man beachte aber, daß zur Bezeichnung dieses Datentyps zusätzlich das Schlüsselwort **struct** verwendet werden muß.

Beispiel 70 *Das folgende C++-Programm bezieht sich auf Beispiel 69. Es wird darin eine Variable kartei_karte definiert, die als Typ eine Struktur hat, wie sie im Beispiel 69 beschrieben wurde.*

```
// ex433_1
// Beispiel: Struktur (Record)
//   Daten für eine Karteikarte

//-----------------------------------------------------------
#include <iostream.h>

  int const VERSUCHE = 5;

  // Definition der Kartenstruktur
  struct kartei_karte{
    char   name[20];
    char   vorname [20];
    char   matrikel_nr[12];
    double versuch[VERSUCHE];
    double gesamt_note;
};

main(){

  // struct-Variable für Karteikarten
  struct kartei_karte karte;
  int i;

  cout << "Eingabe:\n\n";
  cout << "Name:          "; cin >> karte.name;
  cout << "Vorname:       "; cin >> karte.vorname;
  cout << "Matrikel Nr.: "; cin >> karte.matrikel_nr;

  cout << "Einzelnoten:\n";
  for(i = 0; i < VERSUCHE; i++){
    cout << "\tVersuch " << (i+1) <<": ";
    cin  >> karte.versuch[i];
  }
  karte.gesamt_note = 0;
  for(i = 0; i < VERSUCHE; i++)
    karte.gesamt_note += karte.versuch[i];

  karte.gesamt_note /= VERSUCHE;
```

```
  cout << "\nGesamtnote für: "
       << karte.vorname << " "
       << karte.name    << ": "
       << karte.gesamt_note << "\n\n";
}
```

Dialog:

```
Eingabe:

Name:         Vigelius
Vorname:      Fritz
Matrikel Nr.: 7612961
Einzelnoten:
        Versuch 1: 1.3
        Versuch 2: 1.7
        Versuch 3: 1.3
        Versuch 4: 2.0
        Versuch 5: 2.3

Gesamtnote für: Fritz Vigelius: 1.72
```

4.3.4 Varianten

Während Vektoren (Arrays) und Strukturen (Records) cartesische Produkte darstellen, benötigt man für viele Anwendungen auch Variablen, die zu verschiedenen Zeiten Werte von verschiedenen Typen enthalten können. Es kann von bestimmten Bedingungen abhängen, wie der Wert einer Variablen verwendet wird. Sind $T_1, \ldots, T_n$ n verschiedene Datentypen, dann kann man ihre *Vereinigung* als einen neuen Typ betrachten:

$$T = \bigcup_{i=1}^{n} T_i$$

Eine Variable dieses Typs kann also jeweils einen Wert aus einer der Mengen T_i enthalten. Dabei kann man sich aber fragen, woher der Programmierer jeweils weiß, von welchem Typ der Inhalt einer solchen Variablen in einer bestimmten Situation ist. Das Konzept der Typen wurde ja gerade eingeführt, um Klarheit über die Inhalte der Variablen zu schaffen. Dennoch ist ein solcher Vereinigungstyp für bestimmte Anwendungen sehr sinnvoll.

In den Sprachen Pascal und Modula3 bezeichnet man solche Vereinigungen als *variante Records*. Das suggeriert aber, daß ein varianter Record ein Spezialfall des Records ist. Durch diesen Sprachgebrauch wird der Charakter der mengentheoretischen Vereinigung etwas verschleiert. Wir gehen daher nicht näher auf die Besonderheiten der Formulierung in diesen Sprachen ein, sondern verwenden hier die Bezeichnung **union** (wie sie in C++ verwendet wird):

$$\begin{aligned} \mathrm{T} = \quad & \textbf{union} \\ & \quad id_1 : \mathrm{T}_1; \\ & \quad id_2 : \mathrm{T}_2; \\ & \quad \vdots \\ & \quad id_n : \mathrm{T}_n \\ & \textbf{end} \end{aligned}$$

Dabei sind die id_j Bezeichner und die T_j Typen (genauer: Typausdrücke), wie im Fall des Records. Ist x : T eine Variable des Typs T, dann ist $x.id_j$ (Referenz auf) eine Variable vom Typ T_j. Der wesentliche Unterschied zu einer Record-Variablen besteht nun darin, daß die Variable x nur genau einen Wert enthält, der zu einem der Typen $\mathrm{T}_1,\ldots,\mathrm{T}_\mathrm{n}$ gehört. Man kann das auch so betrachten, daß x einen Wert enthält, der erst durch die Referenz $x.id_j$ als Wert des Typs T_j betrachtet wird. Für die Speicherabbildung gilt:

$$sizeof(T) = max\,\{sizeof(T_j) \mid 1 \leq j \leq n\}$$

und die Anfangsadresse ist für jede Komponente gleich. Die Speicherabbildung wird in Abb. 4.29 an einem Beispiel verdeutlicht. Dabei ist x : T eine Variable die die Typen $\mathrm{T}_1,\ldots,\mathrm{T}_5$ vereinigt, und der Speicherplatzbedarf dieser Typen ist entsprechend: $2, 8, 12, 18$ und 20. Somit ist 20 der Platzbedarf für T. Der Speicherabschnitt der Länge $\mathrm{s}_5 = \mathrm{sizeof(T)} = 20$ ab Anfangsadresse α enthält einen bestimmten Wert (d.h. diese Speicherwörter enthalten alle eine bestimmte Bit-Kombination). Wenn man nun auf $x.id_j$ zugreift, dann wird der Abschnitt der Länge s_j ab Adresse α als Speicherbild eines Wertes vom Typ T_j interpretiert. So wird der gleiche Speicherinhalt je nach dem verwendeten Selektor unterschiedlich gedeutet. Diese Möglichkeit wird gelegentlich von Pascal Programmierern mißbraucht, um implizite Typumwandlungen vorzunehmen.

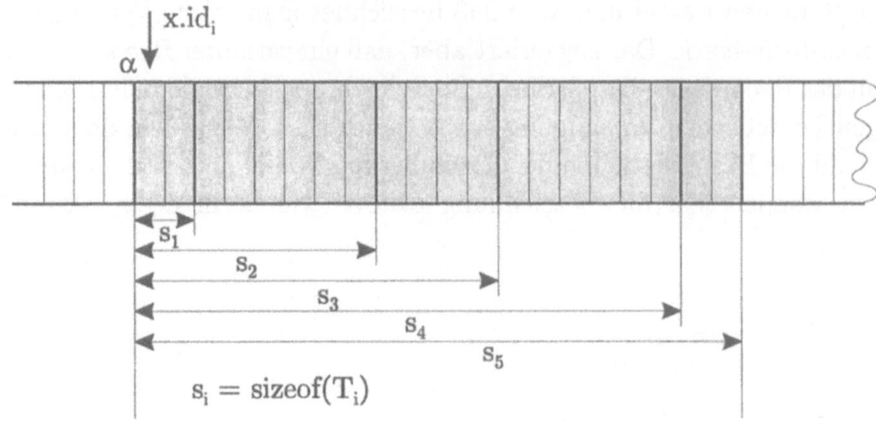

Abb. 4.29 Speicherabbildung einer Variablen x mit variantem Recordtyp

In C++ wird eine Vereinigung syntaktisch sehr ähnlich definiert wie eine Struktur, nur daß hier das Schlüsselwort **union** statt **struct** verwendet wird:

union T{
    T_1 id_1; T_2 id_2; ...; T_n id_n;
}

Das Beispiel folgende Beispiel zeigt ein Programm zur Demonstration der unterschiedlichen Interpretationen einer Variablen vom **union**-Typ.

Beispiel 71 *Hier verwenden wir bereits eine selbst definierte Funktion für die Ausgabe. Funktionen werden in Abschnitt 4.4 erklärt.*

```
// ex433_2


// Beispiel: Union  (Varianter Record)
// Der (gleiche!) Inhalt der Variablen 'poly' ist
//   entweder ein String          (char [24])
//   oder     eine reelle Zahl    (float)
//   oder     eine rationale Zahl (int q[2])
//-----------------------------------------------
#include <iostream.h>
#include <string.h>
```

```
  const int S_LENGTH = 24;

  //Definition des union Typs
  union poly{
        char  s[S_LENGTH];
        float f;
        int   q[2];
  };

  union poly p;  // Union Variable

void print_interpretation(){
  // Druckfunktion
  cout << "Interpretationen:\n";
  cout << "\tals string   : " ;
  for(int i = 0; i< S_LENGTH; i++){
    if((31 < p.s[i]) && (p.s[i] <= '~'))
      cout << p.s[i];             // nur druckbare Zeichen
    else cout << '*';             // sonst '*'
  }
  cout << '\n';
  cout << "\tals float    : " << p.f << "\n";
  cout << "\tals rational : "
       << p.q[0] << "/" << p.q[1] << "\n\n";
}

main(){

  // Speicherbild
  cout << "Speicherbild der Variablen p:\n";
  cout << "Grösse:          " << sizeof(p) << " Bytes\n";
  cout << "Anfangsadresse: " << &p         << "\n\n";
  strcpy(p.s, "polymorphe Variable");
  cout << "Zuweisung: Typ String;"
       << " Wert:'polymorphe Variable'\n";
  print_interpretation();
  cout << "Zuweisung: Typ float;"
       << " Wert: -3.14159\n";
  p.f = -3.14159;
  print_interpretation();
  cout << "Zuweisung: Typ rational;"
       << " Wert:-4281/6295\n";
  p.q[0] = -4281;
```

```
  p.q[1] = 6295;
  print_interpretation();
}
```

Ausgabe:

```
Speicherbild der Variablen p:
Grösse:          24 Bytes
Anfangsadresse: 0x83871152

Zuweisung: Typ String; Wert:'polymorphe Variable'
Interpretationen:
        als string   : polymorphe Variable*****
        als float    : 7.67276e+34
        als rational : 28528/31084

Zuweisung: Typ float; Wert: -3.14159
Interpretationen:
        als string   : **I*morphe Variable*****
        als float    : -3.14159
        als rational : 4048/-16311

Zuweisung: Typ rational; Wert:-4281/6295
Interpretationen:
        als string   : G***morphe Variable*****
        als float    : 3.92742e-24
        als rational : -4281/6295
```

4.3.5 Ein-/Ausgabe und Dateien

Wir gehen davon aus, daß ein Programm Zeichenfolgen für die Eingabe und Ausgabe verwendet, ohne uns weiter um die Eingabe- und Ausgabeabbildungen zu kümmern, die diese Zeichenfolgen in die interne Darstellung übersetzen.

Wenn man auf der Tastatur eines Terminals etwa die Zahl 12 eingeben möchte, dann gibt man (je nach Konvention über die Zahlendarstellung) die Ziffernfolge '12' ein, ohne sich darüber weitere Gedanken zu machen. Ebenso interpretieren wir Zeichenfolgen, die auf dem Bildschirm des Terminals erscheinen aus dem Zusammenhang als Zahlen, Text oder sogar als grafische Darstellung.

Die Eingabe von einem Terminal oder aus einer Datei ist als ein langer *Strom* von Zeichen aufzufassen. Die Bedeutung dieser *Zeichenströme* wird durch das Programm geeignet berücksichtigt. Ob z.B. das ASCII-Zeichen '7' (mit dem ordinalen Wert 55) als Wert vom Typ **char** oder vom Typ **int** verwendet wird, das müßte der Programmierer bei der Behandlung der Eingabefolgen entscheiden. Diese Aufgabe wird aber meistens vor dem Programmierer „versteckt", so daß er sich nur wenig um die Details kümmern muß. Das folgende Beispiel zeigt, wie *Bibliotheksfunktionen* diese Aufgabe übernehmen.

Beispiel 72 *In diesem Beispiel sollen Inventurdaten für Spiralbohrer eingelesen und ausgegeben werden. Diese Version arbeitet mit den schon oft in unseren Beispielen verwendeten Streamoperationen für die Ein- und Ausgabeströme cin und cout.*

```
// ex435_1
// Beispiel: Ein-/Ausgabe mit Streams
//---------------------------------------------
#include <iostream.h>

main(){

  struct{
   char   typ[8];
   int    anzahl;
   float  durchmesser;
  }bohrer_form;

// Eingabe mit Aufforderungen
  cout << "Eingabe der Daten:\n";
  cout << "Bohrertyp (SS, HSS): ";
  cin  >>  bohrer_form.typ;
  cout << "Durchmesser (mm)   : ";
  cin  >>  bohrer_form.durchmesser;
  cout << "Lagerbestand       : ";
  cin  >>  bohrer_form.anzahl;

// Ausgabe
  cout << "\nAusgabe:\n";
  cout << "Bohrertyp  : " << bohrer_form.typ << '\n';
  cout << "Durchmesser: " << bohrer_form.durchmesser << '\n';
  cout << "Bestand    : " << bohrer_form.anzahl << '\n';
```

```
}
```

Dialog:

```
Eingabe der Daten:
Bohrertyp (SS, HSS): HSS
Durchmesser (mm)   : 12.2
Lagerbestand       : 72

Ausgabe:
Bohrertyp  : HSS
Durchmesser: 12.2
Bestand    : 72
```

Die Streamoperationen können aufgrund der Typen der Eingabevariablen (L-Werte) oder der Typen der Ausgabewerte (R-Werte) erkennen, wie die eingegebenen ASCII Zeichen zu interpretieren sind, bzw. wie die Werte in Folgen von ASCII-Zeichen auszugeben sind. Entsprechende Funktionen sind in einer Bibliothek von bereits übersetzten Funktionen verfügbar und werden beim endgültigen Zusammenfügen (*Binden*, *Linken*; siehe Kapitel 10) des ausführbaren Programmcodes geeignet eingebunden.

Damit der Compiler die Operationen erkennen und richtig behandeln kann, sind die dazu notwendigen Definitionen in einer *Header-Datei* aufgelistet. Aus diesem Grund ist die *Präprozessor-Anweisung*

```
#include <iostream.h>
```

in den meisten unserer Beispiele zu finden. Um die Streamoperationen genauer zu erklären, müssen wir zuvor die Grundbegriffe der objektorientierten Programmierung besprechen. Deshalb werden diese Erklärungen erst später gegeben. Man kann sich aber *cout* und *cin* als *Zeichenströme* (Streams) vorstellen. Solche Zeichenströme haben wir in etwas anderer Form auch schon als Bänder einer Turingmaschine kennengelernt. Während der Kopf auf einem allgemeinen Turingband beliebig nach links und rechts laufen kann, ist ein Zeichenstrom zu betrachten als ein Turingband, auf dem der Lesekopf (bzw. Schreibkopf) immer nur in einer Richtung bewegt werden darf.

Der Zeichenstrom *cout* wird auf dem Bildschirm des Terminals ausgegeben, und somit erscheint jedes Zeichen, das man in diesen Strom schreibt, in der Reihenfolge der Ausgabe auf dem Bildschirm. Steuerzeichen zur Formatierung wie *Zeilenwechsel* (NL) oder *Tabulator* (TAB) müssen dabei auch in den Ausgabestrom geschrieben werden. Der Eingabestrom *cin* liefert die Zeichen, die auf der Tastatur eingegeben werden, in der Reihenfolge der Eingabe.

Wenn E ein Ausdruck ist, dessen R-Wert den Typ **int** hat, dann hat die Anweisung

cout << E;

die folgende Wirkung:

- Der R-Wert von E wird berechnet. Das ist eine ganze Zahl.
- Dann wird die Darstellung dieser Zahl als Zeichenreihe erzeugt.
- Diese Zeichenreihe wird zeichenweise in den Ausgabestrom *cout* geschrieben.

Entsprechend gilt das auch für die Typen **char**, **char**[], **float** und **double.**

Bemerkung 15 *Es wäre natürlich noch schöner, wenn dieser Mechanismus für jeden beliebigen Typ funktionieren würde. In unserem Beispiel könnte man dann die letzten drei Zeilen einfach ersetzen durch:*

cout << bohrer_form;

aber eine Bibliotheksfunktion könnte diesen neuen Fall natürlich nicht berücksichtigen, da sie ja zu einem früheren Zeitpunkt geschrieben wurde. Eine Operation (oder Funktion), die mit Operanden unterschiedlicher Typen arbeiten und in Abhängigkeit von den Typen der aktuellen Parameter unterschiedliche Algorithmen verwenden kann, nennt man auch polymorph. Dieser Begriff wird im letzten Abschnitt dieses Kapitels noch genauer erklärt.

Man erkennt, daß hier der Programmierer (durch eine prozedurale Abstraktion) von mühseliger Detailarbeit mit lästigen Fallunterscheidungen befreit wird. Das gilt ganz analog auch für die Eingabe. Ist E ein Ausdruck mit einem L-Wert (d.h. Referenz auf einen Speicherplatz) vom Typ **int**, dann hat die Anweisung:

cin >> E

die folgende Wirkung:

- Es werden solange Zeichen aus dem Eingabestrom gelesen, wie diese zusammen noch als eine ganze Zahl interpretiert werden können. Das ist dann eine Folge von Dezimalziffern, der ggf. noch ein Vorzeichen vorangestellt ist.
- Diese Ziffernfolge wird als Dezimaldarstellung einer Zahl betrachtet, und diese Zahl wird berechnet.
- Der Zahlenwert wird im L-Wert von E abgelegt.

Entsprechend gilt das auch wieder für die Typen **char**, **char**[], **float** und **double.** Daß die Zahlendarstellung dabei als dezimal vorausgesetzt wird, ist nicht zwingend. Man kann einem Strom in einer Anweisung mitteilen, welche Darstellung er verwenden soll. Aber das führt zu sehr in die Details der C++-Programmierung. Man findet die Hinweise dazu entweder in den Help-Texten der Programmierumgebung, mit der man arbeitet, oder aber in der einschlägigen Literatur (z.B. [Qua95]).

Ob ein Zeichenstrom auf einem Bildschirm ausgegeben wird oder an der *seriellen Schnittstelle* des Rechners, oder aber auf einen magnetischen Datenträger geschrieben wird, ist bei einer abstrakten Sichtweise eigentlich unerheblich, denn das abstrakte Modell ist der Zeichenstrom (darin liegt gerade der Vorteil dieses Begriffes). Aus der Sicht des Programmierers ist es aber notwendig, den Weg festzulegen, den ein Zeichenstrom nimmt. Die Ausgabe auf einem Bildschirm ist nach dem Ausschalten der Geräte nicht mehr verfügbar. Dagegen ist ein Zeichenstrom auf einer Festplatte solange verfügbar, bis man ihn bewußt (jedenfalls meistens) löscht.

Zeichenströme, die auf einem Speichermedium dauerhaft gespeichert werden, sind dort in *Dateien* organisiert. Man kann die Dateien als Zeichenströme auffassen, in die man schreiben und von denen man lesen kann. Der Zugriff ist dabei sequentiell.

Abstrakt kann man sich eine Datei als eine Folge von Feldern vorstellen. Der Zugriff auf eines der Felder geschieht durch einen Lese- oder Schreibkopf, dessen *aktuelle Position* jeweils ein bestimmtes Feld ist.

Wir betrachten zunächst den *Lesezugriff*. Ein Lesekopf hat zu einem Zeitpunkt eine definierte aktuelle Position. Er zeigt auf genau eines der Felder. Den Inhalt dieses Feldes kann man mit der *Leseoperation read*(x) lesen. Dabei wird der Inhalt dieses Feldes in die als Parameter übergebene Variable x von passendem Typ kopiert. Statt eines Variablennamen kann das Argument von *read* auch ein passender Ausdruck mit einem L-Wert sein. Nach der Leseoperation bewegt sich der Kopf um ein Feld weiter. Diese Situation ist in Abb. 4.30 dargestellt.

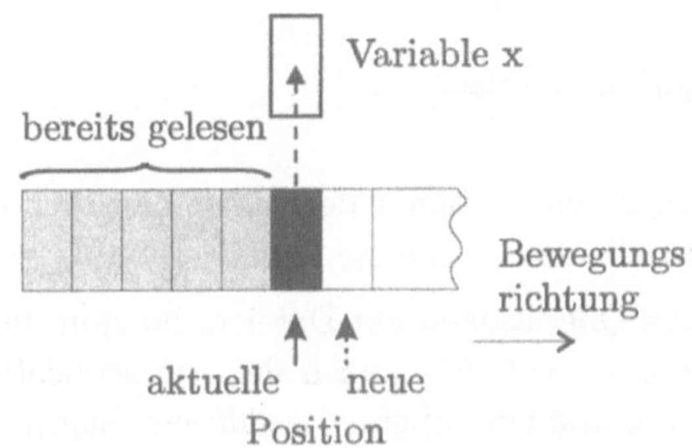

Abb. 4.30 Lesezugriff auf eine Datei

Der *Schreibzugriff* verläuft i.W. analog. Ein Schreibkopf befindet sich auf einem Feld, das noch nicht beschrieben wurde. Die *Schreiboperation write*(E) hat als Parameter einen Ausdruck E, der zunächst ausgewertet wird (R-Wert). Der Wert des Ausdrucks wird dann in das Feld an der aktuellen Position geschrieben. Danach bewegt sich der Kopf um ein Feld weiter. Diese Situation ist in Abb. 4.31 dargestellt.

Dateien werden vom Betriebssystem verwaltet. Daher müssen spezielle Bibliotheksfunktionen dafür sorgen, daß man die Schreib- und Leseoperationen unabhängig vom Betriebssystem verwenden kann. Diese Bibliotheksfunktionen stützen sich ab auf Betriebssystemfunktionen (*system calls*).

Bevor man eine Datei verwenden kann, muß man sie durch eine Operation *öffnen*. Diese Operation stellt eine Beziehung her zwischen einer Dateireferenz im Programm und einer Datei, so wie sie vom Betriebssystem verwaltet wird. Das geschieht i.a. durch den Dateinamen und ggf. durch eine Pfadangabe. Wenn man eine bereits bestehende Datei zum Schreiben öffnet, dann geht der bisherige Inhalt verloren und die aktuelle Position ist das erste Feld.

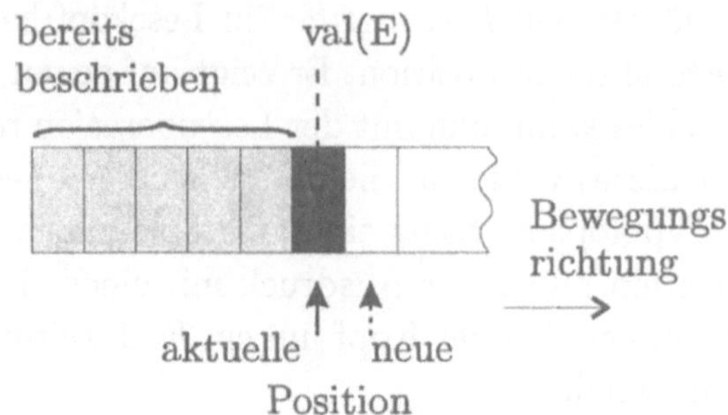

Abb. 4.31 Schreibzugriff auf eine Datei

Öffnet man sie zum Lesen, so bleibt der Inhalt natürlich erhalten und die aktuelle Position ist ebenfalls das erste Feld.

Es gibt noch weitere Operationen auf Dateien. So kann man die Größe einer Datei in Bytes ermitteln. Aber auch der rein sequentielle Zugriff wird durch bestimmte Operationen auf einen *wahlfreien Zugriff* (*random access*) erweitert. Dazu gibt es Operationen, um die Position (des Schreib- oder Lesekopfes) beliebig einzustellen. Man kann dann zu einer beliebigen Position gehen und ab dort eine vorgegebene Zahl von Feldern auslesen oder beschreiben.

C++ verfügt über eine große Vielfalt von Dateioperationen, auf die hier nicht weiter eingegangen werden kann.

4.4 Funktionen, Prozeduren und Rekursion

Mit den Kontrollstrukturen kann man eine gewisse Gliederung des Programmtextes erreichen. Diese wird üblicherweise (für den menschlichen Leser) durch Einrückungen noch verstärkt. Kommentare können überschaubare Abschnitte erklären und so weiter zur Verständlichkeit eines Programms beitragen. Diese Mittel allein reichen aber nicht aus, um einen umfangreichen Programmtext so zu strukturieren, daß man trotz sehr vieler Details noch den Sinn des Ganzen erfassen kann. Ein umfangreicher Programmtext kann dabei ähnlich wie ein umfangreiches Buch einige hunderttausend Textzeilen umfassen. Es ist ein wesentliches Ziel zahlreicher Anstrengungen bei der Entwicklung neuer Programmiersprachen gewesen, diese Komplexität durch Strukturierungsmaßnahmen beherrschbar zu machen.

4.4.1 Prozedurale Abstraktion

In der Programmierung unterscheidet man zwischen der *Programmierung* im *Kleinen* und im *Großen*. Unsere bisherigen Beispiele konnten immer nur Programmierung im Kleinen (scherzhaft auch *Mickey Mouse Programme* genannt) verdeutlichen. In diesen Beispielen taucht das Problem der Komplexität des Programmtextes nicht auf. Man kann in einem Lehrbuch mit einem Kapitel über Programmierung auch keine echten Beispiele für die Programmierung im Großen vollständig angeben. Aber man kann die Methoden beschreiben, mit denen man in der Programmierung eine hierarchische Struktur des Programmtextes erreichen kann, so daß ein Verständnis auf unterschiedlichen Abstraktionsebenen möglich wird.

Indem man eine detailliert beschriebene Programmkomponente als eine neue Einheit betrachtet, abstrahiert man von den Details der Beschreibung zu einer abstrakten Bedeutung, die man dann meist mit einem neuen Namen versieht. Dieser Name wird stellvertretend für die detaillierte Beschreibung verwendet. Beim Lesen wird mit diesem Namen dann nur noch die abstrakte Bedeutung verbunden. Dieses Prinzip der Abstraktion ist für die Programmierung ganz wesentlich.

Wir haben das Prinzip schon bei der Konstruktion von Datentypen kennengelernt. Wenn man mehrere Variablen mit unterschiedlichen Typen zu einer *logischen* Einheit in einem Record-Typ (**struct**) zusammenfaßt, dann ist diese logische Einheit eine *Datenabstraktion*. Eine Variable dieses Typs ist in mehrere Variablen unterschiedlicher Typen unterteilt. Diese Datenabstraktion wird mit dem Konzept der abstrakten Datentypen (ADT) noch wesentlich weiter entwickelt.

Wenn man eine zusammengesetzte Anweisung zu einer logischen Einheit zusammenfaßt, der man einen Namen (Bezeichner) gibt, so daß man zur Ausführung dieser Einheit von Anweisungen nur noch den Namen verwendet, dann spricht man auch von *prozeduraler Abstraktion*. Eine kurze Bezeichnung, die für den Programmierer eine klare inhaltliche Bedeutung hat, wird stellvertretend für eine zusammengesetzte Anweisung verwendet. Hat man die Bedeutung (Semantik) dieser Anweisung verstanden, dann kann man auf den Programmtext dieser Anweisung verzichten, um ein Programm zu verstehen. Die prozedurale Abstraktion trennt die *Implementation* (genaue Formulierung der Anweisung) von der *Definition*.

4.4.2 Funktionstypen

Eine *Prozedur* ist eine (strukturierte) Anweisung, die in einer *Prozedurdeklaration* an einen Namen (Bezeichner) gebunden wird. Innerhalb eines Programms oder einer anderen Prozedur kann dann der Name verwendet werden wie eine Anweisung. Dieser *Prozeduraufruf* bewirkt, daß die an den Namen gebundene Anweisung ausgeführt wird.

Eine *Funktion* ist (wie eine Prozedur) ebenfalls eine Anweisung, die so gestaltet ist, daß ein ganz bestimmter Wert (*Rückgabewert*) berechnet wird. Eine Funktion wird in einer *Funktionsdeklaration* an einen Namen gebunden. Dieser Name kann dann in einem Ausdruck so verwendet werden, wie man den Rückgabewert verwenden würde. Der *Funktionsaufruf* in einem Ausdruck bewirkt, daß die Anweisung ausgeführt wird mit dem Ziel, den Rückgabewert zu berechnen. Der Ausdruck, in dem der Aufruf vorkommt, wird dann mit diesem Rückgabewert ausgewertet.

Der Unterschied zwischen einer Prozedur und einer Funktion besteht darin, daß eine Funktion einen Wert berechnet, der in einem Ausdruck weiterverwendet wird, während eine Prozedur eine Anweisung darstellt. Wenn man Funktionen zuläßt, die keinen Rückgabewert liefern (wie in C und C++), dann sind Prozeduren spezielle Funktionen. In der Sprache Pascal wird zwischen Funktionen und Prozeduren explizit unterschieden, während es in den Sprachen C und C++ nur Funktionen gibt.

Beispiel 73 *In diesem Beispiel werden die Funktion func_a_hoch_b und die Prozedur proc_swap_a_b definiert.*

```
// ex442_1
// Beispiel: Prozedur und Funktion
//   Bemerkung: In C++ sind beides Funktionen
//------------------------------------------------------------
#include <iostream.h>

  int a, b;     // globale Variablen

    void proc_swap_a_b(){

    int z;
    z = a; a = b; b = z;
  }
```

```
  long int func_a_hoch_b(){

    long int p = 1;
    for(int i = 0; i < b; i++)
      p = a*p;
    return(p);
}

void main(){

  // Eingabe
  cout  << "Eingabe:\n";
  cout  << "Zwei nichtnegative ganze Zahlen a, b < 10: ";
  cin >> a >> b;
  // Ausgabe
  cout  << "\nAusgabe:\n";
  cout  << "a = " << a << "\tb = " << b << '\n';
  cout  << "1. a hoch b: " << func_a_hoch_b() << '\n';
  proc_swap_a_b();
  cout  << "2. b hoch a: " << func_a_hoch_b();
}
```

Dialog:

```
Eingabe:
Zwei nichtnegative ganze Zahlen a, b < 10: 3 8

Ausgabe:
a = 3   b = 8
1. a hoch b: 6561
2. b hoch a: 512
```

Die Funktion func_a_hoch_b berechnet für die festgelegten Variablen a und b vom Typ ***int*** *den Wert a^b (genauer: $val(a)^{val(b)}$) vom Typ* ***long int****, und die Prozedur proc_swap_a_b vertauscht die Inhalte der Variablen a und b. Nach der Eingabe von zwei Zahlen für a und b wird also zunächst func_a_hoch_b aufgerufen, und der Wert dieser Funktion wird in die Ausgabe geschrieben. Dann werden die Inhalte von a und b durch den Aufruf der Prozedur proc_swap_a_b vertauscht, und die Funktion wird erneut aufgerufen, so daß dann der Wert b^a berechnet und ausgegeben wird.*

Die Verwendung von globalen Variablen für dieses Beispiel ist kein guter Programmierstil, wurde aber gewählt, weil die Parameterübergabe noch nicht behandelt wurde.

Wir haben absichtlich eine aufwendige Bezeichnung verwendet, um zwischen Prozedur und Funktion zu unterscheiden. Wenn man sich den Unterschied erst einmal richtig klargemacht hat, kann man zu der in C++ üblichen Verwendung von Funktion als Oberbegriff übergehen.

Zur Definition einer Funktion $f : A_1 \times \cdots \times A_n \rightarrow A$ gehört die Angabe der *Funktionalität*, also die Angabe der Datentypen und Anzahl der Argumente $(A_1, \ldots, A_n)$ und des Datentyps des Funktionswertes (A). Sind $T_1, \ldots, T_n$ und T (Bezeichnungen für) Datentypen, dann ist $T_1, \ldots, T_n \rightarrow T$ (Bezeichnung) für den Typ einer Funktion (auch *Signatur* genannt, siehe Kap. 3). Argumente für eine solche Funktion sind n-tupel $(a_1, \ldots, a_n)$, wobei jedes a_i den Typ T_i hat, und der Funktionswert hat den Typ T. Zur Definition einer Funktion wird ein Name (Bezeichner) an einen solchen Funktionstyp gebunden:

$$id : T_1, \ldots, T_n \rightarrow T$$

id bezeichnet eine Funktion mit dem Typ $T_1, \ldots, T_n \rightarrow T$. Eine solche Bindung nennt man in C++ auch den *Prototyp* einer Funktion.

In einem *Funktionskopf* wird nicht nur ein Funktionsname an den Funktionstyp gebunden, sondern es werden auch Bezeichner für die Argumente definiert, da auf diese im Rumpf der Funktion Bezug genommen wird. Ein Funktionskopf hat daher die Form:

$$id(x_1 : T_1, \ldots, x_n : T_n) \rightarrow T$$

Die Bezeichner x_i heißen *formale Parameter* der Funktion *id*.

Im *Funktionsrumpf* wird ein Algorithmus in der Form von Deklarationen und Anweisungen angegeben, der aus einem n-tupel von Argumenten den Funktionswert berechnet. Der Rumpf einer Funktion hat die Form eines (mehr oder weniger) eigenständigen Programms, das aber spezielle Anweisungen zur Rückgabe des Funktionswertes enthält.

Wir fassen zunächst zusammen, daß eine *Funktionsdefinition* aus einem Funktionskopf und einem Funktionsrumpf besteht. Der Kopf legt einen Namen für die Funktion fest und definiert Bezeichner und Typen der Argumente und den Typ des Funktionswertes. Der Rumpf hat die Form eines

Programms, d.h. er besteht selbst aus einem Deklarationsteil und einem Anweisungsteil. Im Deklarationsteil werden Variablen und auch Typen definiert. Man nennt diese Definitionen *lokal* für die Funktion. Der Anweisungsteil kann sich sowohl auf lokale wie auch auf bestimmte nicht lokale Definitionen und die formalen Parameter beziehen. Wenn eine Funktion aufgerufen wird, dann wird der Anweisungsteil des Rumpfes ausgeführt. Bevor wir die genaue Bedeutung von Referenzen innerhalb eines Rumpfes genauer erklären, soll zunächst das Beispiel betrachtet werden.

In C++ hat ein Funktionskopf die Form:

$$T \;\; id(T_1\; x_1, \ldots, T_n\; x_n)$$

Dabei ist T der Typ des Funktionswertes, *id* der Funktionsname und T_i x_i sind Typ und Name des i-ten formalen Parameters (Argumentes). Die Funktion *func_ a_ hoch_ b* hat in unserem Beispiel nicht (wie man vermuten würde) den Funktionstyp **int,int → long int**, sondern die Liste der formalen Parameter ist leer:

long int *func_ a_ hoch_ b*()

Der Funktionswert hat den Typ **long int**, aber die Funktion verwendet keine (expliziten) Argumente. Der Anweisungsteil dieser Funktion bezieht sich auf die *nichtlokalen Variablen a* und *b* vom Typ **int**. Die Anweisung zur Rückgabe des Funktionswertes ist die **return**-Anweisung. Die Funktion *proc_ swap_ a_ b* enthält keine **return**-Anweisung, da sie keinen Funktionswert zurückgibt. Es handelt sich also um eine Prozedur. Um *parameterlose* Funktionen und Funktionen ohne Rückgabewert definieren zu können, wird der spezielle Datentyp **void** eingeführt. Damit haben unsere beiden Funktionen die Köpfe:

long int *func_ a_ hoch_ b*(**void**)
void *proc_ swap_ a_ b*(**void**)

Bei der leeren Parameterliste kann man die Typbezeichnung **void** in den Klammern auch weglassen, wie in dem Beispielprogramm.

Bemerkung 16 *Die Bezeichnung* **void** *(void set bedeutet: leere Menge) legt es nahe, daß hiermit die leere Menge als Datentyp gemeint ist. Das ist aber nicht korrekt, denn im mathematischen Sinn gibt es nur eine Funktion mit dem Wertebereich* $\emptyset$ *und das ist die „leere" Funktion* $\phi : \emptyset \to \emptyset$. *Für diese Funktion ist also auch der Definitionsbereich leer. Wenn man aber mit* **void** *die Menge* $\mathbf{1} = \{0\}$ *mit genau einem Element bezeichnet, dann hat eine Funktion*

$$f : A_1 \times \cdots \times A_n \to \mathbf{1}$$

für jedes Argument (n-tupel $(a_1, \ldots, a_n)$*) den gleichen Funktionswert* 0, *und daher ist der Funktionswert auch ohne Berechnung bekannt. Somit ist nicht der Funktionswert interessant, sondern die Wirkung der Funktion auf (nichtlokale) Variablen, also der Seiteneffekt. Ebenso kann* **void** *als Menge der Argumente auftreten:*

$$f : \mathbf{1} \to A$$

In diesem Fall ist $f(0) \in A$ *einfach ein bestimmtes Element aus A. Eine solche Funktion benötigt kein spezielles Argument, da hier das Argument feststeht. Eine parameterlose Prozedur hat somit den Funktionstyp:* $\mathbf{1} \to \mathbf{1}$.

Nach diesen Erklärungen erkennt man, daß in unserem Beispiel auch das Hauptprogramm *main()* eine Funktion vom Typ **void** → **void** ist:

void main(**void**)

Wir wollen uns jetzt der wichtigen Frage zuwenden, wie die Referenzen innerhalb eines Funktionsrumpfes behandelt werden. Wir unterscheiden dabei *lokale* Definitionen, *nichtlokale* Definitionen und die Definitionen der *formalen Parameter*. Lokal können Variablen, Konstanten und Typen definiert werden. Wir sprechen dann von lokalen Variablen, lokalen Konstanten und lokalen Typen.

4.4.3 Blockstruktur und Gültigkeitsbereiche

Der *Gültigkeitsbereich* (*scope*) einer Definition ist der Bereich des Programmtextes in dem jede Referenz auf den in der Definition gebundenen Bezeichner durch diese Definition erklärt wird. Außerhalb des Gültigkeitsbereiches einer Definition ist für die Bedeutung eines Bezeichners eine andere Definition zuständig. Der Gültigkeitsbereich wird durch entsprechende Regeln der Programmiersprache festgelegt. Man hat das Konzept der Abgrenzung von Gültigkeitsbereichen in die Programmierung eingeführt, um die Bedeutung eines Bezeichners auf einen genau definierten Bereich einzuschränken. Der gleiche Bezeichner kann daher in verschiedenen Gültigkeitsbereichen sehr unterschiedliche Bedeutungen haben. Um für das Auftreten eines Bezeichners im Programmtext die genaue Bedeutung (Definition) dieses Bezeichners zu verstehen, muß man also die Regeln für die Gültigkeitsbereiche kennen.

In vielen Programmiersprachen wird dazu ein *Blockkonzept* eingeführt. Ein *Block* ist eine bestimmte syntaktische Einheit, also ein bestimmter Programmabschnitt. In der Sprache Pascal ist ein Block der Rumpf einer Funktion oder Prozedur und er besteht aus einem Deklarationsteil gefolgt von einem Anweisungsteil. Hier stehen also alle Deklarationen (Definitionen) am Anfang eines Blockes. In C oder C++ wird ein Block durch die geschweifte Klammerung ({}) gekennzeichnet. Innerhalb eines Blockes können dann Definitionen beliebig eingesetzt werden. Der Gültigkeitsbereich einer Definition beginnt unmittelbar nach der Definition und erstreckt sich bis zum Ende des Blockes.

Beispiel 74 *Dieses Beispiel zeigt Variablen mit verschiedenen Gültigkeitsbereichen. Besonders hervorzuheben ist der Gültigkeitsbereich der globalen Variablen y, der sich auf den Text der gesamten Datei erstreckt.*

```
// ex443_1
// Beispiel: Gültigkeitsbereiche
//------------------------------------------------------------
#include <string.h>
#include <iostream.h>

int  y = 5; // globale Variable

void print(void){
```

```
  double x; // lokal in print

  x  = y*3.14159;
  cout << "Werte von x lokal im Rumpf der for-Schleife: ";
  for(int i = 1; i < x; i++){
    int x;  // lokal im Rumpf der for-Schleife
    y = 2*y;
    x = 2*i;
    cout << x <<  "; ";
  }
  cout << '\n';
  cout << "Wert von x lokal in print: " << x << '\n';
}

void main(){

  char x[20]; // lokal in main

  cout  << "Wert der globalen Variablen y zu Beginn: "
        << y <<  "\n";
  strcpy(x,"Test String");
  y = 1;
  print();
  cout  << "Wert von x lokal in main: "
        << x <<  "\n";
  cout  << "Wert der globalen Variablen y nach print: "
        << y <<  "\n";
}
```

Ausgabe:

```
Wert der globalen Variablen y zu Beginn: 5
Werte von x lokal im Rumpf der for-Schleife: 2;  4;  6;
Wert von x lokal in print: 3.14159
Wert von x lokal in main: Test String
Wert der globalen Variablen y nach print: 8
```

In C und C++ gibt es noch weitere Regeln, die die Gültigkeit einer Definition bestimmen. Auf diese werden wir in dem Abschnitt über Modularisierung noch zurückkommen.

Wir wollen jetzt noch etwas näher auf die Blockstruktur eingehen. Blöcke sind Abschnitte im Programmtext, deren Grenzen durch syntaktische Zeichen festgelegt sind. Innerhalb eines Blockes können weitere Blöcke liegen. Die Blöcke sind also ineinander geschachtelt. Wenn man Bezeichnungen $B_1, \ldots, B_k$ für die Blöcke eines Programms vergibt, dann kann man die folgende Relation einführen:

$$B_i \sqsubset B_j \text{ falls } B_i \text{ innerhalb von } B_j \text{ liegt.}$$

Diese Schachtelung nennt man auch die *statische Blockschachtelung*, weil sie durch den Programmtext festgelegt ist.

Beispiel 75 *Abb. 4.32 zeigt das Programm aus dem vorhergehenden Beispiel in das zusätzlich Rechtecke eingezeichnet sind, die die Blockgrenzen kennzeichnen.* B_0 *wird als äußerer Block betrachtet, der den gesamten Text umfaßt (Inhalt einer Datei).* B_1 *ist der Rumpf der Funktion print() und* B_3 *ist der Rumpf der* ***for****-Schleife innerhalb von* B_1. *Schließlich ist* B_2 *der Rumpf der Funktion main() (des Hauptprogramms). Die Blöcke haben die folgende Anordnung:*

$$B_3 \sqsubset B_1 \sqsubset B_0 \textit{ und } B_2 \sqsubset B_0$$

die man auch als Baum darstellen kann, wie in Abb. 4.33.

Die statische Blockschachtelung hat immer die Struktur eines Baumes. Ein Block kann mehrere Blöcke unmittelbar enthalten, und jeder Block, bis auf den größten, hat genau einen unmittelbar umfassenden Block. Man kann jetzt für das obige Beispielprogramm die unterschiedlichen Bedeutungen des Bezeichners x erklären.

Im Block B_1 wird x definiert als lokale Variable durch: **double** x. Im Block B_3 wird x neu definiert durch: **int** x, und diese Definition ist im gesamten Block B_3 gültig. Man sagt auch, daß diese neue Definition von x im inneren Block B_3 die Definition von x im darüberliegenden Block B_1 überdeckt. Im Hauptprogramm *main()*, also im Block B_2 wird x als **char**-Array definiert durch: **char** $x[20]$ und hat daher im Rumpf überall, wo x (textuell) vorkommt, diese Bedeutung. Um die Wirkung des Programms vollständig zu verstehen, muß man noch die dynamische Aufrufstruktur der Funktionen beschreiben.

B₀ / B₁ / B₂ / B₃ mark the nested blocks:

```
B0
//      Beispiel: Gültigkeitsbereiche
//---------------------------------------------------------
#include <string.h>
#include <iostream.h>

int  y = 5; // global

void print(void){
B1
   double x; // lokal in print
   int  i;

   x  = y*3.14159;
   cout << "Werte von x lokal im Rumpf der for-Schleife: ";
   for(i = 1; i < x; i++){
B3    int x;  // lokal im Rumpf der for-Schleife
      y = 2*y;
      x = 2*i;
      cout  << x <<  ";  ";
   }
   cout << '\n';
   cout << "Wert von x lokal in print: " << x << '\n';
}

void main(){
B2
   char x[20]; // lokal in main

   cout  << "Wert der globalen Variablen y zu Beginn: "
         << y <<  "\n";
   strcpy(x,"Test String");
   y = 1;
   print();
   cout  << "Wert von x lokal in main: "
         << x <<  "\n";
   cout  << "Wert der globalen Variablen y nach print: "
         << y <<  "\n";
}
```

Abb. 4.32 Blockschachtelung

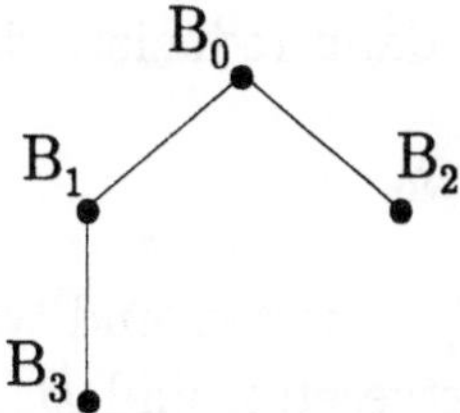

Abb. 4.33 Blockstruktur als Baum

Neben der statischen Blockschachtelung, die die textuelle Struktur der Blöcke beschreibt, gibt es auch eine *dynamische Blockschachtelung*. Diese gibt die Verhältnisse zur Laufzeit des Programms wieder. Es wird die Aufrufstruktur der Funktionen zur Laufzeit betrachtet.

Zu jedem Zeitpunkt der Abarbeitung eines Programms wird eine Anweisung in einem ganz bestimmten Block abgearbeitet. Ein Block wird also zu einem bestimmten Zeitpunkt betreten und zu einem anderen (späteren) wieder verlassen. Der gleiche Block kann dabei auch (zeitlich nacheinander) mehrmals betreten werden. Zu Beginn der Abarbeitung eines Programms wird der äußerste Block betreten, den wir immer B_0 nennen wollen. B_0 enthält die Definition von globalen Variablen, Konstanten, Typen und die Definition von Funktionen. Die einzige Anweisung in diesem Block ist der Aufruf der ausgezeichneten Funktion f_{main}, die daher so etwas wie ein Hauptprogramm darstellt.

Beim Aufruf einer Funktion f wird der Rumpf B_f dieser Funktion betreten und die Abarbeitung der Funktion f endet mit dem Verlassen des Blockes B_f. Wenn ein Funktionsrumpf B_f weitere Blöcke oder Funktionsaufrufe enthält, so werden diese in der Reihenfolge betreten, wie sie durch die Kontrollstruktur der Anweisungen festgelegt ist.

Wenn man die dynamische Beziehung:

> $B_i \prec B_j$ definiert durch:
>
> B_i wurde von B_j aus betreten und noch nicht verlassen,

dann erhält man zu jedem Zeitpunkt eine dynamische Blockschachtelung:

$$B_p \prec B_{p-1} \prec B_{p-2} \prec \ldots \prec B_0$$

Wird der Block B_p verlassen, dann reduziert sich diese Folge auf

$$B_{p-1} \prec B_{p-2} \prec ... \prec B_0$$

denn von B_{p-1} aus wurde B_p betreten und wieder verlassen. Damit wird die Bearbeitung von B_{p-1} fortgesetzt, und B_{p-1} besitzt selbst wieder eine dynamische Blockschachtelung.

In unserem Beispiel ergibt sich zu dem Zeitpunkt, zu dem die Funktion *print()* bereits aufgerufen wurde und die **for**-Schleife innerhalb von *print()* betreten wurde, die folgende dynamische Blockschachtelung:

$$B_3 \prec B_1 \prec B_2 \prec B_0.$$

Vom Block B_0 aus wurde zunächst *main()* aufgerufen und damit der Rumpf B_2 von *main()* betreten:

$$B_2 \prec B_0.$$

Dann wird *print()* aufgerufen und damit der Rumpf B_1 von *print()* betreten:

$$B_1 \prec B_2 \prec B_0.$$

Innerhalb von *print()* wird dann der Rumpf der **for**-Schleife B_3 betreten:

$$B_3 \prec B_1 \prec B_2 \prec B_0.$$

Dieser Schleifenrumpf B_3 wird insgesamt dreimal betreten und wieder verlassen. Nach jedem Verlassen des Schleifenrumpfes ergibt sich wieder die Schachtelung:

$$B_1 \prec B_2 \prec B_0.$$

Nach Verlassen der Funktion *print()* ergibt sich:

$$B_2 \prec B_0.$$

Wenn die erste Wertzuweisung in *print()* ausgeführt wird, hat die globale Variable y den Wert 1, und daher erhält die lokale Variable x in *print()* den Wert: $y * 3.14159 = 3.14159$, der dann nach der **for**-Schleife ausgegeben wird.

Wir wollen diese Beziehungen zunächst zusammenfassen:

- Die Bedeutung eines Bezeichners ergibt sich aus der statischen Blockschachtelung. Wenn der Bezeichner x im Block B vorkommt, dann hat x die Bedeutung aus derjenigen Definition von x, die im kleinsten Block B' enthalten ist, der B umfaßt. Das ist B selbst, wenn x lokal ist in B. Daraus ergibt sich der Gültigkeitsbereich jeder Definition.
- Der Wert einer nichtlokalen Variablen beim Betreten eines Blockes ist der Wert, den diese Variable unmittelbar vor dem Betreten des Blockes hatte. Der Wert einer nichtlokalen Variablen kann durch die Ausführung eines Blockes verändert werden.
- Lokale Variablen in einem Block müssen innerhalb des Blockes initialisiert werden.

In der Programmiersprache Pascal ist ein Block immer der Rumpf einer Funktion oder einer Prozedur. Die dynamische Blockschachtelung entspricht daher der Aufruffolge von Funktionen und Prozeduren. In der Sprache C (und in C++) gibt es aber auch Blöcke, die nicht an einen Funktionsnamen gebunden sind. Die Aufruffolge der Funktionen in einem C-Programm ist daher eine Teilfolge der dynamischen Blockschachtelung. Diese Aufruffolge nennt man den *Aufruf-Stapel* (*call stack*), und wir schreiben auch für Funktionen f und g das Zeichen $g \prec f$, wenn die Funktion f die Funktion g aufgerufen hat.

Bemerkung 17 *Wenn man ein Programm mit einem Debugger zur Laufzeit (schrittweise) beobachtet, dann kann man sowohl die Inhalte der Variablen anzeigen, als auch jeweils den aktuellen Aufruf-Stapel. Es ist sehr lehrreich, ein Programm mit einem solchen Werkzeug zur Laufzeit (dynamisch) zu beobachten.*

Die *Lebensdauer* (oder *Lebendigkeit*) einer Variablen ist eine dynamische Eigenschaft, die mit dem Aufruf-Stapel (der dynamischen Blockschachtelung) beschrieben werden kann. Eine Variable, die außerhalb aller Funktionen definiert ist, heißt *global*. Jede andere Variable ist *lokal* in der Funktion (bzw. dem Block), in der sie definiert wird.

Die Lebensdauer einer globalen Variablen ist die gesamte Ausführungszeit des Programms. Wenn x lokal ist in der Funktion f, dann ist x immer dann lebendig, wenn f auf dem Aufruf-Stapel liegt. Der Speicherplatz für x wird für jeden neuen Aufruf von f neu angelegt und nach Abarbeitung von f

wieder freigegeben. Das bedeutet insbesondere, daß der Wert einer lokalen Variablen einer Funktion nach deren Abarbeitung nicht mehr zur Verfügung steht. Beim erneuten Aufruf der Funktion ist der Wert der lokalen Variablen zunächst undefiniert und muß neu initialisiert werden.

Eine Variable kann zu einem Zeitpunkt lebendig sein, ohne daß man auf ihren Inhalt zugreifen kann. Das folgt aus den Regeln über den Gültigkeitsbereich.

Beispiel 76 *Sei die Variable x in den Funktionen f und g lokal definiert. Wir betrachten den Zeitpunkt zu dem g von f aufgerufen wurde und noch nicht beendet ist:*

$$g \prec f \prec \cdots \prec f_0.$$

*Dann ist die lokale Variable x von f zwar lebendig, denn f liegt auf dem Aufrufstapel, aber innerhalb von g ist nur die lokale Variable x von g zugreifbar. Wenn in unserem vorherhenden Beispiel die Funktion print() von main() aufgerufen wurde, und dann innerhalb von print() der Rumpf der **for**-Schleife betreten wird, dann sind drei verschiedene Variablen mit dem Namen x lebendig, aber im Rumpf der **for**-Schleife ist nur die lokale Variable dieses Namens sichtbar (zugreifbar).*

Ein *Seiteneffekt* (*side effect*) ist die Wirkung einer Funktion auf nichtlokale Variablen.

Bemerkung 18 *side effect bedeutet eigentlich Nebenwirkung und trifft die Bedeutung besser, aber der Terminus Seiteneffekt wurde als wörtliche Übersetzung übernommen und hat sich durchgesetzt.*

Eine Funktion kann in ihrem Anweisungsteil durch eine Wertzuweisung den Inhalt einer sichtbaren, nichtlokalen Variablen verändern. Die Veränderung bleibt erhalten, auch wenn die Funktion verlassen wurde. Diese Eigenschaft einer Funktion in der (imperativen) Programmierung unterscheidet sie ganz wesentlich von einer Funktion im mathematischen Sinn. Eine mathematische Funktion liefert zu einem Argument einen Wert, der in einem Ausdruck zur Auswertung des Ausdrucks weiterverwendet werden kann; aber sie hat darüberhinaus keine andere Auswirkung. Es gibt natürlich auch in der Programmierung Funktionen ohne Seiteneffekt, die einer mathematischen Funktion entsprechen. Eine Funktion ohne Rückgabewert (Prozedur) wird aber gerade verwendet, um Seiteneffekte zu erzielen.

Seiteneffekte sind einerseits gewollt und geben einer Programmiersprache eine wichtige Ausdrucksmöglichkeit. Andererseits sollte der Programmierer mit Seiteneffekten sehr behutsam umgehen, denn die undisziplinierte Verwendung von Seiteneffekten kann zu schwer verständlichen Programmen und damit zu schwer auffindbaren Fehlern führen. Die Beziehung zwischen einer Funktion und der Umgebung, in der sie aufgerufen wird, sollte durch die Verwendung der Parameter explizit ausgedrückt werden und nicht implizit über die Veränderung von nichtlokalen Variablen.

4.4.4 Parameterübergabe

Bisher haben wir nur Funktionen betrachtet, die keine Argumente benötigten:

$$f : \mathbf{1} \to A$$

aber in den Anwendungen benötigt man meistens Funktionen mit mehreren Argumenten:

$$f : A_1 \times \cdots \times A_n \to A,$$

wie z.B. eine Funktion

$$\begin{aligned} &exp : \mathbf{N} \times \mathbf{N} \longrightarrow \mathbf{N} \\ &exp(x, y) = x^y. \end{aligned}$$

Wir haben das bereits bei der Kennzeichnung der Typen von Funktionen (Signaturen) beschrieben. Der Kopf einer Funktionsdefinition hat allgemein die Form:

$$f(x_1 : T_1, \ldots, x_n : T_n) : T.$$

Darin heißen die Bezeichner x_i die *formalen Parameter* der Funktion (mit Namen) f. Diese formalen Parameter kommen im Rumpf der Funktion vor.

Sie können dort so verwendet werden, wie Variablennamen (des entsprechenden Typs). Wenn die Funktion f aufgerufen wird, dann muß sie mit einer entsprechenden Liste $(e_1, \ldots, e_n)$ von *aktuellen Parametern* aufgerufen werden:

$$f(e_1, \ldots, e_n).$$

Da eine Variable einen L-Wert (Speicherplatz) und einen R-Wert (Wert des Typs der Variablen) besitzt, muß man festlegen, wie die formalen Parameter im Rumpf einer Funktion interpretiert werden, und in welcher Beziehung sie zu den aktuellen Parametern stehen. Es gibt verschiedene Formen der Parameterübergabe, von denen wir hier nur die zwei wichtigsten behandeln wollen.

4.4.4.1 Werteparameter

Der Einfachheit halber sei f eine Funktion mit nur einem Parameter:

$$f(x : T_1) : T.$$

Wir betrachten die Übergabe als *Werteparameter* (*call-by-value*). Bei dieser Art der Parameterübergabe wird x im Rumpf von f behandelt wie eine lokale Variable des Typs T_1. Man kann sich dazu vorstellen, daß die Angabe $x : T_1$ im Funktionskopf (implizit) eine lokale Definition $x : T_1$ im Rumpf von f bedeutet. Wir gehen also davon aus, daß $x : T_1$ eine lokale Variable von f ist. Der aktuelle Parameter e beim Aufruf $f(e)$ kann ein beliebiger Ausdruck sein, dessen Wert den Typ T_1 haben muß. Beim Aufruf der Funktion f mit dem aktuellen Parameter e wird der Ausdruck e ausgewertet (sein R-Wert wird bestimmt), und dieser Wert wird (implizit) der lokalen Variablen x als initialer Wert zugewiesen, d.h. bevor irgendeine andere Anweisung des Rumpfes ausgeführt wird.

Beispiel 77 *Das Programm zeigt, wie die Parameterübergabe durch Werteparameter wirkt.*

```
// ex444_1
// Beispiel: Werteparameter
//-----------------------------------------------------------
#include <iostream.h>
```

```
double f(int x){

  // int x     implizit definierte lokale Variable
  double y; // explizit definierte lokale Variable

  cout << "f.x zu Beginn der Ausführung von f: "
       << x << '\n';
  y  = x*3.14159;        // R-Wert von x wird verwendet
  x = x + 3;             // R-Wert von x wird überschrieben
  cout << "f.x vor dem Verlassen von f        : "
       << x << '\n';
  return(x*y);           // der berechnete Rückgabewert
}

void main(){

  int z = 2;
  int x = 7;

  cout << "Wert von:\n";
  cout << "main.z vor dem Aufruf von f        : "
       << z << '\n';
  cout << "main.x vor dem Aufruf von f        : "
       << x << '\n';
  cout << "f(z) Rückgabewert von f            : "
       << f(z) << '\n';
  cout << "main.z nach dem Aufruf von f       : "
       << z << '\n';
  cout << "main.x vor dem Aufruf von f        : "
       << x << '\n';
}
```

Ausgabe:

```
Wert von:
main.z vor dem Aufruf von f        : 2
main.x vor dem Aufruf von f        : 7
f.x zu Beginn der Ausführung von f: 2
f.x vor dem Verlassen von f        : 5
f(z) Rückgabewert von f            : 31.4159
main.z nach dem Aufruf von f       : 2
main.x vor dem Aufruf von f        : 7
```

In dem Beispiel wird eine Funktion f definiert mit dem Typ **int** $\rightarrow$ **int** und dem formalen Parameter x. Im Kommentar wird angezeigt, wie man sich die lokale Definition von x vorstellen kann. Beim Aufruf wird die lokale Variable x von f mit dem Wert der in *main()* lokalen Variablen z initialisiert. Eine Wertzuweisung an x hat keine Wirkung auf den aktuellen Parameter z, was aber nach der Erklärung der Parameterübergabe auch ganz klar sein sollte. Da für den aktuellen Parameter nur ein R-Wert benötigt wird, kann der aktuelle Parameter auch ein Ausdruck sein wie z.B. in dem Aufruf: $f(2 * z - 1)$.

4.4.4.2 Referenzparameter

Die Programmiersprache C kennt nur die Parameterübergabe als Werteparameter. In Pascal und auch in C++ gibt es noch die Übergabe durch *Referenzparameter* (*call-by-reference*), die wir jetzt behandeln wollen. Wenn eine Funktion keinen Seiteneffekt hat, dann ist die einzige Wirkung dieser Funktion nach ihrer Abarbeitung die Rückgabe eines Wertes. Eine Funktion ohne Rückgabewert (Prozedur) und ohne Seiteneffekt hätte somit überhaupt keine Wirkung auf nichtlokale Variablen. Oft möchte man aber eine bestimmte Folge von Anweisungen logisch zusammenfassen (zu einer Prozedur), die auf eine (oder mehrere) nichtlokale Variable wirken. Diese Variable möchte man aber erst bei einem Funktionsaufruf festlegen.

In diesem Fall benötigt man einen formalen Parameter, der nicht für einen R-Wert, sondern für einen L-Wert steht. Der aktuelle Parameter muß dann einen L-Wert besitzen, denn dieser soll übergeben werden. Um diese Art der Parameterübergabe zu bezeichnen, verwenden wir zunächst die Bezeichnung **ref** vor dem Bezeichner des formalen Parameters:

$$f(\textbf{ref } x : T_1) : T.$$

Der Bezeichner x kommt im Rumpf der Funktion wieder so vor wie eine Variable des Typs T_1. Wenn die Funktion f mit dem aktuellen Parameter e aufgerufen wird, dann muß e ein Ausdruck sein, der einen L-Wert vom Typ $\text{loc}(T_1)$ hat, d.h. einen Speicherplatz für Werte vom Typ T_1. Der aktuelle Parameter ist also meistens ein Variablenbezeichner, aber auch ein anderer Ausdruck mit einem passenden L-Wert. Beim Aufruf der Funktion wird der übergebene L-Wert an den formalen Parameter x gebunden, so daß x wie eine Variable betrachtet werden kann, deren L-Wert (Speicherplatz) durch den aktuellen Parameter bestimmt wird.

In C++ wird ein Referenzparameter durch das Symbol '&' (statt **ref**) gekennzeichnet. Der Funktionskopf für eine Funktion f mit einem Referenzparameter x erhält damit in C++ die Form:

$$T \;\; f(T_1 \; \&x)$$

Wir betrachten dazu ein Beispiel für die Parameterübergabe mit zwei Referenzparametern.

Beispiel 78 *In diesem Beispiel wird eine Funktion swap mit zwei Referenzparametern x und y definiert. Sie hat keinen Rückgabewert, denn die Wirkung dieser Funktion soll es sein, die Inhalte der Parameter zu vertauschen.*

```
// ex444_2
// Beispiel: Referenzparameter
//----------------------------------------------------------
#include <iostream.h>

void swap(int &x, int &y){

  int z; // lokale Variable

  z = x; x = y; y = z;
}

void main(){

  int a[2]={1,2};

  cout << "a[0] : " << a[0] << "  a[1] : " << a[1] << '\n';
  swap(a[0],a[1]);
  cout << "a[0] : " << a[0] << "  a[1] : " << a[1] << '\n';
}
```

Ausgabe:

```
a[0] : 1  a[1] : 2
a[0] : 2  a[1] : 1
```

Natürlich kann man Funktionen definieren, mit Parameterlisten, in denen sowohl Werte- als auch Referenzparameter vorkommen.

In der Sprache C gibt es nur die Werteübergabe. Um trotzdem eine Wirkung auf Variablen auszuüben, die als Parameter übergeben werden können, verwendet man in C Zeiger. Das entspricht einer Werteübergabe, bei der der Wert nicht den Typ T hat, sondern den Typ loc(T). Ansonsten handelt es sich um die ganz gewöhnliche Werteübergabe. Das soll an einem letzten Beispiel gezeigt werden.

Beispiel 79 *Dieses Beispiel ist eine Variante des vorherigen Beispiels, das die früher in C übliche Verwendung von Zeigern zeigt, um damit den Inhalt von übergebenen Variablen zu verändern.*

```
// ex444_3
// Beispiel: swap mit Zeigern
//------------------------------

void swap(int *x, int *y){

  int z; // lokale Variable

  z = *x; *x = *y; *y = z;
}
```

Wir haben hier nur die Funktion swap() wiedergegeben. Es werden Werteparameter übergeben. Aber die Werte sind Zeiger auf **int**, *haben also den Typ loc(***int***). Beim Aufruf der Funktion swap müssen Werte vom Typ loc(***int***) übergeben werden. Man übergibt somit die L-Werte der Variablen. Diese erhält man in C mit dem Adressoperator &. Der Aufruf swap(&a[0], &a[1]) bindet die L-Werte von a[0] und a[1] an die lokalen Zeigervariablen x und y. Im Rumpf der Funktion hat dann x den L-Wert von a[0] und y den L-Wert von a[1]. Daher erfolgen die Wertzuweisungen an die Variablen, deren L-Werte (Adressen) übergeben wurden.*

Das Konzept der Referenzparameter ist dem der Werteparameter mit Zeigern vorzuziehen, da die Semantik einfacher zu verstehen ist und auch die Syntax etwas einfacher ist. Man mache sich klar, daß die Verwendung von Referenzparametern und Zeigern immer die Möglichkeit von *Seiteneffekten* eröffnet, ob diese erwünscht sind oder nicht. Die Beurteilung der Wirkung einer solchen Funktion kann oft nicht allein aus dem Text dieser Funktion abgeleitet werden, sondern erst durch die verschiedenen Aufrufstellen.

4.4.5 Rekursion

Wir haben im vorigen Abschnitt gesehen, daß man im Rumpf einer Funktion f eine andere Funktion g aufrufen kann. Dazu muß lediglich der Funktionstyp von g vor der Definition der Funktion f erfolgt sein.

Beispiel 80 *In diesem Beispiel werden die Funktionen fak und binomial_koeffizient definiert, und die Funktion binomial_koeffizient ruft die Funktion fak auf. Die Reihenfolge der Funktionsdefinitionen wurde absichtlich so gewählt, daß die Definition der Funktion fak erst nach der Definition der Funktion binomial_koeffizient erfolgt. Trotzdem kann man in binomial_koeffizient die Funktion fak aufrufen, weil durch die Angabe des Protoyps der Funktionstyp von fak vor der Definition von binomial_koeffizient bekannt ist.*

```
// ex445_1
// Beispiel: Fakultätsfunktion
// Version 1: iterativ
//----------------------------------------------------------
#include <iostream.h>

const char NL  = '\n';   // Zeilenvorschub (New Line)
const char TAB = '\t' ;  // Tabulatorzeichen

long int fak(int x);     // Nur Prototyp

long int binomial_koeffizient(int x, int y){
// berechnet den Binomialkoeffizienten: x über y
  return(fak(x)/(fak(y)*fak(x-y)));
}

long int fak(int x){
  // Fakultätsfunktion: berechnet x!
  long int z; // lokale Variable

  z = 1;
  for(int i = 1; i <= x; i++)
    z = z*i;
  return z;
}

void main(){
```

```
  const int n = 8;
  int k;

  cout << n << "! = " << fak(n) << NL << NL;
  cout << "Folge der Binomialkoeffizienten: " << NL << NL;
  for(k = 0; k <= n; k++)
  cout << binomial_koeffizient(n,k) << TAB;
}
```

Ausgabe:

```
8! = 40320

Folge der Binomialkoeffizienten:

1       8       28      56      70      56      28      8       1
```

Da der Funktionskopf einer Funktion stets vor dem Rumpf der Funktion steht, kann eine Funktion sich auch selbst aufrufen. Ein solcher Aufruf heißt dann ein *rekursiver Aufruf*. Im folgenden Beispiel soll eine rekursive Version der Fakultätsfunktion angegeben werden.

Beispiel 81 *Rekursiv definierte Fakultätsfunktion.*

```
// ex445_2
// Beispiel: Fakultätsfunktion
//  Version 2: rekursiv
//-------------------------------------------------------
#include <iostream.h>

long int fak(long int x){
  // Fakultätsfunktion: berechnet x!

  if(x == 0) return 1;
  else       return x*fak(x-1);
}

void main(){

  cout << ''8! = '' << fak(8);
}
```

Ausgabe:

```
8! = 40320
```

In Beispiel 81 ist die Fakultätsfunktion so definiert, wie sie in der Mathematik meistens definiert wird. Um zu verstehen, wie diese Funktion zur Laufzeit abgearbeitet wird, kann man sich den *Aufruf-Stapel* ansehen. Dazu schreiben wir zu jedem Aufruf auch das übergebene Argument auf:

$$fak(0) \prec fak(1) \prec fak(2) \prec fak(3)$$

Der letzte Aufruf liefert den (Rückgabewert)

$$fak(0) = 1.$$

Jeder andere Aufruf durchläuft den **else**-Zweig der **if**-Anweisung und benötigt dort den Rückgabewert des zuvor beendeten Aufrufs. Mit dem Rückgabewert von $fak(0)$ kann der vorletzte Aufruf beendet werden. Er liefert den Wert

$$fak(1) = 1 * fak(0) = 1 * 1 = 1.$$

Dann wird dieser Wert zur Berechnung von $fak(2)$ eingesetzt:

$$fak(2) = 2 * fak(1) = 2 * 1 = 2$$

und dieser schließlich zur Berechnung von $fak(3)$:

$$fak(3) = 3 * fak(2) = 3 * 2 = 6.$$

Damit sind alle Aufrufe abgearbeitet und der Rückgabewert des Aufrufs $fak(3)$ ist 6.

Für das folgende Druckbild

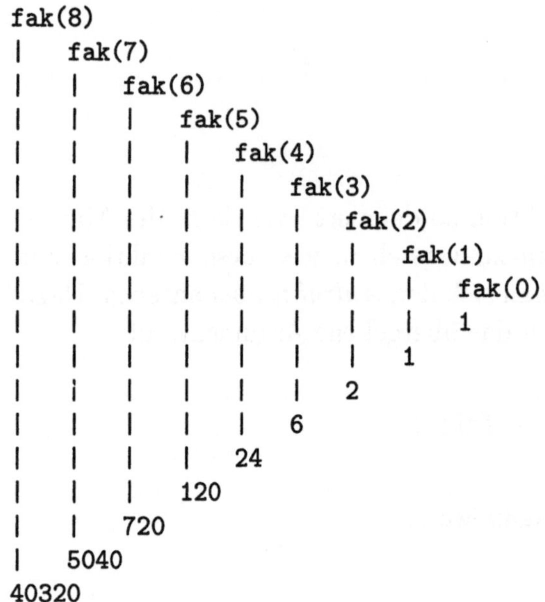

```
fak(8)
|   fak(7)
|   |   fak(6)
|   |   |   fak(5)
|   |   |   |   fak(4)
|   |   |   |   |   fak(3)
|   |   |   |   |   |   fak(2)
|   |   |   |   |   |   |   fak(1)
|   |   |   |   |   |   |   |   fak(0)
|   |   |   |   |   |   |   |   1
|   |   |   |   |   |   |   1
|   |   |   |   |   |   2
|   |   |   |   |   6
|   |   |   |   24
|   |   |   120
|   |   720
|   5040
40320
```

wurde die Funktion fak so verändert, daß sie die Folge der rekursiven Aufrufe (durch Einrückung) und die zugehörigen Rückgabewerte für den Aufruf $fak(8)$ ausdruckt. Man erkennt das Anwachsen des Aufruf-Stapels und den Abbau bei der Rückgabe der Werte.

Da in der Mathematik sehr viele Funktionen rekursiv definiert sind, kann man mit rekursiven Aufrufen solche rekursiven Definitionen leicht in eine Funktionsdefinition der Programmierung umsetzen. Sehr häufig kann man die Lösung eines gegebenen praktischen Problems zunächst sehr einfach formulieren, wenn man sich auf die Lösung eines Problems der gleichen Art mit „kleinerem" Argument abstützen kann. Die Kette der so entstehenden rekursiven Aufrufe muß natürlich für genügend kleine Argumente durch eine direkte Angabe der Lösung abbrechen. Daher ist die Struktur rekursiv definierter Funktionen meist eine Fallunterscheidung, die für gewisse einfache Argumente eine direkte Lösung liefert, und sich ansonsten auf sich selbst abstützt, aber mit kleinerem Argument.

Beispiel 82 *Dieses Beispiel behandelt ein Sortierproblem (Sortieren durch Auswählen, selection sort). Gegeben ist ein* **int***-Array, das beliebig mit nichtnegativen Zahlen gefüllt ist. Es soll ein Verfahren programmiert werden, das die Inhalte so umsortiert, daß die Zahlen in ihrer natürlichen Reihenfolge stehen.*

*Sei dazu die Variable **int** $x[n]$ gegeben. Nach dem Sortieren muß dann die folgende Bedingung erfüllt sein:*

$$\forall_{0 \leq i,j < n} : i \leq j \Rightarrow x[i] \leq x[j]$$

Die rekursive Lösung zum Sortieren des Abschnittes $x[0] \ldots x[n-1]$ ist sehr einfach:

- *Wenn $n = 1$ ist, dann ist x sortiert.*
- *Andernfalls*
  - *Bestimme einen Index mit maximalem Element. Das sei k mit $0 \leq k < n$.*
  - *Vertausche den Inhalt von $x[k]$ mit dem von $x[n-1]$. Jetzt steht das größte Element an der richtigen Stelle*
  - *Wende das gleiche Verfahren auf $x[0] \ldots x[n-2]$ an*

Das folgende Programm zeigt die Implementation dieser einfachen Lösung.

```
// ex445_3
// Beispiel: Rekursive Lösung eines
//   Sortierproblems (Sortieren durch Auswählen)
//---------------------------------------------------
#include <iostream.h>
#include <stdlib.h>

const int MAX_ELEM = 20;

void swap(int &x, int &y){
// vertauscht die Inhalte von x und y
        int z;
        z = x; x = y; y = z;
}

int index_max(int (&x)[], int laenge){
  // liefert den Index eines maximalen Elementes
  // im Abschnitt 0 bis laenge-1 des arrays x
  int max = 0;

  for(int i = 0; i < laenge; i++)
```

```
    if(x[i] > x[max]) max = i;
  return(max);
}

void print(int (&x)[], int laenge){
  // druckt int-array von 0 bis laenge-1
  for(int i = 0; i < laenge; i++){
    cout.width(3);
    cout << x[i];
  }
  cout << '\n';
}

void init_random(int (&x)[], int laenge){
  // initialisiert array x mit Zufallszahlen < 100
  // im Abschnitt 0 bis laenge-1
  randomize();
  for(int i = 0; i < laenge; i++)
    x[i] = random(100);
}

void sort(int (&x)[], int laenge){
  // sortiert int-array von 0 bis laenge-1
  int max;

  if(laenge > 1){
    max = index_max(x,laenge);
    swap(x[laenge-1],x[max]);
    sort(x,laenge-1);
  }
}

void main(){

  int   folge[MAX_ELEM];

  init_random(folge, MAX_ELEM);
  print(folge, MAX_ELEM);
  sort(folge, MAX_ELEM);
  print(folge, MAX_ELEM);
}
```

Ausgabe:

```
73  3 89 34 93 66 74 80 76 20 94 92 36 58  7 18 74  3 68 93
 3  3  7 18 20 34 36 58 66 68 73 74 74 76 80 89 92 93 93 94
```

Nur die Funktion sort() ist hier wesentlich. Der Rest ist nur ein Testrahmen, in dem sort() aufgerufen wird. Eine unsortierte Folge wird mit der Bibliotheksfunktion random() erzeugt.

Diese rekursive Lösung sieht einfach aus und ist einfach zu verstehen. Man kann leicht induktiv beweisen, daß die Funktion eine sortierte Folge liefert. Wir werden allerdings später sehen, daß diese Lösung nicht sehr *effizient* ist. Das bedeutet, daß die *Laufzeit* des Verfahrens mit zunehmender Größe des zu sortierenden Arrays sehr stark ansteigt. Dies läßt sich auch quantitativ ausdrücken. Die Laufzeit wächst bei diesem Verfahren quadratisch mit der Größe des Arrays. Man sagt dann auch, daß die Laufzeit aus $O(n^2)$ ist. Diese Schreibweise und ihre genaue Bedeutung werden wir in Kapitel 5 noch genauer erklären.

Die ganze Stärke der rekursiven Prozeduren und Funktionen zeigt sich besonders deutlich, wenn man mit Datenstrukturen arbeitet, die selbst rekursiv definiert sind, wie z.B. Listen oder Bäume. Solche Strukturen behandeln wir in Kapitel 5.

4.5 Dynamische Datentypen und Zeiger

Wenn man eine Variable x vom Typ T definiert, dann wird ein Speicherplatz an den Namen x gebunden. Dieser Speicherplatz kann Werte vom Typ T speichern. Wir haben das auch so ausgedrückt, daß x einen L-Wert vom Typ loc(T) und einen R-Wert vom Typ T hat (Abb. 4.34).

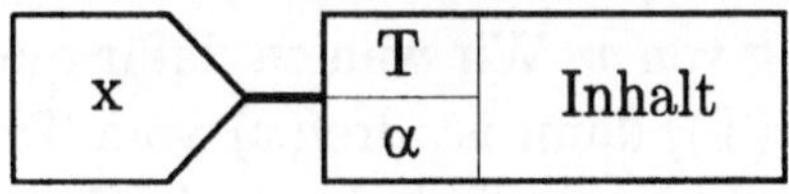

Abb. 4.34 Bindung eines Bezeichners x an einen Speicherplatz vom Typ T

Der L-Wert von x ist eine Referenz auf einen Speicherplatz mit definiertem Typ T. Man kann nun diese Referenzen als eigenständigen Datentyp loc(T) betrachten und zu jedem Typ T einen Typ loc(T) annehmen. Was ist dann die Bedeutung einer Variablen x, die R-Werte vom Typ loc(T) hat? Wir betrachten also eine Variable

$$x : \text{loc(T)}.$$

Der R-Wert von x (also der Inhalt der Variablen x) ist von Typ loc(T), d.h. eine Referenz auf einen Speicherplatz vom Typ T (Abb. 4.35).

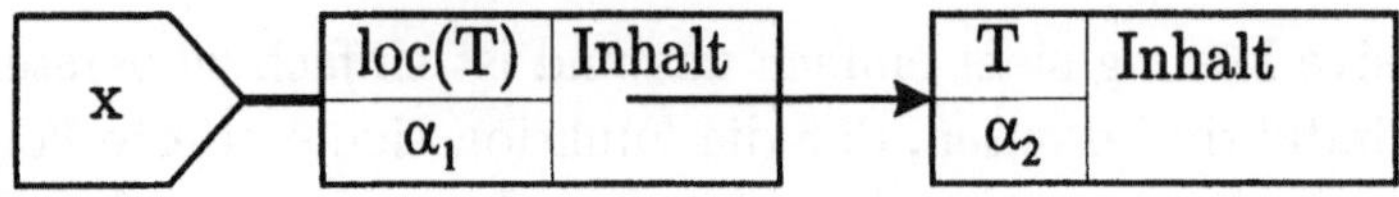

Abb. 4.35 R-Wert von x ist ein Speicherplatz vom Typ T

Der L-Wert von x hat den Typ loc(loc(T)), und das bedeutet, daß an den Namen x eine Referenz auf einen Speicherplatz gebunden ist, der seinerseits eine Referenz auf einen Speicherplatz vom Typ T enthält.

Es ist etwas vereinfacht auch so zu betrachten, daß eine Referenz eigentlich eine Speicheradresse ist. Dann ist der L-Wert von x die Adresse α_1 und der Inhalt unter dieser Adresse wird wieder als Adresse betrachtet. Diese Adresse α_2 ist dann die (Anfangs-) Adresse eines Speicherplatzes, der Werte vom Typ T aufnehmen kann. Man sollte aber Referenzen nicht mit Speicheradressen gleichsetzen, denn zu einer Referenz gehört auch ein Typ, und dieser definiert die Speicherabbildung.

Ein *Zeiger auf* T ist nichts anderes als ein Wert vom Typ loc(T). Eine *Zeigervariable auf* T ist eine Variable x vom Typ loc(T), und der R-Wert einer Zeigervariablen ist ein Zeiger auf T. Da der Inhalt einer Zeigervariablen vom Typ loc(T) ist, kann man ihn auch als den L-Wert einer (namenlosen) Variablen betrachten, die ihrerseits einen R-Wert vom Typ T hat. Für diese (zunächst) namenlose Variable führt man eine Bezeichnung ein. Man nennt das die *Dereferenzierung* von x. Wir wählen dafür die Bezeichnung dref(x). Ist also x vom Typ loc(T), dann ist dref(x) vom Typ T. Man kann diese Beziehung auch vereinfacht symbolisch durch ein *Zeigerdiagramm* darstellen (*box and pointer*) wie in Abb. 4.36.

Diese Darstellung ist so zu interpretieren, daß x der Name einer Variablen ist, deren Inhalt (R-Wert) ein Zeiger ist. dref(x) bezeichnet dann eine Variable vom Typ T:

$$x : \text{loc(T)} \Rightarrow \text{dref}(x) : \text{T}$$

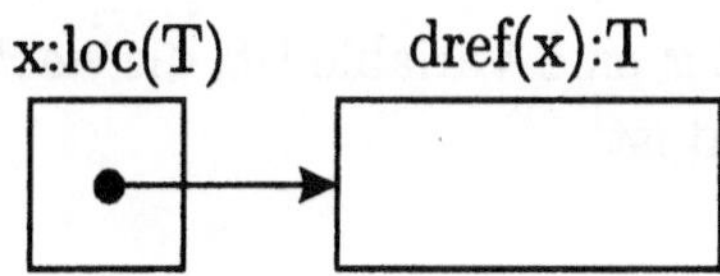

Abb. 4.36 Zeigervariable x

Man kann das auch iterieren:

$$x : \text{loc}(\text{loc}(\text{T})) \Rightarrow \text{dref}(x) : \text{loc}(\text{T}) \Rightarrow \text{dref}(\text{dref}(x)) : \text{T}$$

Eine Variable vom Typ loc(loc(T)) muß zweimal dereferenziert werden, um eine Variable vom Typ T zu erhalten.

Da eine Variable x vom Typ T einen L-Wert vom Typ loc(T) hat, kann man auch eine Operation einführen, mit der man diesen L-Wert von x erhält. Wir verwenden dafür die Bezeichnung ref(x). ref ist der *Referenzierungs-Operator*, und man erhält die Beziehung:

$$x : \text{T} \Rightarrow \text{ref}(x) : \text{loc}(\text{T})$$

Man kann das vereinfacht so auffassen, daß ref(x) die Adresse der Variablen x ist. Die beiden Operatoren ref und dref sind zueinander invers:

$$x : \text{loc}(\text{T}) \Rightarrow \text{dref}(x) : \text{T} \Rightarrow \text{ref}(\text{dref}(x)) : \text{loc}(\text{T})$$
$$x : \text{T} \Rightarrow \text{ref}(x) : \text{loc}(\text{T}) \Rightarrow \text{dref}(\text{ref}(x)) : \text{T}$$
$$x : \text{loc}(\text{T}) \Rightarrow \text{ref}(\text{dref}(x)) = x$$
$$y : \text{T} \Rightarrow \text{dref}(\text{ref}(y)) = y$$

Um eine Zeigervariable zu definieren, muß man für den Typ loc(T) eine Bezeichnung einführen. In Pascal schreibt man dafür ↑T (oder ^T) als sinnfällige Bezeichnung für einen Typ, dessen Werte die Zeiger auf T sind. Das gleiche Symbol wird dann zur Dereferenzierung verwendet. Ist x : ^T, dann ist x^ = dref(x).

In C und C++ ist die Notation etwas verwirrender. Man geht hier von der Dereferenzierung aus, für die man $*$ als *Dereferenzierungs-Operator* einführt. Eine Variable x vom Typ loc(T) wird dann wie folgt definiert:

$$\text{T} \quad *x$$

Mit der Vorstellung, daß x eine Variable ist, die *nach Dereferenzierung* den Typ T hat. Entsprechend ist

$$T **x$$

eine Variable vom Typ loc(loc(T)) usw. Der Referenzierungs-Operator in C++ ist der Adressoperator &, so daß also für eine Variable x vom Typ T mit $\&x$ der Speicherplatz von x bezeichnet wird.

Wenn man eine Variable x vom Typ T definiert, dann wird für diese Variable ein Speicherplatz der für den Typ T erforderlichen Größe durch den *Compiler* (statisch) festgelegt. Das ist gerade die Bindung von x an einen Speicherplatz vom Typ T. Ist x vom Typ loc(T), dann wird zwar der Speicherplatz für eine Referenz (einen Zeiger auf T) festgelegt und an x gebunden, aber es wird kein Speicherplatz für dref(x), also für eine Variable vom Typ T an dref(x) gebunden. Der R-Wert von x ist zunächst die *leere Referenz*, die wir mit **nil** bezeichnen.

Der Versuch x zu dereferenzieren, wenn x den R-Wert **nil** hat, führt zu einem Laufzeitfehler. Die Speicherplatzbindung für dref(x) erfolgt erst zur Laufzeit (dynamisch) und muß explizit durch eine Anweisung erfolgen.

In C++ (und ähnlich in Pascal) gibt es dazu die Anweisung *new*. Durch

$$x = \text{new} \quad T$$

wird zur Laufzeit ein Speicherplatz vom Typ T zur Verfügung gestellt und die Referenz auf diesen Speicherplatz der Variablen x zugewiesen. Man kann das einfach durch die Zeigerdiagramme verdeutlichen. Zunächst die Situation vor der new-Anweisung in Abb. 4.37. Und Abb. 4.38 zeigt die Situation nach der new-Anweisung.

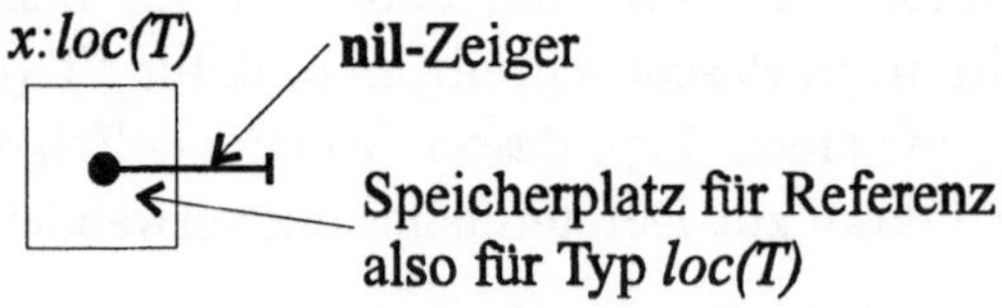

Abb. 4.37 Zeigervariable mit dem Inhalt **nil**

Ein einfaches Beispiel in C++ soll diese Zusammenhänge nochmals verdeutlichen.

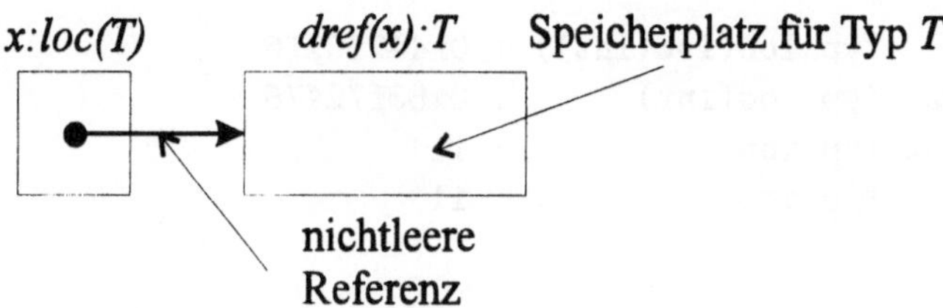

Abb. 4.38 Zeigervariable mit Referenz auf einen Speicherplatz vom Typ T

Beispiel 83 *Die Referenzen, die hier ausgegeben werden, sind einfach Adressen, die aber systemabhängig sind.*

```
// ex45_1
// Beispiel: Zeigervariablen und new
//------------------------------------------------------------
#include <iostream.h>

void main(){

  const char NL = '\n';

  int a = 5; // int
  int *x;    // Zeiger auf int
  int **z;   // Zeiger auf Zeiger auf int

  // Initialisierung
  z = new int*;   // Speicherplatz für *z: Typ int*


  x  = &a;       // R-Wert von x ist jetzt der L-Wert von a
  *x = 2*a + 1; // Der R-Wert von a wird verändert!
  *z = x;       // *z enthält die gleiche Referenz wie x
  cout << "Inhalt von z   Typ loc(loc(int)) : " <<   z << NL
       << "Inhalt von *z  Typ loc(int)      : " <<  *z << NL
       << "Inhalt von **z Typ int           : " << **z << NL
       << "Inhalt von a   Typ int           : " <<   a << NL;

  delete z; // am Ende eines Programms nicht notwendig
}
```

Ausgabe:

```
Inhalt von z   Typ loc(loc(int)) : 0x442f02f6
Inhalt von *z  Typ loc(int)      : 0x83f72476
Inhalt von **z Typ int           : 11
Inhalt von a   Typ int           : 11
```

Die Adressen sind wieder als achtstellige Hexadezimalzahlen ausgegeben, die eigentlich in zwei vierstellige zerlegt werden müssen: <segment>:<offset>. Aber diese Feinheit ist für das Beispiel nicht wesentlich.

Es ist implementationsabhängig, wie nicht initialisierte Zeigervariablen behandelt werden. Der hier verwendete Compiler gibt zur Übersetzungszeit eine Warnung aus. Zur Laufzeit hat eine nicht initialisierte Zeigervariable einen beliebigen Wert, so wie andere nicht initialisierte Variablen auch. Es ist aber grundsätzlich als ein Fehler anzusehen, den R-Wert einer Variablen zu verwenden, bevor diese durch eine Wertzuweisung einen definierten Wert erhalten hat.

Der **nil**-Zeiger hat in C++ den Wert 0. Meistens gibt es eine Definition NULL mit diesem Wert, so daß man eine Zeigervariable x in C++ wie folgt explizit mit dem **nil**-Zeiger initialisieren kann:

$x =$ NULL;

Wie man zur Laufzeit Speicherplatz neu anfordern kann, so kann man auch nicht mehr benötigten Speicherplatz explizit zurückgeben. Ist x eine Variable vom Typ loc(T), und wurde mit $x =$ new(T) der Speicherplatz für dref(x) neu zugewiesen, dann wird er mit

delete x

wieder zurückgegeben. Es besteht dann wieder die Situation wie vor der Ausführung der new-Anweisung. Aber auch hier ist zu bemerken, daß nach der *delete-Anweisung* zwar der Speicherplatz zurückgegeben wurde, aber der Zeiger immer noch einen Wert hat, der nicht **nil** ist (während ein Zeiger z.B. in Pascal nach dem delete automatisch den Wert **nil** erhält).

Um zu verstehen, was es heißt, daß man Speicherplatz zur Laufzeit anfordern und zurückgeben kann, möchten wir ganz kurz auf die prinzipielle Speicherauslegung für ein laufendes Programm eingehen.

Man stellt sich den Speicher vor als eine lineare Folge von Speicherwörtern einer festen Größe, so daß jedes Speicherwort eine Adresse besitzt. Der gesamte Speicher, der einem Programm zur Laufzeit zur Verfügung steht, kann logisch in vier Bereiche aufgeteilt gedacht werden, nämlich in Speicher für:

- das ausführbare Programm (feste Größe, statisch)
- die globalen Variablen (feste Größe, statisch)
- lokale Variablen in aktiven Funktionen (*Stack* oder Aufruf-Stapel, dynamisch)
- die dynamische Zuteilung zur Laufzeit (*Heap*, dynamisch)

Der *Heap* ist ein Speicherbereich, der vom Betriebssystem verwaltet wird. Die *new*-Anweisung bewirkt, daß dem Programm ein Teil des Heapspeichers zur Verfügung gestellt wird, und mit der *delete*-Anweisung wird dieser wieder zurückgegeben, so daß ihn das Betriebssystem anderweitig (dynamisch) vergeben kann. Es ist sehr wichtig, daß man angeforderten Heap-Speicher auch wieder zurückgibt, wenn man ihn nicht mehr benötigt, da dieser Speicherbereich andernfalls zu knapp werden könnte.

Mit Zeigern (Referenzen) kann man komplexe Datenstrukturen aufbauen, die zur Laufzeit in ihrer Struktur modifiziert werden können. Der Speicherplatzbedarf für solche Datenstrukturen (genauer für spezielle Werte einer bestimmten Datenstruktur) kann zur Laufzeit unterschiedliche Größen annehmen. Man nennt solche Datenstrukturen daher auch *dynamisch*. Die Konstruktionen zur Definition neuer Datentypen, die wir bisher kennengelernt haben, waren stets durch eine feste Speicherabbildung gekennzeichnet, die zur Übersetzungszeit feststeht.

Um dynamische Datenstrukturen mit Zeigern zu implementieren, kann man sich ganz allgemein vorstellen, daß die Daten in einer bestimmten Relation zueinander angeordnet werden sollen. Man kann das Modell der gerichteten Graphen (Kapitel 3) für diese Relationen verwenden. In den Knoten eines gerichteten Graphen sind Daten eines bestimmten Typs $\mathrm{T_0}$ gespeichert, und die gerichteten Kanten des Graphen werden durch Zeiger realisiert wie in Abb. 4.39.

Das Netzwerk in Abb. 4.39 könnte eine einfache Anordnung von Rechnern modellieren. Jeder Knoten stellt einen Rechner dar und jeder Pfeil eine Verbindung. $\mathrm{T_0}$ sei ein Datentyp (etwa ein Record-Typ), der bestimmte Informationen über einen Knotenrechner x enthalten kann. Da jeder Knoten von

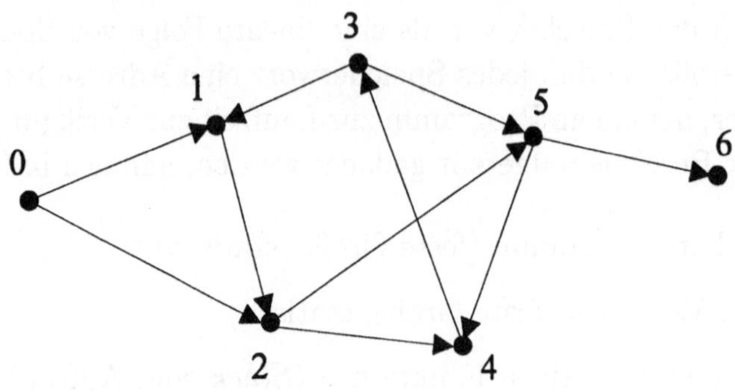

Abb. 4.39 Netzwerk als gerichteter Graph

dem Knoten 0 aus erreichbar ist, kann man auf alle Daten des Netzwerkes von Knoten 0 ausgehend zugreifen. Man wählt zur Darstellung dieser Datenstruktur zunächst die Struktur für einen Knoten. Der Einfachheit halber sei T_0 der Typ **int**.

```
// Definition des Knotentyps
typedef
struct node{
  int ident;
  struct node *nb_1, *nb_2;
}node_t;
```

Mit **typedef** wird der Typ node_t für Knoten definiert. Ein solcher Knoten enthält einmal die Daten, die hier nur durch die **int**-Komponente *ident* repräsentiert werden, und zwei Zeiger *nb_1* und *nb_2* auf den bereits bekannten Typ **struct** node. In diesem Fall muß vor der geschweiften Klammer ein Bezeichner (der in C auch *tag* genannt wird) stehen, damit man sich in der geschweiften Klammer auf die zu definierende Struktur selbst beziehen kann. Hierin drückt sich der rekursive Charakter der Definition aus. Als Zeigerdiagramm hat ein solcher Knoten die sehr intuitive Darstellung wie in Abb. 4.40.

Da in dem Netzwerk jeder Knoten höchstens zwei Nachbarn hat, werden auch nur maximal zwei Zeiger pro Knoten benötigt. Das folgende Programm verwendet diesen Datentyp und baut damit das kleine Netzwerk aus Abb. 4.39 auf. Jeder Knoten enthält als Daten seine Bezeichnung und die Zeiger auf seine Nachbarn.

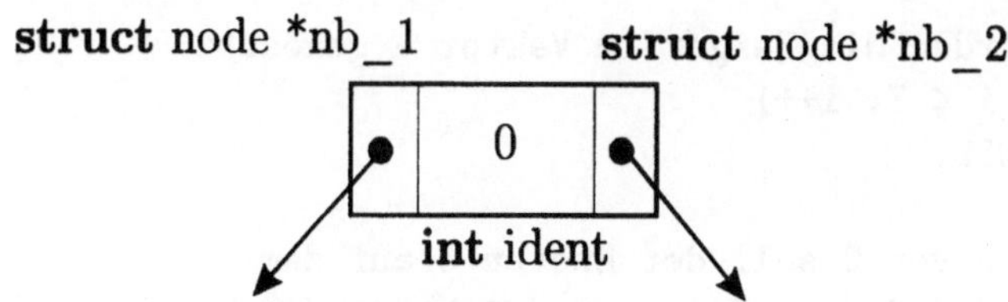

Abb. 4.40 Struktur eines Knotens

```
// ex45_2
// Beispiel: Netzwerk mit Zeigern
// Aufbau und Durchlauf
//------------------------------------------------------------
#include <iostream.h>

  // Definition des Knotentyps
  typedef
  struct node{
    int ident;
    struct node *nb_1, *nb_2;
  }node_t;

  node_t *a[7]; // Vektor von Zeigern auf Knoten
  int i;

void main(){

  // erzeuge die 7 Knoten,
  // setze Nachbarzeiger auf NULL
  for(i = 0; i < 7; i++){
    a[i] = new(node_t);
    a[i]->ident = i;
    a[i]->nb_1  = NULL;
    a[i]->nb_2  = NULL;
  }
  // Setze Zeiger wie im Graphen
  a[0]->nb_1 = a[1];  a[0]->nb_2 = a[2];
  a[1]->nb_1 = a[2];
  a[2]->nb_1 = a[4];  a[2]->nb_2 = a[5];
  a[3]->nb_1 = a[1];  a[3]->nb_2 = a[5];
  a[4]->nb_1 = a[3];
  a[5]->nb_2 = a[4];  a[5]->nb_2 = a[6];
```

```
  // jetzt werden die Zeiger im Vektor a gelöscht
  for(i = 1; i < 7; i++)
    a[i] = NULL;

  // ausgehend von 0 soll der Knoten 6 auf dem
  // Weg 0,1,2,5,6 über Zeiger erreicht werden
  cout << "Start: ";
  node_t *p = a[0]; cout << p->ident << " ,";
  p = p->nb_1;      cout << p->ident << " ,";
  p = p->nb_1;      cout << p->ident << " ,";
  p = p->nb_2;      cout << p->ident << " ,";
  p = p->nb_2;      cout << p->ident << "  ";
  cout << ":Ziel";
}
```

Ausgabe:

```
Start: 0 ,1 ,2 ,5 ,6  :Ziel
```

In Kapitel 5 werden wir weitere Datenstrukturen kennenlernen, die mit dem Zeigerkonzept implementiert werden. Das sind insbesondere lineare *Listen* und *Bäume*, die wir ja auch schon in Kapitel 3 als spezielle Graphen kennengelernt haben. Bei einer regelmäßigen Anordnung der Knoten kann man gerade die Vorteile von rekursiv definierten Funktionen sehr deutlich erkennen.

4.6 Modularisierung

Die Programme, die wir bisher als Beispiele kennengelernt haben, waren alle verhältnismäßig kurz. Solche kleinen Programme haben vielleicht einen gewissen erklärenden Wert für bestimmte Konzepte oder Konstruktionen. In der Praxis ist ein realistisches Programm wesentlich umfangreicher. Kleinere Anwendungen haben etwa 5.000 bis 10.000 Zeilen Programmtext (in C oder C++) und größere Anwendungen können leicht mehrere hunderttausend Zeilen umfassen.

Prinzipiell besteht ein solches Programm aus den Definitionen für globale Datenstrukturen und Variablen und aus der Definition von hunderten oder tausenden von Funktionen. Eine solche unstrukturierte Ansammlung von Variablen- und Funktionsdefinitionen ist aber kaum noch zu überschauen oder gar zu verstehen in dem Sinne, daß man aus dem Programmtext die gesamte Wirkung des Programms vollständig erfassen kann. Es kommt hinzu, daß derart große Programme selten von einem einzigen Programmierer entwickelt werden. Vielmehr arbeitet üblicherweise eine Gruppe von Softwareentwicklern und Programmierern an der Erstellung eines solchen Programmsystems. Dabei sind gegenseitige Abhängigkeiten zu berücksichtigen.

Um solche großen Programme trotzdem zu verstehen und mit einer Gruppe von Entwicklern überhaupt sinnvoll bearbeiten zu können, ist es erforderlich, das gesamte Programm in bestimmte, für den Einzelnen überschaubare, Komponenten zu zerlegen. Das detaillierte Verständnis für eine Komponente braucht dabei nur der Entwickler zu haben. Da diese aber in einen größeren Zusammenhang gestellt werden soll, benötigt der Anwender der Komponente (ein anderer Systementwickler) nur ein genaues Verständnis der Funktionsweise und nicht der internen Struktur. Aber das genau wird durch *Abstraktion* erreicht, denn Abstraktion trennt das Verhalten einer (oder mehrerer) Funktion(en) von der Implementation.

Es ist eine typische, kreative Aufgabe für einen Ingenieur, ein komplexes System derart in funktionale Komponenten zu zerlegen, daß die gegenseitigen Abhängigkeiten (Schnittstellen) möglichst gering sind und daß die einzelnen Komponenten eine beherrschbare Komplexität besitzen. Eine solche Zerlegung wird dabei meistens in einer hierarchischen Struktur angelegt. Aus einfachen Basiskomponenten werden komplexere Komponenten zusammengesetzt. Diese bilden dann wieder die Basiskomponenten einer neuen, höheren *Abstraktionsebene* usw. Diese Form der hierarchischen Zerlegung (oder Komposition) eines komplexen Systems ist nicht nur für Software-Systeme typisch. Es scheint die beste bekannte Methode für den Menschen zu sein, um komplexe Systeme zu verstehen (Analyse) oder zu konstruieren (Synthese).

Die moderne *Softwaretechnik* behandelt diese Fragestellungen im Zusammenhang mit der Entwicklung von Software. Es wurden zahlreiche Methoden zur systematischen Konstruktion von Software entwickelt. Diese Methoden beziehen sich auf Darstellung, den Test und die Dokumentation von Komponenten und den daraus gebildeten komplexeren Systemen. Heute stehen für diesen Zweck viele leistungsfähige Werkzeuge zur Verfügung. Wir können aber das Gebiet der Softwaretechnik hier nicht weiter behandeln (z.B. [Bal82]).

Die Komponenten eines größeren Programms wollen wir *Module* nennen.

Bemerkung 19 *Die folgende Begriffserklärung ist dem Duden Fremdwörterlexikon entnommen:*
***Modul**..II. [...dul; lat.-engl.] das; -s, -e: 1. austauschbares, komplexes Teil eines Gerätes od. einer Maschine, das eine geschlossene Funktionseinheit bildet (bes. Elektrot.). 2. eine sich aus mehreren Elementen zusammensetzende Einheit innerhalb eines Gesamtsystems, die jederzeit ausgetauscht werden kann (Informatik).*[1]

Ein Modul besteht, ähnlich wie ein Programm, aus den Definitionen von Datentypen, Variablen und Funktionen. Wir wollen aber ein Modul logisch in zwei Teile zerlegen. Ein Modul besteht aus einem *Definitionsteil* und einem *Implementationsteil* (Abb. 4.41).

Modul

Modulkopf Definitionsteil
Modulrumpf Implementationsteil

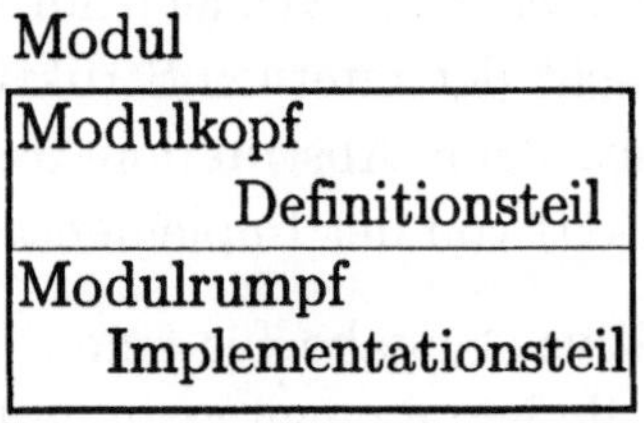

Abb. 4.41 Grobstruktur eines Moduls

Der *Modulkopf* enthält Definitionen, die nach außen sichtbar sein sollen (oder *exportiert* werden sollen), d.h. genau die Information, die ein Anwender des Moduls benötigt. Der Anwender des Moduls *importiert* daher den Modulkopf. Der *Modulrumpf* enthält denjenigen Programmtext, der die Implementation darstellt. Diese Trennung ist im Prinzip die gleiche, wie zwischen Funktionskopf und Funktionsrumpf, nur daß der Modulkopf i.a. eine ganze Liste von Funktionsköpfen (Prototypen), Typ-, Variablen- und Konstantendefinitionen enthält. Die Zusammenfassung einer Menge von Funktionen wird nach logischen Gesichtspunkten vorgenommen. Es werden meist Funktionen zusammengefaßt, die zusammen eine bestimmte übergeordnete Struktur beschreiben oder eine bestimmte genau abgegrenzte Aufgabe erfüllen.

Die Programmiersprache Modula2 (und auch die Weiterentwicklung Modula3) unterstützt diese Art der Strukturierung explizit. Der Programmierer entwirft ein Programm in mehreren Modulen. Diese Module können wegen

[1] (c) Dudenverlag

der Trennung von Kopf und Rumpf getrennt übersetzt werden und dann später zu einem vollständigen Programm montiert werden. In modernen Varianten von Pascal gibt es die *units*, die eine ganz analoge Rolle spielen. Eine Pascal-Unit besteht aus einem *Interface*- und einem *Implementations-Teil.*

Wir wollen in diesem Abschnitt die Modularisierung von C-Programmen kurz erläutern. Dabei gehen wir noch nicht auf die Besonderheiten der objektorientierten Programmierung ein, die durch C++ gegeben sind.

Wenn man in C ein Modul programmieren will, dann erstellt man einen Modulkopf. Dieser wird in einer *Header-Datei* gespeichert. Solche Header-Dateien haben wir bisher schon oft in unsere Beispielprogramme importiert (mit der #include *Präprozessor-Anweisung*), um Funktionen benutzen zu können, die in einer *Bibliothek* gespeichert sind, und deren Quelltext uns nicht zur Verfügung steht.

Die Header-Datei enthält diejenigen Definitionen und Funktionsprototypen, die einem Anwender des Moduls zur Verfügung gestellt werden sollen. Man sagt auch, daß diese Datei die *Schnittstelle* (*interface*) des Moduls beschreibt. Die Funktionsdefinitionen (also Köpfe zusammen mit den Rümpfen) und alle Definitionen, die nur für die Implementation des Moduls benötigt werden, werden in einer getrennten Datei gespeichert, die dann den Modulkopf (also die Header-Datei) per include mit in den Quelltext einbindet.

Hier kann auch erklärt werden, warum man in C zwischen der *Definition* und der *Deklaration* einer Variablen unterscheidet. Die Definition einer Variablen bewirkt die Bindung von Speicherplatz an den Namen der Variablen. Daher darf eine Variable nur an einer Stelle im Programmtext definiert werden. Wenn eine Variable aber in verschiedenen Modulen verwendet werden soll, dann muß sie in jedem dieser Module deklariert werden. Daher definiert man eine solche Variable im Modulrumpf und deklariert sie mit dem Schlüsselwort **extern** im Modulkopf.

Die Struktur eines Moduls in C kann daher verfeinert skizziert werden wie in Abb. 4.42. Es ist üblich, eine Header-Datei zu einem Modul M mit *m.h* zu bezeichnen, und die Datei mit dem Modulrumpf dann *m.c* (oder *m.cpp*). Ist N ein Modul, das die Funktionen von M benutzen möchte, dann wird die Header-Datei *m.h* per include in den Rumpf *n.c* von N eingebunden (Abb. 4.43).

Auf diese Weise kann man eine ganze *Hierarchie* solcher Module zusammenstellen. Ein Modul kann *getrennt übersetzt* werden und dann als sogenannter

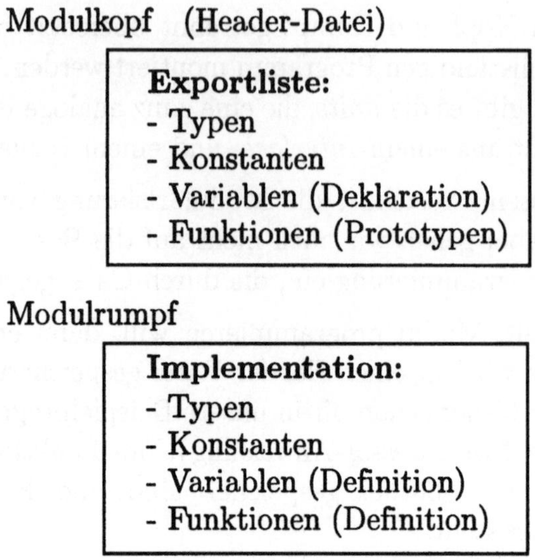

Modulkopf (Header-Datei)
Exportliste:
- Typen
- Konstanten
- Variablen (Deklaration)
- Funktionen (Prototypen)
Modulrumpf
Implementation:
- Typen
- Konstanten
- Variablen (Definition)
- Funktionen (Definition)

Abb. 4.42 Verfeinerte Struktur eines Moduls

m.h
n.h
include
include
include
m.c
n.c
#include "m.h"
#include "n.h"
#include "m.h"
Modul M
Modul N

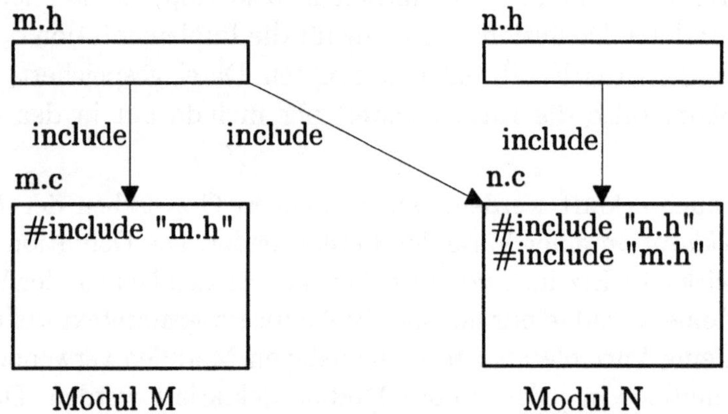

Abb. 4.43 Dateistruktur zur Modularisierung in C

Objectcode in einer *Bibliothek* gespeichert werden. Dieser Objectcode wird dann, wenn das Modul in einem anderen Programm verwendet wird, ohne neuerliche Übersetzung direkt mit weiteren übersetzten Programmteilen zusammengebunden (durch ein Werkzeug, das man einen *Binder* oder *Linker* nennt. Siehe Abschnitt 10.1.3.). Die Modularisierung bewirkt also nicht nur eine bessere Strukturierung großer Programme, sie führt auch zu kürzeren

Übersetzungszeiten bei der Erstellung und insbesondere bei Modifikationen solcher Programme.

Es wird aber auch klar, daß bei einer großen Anzahl solcher Module weitere Maßnahmen notwendig werden, um diese konsistent zu modifizieren oder weiter zu entwickeln. Wenn ein Modul so modifiziert wird, daß sich an dem äußeren Verhalten (Schnittstelle) nichts ändert, dann hat das keinen Einfluß auf die Funktion des Gesamtsystems, außer eventuell eine bessere Laufzeit. Oft soll aber gerade die Funktion, also das äußere Verhalten modifiziert werden. Es ist dann notwendig, die Konsequenzen für alle Module zu überdenken, die das geänderte Modul benutzen. Auf diese Probleme kann hier aber nicht weiter eingegangen werden.

4.7 Elemente der Objektorientierten Programmierung

Die *objektorientierte Programmierung* (OOP) hat in den vergangenen Jahren eine weite Verbreitung gefunden. Obwohl die Ansätze zu dieser Form der Programmierung in die sechsziger Jahre zurückreichen (SIMULA, Smalltalk), haben sich erst die neueren Entwicklungen, wie z.B. Smalltalk 80, C++, Eiffel und Java auf breiterer Ebene in der Praxis durchsetzen können. Es gibt dafür sicher viele Ursachen, die wir hier aber nicht im einzelnen diskutieren wollen. Historisch ist das große Anwendungsgebiet der (diskreten) *Simulation* der Ansatzpunkt für die objektorientierte Programmierung gewesen, da hierbei eine Menge von mehr oder weniger unabhängigen Objekten miteinander in Wechselwirkung treten. Der Name für die Sprache SIMULA weist auf dieses Anwendungsgebiet hin.

Wir haben bereits mehrfach darauf hingewiesen, daß es unterschiedliche Denkmodelle gibt, in denen wir praktische Probleme lösen und den Lösungsweg exakt formal spezifizieren. Das macht ja gerade die Programmierung aus. Unterschiedliche Ausbildung, Gewohnheiten oder persönliche Präferenzen führen dazu, daß man sich für eine bestimmte dieser Formen entscheidet. Daher kann man auch nicht sagen, ob die eine oder die andere Form der Programmierung die bessere ist. Gleichwohl gibt es bestimmte Kriterien, die wir in der Einleitung zu diesem Kapitel erwähnt haben und mit denen man sich im Einzelfall für eine bestimmte Programmiersprache entscheiden kann.

Nach diesen Kriterien bietet die OOP in der Tat eine Reihe von Vorteilen. In diesem Abschnitt können wir nur knapp auf ihre wesentlichen Aspekte eingehen. Es gibt eine umfangreiche Literatur, um sich mit diesem Gebiet intensiv vertraut zu machen [Boo91] [Bud91] [Mey88].

4.7.1 Klassen und Objekte

Der Begriff *Objekt* ist sehr stark überladen, d.h. er hat sehr unterschiedliche Bedeutungen, die sich aus dem Kontext ergeben sollten. Ein Objekt als Einheit wird erst durch unsere Betrachtung zu dieser Einheit, und unsere Betrachtung definiert das Objekt. Ein Objekt ist jeder Gegenstand der Betrachtung und damit eigentlich (fast) alles, worüber wir reden. Für die OOP hat der Begriff aber eine spezielle Bedeutung, mit der wir uns hier genauer auseinandersetzen wollen.

Ein Record-Typ faßt eine Menge von Variablen unterschiedlicher Typen zu einer neuen logischen Einheit zusammen. Funktionen und Prozeduren zur Bearbeitung solcher logischen Einheiten werden dann getrennt von der Typdefinition implementiert. Diese Trennung von Daten und Funktionen ist in der klassischen imperativen Programmierung üblich. Die Modularisierung und die theoretische Betrachtung der *abstrakten Datentypen* (ADT) haben aber schon bald dazu geführt, Daten und Funktionen zusammen als eine Einheit zu betrachten. Ein *Modul*, so wie wir es im vorigen Abschnitt beschrieben haben, ist eine Zusammenfassung von Daten und Funktionen zu einer Einheit, die eine Schnittstelle für den Benutzer hat und einen getrennten Programmtext, der das spezifizierte Verhalten des Moduls realisiert. Das *Modulkonzept* ist somit eine Form der Programmierung, die die Vorstellungen von abstrakten Datentypen gut unterstützt.

Die Objekte in der OOP sind auch Einheiten, die aus bestimmten Daten bestehen und Funktionen, mit denen diese Daten manipuliert werden können. Man kann sich ein Objekt als eine gekapselte Einheit vorstellen. Im Inneren sind bestimmte Werte gespeichert (innerer Zustand) und nach außen stehen bestimmte Funktionen zur Verfügung, die den inneren Zustand verändern können, und die mit einem bestimmten Wert antworten (Abb.4.44).

In dieser Betrachtungsweise stellt man sich ein *Objekt* vor als eine selbständige Maschine, die ein Inneres hat und eine äußere Schnittstelle, die z.B. aus Schaltern und Reglern bestehen kann. Das Innere ist, wie bei vielen Maschinen in der Technik, nach außen abgeschirmt und für den Anwender nicht zugänglich. Man denke an reale Maschinen wie Uhren, Videorecorder, Automobile u.ä. Der Anwender ist nur an bestimmten Funktionen der Maschine

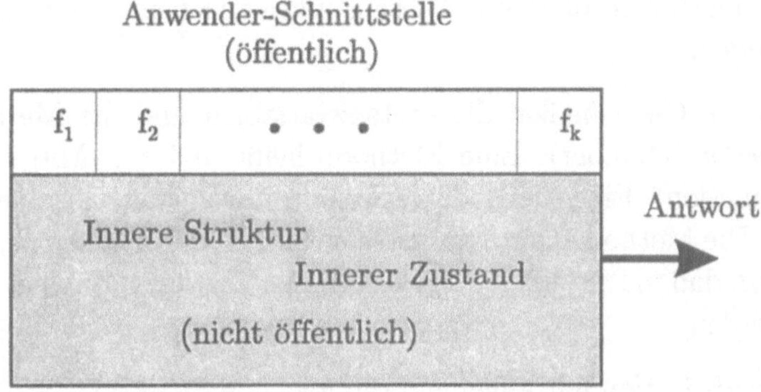

Abb. 4.44 Objekt als schwarzer Kasten (Black Box)

interessiert, die er von außen möglichst übersichtlich und bequem bedienen möchte. Ihn interessiert nur die Ausgabe oder das Verhalten der Maschine auf eine bestimmte Funktionsanforderung. Die Maschine kann bei der Ausführung der Funktion ihren inneren Zustand verändern, so daß die Ausgabe bei gleicher Eingabe von der Vergangenheit abhängt.

Man stellt sich diese Maschine als einen *schwarzen Kasten* (*black box*) vor, der über gewisse Funktionstasten $f_1, \ldots, f_k$ verfügt. Die Betätigung einer solchen Taste ist ein *Funktionsaufruf*, dem ggf. noch gewisse *Parameter* mitgegeben werden: $f_i(x_1, \ldots, x_{p_i})$. Dieser Aufruf liefert dann eine Antwort y, die jeweils vom inneren Zustand des Objekts abhängt.

Ein sehr anschauliches Beispiel liefert ein einfacher Taschenrechner für die Grundrechenarten. Der innere Zustand wird durch gespeicherte Werte dargestellt, und die verfügbaren Funktionen sind die einzelnen Tasten. Ein Teil des inneren Zustandes wird durch die Anzeige als Antwort nach außen geliefert.

Ein Objekt kann der Wert einer Variablen sein, und ein Objekt kann die Antwort eines Funktionsaufrufs sein. Die Objekte werden nach ihrem Verhalten klassifiziert. Eine *Klasse* spezifiziert einen *Objekttyp*, so wie ein Datentyp die Struktur der Elemente (Werte) dieses Typs spezifiziert. Die Definition einer Klasse hat daher auch eine ähnliche Form wie die Definition eines Record-Typs. Es werden Variablen definiert, die den inneren Zustand der Objekte dieser Klasse darstellen. Da man ein konkretes Objekt einer Klasse auch eine *Instanz* oder *Objektinstanz* nennt, heißen diese Variablen auch *Instanzvariablen*. Neben den Instanzvariablen werden in der Klassendefinition jetzt auch Funktionen definiert. Diese Funktionen nennt man in der OOP auch *Methoden.*

In der Sprache C++ heißen die Instanzvariablen und die Methoden einfach *Mitglieder* (*member*). Eine Methode heißt in C++ *Mitgliedfunktion* (*member function*). Eine Methode verwendet ihre Instanzvariablen und ggf. Parameter. Die Methoden sind daher sehr ähnlich den Funktionen und Prozeduren, nur daß sie in einer Klasse mit den Instanzvariablen zusammen definiert werden.

Eine *Klassendefinition* hat allgemein die folgende Struktur:

class A
Instanzvariablen:
$x_1 : T_1$
$\vdots$
$x_m : T_m$

Methoden:
$f_1(y_{11} : T_{11}, \ldots, y_{1p_1} : T_{1p_1}) : S_1$
$\vdots$
$f_q(y_{q1} : T_{q1}, \ldots, y_{qp_2} : T_{qp_q}) : S_q$
end

A ist der Bezeichner (Name) der Klasse, $x_i : T_i$ ist eine Instanzvariable mit dem Namen x_i und dem Typ T_i und $f_j(y_{j1} : T_{j1}, .., y_{jp_j} : T_{jp_j}) : S_j$ ist eine Methode (genauer der Kopf einer Methodendefinition) mit dem Namen f_j, den formalen Parametern $y_{j1}, \ldots, y_{jp_j}$ (wobei y_{ji} den Typ T_{ji} hat) und mit dem Ergebnistyp S_j. Vereinfacht kann man eine Klassendefinition auch so darstellen, wie in Abb. 4.45.

Klasse A:

Instanzvariablen:	Methoden:
$x_1, \ldots, x_m$	$f_1, \ldots, f_q$

Abb. 4.45 Struktur einer Klassendefinition

Wir wollen zwischen dem *Kopf* und dem *Rumpf* einer Klassendefinition unterscheiden. Im Kopf der Klassendefinition sind i.a. auch nur die Köpfe der Methoden angegeben. Im Klassenrumpf sind die Implementationen der Methoden (Mitgliedfunktionen) enthalten.

Die Speicherabbildung für Objekte einer Klasse kann man sich so vorstellen wie die Speicherabbildung für einen Record-Typ mit den Instanzvariablen als Komponenten. Die Methoden sind für alle Objekte einer Klasse gleich, so daß diese nicht für jedes Objekt extra gespeichert werden müssen. Vielmehr sind die Methoden einer Klasse getrennt von den Objekten gespeichert und werden beim Aufruf nach dem jeweiligen Typ eines Objektes aufgesucht und dann ausgeführt. Um Objekte in einer Datei zu speichern, werden nur die Instanzvariablen nach einem vereinbarten Schema (Speicherabbildung) in der Datei gespeichert.

Mit der Definition einer Klasse wird der Typ von Objekten definiert, und Objekte (*Instanzen*) werden nach Bedarf in einem Programm entweder (statisch) definiert oder (dynamisch) zur Laufzeit erzeugt. Verschiedene Objekte einer Klasse haben das gleiche Verhalten. Sie haben (jedes für sich) den gleichen Satz von Instanzvariablen und das gleiche Repertoire von Methoden. Die aktuellen Werte der Instanzvariablen können für jede *Objektinstanz* unterschiedlich sein. Wenn man eine Variable vom Typ einer Klasse definiert, dann wird an den Namen der Variablen ein Objekt der Klasse gebunden und die Instanzvariablen erhalten einen bestimmten initialen Wert.

Die Initialisierung wird in der Klassendefinition durch eine spezielle Methode festgelegt. Diese Methode nennt man auch den *Konstruktor*. Eine dazu entgegengesetzte Methode kann definiert werden, um ein (dynamisch erzeugtes) Objekt aus dem Speicher zu entfernen und andere Aufräumarbeiten zu erledigen. Diese Methode heißt *Destruktor*. Man kann auch mehrere Konstruktoren für unterschiedliche Initialisierungen definieren.

Ein Objekt wird über den Namen einer Variablen referenziert. Auch für Objekte kann man Zeigervariablen definieren, die dann einen Zeiger auf ein Objekt enthalten, so daß das Objekt nicht direkt an einen Namen gebunden ist, sondern durch Dereferenzieren der Zeigervariablen bezeichnet wird. Mit dem Zeigerkonzept können Objekte zur Laufzeit (dynamisch) erzeugt werden.

Eine Klassendefinition ist eigentlich nicht wesentlich verschieden von einer Moduldefinition. Es werden Instanzvariablen x_i $(i = 1, \ldots, n)$ und Methoden f_j $(j = 1, \ldots, m)$ definiert, die zusammen eine gedankliche Einheit bilden.

Diese Einheit kann benutzt werden, indem man die Methoden aufruft. Die Semantik der Methoden wird dabei meistens nicht formal definiert, sondern verbal, z.B. als Kommentar, angegeben.

Die Betrachtungsweise bei der Programmierung mit Objekten ist gegenüber der herkömmlichen imperativen Programmierung eine andere. Objekte werden als eigenständige kleine Maschinen betrachtet, die miteinander über einen Nachrichtenaustausch in Wechselwirkung treten. Man kann ein Objekt auch betrachten, als eine Erweiterung von Records. Außer den Daten (Instanzvariablen) darf ein solcher erweiterter Record aber auch Funktionen (Methoden) enthalten. Das Vererbungskonzept und die Möglichkeiten der Zugriffseinschränkung gehen aber über das herkömmliche Record-Konzept noch weiter hinaus.

4.7.2 Nachrichten und Methoden

Wir haben Objekte als eigenständige Maschinen betrachtet, die über einen inneren Zustand (Instanzvariablen) und eine Menge von Funktionen (Methoden) verfügen. Die Methoden können von anderen Objekten benutzt (aufgerufen) werden. Diese Kommunikation der Objekte untereinander betrachtet man auch als *Nachrichtenaustausch* (Abb.4.46).

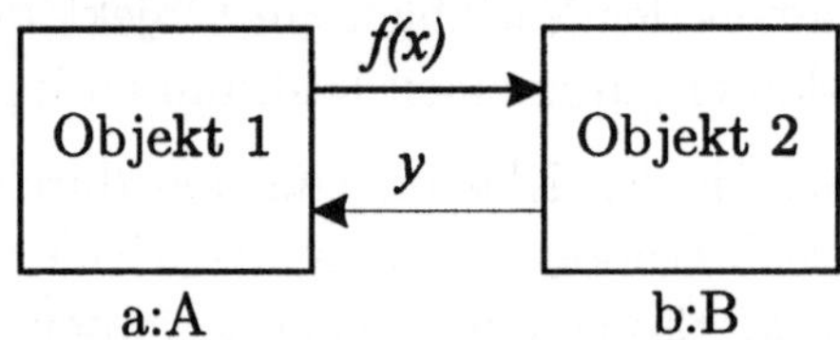

Abb. 4.46 Nachrichtenaustausch zwischen Objekten

Ein Objekt a der Klasse A sendet einem Objekt b der Klasse B die Nachricht f mit Parameter x. Damit wird bei Objekt b die Methode f mit dem Parameter x aufgerufen. Die Abarbeitung dieser Methode kann den inneren Zustand von Objekt b verändern. Das Objekt b berechnet außerdem einen Wert y als Antwort. Die Antwort y wird dann an das Objekt a zurückgesendet.

Diese bildhafte Vorstellung beschreibt die Denkweise der objektorientierten Programmierung. Der Programmierer konstruiert Objekttypen (Klassen) mit einem ganz bestimmten Verhalten. In einem Programm werden

Objekte definiert, die aus ganz unterschiedlichen Klassen stammen können. Eine Klasse wird entweder speziell für das Programm neu definiert oder es wird eine Klasse aus einer bestehenden Klassenbibliothek (wieder-) verwendet. Jedes Objekt hat eine ganz bestimmte Aufgabe zu erfüllen. Wenn man einem Objekt eine Nachricht sendet, dann liefert dieses Objekt entweder unmittelbar eine Antwort zurück oder es sendet seinerseits Nachrichten an andere Objekte, weil es deren Fähigkeiten benötigt, um die eigene aufgerufene Methode abzuarbeiten.

Man kann sich das auch als ein Netzwerk von Objekten vorstellen. Die Fähigkeiten eines Objektes sind dabei abgestützt auf die Fähigkeiten der anderen Objekte im Netzwerk. Ein Objekt kann sich sogar selbst eine Nachricht schicken und die eigene Antwort verwenden wie in Abb. 4.47. Das bedeutet nur, daß ein Objekt eine Methode der eigenen Klasse aufruft.

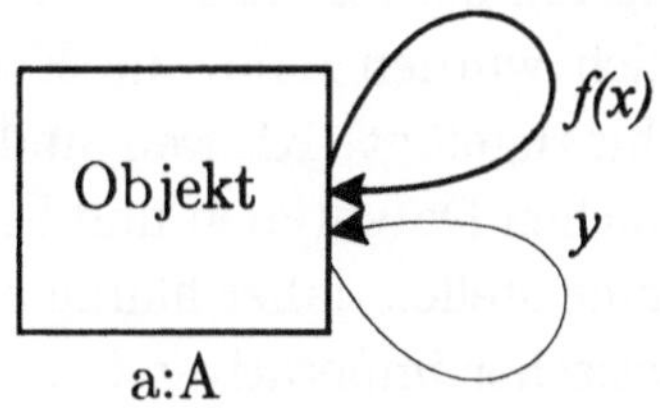

Abb. 4.47 Objekt sendet sich selbst eine Nachricht

Die besondere Denkweise dieser Form der Programmierung soll an einem einfachen, aber ungewohnten Beispiel erläutert werden.

Man kann die natürlichen Zahlen als die Objekte einer Klasse betrachten. Der innere Zustand eines Objektes ist sein Zahlenwert. Ein Bezeichner für eine Zahl repräsentiert ein Objekt mit diesem Wert. Methoden der Klasse sind u.a. die arithmetischen Operationen *plus* und *minus*. Diese Operationen sind uns als zweistellige Operationen bekannt. Aber wie werden jetzt zwei natürliche Zahlen m und n addiert? Bei einer konsequenten objektorientierten Sichtweise sendet man dem Objekt m die Nachricht *plus* mit dem Parameter n, also $plus(n)$ und das Objekt m antwortet mit dem Objekt, das den Wert $m + n$ hat (Abb. 4.48).

Diese Betrachtung erscheint zunächst sehr ungewohnt und damit fremd; aber man sollte sich an diesem Beispiel die grundsätzlich andere Auffassung klar machen. Die hier geschilderte konsequente Auffassung, daß es eigentlich nur Objekte gibt, denen andere Objekte Nachrichten senden, um als Antwort

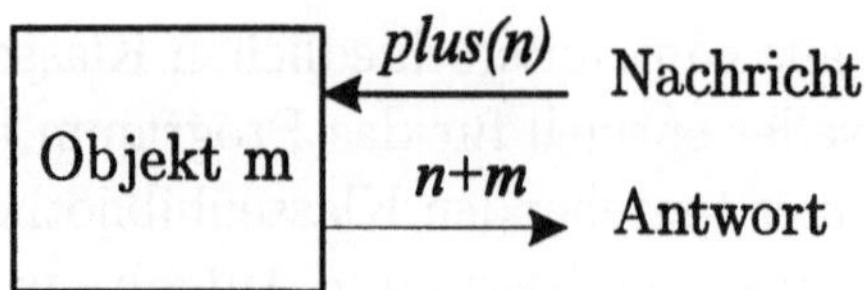

Abb. 4.48 Objektorientierte Addition

wieder ein Objekt zu erhalten, ist z.B. in der Programmiersprache Smalltalk [GR83] realisiert.

Die Erweiterung von C zu C++ um objektorientierte Konzepte kann als ein Kompromiß mit der herkömmlichen imperativen Programmierung angesehen werden. Die Sprache C wurde übernommen und um modernere Konzepte der imperativen Programmierung (z.B. *Referenzparameter* für Funktionen) erweitert. Zusätzlich wurden dann die Konzepte der objektorientierten Programmierung hinzugefügt. Klassen und Objekte lassen sich in C++ zusätzlich zu den üblichen Datentypen und Funktionen definieren und verwenden. C++ Programme stellen daher häufig eine Mischung aus objektorientierter und eher klassischer imperativer C-Programmierung dar. Alle bisherigen Programmierbeispiele in diesem Kapitel sind in C++ geschrieben; aber es wurden noch keine Konzepte der objektorientierten Programmierung (explizit) verwendet. Lediglich für die Ein- und Ausgabe haben wir stets die speziellen Objekte *cin* und *cout* aus vordefinierten Klassen (*Stream-Klassen*) verwendet. Es wurde aber noch nicht erklärt, was hinter diesen Klassen steckt.

Bevor wir auf die weiteren Vorteile der objektorientierten Programmierung eingehen, soll hier zunächst ein kleines Beispiel in C++ vorgestellt werden, das die bisher besprochenen Begriffe erläutern soll. Zum Verständnis des Beispiels sind noch einige Erklärungen nötig.

Wenn ein Objekt neu angelegt wird, dann werden die Instanzvariablen auf eine bestimmte Weise initialisiert. In C++ wird dazu ein *Konstruktor* aufgerufen. Der Konstruktor hat in C++ stets den Namen der Klasse, zu der er gehört. Es ist aber möglich, mehrere Konstruktoren in einer Klasse zu definieren, um unterschiedliche Formen der Initialisierung verwenden zu können.

Eine Klassendefinition kann man in einen *Kopf* und in einen *Rumpf* zerlegen. Der Kopf enthält die Definitionen der Instanzvariablen und die *Prototypen* der Methoden. In C++ kann man die *Sichtbarkeit* von Instanzvariablen und Methoden festlegen. Variablen, auf die der Anwender der Klasse direkt zugreifen darf, werden mit dem Schlüsselwort **public** und solche, die nur den Methoden der Klasse zur Verfügung stehen sollen, mit **private** deklariert.

Man kann den Rumpf einer Methode direkt im Definitionskopf angeben, oder man kann den Rumpf auch im Implementationsteil getrennt unterbringen. Wenn man den Rumpf einer Methode im Implementationsteil unterbringt, dann muß man dem Namen der Methode den Namen der zugehörigen Klasse voranstellen. Ist A der Name der Klasse und f der Name der Methode, dann muß diese Methode im Implementationsteil mit $A :: f$ bezeichnet werden. Ist x der Name eines Objektes der Klasse A, dann erfolgt der Aufruf der Methode f genauso, wie man auf die Komponenten einer Record-Variablen zugreift, nämlich durch $x.f$. Wenn p eine Zeigervariable ist, die auf ein Objekt der Klasse A zeigt, dann kann man die Methode f auch durch p -> f aufrufen, statt durch $(*p).f$. Das Beispiel zeigt die Einzelheiten.

Als kleines aber ausführliches Beispiel betrachten wir den 2-dimensionalen Gitterraum $\mathbf{Z} \times \mathbf{Z}$ als eine ebene Welt. Darin gibt es Objekte, die sich in dem Punktgitter bewegen können. Die Objekte sind sehr primitiv und heißen daher unterentwickelte Fortbewegungsobjekte oder kurz: UFOs. Ein UFO kann über bestimmte Kommandos gesteuert werden. Der innere Zustand des UFOs ist sein Name (Identität), seine Position (x, y) im Gitter und eine der vier Bewegungsrichtungen N, O, S und W (Himmelsrichtungen). Man kann ein neues Objekt erzeugen, das dann an der Position $(0, 0)$ mit der Richtung N startet.

Ein UFO kann die folgenden Kommandos ausführen:

- *move(k)*: Bewegung um k Schritte in der Bewegungsrichtung
- *turn(k)*: Bewegungsrichtung um k mal 90 Grad im Uhrzeigersinn ändern
- *home()*: Zurückkehren an den Ausgangspunkt $(0, 0)$ mit Richtung N
- *print()*: Ausgabe (Drucken) des inneren Zustandes

Man kann mehrere UFOs erzeugen und diese in der Ebene bewegen, und man kann ein UFO auch wieder entfernen. Für diese einfache Simulation definieren wir zwei Klassen.

Die Klasse *CPoint* soll die sehr einfachen Berechnungen mit 2-dimensionalen Vektoren übernehmen. Objekte dieser Klasse sind Punkte (x, y) mit ganzzahligen Koordinaten. Man definiert x und y als Instanzvariablen, die aber

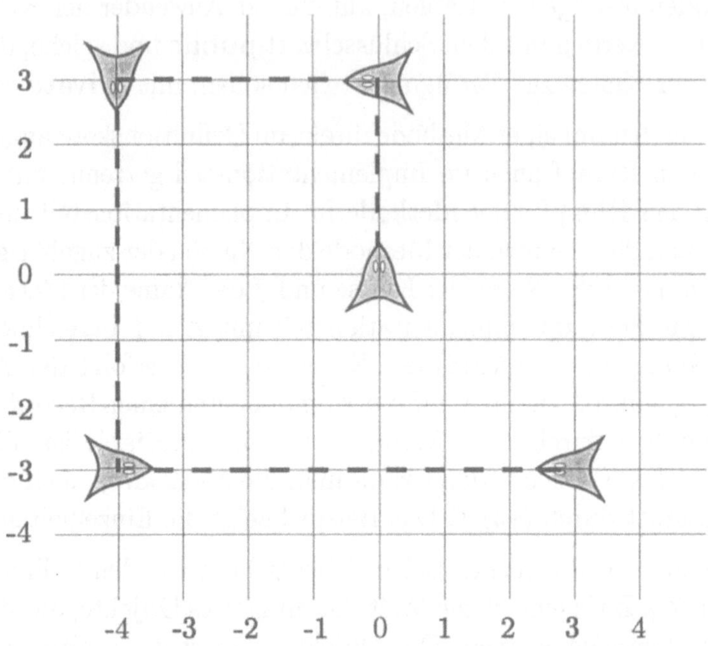

Abb. 4.49 Ausschnitt aus der 2-D Welt der UFO's

nicht durch einen Anwender der Klasse direkt zugänglich sind (**private**). Nur die Methoden der Klasse *CPoint* können diese Variablen verändern oder lesen. Der Konstruktor hat in C++ immer den Namen der Klasse und darf nicht mit Rückgabetyp definiert werden. Er initialisiert ein Objekt wie oben beschrieben. Der Definitionskopf der Klasse *CPoint* wird in der Header-Datei *point.h* festgelegt. Die Implementation (Definitionsrumpf) werden wir zunächst nicht betrachten.

```
// ex472_1
// Klasse CPoint
// Definition (Kopf)
// ------------------------------------------------------

class CPoint{

  // Instanzvariablen, nicht vom Anwender zugreifbar
  private:
    int x, y;    // Koordinaten
```

```
  public:
    CPoint(void);                 // Konstruktor: x=0, y=0
    void set(int ax, int ay);     // Setze: x=ax und y=bx
    void add(CPoint p);           // Vektoraddition
    void turn_left(void);         // Vektor 90 Grad drehen
    void print(void);             // Ausdrucken
};
```

Die zweite Klasse heißt *CUfo* und legt das Verhalten der UFOs fest. Die Methoden wurden oben schon beschrieben. Der Konstruktor *CUfo()* gibt dem Objekt einen Namen und legt Ausgangsposition und Richtung fest. Auch für diese Klasse geben wir noch keine Implementation an. Der Definitionskopf befindet sich in der Datei *ufo.h*.

```
// ex472_1
// Klasse: CUfo
// Definition (Kopf)
//---------------------------------------------------------
#include "point.h"  // stützt sich auf Klasse CPoint ab

class CUfo{

  private:
    // gekapselte Instanzvariablen
    CPoint position, direction;

    char   name[10];

  public:
    // Verfügbare Methoden
    CUfo(char *id);      // Konstruktor
    void move(int k);    // k Schritte in Richtung direction
    void turn(int k);    // k mal 90 Grad im Uhrzeigersinn
    void home(void);     // position (0,0) direction (Norden)
    void print();        // Ausdrucken
};
```

Das folgende Testprogramm definiert eine Variable *alpha* vom Typ **class** *CUfo* und eine Zeigervariable *gamma* dieses Typs. Damit wird das Objekt *alpha* statisch (zur Übersetzungszeit) erzeugt und *gamma* dynamisch (zur Laufzeit) durch die Anweisung:

$$gamma = \text{new CUfo("Gamma");}$$

Der Konstruktor wird implizit aufgerufen. Für das statische Objekt gleich nach dem Start des Programms und für das dynamische mit der new-Anweisung. Beide Objekte werden dann bewegt und melden nach einer Bewegung jeweils ihren neuen Zustand (Position, Richtung). Am Ende des Programms wird das dynamisch erzeugte Objekt wieder gelöscht, was aber am Ende eines Programms nicht unbedingt notwendig ist, da der Speicher dann ohnehin freigegeben wird.

```
// ex472_1
// Projekt: UFO
// Modul:   Testrahmen
//-----------------------------------------------------------
#include <iostream.h>
#include "ufo.h"

void main(){

  class CUfo  alpha("Alpha"); //statisch definiert
  class CUfo *gamma;          // Zeigervariable

  // dynamische Erzeugung eines neuen Objektes
  gamma = new CUfo("Gamma");        // Initialisierung

  alpha.print();  gamma->print();  // Ausdruck
  alpha.move(3);  alpha.print();   // Bewegungen
  gamma->turn(2); alpha.turn(1);
  alpha.move(2);  alpha.print();
  gamma->move(7); gamma->print();
  gamma->move(2); gamma->print();
  alpha.turn(1);  gamma->turn(7);
  gamma->move(4); gamma->print();
  alpha.move(3);  alpha.print();
  alpha.turn(1);
  alpha.move(2);  alpha.print();

  // Löschen des dynamisch erzeugten Objektes
  delete gamma;
}
```

Ausgabe:

```
Objekt Alpha   Position: (0, 0)        Richtung: (0, 1)
```

```
Objekt Gamma    Position: (0, 0)        Richtung: (0, 1)
Objekt Alpha    Position: (0, 3)        Richtung: (0, 1)
Objekt Alpha    Position: (-2, 3)       Richtung: (-1, 0)
Objekt Gamma    Position: (0, -7)       Richtung: (0, -1)
Objekt Gamma    Position: (0, -9)       Richtung: (0, -1)
Objekt Gamma    Position: (-4, -9)      Richtung: (-1, 0)
Objekt Alpha    Position: (-2, 0)       Richtung: (0, -1)
Objekt Alpha    Position: (0, 0)        Richtung: (1, 0)
```

Das Beispiel zeigt, daß man für diese Art der objektorientierten Programmierung zwar eine andere Denkweise zugrunde legen muß, daß aber darüberhinaus noch keine wesentlichen Unterschiede zur Programmierung mit Modulen erkennbar sind. Im folgenden Abschnitt werden wir auf einige wesentliche Vorteile der OOP eingehen. Zuvor wollen wir aber noch die Implementationen der Klassen *CPoint* und *CUfo* angeben.

```
// ex472_1
// Klasse: CPoint
// Implementation; Definitionsrumpf
//-------------------------------------------------------------
#include <iostream.h>
#include "point.h"

//- Implementation: Klasse CPoint-------------------------

  // Konstruktor
  CPoint::CPoint(){x = 0; y = 0;};
//-------------------------------------------------------------
  void CPoint::turn_left(){
    int z = x; x = -y; y = z;
  };
//-------------------------------------------------------------
  void CPoint::set(int ax, int ay){
    x = ax; y = ay;
  };
//-------------------------------------------------------------
  void CPoint::add(class CPoint p){
     x += p.x; y += p.y;
  };
//-------------------------------------------------------------
  void CPoint::print(){
     cout << '(' << x << ", " << y << ')';
```

```
  };
//- Ende Implementation CPoint --------------------------

// ex472_1
// Beispiel: UFO
// Klasse CUfo
// Implementation; Definitionsrumpf
//--------------------------------------------------------
#include <string.h>
#include <iostream.h>
#include "ufo.h"

void CUfo::home(void){
  position.set(0,0);
  direction.set(0,1);
}
//--------------------------------------------------------

CUfo::CUfo(char *id){
  // Konstruktor
  strcpy(name, id);
  home();
}
//--------------------------------------------------------

void CUfo::move(int k){
  // k Schritte in Richtung direction
  for(int i=0; i<k; i++)
      position.add(direction);
}
//--------------------------------------------------------

void CUfo::turn(int k){
  // k mal 90 Grad nach links drehen
  k = k%4;
  for(int i=0; i<k; i++)
    direction.turn_left();
}
//--------------------------------------------------------

void CUfo::print(){
  // ausdrucken
  cout << "Objekt " << name;
  cout << "\tPosition: ";
```

```
  position.print();
  cout << "\tRichtung: ";
  direction.print();
  cout << "\n";
}
//- Ende Implementation CUfo ------------------------------
```

4.7.3 Vererbung und Polymorphie

Die Objekte einer Klasse haben ein bestimmtes Verhalten, das in der Klassendefinition festgelegt wird. Es kommt sehr häufig vor, daß man Objekte benötigt, die sich so verhalten wie die Objekte einer Klasse A, die aber darüberhinaus zusätzliche Eigenschaften haben. Man kann auch sagen, daß man das Verhalten erweitern will. Diese neuen Objekte können mindestens so verwendet werden, wie die der Klasse A, aber sie können noch mehr. Man sagt auch, daß sie stärker *spezialisiert* sind. Diese Situation findet man nicht nur in der Programmierung.

In der Geometrie kann man bestimmte ebene Figuren klassifizieren, wie z.B. konvexes Polygon, Viereck, Rechteck, Dreieck, gleichseitiges Dreieck und rechtwinkliges Dreieck. Die Sprechweise:

jedes X ist auch ein Y

legt eine Hierarchiebeziehung zwischen diesen (Klassen von) Figuren fest (Abb. 4.50)

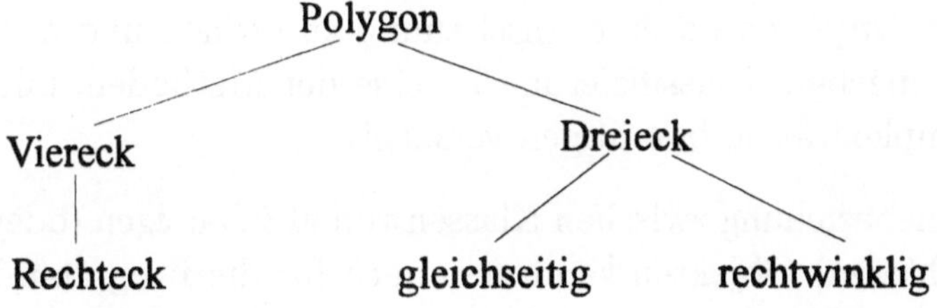

Abb. 4.50 Hierarchie von ebenen Figuren

Diese Relation soll ausdrücken, daß jedes Rechteck auch ein Viereck ist und jedes Viereck auch ein Polygon usw. Die spezielle Wahl dieser Klassen führt dazu, daß die Hierarchie eine Baumstruktur hat. Wenn man weitere Klassen

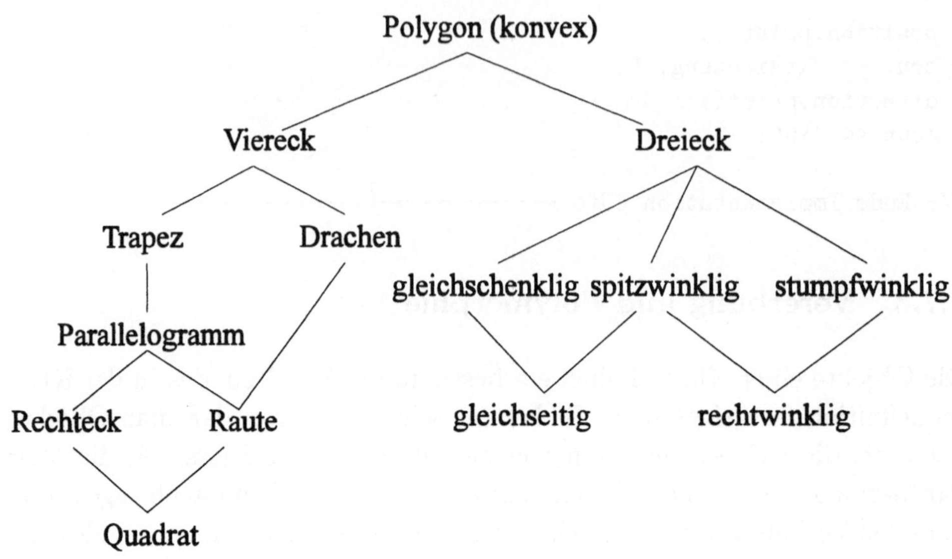

Abb. 4.51 Erweiterte Hierarchie von ebenen Figuren

von Figuren hinzunimmt, ergibt sich eine erweiterte Hierarchie, die nicht mehr die Struktur eines Baumes hat (Abb. 4.51).

Eine sehr weitverzweigte Hierarchie ergibt sich durch die Klassifizierung der Lebewesen in der Biologie. Fahrzeuge kann man nach ihrer Antriebsart oder ihrem Verwendungszweck klassifizieren. In einer mechanischen Werkstatt kann man eine Klassifizierung für die vielen Arten von Schrauben einführen, um sie geeignet zu lagern. Es gibt sehr viele solcher Beispiele, weil diese Art der Klassifizierung durch eine Hierarchie ein Mittel ist, große komplexe Bereiche von Objekten unserer Anschauung zu ordnen und dadurch überschaubar zu machen. Klassifizierung ist eine der Methoden, mit denen der Mensch Komplexität zu bewältigen versucht.

Die Hierarchiebeziehung zwischen Klassen von gleichartigen (oder als gleichartig betrachteten) Objekten kann man auch für die Programmierung nutzen. Wir bleiben dazu bei dem stark vereinfachten Beispiel der oben genannten geometrischen Figuren in der Ebene. Ein objektorientiertes Programm, das mit solchen Figuren arbeitet, wird diese als Objekte betrachten und entsprechende Klassen definieren.

Wir legen ein rechtwinkliges Koordinatensystem zugrunde, so daß ein Punkt p in der Ebene durch seine x- und y-Koordinaten definiert ist: $p = (x, y)$. So kann man eine Klasse **punkt** definieren, deren Objekte Punkte in der Ebene sind, und deren Instanzvariablen x und y die Koordinatenwerte enthalten (vergl. auch Beispiel in Abschnitt 4.7.2).

```
class punkt
  Instanzvariablen:
    x,y : real; // Koordinatenwerte
  Methoden:
    :
end
```

Zwei Punkte (x_1, y_1) und (x_2, y_2) sind genau dann gleich, wenn gilt: $x_1 = x_2$ und $y_1 = y_2$. Ein *konvexes Polygon* kann durch die Menge der Eckpunkte (Extrempunkte) $\pi = \{p_0, .., p_{n-1}\}$ definiert werden. Wir betrachten dann zwei Polygone als gleich, wenn sie die gleichen Eckpunktmengen haben.

Bemerkung 20 *Es ist wesentlich, sich klar zu machen, was es bedeuten soll, daß zwei Objekte einer Klasse gleich sind. Diese Fragestellung ist nicht ganz so trivial, wie sie zunächst erscheint. Ist $\pi = \{p_0, \ldots, p_{n-1}\}$ ein Polygon und ξ ein Vektor in der Ebene, dann ist $\pi' = \{p_0 + \xi, \ldots, p_{n-1} + \xi\}$ ein zu π kongruentes Polygon, das nur um den Vektor ξ in der Ebene verschoben ist. Es ist also zu entscheiden, ob man kongruente Figuren als gleich ansehen möchte, oder als verschieden. Die Entscheidung hängt von der Anwendung ab.*

Wir wollen hier nur die Klassenbeziehung zwischen Rechtecken und Quadraten modellieren. Sämtliche Rechtecke (also auch die Quadrate) sollen achsenparallel sein. Jedes Rechteck kann dann durch zwei gegenüberliegende Eckpunkte p und q definiert werden:

$$r = (p, q)$$

Man kann diese Angabe noch so normieren, daß p die beiden kleinsten Koordinatenwerte hat (links unten) und q die beiden größten (rechts oben). Zwei Rechtecke sollen genau dann gleich sein, wenn ihre Eckpunkte paarweise übereinstimmen. Ein Objekt der Klasse **rechteck** hat dann mindestens die zwei Instanzvariablen p und q, deren Werte Objekte der Klasse **punkt** sind. Die Klasse **rechteck** könnte wie folgt (in frei gewählter Syntax) definiert werden:

```
class rechteck
  Instanzvariablen:
    p, q : punkt;              // links unten, rechts oben
  Methoden:
    verschiebe(x:punkt);       // Verschiebung um den Vektor x
    inhalt():real;             // Flächeninhalt des Rechtecks
    skaliere(s: real);         // Kantenlängen mit s skalieren
    print():                   // Ausgabe auf Terminal
end
```

Die Erklärung zu den Methoden sollte ausreichen, um zu verstehen, was die Methoden leisten sollen. Es ist zu beachten, daß die Methoden *verschiebe()*, *skaliere()* und *print()* keinen Rückgabewert haben. Sie arbeiten auf den Instanzvariablen und verändern deren Werte. Ist $r = (p, q)$ ein Rechteck, dann wird es durch die Methode *verschiebe(a)* in das neue Rechteck $r' = (p+a, q+a)$ überführt. Eine Implementation der hier beschriebenen Klassen in C++ findet sich am Schluß dieses Abschnittes.

Ein Quadrat ist ein spezielles Rechteck. Eine Klasse **quadrat**, deren Objekte die speziellen Rechtecke mit gleichen Kantenlängen sind, könnte dann etwa wie folgt definiert werden:

```
class quadrat
  Instanzvariablen:
    p,q : punkt;                       // links unten, rechts oben
    länge: real;                       // Kantenlänge (redundant)
  Methoden:
    verschiebe(x:punkt);               // Verschiebung um den Vektor x
    inhalt():real;                     // Flächeninhalt
    skaliere(s: real);                 // Kantenlängen mit s skalieren
    kongruent(q: quadrat): bool        // Test auf Kongruenz
end
```

Man sieht, daß hier die Instanzvariablen und die meisten Methodenköpfe aus der Definition der Klasse **rechteck** übernommen wurden. Das ist auch nicht verwunderlich, denn was man mit jedem Rechteck machen kann, das kann man auch mit einem speziellen Rechteck machen. Auch die Implementation der Methoden könnte man einfach textuell kopieren. Diese Kopierarbeit ist offensichtlich unnötig. Außerdem ist die Existenz von Duplikaten von Programmtext gefährlich. Die Kopie soll ja die gleiche Wirkung haben, wie das

Original. Wenn man aber einen dieser Texte ändert, dann ist die Wirkung von (verändertem) Original und Kopie i.a. nicht mehr gleich. Es ist dann fraglich, ob diese Unterscheidung gewollt ist oder nicht. Solche Kopien sind damit oft die Ursache von Fehlern.

In der objektorientierten Programmierung gibt es das Konzept der *Vererbung*, das genau dieser Situation Rechnung trägt. Wenn die Objekte einer Klasse B spezielle Objekte einer Klasse A sind, dann sagt man auch, daß die Klasse B eine *Spezialisierung* der Klasse A ist. Man sagt auch, B ist eine *Unterklasse* von A oder A ist eine *Oberklasse* von B und schreibt dafür: $B \lhd A$. Die Definition der Unterklasse B basiert auf der Definition der Oberklasse A. Im einfachsten Fall erhält man die Definition von B, indem man die Definition von A voraussetzt und nur noch *zusätzliche Instanzvariablen* und *Methoden* als eine Erweiterung B^* hinzufügt. Die Definition von B besteht dann aus einem Bezug auf die Oberklasse A und der Angabe der zusätzlichen Instanzvariablen und Methoden B^* (Abb. 4.52).

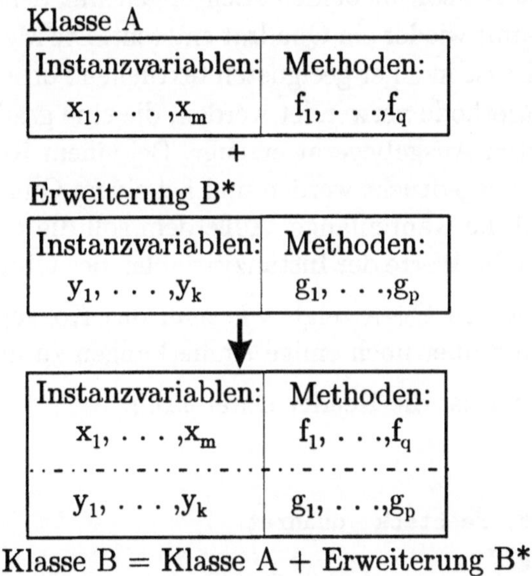

Abb. 4.52 Spezialisierung durch Hinzufügen von Variablen und Methoden

Das Konzept der Vererbung geht aber noch einen Schritt weiter. Eine Unterklasse B kann auch Methoden der Oberklasse A *überschreiben*, d.h. neu definieren. Es gibt dann einen Methodennamen m, und der Aufruf von m hat auf Objekte der Klasse B eine andere Wirkung als auf Objekte der

Klasse A. Wir wollen das an dem einfachen Beispiel der Klassen **quadrat** $\lhd$ **rechteck** zeigen:

class quadrat (basis: rechteck)
  Instanzvariablen:
    länge: **real**; // Kantenlänge (redundant)
  Methoden:
    skaliere(s: **real**); // Kantenlängen mit s skalieren
    print() // Ausgabe auf Terminal
end

Die Definition der Klasse **quadrat** nimmt Bezug auf die Oberklasse **rechteck**. Damit sind zunächst automatisch alle Instanzvariablen und Methoden der Oberklasse **rechteck** durch Vererbung auch in der Klasse **quadrat** definiert. Es wird eine weitere Instanzvariable (länge) hinzugefügt, und es werden die Methoden *skaliere()* und *print()* für die Unterklasse **quadrat** neu definiert. Ein Quadrat soll in beiden Richtungen mit dem gleichen Faktor skaliert werden, damit wieder ein Quadrat entsteht. Die Methode *print()* soll ein Objekt einer Klasse in einer geeigneten textuellen Form ausdrucken. Hier könnte auch eine Methode verwendet werden, die eine grafische Darstellung auf einem geeigneten Ausgabegerät erzeugt. Bei einem Rechteck sollen die beiden Eckpunkte ausgedruckt werden und bei einem Quadrat der linke untere Eckpunkt und die Kantenlänge. Außerdem soll die print-Methode den Klassennamen und die Werte der Instanzvariablen des Objektes ausdrucken.

Eine Implementation in C++ zeigt, wie man das Konzept der Vererbung anwendet. Dazu sind aber noch einige Anmerkungen zu machen.

Wir betrachten zunächst die Header-Datei *geo.h:*

```
// ex473_1
// Klassen: punkt, rechteck, quadrat
// Definitionsköpfe
// teilweise inline definierte Funktionen
// ----------------------------------------------------
#include <iostream.h>

// Datentyp: Skalar; kann leicht geändert werden
typedef
  double skalar;

// Klasse punkt-----------------------------------------
```

```
class punkt{

  public:
    skalar x, y;

    punkt(){x = 0; y = 0;}
    punkt(skalar a, skalar b){x = a; y = b;}
    void verschiebe(punkt p){x += p.x; y += p.y;}
    void print(){cout << "punkt(" << x << "," << y << ")";}
};
// Klasse rechteck-----------------------------------------

class rechteck{

  protected:
    punkt lu, ro;    // links_unten, rechts_oben
    punkt delta();   // berechnet die Kantenlaengen

  public:
    rechteck(){}
    rechteck(punkt pl, punkt pr){lu = pl; ro = pr;}

    skalar inhalt(){return delta().x*delta().y;}
    void verschiebe(punkt p){
      lu.verschiebe(p); ro.verschiebe(p);
    }
    virtual void skaliere(skalar rx, skalar ry);
    virtual void print();
};
// Klasse quadrat ----------------------------------------

class quadrat: public rechteck{

  private:
    skalar laenge;


  public:
    quadrat(){laenge = 0;}
    quadrat(punkt p, skalar a);

    virtual void skaliere(skalar r);
```

```
    virtual void print();
};
```

Hier werden die Köpfe der Klassendefinitionen und *inline* definierte Funktionen (Methoden) zusammengefaßt sind. Eine Funktion wird inline definiert, indem man entweder das Schlüsselwort **inline** vor die Funktionsdefinition schreibt, oder indem man den Rumpf der Funktion in den Kopf der Klassendefinition aufnimmt. Die Bedeutung von inline definierten Funktionen liegt darin, daß der Compiler den Code für die Funktion an jeder Aufrufstelle einfügt. Damit entfällt der Aufwand für einen Funktionsaufruf zur Laufzeit. Daher werden Funktionen, die sehr wenige Anweisungen enthalten, oft inline definiert. Es wird ein Datentyp **skalar** definiert. Wenn der skalare Typ einmal geändert werden muß, dann muß nur diese Definition geändert werden.

Die Klasse **punkt** hat zwei Konstruktoren, einen ohne Parameter und einen mit den Punktkoordinaten als Parameter. Der erstere initialisiert den Punkt mit den Koordinaten $(0,0)$ und der zweite mit den angegebenen Koordinaten. Obwohl der erste Konstruktor ein Spezialfall des zweiten ist, verwendet man hier einen speziellen parameterlosen Konstruktor wegen der bequemeren Schreibweise.

Die Klasse **rechteck** definiert die Instanzvariablen *lu* (links unten) und *ro* (rechts oben) sowie die Methode *delta()* als **protected**. Das bedeutet, daß diese Definitionen in der Klasse **rechteck** und jeder Unterklasse bekannt sind; aber nicht außerhalb dieser Klassen. Deshalb kann man in der Unterklasse **quadrat** auf die Eckpunkte und die Methode *delta()* zugreifen. Sonst bietet die Klasse **rechteck** keine weiteren Besonderheiten.

Die Klasse **quadrat** ist als Unterklasse von **rechteck** definiert. Daher erbt diese Klasse zunächst alle Instanzvariablen und Methoden, die in der Oberklasse **rechteck** als **public** oder **protected** definiert sind. Unter **private** definierte Komponenten werden nicht auf Unterklassen vererbt. Die Methoden *skaliere()* und *print()* werden durch das Schlüsselwort **virtual** als virtuell gekennzeichnet, weil diese Methoden in der Unterklasse neu definiert werden. Wenn eine Methode virtuell ist und für eine Variable x wird diese Methode aufgerufen, dann hängt es von der Klasse des Objektes ab, das gerade der aktuelle Wert von x ist, welche Methode ausgeführt wird. Man kann auch sagen, die Methode wird spät (nämlich zur Laufzeit und nicht zur Übersetzungszeit) an die Variable gebunden und nennt das *späte Bindung*.

Die Implementations-Datei *geo.cpp* enthält die Methodenrümpfe, die nicht schon in den Klassenköpfen stehen. Die Methoden selbst enthalten keine Besonderheiten mehr und sind selbsterklärend.

```
// ex473_1
// Beispiel: geometrische Figuren
// Klassen: punkt, rechteck, quadrat
//-Implementation geo ----------------------------------------
#include "geo.h"
#include <iostream.h>

//- Klasse punkt ---------------------------------------------
// alle Definitionen in geo.h

//- Klasse rechteck ------------------------------------------

  punkt rechteck::delta(){
    punkt d;
    d.x = ro.x-lu.x;
    d.y = ro.y-lu.y;
    return d;
  }
  void rechteck::skaliere(skalar rx, skalar ry){
    ro.x = lu.x + rx*delta().x;
    ro.y = lu.y + ry*delta().y;
  }
  void rechteck::print(){
    cout << "rechteck(" ;
    lu.print(); cout << ';';
    ro.print(); cout << ')';
  }
// Klasse quadrat -------------------------------------------

  quadrat::quadrat(punkt p, skalar a){
    lu = p;
    ro.x = lu.x + a;
    ro.y = lu.y + a;
    laenge = a;
  }
  void quadrat::skaliere(skalar r){
    ro.x = lu.x + r*delta().x;
    ro.y = lu.y + r*delta().y;
    laenge *= r;
```

```
  }
  void quadrat::print(){
    cout << "quadrat(" ;
    lu.print(); cout << ';' << laenge << ')';
  }
// Ende Implementation geo ---------------------------------
```

Ein Testrahmen erzeugt wieder einige Objekte, ruft Methoden auf und stellt die Objekte mit *print()* dar.

```
// ex 473_1
// Beispiel: geometrische Figuren
// Testrahmen
//-------------------------------------------------------
#include <iostream.h>
#include "geo.h"

void NL() {cout << '\n';}
void TAB(){cout << '\t';}

void main(){

  punkt    p1(10,7), p2(3,6);
  rechteck r(p1,p2);
  quadrat  q(p2,100);

  cout << "Punkte P1, P2: ";     NL();
  p1.print(); TAB(); p2.print(); NL(); NL();

  cout << "Rechteck: ";  NL();
  r.print(); TAB();
  cout << "Inhalt: " << r.inhalt(); NL(); NL();

  cout << "verschiebe R um (10,20): "; NL();
  p1 = punkt(10,20);
  r.verschiebe(p1);
  r.print();
  cout << "Inhalt: " << r.inhalt(); NL(); NL();

  cout << "skaliere R mit (0.5,3.0) : "; NL();
  r.skaliere(0.5, 3.0);
  r.print(); TAB();
  cout << "Inhalt: " << r.inhalt(); NL(); NL();
```

```
  cout << "Quadrat:  ";  NL();
  q.print(); TAB();
  cout << "Inhalt: " << q.inhalt(); NL();NL();

  cout << "skaliere Q mit 0.1: "; NL();
  q.skaliere(0.1);
  q.print(); TAB();
  cout << "Inhalt: " << q.inhalt(); NL(); NL();
}
```

Ausgabe:

```
Punkte P1, P2:
punkt(10,7)      punkt(3,6)

Rechteck:
rechteck(punkt(10,7);punkt(3,6))         Inhalt: 7

verschiebe R um (10,20):
rechteck(punkt(20,27);punkt(13,26))Inhalt: 7

skaliere R mit (0.5,3.0) :
rechteck(punkt(20,27);punkt(16.5,24))   Inhalt: 10.5

Quadrat:
quadrat(punkt(3,6);100) Inhalt: 10000

skaliere Q mit 0.1:
quadrat(punkt(3,6);10)  Inhalt: 100
```

An diesem Beispiel soll auch der Begriff der *Polymorphie* erklärt werden. Eine Methode, die einen bestimmten Namen f hat, kann für Objekte ganz unterschiedlicher Klassen definiert sein. In unserem Beispiel ist *print()* eine solche Methode. Wenn man die Nachricht *print()* an ein Objekt der Klasse **rechteck** sendet, dann wird die Methode *print()* der Klasse **rechteck** aufgerufen. Diese druckt den Klassennamen und die beiden Eckpunkte *lu* und *ro* aus. Sie stützt sich dabei auf die Methode mit dem gleichen Namen ab, die sie auf die Instanzvariablen *lu* und *ro* der Klasse **punkt** anwendet. In der Klasse **punkt** ist ebenfalls eine Methode *print()* definiert, die einen

Punkt ausdruckt. Das Druckbild eines Objektes der Klasse **rechteck** hat daher die Form:

rechteck(punkt(x_1, y_1); punkt(x_2, y_2))

Eine Funktion ist *polymorph*, wenn sie nicht einen festgelegten Funktionstyp hat, sondern verschiedene Funktionstypen haben kann. Ein bekanntes Beispiel dafür ist das *Überladen* von Operatorzeichen und Funktionsnamen. In diesem Fall definiert man zu einem Funktionsnamen verschiedene Funktionen. Bei einem Aufruf wird über die Typen der aktuellen Parameter die auszuführende Funktion bestimmt. Diese Auflösung der Mehrdeutigkeit kann zum Zeitpunkt der Übersetzung vorgenommen werden (frühe Bindung). Die arithmetischen Operatoren sind meistens überladen, denn sie können Argumente (Operanden) vom Typ **int** oder **real** oder auch beides verarbeiten. Ein anderes bekanntes Beispiel ist der Operator +, der in Pascal sowohl für die arithmetische Addition, als auch für die *Konkatenation* von Strings steht.

Eine polymorphe Methode ist ein Methodenname, der für mehrere unterschiedliche Methoden steht. Welche Methode aber wirklich ausgeführt wird, hängt von dem Objekt ab, das die Methode ausführen soll. Da eine Variable zu verschiedenen Zeiten Objekte verschiedener Klassen enthalten kann, kann man diese Mehrdeutigkeit i.a. nicht zur Übersetzungszeit auflösen, sondern erst zur Laufzeit (späte Bindung).

Beispiel 84 *Sei* ***quadrat*** $\lhd$ ***rechteck*** *die Klassenbeziehung zwischen den Klassen* ***rechteck*** *und* ***quadrat****. In beiden Klassen ist eine Methode draw() definiert, die eine grafische Darstellung des Objektes liefert. Ein Quadrat wird aber stets mit einem blauen und ein Rechteck mit einem roten Rand gezeichnet. Eine Variable x :* ***rechteck*** *ist ein Behälter, der sowohl ein Objekt der Klasse* ***rechteck****, wie auch der Klasse* ***quadrat*** *enthalten kann. Was ist also die Wirkung der Nachricht x.draw()?*

Das Objekt, das gerade der Inhalt von x ist, erhält diese Nachricht und es wird die Methode aufgerufen, die in der Klasse des Objektes liegt (Abb. 4.53). Es hängt also vom aktuellen Inhalt der Variablen x ab, ob eine Figur mit rotem oder mit blauem Rand gezeichnet wird. Es ist klar, daß die auszuführende Methode nicht zur Übersetzungszeit an diesen Methodenaufruf gebunden werden kann.

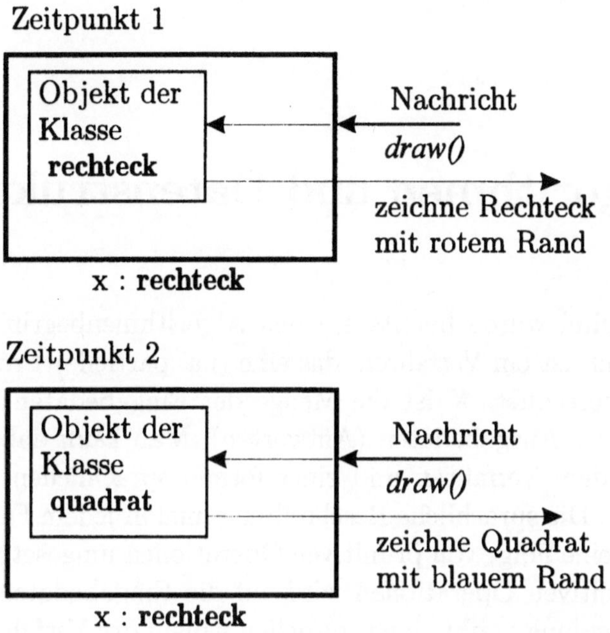

Zeitpunkt 1

Objekt der Klasse **rechteck**	← Nachricht *draw()*
	→ zeichne Rechteck mit rotem Rand

x : **rechteck**

Zeitpunkt 2

Objekt der Klasse **quadrat**	← Nachricht *draw()*
	→ zeichne Quadrat mit blauem Rand

x : **rechteck**

Abb. 4.53 Die Nachricht *draw()* an die Variable x hat zu verschiedenen Zeitpunkten unterschiedliche Wirkungen

Der große Vorteil der Polymorphie besteht darin, daß man eine Nachricht an eine Variable senden kann (Methodenaufruf), ohne daß man wissen muß, wie diese Nachricht genau verarbeitet wird. Wenn man z.B. annimmt, daß man für jede Klasse eine Methode *print()* definiert, die eine Textdarstellung des Objektes in einen Text-Stream (z.B. Terminal) schreibt, dann kann man diese Methode auch für Objekte aufrufen, deren Klassen erst zu einem späteren Zeitpunkt definiert werden. Damit wird die Änderbarkeit von Programmtexten wesentlich verbessert.

5 Algorithmen und Datenstrukturen

Im ersten Kapitel wurde bereits auf den Algorithmenbegriff eingegangen. Ein *Algorithmus* ist ein Verfahren, das eine (i.a. partielle) *Problemfunktion* $f : X \rightharpoonup Y$ berechnet. X ist die Menge der Eingabedaten (Fragen) und Y die Menge der Ausgabedaten (Antworten). Man kann dabei unterscheiden zwischen dem Verfahren und einer formal sprachlichen Beschreibung des Verfahrens. Die sprachliche Beschreibung muß in jedem Fall durch einen Interpreter in eine Folge von primitiven Operationen umgesetzt werden. Die Folge der primitiven Operationen wird auf die Eingabedaten angewendet, und jede Anwendung ergibt einen speziellen Ablauf des Verfahrens. Eine solche Folge von Einzelschritten heißt eine *Berechnung*. Eine mathematische Präzisierung des Algorithmenbegriffs ist durch das Modell der *Turingmaschine* (siehe Kapitel 3) gegeben. Dieses Modell ist aber für unsere Zwecke zu primitiv. Wir gehen hier stets von einer Programmiersprache aus, zu der wir die Existenz eines Interpreters annehmen.

Eine genaue Beschreibung der Problemfunktion f nennt man die *Spezifikation* des Problems. Die Spezifikation beschreibt nur, *was* berechnet werden soll; während der Algorithmus festlegt, *wie* diese Berechnung durchgeführt werden soll. Die Beschreibung des Algorithmus stützt sich dabei auf eine (abstrakte) *Rechenstruktur* ab. Wir unterscheiden also zwischen der Spezifikation eines Problems und einem Algorithmus zur Lösung des Problems, d.h. zur Berechnung der Problemfunktion. Daraus ergibt sich bereits eine wesentliche Fragestellung. Wenn eine Spezifikation $f : X \rightharpoonup Y$ gegeben ist und ein Algorithmus, kann man dann beweisen, daß der Algorithmus wirklich f berechnet? Einen solchen Beweis nennt man auch *Verifikation*. Man sagt, ein Algorithmus ist *korrekt* bezüglich der Spezifikation f, wenn er genau die Problemfunktion f berechnet. Auch eine Spezifikation muß in einer geeigneten sprachlichen Formulierung erfolgen. Hierzu kann man etwa die *Prädikatenlogik* (siehe Kapitel 2) verwenden.

Je nach den Fähigkeiten des Interpreters kann die Sprache zur Formulierung eines Verfahrens mehr oder weniger gut an die Problemdefinition angepaßt sein. Man sagt, daß eine höhere Programmiersprache *problemorientiert* ist, während eine prozessornahe *Maschinensprache* (siehe Kapitel 9) die Struktur der Maschine wiedergibt und daher meistens eine sprachliche Formulierung für ein Verfahren erfordert, das die eigentliche Problemlösung nicht mehr gut erkennen läßt. Es sei aber angemerkt, daß eine höhere Programmiersprache nur deshalb problemorientiert genannt wird, weil sie die Art der Beschreibung des Lösungsverfahrens durch den Menschen dadurch unterstützt, daß sie Operationen und abstrakte Datentypen zur Verfügung stellt, in denen wir gewohnt sind, ein Problem zu lösen.

Die Diskrepanz zwischen der gegebenen Maschinensprache eines realen Prozessors und einer erwünschten problemnahen Formulierung eines Verfahrens zur Lösung eines gegebenen Problems wird durch Compiler und Interpreter überbrückt (siehe Kapitel 1), so daß wir uns hier ganz auf eine höhere Programmiersprache (wie z.B. C++) abstützen können.

Diese Abstraktion kann man auch noch weiter treiben. Es besteht ein gewisser Konsens darüber, wie man bestimmte umgangssprachlich formulierte Operationen in eine konkrete Programmiersprache übertragen kann (Ein Programmierer ist dazu ein geeigneter Übersetzer). Daher werden Algorithmen oft auch umgangssprachlich oder in einer frei gewählten halbformalen Sprache (*Pseudo Code*) formuliert. Die These von Church und Turing (siehe Kapitel 3) drückt aus, daß man für ein intuitiv beschriebenes Verfahren auch stets eine formale, interpretierbare Form, d.h. ein *effektives Verfahren* finden kann. Wir können uns daher in diesem Kapitel bei der Beschreibung von Algorithmen gewisse Freiheiten erlauben. So werden bei den Beispielen meistens nicht mehr vollständige C++-Programme angegeben, sondern jeweils nur die zum Verständnis des Algorithmus wesentlichen Anweisungen. Auch bei der Definition der Datentypen werden nicht immer detaillierte Konstruktionen angegeben.

Ein Algorithmus beschreibt, wie die Eingabedaten in einer Folge von Zwischenschritten in die Ausgabedaten transformiert werden. Jeder Zwischenschritt operiert auf Daten, so daß Daten als Zwischenergebnisse auftreten. Ein Algorithmus enthält daher stets auch eine Beschreibung der *Datenstrukturen*, auf denen er operiert. Datenstrukturen sind wesentlicher Bestandteil einer algorithmischen Problemlösung. Ohne eine Beschreibung von Datenstrukturen kann man einen Algorithmus gar nicht formulieren. Es hat sich herausgestellt, daß ganz bestimmte Datenstrukturen in vielen Algorithmen verwendet werden können, so daß man diese auch als selbständige Einheiten betrachten kann. Dies drückt sich besonders in dem Ansatz der *abstrakten Datentypen* (ADT) und der *objektorientierten Programmierung* aus.

Ein abstrakter Datentyp (oder eine Rechenstruktur) ist die Beschreibung einer Menge von Operationen auf Daten, ohne daß die explizite Darstellung der Daten angegeben wird. Es wird vielmehr die Wirkung der Operationen spezifiziert. Ein Algorithmus kann sich auf die so spezifizierten Operationen abstützen. Abstrakte Datentypen und die Klassen der objektorientierten Programmierung stellen wiederverwendbare Bausteine zur Konstruktion neuer Algorithmen zur Verfügung. So kann man bestimmte Datenstrukturen, die in vielen verschiedenen Algorithmen benötigt werden, getrennt von speziellen Algorithmen betrachten und implementieren (programmieren).

Man ist bei einem Algorithmus natürlich daran interessiert, daß die Antwort zu einer Eingabe möglichst schnell berechnet wird und daß der Speicherplatz, den der Algorithmus für Zwischenergebnisse benötigt, nicht über ein vertretbares Maß hinausgeht. Es gibt Algorithmen, die so viel Platz für die Zwischenrechnungen benötigen, daß ein realer Rechner schon bald überfordert ist. Andere benötigen für die Berechnung einer Antwort so viel Zeit, daß es sinnlos wird, auf das Ende der Berechnung zu warten.

Es werden daher Algorithmen gesucht, die möglichst sparsam mit dem *Speicherplatz* umgehen und deren *Laufzeit* nicht zu groß wird. Um solche quantitativen Bewertungen vornehmen zu können, muß man Begriffe wie Laufzeit und Speicherplatzbedarf definieren und Maße einführen, die einen Vergleich zwischen verschiedenen Algorithmen zulassen, ohne sich dabei auf einen speziellen Rechner zu beziehen. Diese quantitativen Betrachtungen führen dazu, die *Effizienz* von Algorithmen zu messen und somit verschiedene Verfahren zur Lösung des gleichen Problems miteinander zu vergleichen.

Hier werden unter Wissenschaftlern regelrechte Wettbewerbe ausgetragen, um den schnellsten Algorithmus für ein gegebenes Problem zu ermitteln. Es taucht dabei die Frage auf, ob man für ein Problem *untere Schranken* für die definierten Maße angeben kann, also Werte, die nicht zu unterbieten sind. Damit könnte man absolute Sieger bestimmen. Wenn man das auf einen sportlichen Wettbewerb bezieht, würde es bedeuten, daß man etwa beweisen könnte, daß ein Läufer für die 100-m Distanz mindestens 9.6 Sekunden benötigt. Wenn ein Läufer diese Zeit dann wirklich erreichen würde, gäbe es keine Möglichkeit mehr, den Rekord zu unterbieten.

Es wird sich zeigen, daß die Wahl der Datenstrukturen zur Lösung eines gegebenen Problems einen entscheidenden Einfluß auf die Effizienz hat. Oft sind es ausgeklügelte Datenstrukturen, mit denen man ein Problem effizient lösen kann, während offensichtliche Standardlösungen ganz ineffizient sein können.

Die Fragen nach der Effizienz von Algorithmen führen auch zu einem bisher ungelösten Problem der theoretischen Informatik, das weitreichende Konsequenzen für die Praxis hat. Es gibt nämlich viele praktische Probleme, zu denen bis heute nur Algorithmen mit unzumutbar langen Laufzeiten bekannt sind. Es konnte bisher nicht bewiesen werden, ob es zu diesen Problemen bessere Algorithmen gibt, oder ob das prinzipiell ausgeschlossen ist. Die Auffassung vieler Forscher auf diesem Gebiet geht davon aus, daß hier eine prinzipielle Grenze vorliegt. Das würde bedeuten, daß es zu vielen praktischen Problemen zwar eine algorithmische Lösung gibt; aber daß jeder dieser Algorithmen ineffizient ist. Solche Probleme wären dann zwar prinzipiell lösbar, müßten aber als *praktisch nicht lösbar* gelten.

Diese Überzeugung führt dazu, daß man sich verstärkt mit Verfahren beschäftigt, die eine Lösung nicht exakt liefern, aber eine praktisch zufriedenstellende *Approximation*. Man betrachtet dazu auch Verfahren, die stochastische Komponenten enthalten. Bestimmte Schritte werden mit Zufallszahlen ausgewählt, da man eine effiziente Suche nach der Lösung nicht kennt. Hier sind insbesondere die *genetischen Algorithmen* hervorzuheben, die an der Evolutionstheorie und ihrer genetischen Deutung orientiert sind.

Zusammenfassend kann man sagen, daß der Entwurf eines Algorithmus zunächst von der Spezifikation eines Problems ausgeht. Es werden Datenstrukturen entworfen, mit denen man die Zwischenschritte der Berechnungen möglichst verständlich und möglichst effizient ausführen kann. Ist ein Algorithmus gefunden, muß man sich von der Korrektheit überzeugen. Wenn die Korrektheit erwiesen ist, erfolgt eine Analyse der Laufzeit und des Speicherplatzbedarfs, um somit die Effizienz des Verfahrens beurteilen zu können.

In diesem Kapitel sollen die oben angesprochenen Fragen erörtert werden. Außerdem werden einige Beispiele von Algorithmen für stets wiederkehrende Probleme der Praxis behandelt. Das Gebiet der Datenstrukturen und Algorithmen ist in der Vergangenheit intensiv bearbeitet worden und ist weiterhin ein ganz wesentliches Gebiet der aktuellen Forschung. Durch neuere Anwendungen (z.B. Computergrafik, Geometrie, künstliche Intelligenz, Multimedia) treten neue Probleme oder ganze Problemklassen auf, zu denen man effiziente Algorithmen sucht.

Es existiert ein Fülle von Literatur zu diesem Thema, und es gibt viele sehr gute Lehrbücher von denen wir nur eine kleine Auswahl zitieren [CLR90] [HS76] [NH93] [Sed88] [Kin90]. Dieses Kapitel soll den Einstieg in ein zentrales Gebiet der Informatik eröffnen.

5.1 Effizienz von Algorithmen

In Kapitel 4 haben wir schon eine Vielzahl von Algorithmen kennengelernt, denn ein Programm stellt stets einen Algorithmus dar. Wir haben aber bisher weniger die für einen Algorithmus wesentlichen Fragen nach der *Effizienz* und der *Korrektheit* behandelt.

Um die Laufzeit eines Algorithmus zu bestimmen, müßte man wissen, wie der Algorithmus auf einem konkreten Interpreter abläuft. Das wird schon deshalb schwierig, weil das Programm oft erst in eine Maschinensprache übersetzt wird, die ihrerseits dann durch eine CPU interpretiert wird. Verschiedene Compiler liefern vielleicht ganz unterschiedliche Maschinenprogramme, und außerdem ist eine so bestimmte Laufzeit von der speziellen CPU abhängig und sogar von deren Taktfrequenz. Die reale Ausführungszeit, die man mit einer Stoppuhr ermitteln kann, ist kein sinnvolles Maß für die Laufzeit von Algorithmen. Eine analoge Überlegung gilt für den Speicherplatz. Laufzeit ist eine Abstraktion von der Ausführungszeit und Speicherplatz eine Abstraktion des realen Speicherplatzes. Man bestimmt ein Maß für die Laufzeit direkt aus dem Programm, das den Algorithmus darstellt.

Es soll jetzt ein erstes, einfaches Beispiel betrachtet werden.

1. **Spezifikation des Problems:**

   Sei X eine Menge und durch $\leq$ eine lineare Ordnung auf X definiert.

   - **gegeben**: endliche Folge $u_0 u_1 ... u_{n-1} \in X^+$ mit $u_i \in X$ für $0 \leq i < n$.
   - **gesucht**: Index $0 \leq k < n$, so daß gilt: $\forall_{0 \leq i < n}\ u_i \leq u_k$, d.h. k ist der Index eines Elementes der Folge u, das in dieser Folge maximal ist.
   - **Voraussetzungen**: Die Menge X wird durch den Datentyp T dargestellt, und die üblichen Vergleichsoperationen stehen zur Verfügung (T könnte z.B. **int** sein).

2. **Algorithmus:**

```
// gesucht: Index k eines maximalen
// Elementes im Abschnitt u[0]..u[n-1]
k = 0;
for(i = 1; i < n; i++){
  if(u[k] < u[i])
    k = i;
  // Hier gilt: k ist Index eines maximalen
  // Elementes im Abschnitt u[0]..u[i]
}
```

3. **Verifikation**:
Um zu zeigen, daß der Algorithmus korrekt ist, zeigt man, daß eine bestimmte Eigenschaft P für jeden Durchlauf der **for**-Schleife erfüllt ist. Diese Eigenschaft gilt dann auch nach dem Verlassen der **for**-Schleife und somit am Ende des Algorithmus. Eine solche Eigenschaft heißt eine *Schleifen-Invariante*. Schleifen-Invarianten sind ein wichtiges Mittel für Korrektheitsbeweise.

   - **Behauptung**: Das Prädikat $P(i,k) = \forall_{0 \leq j < i}\ u_j \leq u_k$ gilt unmittelbar vor dem Schleifendurchlauf mit dem Schleifenindex i.
   - **Beweis**: Das Prädikat gilt unmittelbar vor der Ausführung der Schleife mit $i = 1$, denn dann ist $k = 0$ und es gilt natürlich: $u_0 \leq u_0$. Wir nehmen jetzt an, daß das Prädikat gültig ist vor dem Durchlauf mit dem Schleifenindex i , also gilt $P(i,k)$. Beim Durchlauf mit dem Index $i < n$ wird geprüft, ob gilt: $u_i > u_k$. Ist $u_i \leq u_k$, dann bleibt k unverändert, und somit gilt nach der Ausführung des Rumpfes: $\forall_{0 \leq j < i}\ u_j \leq u_k$ und $u_i \leq u_k$ und damit $P(i+1,k)$. Ist $u_k < u_i$, dann wird im Rumpf der Schleife k durch $k' = i$ ersetzt. Es gilt dann nach der Ausführung des Rumpfes: $\forall_{0 \leq j < i}\ u_j \leq u_k$ und $u_k < u_i = u_{k'}$ und somit: $\forall_{0 \leq j < i+1}$ $u_j \leq u_{k'}$. Damit gilt nach der Ausführung der **for**-Schleife $P(n,k)$, und das ist gerade durch die Spezifikation gefordert.

4. **Analyse** für Speicherplatz und Laufzeit.

   - **Speicherplatz**: Der benötigte Speicherplatz kann leicht berechnet werden. Der Speicherplatz in Byte für eine Variable vom Typ **int** sei p und der für eine Variable vom Typ T sei q. Es werden zwei Variablen des Typs **int** und ein Array der Länge n mit dem Grundtyp T verwendet. Damit ist der gesamte Speicherplatzbedarf: $S(n) = 2p + nq$. Wenn n verdoppelt wird, dann wird auch der Platzbedarf (annähernd) doppelt so groß: $S(2n) = 2p + 2nq = 2S(n) - 2p$. Man sagt auch, daß der Platzbedarf linear mit der Größe der Eingabedaten wächst.

- **Laufzeit:** Wir nehmen an, daß eine Wertzuweisung bei Variablen vom Typ **int** die normierte Laufzeit von einer Einheit hat, und daß der Vergleich $u[k] < u[i]$ ebenfalls eine Einheit benötigt. Außerdem nehmen wir an, daß die Eingabefolge $u_0 u_1 \ldots u_{n-1}$ sortiert ist, d.h. es gilt: $u_0 < u_1 < \cdots < u_{n-1}$. In diesem Fall muß in jedem Durchlauf die Wertzuweisung $k = i$ ausgeführt werden.
  Die **for**-Schleife beginnt mit einer Wertzuweisung an die Schleifenvariable i. Vor jedem Durchlauf erfolgt der Vergleich (Abbruchkriterium) $i < n$, und wenn der Rumpf der Schleife durchlaufen ist, wird i inkrementiert: i++. Jede dieser Operationen soll eine Zeiteinheit benötigen. Die Schleife wird genau $n - 1$ mal durchlaufen, nämlich für die Indizes $1, \ldots, n-1$, und bei jedem Durchlauf werden vier Operationen mit der Laufzeit von je einer Einheit ausgeführt. Daraus ergibt sich die folgende Gesamtlaufzeit: $T(n) = 2+4(n-1) = 4n-2$; $(n > 0)$. Das ist eine lineare Funktion von n. Man sagt daher, daß die Laufzeit des Algorithmus linear in der Größe der Eingabedaten wächst.

Wir haben bei der Analyse im obigen Beispiel angenommen, daß die Eingabefolge sortiert ist. Ist diese Bedingung nicht erfüllt, dann wird nicht bei jedem Durchlauf der Schleife die Wertzuweisung $k = i$ ausgeführt, so daß man dann eine kürzere Laufzeit erhält. Nehmen wir einmal an, daß das maximale Element ganz vorn steht ($\forall_{0 \leq i < n}\ u_i \leq u_0$), dann wird diese Wertzuweisung nie ausgeführt, und man erhält: $T(n) = 2+3(n-1) = 3n-1$. Die Laufzeit hängt bei fester Länge (oder Größe) der Eingabe von der speziellen Folge $u_0 u_1 \ldots u_{n-1}$ ab. Man ist aber an einer Funktion interessiert, die die Laufzeit nur in Abhängigkeit von der Größe der Eingabe ausdrückt.

Man kann, wie in unserem Beispiel, diejenige Eingabe bestimmen, die unter allen Eingaben der Größe n die längste Laufzeit hat (*worst case Analyse*), bzw. diejenige mit der kürzesten Laufzeit (*best case Analyse*). Die Laufzeit wird dann im Mittel (*average case Analyse*) irgendwo zwischen diesen beiden Werten liegen.

Das Beispiel hat gezeigt, daß es verschiedene Maße zur Beurteilung der Effizienz eines Algorithmus gibt. Man kann den benötigten Speicherplatz und eine geeignet definierte Laufzeit als Funktion der Größe der Eingabe betrachten. Zur Abschätzung der Laufzeit konzentriert man sich auf bestimmte Aktionen im Algorithmus, denen man eine Laufzeit zuordnet. Dann versucht man abzuschätzen, wie oft diese Aktionen für eine bestimmte Eingabe ausgeführt werden. Für die Eingabedaten definiert man ebenfalls ein Maß für die Größe und versucht dann, eine Aussage für alle Eingaben einer festen Größe zu erhalten.

Eingaben sind Zahlen, Zeichenreihen (Strings), Vektoren von Zahlen oder auch von anderen elementaren oder strukturierten Daten. Es muß im Einzelfall angegeben werden, was man als Maß für die Größe der Eingabe ansieht. Diese Größe ist immer eine natürliche Zahl $n \in \mathbf{N}$. Die Laufzeit und auch der Speicherplatzbedarf sind dann zu betrachten als Funktionen $f : \mathbf{N} \to \mathbf{R}_+$, wobei $\mathbf{R}_+$ die Menge der nichtnegativen reellen Zahlen bezeichnen soll.

Wenn X die Menge der Eingaben ist, und $\gamma : X \to \mathbf{N}$ die Funktion, die die Eingabegröße festlegt, dann sei $X_n = \gamma^{-1}(n) = \{x \in X \mid \gamma(x) = n\}$ die Menge aller Eingaben der Größe n. Ist nun $h : X \to \mathbf{R}_+$ die Funktion, die jeder Eingabe $x \in X$ ihre Laufzeit zuordnet, dann kann man daraus Laufzeitfunktionen h_w für den schlechtesten (worst-case) und h_b für den besten Fall (best-case) ableiten:

$$h_w(n) = max\,\{h(x) \mid x \in X_n\}$$
$$h_b(n) = min\,\{h(x) \mid x \in X_n\}$$

Um auch ein Maß für eine mittlere Laufzeit (average-case) zu erhalten, muß man auf den Mengen X_n Wahrscheinlichkeitsverteilungen definieren. Wenn X_n endlich oder abzählbar unendlich ist, dann reicht die Angabe einer Funktion $p_n : X_n \to [0, 1]$ mit der Eigenschaft:

$$\sum_{x \in X_n} p_n(x) = 1.$$

$p_n(x)$ ist die Wahrscheinlichkeit dafür, daß die Eingabe $x \in X_n$ auftritt. Für eine solche Wahrscheinlichkeitsverteilung auf den Eingaben ist der Erwartungswert für die Laufzeit bei gegebenem $n \in \mathbf{N}$:

$$h_a(n) = \sum_{x \in X_n} h(x) p_n(x).$$

Es ist aber oft schwer, eine solche Wahrscheinlichkeitsverteilung für das Auftreten der Eingaben anzugeben. Für endliche X_n verwendet man daher oft die Gleichverteilung:

$$p_n(x) = \frac{1}{|X_n|}.$$

Die Durchschnittsanalysen sind meist sehr aufwendig und setzen mathematische Methoden voraus, die wir hier nicht behandelt haben. Wir werden uns daher bei der Analyse auf den schlechtesten Fall konzentrieren, um eine (vorsichtige) Abschätzung nach oben zu erhalten. Wenn wir von der Laufzeitfunktion eines Algorithmus reden, dann ist damit die worst-case Funktion gemeint, falls nicht ausdrücklich etwas anderes gesagt wird.

Wir haben bereits weiter oben argumentiert, daß Laufzeit nicht die reale Rechenzeit (Ausführungszeit) ist, sondern daß sie von speziellen Rechenmaschinen und Compilern abstrahiert. Wenn ein Rechner doppelt so schnell rechnet wie ein anderer, dann soll das auf die abstrakte Laufzeit keinen Einfluß haben. Diese Abstraktion kann man erreichen, indem man Funktionen, die sich nur um einen konstanten Faktor unterscheiden, als *wesentlich gleich* betrachtet.

Darüber hinaus ist man nur an dem *asymptotischen Verhalten* von Laufzeitfunktionen $f : \mathbf{N} \rightarrow \mathbf{R}_+$ interessiert. Das bedeutet, daß man nur Eigenschaften betrachtet, die für alle, bis auf endlich viele $n \in \mathbf{N}$ gelten, oder gleichbedeutend damit für alle $n \in \mathbf{N}$, die größer sind als ein bestimmtes $n_0 \in \mathbf{N}$. Diese Überlegungen führen zu folgenden Klassen von Funktionen:

Definition 35 *Für Funktionen $f, g : \mathbf{N} \rightarrow \mathbf{R}$ definiert man:*

1. $f \in O(g) \Leftrightarrow \exists_{c \in \mathbf{R}, c>0} \exists_{n_0 \in \mathbf{N}} \forall_{n>n_0} : 0 \leq f(n) \leq c \cdot g(n)$
2. $f \in \Omega(g) \Leftrightarrow \exists_{c \in \mathbf{R}, c>0} \exists_{n_0 \in \mathbf{N}} \forall_{n>n_0} : 0 \leq c \cdot g(n) \leq f(n)$
3. $f \in \Theta(g) \Leftrightarrow f \in O(g) \cap \Omega(g)$

Bei dieser Definition werden auch Funktionen erfaßt, die für höchstens endlich viele Argumente einen negativen Wert haben. Solche Funktionen heißen auch *asymptotisch nichtnegativ*.

Für $f \in O(g)$ sagt man auch: f wächst asymptotisch nicht schneller als g, und für $f \in \Omega(g)$ sagt man: f wächst asymptotisch mindestens so schnell wie g. Ist $f \in \Theta(g)$, dann sagt man, daß f und g asymptotisch gleich schnell wachsen. Ist die Laufzeitfunktion eines Algorithmus aus der Klasse $O(g)$, dann sagt man manchmal auch (nicht ganz korrekt), daß der Algorithmus aus $O(g)$ ist.

Wir wollen jetzt diese abstrakte Definition etwas anschaulicher darstellen. Dazu denken wir uns die Funktionen als Graphen, bei denen die horizontale Achse die natürlichen Zahlen verkörpern soll (siehe Abb. 5.1).

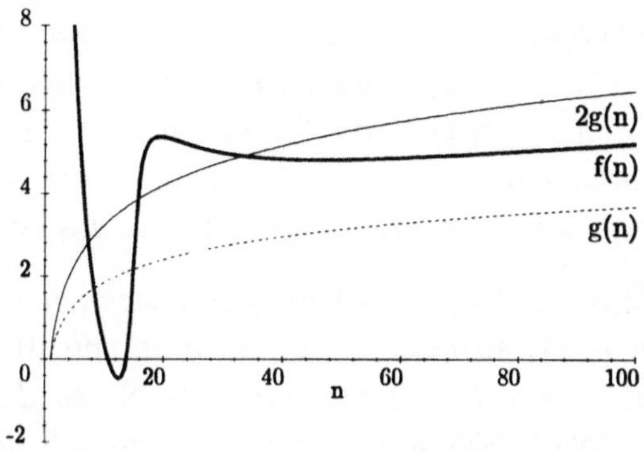

Abb. 5.1 Asymptotische Beschränkung nach oben

Die punktierte Linie stellt die Funktion g dar, die dünne Linie $2g$ und die dicke Linie die Funktion f. Der Graph stellt nur einen kurzen Abschnitt der Funktion dar. Wir nehmen an, daß für $n \geq 35$ gilt: $0 \leq f(n) \leq 2g(n)$. Damit ist $f \in O(g)$, d.h. f wächst asymptotisch nicht schneller als g. Umgekehrt gilt aber auch $g \in O(f)$, denn für $n > 15$ soll gelten: $0 \leq g(n) \leq f(n)$. Mit $g \in O(f) \Leftrightarrow f \in \Omega(g)$ (Beweis als Übung) gilt dann auch: $f \in O(g) \cap \Omega(g) = \Theta(g)$. Asymptotisch wachsen f und g gleich schnell. Man kann $f \in \Theta(g)$ auch so ausdrücken: $\exists_{c_1,c_2>0} \exists_{n_0 \in N} \forall_{n \geq n_0} : 0 \leq c_1 g(n) \leq f(n) \leq c_2 g(n)$ (wobei $c_1, c_2 \in \mathbf{R}$), und diese Bedingung ist hier erfüllt mit $c_1 = 1$, $c_2 = 2$ und $n_0 = 35$.

Die folgenden Beispiele sollen den Umgang mit den Wachstumsklassen verdeutlichen. Es ist üblich, bei einem Ausdruck $E(x)$ auch von der Funktion $E(x)$ zu sprechen, wenn man eigentlich $\lambda x.E(x)$ meint (siehe Kapitel 2). So ist z.B. $3x^2 + 2x - 1$ ein formaler Rechenausdruck (ein Polynom), der für jede Ersetzung von x durch eine reelle Zahl einen reellen Wert liefert. Er stellt also eine Funktion dar. In diesem Sinn sprechen wir (etwas nachlässig) von der Funktion $3x^2 + 2x - 1$.

Beispiel 85 *Asymptotisches Wachstum von Funktionen.*

1. *Sei f eine nach oben beschränkte Funktion, die nichtnegativ ist. Dann gilt $f \in O(1)$, denn wenn $r \in \mathbf{R}$ obere Schranke von f ist, dann gilt: $\forall_{n \in N} : 0 \leq f(n) \leq r \cdot 1$. Jede andere konstante Funktion c mit $c > 0$ könnte statt der 1 verwendet werden: $f \in O(c)$.*

2. *Es gilt* $\Omega(n^2) \cap O(n) = \emptyset$. *Um das zu zeigen, nimmt man an, daß es eine Funktion* $f \in \Omega(n^2) \cap O(n)$ *gibt. Für* f *gibt es dann* $c, d > 0$ *und ein* $m \in \mathbf{N}$ *mit:* $0 \leq cn^2 \leq f(n) \leq dn$ *für alle* $n \geq m$. *Es muß also gelten:* $cn^2 \leq dn$ *und somit auch:* $n \leq d/c$. *Die letzte Ungleichung besagt aber, daß die Funktion* n *nach oben beschränkt ist, und das ist ein Widerspruch.*

3. *Es gilt:* $f \in O(g) \Rightarrow O(f) \subseteq O(g)$, *denn wenn* $h \in O(f)$, *dann gibt es* $c > 0$ *und* $m \in \mathbf{N}$, *so daß für alle* $n \geq m$ *gilt:* $0 \leq h(n) \leq cf(n)$. *Andererseits gibt es ein* $d > 0$ *und ein* $p \in \mathbf{N}$, *so daß für alle* $n \geq p$ *gilt:* $0 \leq f(n) \leq dg(n)$. *Für alle* $n \geq max(m,p)$ *gilt daher:* $0 \leq h(n) \leq cf(n) \leq (cd)g(n)$, *also ist* $h \in O(g)$.

4. *Für* $a, b > 1$ *gilt:* $\Theta(\log_a n) = \Theta(\log_b n)$, *denn es gilt:* $\log_a n = \log_a b \cdot \log_b n$.

Es gibt Funktionen, die ein bestimmtes (asymptotisches) Wachstum besonders einfach repräsentieren, wie z.B. die Konstante 1 jede nach oben beschränkte asymptotisch nichtnegative Funktion repräsentieren kann. Für die Logarithmusfunktion ist die Basis bei Wachstumsabschätzungen nicht relevant (siehe Beispiel). Es sollen jetzt einige solcher Repräsentanten angegeben werden. Man muß dazu entscheiden können, ob eine Funktion g *echt* schneller wächst als eine andere Funktion f.

Definition 36 *Seien* $f, g : \mathbf{N} \to \mathbf{R}$ *asymptotisch nichtnegative Funktionen. Dann sei:*

$$f \in o(g) \Leftrightarrow \lim_{n\to\infty} \frac{f(n)}{g(n)} = 0.$$

Wenn gilt $f \in o(g)$, dann sagt man, daß f asymptotisch echt langsamer wächst als g und schreibt dafür auch $f \prec g$. Wenn $f \prec g$ ist, dann ist $f \in O(g)$; und damit auch $O(f) \subseteq O(g)$. Es gilt aber sogar die Echtheit dieser Inklusion (was wir aber hier nicht beweisen), d.h. die Klasse $O(f)$ ist dann echt in $O(g)$ enthalten. Damit definiert die Relation $\prec$ eine Hierarchiebeziehung zwischen den O-Klassen. Um die Laufzeit t eines Algorithmus nach oben abzuschätzen, versucht man eine Funktion f zu finden, mit $t \in O(f)$. Das ist sehr leicht, wenn man für f eine sehr schnell wachsende Funktion einsetzt. Man versucht daher, ein f anzugeben, das bezüglich der Relation $\prec$ möglichst klein ist und damit eine möglichst kleine Klasse $O(f)$ im Sinne der Mengeninklusion.

In der Praxis treten sehr häufig die folgenden Funktionen zur Beschreibung des asymptotischen Wachstums auf. Wir wollen diese auch nach der Relation $\prec$ anordnen. Es seien dabei c, q reelle Zahlen mit: $0 < q < 1 < c$.

$1 \prec \log\log n \prec \log n \prec n^q \prec n \prec n\log n \prec n^c \prec c^n \prec n! \prec n^n \prec (n!)^2$

Alle diese Beziehungen lassen sich beweisen. Hier seien nur einige exemplarische Beweise angeführt:

1. $\log n \prec n^q$: $\log n$ und n^q sind streng monoton wachsend. Wir betrachten daher nur Zahlen der Form $n = 2^s$ und wählen 2 als Basis für die Funktion $\log$. Dann ist $\log_2 n = s$ und der Quotient ist: $\frac{\log_2 n}{n^q} = \frac{s}{2^{qs}} = \frac{s}{2^s}2^{-q}$. Dabei ist 2^{-q} eine Konstante, und somit $\lim_{s\to\infty} \frac{s}{2^s}2^{-q} = 0$.
2. $n \prec n^c$: $\frac{n}{n^c} = \frac{1}{n^{c-1}}$ und $\lim_{n\to\infty} \frac{1}{n^{c-1}} = 0$
3. $n \prec n\log n$: $\frac{n}{n\log n} = \frac{1}{\log n}$ und $\lim_{n\to\infty} \frac{1}{\log n} = 0$
4. $n\log n \prec n^c$: $\frac{n\log n}{n^c} = \frac{\log n}{n^{c-1}}$. Ist $1 < c < 2$, dann ist mit $q = c - 1$ nach 1. $\lim_{n\to\infty} \frac{\log n}{n^q} = 0$. Ist $c \geq 2$, dann ist $c - 1 \geq 1$, und man kann $\log n \prec n \prec n^c$ verwenden.
5. $n! \prec n^n$: $\frac{n!}{n^n} = \frac{1\cdot 2\cdots n}{n\cdot n\cdots n} = \frac{1}{n}\frac{2}{n}\cdots\frac{n}{n}$. Für alle i mit $2 \leq i \leq n$ ist $0 < \frac{i}{n} \leq 1$. Daher kann man den Quotienten nach oben abschätzen durch: $\frac{1\cdot 2\cdots n}{n\cdot n\cdots n} \leq \frac{1}{n}$. Daraus folgt die Aussage.
6. $n^n \prec (n!)^2$: Der Quotient läßt sich wieder als Produkt schreiben:

$$\begin{aligned}
\frac{n^n}{(n!)^2} &= \frac{n\cdot n\cdots n}{1\cdot 2\cdots n\cdot 1\cdot 2\cdots n} \\
&= \frac{n}{1\cdot n}\cdot\frac{n}{2(n-1)}\cdot\frac{n}{3\,(n-2)}\cdots\frac{n}{n\cdot 1} \\
&= \prod_{k=2}^{n-1}\frac{n}{k\,(n-k+1)} \\
&< 1
\end{aligned}$$

denn wegen $1 < k < n$ gilt für jeden Faktor des Produktes:

$$\begin{aligned}
\frac{k(k-1)}{(k-1)} < n \Rightarrow k^2 - k &< n(k-1) = nk - n \\
&\Rightarrow n < k\,(n-k+1)
\end{aligned}$$

Der kleinste Faktor in dem Produkt ist also größer als das ganze Produkt, und $k\,(n-k+1) = (n+1)k - k^2$ ist maximal für $k = \frac{n+1}{2}$, und hat dann den Wert: $\frac{(n+1)^2}{4}$. Der bestimmende Faktor in dem Produkt ist demnach $\frac{4n}{(n+1)^2}$, und dieser geht gegen 0, wenn n gegen ∞ geht.

Als Funktionsargument verwenden wir jetzt oft auch x statt n. Nach den Funktionen der oben aufgeführten Hierarchie bezeichnet man auch die Laufzeiten:

$f(x)$	Bezeichnung
x^x, $x!$, $(x!)^2$	superexponentiell
c^x, $(1 < c)$	exponentiell
x^c, $(1 < c)$	polynomial
$x \log x$	fast linear
x	linear
x^q, $(0 < q < 1)$	sub linear
$\log x$	logarithmisch
$\log \log x$	sub logarithmisch
1	konstant

Außer der Konstanten 1 nehmen alle oben angeführten Funktionen beliebig große Werte an, aber sie haben sehr unterschiedliche Wachstumsraten. Das soll der folgende Vergleich zeigen. Es soll jeweils ein möglichst kleines x angegeben werden, so daß $f(x)$ einen gegebenen Wert erreicht oder übersteigt. Die Logarithmen werden hier zur Basis 10 genommen.

$f(x) \geq 10^{200}$	x
x^x	100
$x!$	121
10^x	200
x^{10}	10^{20}
$x \log x$	10^{198}
x	10^{200}

$f(x) \geq 10$	x
$x \log x$	10
x	10
$x^{0.5}$	100
$\log x$	10^{10}
$\log \log x$	$10^{10^{10}}$
1	--

Um nicht allzu astronomische Zahlen zu erhalten, wurde für die zweite Tabelle $f(x) \geq 10$ angesetzt. Um mit der sehr langsam wachsenden Funktion $\log \log x$ den Wert 10^{200} zu erreichen, muß x den Wert

$$10^{10^{10^{200}}}$$

haben. Das Wachstumverhalten dieser Funktionen ist auch in der Graphik sehr interessant. Es sollen einige Funktionsgraphen angegeben werden, die wir aber nur kurz diskutieren. Die Abb. 5.2 zeigt die unterschiedlichen Wachstumsraten der Funktionen $\log\log x$, $\log x$ und $x^{0.3}$. Unsere Ordnung dieser Funktionen scheint durch die Graphen bestätigt zu werden.

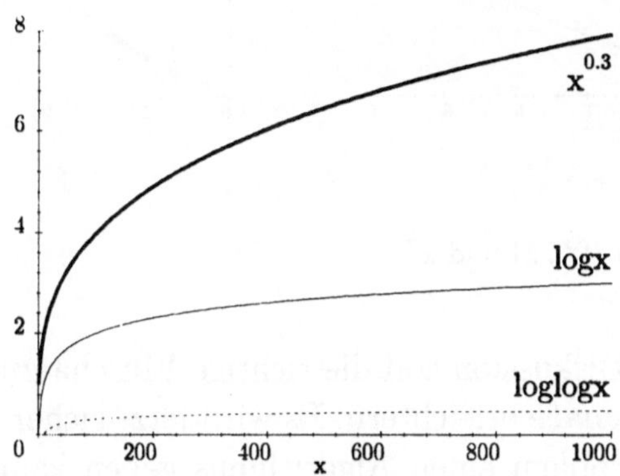

Abb. 5.2 Vergleich der Funktionen $x^{0.3}$, $\log x$ und $\log\log x$

Die Abb. 5.3 zeigt den Vergleich von $\log x$ und $x^{0.1}$. Für kleine Werte von n scheint die Darstellung links der Ordnung $\log x \prec x^{0.1}$ zu widersprechen. Betrachtet man die Graphen aber für größere Argumente (bei logarithmischer Darstellung der x-Achse), dann zeigt sich im rechten Bild das „schnellere" Wachstum von $x^{0.1}$, wenn auch erst ab 10^{10}.

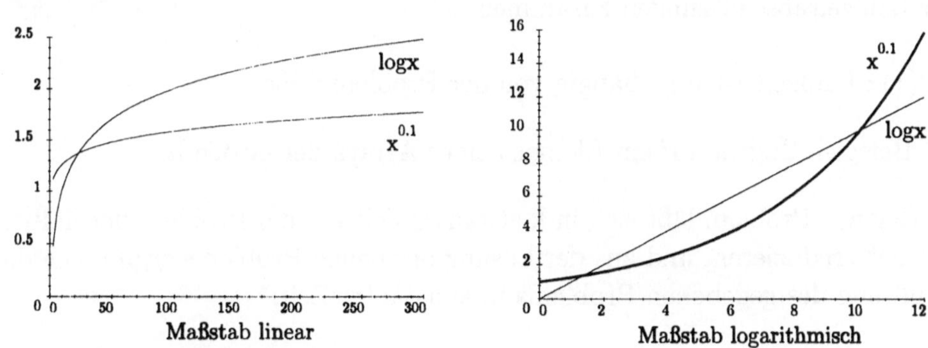

Abb. 5.3 Vergleich von $\log x$ und $x^{0.1}$

Das gleiche Phänomen ist beim Vergleich der (super-)exponentiellen Funktionen 10^x, $x!$ und x^x in den Abb. 5.4 zu beobachten.

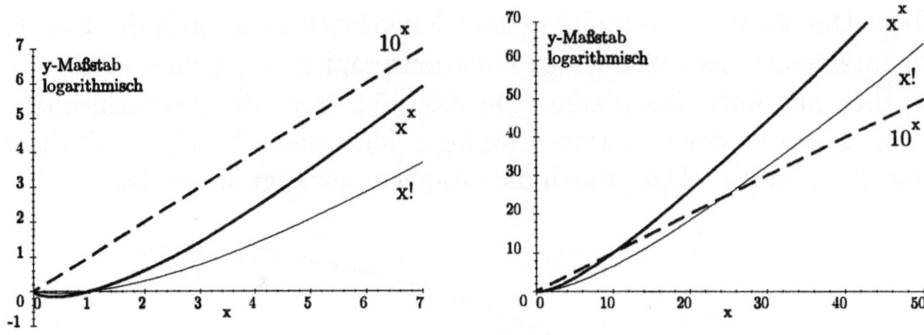

Abb. 5.4 Vergleich von 10^x, $x!$ und x^x

Diese ausführliche Diskussion soll die richtige Einschätzung der asymptotischen *Komplexitätsmaße* erleichtern. Es wird jetzt sicher auch verständlich, daß es zu einem Problem einen Algorithmus geben kann, der zwar asymptotisch eine exponentielle Laufzeit hat, der aber trotzdem verwendbar ist, wenn die Argumentgröße genügend klein bleibt.

Ist für ein Problem eine Eingabe a der Größe n gegeben, dann sprechen wir auch von der Problemgröße n und dem Problem a. Bei typischen Strukturen von Algorithmen ergeben sich auch bestimmte Laufzeiten. Oft kann man ein gegebenes Problem a in Teile $a_1, \ldots, a_p$ zerlegen, diese kleineren Probleme getrennt lösen und dann aus den Teillösungen die Gesamtlösung herstellen (*divide and conquer*). Wir stellen einige sehr allgemeine Regeln für Laufzeitabschätzungen zusammen:

$O(1)$: Laufzeit ist unabhängig von der Problemgröße.

Beispiel: Zugriff auf ein Element eines Arrays der Größe n.

$O(\log n)$: Problem läßt sich in konstanter Zeit auf ein Problem der halben Größe reduzieren, und aus der Lösung des neuen Problems ergibt sich die Lösung des gegebenen Problems in konstanter Zeit.

Beispiel: Binäres Suchen im Array.

$O(n)$: Problem hat n Komponenten, die einzeln nacheinander in konstanter Zeit bearbeitet werden können.

Beispiel: Suchen in einer linearen Liste.

$O(n \log n)$: Problem der Größe $n = km$ läßt sich in linearer Zeit in k Probleme der Größe m zerlegen. Aus den Lösungen der Teilprobleme kann man die Gesamtlösung in linearer Zeit herstellen.

Beispiel: Sortieren durch Mischen (divide and conquer)

$O(n^2)$: Problem der Größe n muß n-mal in linearer Zeit bearbeitet werden. Sind allgemeiner mehrere Iterationen (geschachtelte Schleifen) erforderlich, dann erhält man meistens eine polynomiale Laufzeit $O(n^c)$.

Beispiel: Sortieren durch Auswählen (siehe Beispiel 82): $O(n^2)$

$O(2^n)$: Problem der Größe n definiert einen kombinatorischen Suchraum von 2^n potentiellen Lösungen. Der Test auf Lösung ist in polynomialer Zeit möglich. Wenn der gesamte Suchraum getestet werden muß, ist die Laufzeit exponentiell. Rekursive Verfahren, mit echt verzweigendem Aufrufbaum fallen auch in diese Klasse.

Beispiel: *Türme von Hanoi* (siehe Abschnitt 5.5)

Wir werden in den folgenden Abschnitten noch einige Beispiele für die Bestimmung der Laufzeit von Algorithmen kennenlernen. Bei der mathematischen Behandlung ergeben sich oft Gleichungen für die Laufzeitfunktion $T(n)$, bei denen T auf beiden Seiten der Gleichung auftritt, wie in dem folgenden Beispiel, das die *Fibonacci-Zahlen* definiert:

$$\begin{aligned} T(0) &= 1 = T(1) \\ T(n+2) &= T(n) + T(n+1). \end{aligned}$$

Ein solches Gleichungssystem nennt man auch eine *Rekurrenz*. In dem Beispiel handelt es sich um eine lineare Rekurrenz. Wir können auf die interessante mathematische Theorie solcher Rekurrenzen hier nicht näher eingehen [GKP89].

Eine wichtige Frage für die Beziehung zwischen Algorithmus und Problem ist:

- Wenn man zu dem Problem einen Algorithmus gefunden hat, gibt es dann eventuell noch einen mit einer besseren Laufzeit?

Die Beantwortung dieser Frage kann auf verschiedene Weise erfolgen.

- Man gibt einen Algorithmus mit einer besseren Laufzeit an.
- Man beweist, daß es keinen Algorithmus mit einer besseren Laufzeit geben kann.

Um also die Frage positiv zu beantworten, reicht es aus, einen Algorithmus mit besserer Laufzeit anzugeben. Um sie zu verneinen, muß man einen Beweis führen, der alle denkbaren Algorithmen einschließt. Ein solcher Beweis ist i.a. sehr schwierig zu erbringen. Ebenso wichtig ist die Frage nach unteren Schranken für die Laufzeit von allen Algorithmen zu einem Problem. Die Bedeutung solcher Aussagen ist offensichtlich. Wenn man eine untere Schranke für ein Problem kennt, und diese erreicht hat, dann ist *prinzipiell* kein besseres Verfahren möglich. Es muß aber noch einmal ganz klar darauf hingewiesen werden, daß die Maße nur asymptotisch gelten und lineare Faktoren vernachlässigen. Das wiederum bedeutet, daß man in der gleichen asymptotischen Klasse durchaus Algorithmen finden kann, bei denen die linearen Faktoren günstiger sind oder solche, bei denen die Grenze für den asymptotischen Vergleich sehr hoch liegt. Im letzteren Fall ist das „bessere“ Verfahren eventuell erst wirklich besser für Problemgrößen, die in der Praxis kaum eine Bedeutung haben.

5.2 Grundlegende Datenstrukturen, Suchen und Sortieren

In diesem Abschnitt wollen wir einige (rekursive) Datenstrukturen betrachten, die in sehr vielen Algorithmen verwendet werden. Diese Datenstrukturen wurden bereits in dem grundlegenden Buch von D.E.Knuth [Knu68] ausführlich beschrieben. Seither sind viele Variationen entwickelt worden, die jeweils die Effizienz bestimmter Algorithmen maßgeblich verbessert haben.

Wir wollen in diesem Abschnitt bestimmte Formen der Speicherung von Informationen betrachten, die jeweils durch die Methoden eines eingeschränkten Zugriffs charakterisiert werden können. Diese Strukturen werden abstrakt oft rekursiv definiert, d.h man verwendet die zu definierende Struktur selbst zur Definition. Die Implementation solcher Datenstrukturen erfolgt in den imperativen Programmiersprachen meistens mit Zeigern. Wir werden daher die Zeigerdarstellung (Box and Pointer) aus Kapitel 4 verwenden, um die Implementation dieser Datenstrukturen zu erklären.

Suchen und Sortieren sind grundlegende Probleme, für die es bereits eine Vielzahl von Verfahren gibt.

5.2.1 Listen

Ist X eine Menge, dann bezeichnet man mit X^* die Menge aller endlichen Folgen von Elementen aus X (Kapitel 2). Eine solche Folge hat die Form:

$$u = u_1 u_2 \ldots u_n; \quad (u_i \in X; \; 1 \leq i \leq n)$$

Es gibt dabei auch die leere Folge ε mit 0 Elementen. Man kann die Menge X^* aller endlichen Folgen auch rekursiv definieren:

Definition 37 *Eine endliche Folge über X ist*

- entweder leer
- oder sie läßt sich eindeutig zerlegen in:

  1. ein $x \in X$ (Kopfelement)
  2. und eine endliche Folge v über X (Restfolge).

Diese abstrakte Definition drückt aus, welche Eigenschaften man von einer endlichen Folge erwartet, aber nicht, wie man diese Folgen konkret darstellt. Das ist der schon mehrfach erwähnte Standpunkt der *abstrakten Datentypen* (ADT). Listen (oder *lineare Listen*) sind endliche Folgen.

Bemerkung 21 *Man kann Listen auch so definieren, daß die Elemente in der Folge selbst wieder Listen sein können, wie das z.B. in den Programmiersprachen LISP oder SCHEME [ASS91] der Fall ist. Diese Definition ist doppelt rekursiv, denn sie definiert die Begriffe X*-Ausdruck *und X*-Liste *wechselseitig rekursiv.*

- *Ein X*-Ausdruck *ist entweder ein Element $x \in X$ oder eine X*-Liste
- *Eine X*-Liste *ist entweder leer (nil) oder sie läßt sich eindeutig zerlegen in*

  – *einen X*-Ausdruck *(Kopf) und*

– *eine X-Liste (Rest).*

Dieses verallgemeinerte Konzept von Listen wird insbesondere in funktionalen Programmiersprachen zur Implementation anderer rekursiver Datenstrukturen verwendet und stützt sich selbst auf die Bildung geordneter Paare. Wir wollen hier *lineare homogene Listen* betrachten, deren Elemente alle den gleichen Typ T haben. Zunächst betrachten wir wieder eine abstrakte Definition, die nur die Operationen und ihre Beziehungen untereinander ausdrückt.

Definition 38 *Datentyp Liste über dem Basistyp* **T**

Operationen:

$$\begin{array}{lcccl} create & : & & \rightarrow & \textbf{list} \\ first & : & \textbf{list} & \rightarrow & \textbf{T} \\ rest & : & \textbf{list} & \rightarrow & \textbf{list} \\ add & : & \textbf{T},\textbf{list} & \rightarrow & \textbf{list} \\ empty & : & \textbf{list} & \rightarrow & \textbf{bool} \end{array}$$

Identitäten:

$$\begin{array}{lcl} first(create) & = & error \\ rest(create) & = & error \\ first(add(\alpha,\lambda)) & = & \alpha \\ rest(add(\alpha,\lambda)) & = & \lambda \\ empty(create) & = & true \\ empty(add(\alpha,\lambda)) & = & false \end{array}$$

Wir haben dabei angenommen, daß ein spezielles Element *error* zu jedem Datentyp existiert, um damit Fehlersituationen beschreiben zu können. Die Identitäten besagen, daß die leere Liste kein Kopfelement und keine Restliste besitzt, also unzerlegbar ist. $add(\alpha, \lambda)$ konstruiert aus einem Element α und einer Liste λ eine neue Liste, deren Kopfelement α und deren Restliste λ ist. Das Prädikat *empty* trifft nur auf die leere Liste zu.

Wir wollen diesen Datentyp jetzt in C++ implementieren. Dazu sei **T** der Basistyp für die Listenelemente. Man kann sich leicht überlegen, daß der Speicherplatzbedarf für Listen nicht begrenzt werden kann, denn jede *add*-Operation fügt der Liste ein Element hinzu, das auch wieder verfügbar sein muß. Daher verwendet man für die Implementation die Technik der Zeiger. Ein Listenelement wird als Record realisiert, wie in Abb. 5.5 dargestellt. Damit lassen sich diese Elemente zu linearen Listen verketten (Abb. 5.6).

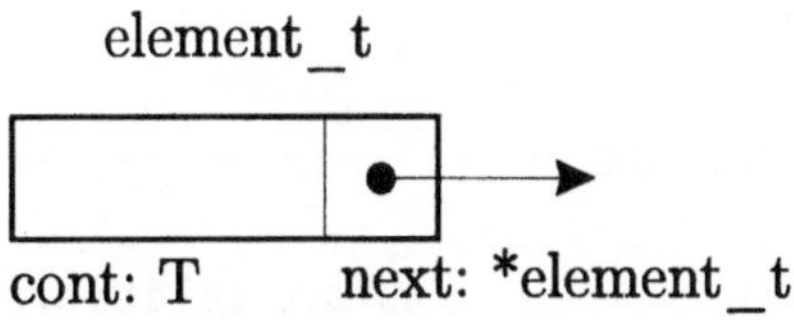

Abb. 5.5 Struktur eines Listenelementes

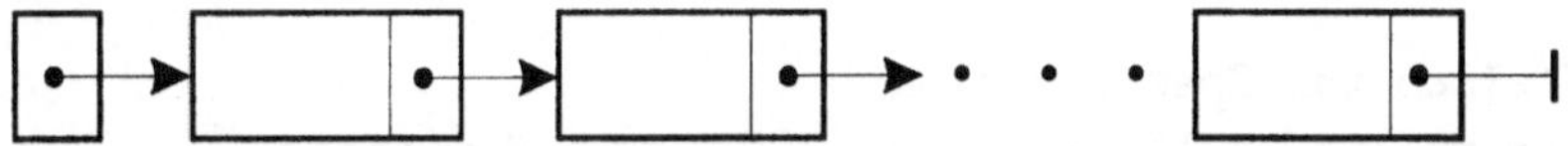

Abb. 5.6 Elemente werden zu einer Liste verkettet

Für den Anfang der Liste verwendet man eine Zeigervariable. Eine Liste wird also durch einen Zeiger auf den Listenanfang dargestellt. Die Funktionen *add*() und *rest*() liefern also als Rückgabewert einen Zeiger auf ein Listenelement.

Die folgenden Programmausschnitte zeigen eine mögliche Implementation der Listenoperationen. Zunächst die Header-Datei lite.h:

```
// ex521_1
// Beispiel: Lineare Liste
// Definition (Kopf): Listenoperationen
//-------------------------------------------------------
// Definition von Datentypen

typedef enum {FALSE, TRUE} bool_t; //bool selbst definiert
typedef int  cont_t;               //Basistyp hier: int

//Struktur eines Elementes
typedef
  struct elem{
          cont_t       cont;
          struct elem *next;
} element_t;
```

```
//Liste als Zeiger auf Element
typedef element_t* list_t;

//Element NIL wird definiert
#define NIL (list_t)0

//-Prototypen der Funktionen------------------------------

list_t create();                  //Initialisieren
cont_t first(list_t l);           //erster Eintrag
list_t rest(list_t l);            //Restliste
list_t add(list_t l, cont_t a);   //Element vorn einfügen
bool_t empty(list_t l);           //Test auf leere Liste

// zusätzlich zur Spezifikation:
void   print(list_t l);           //Drucken der Liste
//-Ende: Definitionskopf Lineare Liste--------------------
```

Für die Testausgabe wurde die zusätzliche Funktion *print()* definiert. Die Implementation der Funktionen befindet sich in der Datei liste.cpp.

```
// ex521_1
// Beispiel: Lineare Liste
// Implementation: Lineare Liste
//------------------------------------------------------
#include <iostream.h>
#include "liste.h"

// Hilfsfunktion für das error-Element

void error(const char *func, const char *comment){
  cout << "Fehler: " << func
       << " --> " << comment << '\n';
}
//------------------------------------------------------

list_t create(void){ return NIL;};
//------------------------------------------------------

cont_t first(list_t l){

  if(empty(l))
    error("first","leere Liste");
```

```
  else return l->cont;
  return 0;
};
//----------------------------------------------------------

list_t rest(list_t l){
  if(empty(l))
    error("rest","leere Liste");
  else return l->next;
  return NIL;
};
//----------------------------------------------------------

list_t add(list_t l, cont_t a){

  element_t *p;

  p = new element_t;
  p->next = l;
  p->cont = a;
  return p;
};
//----------------------------------------------------------

bool_t empty(list_t l){
  if(l == NIL) return TRUE;
  else         return FALSE;
};
//----------------------------------------------------------

void print(list_t l){

  cout << "Liste: -";
  while(!empty(l)){
    cout << '>' << first(l) << "-" ;
    l = rest(l);
  }
  cout << "|\n";
};
//-Ende Implementation: Lineare Liste---------------------
```

In diesem Beispiel wurde für die Fehlerbehandlung eine Funktion *error()* implementiert, die bei einem Fehler einen Kommentar ausgibt. Die Funktion, in der der Fehler auftritt, wird trotzdem mit einem regulären Rückgabewert beendet. Diese Entwurfsentscheidung ist eine mögliche Auslegung der Spezifikation, die ja das Fehlerelement nicht genau festlegt.

Das folgende Testprogramm führt einige Listenoperationen aus und druckt die jeweiligen Resultate aus:

```
// ex521_1
// Beispiel : Lineare Liste
// Testen der Listenfunktionen
//-----------------------------------------------------------
#include <iostream.h>    // Streamoperationen
#include <stdlib.h>      // für die Funktion random()
#include "liste.h"

//-----------------------------------------------------------
// Hilfsfunktionen fuer den Test

const char NL = '\n';
int   test_no = 1;

char *bool_text(bool_t x){
  if(x == FALSE) return "false";
  else           return "true";
}
void test_empty(list_t l){
  cout << "Test auf Leerheit: "
       << bool_text(empty(l)) << NL;
}
void test(char * s){
  cout << NL;
  cout << test_no++ << ". " << s << NL;
}
//-----------------------------------------------------------

void main(){

  list_t liste;  // Variable vom Typ Liste

  cout << "Test der Listenoperationen" << NL;
```

```
  test("Liste erzeugen:");
  liste = create(); print(liste);
  test_empty(liste);

  test("Aufruf von first() und rest()");
  first(liste);
  rest(liste);

  test("Einfuegen: 100");
  liste = add(liste, 100); print(liste);
  test_empty(liste);

  test("Aufruf von first() und rest()");
  cout << "Inhalt erstes Element: " << first(liste) << NL;
  cout << "Restliste : "; print(rest(liste));

  test("Einfuegen von 10 Zufallszahlen < 100");
  randomize();
  for(int i = 1; i <= 10; i++){
    liste = add(liste,random(100));
  }
  print(liste);

  test("Liste um drei Elemente verkürzen");
  for(i = 1; i <= 3; i++)
    liste = rest(liste);
  print(liste);

  test("Ausdrucken aller Restlisten");
  while(!empty(liste)){
    print(liste); liste = rest(liste);
  };
  print(liste);
}
```

Ausgabe:

```
Test der Listenoperationen

1. Liste erzeugen:
Liste: -|
Test auf Leerheit: true
```

```
2. Aufruf von first() und rest()
Fehler: first --> leere Liste
Fehler: rest --> leere Liste

3. Einfuegen: 100
Liste: ->100-|
Test auf Leerheit: false

4. Aufruf von first() und rest()
Inhalt erstes Element: 100
Restliste : Liste: -|

5. Einfuegen von 10 Zufallszahlen < 100
Liste: ->57->59->42->75->29->36->56->76->35->95->100-|

6. Liste um drei Elemente verkürzen
Liste: ->75->29->36->56->76->35->95->100-|

7. Ausdrucken aller Restlisten
Liste: ->75->29->36->56->76->35->95->100-|
Liste: ->29->36->56->76->35->95->100-|
Liste: ->36->56->76->35->95->100-|
Liste: ->56->76->35->95->100-|
Liste: ->76->35->95->100-|
Liste: ->35->95->100-|
Liste: ->95->100-|
Liste: ->100-|
Liste: -|
```

Für verkettete Listen werden meistens noch weitere Funktionen benötigt. Wenn man eine Liste verwendet, um darin Informationen zu speichern, die sich nach einem Schlüsselfeld ordnen lassen, dann kann man in der Liste nach einem bestimmten Element *suchen* oder aber ein neues Element an einer bestimmten Stelle *einfügen*. Diese Operationen sollen hier kurz erklärt werden. In Abb. 5.7 gehen wir von der Struktur der linear verketteten Liste aus, wie sie bereits erklärt wurde. Der Einfachheit halber sei auch hier der Inhalt eines Elementes vom Typ **int**. Es könnte aber genau so gut eine Struktur (**struct**) sein, die selbst eine Komponente vom Typ **int** besitzt, oder ein ähnliches Schlüsselfeld.

Suchen: Zum *Suchen*eines bestimmten Elementes verwendet man einen Zeiger *p*, in den man zunächst den Zeiger *liste* kopiert. *p* zeigt dann genau wie

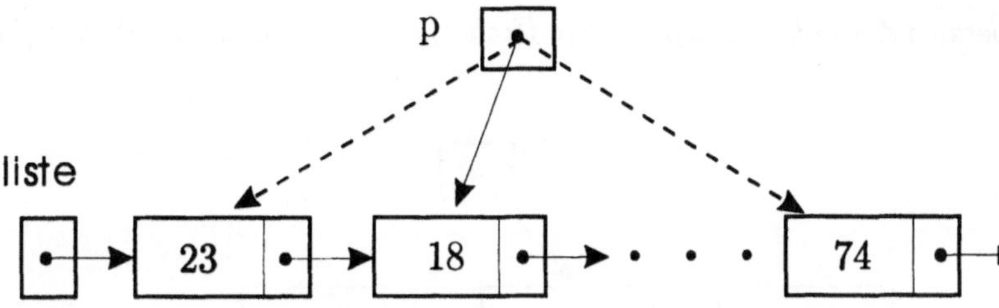

Abb. 5.7 Liste mit bewegtem Zeiger *p*

liste auf das erste Element. Mit *p->cont* kann man auf den Inhalt des ersten Elementes zugreifen und dann eine Vergleichsoperation mit einem zu suchenden Schlüssel durchführen. Ist das gesuchte Element gefunden, so zeigt der Zeiger *p* darauf. Sonst kann man den Zeiger *p* um ein Element vorrücken, indem man *p* mit *p->next* überschreibt. Auf diese Weise kann man die gesamte Liste durchlaufen. Die Liste ist vollständig durchlaufen, wenn *p* den Wert **nil** hat. Dann ist der gesuchte Schlüssel nicht in der Liste vorhanden.

```
// Erweiterung: Suchen in Liste l nach Schlüssel key

element_t *find(list_t l, int key){

  element_t *p;

  p = l;
  while(p != NIL){
    if(p->cont == key) return p;
    p = p->next;
  }
  return p;
}
```

Einfügen: Etwas aufwendiger ist das *Einfügen* eines neuen Elementes an einer bestimmten Stelle. Wir wollen als Beispiel neue Elemente so einfügen, daß sie in der Reihenfolge des Schlüsselwertes in der Liste angeordnet sind. Man sagt dann auch, daß die Liste *sortiert* ist. Wir definieren dazu die Operation *insert()*, die jeweils vor dem ersten Element einfügt, das größer ist als das einzufügende Element.

Bemerkung 22 *Genauer müßte es heißen: Vor dem ersten Element, dessen Schlüssel größer ist als der des einzufügenden Elementes. Aber die kurze*

Sprechweise ist auch unmißverständlich und wird daher noch häufiger verwendet.

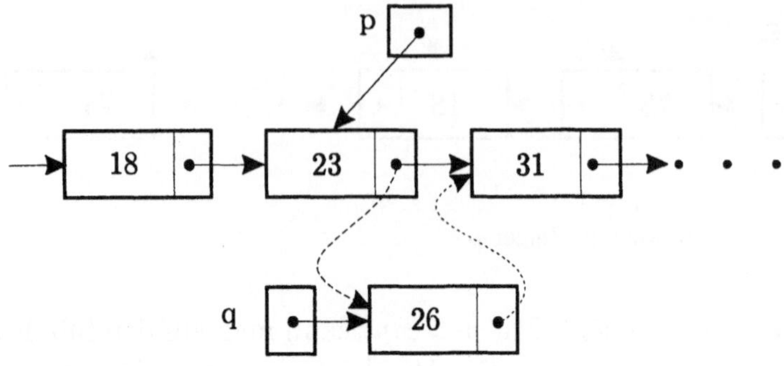

Abb. 5.8 Einfügen eines Elementes an einer bestimmten Stelle

Wir wollen die Situation an der Abb. 5.8 veranschaulichen. Wir nehmen an, daß wir ein Element mit dem Inhalt 26 in die Liste einfügen wollen, daß dieses Element bereits existiert, und daß q ein Zeiger auf dieses Element ist. Ein weiterer Zeiger p wird benutzt, um die Liste zu durchlaufen. In der dargestellten Situation zeigt p auf ein Element, das kleiner ist als 26, dessen Nachfolger aber größer ist. Somit muß das neue Element nach demjenigen eingefügt werden, auf das p zeigt. Der folgende Programmtext zeigt die etwas aufwendigere Programmierung für das Einfügen.

```
// Erweiterung: Einfügen gemäss der Ordnungsrelation

list_t insert(list_t l, int key){

  element_t *p, *q;
  int found = 0;

  // neues Element mit Inhalt key erzeugen
  q = new element_t;
  q->cont = key;
  q->next = l;

  // Fall1: Element ist vorn einzufügen
  if(l == NIL)return q;
  else if(key < l->cont) return q;
```

```
  // Fall2: Einfügestelle suchen
  p = l;
  while((p != NIL) && !found){
    if(p->next == NIL) found = 1;
    else if(key < (p->next)->cont) found = 1;
    else p = p->next;
  }
  q->next = p->next;
  p->next = q;
  return l;
}
```

Beide Funktionen können direkt in liste.cpp eingefügt werden, wobei auch liste.h um diese beiden Prototypen erweitert werden muß. Mit dieser Erweiterung wurde der folgende Test ausgeführt, von dem hier nur die Ausgabe wiedergegeben werden soll.

```
Test der neuen Listenoperationen

1. Liste erzeugen:
Liste: -|

2. Einfügen 100 in leere Liste
Liste: ->100-|

3. Einfuegen von 10 Zufallszahlen < 100
Liste: ->6->7->16->23->35->39->45->49->49->80->100-|

4. Suche erfolgreich
gefunden: 100

5. Suche erfolglos
nicht gefunden: 200

Liste: ->6->7->16->23->35->39->45->49->49->80->100-|
```

Es gibt viele Variationen von verketteten Listen, die wir hier nur kurz andeuten können. Man bemerkt, daß man in einer verketteten Liste leicht in der Richtung der Zeiger fortschreiten kann, daß man aber nicht einen Schritt zurückgehen kann. Wenn ein Algorithmus eine solche Möglichkeit benötigt, dann kann man die Liste in beiden Richtungen verketten und erhält so eine

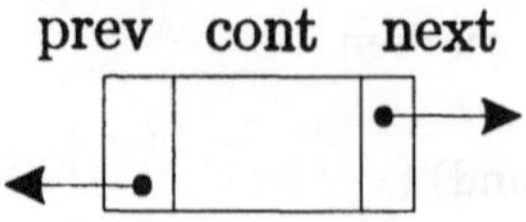

Abb. 5.9 Element einer doppelt verketteten Liste

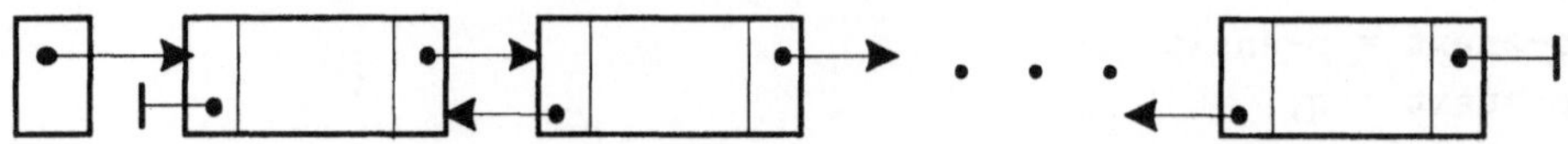

Abb. 5.10 Doppelt verkettete Liste

doppelt verkettete Liste. Ein Listenelement erhält jetzt zwei Zeiger: *next* und *prev* (Abb. 5.9), und die Liste hat eine Struktur wie in Abb. 5.10.

Man kann eine Liste auch zyklisch verketten. Das bedeutet, daß der next-Zeiger des letzten Elementes wieder auf das erste Element zeigt. Abb. 5.11 zeigt eine solche *zyklisch verkettete Liste.*

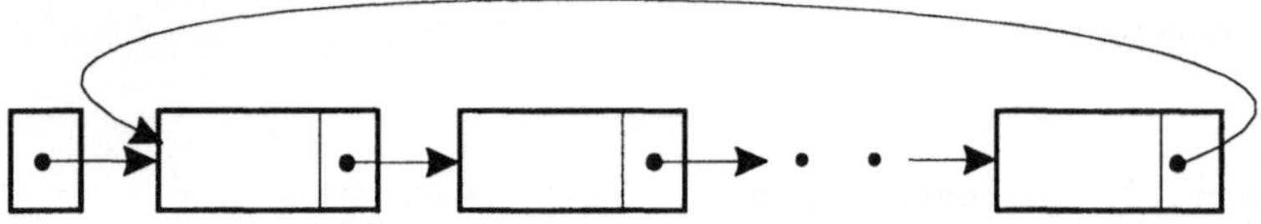

Abb. 5.11 Zyklisch verkettete Liste

Manchmal verwendet man auch ein spezielles *Kopfelement* als erstes Element einer Liste. Darin kann man dann bestimmte Informationen über die gesamte Liste speichern. Natürlich kann man auch Vektoren (Arrays) von Listen konstruieren. Der Vektor enthält dann für jede Liste den Anfangszeiger. Oder man kann eine Liste konstruieren, bei der jedes Element den Anfangszeiger auf eine eigene Liste enthält. Das ist dann eine Liste von Listen. Man sieht, daß es hier vielfältige Möglichkeiten zur Konstruktion komplexer Datenstrukturen gibt.

5.2.2 Stacks und Queues

Die Elemente einer verketteten Liste können durch Bewegung eines Zeigers sequentiell durchlaufen werden. Man kann dabei jedes Element der Liste erreichen, ohne die Liste zu verändern. Eine stärkere Einschränkung des Zugriffs besteht darin, daß man bestimmte gespeicherte Elemente löschen (entfernen) muß, um auf andere zuzugreifen. Diese Einschränkungen sind aber für viele Anwendungen nicht nur duldbar, sondern sogar ein wesentlicher Vorteil.

Der *Stapelspeicher* (Kellerspeicher, Stack) wird oft anschaulich mit einem Bücherstapel verglichen. Wenn man Bücher in einem Regal „speichert", dann hat man auf jedes Buch (prinzipiell) einen direkten Zugriff (*random access*). Wenn man die Bücher aber übereinander stapelt, so daß man immer nur das oberste Buch entnehmen kann, dann ist der Zugriff eingeschränkt. Nur das zuletzt auf dem Stapel abgelegte Buch kann als erstes wieder entnommen werden. Um auf ein Buch zuzugreifen, das zu einem früheren Zeitpunkt (als das letzte) auf dem Stapel abgelegt wurde, müssen zuerst alle darüberliegenden Bücher entfernt werden (Abb. 5.12). Man nennt dieses Speicherprinzip daher auch *Last-In-First-Out* (LIFO).

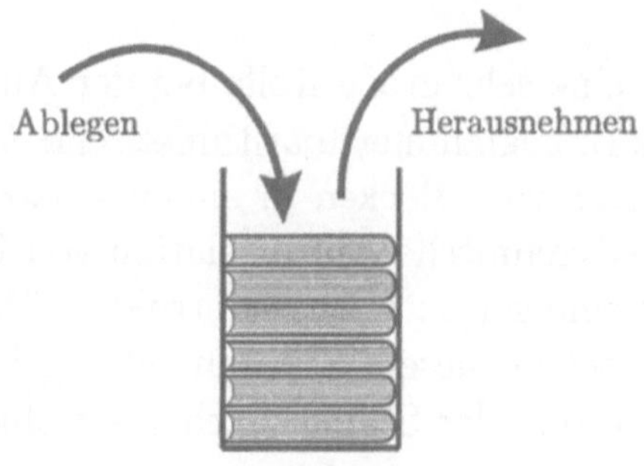

Abb. 5.12 Zugriff auf einen Bücherstapel

Bevor wir diese Datenstruktur genauer spezifizieren, wollen wir im Vergleich ein anderes Speicherprinzip veranschaulichen. Dazu betrachtet man die Menschen in einer *Warteschlange* vor einem Fahrkartenschalter. Wenn alles fair abläuft, wird derjenige zuerst bedient, der sich zuerst in der Schlange angestellt hat. Die Reihenfolge der Abarbeitung ist die Reihenfolge, in der die Menschen sich eingereiht haben (Abb. 5.13). Dieses Prinzip heißt entsprechend *First-In-First-Out* (FIFO).

Man kann sich leicht vorstellen, daß die Objekte in einem Stapel oder in einer Schlange wieder Elemente eines bestimmten Datentyps T sind. Interessant ist hier die Bemerkung, daß das Speicherprinzip ganz unabhängig ist von

Abb. 5.13 Abarbeiten einer Warteschlange

dem Datentyp der Elemente, so daß man diese Datenstrukturen wieder auf der Basis eines gegebenen Typs T allgemein definieren kann. Ein Datentyp, der andere Datentypen als Parameter verwendet, heißt auch *generisch*.

5.2.2.1 Stack

Stapelspeicher spielen eine sehr große Rolle bei der Analyse von Klammerstrukturen. Das sind z.B. geklammerte arithmetische Ausdrücke; aber auch die syntaktische Struktur von Blöcken in einem Programm ist eine solche Klammerstruktur. Die dynamische Aufrufrelation von Funktionen (also zur Laufzeit) ist ebenfalls eine solche Klammerstruktur. Wir haben in Kapitel 4 schon den Aufrufstapel in diesem Zusammenhang kennengelernt. Es ist daher nicht erstaunlich, daß der Stapelspeicher sowohl bei der Syntaxanalyse von Programmen, als auch zur Interpretation von Programmen eine wichtige Rolle spielt.

Ein Stapelspeicher oder Stack wird durch die Operationen abstrakt definiert. Für die typischen Operationen haben sich die folgenden Bezeichnungen durchgesetzt:

create	erzeugt einen neuen, leeren Stapel
push	legt ein Element aus T auf den Stapel
pop	entfernt das oberste Element
top	liefert das oberste Element ohne Veränderung des Stapels
empty	Test auf leeren Stapel

Damit erhält man die folgende Spezifikation:

Definition 39 *Datentyp Stack über Basistyp T*

Operationen:

$$\begin{array}{llll} \mathit{create} & : & & \rightarrow \textbf{stack} \\ \mathit{push} & : & \textbf{T}, \textbf{stack} & \rightarrow \textbf{stack} \\ \mathit{pop} & : & \textbf{stack} & \rightarrow \textbf{stack} \\ \mathit{top} & : & \textbf{stack} & \rightarrow \textbf{T} \\ \mathit{empty} & : & \textbf{stack} & \rightarrow \textbf{bool} \end{array}$$

Identitäten:

$$\begin{array}{lll} \mathit{pop}(\mathit{create}) & = & \mathit{error} \\ \mathit{top}(\mathit{create}) & = & \mathit{error} \\ \mathit{pop}(\mathit{push}(x, s)) & = & s \\ \mathit{top}(\mathit{push}(x, s)) & = & x \\ \mathit{empty}(\mathit{create}) & = & \mathit{true} \\ \mathit{empty}(\mathit{push}(x, s)) & = & \mathit{false} \end{array}$$

Bis auf die Namen der Operationen ist diese Spezifikation die gleiche wie die für Listen. Wenn man die Ersetzungen in der folgenden Tabelle vornimmt, dann gehen die Gleichungen (Identitäten) für die Liste in die entsprechenden Gleichungen für den Stack über.

Stack	List
create	*create*
push	*add*
pop	*rest*
top	*first*
empty	*empty*

Wir haben also zwei verschiedene Spezifikationen, die aber eigentlich die gleiche Datenstruktur beschreiben. Es ist daher naheliegend, die Datenstruktur Stack direkt durch die Datenstruktur Liste zu implementieren. Es gibt aber auch andere Möglichkeiten zur Implementation. So kann man die Elemente in einem Array (Vektor) vom Typ T ablegen, aber dieses Array vor der direkten Benutzung kapseln. Man stellt dann nur die spezifizierten Funktionen nach außen zur Verfügung.

Wir haben als Beispiel eine Implementation gewählt, bei der die Stackoperationen nicht einen Stack als Funktionswert zurückgeben, sondern bei der die Operationen den Zustand einer Stackvariablen verändern können. Diese Realisierung der Spezifikation kommt der objektorientierten Auffassung näher. Ein Stack ist ein *Objekt* mit einem inneren Zustand, der durch die Operationen verändert werden kann. Als Basistyp wählen wir **char**. Für den Stack wird ein **char** Vektor fester Länge verwendet und ein Index, der in dem Array jeweils das oberste Element des Stacks (top) definiert. Die Konsequenz ist, daß der Stack überlaufen kann. Das ist in der Spezifikation nicht vorgesehen. Wenn man aber die maximale Stackgröße für eine Anwendung abschätzen kann, dann ist diese Implementation durchaus sinnvoll, denn sie ist effizienter (kürzere Ausführungszeiten) als eine Implementation mit dynamischer Speicherverwaltung.

Die Definition ist wieder aufgeteilt in eine Header-Datei stack.h und die Implementation stack.cpp.

```
// ex522_1
// Beispiel: Stack
// Definitionskopf
//-----------------------------------------
// Stack als Vektor mit Top-Index
// auf das oberste Element
// Groesse auf 100 Elemente beschraenkt
// Basistyp: char
// ----------------------------------------
const int SIZE = 100;

typedef
struct{
        char data[SIZE];
        int  top;
}stack_t;

//- Stack Operationen ---------------------

void create(stack_t &s);
void pop(stack_t &s);
void push(stack_t &s, const char c);
char top(stack_t s);
int  empty(stack_t s);

void print(stack_t s);

// ex522_1
```

```
// Beispiel: Stack
// Implementation
//------------------------------------------
#include <iostream.h>
#include "stack.h"

// Einfache Fehlerbehandlung ---------------

void error(char *func, char *comment){
  cout << "Fehler: " << func
       << "->" << comment << '\n';
}
//------------------------------------------

void create(stack_t &s){
s.top = 0;
}
//------------------------------------------

void pop(stack_t &s){
  if((s.top) > 0) (s.top)--;
  else error("pop", "Unterlauf");
}
//------------------------------------------

void push(stack_t &s, const char c){
  s.data[s.top] = c;
  if ((s.top) < SIZE-1)
   (s.top)++;
  else error("push","Ueberlauf");
}
//------------------------------------------

char top(stack_t s){
  if(!empty(s))
    return s.data[(s.top)-1];
  else  error("top","Stack ist leer");
  return 0;
}
//------------------------------------------

int empty(stack_t s){
  return (s.top == 0);
```

```
}
//------------------------------------------

void print(stack_t s){

  cout << "<oben> ";
  for(int i = (s.top)-1; i >= 0; i--)
        cout << s.data[i] << " ";
  cout << "<unten>\n";
}
```

Die Funktion *create()* wird hier so definiert, daß sie eine Variable des Typs *stack_t* initialisiert, indem sie den top-Index auf 0 setzt. Die Funktionen, die den Zustand des Stapels verändern, erhalten eine Variable vom Typ *stack_t* als *Referenzparameter*, damit die Veränderung auf die Variable auch eine Auswirkung hat. Diese Bemerkungen sollen zeigen, daß eine abstrakte algebraische Spezifikation auf verschiedene Weise in den verschiedenen Programmierstilen realisiert werden kann. Aus praktischen Gründen wird dabei auch von der Spezifikation abgewichen, was dann aber deutlich dokumentiert werden muß.

Die folgende Ausgabe wird durch ein kleines Testprogramm erzeugt, das dem Testprogramm für Listen sehr ähnlich ist.

```
Test der Stackoperationen

1. Stack erzeugen:
<oben> <unten>

2. top aufrufen
Fehler: top->Stack ist leer
Fehler: pop->Unterlauf

3. push 'A', push 'B',push 'C'
<oben> C B A <unten>

4. Aufruf von top und pop
Inhalt oberstes Element  : C
Stack nach pop_Operation : <oben> B A <unten>

5. Ablegen der Zeichen 'A' bis 'M'
<oben> M L K J I H G F E D C B A B A <unten>
```

```
6. Stack um drei Elemente verkürzen
<oben> J I H G F E D C B A B A <unten>

7. Stack zum Überlauf bringen
Fehler: push->Ueberlauf
```

5.2.2.2 Queue

Eine Warteschlange wird auch *Queue* genannt, und wir werden diesen Begriff ebenfalls verwenden, so wie wir die Bezeichnungen Stapel und Stack synonym verwendet haben.

Abb. 5.14 Warteschlange der Länge k

Wenn man sich die Elemente in einer Schlange, wie in Abb. 5.14 angedeutet, in der zeitlichen Reihenfolge des Zufügens numeriert vorstellt, dann enthält die Warteschlange ein Intervall von Nummern $i+1, \ldots, i+k$. In diesem Zustand wurden insgesamt $i+k$ Elemente eingefügt und i Elemente bereits wieder entfernt. Für $k = 0$ ist die Schlange leer. Eine neu erzeugte Warteschlange soll keine Elemente enthalten.

Für die Operationen auf einer Queue (Schlange) verwendet man folgende Bezeichnungen:

create	erzeugt eine neue, leere Schlange
enter	fügt ein Element aus T am Ende ein
remove	entfernt das vorderste Element
first	liefert das vorderste Element ohne Veränderung der Schlange
empty	stellt fest, ob die Schlange leer ist

Wir können die Funktionen auf einer abstrakten Ebene definieren. Dazu sei **queue** (Bezeichnung für) die Menge der möglichen Warteschlangen (oder Zustände einer Warteschlange) und T der Basistyp. Jede Operation auf der Warteschlange kann deren Zustand verändern.

Definition 40 *Datentyp Queue über Basistyp T*

Operationen:

$$
\begin{array}{lcll}
create & : & & \rightarrow \mathbf{queue} \\
enter & : & \mathbf{T}, \mathbf{queue} & \rightarrow \mathbf{queue} \\
remove & : & \mathbf{queue} & \rightarrow \mathbf{queue} \\
first & : & \mathbf{queue} & \rightarrow \mathbf{T} \\
empty & : & \mathbf{queue} & \rightarrow \mathbf{bool}
\end{array}
$$

Identitäten:

$$
\begin{array}{lcl}
remove(create) & = & error \\
first(create) & = & error \\
remove(enter(x,q)) & = & \begin{cases} x \quad falls & empty(q) = true \\ enter(x, remove(q)) & sonst \end{cases} \\
first(enter(x,q)) & = & \begin{cases} x \quad falls & empty(q) = true \\ first(q)) & sonst \end{cases} \\
empty(create) & = & true \\
empty(enter(x,q)) & = & false
\end{array}
$$

Damit haben wir das Verhalten von Warteschlangen über dem Basistyp T abstrakt definiert.

Wir wollen uns wieder einer konkreten Implementation mit einer Variante der verketten Liste zuwenden. Wir definieren dazu die Elemente der Schlange, die die eigentliche Information als spezielles Feld enthalten. Der Basistyp soll einen String von maximal 31 Zeichen und eine ganze Zahl zusammenfassen (Abb. 5.15).

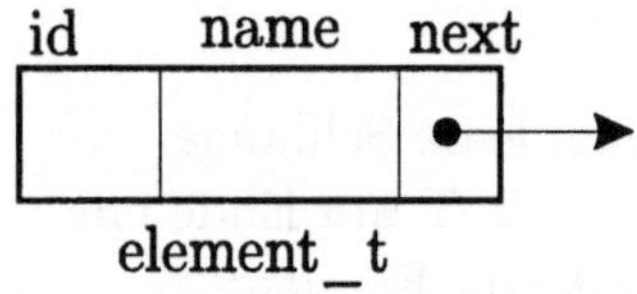

Abb. 5.15 Struktur der Elemente der Schlange

Die Elemente lassen sich über die next-Zeiger miteinander verketten. Man definiert zwei Zeiger *front* und *end*, die jeweils auf das erste bzw. letzte Element der Schlange zeigen (Abb. 5.16).

create() initialisiert diese beiden Zeiger mit *nil* (NIL). *empty()* prüft, ob der Zeiger *front* den Wert *nil* hat. *enter()* fügt ein neues Element am Ende der

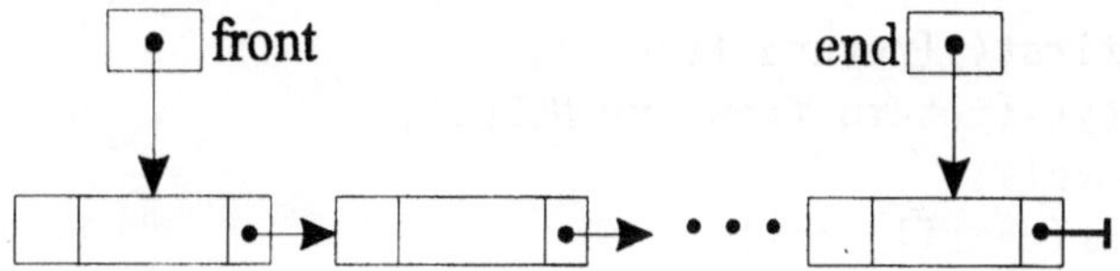

Abb. 5.16 Schlange als verkettete Liste mit zwei Zeigern

Schlange ein, und *remove()* entfernt das vorderste Element. Die Funktion *first()* liefert den Zeiger *front.*

Wir wollen dieses Beispiel im Stil der objektorientierten Programmierung entwerfen. Der Datentyp Queue wird daher als Klasse queue definiert, und die Operationen sind Methoden dieser Klasse. Für den Typ der Elemente definieren wir eine eigene Klasse element.

```
// ex522_2
// Beispiel: Queue; objektorientierte Version
// Definitionskopf: Klassen : Element; Queue
//-------------------------------------------------------------
#define NIL (class element*)0

int const NAME_SIZE = 32;

class element{

  private:
    char   name[NAME_SIZE];
    int    id;

  public:
    class  element *next;
    element(const char user_name[], const int user_id);
    void print(void);
};

class queue{

  private:
    class element *front, *end;

  public:
    queue(void){front = NIL; end = NIL;};
```

```
    element *first(){return front;};
    int    empty(){return front == NULL;};
    void   remove();
    void   enter(char[], int);
    void   print();
};
```

In der Datei queue.cpp werden die Methoden implementiert.

```
// ex522_2
// Beispiel : Queue; objektorientiert
// Implementation: Klassen: Element, Queue
//-------------------------------------------------------------
#include <string.h>     // Stringoperationen
#include <stdlib.h>     // Speicherfreigabe: free()
#include <iostream.h>
#include "queue.h"

//- Implementation Klasse: element ----------------------

element::element(const char user_name[], const int user_id){
  // Konstruktor
  next  = NIL;
  strcpy(name,user_name);
  id = user_id;
}

void element::print(void){
// Ausdrucken
  cout << "Id: " << id;
  cout << "\tName: " << name << '\n';
}
//- Implementation Klasse: Queue ------------------------

void queue::enter(char user[], int id){
  // Neues Element erstellen und hinten einfuegen
  class element *e;

  e = new element(user,id);
  if(empty()) front = e;
  else        end->next = e;
  end = e;
}
```

```
//----------------------------------------------------------

void queue::remove(){
  // Element vorn entfernen und Speicher freigeben
  element *p;

  if(!empty()){
    p = front;
    front = p->next;
    free(p);
  }
}
//----------------------------------------------------------

void queue::print(){
  // queue ausdrucken
  element *p;

  if(empty()) cout << "Puffer leer\n";
  else{
    cout << "Front: \n";
    p = first();
    while(p){
      p->print();
      p = p->next;
    }
    cout << "End\n";
  }
}
```

Ein kleines Testprogramm führt wieder einige Operationen mit einer Queue durch. Es wird darin eine Schlange erzeugt, und dann werden einige Operationen ausgeführt. Der Zustand der Schlange wird nach bestimmten Operationen ausgegeben, so daß man am Beispiel die Funktion der Schlange (also das FIFO Prinzip) gut erkennen kann. Wir geben hier nur die Ausgabe wieder.

```
1. Erzeugen

2. Buffer leer?
true
```

```
3. Fuege Elemente hinzu
Front:
Id: 701 Name: Berlin
Id: 113 Name: Hamburg
Id: 609 Name: Frankfurt
Id: 138 Name: Stuttgart
Id: 995 Name: Kiel
Id: 13  Name: Augsburg
End

4. Buffer leer?
false

5. Entferne 3 Elemente
Front:
Id: 138 Name: Stuttgart
Id: 995 Name: Kiel
Id: 13  Name: Augsburg
End

6. Fuege Elemente hinzu
Front:
Id: 138 Name: Stuttgart
Id: 995 Name: Kiel
Id: 13  Name: Augsburg
Id: 71  Name: Dijon
Id: 119 Name: Marseille
Id: 912 Name: Tours
End

7. Lies vorderstes Element
Id: 138 Name: Stuttgart

Entferne 2 Elemente
Front:
Id: 13  Name: Augsburg
Id: 71  Name: Dijon
Id: 119 Name: Marseille
Id: 912 Name: Tours
End
```

5.2.3 Bäume

Die Datenstrukturen in den vorhergehenden Abschnitten hatten die Eigenschaft, daß die Elemente, aus denen sie bestehen, linear angeordnet sind. Das Aufsuchen eines bestimmten Elementes in einer linearen Liste erfordert, daß die Liste sequentiell durchlaufen wird. Daher ist die Laufzeit eines solchen Verfahrens linear von der Länge der Liste abhängig und somit asymptotisch nach unten durch n beschränkt, d.h. aus $\Omega(n)$.

Um zu effizienteren Verfahren zu kommen, verwendet man daher Datenstrukturen, in denen die Elemente nicht in Ketten, sondern baumartig (hierarchisch) angeordnet sind. Wir haben Bäume bereits in Abschnitt 3.2 als spezielle Graphen kennengelernt. In diesem Abschnitt wollen wir Bäume als Datenstrukturen genauer untersuchen. Man kann sich Bäume als Graphen vorstellen; aber die folgende abstrakte Definition von Knuth [Knu68] ist auf sehr viele konkrete Fälle anwendbar, die nicht sofort nach einem Graphen aussehen. Die wesentliche Eigenschaft besteht darin, daß ein Baum eine Wurzel besitzt, und daß diese Wurzel wieder mit weiteren Teilbäumen verbunden ist.

Definition 41 *Ein* endlicher Baum *ist eine endliche Menge T, die in $n+1$ ($n \in \mathbf{N}$) paarweise disjunkte Teilmengen $T_0, \ldots, T_n$ zerlegt ist mit:*

1. $|T_0| = 1$
2. *T_i ist wieder ein Baum* $(1 \leq i \leq n)$

Ist T ein endlicher Baum, dann ist $T_0 = \{t\}$ mit $t \in T$, und man kann die Zerlegung auch explizit notieren durch:

$$T = (t, T_1, \ldots, T_n) \text{ mit: } T = \{t\} \cup \bigcup_{i=1}^{n} T_i$$

Man nennt t die *Wurzel* und die T_i die *Teilbäume* von T. Ist $n = 0$, dann besteht der Baum nur aus einer Wurzel und hat keine Teilbäume. Die Skizze in Abb. 3.11 stellt den Baum $T = \{a, b, c, d, e, f, g, h\}$ dar, der die folgende Baumstruktur besitzt:

$$
\begin{aligned}
T &= (a, T_1, T_2, T_3) \\
T_1 &= (b, T_{11}, T_{12}) \\
T_2 &= (e, T_{21}) \\
T_3 &= (f) \\
T_{11} &= (c) \\
T_{12} &= (d, T_{121}) \\
T_{21} &= (h) \\
T_{121} &= (g)
\end{aligned}
$$

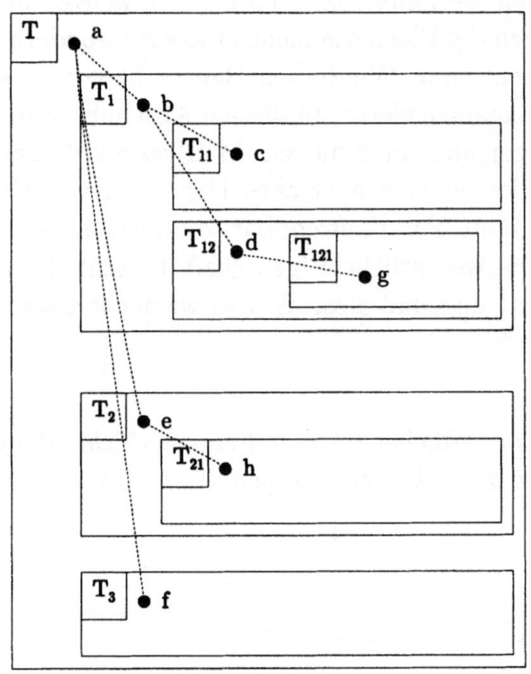

Abb. 5.17 Baum und verschachtelte Blöcke

Ersetzt man hier die rechten Seiten solange es geht durch die linken Seiten, dann erhält man eine Listendarstellung des Baumes:

$$
\begin{aligned}
T &= (a, T_1, T_2, T_3) \\
&= (a, (b, T_{11}, T_{12}), (e, T_{21}), (f)) \\
&= (a, (b, (c), (d, T_{121})), (e, (h)), (f)) \\
&= (a, (b, (c), (d, (g))), (e, (h)), (f))
\end{aligned}
$$

So wird auf der zunächst unstrukturierten Menge $T = \{a, b, c, d, e, f, g, h\}$ durch Klammerung eine Baumstruktur definiert.

Die Elemente eines Baumes nennt man auch *Knoten*. Ein Teilbaum, der nur aus einer Wurzel besteht, heißt ein Blatt. In die Skizze in Abb. 3.11 wurden auch *Kanten* eingezeichnet, die das vertraute Bild eines Baumes als Graph (Abb. 5.18) ergeben.

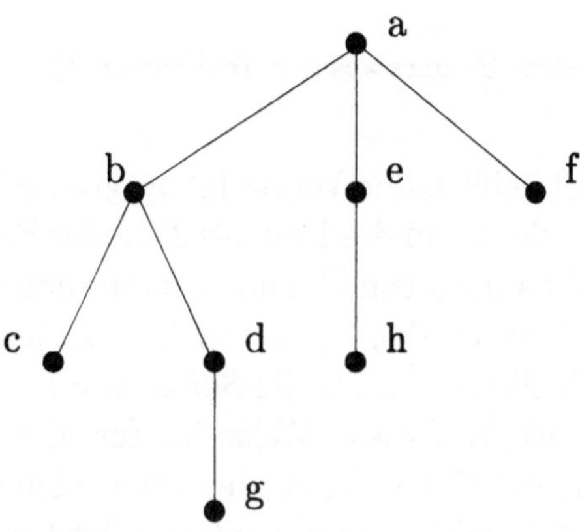

Abb. 5.18 Der Baum T

Das Beispiel zeigt auch die verschiedenen Möglichkeiten, eine abstrakte Definition durch ein konkretes Modell zu ersetzen. Man erkennt an der Darstellung der verschachtelten Teilmengen, daß die Baumstruktur eine Ordnung der Elemente herbeiführt. Und es ist diese Ordnung, die für effiziente Algorithmen wesentlich ist. Diese Art der Anordnung von Information (oder Daten) ist uns auch bekannt aus der Einteilung eines Buches in Kapitel, Abschnitte und Unterabschnitte, aus der Baumstruktur eines Dateisystems auf einem Rechner oder aus der Blockschachtelung in der Programmierung. Es ist die hierarchische Anordnung, die wir oft benutzen, um Daten zu organisieren. Wir verwenden Bäume, um in den Elementen (Knoten) bestimmte Daten zu speichern.

Ein Baum $T = (t, T_1, \ldots, T_n)$ heißt auch *geordnet*, weil die Reihenfolge der Teilbäume beachtet wird, d.h. man betrachtet (t, T_1, T_2) und (t, T_2, T_1) als zwei verschiedene Bäume. Ein n-tupel von (paarweise disjunkten) Bäumen $(T_1, \ldots, T_n)$ heißt ein *Wald*. Man kann den Ausdruck $(t, T_1, \ldots, T_n)$ auch als eine Konstruktionsvorschrift betrachten, die aus einem Wald $(T_1, \ldots, T_n)$ und einem Element t, das in keinem der Bäume T_i vorkommt, einen neuen Baum $T = (t, T_1, \ldots, T_n)$ macht (Abb. 5.19).

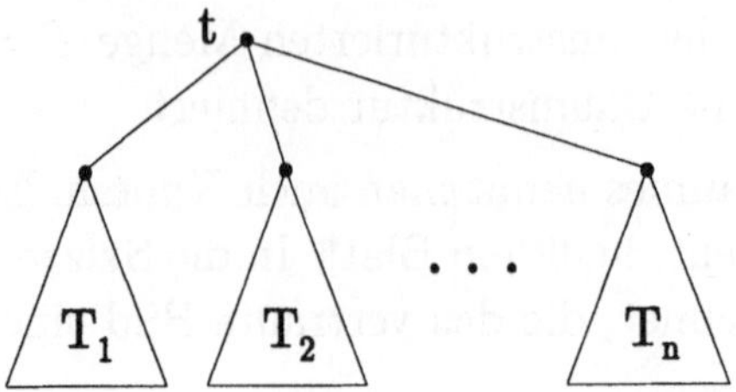

Abb. 5.19 Konstruktion eines Baumes aus den Teilbäumen $T_1, \ldots, T_n$

Für $T = (t, T_1, \ldots, T_n)$ heißt n der *Verzweigungsgrad* oder einfach der *Grad* des Knoten t und auch der Grad des Baumes T. Jedes Element eines Baumes T ist Wurzel eines Teilbaumes von T, und so kann man jedem Knoten einen Grad zuordnen. Für $T = (t, T_1, \ldots, T_n)$ sei $t_i \in T_i$ jeweils die Wurzel des Teilbaumes T_i; dann heißen $t_1, \ldots, t_n$ die *Söhne* von t, und t heißt der *Vater* von t_i für $(1 \leq i \leq n)$. Auf diese Weise ist für alle Knoten eine *Vater-Sohn-Beziehung* definiert. Ein Knoten, der keine Söhne hat, ist ein *Blatt*. Zu jedem Knoten $s \in T$ gibt es eine eindeutig bestimmte Folge $t_0, \ldots, t_p$ von Knoten, mit $t_0 = t$, $t_p = s$ und für $0 < i \leq p$ ist t_i Sohn von t_{i-1}. Man nennt dann p auch die *Tiefe* des Knotens $t_p = s$. Der Knoten t hat die Tiefe 0. Die maximale Tiefe der Knoten eines Baumes heißt die *Höhe* des Baumes. Zwischen der Höhe h, dem maximalen Grad d und Zahl der Knoten $|T|$ eines Baumes bestehen die wichtigen Beziehungen:

$$\lfloor \log_d |T| \rfloor \leq h < |T|$$

Wenn jeder Knoten, der kein Blatt ist, den Verzweigungsgrad d annimmt, dann gibt es $1 = d^0$ Knoten der Tiefe 0 und höchstens $d = d^1$ Knoten der Tiefe 1. Allgemeiner gibt es höchstens d^p Knoten der Tiefe p. Wenn alle Blätter die maximale Tiefe h haben, dann hat der Baum genau $|T| = \sum_{p=0}^{h} d^p = d^{h+1} - 1$ Knoten. Das ist für diese Höhe auch die maximale Anzahl von Knoten, die bei der Verzweigung d möglich ist. In diesem Fall gilt:

$$\begin{aligned} h = \log_d(d^h) &\leq \log_d |T| = \log_d(d^{h+1} - 1) \\ &< \log_d(d^{h+1}) = h + 1 \end{aligned}$$

und damit die erste Ungleichung. Ein Knoten, der kein Blatt ist, muß mindestens den Grad 1 haben, und wenn alle Knoten bis auf ein Blatt den Grad

1 haben, dann hat jeder Knoten, bis auf einen, genau einen Sohn. Die $|T|$ Knoten bilden also eine Kette mit $|T|-1$ Kanten. Das eine Blatt hat daher die Tiefe $|T|-1$, und das ist die Höhe h des (zur linearen Liste degenerierten) Baumes. Also gilt stets $h < |T|$. Diese Beziehungen besagen auch, daß die Höhe eines Baumes mindestens logarithmisch, aber höchstens linear, mit der Zahl der Knoten wächst. Ein Baum T heißt *vollständig ausgeglichen*, wenn $h = \lfloor \log_d |T| \rfloor$ gilt, und *degeneriert*, wenn gilt: $h = |T| - 1$.

Ein Baum, bei dem der Grad aller Knoten nicht größer ist als zwei, heißt *Binärbaum*. Die Binärbäume sind für die Anwendungen sehr wichtig. Aus praktischen Gründen definiert man die Binärbäume wie folgt:

Definition 42 *Ein* Binärbaum *ist eine endliche Menge B, die entweder leer ist, oder eine Zerlegung besitzt: $B = (w, B_l, B_r)$ mit: $w \in B$ und $B - \{w\} = B_l \cup B_r$. Dabei sind B_l und B_r disjunkte Binärbäume. w heißt die* Wurzel *von B, und B_l und B_r heißen* linker *und* rechter Teilbaum *von B.*

Man kann jeden beliebigen Baum auch als Binärbaum darstellen. Das Verfahren wird rekursiv definiert.

Definition 43 *Sei $(T_1, \ldots, T_n)$ ein Wald und $T_1 = (t_1, T_{11}, \ldots, T_{1q})$, dann sei $\Phi(T_1, \ldots, T_n) = (w, B_l, B_r)$ der Binärbaum, der wie folgt bestimmt wird:*

1. $\Phi(T_1, \ldots, T_n) = \emptyset$ *falls* $n = 0$
2. *sonst ist:* $w = t_1$; $B_l = \Phi(T_{11}, \ldots, T_{1q})$; $B_r = \Phi(T_2, \ldots, T_n)$.

Um einen Wald in einen Binärbaum zu transformieren, wird die Wurzel t_1 des ersten Teilbaumes T_1 zur Wurzel des Binärbaumes. Der Wald der Teilbäume von T_1 wird in den linken und der Restwald $(T_2, \ldots, T_n)$ in den rechten Teilbaum transformiert. Wenn man dieses Verfahren auf den Baum aus Abb. 3.11 anwendet, dann erhält man den Binärbaum in Abb. 5.20. Dieser entsteht dadurch, daß man, ausgehend von der Wurzel, den ersten Sohn mit einer Links-Kante (grob gestrichelt), und alle seine Brüder mit Rechts-Kanten (fein gestrichelt) verbindet.

Der so erzeugte Binärbaum ist in Abb. 5.21 wiedergegeben. Die rekursive Definition der Binärbäume läßt die rekursive Definition von bestimmten Funktionen für Binärbäume zu.

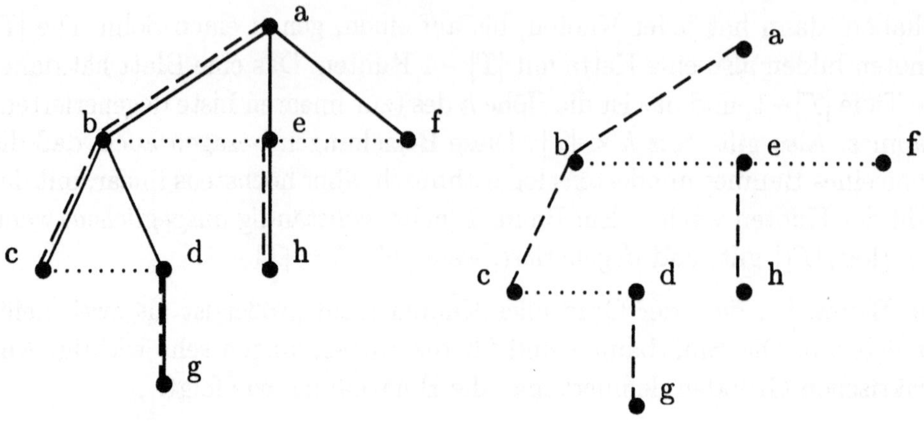

Abb. 5.20 Transformation eines Baumes in einen Binärbaum

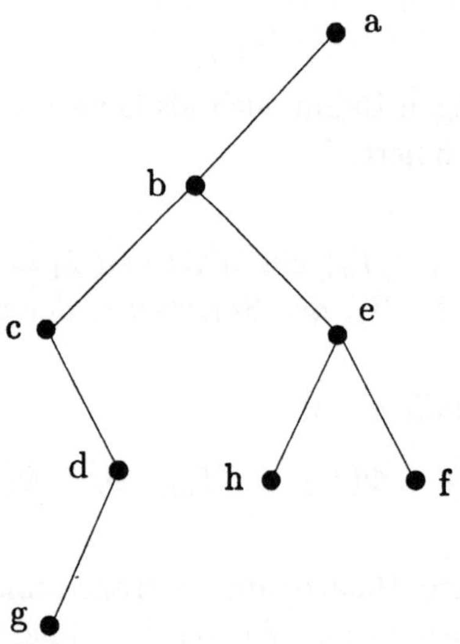

Abb. 5.21 Ergebnis der Transformation

Für praktische Algorithmen ist es eine Grundaufgabe, einen Baum systematisch zu durchlaufen (*traversieren*), d.h. alle Knoten in einer Folge zu besuchen. Es gibt drei *Standarddurchläufe*, die auch in engem Zusammenhang stehen mit der unterschiedlichen Art, *arithmetische Ausdrücke* darzustellen.

Definition 44 *Sei* $B = (w, B_l, B_r)$ *ein Binärbaum. Ein* Durchlauf *(*Traversierung*) liefert die Elemente von* B *in einer Folge* $u \in B^*$*, in der jedes Element von* B *genau einmal vorkommt. Man definiert drei Formen:*

1. Preorder*:* $\text{pre}(\emptyset) = \varepsilon$; $\text{pre}(B) = w \circ \text{pre}(B_l) \circ \text{pre}(B_r)$
2. Inorder*:* $\text{in}(\emptyset) = \varepsilon$; $\text{in}(B) = \text{in}(B_l) \circ w \circ \text{in}(B_r)$
3. Postorder*:* $\text{post}(\emptyset) = \varepsilon$; $\text{post}(B) = \text{post}(B_l) \circ \text{post}(B_r) \circ w$

Beispiel 86 *Gegeben sei der Binärbaum B in Abb. 5.22*

$\text{pre}(B) = abdeghcf$

$\text{in}(B) = dbgehafc$

$\text{post}(B) = dghebfca$

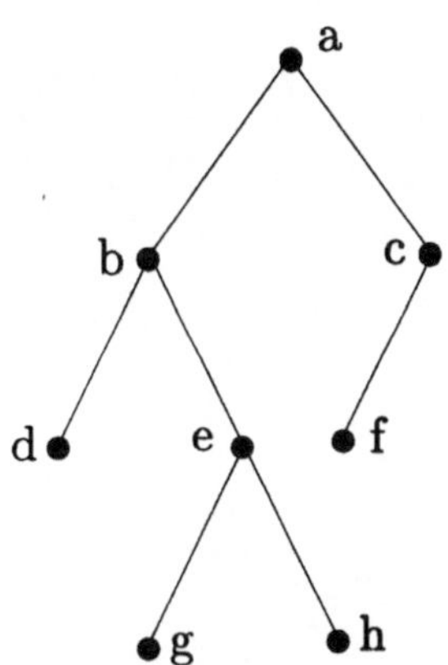

Abb. 5.22 Der Binärbaum B

Wir wenden uns jetzt der Implementation von Binärbäumen zu. Wir verwenden wieder Elemente, die die Knoten des Binärbaumes bilden. Da der Verzweigungsgrad höchstens zwei ist, kann man für jeden Knoten einen *Links-Zeiger* (left) und einen *Rechts-Zeiger* (right) verwenden. Ein Baum wird dann durch einen Zeiger auf seinen Wurzelknoten und der leere Baum durch den **nil**-Zeiger repräsentiert. Außer den Zeigern enthält der Knoten einen Wert vom Typ T (Basistyp), wie in Abb. 5.23 dargestellt.

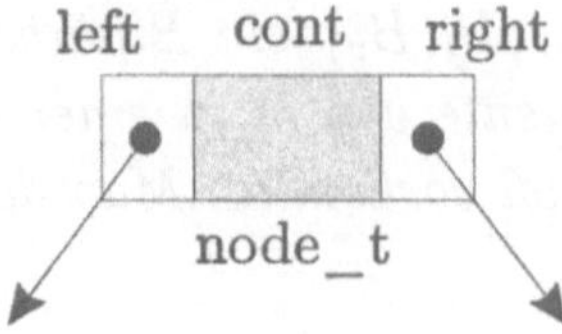

Abb. 5.23 Struktur eines Binärbaumelementes

Um die Anwendung von Binärbäumen zu demonstrieren, betrachten wir ein einfaches Beispiel. In Kapitel 2 wurden arithmetische Ausdrücke schon durch Binärbäume dargestellt. Die Abb. 5.24 zeigt eine solche Baumdarstellung für den Ausdruck: $9*(2+15)-137$. Man erkennt die typische Form der Knoten für Binärbäume. Der Inhalt eines Knotens ist entweder einer der arithmetischen Operatoren $+, -, *, /$ oder aber eine ganze Zahl. Der Operator / soll hier wie in C++ für die ganzzahlige Division stehen.

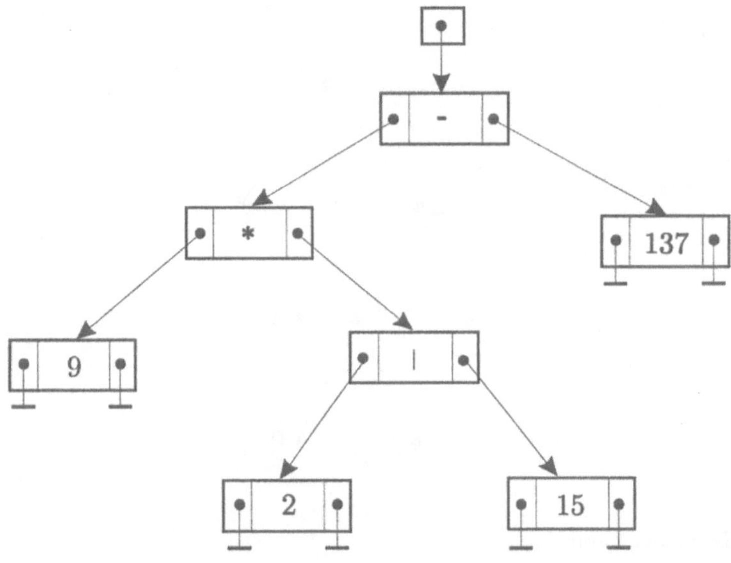

Abb. 5.24 Darstellung eines arithmetischen Ausdrucks durch einen Binärbaum

Wir wollen jetzt eine Implementation für solche Binärbäume angeben. In einem Testprogramm soll der Baum aus Abb. 5.24 erzeugt und dann die *Postfixform* des Ausdrucks ausgedruckt werden.

Zunächst werden dazu einige Typdefinitionen und Funktionen entworfen, die man für die Aufgabe benötigt. Der Inhalt eines Knotens ist eine Zahl, wenn der Knoten ein Blatt ist, und ein Operatorzeichen, wenn es ein innerer Knoten, d.h. kein Blatt ist. Man verwendet dafür einen **union**-Typ. Ein Baum wird durch einen Zeiger auf den Knotentyp dargestellt. Es werden Funktionen für folgende Aufgaben definiert:

empty_tree()	testet auf leeren Baum
make_leaf()	erzeugt neuen Blattknoten mit Zahl
make_tree()	erzeugt neuen Wurzelknoten mit Operator
print_tree()	druckt die Postfixform des Ausdrucks

Es folgen die Header-Datei bintree.h, die Implementation in bintree.cpp und das Testprogramm, das den Beispielbaum aufbaut und dann in Postfixform ausdruckt.

```
// ex523_1
// Beispiel: Binärbaum für arithmetische Ausdrücke
// Definitionskopf
//-----------------------------------------------------------
#define NIL (node_t *)0

typedef  // Operatorsymbole
enum{add='+',subtract='-',multiply='*',divide='/'
}op_t;

typedef  // Knoteninhalt
union{
  int val;
  op_t op;
}cont_t;

typedef // Knotentyp
struct nd{
  cont_t cont;
  struct nd *left, *right;
}node_t;

//-Prototypen der Funktionen ------------------------------

int empty_tree(node_t *t);      // Test auf leeren Baum
node_t *make_leaf(int x);       // Erzeugt neues Blatt
```

```
node_t *make_tree(op_t o, node_t *l, node_t *r);
                                  // Konstruiert Teilbaum
void print_tree(node_t *t);       // Druckt die Postfixform

//-Ende Definitions Modul----------------------------------

// ex523_1
// Beispiel: Binärbaum für arithmetische Ausdrücke
// Implementation der Baum-Funktionen
//-------------------------------------------------------
#include <iostream.h>
#include "bintree.h"

// Testfunktionen mit Booleschem Wert

int empty_tree(node_t *t){return t == NIL;}

int leaf(node_t *t){
  // Test auf Blatt
  return((t->left  == NIL) && (t->right == NIL));
}
//-------------------------------------------------------

node_t *make_leaf(int x){
  // erzeugt einen neuen Blattknoten mit Wert x
  node_t *n;

  n = new node_t;
  n->left  = NIL;
  n->right = NIL;
  n->cont.val = x;
  return n;
}
//-------------------------------------------------------

node_t *make_tree(op_t o, node_t *l, node_t *r){
  // erzeugt einen inneren Knoten mit Operator o
  // und den Teilbäumen l und r. Ergebnis ist ein Baum
  node_t *t;

  t = new node_t;
  t->left  = l;
  t->right = r;
  t->cont.op = o;
```

```
  return t;
}
//------------------------------------------------------------

void print_node(node_t *n){
  // Druckausgabe für einen Knoten
  if (leaf(n)) cout <<  n->cont.val;
  else         cout << (char)n->cont.op;
  cout << ' ';
}
//------------------------------------------------------------

void print_tree(node_t *t){
  // Druckausgabe für einen Baum in Postorder Durchlauf
  // Ergebnis: Postfixform des Ausdrucks
  if(!empty_tree(t)){
        print_tree(t->left);
        print_tree(t->right);
        print_node(t);
  }
}
//-Ende Binaerbaum Implementation --------------------------

// ex523_1
// Beispiel: Binärbaum
// Aufbau eines binären Baumes und Ausgabe
//------------------------------------------------------------
#include "bintree.h"
#include <iostream.h>

void main(){

  node_t *bt, *lt, *rt;

  lt = make_leaf(2);
  rt = make_leaf(15);
  bt = make_tree(add,lt,rt);
  rt = bt;
  lt = make_leaf(9);
  bt = make_tree(multiply,lt,rt);
  lt = bt;
  rt = make_leaf(137);
  bt = make_tree(subtract,lt,rt);
```

```
  cout <<  "Postfixform: ";
  print_tree(bt);
}
```

Ausgabe:

```
Postfixform: 9 2 15 + * 137 -
```

Bäume werden auch oft verwendet, um Mengen von Paaren darzustellen, die man *Schlüssel-Wert-Paare* (*key-value-pairs*) nennt. Sie definieren die Elemente einer Abbildung oder einer Relation (Kapitel 2). Ein bekanntes Beispiel ist das Telefonbuch. Die Telefonnummer kann als Schlüssel und der Rest des Eintrags (Name, Adresse) als Wert betrachtet werden. Ein anderes Beispiel sind Tabelleneinträge in einer relationalen Datenbank, die über einen Schlüssel gesucht werden, oder die Symboltabelle eines Compilers (Kapitel 10). Die typischen Operationen für eine solche Menge von Paaren sind:

make()	erzeugt ein neues Paar mit vorgegebenem Inhalt
insert()	fügt ein Paar in die Menge ein
delete()	entfernt ein Paar
find()	sucht nach einem Paar mit gegebenem Schlüssel

Man verwendet die Knoten eines Binärbaumes zur Darstellung der Paare. Ähnlich wie bei einer linearen Liste gibt es verschiedene Möglichkeiten, einen neuen Knoten hinzuzufügen; aber jetzt ist auch das Entfernen eines Knotens nicht eindeutig festgelegt, da die Baumstruktur verändert werden muß. Wie man diese Operationen realisiert, hängt davon ab, wie man den Baum verwenden will. Eine Methode wird im folgenden Abschnitt erklärt.

Man kann versuchen, die Effizienz der einzelnen Operationen zu optimieren. Es ist sehr interessant festzustellen, daß oft die Optimierung einer Operation die Effizienz der anderen Operationen verschlechtert. Man muß also auf die Menge der Operationen insgesamt achten. Beispiele dafür werden wir noch kennenlernen.

5.3 Suchen und Sortieren

Die Suche nach einem Buch in einer Bibliothek wird erleichtert, wenn die Bücher nach einem bekannten System geordnet oder sortiert sind. Das Aufsuchen einer Telefonnummer im Telefonbuch ist nur deshalb nicht aussichtslos, weil die Einträge *lexikographisch* nach den Namen sortiert sind. Man stelle sich einmal vor, die Einträge würden in irgendeiner zufälligen Folge abgedruckt. Das Aufsuchen von Informationen, die als Daten in einer bestimmten Form gespeichert sind, ist eine Aufgabe von sehr allgemeiner Bedeutung, da sie in vielen praktischen Anwendungen gelöst werden muß. Es liegt daher nahe, Verfahren zum Suchen ganz allgemein zu behandeln und diese möglichst effizient zu machen. Die Menge, in der man nach bestimmten Elementen sucht, ist meistens nicht konstant, sondern wird laufend durch Zufügen und Entfernen von Elementen verändert, was ja beim Telefonverzeichnis mit laufenden Zu– und Abgängen auch gegeben ist.

Das Sortieren von Elementen einer Menge, soll diese in eine bestimmte lineare Anordnung bringen. Sortieren dient einerseits dem Suchen, ist aber auch eine eigenständige Grundaufgabe, die für andere Algorithmen oft gelöst werden muß. Wir beginnen daher mit einigen Überlegungen und Algorithmen zum Sortieren. Es gibt eine große Auswahl an *Sortieralgorithmen*; aber wir können hier nicht auf alle diese z.T. sehr unterschiedlichen und sehr lehrreichen Verfahren eingehen. Wir werden daher nur exemplarisch einige der bekannten Verfahren vorstellen. Es gibt viele gute Lehrbücher zu diesem Thema, von denen wir nur eine kleine und willkürliche Auswahl angeben [CLR90] [Kru89] [NH86] [NH93].

Auch für Suchprobleme gibt es sehr viele ausgeklügelte Verfahren. Suchalgorithmen spielen für die praktischen Anwendungen eine ganz erhebliche Rolle. Wir können hier wirklich nur einen ganz kleinen Einblick geben. An dem Modell des *binären Suchbaumes* werden wir einige typische Probleme betrachten. Auf dem Gebiet der algorithmischen Geometrie (computational geometry) spielen Such- und Sortierverfahren in mehrdimensionalen Suchräumen eine ganz wesentliche Rolle; aber auch hier können wir nur auf die Literatur verweisen (z.B. [Mul94]).

5.3.1 Sortieren

Wir gehen aus von einer linear geordneten Menge $(A, \leq)$. Das bedeutet, daß man die Elemente von A paarweise vergleichen kann. Die Relation $\leq$ ist eine *Ordnungsrelation*, d.h. sie ist reflexiv, antisymmetrisch und transitiv, und für je zwei Elemente $x, y \in A$ gilt stets: $x \leq y$ oder $y \leq x$ (siehe Kapitel 2). Man kann sich als ein Beispiel die ganzen Zahlen mit der üblichen Ordnungsrelation vorstellen.

Eine endliche Folge von Elementen aus A ist eine Abbildung $u : [n] \to A$ mit $n \in \mathbf{N}$ und $[n] = \{1, \ldots, n\}$. Man schreibt dafür auch $u = u_1 u_2 \ldots u_n \in A^*$ mit $u_i = u(i) \in A$, oder auch $u = (u_1, \ldots, u_n) \in A^n$. Diese Schreibweisen stellen jeweils die gleiche Folge dar.

Da die Menge $[n]$ mit $\leq$ linear geordnet ist, und A nach Voraussetzung ebenfalls linear geordnet ist, nennen wie die Folge u *sortiert* genau dann, wenn die Abbildung u monoton nicht fallend ist:

$$\forall_{1 \leq i,j \leq n} : i \leq j \Rightarrow u_i \leq u_j$$

Die Folge u soll *injektiv* heißen, wenn die Abbildung u injektiv ist, d.h. es kommt kein Element mehr als einmal in der Folge vor. Eine *Permutation* der Ordnung $n \in \mathbf{N}$ ist eine bijektive Abbildung $\pi : [n] \to [n]$. Man schreibt eine Permutation π auch in der Form:

$$\pi = \begin{pmatrix} 1 & 2 & \cdot & \cdot & \cdot & n \\ \pi(1) & \pi(2) & \cdot & \cdot & \cdot & \pi(n) \end{pmatrix}.$$

Sei S_n die Menge aller Permutationen der Ordnung n. Es wird als bekannt vorausgesetzt, daß S_n genau $n!$ Elemente besitzt: $|S_n| = n! = 1 \cdots n$. Ist $u : [n] \to A$ eine Folge und $\pi \in S_n$, dann sei $u\pi : [n] \to A$ definiert durch $(u\pi)(i) = u(\pi(i))$ oder $(u\pi)_i = u_{\pi(i)}$.

Definition 45 *Das* Sortierproblem *ist wie folgt definiert:*

gegeben: *Folge* $u : [n] \to A$

gesucht: *Permutation* $\pi \in S_n$, *so daß* $u\pi$ *sortiert ist*

Dabei erwartet man als Ergebnis meistens direkt die sortierte Folge $u\pi$. Es geht also darum, eine Folge von Elementen einer linear geordneten Menge so umzustellen, daß eine sortierte Folge entsteht.

Beispiel 87 *Es sei* $A = \mathbf{Z}$ *die Menge der ganzen Zahlen mit der üblichen linearen Ordnung* $\leq$. *Gegeben sei die Folge:* $u = (7, -3, 9, 22, 1, 0)$. *Es ist offensichtlich* $u' = (-3, 0, 1, 7, 9, 22)$ *die sortierte Folge, die man aus u erhält. Die zugehörige Permutation ist:*

$$\pi = \begin{pmatrix} 1 & 2 & 3 & 4 & 5 & 6 \\ 2 & 6 & 5 & 1 & 3 & 4 \end{pmatrix}$$

Wir wollen zunächst ein einfaches Verfahren behandeln, das auf einem Array arbeitet. Die Elemente der Folge sind in einem Array passender Größe gegeben. Der Algorithmus basiert darauf, daß er Elemente miteinander vergleicht und dann gegebenenfalls ihre Positionen im Array vertauscht. Der Algorithmus heißt Bubblesort und soll hier gleich als Funktion in C++ beschrieben werden. Man beachte aber, daß ein Vektor in C++ mit dem Index 0 statt mit 1 beginnt.

Algorithmus: *Bubblesort*

gegeben: Vektorvariable **int** v[n]

gesucht: sortierte Folge

Basis: Vergleichsoperationen; Vertauschung *swap*()

```
// Funktion Bubble-Sort

  void bubble_sort(int v[], int n){
     for(int j = 0; j < n-1; j++)
       for(int i = 1; i < n-j; i++)
         if(v[i]<v[i-1])swap(v[i],v[i-1]);
  }
```

Der Algorithmus ist sehr einfach. Es sind zwei ineinander geschachtelte **for**-Schleifen vorhanden. In der inneren Schleife wird, beginnend mit dem Index $i = 1$, jedes Element $v[i]$ mit dem linken Nachbarn $v[i-1]$ verglichen. Ist $v[i] < v[i-1]$, dann müssen diese beiden Elemente auf jeden Fall miteinander vertauscht werden: $swap(v[i], v[i-1])$. Das größte Element steht nach dem ersten Durchlauf der inneren Schleife auf jeden Fall bereits in der maximalen Position $n-1$. Im nächsten Durchlauf der äußeren **for**-Schleife wird dieser Vorgang wiederholt; aber mit dem verkürzten Vektor $v[0], \ldots, v[n-2]$. Man kann das auch so formulieren: Nach jedem Durchlauf der inneren Schleife mit Index j ist der Vektor $v[n-j-1], \ldots, v[n-1]$ bereits sortiert und $v[0], \ldots, v[n-j-2]$ muß noch sortiert werden. Der jeweils noch zu sortierende Restvektor $v[0], \ldots, v[n-j-2]$ wird immer kürzer, so daß nach dem letzten Durchgang mit $j = n-2$ der gesamte Vektor sortiert ist. Damit ist die Korrektheit des Verfahrens bewiesen.

Um die Laufzeit abzuschätzen, kann man zählen, wie oft der Rumpf der inneren Schleife ausgeführt wird. Diese Zahl sei $T(n)$. Die äußere Schleife wird durchlaufen mit den Indexwerten $j = 0$ bis $j = n-2$, also $(n-1)$ mal. Die innere Schleife wird $(n-j-1)$ mal durchlaufen, wenn der Index der äußeren Schleife j ist. Es ist also:

$$T(n) = \sum_{j=0}^{n-2}(n-j-1) = \sum_{j=1}^{n-1} j = \frac{(n-1)n}{2} = \frac{1}{2}(n^2-n).$$

Es ist $T \in \Theta(n^2)$. Wenn man die Zeit für den Rumpf der inneren **for**-Schleife mit 1 festsetzt, ist T die Laufzeitfunktion von Bubblesort.

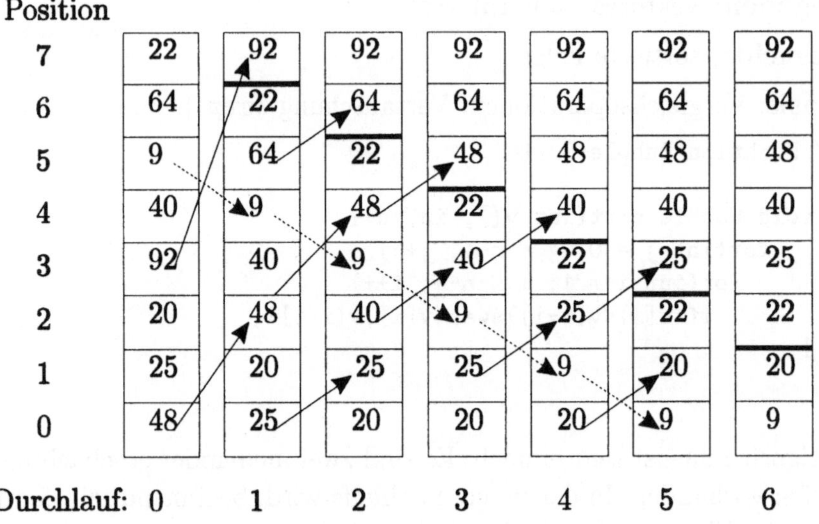

Abb. 5.25 Beispiellauf von Bubblesort

Abb. 5.25 zeigt den Ablauf des Verfahrens an einem Beispiel mit acht Elementen. Die Vektoren sind jeweils nach dem j-ten Durchlauf vertikal dargestellt. Links sind die Vektorindizes, also die Positionen der Elemente im

Vektor eingetragen. Der Durchlauf 0 ist der unsortierte Eingabevektor. Die dick gezeichneten Linien verdeutlichen, daß man nach jedem Durchlauf den noch zu sortierenden Teilvektor um (mindestens) ein Feld verkürzen kann. Der Teil oberhalb der dicken Linie ist stets sortiert.

Das Bild erklärt auch den merkwürdigen Namen des Verfahrens. Die Elemente werden als Luftblasen (bubbles) in einer Flüssigkeit betrachtet. Eine große Blase (hier die 92) steigt auf und eine kleine Blase (z.B. die 9) wird von den größeren Blasen nach unten gedrückt. Es ist auch zu beachten, daß der Vektor nach dem fünften Durchlauf bereits sortiert ist, während noch ein weiterer Durchlauf ausgeführt wird. Das Verfahren läßt sich also noch verbessern; aber darauf wollen wir hier nicht weiter eingehen.

Das soeben vorgestellte Verfahren hat eine Laufzeit aus $\Theta(n^2)$, auch wenn man noch verschiedene Verbesserungen vornimmt. Es läßt sich sogar ganz allgemein beweisen, daß jedes Verfahren, bei dem nur benachbarte Elemente vertauscht werden, eine (worst-case) Laufzeit aus $\Theta(n^2)$ haben muß, wobei man die Anzahl der Vertauschungen und der Vergleiche als Maß verwendet. Für solche Verfahren ist n^2 eine untere Schranke.

Man findet aber allgemein für das Sortierproblem eine kleinere untere Schranke. Wir haben gesehen, daß das Sortierproblem darauf hinausläuft, daß man eine passende Permutation $\pi \in S_n$ findet. Ein Vergleich von zwei Elementen $x, y \in A$, ist zu betrachten als die Frage: „$x \leq y$?", und diese ist mit ja oder nein zu beantworten. Jede solche Frage liefert also höchstens 1 Bit Information. Da $|S_n| = n!$ benötigt man zur Selektion einer speziellen Permutation mindestens $\log(n!)$ Bit Information und somit mindestens $\lceil \log(n!) \rceil$ Abfragen oder Vergleiche. Üblicherweise erklärt man diese Schranke durch das Modell eines *Entscheidungsbaumes*, dessen Blätter gerade die Permutationen sind. Für $\log(n!)$ erhält man die folgenden Abschätzungen:

$$\begin{aligned} n! &\leq n^n \Rightarrow \log(n!) \leq n \log n \\ n^n &\leq (n!)^2 \Rightarrow \frac{1}{2} n \log n \leq \log(n!) \\ &\Rightarrow \log(n!) \in \Theta(n \log n) \end{aligned}$$

Damit ist $n \log n$ eine untere Schranke für alle Sortieralgorithmen, bei denen der paarweise Vergleich als wesentliche Operation verwendet wird. Das bedeutet, daß für jeden solchen Sortieralgorithmus die Laufzeitfunktion aus der Klasse $\Omega(n \log n)$ ist. Man kann unter den genannten Voraussetzungen nicht schneller sortieren. Wenn man zeigen kann, daß ein Sortieralgorithmus eine Laufzeit aus $O(n \log n)$ hat, dann ist er (zumindest asymptotisch) optimal.

Es sei hier angemerkt, daß es für spezielle linear geordnete Mengen $(A, \leq)$ dennoch Algorithmen mit einer Laufzeit aus $O(n)$ gibt. Das liegt dann aber an speziellen Eigenschaften der Elemente, die zusätzlich ausgenutzt werden können (z.B. Bucketsort [CLR90]).

Wir wollen hier kurz zwei interessante Sortieralgorithmen angeben. *Quicksort* ist ein Algorithmus, dessen mittlere Laufzeit aus $O(n \log n)$ ist. Er läßt sich theoretisch so implementieren, daß auch der worst-case in dieser Klasse liegt. Dieses Ergebnis ist aber nur von theoretischem Interesse, weil dieser Algorithmus erst für sehr große Eingaben echt schneller ist als die hier vorgestellte Version, die im worst-case eine quadratische Laufzeit hat. *Heapsort* ist ein Algorithmus, der auch im worst-case eine Laufzeit aus $O(n \log n)$ hat. In beiden Fällen ist es notwendig, daß nicht nur benachbarte Elemente vertauscht werden.

5.3.1.1 Quicksort

Quicksort ist ein *Divide-and-Conquer* Verfahren. Man versucht, das gegebene Problem in zwei Teilprobleme (möglichst gleicher Größe) zu zerlegen und diese dann getrennt weiter zu bearbeiten. Der Algorithmus soll zunächst anschaulich beschrieben werden, bevor wir ihn als C++-Funktion genauer angeben. Man stellt sich die Elemente in einem Array (Vektor) der Länge n vor.

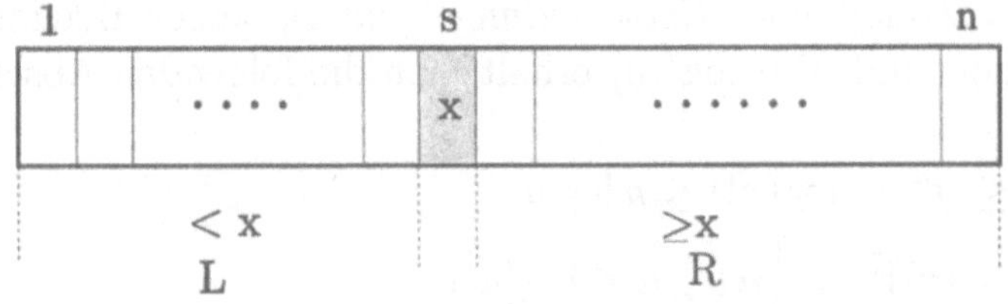

Abb. 5.26 Polarisierung relativ zu einem Vergleichselement x

Es wird versucht, die Elemente in einem ersten Durchgang so anzuordnen, daß sie bezüglich eines beliebig gewählten Elementes x *polarisiert* werden wie in Abb. 5.26. Das bedeutet, daß alle Elemente links von x echt kleiner als x

sind und alle Elemente rechts von x größer oder gleich x. Auch das Element x selbst wird dabei i.a. verschoben. Wir nennen x das *Vergleichselement* (oder *Pivot*). Nach dieser Polarisierung (Zerlegung) hat man das Array in die Teile L und R zerlegt, die dann getrennt nach dem gleichen Verfahren sortiert werden können. Das Element x steht dann bereits an der korrekten Position. Das Verfahren wird rekursiv fortgesetzt, bis Arrays der Länge eins entstehen, die ja stets sortiert sind.

Man erkennt die kritische Bedeutung des Vergleichselementes x. Wenn x das größte Element des Arrays ist, dann ist R leer, und L ist ein Array der Länge $n-1$. Wenn das in jedem weiteren Durchgang so ist, dann benötigt man $n-1$ Durchgänge. Die Polarisierung verschiebt x an die maximale Position, und dazu benötigt man im schlechtesten Fall $O(n)$ Vergleiche. In diesem Fall ist das Verfahren nicht besser als Bubblesort, d.h. die Laufzeit ist aus $O(n^2)$. Der Vorteil des Verfahrens entsteht erst, wenn die Abschnitte L und R in jedem Durchgang etwa gleich groß sind.

Bevor wir das Laufzeitverhalten von Quicksort weiter diskutieren, wollen wir beschreiben, wie man die Polarisierung erreicht. Die Funktion *zerlege()* verwendet als Parameter einen Zeiger auf den gesamten Vektor v. Linker und rechter Index des zu zerlegenden Intervalls (des Abschnittes des Vektors v, der zerlegt werden soll) sind l und r.

```
// Quicksort: Funktion zerlege

int zerlege(int v[], int l, int r){

  int x,s,i;

  x = v[l];
  s = l;
  for(i = l+1; i <= r; i++){
    if(v[i] < x){
      s++; swap(v[i], v[s]);
    }
  }
  swap(v[l], v[s]);
  return s;
}
```

Das Vergleichselement ist x. Man wählt dazu jeweils das Element am linken Rand, also $x = \mathrm{v}[l]$. Ab Position $l+1$ wird jedes Element mit x verglichen.

Dazu wird eine **for**-Schleife mit dem Schleifenindex i verwendet. Die Variable s wird zu Beginn auf l gesetzt. Wir definieren jetzt eine Schleifeninvariante, um die Korrektheit der Funktion zu beweisen. Die Invariante lautet:

$$\forall_{l<j\leq s} : v[j] < x \text{ und } \forall_{s<j<i} : v[j] \geq x$$

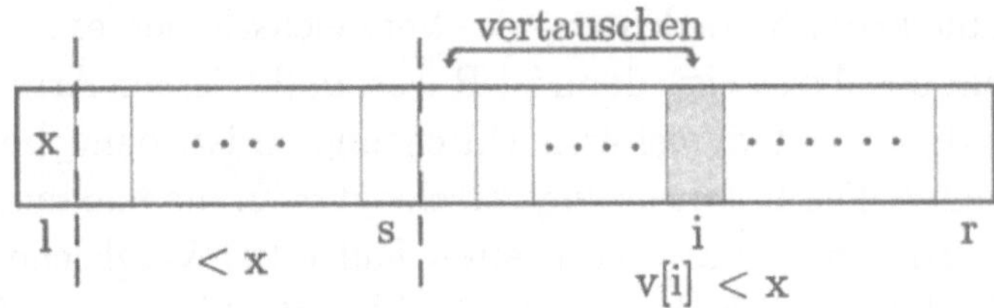

Abb. 5.27 Zur Erkärung der Schleifeninvarianten

Die Invariante wird durch Abb. 5.27 erläutert. Im Abschnitt von $l+1$ bis s einschließlich sind alle Elemente echt kleiner als x, und im Abschnitt $s+1$ bis $i-1$ sind alle Elemente größer oder gleich x. Wenn nun gilt: v[i] $< x$, dann wird das Element an Position i mit demjenigen an Position $s+1$ vertauscht und der Index i erhöht. Dann gilt die Invariante natürlich immer noch. Wenn die Schleife beendet ist, dann stehen rechts von Position s lauter Elemente, die größer oder gleich x sind. Es wird dann lediglich noch x mit dem Element an Position s vertauscht. Damit ist die Zerlegung abgeschlossen, und s ist die Stelle der Trennung (Abb. 5.28).

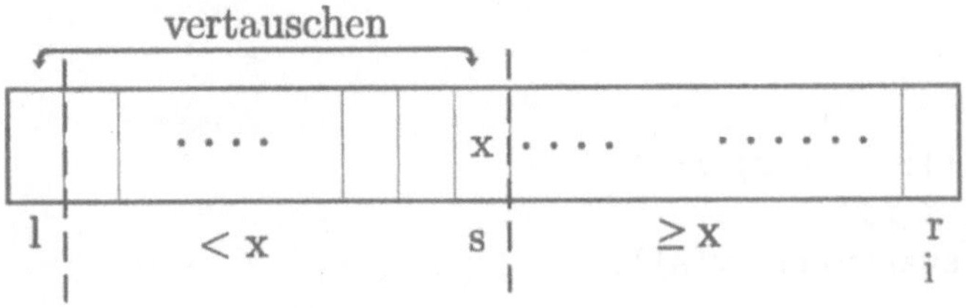

Abb. 5.28 Lage des Vergleichselementes nach der Polarisierung

Der Rest des Verfahrens ist dann einfach rekursiv definiert:

```
// Quicksort: rekursive Definition von quicksort
```

```
void quicksort(int v[], int l, int r){

  int pos;
  if(r <= l) return;      // Abschnitt ist sortiert
  pos = zerlege(v,l,r); // Bestimme Trennstelle
  quicksort(v,l,pos-1); // sortiere linken Abschnitt
  quicksort(v,pos+1,r); // sortiere rechten Abschnitt
}
```

Es sei bemerkt, daß die Funktion *zerlege()* in vielen Lehrbüchern mit zwei Indizes beschrieben wird, die von links und rechts aufeinander zulaufen. Die hier vorgestellte Version findet sich z.B. in dem Buch [Kru89]. Bei dieser Version ist die Invariante besser zu durchschauen als bei der sonst üblichen Form. Der Algorithmus wurde zuerst von Hoare 1962 angegeben.

Zur Laufzeit von Quicksort kann man zunächst den günstigsten Fall betrachten, bei dem in jedem Zerlegungsschritt zwei (nahezu) gleich große Abschnitte entstehen. Es sei $T(n)$ die Zahl der Vergleiche für ein Array der Größe n. Wir machen die etwas idealisierten Annahmen: $n = 2^m$ sei eine 2-er Potenz, so daß $m = \log n$ gilt. Für ein Array der Länge n werden für die Zerlegungsfunktion n Vergleiche und maximal ebenso viele Vertauschungen benötigt. Die Laufzeit für die Zerlegungsfunktion sei also n. Nach der Zerlegung sind zwei Arrays der halben Länge zu sortieren. Unter diesen Annahmen gilt die *Rekurrenz*:

$$\begin{aligned} T(2^m) &= 2T(2^{m-1}) + 2^m \\ T(1) &= 0 \end{aligned}$$

Ersetzt man die rechte Seite wieder durch die entsprechende linke Seite, so erhält man die Entwicklung:

$$\begin{aligned} T(2^m) &= 2T(2^{m-1}) + 2^m \\ &= 2(2T(2^{m-2}) + 2^{m-1}) + 2^m \\ &= 2^2T(2^{m-2}) + 2^m + 2^m \\ &= 2^iT(2^{m-i}) + i \cdot 2^m \\ &= 2^mT(1) + m2^m \\ &= m2^m \\ &= n \log n \in O(n \log n) \end{aligned}$$

Im besten Fall ist die Laufzeit also aus $O(n \log n)$. Im schlechtesten Fall entsteht nach jeder Zerlegung ein (sortiertes) Array der Länge 1 und eines der Länge $n - 1$. Für diesen Fall erhält man aber:

$$\begin{aligned} T(n) &= T(n-1) + n \\ &= T(n-2) + (n-1) + n \\ &= T(n-(n-1)) + \sum_{j=2}^{n} j \\ &= \frac{n(n+1)-2}{2} = \frac{1}{2}\left(n^2 + n - 2\right) \in O(n^2) \end{aligned}$$

Im schlechtesten Fall hat Quicksort also eine quadratische Laufzeit. Man kann allerdings auch beweisen, daß die durchschnittliche Laufzeit (average-case) aus $O(n \log n)$ ist (z.B. in Kingston [Kin90]).

Man kann für die Wahl des Vergleichselementes verschiedene Strategien verfolgen. Liegt die Strategie fest, so kann man i.a. den schlechtesten Fall konstruieren. Aber unter allen möglichen Eingaben (Permutationen) kommen die schlechten Fälle eben nur selten vor.

Es sei auch noch bemerkt, daß im Idealfall das Vergleichselement der *Median* von allen Elementen ist, d.h. es sind (fast) gleich viele Elemente größer bzw. kleiner als das Vergleichselement. Wenn man den Median in linearer Zeit bestimmen kann, dann bleibt die Laufzeit für die Zerlegung linear ($\in O(n)$) und das Verfahren hat dann auch im schlechtesten Fall eine Laufzeit aus $O(n \log n)$. Es gibt einen Algorithmus zur Bestimmung des Medians mit linearer Laufzeit; aber der Aufwand lohnt sich nur für sehr große n [CLR90].

5.3.1.2 Heapsort

Heapsort beruht auf der Struktur eines Binärbaumes. Ein Heap ist ein markierter Binärbaum mit bestimmten Eigenschaften.

Definition 46 *Ein* Heap *ist ein vollständig ausgeglichener Binärbaum, dessen Knoten mit Elementen einer linearen Ordnung derart markiert sind, daß die Markierung eines inneren Knotens ist stets größer oder gleich der maximalen Markierung seiner Sohnknoten.*

Mann nennt einen solchen Heap auch einen *Max-Heap*, weil das Maximum an der Wurzel steht. Analog kann man auch einen *Min-Heap* definieren.

Beispiel 88 *Der markierte Binärbaum in Abb. 5.29 ist vollständig ausgeglichen, denn er hat* 12 *Knoten und die Höhe* $3 = \lfloor \log_2 12 \rfloor$. *Zu jedem Knoten ist die Markierung angegeben, und man kann die Heapeigenschaft (lokal) für jeden inneren Knoten überprüfen.*

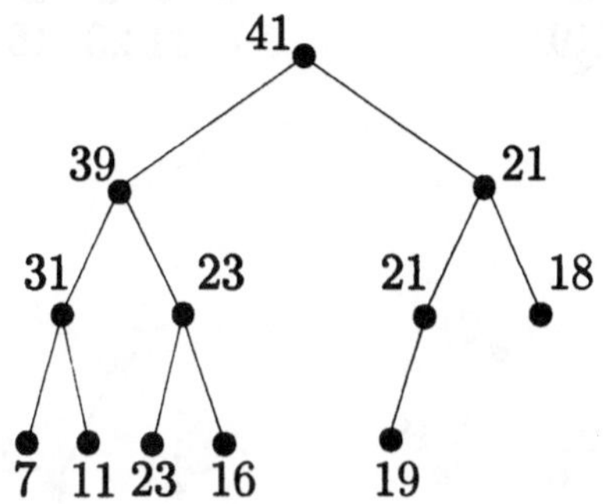

Abb. 5.29 Beispiel für einen Heap

In einem solchen Heap hat die Wurzel stets die maximale Markierung, und jeder Teilbaum ist auch wieder ein Heap. Die Heapstruktur ist also sehr gut geeignet, wenn man das Maximum einer Menge von Elementen bestimmen soll. Das geht in einem Schritt, unabhängig von der Größe des Baumes, also mit konstanter Laufzeit ($O(1)$). Man kann das Sortieren auf eine iterierte Auswahl des maximalen Elementes zurückführen und daher die Heapstruktur zum Sortieren verwenden. Ist $S(n)$ die Laufzeit zur Bestimmung des maximalen Elementes in einer Menge von n Elementen, dann hat ein Sortierverfahren, das diese Maximumsuche verwendet, die Laufzeit:

$$T(n) = \sum_{i=2}^{n} S(i) \in O(nS(n))$$

Nun ist die Bestimmung des Maximums in einem Heap zwar aus $O(1)$; aber die zu sortierenden Elemente liegen zunächst nicht in einer Heapstruktur vor. Wenn man einmal annimmt, daß die Elemente einen Heap mit n Knoten bilden, dann kann man das maximale Element entfernen und z.B. in

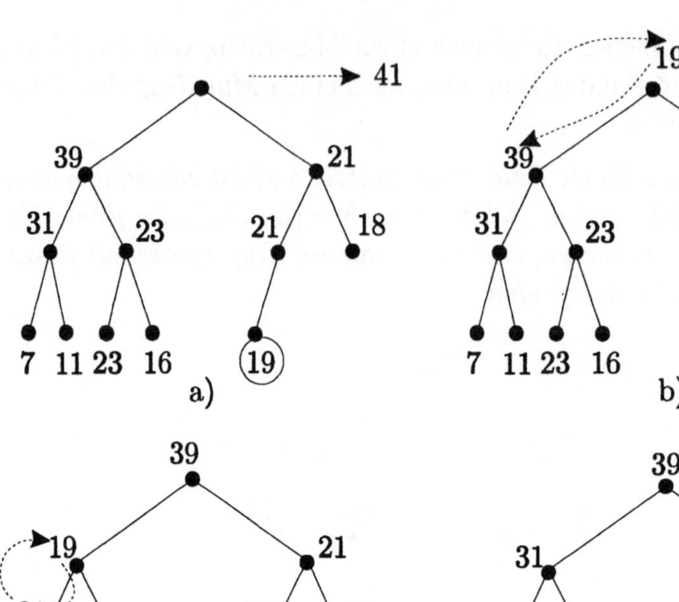

Abb. 5.30 Heapkorrektur entlang eines Pfades

einem Array ablegen. Jetzt entfernt man dafür ein Blatt und bringt dessen Markierung an die Wurzel (Abb. 5.30 a)).

Dann ist allerdings i.a. die Heapeigenschaft nicht mehr erfüllt. Jetzt kommt aber der Vorteil des Binärbaumes zum Tragen. Um die Heapeigenschaft wieder herzustellen, wird der Wert an der Wurzel mit denen der Söhne verglichen. Hat ein Sohnknoten einen größeren Wert, so wird mit diesem getauscht (Abb. 5.30 b)). Danach kann der betroffene Teilbaum die Heapeigenschaft verloren haben. Er wird auf die gleiche Weise korrigiert (Abb. 5.30 c) und d)). Das neue Element, das an der Wurzel eingefügt wurde, kann auf diese Weise höchstens wieder an die Position eines Blattes absinken. Es bewegt sich dabei auf einem Pfad im Binärbaum. Da der Baum vollständig ausgeglichen ist, hat ein Pfad höchstens die Länge $h = \lfloor \log_2 n \rfloor$.

Um nach einem Auswahlschritt die Heapeigenschaft wieder herzustellen, benötigt man also maximal die Laufzeit $S(n) \in O(\log n)$. Damit erhält man für Heapsort auch im schlechtesten Fall eine Laufzeit aus $O(n \log n)$, und das ist optimal.

Um diesen Algorithmus auf ein Array (Vektor) mit Indexbereich $1, \ldots, n$ anzuwenden, muß nur noch dafür gesorgt werden, daß die Elemente des Arrays in der Form eines Heap organisiert werden. Dazu definiert man eine Baumstruktur für die Indizes des Arrays. Dem Index i werden die Indizes $2i$ und $2i+1$ als linker bzw. rechter Sohn zugeordnet, sofern diese Indizes kleiner oder gleich n sind. Ist $2i > n$, dann hat der „Knoten" i keinen Sohn, ist also ein Blatt, und wenn $2i = n$, dann hat der Knoten i nur den einen Sohn n. Die Abbildungen 5.31 und 5.32 sollen diese Zuordnung verdeutlichen.

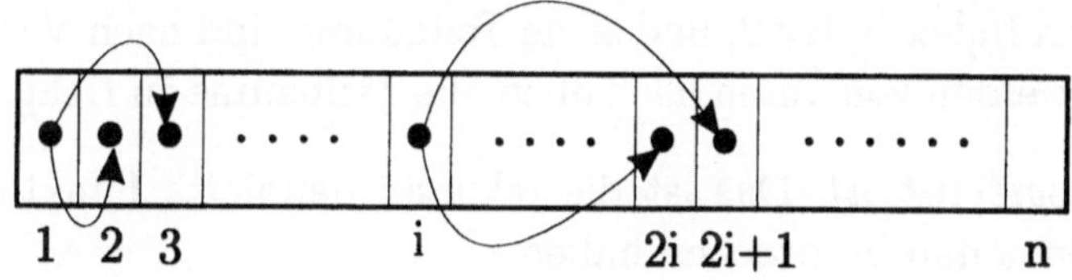

Abb. 5.31 Baumstruktur für Array Indizes

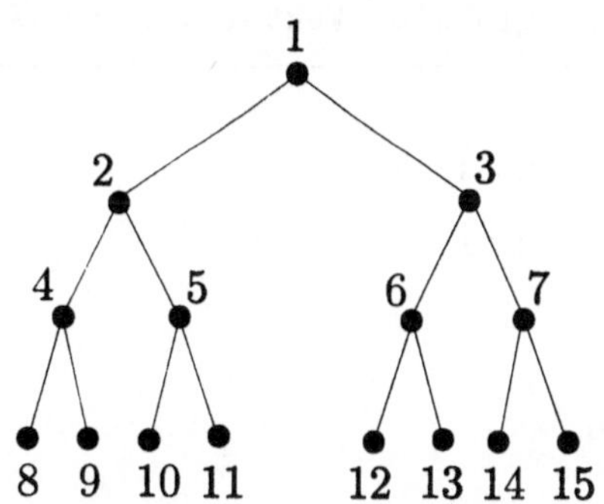

Abb. 5.32 Indizes als Binärbaum

Wir wollen jetzt Funktionen in C++ angeben, die zusammen das Heapsort Verfahren realisieren. Alle Funktionen arbeiten auf dem globalen Vektor **int** u[MAX]. Außerdem sei hervorgehoben, daß der C-Vektor hier stets beginnend mit dem Index 1 (statt mit 0) verwendet wird, damit die oben definierte Baumstruktur einfach verständlich wird. Die Komponente mit dem Index 0 wird nicht verwendet. Wir definieren die folgenden Funktionen:

- **void** *correct(***int** *root,* **int** *limit):* Nachdem ein Heap nur an der Wurzel verändert wurde, korrigiert diese Funktion längs eines Pfades den Baum, so daß wieder ein Heap entsteht. *root* ist der Array-Index, der als Wurzel eines Teilbaumes betrachtet wird, und *limit* ist der maximale Index im Array, für den die Korrektur noch maßgebend ist. *correct()* verwendet die schon früher definierte Funktion *swap()*, die die Inhalte von zwei Variablen vertauscht.

- **void** *init_heap(***int** *n):* Ein Array mit dem Index-Bereich $1,\ldots,n$, das beliebig mit Werten vom Typ **int** belegt ist, wird derart umsortiert, daß ein Heap entsteht. Diese Funktion stützt sich auf die Funktion *correct()* ab. Alle Blätter sind bereits Heaps. Der erste Knoten, der Söhne im Array hat, hat den Index n **div** 2, und seine Teilbäume sind nach Voraussetzung Heaps. So werden von unten nach oben alle Teilbäume zu Heaps korrigiert.

- **void** *heapsort(***int** *n):* Das ist die rekursiv definierte Funktion, die wir weiter oben genau besprochen haben.

```
// ex53
// Beispiel: Heapsort
// Funktionen correct(); init_heap; heapsort()
//    operieren auf dem globalen Vektor int v[MAX]
//-----------------------------------------------------

void correct(int root, int limit){

  int p;

  p = 2*root;
  if(p > limit)return;
  if((p+1)<= limit)
    if(u[p]<u[p+1])p++;
  if(u[root] < u[p]){
    swap(u[root],u[p]);
    correct(p,limit);
  }
}

void init_heap(int n){

  for(int i = n/2; i > 0; i--)
    correct(i,n);
```

```
}

void heapsort(int n){

  init_heap(n);

  for(int k = n; k > 1; k--){
    swap(u[1],u[k]);
    correct(1,k-1);
  }
}
```

Der folgende Testlauf zeigt einen anfänglich unsortierten Vektor. Dann erfolgt eine primitive Druckform des daraus mit *init_heap()* erstellten Heap. Der Ausdruck beginnt mit der Wurzel. Dann folgen der linke und rechte Teilbaum, die durch Einrücken dargestellt werden. Schließlich wird die sortierte Liste ausgegeben.

```
Unsortierte Ausgangsfolge:
[81 31 96 92 39 2 83 90 37 58 22 32 56 76 44 46 64 13 11 17]

Durch init_heap erzeugter Heap als Binärbaum:
 --96
   | --83
   |   | --81
   |   |   | --44
   |   |     --76
   |     --56
   |       | --2
   |         --32
     --92
       | --58
       |   | --22
       |     --39
       |         --17
         --90
           | --37
           |   | --11
           |     --13
             --64
               | --31
                 --46
```

```
Sortierte Folge:
[2 11 13 17 22 31 32 37 39 44 46 56 58 64 76 81 83 90 92 96]
```

Wie wir gesehen haben, ist Heapsort ein Sortierverfahren, das auch im schlechtesten Fall eine Laufzeit aus $O(n \log n)$ hat. Man sagt auch, Heapsort garantiert diese Laufzeit, während Quicksort nur im Durchschnitt eine Laufzeit aus $O(n \log n)$ hat und im schlechtesten Fall aus $O(n^2)$. Trotzdem wird in der Praxis meist Quicksort eingesetzt, denn die Konstanten in der Laufzeitfunktion sind für Quicksort günstiger, und das bedeutet, daß Quicksort in der Regel auch die kürzere reale Ausführungszeit auf einem konkreten Rechner hat.

5.3.2 Suchen

In der Einleitung haben wir bereits einige konkrete Suchprobleme aufgeführt. Das Suchproblem tritt in den unterschiedlichsten Formen bei sehr vielen praktischen Aufgaben auf. Das Standardbeispiel ist eine relationale Datenbank. Wir wollen die Situation aber auch hier wieder stark vereinfacht beschreiben. Eine Record-Struktur (**struct** in C++) oder einfach ein *Record* ist die Zusammenfassung verschiedener Variablen auch unterschiedlichen Typs zu einer logischen Einheit. Solche Records werden verwendet, um z.B. die persönlichen Daten von Mitarbeitern oder auch aller Bundesbürger zu speichern:

Feld	Typ
Name	**string**
Vorname	**string**
Straße	**string**
PLZ	**int**
Ort	**string**
Beruf	**string**
Personalausweis Nr.	**string**

Abstrakt ist ein Vorrat von solchen gespeicherten Daten eine Menge von Records. Ist die Menge klein, dann kann man diese Records etwa in einem Array speichern. Damit hat man zwar einen direkten Zugriff (*random access*) auf jeden Record, allerdings muß man dazu wissen, unter welchem

Index ein bestimmter Record abgespeichert ist. Man sucht i.a. einen solchen Record nicht nach dem (evtl. zufällig gewählten) Array-Index, sondern nach bestimmten Inhalten.

Wie beim Sortieren gehen wir davon aus, daß ein bestimmtes Feld in diesem Record (in der Praxis ist das oft auch eine Kombination von Feldern) als *Schlüsselfeld* dient. Das bedeutet, daß der Inhalt dieses Feldes den speziellen Record identifiziert. In dem obigen Beispiel könnte das z.B. die Nummer des Personalausweises sein. Diese ist eindeutig, und das heißt, zu einer bestimmten Nummer gibt es höchstens einen Record in der Menge. Sucht man aber etwa nach dem Namen, dann ist die Zuordnung zwischen dem Namen und dem Record i.a. nicht mehr eindeutig. Man kann dann bei einer Suche u.U. mehrere Records mit dem gleichen Namen erhalten.

Wir wollen in diesem Abschnitt genau wie im vorhergehenden wieder von solchen Records abstrahieren, und annehmen, daß es ein spezielles Schlüsselfeld gibt, so daß die Elemente des zugeordneten Datentyps linear geordnet sind. Alle unsere Betrachtungen brauchen sich nur auf diese *Schlüssel* zu beziehen. Als Standardbeispiel für eine lineare Ordnung wählen wir die ganzen Zahlen, also den Datentyp **int**.

Wir betrachten also einen abstrakten Datentyp **int_set**, dessen Elemente beliebige endliche Mengen von ganzen Zahlen sein sollen. Sei S eine Variable dieses Typs. Die typischen Funktionen haben folgende Bezeichnungen:

create()	erzeugt eine neue leere Menge
look_up(S, x)	stellt fest, ob x in S vorkommt
insert(S, x)	fügt x in die Menge S ein
delete(S, x)	entfernt x aus S
empty(S)	testet die Menge S auf Leerheit

und damit kann man den Datentyp **int_set** abstrakt definieren:

Definition 47 *Datentyp int_set*

Operationen:

create	:		→	**int_set**
look_up	:	**int_set, int**	→	**bool**
insert	:	**int_set, int**	→	**int_set**
delete	:	**int_set, int**	→	**int_set**
empty	:	**int_set**	→	**bool**

Identitäten:

$$\begin{array}{lcl} empty(create) & = & true \\ empty(insert(S,x)) & = & false \\ look\_up(create,x) & = & false \\ look\_up(insert(S,x),y) & = & \begin{cases} true & \text{falls} \quad x=y \\ look\_up(S,y) & \text{sonst} \end{cases} \\ look\_up(delete(S,x),x) & = & false \end{array}$$

Diese Spezifikation ist noch sehr schwach, d.h. sie läßt viele Rechenstrukturen als Modell zu. Mit weiteren Identitäten kann man z.B. spezifizieren, was geschehen soll, wenn ein Element eingefügt wird, das bereits vorhanden ist, oder ob es ein Fehler ist, wenn man in der leeren Menge ein bestimmtes Element entfernen will usw.

Die wesentlichen Operationen sind Suchen (*look_up*), Einfügen (*insert*) und Entfernen (*delete*) von Elementen einer Menge. Die Suchfunktion soll in der Praxis meist nicht nur die Existenz eines Elementes in der Menge liefern, sondern auch gleich den zugehörigen Record. Die Forderung nach Effizienz verlangt, daß das Zusammenspiel dieser Operationen mit möglichst geringem Zeitaufwand und geringem zusätzlichen Speicherplatz realisiert werden soll.

Die Herausforderung besteht darin, eine für diesen Zweck geeignete konkrete Datenstruktur zu finden und darauf die angegebenen Operationen mit den genannten Eigenschaften zu entwerfen. Wie soll man eine Menge mit veränderlichem Umfang (also eine Mengen-Variable) realisieren? Es ist klar, daß der Speicherplatzbedarf höchstens dann statisch festgelegt werden kann, wenn man eine nicht allzu große Obergrenze für die zu erwartende Anzahl von Elementen von vornherein kennt. Ansonsten wird man dynamische Datenstrukturen verwenden. Noch anders stellt sich die Frage für wirklich große Mengen, wie z.B. die Menge aller etwa 80 Mio. Bundesbürger. Hier muß man davon ausgehen, daß die Daten auf externen Massenspeichern abgelegt werden. Damit ist die Organisation dieser Massenspeicher mit einzubeziehen.

Wir wollen uns hier auf Suchprobleme konzentrieren, die mit den dynamischen Datenstrukturen zu bewältigen sind, die wir bereits kennengelernt haben. Diese Suchprobleme heißen auch *intern* im Gegensatz zu *externen* Suchproblemen, die vornehmlich auf externen Speicherbereichen (wie z.B. Festplatten) arbeiten.

5.3.2.1 Binäre Suche im Array

Sehr einfach zu behandeln ist der Fall der *binären Suche* im Array. Die zu suchenden Elemente seien dazu in einem Array abgelegt. Wir betrachten also ein Array vom Typ **int**, um darin eine endliche Menge von ganzen Zahlen darzustellen. Außerdem sei **nil** ein Element vom Typ **int**, das man verwenden kann, um bei einem Feld im Array anzuzeigen, daß es kein Element enthält. Die Menge $S = \{-3, 7, 12, 56, -9, 8, 27\}$ könnte dann die folgende Darstellung haben, wobei ein leeres Feld den Inhalt **nil** hat:

56	-	-	-	-3	8	-	-9	-	27	-	-	12	-	7	-	-

Wenn man bei dieser Anordnung nach einer bestimmten Zahl sucht, dann muß man das gesamte Array (linear) durchsuchen, also mit der Laufzeit $O(m)$, wenn m die Größe des Arrays ist. Beim Einfügen eines neuen Elementes muß man zunächst feststellen, ob dieses Element bereits enthalten ist, denn sonst könnte die gleiche Zahl mehr als einmal vorkommen. In der Spezifikation ist das zwar nicht als Fehler definiert, aber man verschwendet den ohnehin knappen Speicherplatz, und beim Löschen eines Elementes müssen dann alle Duplikate gelöscht werden. Jede Operation erfordert im schlimmsten Fall das vollständige Durchmustern aller Felder.

Wenn man an das Beispiel mit dem Telefonbuch denkt, dann fällt einem sofort eine bessere Lösung ein. Wenn die Elemente im Array sortiert sind und $l \leq r$ Indizes sind, die ein Intervall im Array angeben, in dem (einschließlich der Grenzen) gesucht werden soll, dann kann man das Verfahren der binären Suche im Array verwenden:

Algorithmus: *Binäre Suche im Array*

gegeben: u Array vom Typ **int** und zwei Indizes $left$, $right$.

gesucht: Zu einer Zahl key ist ein Index i gesucht mit:

$left \leq i \leq right$ und $u[i] = key$

Falls key nicht im Intervall vorkommt, soll der Wert -1 ausgegeben werden.

Voraussetzung: u ist sortiert

```
int bin_search(int key, int left, int right){

   int i;
```

```
        if(right < left) return -1;
        i = left+(right-left)/2;
        if(u[i] == key) return i;
        else if(u[i] < key) left  = i+1;
        else                right = i-1;
        return bin_search(key,left,right);
    }
```

Wir wollen nur bildhaft andeuten, wie das Verfahren arbeitet, ohne einen formalen Korrektheitsbeweis anzugeben. Seien also l und r Indizes (statt $left$ und $right$) und $[l, r]$ das Indexintervall von l bis r jeweils einschließlich der Grenzen. Man bestimmt zunächst den mittleren Index: $i = l + (r - l)$ **div** 2. Dieser Index liegt etwa in der Mitte des Intervalls. Man vergleicht den Schlüssel *key* mit dem Element an dieser Stelle, also mit $u[i]$. Bei Gleichheit ist der gesuchte Index gefunden. Ist aber $u[i] < key$, dann wendet man das gleiche Suchverfahren (rekursiv) auf das rechte Intervall $[i + 1, r]$ an und sonst auf das linke Intervall $[l, i-1]$ (Abb. 5.33). Wenn aber gilt $r < l$, dann konnte der Schlüssel (das Suchargument) nicht gefunden werden.

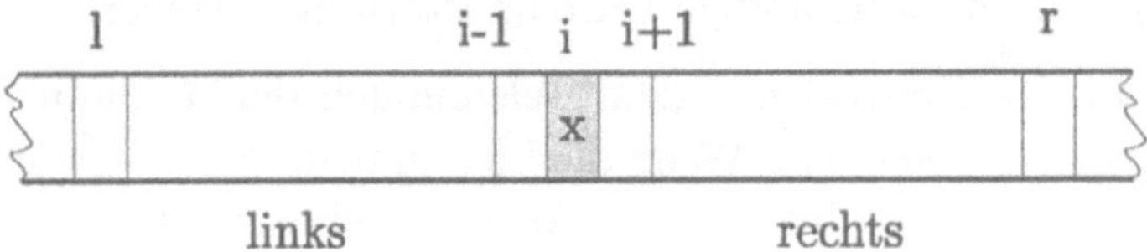

Abb. 5.33 Binäre Suche im Array

Die Laufzeitabschätzung ist hier sehr einfach. Die Reduzierung des Ausgangsproblems mit dem Intervall $[l, r]$ auf ein Problem der halben Größe $[l', r']$ mit $r' - l' \leq \frac{1}{2}(r - l)$ erfordert nur die Berechnung von $i = l + (r - l)$ **div** 2 und die zwei Vergleiche: $u[i] = key$ und $u[i] < key$. Das geht in konstanter Zeit, also in $O(1)$. Um das Problem von der Ausgangsgröße n auf die Größe 1 zu reduzieren, sind also höchstens $O(\log n)$ Schritte erforderlich, da die Problemgröße jedesmal halbiert wird. Die Laufzeit des Verfahrens ist somit aus der Klasse $O(\log n)$.

Die Ausgabe in Abb. 5.34 zeigt, wie der Algorithmus die Intervallhalbierungen ausführt. Für jeden Suchvorgang wird die Folge der Intervallgrenzen zusammen mit den zugehörigen Intervallen ausgegeben.

```
gegeben: sortiertes Array
[2 4 5 10 21 32 35 40 46 47 48 49 61 65 66 85 86 89 92 97]

-> Suchargument: 86

0;  19:   [2 4 5 10 21 32 35 40 46 47 48 49 61 65 66 85 86 89 92 97]
10; 19:   [48 49 61 65 66 85 86 89 92 97]
15; 19:   [85 86 89 92 97]
15; 16:   [85 86]
16; 16:   [86]
Index ist: 16

-> Suchargument: 2

0;  19:   [2 4 5 10 21 32 35 40 46 47 48 49 61 65 66 85 86 89 92 97]
0;  8:    [2 4 5 10 21 32 35 40 46]
0;  3:    [2 4 5 10]
0;  0:    [2]
Index ist: 0

-> Suchargument: 11

0;  19:   [2 4 5 10 21 32 35 40 46 47 48 49 61 65 66 85 86 89 92 97]
0;  8:    [2 4 5 10 21 32 35 40 46]
0;  3:    [2 4 5 10]
2;  3:    [5 10]
3;  3:    [10]
Nicht gefunden
```

Abb. 5.34 Protokoll für die binäre Suche

5.3.2.2 Binäre Suchbäume

Die binäre Suche im Array ist zwar sehr effizient, aber sie hat auch gravierende Nachteile. Man muß statisch ein Array geeigneter Größe definieren. Wählt man es zu groß, dann benutzt man unnötig viel Speicher, und wählt man es zu klein, dann kann man zu einem bestimmten Zeitpunkt keine neuen Elemente mehr hinzufügen. Wir haben schon weiter oben gesagt, daß zum Datentyp der Menge auch die Operationen des Einfügens und des Entfernens gehören. Um bei dieser Datenstruktur ein Element einzufügen, muß das Array sortiert bleiben. Das Einsortieren eines neuen Elementes erfordert zunächst die Bestimmung der Position an die das Element gebracht werden soll. Das läßt sich mit der binären Suche in der Laufzeit $O(\log n)$ durchführen. Aber dann müssen alle Elemente ab dieser Position nach rechts verschoben werden. Das ist aufwendig, denn es erfordert im schlimmsten Fall (aber auch im Durchschnitt) $O(n)$ Verschiebungen. Analog ist das Entfernen eines Elementes mit $O(n)$ Verschiebungen verbunden.

Um diese Probleme zu lösen, muß man eine geeignete dynamische Datenstruktur finden, bei der möglichst alle Operationen höchstens eine logarithmische Laufzeit haben. Die naheliegende Idee besteht darin, das Array der binären Suche in einen Binärbaum zu überführen (Abb. 5.35).

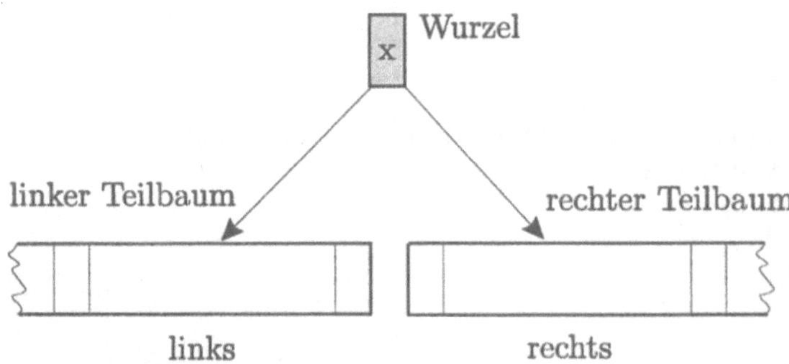

Abb. 5.35 Überführen eines Arrays in einen Binärbaum

Das mittlere Element im Array wird zur Wurzel, und das linke und rechte Teilintervall werden (rekursiv) zum linken bzw. rechten Teilbaum. Diese Zerlegung liefert einen vollständig ausgeglichenen Binärbaum, und die Suche darin verläuft genauso wie im Array. Man beginnt bei der Wurzel mit einem Vergleich. Entweder hat man das Suchargument gefunden, oder das

Suchargument ist kleiner als der Wert der Wurzel oder größer. Ist es kleiner, dann muß es im linken Teilbaum gesucht werden, sonst im rechten. Diese Überlegung führt zur Datenstruktur des binären Suchbaumes.

Definition 48 *Ein* binärer Suchbaum *ist ein Binärbaum* $B = (w, B_l, B_r)$ *mit einer*

Knotenmarkierung $\mu : B \to A$ *in eine lineare Ordnung* $(A, \leq)$, *der entweder leer ist, oder für den sonst gilt:*

1. $max\,\{\mu(b) \mid b \in B_l\} \leq \mu(w) \leq min\,\{\mu(b) \mid b \in B_r\}$
2. B_l, B_r *sind binäre Suchbäume.*

Aus der Definition ergibt sich sofort die folgende Eigenschaft:

Proposition 12 *Ein Binärbaum* B *zusammen mit einer Knotenmarkierung* $\mu : B \to A$ *ist genau dann ein binärer Suchbaum, wenn die Inorderfolge der Markierungen sortiert ist.*

Beweis. Die Inorderfolge ist definiert durch $\text{in}(B) = \text{in}(B_l) \circ w \circ \text{in}(B_r)$ und $\text{in}(\emptyset) = \varepsilon$. Wenn man die leere Folge ε als sortiert betrachtet, dann gilt die Behauptung für den leeren Binärbaum. Sei nun $B = (w, B_l, B_r)$ nicht leer, dann haben B_l und B_r eine kleinere Knotenzahl als B. Daher setzen wir (Induktion) voraus, daß die Behauptung für B_l und B_r gilt. Somit sind die Folgen $\mu(\text{in}(B_l))$ und $\mu(\text{in}(B_r))$ sortiert. Wegen der Bedingung 1 inder Definition des binären Suchbaumes ist damit auch $\mu(\text{in}(B)) = \mu(\text{in}(B_l)) \circ \mu(w) \circ \mu(\text{in}(B_r))$ eine sortierte Folge.

Sei umgekehrt B zusammen mit der Markierung $\mu : B \to A$ ein Binärbaum, der die Bedingung erfüllt, daß die Inorderfolge sortiert ist. Ist B leer, so ist es ein binärer Suchbaum. Sei also $B = (w, B_l, B_r)$ nicht leer. Da jede Teilfolge einer sortierten Folge wieder sortiert ist, sind mit $\text{in}(B) = \text{in}(B_l) \circ w \circ \text{in}(B_r)$ die Folgen $\mu(\text{in}(B))$ und $\mu(\text{in}(B_r))$ sortiert. Es folgt nach Induktionsvoraussetzung, daß B_l und B_r binäre Suchbäume sind. Da die Folge $\mu(\text{in}(B)) = \mu(\text{in}(B_l)) \circ \mu(w) \circ \mu(\text{in}(B_r))$ sortiert ist, muß auch die Bedingung 1 in der Definition gelten. Somit ist B ein binärer Suchbaum. ■

Diese Aussage liefert also ein notwendiges und hinreichendes Kriterium für einen binären Suchbaum.

Beispiel 89 *Wir betrachten den markierten Binärbaum in Abb. 5.36 a). Die Inorderfolge der Markierungen ist: 16 39 41 44 53 57 58 64, somit handelt es sich um einen binären Suchbaum. Aber diese Folge legt nicht die Baumstruktur fest, denn Abb.5.36 b) zeigt einen weiteren binären Suchbaum mit der gleichen Inorderfolge. Noch extremer ist der degenerierte Baum in Abb. 5.36 c).*

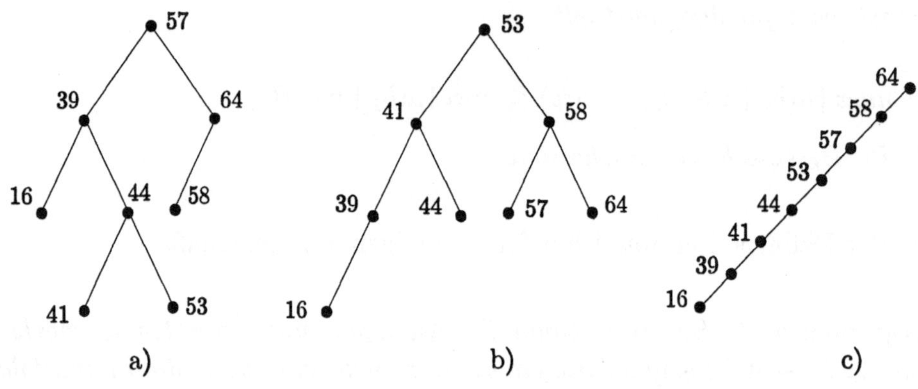

Abb. 5.36 Verschiedene Suchbäume für die gleiche Schlüsselmenge

Das Beispiel hat gezeigt, daß ein binärer Suchbaum für die gleichen Elemente ganz unterschiedliche Baumstruktur und damit auch ganz unterschiedliche Höhen haben kann. Die Grenzen für die Höhe kennen wir schon. Mit $|B| = n$ gilt für die Höhe h eines Binärbaumes:

$$\lfloor \log n \rfloor \leq h < n$$

Da aber für eine Suche im binären Suchbaum immer entlang eines Pfades gesucht wird, ist die Suchzeit aus der Klasse $O(h)$. Es ist also anzustreben, einen binären Suchbaum stets so zu organisieren, daß h möglichst nahe an $\log n$ herankommt. Das bedeutet aber, daß der Baum stets vollständig ausgeglichen sein sollte. Leider steht diese letzte Forderung der Forderung nach der Effizienz für das Einfügen und Entfernen von Elementen entgegen. Es wäre viel zu aufwendig, nach jeder Einfügung oder jedem Entfernen den Baum wieder vollständig auszugleichen. Ein guter Kompromiß wurde gefunden mit den *AVL-Bäumen*. Das sind binäre Bäume, bei denen für jeden Knoten die Höhendifferenz zwischen den beiden Teilbäumen nicht größer ist als eins. Diese Bäume heißen auch *ausgeglichen*. Obwohl sie nicht vollständig ausgeglichen sind, wächst die Höhe dieser Bäume logarithmisch mit der Zahl der Knoten.

Auf die Details der Techniken, die sich hierzu entwickelt haben, können wir hier aber nicht weiter eingehen. Die Literatur über Datenstrukturen enthält hierzu eine Fülle von Material (z.B. [CLR90]). Wir wollen hier nur noch zeigen, wie man einen binären Suchbaum aufbaut und wie man das Einfügen und Entfernen von Knoten realisieren kann.

In Abschnitt 5.2.3 wurde bereits gezeigt, wie man binäre Bäume mit Zeigern aufbaut. Wir können uns daher auf die wesentlichen Schritte beschränken. Um einen neuen Knoten mit dem Schlüssel (oder Wert) *key* in einen bestehenden binären Suchbaum B einzufügen, verfährt man zunächst genauso wie beim Suchen nach diesem Schlüssel. Die Suche ist erfolglos (falls das Element nicht schon im Baum vorkommt) und endet an einem Knoten $b \in B$ mit $\mu(b) = x$, der die folgende Eigenschaft hat: $key < x$ aber b hat keinen linken Sohn; oder symmetrisch dazu: $key > x$ aber b hat keinen rechten Sohn (siehe Abb. 5.37).

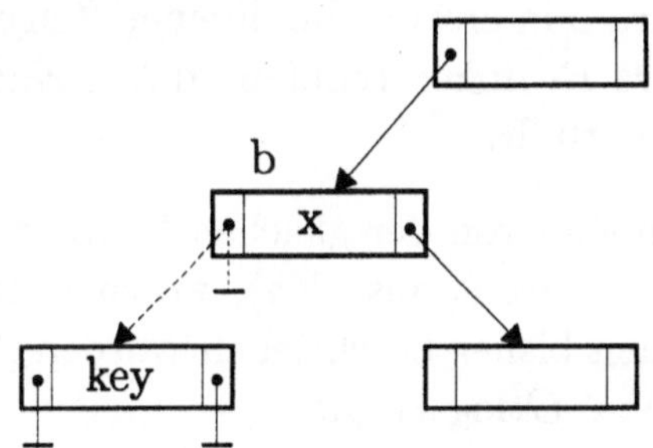

Abb. 5.37 Erfolglose Suche nach dem Schlüssel *key*

In diesem Fall wird einfach der linke **nil**-Zeiger des Knotens b durch den Zeiger auf das einzufügende Element ersetzt. Da b durch eine Suche nach *key* gefunden wurde, hätte *key* im linken Teilbaum von b stehen müssen. Da dieser aber leer war und jetzt durch ein Blatt mit dem Inhalt *key* ersetzt wurde, ist der neue Baum wieder ein binärer Suchbaum. Das Einfügen hat also die gleiche Laufzeit wie die Suche.

Das Entfernen eines Knotens ist etwas komplizierter, da wir hier drei Fälle unterscheiden müssen, je nach der Zahl der Söhne des zu entfernenden Knotens. Es sei jeweils b der zu entfernende Knoten.

Fall 0: b ist ein Blatt. In diesem Fall wird das Blatt einfach entfernt, d.h. der Zeiger im Vaterknoten dieses Blattes wird auf **nil** gesetzt (Abb. 5.38 a)). Das ist auch anwendbar, wenn b die Wurzel des Baumes ist, denn es gibt einen Zeiger auf diese Wurzel, mit dem der Baum referenziert wird.

Fall 1: b hat nur einen Sohn. Das sei der linke Sohn c, und a sei der Vaterknoten von b. Der Zeiger von b auf c wird durch einen Zeiger von a auf c ersetzt (Abb. 5.38 b)).

Fall 2: b hat zwei Söhne und somit zwei nichtleere Teilbäume B_1 und B_2. Dies ist der eigentlich schwierige Fall. Nach Voraussetzung gilt: $\forall_{b' \in B_1} : \mu(b') \leq \mu(b)$ und $\forall_{b'' \in B_2} : \mu(b'') \geq \mu(b)$. b selbst sei (o.B.d.A.) die Wurzel eines linken Teilbaumes des Vaterknoten a.

Dann gilt außerdem: $\forall_{b''' \in B_1 \cup B_2 \cup \{b\}} : \mu(b''') \leq \mu(a)$. Man setzt den Linkszeiger von a auf die Wurzel von B_2. Da alle Markierungen in B_1 kleiner oder gleich der kleinsten Markierung in B_2 sind, sucht man in B_2 den Knoten d mit der kleinsten Markierung. Das ist der erste Knoten bei der Inorderfolge, und man findet diesen, indem man bei der Wurzel von B_2 beginnend solange Linkszeiger verfolgt, bis man auf einen **nil**-Zeiger stößt. Dieser **nil**-Zeiger wird nun ersetzt durch einen Zeiger auf die Wurzel von B_1 (Abb. 5.38 c)). Da B_1 linker Teilbaum dieses Knotens wird, bleibt die Suchbaumbedingung erfüllt.

Alle diese Operationen sind von der gleichen Laufzeit wie das Suchen, und für das Suchen ist die Laufzeit aus $O(h)$, wobei h die Höhe des Baumes ist. Wie die Operationen bisher beschrieben wurden, kann man aber nicht garantieren, daß stets $h \in O(\log n)$ gilt.

Die bereits erwähnten AVL-Bäume sind ebenfalls binäre Suchbäume, die aber so organisiert werden, daß dort immer $h \in O(\log n)$ gilt.

Damit möchten wir das Gebiet der effizienten Suchalgorithmen verlassen. Es konnte nur eine sehr knappe Einführung in grundlegende Ideen erfolgen, die aber vielleicht die wichtigen Fragestellungen für solche Verfahren verständlich gemacht hat.

5.4 Ein Graphenproblem

Sehr viele praktische Probleme lassen sich abstrakt als Probleme im Modell der Graphen behandeln. Die Zahl der Beispiele dafür ist sehr groß. In diesem Abschnitt soll exemplarisch ein solches Problem behandelt werden.

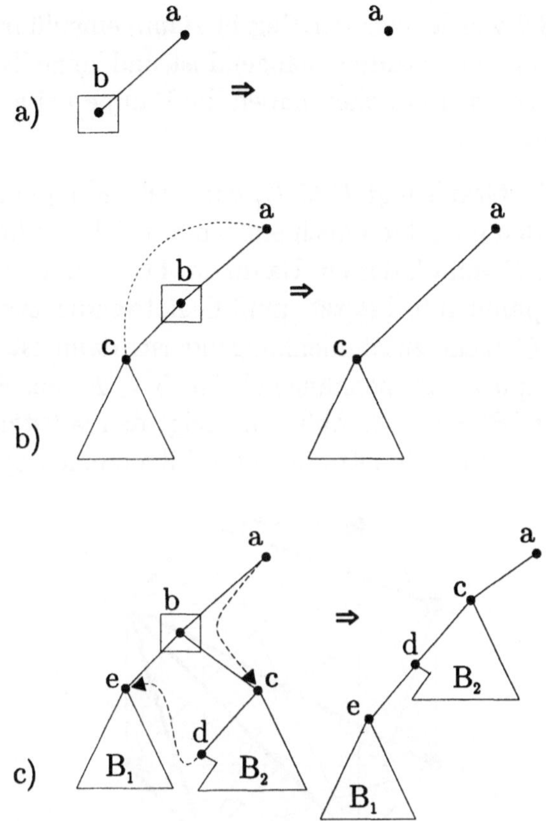

Abb. 5.38 Entfernen des Knotens b in verschiedenen Fällen

Stellt man sich die Knoten eines Graphen als die Knotenrechner eines Netzwerkes vor und die Kanten als direkte (physikalische) Leitungen, dann könnte man jede Kante (Leitung) mit einer Zahl markieren, die die Kosten für diese Verbindung angibt. Sei $V = \{v_1, ..., v_n\}$ die Knotenmenge und E die Menge aller möglichen Leitungsverbindungen. Man kann dann versuchen, ein System von Leitungen zu installieren, das einerseits sicherstellt, daß (direkt oder indirekt) jeder Knoten von jedem anderen Knoten erreichbar ist und andererseits die Leitungskosten minimal sind. Das ist das allgemeine Problem, einen *minimalen Spannbaum* zu finden.

Der Begriff *Graph* (siehe Abschnitt 3.2) steht in diesem Abschnitt immer für einen einfachen ungerichteten Graphen. Ein ungerichteter einfacher Graph ist ein Paar $G = (E, V)$ mit der Knotenmenge V und der Kantenmenge E. Dabei ist $E \subseteq V^{[2]}$, und $V^{[2]}$ ist die Menge der ungeordneten Paare von

V. In Abschnitt 3.2 wurde auch der Begriff *Baum* eingeführt. Ein Baum ist ein einfacher Graph, der zusammenhängend ist und keine Zyklen hat. Unter den zusammenhängenden Graphen haben die Bäume bei fester Knotenzahl die geringste Kantenzahl.

Ist $G = (E, V)$ ein Graph und $F \subseteq E$, dann ist (F, V) ein knotengleicher Teilgraph von G, den man dann auch einfach mit F bezeichnet. Ein knotengleicher Teilgraph B von G, der ein Baum ist, heißt ein *Spannbaum von G*. Damit G einen Spannbaum besitzt, muß G notwendig zusammenhängend sein, denn wenn G nicht zusammenhängend ist, dann ist auch kein knotengleicher Teilgraph zusammenhängend. Ist $B \subseteq E$ ein Spannbaum und $|V| = n$, dann gilt $|B| = n - 1$. Abb. 5.39 zeigt den vollständigen Graphen K_8 mit acht Knoten, und die fetten Kanten bilden einen Spannbaum.

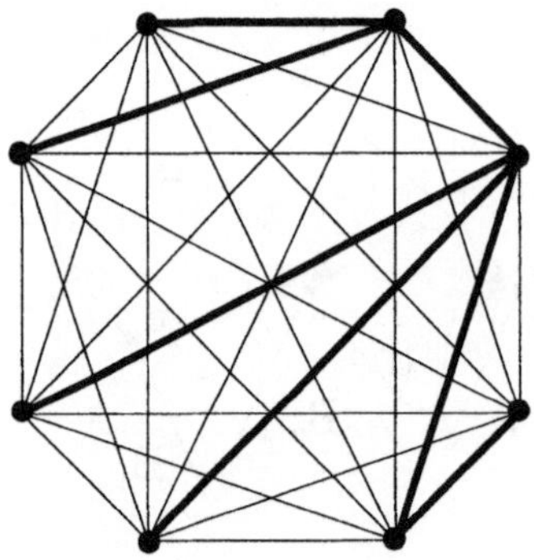

Abb. 5.39 Ein Spannbaum im volständigen Graphen K_8

Ein *gewichteter Graph* ist ein Graph $G = (E, V)$ zusammen mit einer Kantenmarkierung $g : E \to \mathbf{R}$. Die Funktion g heißt auch die *Gewichtsfunktion* oder das *Gewicht* und $g(e)$ das Gewicht der Kante $e \in E$. Sei nun G ein zusammenhängender gewichteter Graph mit Gewicht $g : E \to \mathbf{R}$ und $F \subseteq E$, dann definiert man das Gewicht von F durch $g(F) = \sum_{e \in F} g(e)$. Ein Spannbaum von $B \subseteq E$ heißt minimal genau dann, wenn $g(B)$ minimal ist unter allen möglichen Spannbäumen.

Problem: *minimaler Spannbaum*

> **gegeben**: gewichteter Graph $G = (E, V)$ mit Gewicht $g : E \to \mathbf{R}$
> **gesucht**: Spannbaum $B \subseteq E$, so daß $g(B)$ minimal ist.

Eine einfache Methode besteht darin, alle möglichen Spannbäume auf eine systematische Weise zu erzeugen und von jedem das Gewicht zu berechnen. In einer Variablen wird stets das bisher kleinste Gewicht und der zugehörige Spannbaum abgelegt, so daß am Schluß ein minimaler Spannbaum gefunden ist. Diese Methode des vollständigen Durchprobierens aller kombinatorischen Möglichkeiten heißt auch die Methode der brutalen Gewalt (*brute force Methode*).

Der vollständige Graph mit n Knoten hat nach einem Satz von Cayley n^{n-2} verschiedene Spannbäume. Die Laufzeit dieses Verfahrens ist superexponentiell und daher ist es für größere n nicht brauchbar. Die Frage ist nun, ob nicht bestimmte mathematische Eigenschaften von Graphen und Bäumen ausgenutzt werden können, um einen besseren Algorithmus zu finden.

Es gibt zwei sehr bekannte Verfahren von Prim und von Kruskal, die mit polynomialer Laufzeit arbeiten. Beide Verfahren sind sogenannte *Greedy-Verfahren*. Greedy bedeutet gierig, und das ist eine sehr treffende Bezeichnung. Greedy-Verfahren versuchen in jedem Schritt, eine Menge so zu erweitern, daß die neue Menge unter den bisher betrachteten Elementen eine optimale Menge ist. Ein Schritt in einem Greedy-Verfahren besteht darin, aus der Menge der noch nicht ausgewählten Elemente eines auszuwählen, das optimal ist. Voraussetzung für solche Verfahren ist natürlich, daß die Auswahl eines neuen Elementes die zurückliegenden Entscheidungen nicht mehr beeinflussen kann.

Beim Verfahren von Prim wird eine Knotenmenge systematisch erweitert, bis schließlich alle Knoten dieser Menge angehören. Die Knotenmenge wird dabei stets durch einen minimalen Baum verbunden. Es wird also eine Folge von Teilbäumen eines minimalen Spannbaums erzeugt. Um die Korrektheit des Verfahrens zu begründen, soll der Begriff des Schnittes für einen Graphen eingeführt werden. Ein *Schnitt* ist eine Zerlegung der Knotenmenge in zwei disjunkte Teilmengen, von denen aber keine die leere Menge ist: $V = U + U'$. Da $U' = V - U$ ist, ist durch jede Teilmenge $U \subseteq V$ mit $\emptyset \neq U \neq V$ ein Schnitt definiert. Zu jedem Schnitt gehört eine Teilmenge von E, die wie folgt durch U festgelegt ist:

$$S(U) = \{e \in E \mid e = \{v_i, v_j\} \wedge v_i \in U \wedge v_j \in U'\}$$

Eine Kante $e = \{v_i, v_j\}$ liegt also genau dann im Schnitt $S(U)$, wenn sie einen Knoten aus U mit einem Knoten in U' verbindet (Abb. 5.40).

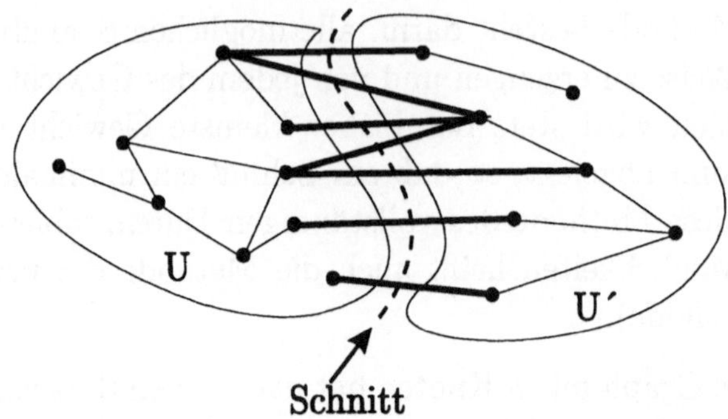

Abb. 5.40 Schnitt U und die zugehörige Kantenmenge $S(U)$

Ist G zusammenhängend und $B \subseteq E$ ein Spannbaum, dann ist B zusammenhängend und knotengleich mit G. Wenn man eine beliebige Kante $e \in B$ aus B entfernt, dann ist der Graph $B' = B - e$ nicht mehr zusammenhängend, d.h. es gibt zwei disjunkte Knotenmengen U und U', so daß keine Kante aus B' einen Knoten aus U mit einem Knoten aus U' verbindet. Jede Kante $e \in B$ definiert also einen Schnitt, den wir $S(B, e)$ nennen. Nach Konstruktion gilt $e \in S(B, e)$. Der Schnitt $S(B, e)$ kann natürlich außer e noch andere Kanten des Graphen enthalten, die dann aber nicht in B liegen können (Abb. 5.41).

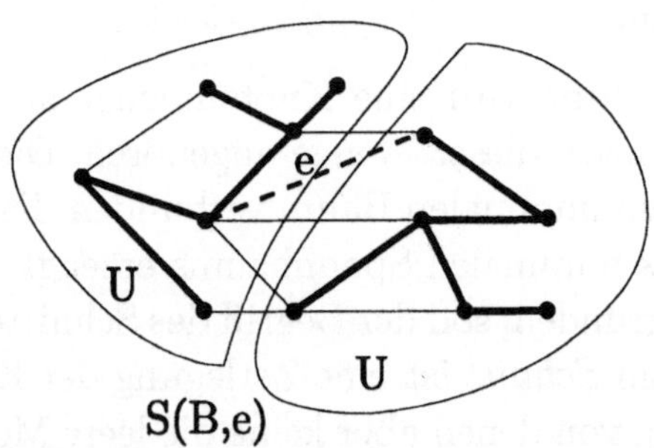

Abb. 5.41 Die Kante e ist minimal im Schnitt U

Aus der Abbildung 5.41 ist auch erkenntlich, daß jede beliebige Kante e' aus dem Schnitt $S(B, e)$ verwendet werden kann, um die beiden Teilbäume, die durch Entfernen der Kante e entstanden sind, wieder zu einem Spannbaum zu verbinden. Ist der Graph gewichtet mit $g : E \to \mathbf{R}$, und ist B bereits ein minimaler Spannbaum, dann muß gelten: $\forall_{e' \in S(B,e)} : g(e) \leq g(e')$, d.h.

die Kante e ist minimal im Schnitt $S(B,e)$. Wir wollen diese Behauptung hier nicht beweisen, aber nach den obigen Überlegungen ist es zumindest einzusehen, daß ein minimaler Spannbaum B diese Eigenschaft haben muß.

Auf dieser Eigenschaft beruht der Algorithmus von Prim. In einem iterativen Verfahren wird eine immer größere Teilmenge von Knoten mit einem minimalen Spannbaum verbunden. Diese Knotenmenge sei jeweils U. Zu Beginn wählt man einen beliebigen Startknoten $v \in V$ und setzt dann $U = \{v\}$ und entsprechend $U' = U - \{v\}$. Die Menge U definiert den Schnitt $S(U)$, der alle Kanten enthält, die einen Knoten aus U mit einem Knoten aus U' verbinden. Aus $S(U)$ wählt man eine Kante $e \in S(U)$ mit minimalem Gewicht in diesem Schnitt. Sei $v' \in U'$ der Randknoten von e, der in U' liegt. Man nimmt dann diesen Knoten v' in U auf und ebenso die Kante e. Damit ist die Teilmenge $U \subseteq V$ zusammen mit den ausgewählten Kanten stets ein minimaler Spannbaum in dieser Teilmenge. Da in jedem Iterationsschritt ein Knoten aus U' entfernt wird, endet das Verfahren, wenn $U' = \emptyset$ gilt. Dann ist $U = V$ und die Menge der ausgewählten Kanten ist ein minimaler Spannbaum des gegebenen Graphen. Der Algorithmus wird hier in C-ähnlicher Syntax formuliert, d.h. es werden Bezeichnungen für Operationen verwendet, die so nicht vorhanden sind, und deren Syntax nicht der C-Syntax entspricht. Der Übergang zu einem konkreten C-Programm ist aber eine einfache Übung.

Algorithmus: *Minimaler Spannbaum* (Prim):

gegeben: gewichteter Graph $G = (E, V)$ mit Kantengewicht $g : E \rightarrow \mathbf{R}$
gesucht: minimaler Spannbaum $B \in E$
Voraussetzungen:

Bestimmung des Schnittes $S(U)$ für jedes $U \subseteq V$.
Mengenoperationen

Algorithmus:

wähle $v \in V$; // Anfangsknoten
$U = \{v\}$; $B = \emptyset$;
while($U \neq V$){
  wähle $e = \{v_1, v_2\} \in S(U)$ mit:
  $g(e)$ minimal in $S(U)$ und $v_1 \in U$
  $U = U + \{v_2\}$;

```
    B = B + {e};
}
```

Die Analyse dieses Verfahrens soll hier auch nur angedeutet werden. Die **while**-Schleife wird $(n-1)$ mal durchlaufen, wobei $n = |V|$ ist. Die kritische Operation im Rumpf dieser Schleife ist die Auswahl einer minimalen Kante $e \in S(U)$. Man kann diese Suche so organisieren, daß man insgesamt jede Kante nur einmal betrachten muß und die Minimumsuche sich immer nur auf die Knoten in $U' = V - U$ bezieht. Für die Minimumsuche ist die Anzahl der Vergleiche $\sum_{i=1}^{n-1} i \in O(n^2)$ und für die Kantenauswahl sind im schlechtesten Fall (vollständiger Graph) $O(\ |E|) \subseteq O(n^2)$ Kanten zu betrachten. Damit ist auch die Laufzeit des Verfahrens aus $O(n^2)$.

Für weitergehende Untersuchungen und insbesondere die Details einer Implementation muß hier auf die Literatur verwiesen werden (z.B. [CLR90] [Jun90] [Kin90]).

5.5 Praktisch unlösbare Probleme

Wir haben in diesem Kapitel einige Probleme kennengelernt und auch Algorithmen zur Berechnung der Problemfunktion. Dabei ist klar geworden, daß es zu einem Problem i.a. mehrere Algorithmen gibt, die u.U. ganz unterschiedliche Lösungsideen verwirklichen. Die Wahl einer geeigneten Datenstruktur oder der neue Entwurf einer speziell angepaßten Datenstruktur sind ganz entscheidend für die Effizienz eines Algorithmus. Der Entwurf eines effizienten Algorithmus ist eine kreative Tätigkeit, die nicht allein durch den Einsatz von Standardlösungen zu bewerkstelligen ist. Oft spielt hier die Intuition des Entwerfenden eine wichtige Rolle. Diese Intuition wird durch das Studium möglichst vieler Algorithmen erheblich geschult. Die Fähigkeit, ein abstraktes Modell zu konstruieren, das die Lösungsidee möglichst gut beschreibt, ist für den Entwurf neuer Algorithmen ganz wesentlich.

Zu einem gegebenen Problem den schnellsten Algorithmus zu entwickeln, ist eine Herausforderung. In diesem Zusammenhang tauchen ein paar grundsätzliche Fragen auf.

- Gibt es überhaupt zu jedem Problem einen Algorithmus?
- Wenn es zu einem Problem Algorithmen gibt, kann man dann beurteilen, ob es für die Laufzeit dieser Algorithmen eine untere Schranke gibt?

- Gibt es Probleme, zu denen zwar Algorithmen existiert, deren Laufzeiten aber asymptotisch so schnell wachsen, daß sie für die Praxis prinzipiell nicht verwendbar sind?
- Wenn man weiß, daß es zu einem Problem nur Algorithmen gibt, deren Laufzeit die praktische Verwendbarkeit ausschließt, ist es dann prinzipiell aussichtslos, das Problem überhaupt mit einem Rechner bearbeiten zu wollen?

Es ist ganz offensichtlich, daß diese Fragen für die Praxis und natürlich auch für die Theorie von allergrößter Bedeutung sind. Wenn man in der Theorie beweisen kann, daß ein Problem nur solche Algorithmen zuläßt, die in der Praxis als nicht einsetzbar gelten, dann braucht man sich nicht anzustrengen, um doch einen akzeptablen Algorithmus für das Problem zu finden. Eine Antwort auf die letzte der obigen Fragen könnte auch einen Ausweg zeigen.

In diesem Abschnitt wollen wir auf diese Fragestellungen im Rahmen einer Einführung eingehen. Das Thema ist sehr komplex und führt zu einer schwierigen, bisher ungelösten Frage in der theoretischen Informatik. Es ist klar, daß wir hier nur versuchen können, ein gewisses Verständnis für die Problematik zu vermitteln. Wir betrachten hier auch nur das Laufzeitverhalten und nicht den Speicherplatzbedarf.

Die Algorithmen zum Suchen und Sortieren aus Abschnitt 5.3 haben Laufzeiten, die durch Polynome begrenzt sind, d.h. alle diese Algorithmen haben eine Laufzeit aus $O(n^c)$, wobei $0 \leq c$ eine geeignete Konstante ist. Wir nennen diese Algorithmen daher auch einfach *polynomial* oder von *polynomialer Laufzeit*. Ein Problem $f : X \to Y$ heißt *polynomial*, wenn es einen polynomialen Algorithmus gibt, der f berechnet. Betrachtet man die Klasse **A** aller Probleme, dann bildet die Klasse **P** der polynomialen Probleme eine echte Teilklasse: $\mathbf{P} \subsetneq \mathbf{A}$, denn es gibt Probleme, zu denen gar kein Algorithmus existiert (z.B. das Halteproblem für Turingmaschinen). Die von uns betrachteten Such- und Sortierprobleme liegen alle in der Klasse **P**.

Es gibt aber auch Probleme, die eine exponentielle untere Schranke haben, d.h. jeder Algorithmus zur Lösung des Problems hat eine Laufzeit aus $\Omega(c^n)$, wobei $c > 1$ eine geeignete Konstante ist.

Ein einfaches Beispiel für ein solches Problem ist bekannt als das Solitärspiel der *Türme von Hanoi* (Abb. 5.42). Zylindrische Scheiben mit Mittelloch lassen sich auf einem Stab zu einem Turm stapeln. Die Scheiben sind numeriert und haben einen Durchmesser, der proportional zu ihrer Nummer ist. Ein Turm ist ein Stapel, bei dem die Scheiben von oben nach unten einen zunehmenden Radius haben (man kann auch sagen, daß sie sortiert sind).

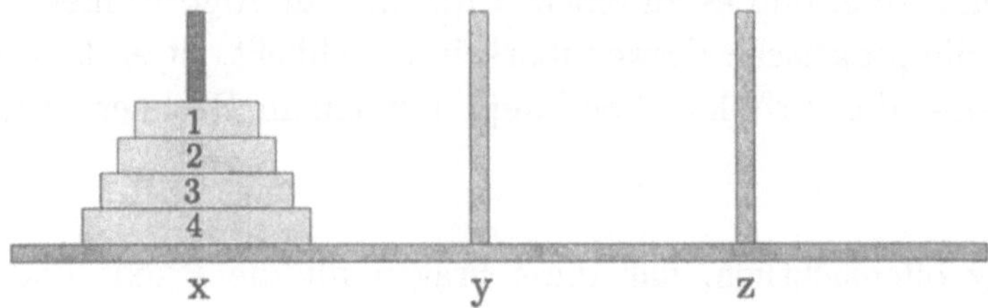

Abb. 5.42 Türme von Hanoi mit vier Scheiben

Bei dem Spiel sind drei Stäbe x, y und z geeignet angeordnet, so daß jeder einen Turm von n Scheiben aufnehmen kann. In der Abb. 5.42 liegen auf dem Stab x die Scheiben $1, 2, 3, 4$ als ein Turm. Ein Spielzug besteht darin, eine Scheibe von einem Stab zu einem anderen zu transportieren, wobei aber der Zielstapel nach dem Zug wieder ein Turm sein muß, d.h. man darf niemals eine größere Scheibe auf eine kleinere legen.

In der Ausgangsstellung befindet sich ein Turm mit n Scheiben auf einem Stab x. Es ist das Ziel, diesen Turm mit erlaubten Zügen vollständig auf einen der freien Stäbe zu transportieren.

Das n-Scheibenproblem besteht darin, eine Zugfolge zu berechnen, die n Scheiben von einer Quelle α zu einem Ziel β transportiert ($\alpha, \beta \in \{x, y, z\}$; $\alpha \neq \beta$). Als Laufzeit soll die Zahl der berechneten Züge betrachtet werden. Wir nehmen an, daß $h(n)$ die minimale Zahl von Zügen für n Scheiben ist. Dann kann man für $h(n)$ eine rekursive Bedingung (*Rekurrenz*) angeben.

Für $n = 0$ ist offensichtlich $h(0) = 0$. Wenn man nun $n + 1$ Scheiben von α nach β transportieren muß, dann betrachtet man die Situation, bei der die Scheibe $n + 1$ das erste Mal bewegt wird. Da sie nicht auf eine andere Scheibe gelegt werden kann, muß ein Stab frei sein. Das sei (o.B.d.A.) der Stab β. Dann befindet sich auf dem dritten Stab γ der Turm der ersten n Scheiben. Dieser wurde mit $h(n)$ Zügen von α nach γ transportiert. Dann ist ein Zug nötig, um die Scheibe $n + 1$ von α nach β zu transportieren, und dann wird der Turm mit den Scheiben $1, .., n$ in $h(n)$ Zügen von γ nach β transportiert. Da es keine kürzere Zugfolge gibt, erhält man für $h(n)$ die folgende Rekurrenz:

$$\begin{aligned} h(n+1) &= 2h(n)+1 \\ &= 2(2h(n-1)+1)+1 \\ &= 2(2(2(h(n-2)+1)+1)+1 \\ &= 2^3h(n-2)+2^2+2^1+2^0 \\ &\vdots \\ &= 2^{n+1}h(0)+\sum_{i=0}^{n} 2^i = 2^{n+1}-1 \end{aligned}$$

und somit:

$$h(n) = 2^n - 1$$

Es gibt also keine kürzere Zugfolge. Jeder Algorithmus zu diesem Problem hat eine exponentielle Laufzeit. Für 10 Scheiben werden 1023 Züge benötigt. Wenn die Berechnung eines Zuges 10^{-10} sec dauert, dann dauert die Berechnung der kürzesten Zugfolge $(2^n - 1) \times 10^{-10}$ sec oder $\frac{(2^n-1)\times 10^{-10}}{3600\times 24\times 365}$ Jahre. Für $n = 58$ ergibt das rund ein Jahr, und für $n = 100$ rund 4×10^{12} Jahre.

Dieses einfache Beispiel zeigt, daß es einfach formulierbare Probleme gibt, deren algorithmische Behandlung nur für sehr kleine Größen der Eingabe sinnvoll ist. Man nennt ein Problem praktisch nicht berechenbar oder *praktisch unlösbares Problem*, wenn es eine exponentielle untere Schranke für die Laufzeit besitzt, d.h. wenn jeder Algorithmus für das Problem eine Laufzeit hat aus $\Omega(c^n)$ mit $1 < c$. Es besteht die Möglichkeit, daß die praktisch nicht lösbaren Probleme in der Praxis auch keine wichtige Rolle spielen. Die Tatsache, daß es solche Probleme gibt, wäre dann eher von theoretischem Interesse.

Es gibt aber eine Vielzahl von Problemen, deren algorithmische Behandlung (Lösbarkeit) für die Praxis von allergrößter Bedeutung ist, und von denen man bis heute nicht mit Sicherheit weiß, ob sie praktisch unlösbar oder vielleicht doch praktisch lösbar, d.h. von polynomialer Laufzeit sind. Auch für ein solches Problem wollen wir hier ein bekanntes Beispiel angeben.

Anschaulich beschreibt man das *Problem des Handlungsreisenden* (*travelling salesman problem*, TSP) durch eine Menge von Orten: $A = \{a_1, \ldots, a_n\}$

und durch eine Tabelle (oder symmetrische Matrix) der Straßenlänge $M_{ij} = M_{ji}$ zwischen je zwei Orten a_i und a_j. Zwischen je zwei Orten soll es eine direkte Sraßenverbindung geben. Das Problem ist ein *Optimierungsproblem*. Es wird eine Reise gesucht, die an einem Ort a_s beginnt, bei der jeder Ort genau einmal besucht wird und die dann wieder in a_s endet. Eine solche Reise heißt eine *Rundreise*. Die Länge der Reise ist die Summe der Längen der durchlaufenen Straßen. Unter allen möglichen Rundreisen ist eine mit minimaler Länge gesucht.

Das gleiche Problem kann auch für eine andere Anwendung betrachtet werden. Auf einer Platine für eine elektronische Schaltung sind n Löcher mit einem Automaten zu bohren. Die Positionen der Löcher sind in einer Tabelle exakt definiert. Die Löcher sollen in einer Folge gebohrt werden, bei der die Summe der Verfahrwege des Automaten minimal ist. In dieser Form wird die praktische Bedeutung sehr deutlich.

Abstrakt betrachtet man das Problem als ein Graphenproblem. Gegeben ist ein vollständiger ungerichteter Graph $G = (E, V)$ mit n Knoten: $V = \{v_1, \ldots, v_n\}$ und eine symmetrische Matrix M_{ij} mit nichtnegativen Elementen. M_{ij} soll eine (abstrakte) Distanz oder ganz neutral eine Bewertung der Kante $\{i, j\}$ zwischen v_i und v_j bedeuten. Gesucht ist eine Permutation $\pi \in S_n$, so daß gilt: $\mu(\pi) = \sum_{i=1}^{n-1} M_{\pi(i)\pi(i+1)} + M_{\pi(n)\pi(1)}$ ist minimal auf der Menge S_n. Ein naheliegender Algorithmus (den wir wieder in einer C-ähnlichen Notation aufschreiben) schöpft einfach alle endlich vielen Möglichkeiten aus und kann dann eine minimale Permutation ausgeben:

```
π_min = Id;   d = μ(π_min);
for(π ∈ S_n){
    if(μ(π) < d)
              d = μ(π); π_min = π;
}
```

Das ist wieder ein Algorithmus nach der Methode der brutalen Gewalt (brute force), denn es wird einfach jeder kombinatorisch mögliche Kandidat berechnet und mit dem besten bis dahin bekannten Wert verglichen. Auf diese Weise findet man sicher ein Optimum. Leider ist die Laufzeit dieses Verfahrens aus $\Omega(n!)$ und damit ist der Algorithmus praktisch unbrauchbar. Es ist nicht bekannt, ob es einen polynomialen Algorithmus für dieses Problem gibt.

Es gibt aber ein theoretisches Rechenmodell, in dem dieses und ähnliche Probleme eine polynomiale Laufzeit haben. Dieses Rechenmodell ist allerdings auch nur von theoretischem Interesse. Trotzdem liefert es eine Möglichkeit, die Probleme noch weiter zu klassifizieren. Das Modell ist das einer Rechenmaschine, bei der in einer bestimmten Situation der nächste auszuführende Schritt nicht notwendig genau festgelegt ist, sondern bei dem die Maschine beliebig aus einer Menge von möglichen Schritten auswählen kann. Dies entspricht dem Modell der *nichtdeterministischen Turingmaschine* (siehe Abschnitt 3.3.1).

Um dieses Modell kurz zu skizzieren, verwenden wir wieder den Begriff des Konfigurationsraumes K, dessen Elemente vollständig die Situation der Maschine beschreiben, so daß daraus das gesamte zukünftige Verhalten der Maschine bestimmt werden kann. Für eine Turingmaschine ist das z.B. der Inhalt des Bandes, der innere Zustand und die relative Kopfposition. Eine deterministische Turingtafel legt für eine solche Konfiguration eine ganz bestimmte Aktion fest, die wiederum eindeutig die neue Konfiguration bestimmt. So definiert die Turingtafel eine (ev. partielle) Funktion $d : K \to K$. Bei der nichtdeterministischen Turingmaschine legt die Turingtafel für eine Konfiguration nicht genau eine Aktion fest, sondern eine endliche Menge von Aktionen. Die Maschine kann unter diesen Aktionen beliebig eine auswählen und damit die Nachfolgekonfiguration bestimmen. Da die Maschine bei einer Konfiguration $c \in K$ mehrere Aktionen auswählen kann, gibt es auch mehrere mögliche Nachfolge-Konfigurationen $d(c) = \{c_1, \ldots, c_m\}$. d ist damit nicht mehr eine Funktion von K nach K, sondern eine Relation, die man als $d \subseteq K \times K$ oder als Funktion $d : K \to \mathbf{P}(K)$ in die Potenzmenge von K auffassen kann.

Wenn die Maschine in einer Anfangskonfiguration c_0 startet, dann kann sie bereits im ersten Schritt unter verschiedenen Möglichkeiten $c_{01}, c_{02}, \ldots, c_{0s}$ wählen und ebenso bei jedem weiteren Schritt. Man kann dann einen markierten Baum konstruieren, bei dem die Knoten der Söhne immer die möglichen Folgekonfigurationen der Konfiguration des Knotens tragen (Abb. 5.43). Jeder Pfad in diesem Baum ist eine mögliche *Berechnungsfolge* der Maschine. Bei einer deterministischen Maschine degeneriert dieser Baum zu einer Kette (lineare Folge). In einer deterministischen Maschine gibt es zu einer Anfangskonfiguration immer nur eine mögliche Berechnungsfolge, während die Zahl der möglichen Berechnungsfolgen einer nichtdeterministischen Maschine exponentiell mit der Länge dieser Folgen wachsen kann.

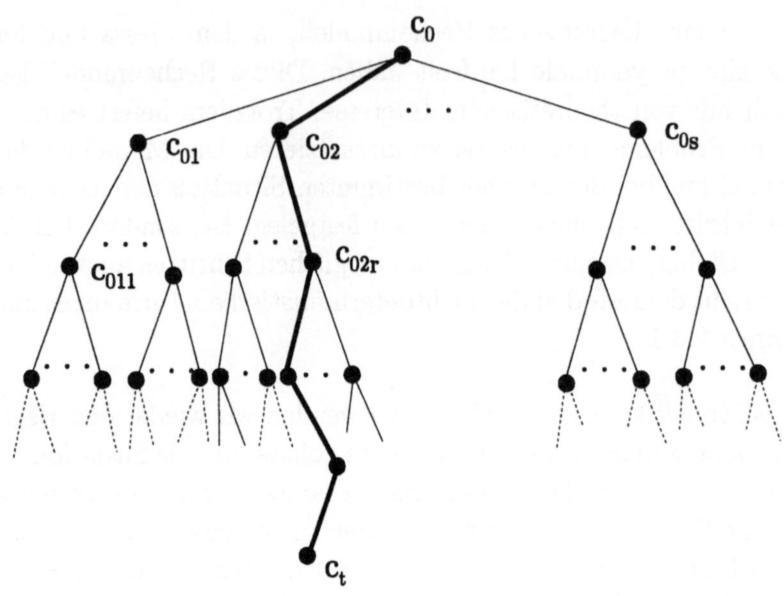

Abb. 5.43 Berechnungsfolge einer nichtdeterministischen Maschine

Man sagt nun, daß die Maschine eine Konfiguration c_t berechnet, wenn diese Konfiguration auf einem der Pfade in dem Baum liegt. Die Maschine berechnet einen Ausgabewert, wenn sie eine Endkonfiguration berechnet, die den Ausgabewert liefert. Man kann sich das auch so vorstellen, daß man beliebig viele der nichtdeterministischen Maschinen auf die gleiche Eingabe ansetzt. Wenn nur eine davon das gewünschte Ergebnis berechnet, dann sagt man, daß die nichtdeterministische Maschine das Ergebnis berechnet.

Diese Auffassung der Berechnung einer nichtdeterministischen Maschine ist unserer Intuition etwas fremd. Die technische Realisierung einer solchen Maschine müßte auf eine deterministische Weise sämtliche Berechnungspfade der nichtdeterministischen Maschine simulieren. Man kann dieses Konzept auch in eine Programmiersprache aufnehmen. Dazu benötigt man eine Anweisung zur Auswahl unter endlich vielen Möglichkeiten und Anweisungen zur Terminierung:

- *choice*$(x_1, \ldots, x_n)$: Liefert willkürlich eines der Elemente $x_1, \ldots, x_n$ als Wert
- *success*: Beenden, da eine erfolgreiche Konfiguration erreicht wurde

- *failure* Beenden, da keine erfolgreiche Konfiguration mehr erreicht werden kann.

Ein Algorithmus, der mit diesen Anweisungen formuliert ist, und der im nichtdeterministischen Sinn eine Problemfunktion berechnet, heißt auch ein *nichtdeterministischer Algorithmus* für das Problem.

Ein Problem liegt in der Klasse **NP**, wenn es einen nichtdeterministischen Algorithmus gibt, der für jede Eingabe mindestens eine erfolgreiche Berechnung in polynomialer Laufzeit durchführen kann. Es ist sofort klar, daß die Klasse **P** der Probleme, die mit einem deterministischen Algorithmus in polynomialer Zeit berechnet werden können, eine Teilklasse von **NP** ist, denn ein deterministischer Algorithmus ist ein Spezialfall des nichtdeterministischen Algorithmus. Es gilt also:

$$\mathbf{P} \subseteq \mathbf{NP}.$$

Die in diesem Zusammenhang bereits erwähnte offene Frage der theoretischen Informatik lautet:

Ist $\mathbf{P} = \mathbf{NP}$ oder ist $\mathbf{P} \neq \mathbf{NP}$?

Die Bedeutung der Antwort auf diese Frage liegt darin, daß sehr viele Probleme in den praktischen Anwendungen auftreten, von denen man verhältnismäßig leicht zeigen kann, daß sie in der Klasse **NP** liegen; für die es aber trotz einer angestrengten Suche bisher keinen deterministischen Algorithmus gibt, der eine polynomiale Laufzeit hat. Bei diesen praktischen Problemen handelt es sich sehr oft um Optimierungsprobleme, wie z.B. das TSP. Die nichtdeterministischen Algorithmen haben dabei meist die Eigenschaft, daß es für die Antwort eine (i.a. sehr große) Menge von Kandidaten gibt. Wenn ein Kandidat vorgegeben ist, kann man deterministisch in polynomialer Laufzeit entscheiden, ob der Kandidat die Bedingung für eine Antwort erfüllt oder nicht. Der nichtdeterministische choice-Operator wird dann benutzt, um willkürlich einen Kandidaten zu raten.

In der Klasse **NP** gibt es eine ausgezeichnete Teilklasse von Problemen, die in **NP** besonders schwer lösbar sind. In einer bestimmten Weise sind diese Probleme bezüglich der oben gestellten Frage untereinander äquivalent. Diese Probleme heißen *NP-vollständig* (*NP-complete*), und die Klasse bezeichnen wir mit $\mathbf{NPC} \subseteq \mathbf{NP}$. Die Probleme in dieser Klasse haben die folgende wichtige Eigenschaft. Wenn f ein Problem aus **NPC** ist, und wenn man für f einen deterministischen polynomialen Algorithmus findet, dann gibt es zu jedem Problem in **NP** einen deterministischen polynomialen Algorithmus, und damit wäre **P** = **NP**. Kann man andererseits beweisen, daß für irgendein ein Problem f aus **NPC** jeder Algorithmus mindestens exponentielle Laufzeit hat, dann gilt das für alle Probleme aus **NPC**. In diesem Fall wäre **P** $\neq$ **NP**.

Um die Klasse **NPC** der NP-vollständigen Probleme zu definieren, werden die Probleme zunächst auf Entscheidungsprobleme eingegrenzt. $f : X \to Y$ heißt *Entscheidungsproblem*, wenn gilt: $Y = \mathbf{2} \cong \{true, false\}$, wenn also nur eine Ja–Nein Antwort erwartet wird. Alle Überlegungen sollen sich jetzt auf Entscheidungsprobleme beziehen.

Seien $f : X \to \mathbf{2}$ und $g : Y \to \mathbf{2}$ zwei Entscheidungsprobleme, dann könnte es eine Übersetzungsfunktion $\varphi : X \to Y$ geben, mit der folgenden Eigenschaft:

$$\forall_{x \in X} : f(x) = g(\varphi(x))$$

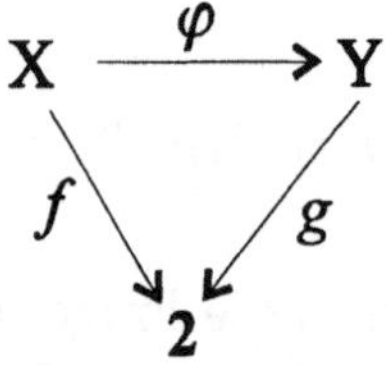

Das bedeutet, daß man eine Antwort auf die Eingabe x für das Problem f auch findet, wenn man zunächst die Eingabe x in eine Eingabe $\varphi(x) \in Y$ für das Problem g transformiert und dann g darauf anwendet. Wenn man dann einen Algorithmus für g und einen für φ hat, dann hat man auch einen für f. Man sagt dann, das Problem f läßt sich auf das Problem g zurückführen oder *reduzieren*. Wenn die Übersetzungsfunktion φ aus der Klasse **P** ist, dann sagt man, daß sich f *polynomial auf* g *reduzieren* läßt und schreibt dafür:

$$f \leq_p g.$$

Definition 49 *Ein Entscheidungsproblem* $g : Y \to \mathbf{2}$ *heißt:*

1. NP-hart $\Leftrightarrow$ *für jedes Entscheidungsproblem* $f : X \to \mathbf{2}$ *gilt:* $f \leq_p g$.

2. NP-vollständig $\Leftrightarrow$ *g ist NP-hart und liegt in* **NP**

NPC ist die Klasse der NP-vollständigen Probleme. Wenn man von einem Problem weiß, daß es NP-vollständig ist, dann ist die Aufgabe, einen effizienten Algorithmus zu entwerfen, zwar nicht gänzlich aussichtslos; aber sie hat den Rang eines als sehr schwierig eingestuften Problems der aktuellen Forschung. Für die Praxis bedeutet das zunächst, daß man es eigentlich nicht versuchen sollte. Einen effizienten (also deterministischen, polynomialen) Algorithmus für ein NP-vollständiges Problem zu suchen, ist annähernd vergleichbar mit dem Versuch, ein perpetuum mobile zu konstruieren.

Es gibt inzwischen eine sehr lange Liste von Problemen, die als NP-vollständig nachgewiesen sind. Das Beispiel TSP gehört dazu (wenn man es geeignet als Entscheidungsproblem formuliert). Unter diesen Problemen findet man sehr viele Optimierungsprobleme, die in praktischen Anwendungen eine große Bedeutung haben. Ein weiteres Beispiel ist das Problem, einen Prozessor optimal auszulasten, wenn man mehrere Prozesse abzuarbeiten hat, die ganz unterschiedliche Ausführungszeiten haben. Dies ist das sogenannte *Scheduling–Problem*. Ebenso ist die Berechnung eines optimalen Stundenplanes für mehrere Lehrkräfte, Klassen und Klassenräume ein NP-vollständiges Problem. Die Erzeugung von optimalem Code im Compilerbau gehört ebenfalls in diese Klasse **NPC**.

Viele Wissenschaftler sind der Meinung (oder besser: haben das Gefühl), daß $\mathbf{P} \neq \mathbf{NP}$ gilt, und damit alle Probleme aus **NPC** praktisch als unlösbar gelten müssen. So bleibt die Hoffnung, daß man mit geeigneten Methoden in speziellen Fällen zwar nicht garantieren kann, ein Optimum zu finden; aber immerhin Lösungen in polynomialer Zeit zu finden, die dem Optimum zumindest nahe kommen. Solche Verfahren verwenden bestimmte Erkenntnisse (Heuristik) über den Raum der Lösungskandidaten, so daß ein Algorithmus nicht die ganze kombinatorische Fülle des Raumes wirklich ausschöpfen muß. Diese heuristischen Verfahren sind zum Teil sehr weit entwickelt und können in der Praxis oft mit gutem Erfolg eingesetzt werden.

Einen anderen Ansatz verfolgen die *probabilistischen Algorithmen* [Rab76]. Diese verwenden *Zufallszahlen*, um sich im Suchraum zu bewegen. Das Interessante an diesen Algorithmen ist, daß man die Richtigkeit der berechneten Antwort nicht garantieren kann, aber man kann die Wahrscheinlichkeit für eine falsche Antwort angeben. Wenn man also ein wenig riskiert, daß man ein falsches Ergebnis verwendet, dann kann man dafür aber einen effizienten Algorithmus verwenden.

Wenn man noch einmal den Baum in Abb. 5.43 betrachtet, dann kann man diesen Baum auch als einen Suchraum auffassen, in dem sich der Algorithmus bewegt. Er weiß, was er sucht, aber er weiß nicht, wie er sich bewegen soll, d.h. welche Wahl er an jedem Entscheidungspunkt treffen soll, um ein Ziel zu erreichen. Trifft er die falsche Wahl, dann kann er in einen Teilbaum gelangen, der keine Lösung mehr enthält, ohne daß er eine Möglichkeit hat, das rechtzeitig zu bemerken. Die Evolution im Darwinschen Sinn steht vor der gleichen Situation. Es sind optimal angepaßte Strukturen (Lebewesen) zu entwickeln, ohne daß ein Plan dazu vorliegt. Man kann mit den *genetischen Algorithmen* die Strategie der Evolution (so wie wir sie uns nach Darwin vorstellen) nachahmen.

Ein genetischer Algorithmus erzeugt eine kleine Population von Lösungskandidaten. Jedes Element dieser Population wird durch eine bestimmte Datenstruktur beschrieben (Genom, genetischer Code). Mit Zufallsmechanismen werden diese Genome manipuliert. So kann man kleine punktuelle Veränderungen (Mutationen) vornehmen und man kann die Genome von zwei Individuen auf eine bestimmte Weise miteinander vermischen (crossover). Die neu gewonnenen Genome definieren wieder neue Individuen, also Lösungskandidaten, deren Tauglichkeit man auf irgendeine Weise messen kann (Selektion). Es werden dann die besser geeigneten Kandidaten zu einer neuen Generation zusammengefaßt und das Spiel geht weiter. Mit solchen genetischen Algorithmen konnten eine Reihe von Problemen recht zufriedenstellend gelöst werden [Mic96].

6 Zahlen und Zeichen

Nach der Einführung in Bereiche der Theoretischen Informatik und der Praktischen Informatik wollen wir uns nun im folgenden mehr dem Gebiet der technischen Informatik und damit Hardwareaspekten widmen. Ziel soll dabei sein, aus der Beschäftigung mit logischen Gattern über digitale Schaltungen und Funktionsgruppen Kenntnisse über den allgemeinen Aufbau von Rechnern zu erlangen.

Bevor wir jedoch damit beginnen, sind noch einige Grundlagen zur Darstellung von Zahlen und Zeichen notwendig, die in diesem Kapitel vermittelt werden sollen. Dabei werden Zahlensysteme besprochen sowie die Konvertierung von Zahlen und das Rechnen im Dualsystem. Abschließend werden beispielhaft Codes vorgestellt und die *Zahlendarstellung* im Rechner behandelt.

6.1 Zahlensysteme

Bekannt ist uns allen das Dezimalsystem, das unser tägliches Leben weitgehend beherrscht; insofern denken wir normalerweise nicht weiter darüber nach. Eine *Zahl* stellen wir durch *Symbole* dar, in diesem Fall durch *Ziffern*, und gehen dabei unbewußt nach bestimmten Regeln vor. Tatsache ist, daß ein *Zahlensystem* durch die Menge seiner definierten Symbole und die zugehörigen Regeln gebildet wird.

Ganz allgemein unterscheidet man *polyadische Zahlensysteme* und *nichtpolyadische Zahlensysteme*, wobei auch gemischte Systeme – z.B. bei der Zeitrechnung oder der alten englischen Währung – gebräuchlich sind. Neben den nichtpolyadischen Zahlensystemen, z.B. *Restklassensystemen*, sind aber vor allem die polyadischen Zahlensysteme von großem technischen Interesse. Man nennt sie auch *Stellenwertsysteme* oder *Positionssysteme*, weil hier jedes Symbol (jede Ziffer) je nachdem, an welcher Stelle innerhalb einer Zahl es steht, einen unterschiedlichen Wert darstellt. Der Wert einer Zahl N ergibt sich als Summe der Produkte aus der jeweiligen Ziffer b und der zugehörigen Wertigkeit, die durch die entsprechende Potenz der Basis B gebildet wird. Deswegen werden diese Zahlensysteme auch als *B–adische Systeme* oder *Basissysteme* bezeichnet. Ein natürlicher Zahlenwert N ergibt sich dann nach folgender Formel:

$$N = \sum_{i=0}^{n} b_i * B^i \tag{6.1}$$

Analog dazu können auch gebrochene Zahlen dargestellt werden:

$$R = \sum_{i=0}^{n} b_i * B^{-i} \tag{6.2}$$

Danach haben polyadische Zahlensysteme vier wichtige Eigenschaften:

1. Die Anzahl der unterschiedlichen Symbole (Ziffern) ist gleich der Basis B des Zahlensystems
2. Der Wert der größten Ziffer ist um den Wert Eins kleiner als die Basis B
3. Jede Ziffer wird mit der der jeweiligen Stelle entsprechenden Potenz der Basis multipliziert
4. Jede Stelle hat eine B–mal höhere Wertigkeit als die benachbarte niederwertigere Stelle

Anhand des uns geläufigen Dezimalsystems lassen sich diese Feststellungen noch einmal leicht überprüfen: Die Basis B hat hier den Wert 10, der Symbolvorrat umfaßt damit die zehn Ziffern mit den Werten 0 bis 9 $(B - 1)$.

Beispiel:

$$(157)_{10} = 1 * 10^2 + 5 * 10^1 + 7 * 10^0$$

Abb. 6.1 zeigt beispielhaft verschiedene Zahlensysteme. In Rechnern kommen ausschließlich binäre Schalt– und Speicherelemente vor, d.h. Elemente, die nur über zwei verschiedene Zustände verfügen. Deshalb hat für die Digitaltechnik das *Dualsystem* die größte Bedeutung. Es benötigt nur die beiden Symbole 0 und 1, die sich elektronisch sehr einfach und zuverlässig realisieren lassen. Weiter wird im praktischen Umgang insbesondere bei Mikrorechnern häufig das *Oktalsystem* und vor allem das *Hexadezimalsystem* verwendet. Beide ermöglichen eine verkürzte und damit einfachere Schreibweise binärer Sachverhalte.

Dezimal 10	Dual 2	Ternär 3	Oktal 8	Hexa-dezimal 16	Rest-klassen 2 3 5	Gray-Code
0	0	0	0	0	0 0 0	0
1	1	1	1	1	1 1 1	1
2	10	2	2	2	0 2 2	11
3	11	10	3	3	1 0 3	10
4	100	11	4	4	0 1 4	110
5	101	12	5	5	1 2 0	111
6	110	20	6	6	0 0 1	101
7	111	21	7	7	1 1 2	100
8	1000	22	10	8	0 2 3	1100
9	1001	100	11	9	1 0 4	1101
10	1010	101	12	A	0 1 0	1111
11	1011	102	13	B	1 2 1	1110
12	1100	110	14	C	0 0 2	1010
13	1101	111	15	D	1 1 3	1011
14	1110	112	16	E	0 2 4	1001
15	1111	120	17	F	1 0 0	1000
16	10000	121	20	10	0 1 1	11000
polyadisch					nicht-polyadisch	

Abb. 6.1 Verschiedene Zahlensysteme

6.1.1 Dualsystem

Das Dualsystem (auch *natürliches Binärsystem* genannt) ist ein spezielles Binärsystem mit der Basis $B = 2$ und den beiden Symbolen 0 und 1 und gleichzeitig das einfachste Basissystem überhaupt. Zur Unterscheidung gegenüber Dezimalzahlen wird statt der 1 manchmal auch das Symbol L verwendet. Entsprechend dem Dezimalsystem werden die einzelnen Stellen einer Dualzahl ebenfalls nach fallenden Potenzen der Basis geordnet.

Dezimal	Dual	Oktal	Hexadezimal (Sedezimal)	Dezimal	Dual	Oktal	Hexadezimal (Sedezimal)
0	0000	0	0	8	1000	10	8
1	0001	1	1	9	1001	11	9
2	0010	2	2	10	1010	12	A
3	0011	3	3	11	1011	13	B
4	0100	4	4	12	1100	14	C
5	0101	5	5	13	1101	15	D
6	0110	6	6	14	1110	16	E
7	0111	7	7	15	1111	17	F

Abb. 6.2 Äquivalente von Zahlen und Potenzen

Beispiel:

$$\begin{aligned}(157)_{10} &= 1*2^7+0*2^6+0*2^5+1*2^4+ \\ &\quad 1*2^3+1*2^2+0*2^1+1*2^0 \qquad \text{(Potenzschreibweise)} \\ &= (1\,0\,0\,1\,1\,1\,0\,1)_2 \qquad \text{(Stellenschreibweise)}\end{aligned}$$

Wie bereits in Abschnitt 2.4 ausgeführt, nennt man die einzelne Stelle einer Dualzahl als die kleinste Darstellungsform im (binären) Zahlensystem ein *Bit*; eine Kette aus solchen Bits kann im Rechner eine Zahl, einen Befehl oder allgemein Information darstellen. Ebenso wurde bereits auch das Byte als die Zusammenfassung von acht Bits erwähnt. Manchmal faßt man auch vier Bits zu einer Kette zusammen, die man dann *Halbbyte* (auch *nibble*, digit) nennt. Die Wortlänge eines Rechners – üblicherweise 8 Bit bis 64 Bit – wird normalerweise als ein Vielfaches eines Byte angegeben.

Beispiele üblicher Abkürzungen sind:

4 Mb = 4 Megabit
8 KB = 8 Kilobyte

Dabei soll noch einmal ausdrücklich auf den kleinen, aber wesentlichen Unterschied in der Schreibweise hingewiesen werden: K steht im Dualsystem als Abkürzung für den Faktor $2^{10} = 1024$ im Gegensatz zu k, welches im Dezimalsystem für den Faktor $10^3 = 1000$ steht!

6.1.2 Oktalsystem

Das Oktalsystem verwendet die Basis $B = 8$ und den Symbolvorrat $0, 1, \ldots,$ 7. Die Erläuterung erfolgt am besten anhand des bereits beim Dualsystem verwendeten Beispiels:

$$\begin{aligned}(157)_{10} &= 2 * 8^2 + 3 * 8^1 + 5 * 8^0 \\ &= (235)_8\end{aligned}$$

Für die digitale Rechentechnik ist das Oktalsystem wegen seiner nahen Verwandtschaft zum Dualsystem interessant. Die Basis 8 entspricht der Potenz 3 der Basis des Dualsystems, so daß sich ohne größere Umrechnung eine Dualzahl durch Zusammenfassung von dreistelligen Gruppen (Tripeln) als Oktalzahl darstellen läßt. Dabei wird das höchstwertige Tripel gedanklich durch eine führende Null ergänzt:

$$(157)_{10} = \underbrace{1\,0}_{2}\;\underbrace{0\,1\,1}_{3}\;\underbrace{1\,0\,1}_{5} \qquad \begin{array}{l}\text{Dualzahl}\\ \text{Oktalzahl}\end{array}$$

6.1.3 Hexadezimalsystem

Das Hexadezimalsystem – oft auch *Sedezimalsystem* genannt – wird in der Informatik und insbesondere in der Mikroprozessortechnik häufig wegen seiner Nähe zum Dualsystem – im Gegensatz dazu aber wesentlich kürzeren Form – zur Darstellung von Zahlen sowie von Adressen und Befehlen verwendet. Es baut auf der Basis $B = 16$ auf und verwendet als Symbole neben den Ziffern $0, 1, \ldots, 9$ die Großbuchstaben A bis F. Diesen werden dabei die ganzen Zahlen 10 bis 15 als Nennwerte zugeordnet.

Beispiel:

$$\begin{aligned}(157)_{10} &= 9 * 16^1 + D * 16^0 \\ &= (9D)_{16}\end{aligned}$$

Die Nähe zum Dualsystem ergibt sich aus der Tatsache, daß die Basis 16 der vierten Potenz der Basis des Dualsystems entspricht, so daß sich ohne größere Umrechnung eine Dualzahl durch Zusammenfassung von vierstelligen Gruppen (Tetraden) als Hexadezimalzahl darstellen läßt. Ein Byte wird somit durch eine zweistellige Hexadezimalzahl ersetzt:

$$(157)_{10} = \underbrace{1\,0\,0\,1}_{9}\ \underbrace{0\,1\,0\,1}_{D} \qquad \begin{array}{l}\text{Dualzahl}\\ \text{Hexadezimalzahl}\end{array}$$

Allgemeine Konvertierungsverfahren für die Umsetzung von Zahlen aus einem beliebigen Zahlensystem in ein anderes werden im folgenden Abschnitt vorgestellt.

6.2 Zahlenkonvertierung

Eine häufige Aufgabe, z.B. im Zusammenhang mit einer maschinengerechten Darstellung oder an der Schnittstelle Rechner/Peripherie, besteht aus der Umrechnung einer Zahl in einem polyadischen Zahlensystem in die entsprechende Zahl eines anderen ebenfalls polyadischen Zahlensystems. Man nennt diese Umrechnung eine *Konvertierung*. Wir wollen dazu einige allgemeine Verfahren betrachten.

Eine ganze Zahl[1] N ist in einem Basissystem (dem „*Quellsystem*") mit der Basis Q, den Ziffern q und den Stellen i $(n \dots i \dots 0)$ gegeben und soll in ein anderes Basissystem (das „*Zielsystem*") mit der Basis Z, den Ziffern z und den Stellen j $(m \dots j \dots 0)$ umgerechnet werden:

$$(N)_Q = \sum_{i=0}^{n} q_i Q^i \quad \longrightarrow \quad (N)_Z = \sum_{j=0}^{m} z_j Z^j \tag{6.3}$$

Das Basissymbol als Index an der Klammer gibt dabei an, in welchem Basissystem die Zahl N dargestellt ist, d. h. welcher Satz von Ziffern benutzt wird und welche Stellenwertigkeiten zu berücksichtigen sind.

Für die Ziffern selbst (q, z, allgemein b) verwenden wir für alle Systeme mit der Basis $B \leq 10$ (und damit auch für das Dualsystem) die Zahlensymbole $0, 1, \dots, 9$ des Dezimalsystems, was zu begrifflichen Schwierigkeiten führen kann. Zur Indizierung der Stellen und zur Bezeichnung der jeweiligen Basis soll dennoch das Dezimalsystem ohne Klammern verwendet werden.

Generell können die Ziffern auch auf einen anderen Symbolvorrat abgebildet werden, was durch den Basisindex angedeutet wird, z. B.:

$(q)_Z$: Ziffernwert des Quellsystems, dargestellt als Zahl im Zielsystem

$(z)_Q$: Ziffernwert des Zielsystems, dargestellt als Zahl im Quellsystem

$(Z)_Q$: Basis des Zielsystems, dargestellt als Zahl im Quellsystem (z. B. $(10)_{10} = (1010)_2$)

$(Q)_Z$: Basis des Quellsystems, dargestellt als Zahl im Zielsystem (z. B. $(2)_{10} = (10)_2$)

---

[1]Für echt gebrochene Zahlen gibt es ähnliche Verfahren. Für allgemein gebrochene Zahlen (Gleitkommazahlen) werden diese Verfahren zusammengesetzt, d. h. Mantisse (< 1) und Exponentfaktor getrennt konvertiert und multipliziert.

Generell gilt für die Darstellung der Basis im jeweiligen Zahlensystem stets:

$$(B)_B = \sum_{i=0}^{1} b_i B^i = 1 \cdot B^1 + 0 \cdot B^0 = (10)_B \tag{6.4}$$

Es sollen hier nun vier mögliche Konvertierungsverfahren beschrieben werden, die an folgende Darstellungen der Zahl N anknüpfen:

$$N = q_n Q^n + q_{n-1} Q^{n-1} + \ldots + q_1 Q + q_0 \qquad \text{(Gl. A)}$$
$$N = (\ldots((q_n Q + q_{n-1})Q + q_{n-2})Q + \ldots + q_1)Q + q_0 \qquad \text{(Gl. B)}$$
$$N = z_m Z^m + z_{m-1} Z^{m-1} + \ldots + z_1 Z + z_0 \qquad \text{(Gl. C)}$$
$$N = (\ldots((z_m Z + z_{m-1})Z + z_{m-2})Z + \ldots + z_1)Z + z_0 \qquad \text{(Gl. D)}$$

Uns interessiert konkret, wie eine Zahl aus dem Dualsystem in das Dezimalsystem umgewandelt werden kann und umgekehrt. Als Beispiel nehmen wir dazu die Zahl N = $(239)_{10}$ = $(11101111)_2$, die in jeweils beide Richtungen konvertiert werden soll. Dabei gilt:

Dezimal → Dual	Dual → Dezimal
$q_2 = (2)_{10} = (10)_2$ $q_1 = (3)_{10} = (11)_2$ $q_0 = (9)_{10} = (1001)_2$	$q_7 = 1^2$ $q_6 = 1$ $q_5 = 1$ $q_4 = 0$ $q_3 = 1$ $q_2 = 1$ $q_1 = 1$ $q_0 = 1$
Basis des Quellsystems:	
$Q = (10)_{10} = (1010)_2$	$Q = (2)_{10} = (10)_2$
Basis des Zielsystems:	
$Z = (2)_{10} = (10)_2$ gesucht: z_j (Dualziffern)	$Z = (10)_{10} = (1010)_2$ gesucht: z_j (Dezimalziffern)

6.2.1 Rechnen im Zielsystem

Konvertierungsverfahren A. Die erste Möglichkeit beruht auf dem Ausrechnen des Polynoms nach Gl. A mit Hilfe einer Potenztabelle, indem die Koeffizienten $(q_i)_Z$ im Zielsystem mit den Stellenwerten $(Q^i)_Z$ multipliziert und bei jeder Stelle oder am Ende addiert werden. Dazu sind die folgenden Schritte notwendig:

1. Erstellen der Potenztabelle $(Q^i)_Q$
2. Umwandeln der $(Q^i)_Q$ in $(Q^i)_Z$
3. Umwandeln der $(q_i)_Q$ in $(q_i)_Z$
4. Produkt der $(q_i)_Z(Q^i)_Z$
5. $\sum_i(\text{Produkte}_i)_Z = \sum_i(q_i)_Z(Q^i)_Z$

Die Stellenwerte $(Q^i)_Z$ können bei jeder Stelle neu errechnet werden oder als Tabelle gespeichert sein:

i	$(2^i)_{10}$	$(10^i)_2$
0	1	1
1	2	1010
2	4	1100100
3	8	1111101000
4	16	10011100010000
⋮	⋮	⋮

Vorteilhaft ist die Konvertierung nach diesem Verfahren nur für eine manuelle Rechnung Dual → Dezimal, weil im Dezimalsystem als dem Zielsystem gerechnet wird. Für den Einsatz in Rechnern ist der Weg Dezimal → Dual mit Blick auf die Potenztabelle und die langen Multiplikationen zu aufwendig.

---

[2]Die Klammer mit Basis-Index kann entfallen, da 0 und 1 in allen Basissystemen vorkommen.

Beispiele:

Allgemein	Dezimal → Dual $(239)_{10} \to (N)_2$
$(q_0)_Z \cdot (Q^0)_Z$	$(1001)_2 \cdot (1)_2 = (1001)_2$
$+ (q_1)_Z \cdot (Q^1)_Z$	$+ (0011)_2 \cdot (1010)_2 = (11110)_2$
$+ \quad \dots$	$+ (0010)_2 \cdot (1100100)_2 = (11001000)_2$
$+ \quad \dots$	
$+ (q_n)_Z \cdot (Q^n)_Z$	
$(z_m \dots z_1 z_0)_Z$	$(11101111)_2$
	Dual → Dezimal $(11101111)_2 \to (N)_{10}$
	$(1)_{10} \cdot (1)_{10} = (1)_{10}$
	$+ (1)_{10} \cdot (2)_{10} = (2)_{10}$
	$+ (1)_{10} \cdot (4)_{10} = (4)_{10}$
	$+ (1)_{10} \cdot (8)_{10} = (8)_{10}$
	$+ (0)_{10} \cdot (16)_{10} = (0)_{10}$
	$+ (1)_{10} \cdot (32)_{10} = (32)_{10}$
	$+ (1)_{10} \cdot (64)_{10} = (64)_{10}$
	$+ (1)_{10} \cdot (128)_{10} = (128)_{10}$
	$(239)_{10}$

Konvertierungsverfahren B. Das zweite Verfahren beruht auf der Konvertierung mit Hilfe der Horner-Darstellung nach Gl. B. Dabei erfolgt die Berechnung (wiederum im Zielsystem) von der innersten Klammer aus entsprechend den Beispielen auf der folgenden Seite.

Da hier Q^i nicht berechnet werden muß und somit keine Potenztabelle erforderlich ist, ist dieses Verfahren für die maschinelle Konvertierung Dezimal → Dual geeignet. Auch die Multiplikation mit der dual dargestellten Zehn, $(1010)_2$, besteht lediglich aus zwei Additionen. Ebenfalls geeignet ist dieses Verfahren für manuelles Rechnen Dual → Dezimal, da lediglich n Multiplikationen mit der Zahl Zwei ausgeführt werden müssen.

Beispiele:

Allgemein

1. $(q_n)_Z = (X_n)_Z$

2. $(X_n)_Z \cdot (Q)_Z + (q_{n-1})_Z = (X_{n-1})_Z$

3. $(X_{n-1})_Z \cdot (Q)_Z + (q_{n-2})_Z = (X_{n-2})_Z$

⋮

n. $(X_2)_Z \cdot (Q)_Z + (q_1)_Z = (X_1)_Z$

(Schritte 1. bis n.: Zwischenergebnisse (X_i) im Zielsystem)

(n+1). $(X_1)_Z \cdot (Q)_Z + (q_0)_Z = \underline{\underline{(X_0)_Z = (N)_Z}}$ Ergebnis im Zielsystem

Dezimal → Dual $(239)_{10}$ → $(N)_2$	Dual → Dezimal $(11101111)_2$ → $(N)_{10}$
$(10)_2 = (10)_2$	$(1)_{10} = (1)_{10}$
$(11)_2 \cdot (1010)_2 + (11)_2 = (10111)_2$	$1 \cdot 2 + 1 = 3$
$(10111)_2 \cdot (1010)_2 + (1001)_2 = \underline{\underline{(11101111)_2}}$	$3 \cdot 2 + 1 = 7$
	$7 \cdot 2 + 0 = 14$
	$14 \cdot 2 + 1 = 29$
	$29 \cdot 2 + 1 = 59$
	$59 \cdot 2 + 1 = 119$
$(11101111)_2 = (239)_{10}$	$119 \cdot 2 + 1 = \underline{\underline{(239)_{10}}}$

6.2.2 Rechnen im Quellsystem

Konvertierungsverfahren C. Hier wird das Polynom nach Gl. C sukzessive durch $(Z^j)_Q$ dividiert. Es gilt:

$$
\begin{aligned}
N &= \frac{z_j Z^j + z_{j-1} Z^{j-1} + \ldots + z_1 Z + z_0}{Z^j} \\
&= z_j + \underbrace{\frac{z_{j-1} Z^{j-1} + \ldots + z_1 Z + z_0}{Z^j}}_{<1} \\
&= z_j + \frac{r_j}{Z^j} (\text{Divisionsrest } r_j < Z^j)
\end{aligned}
\tag{6.5}
$$

Alle Ziffern und Zahlen (auch Z^j) sind im Quellsystem zu behandeln. Die Ziffern z_j des Zielsystems werden somit zunächst sukzessive im Quellsystem berechnet und müssen danach ins Zielsystem umgesetzt werden. Die Werte $(Z^j)_Q$ müssen einzeln berechnet oder einer vorbereiteten Tabelle entnommen werden. Bei der Division werden nur soviele Schritte ausgeführt, bis der ganzzahlige Teil $(z_j)_Z$ bestimmt ist.

Beim Konvertieren in das Dualsystem besteht die Division nur aus einer Subtraktion von $Z^j = 2^j$. Falls $z_j = 0$ (also $r_j < 0$), muß die Subtraktion rückgängig gemacht werden, um einen positiven Rest r_{j-1} zu erhalten.

Besonders geeignet ist dieses Verfahren für die manuelle Konvertierung Dezimal → Dual, da hier lediglich Subtraktionen im Dezimalsystem durchzuführen ist.

Beispiele:

Allgemein	Dezimal → Dual $(239)_{10} \rightarrow (N)_2$ ***	Dual → Dezimal $(11101111)_2 \rightarrow (N)_{10}$
$\frac{(N)_Q}{(Z^m)_Q} = (z_m)_Q\,,\ (r_m)_Q$ *	-2^7: $239 - 128$ $r_7 = +111 \geq 0 \rightarrow z_7 = 1$	$\frac{11101111}{1100100} = \underbrace{(10)_2}_{(z_2)_2}\ ;\ r_2 = 100111$
$\frac{(r_m)_Q}{(Z^{m-1})_Q} = (z_{m-1})_Q\,,\ (r_{m-1})_Q$	-2^6: $111 - 64$ $r_6 = +47 \geq 0 \rightarrow z_6 = 1$	
$\frac{(r_{m-1})_Q}{(Z^{m-2})_Q} = (z_{m-2})_Q\,,\ (r_{m-2})_Q$	-2^5: $47 - 32$ $r_5 = +15 \geq 0 \rightarrow z_5 = 1$	
	-2^4: $15 - 16$ $r_4 = -1 < 0 \rightarrow z_4 = 0$ ****	
	-2^3: $15 - 8$ $r_3 = +7 \geq 0 \rightarrow z_3 = 1$	
	-2^2: $7 - 4$ $r_2 = +3 \geq 0 \rightarrow z_2 = 1$	
...... $\frac{(r_2)_Q}{(Z^1)_Q} = (z_1)_Q\,,\ (r_1)_Q$	-2^1: $3 - 2$ $r_1 = +1 \geq 0 \rightarrow z_1 = 1$	$\frac{100111}{1010} = \underbrace{(11)_2}_{(z_1)_2}\ ;\ r_1 = 1001$
$\frac{(r_1)_Q}{(Z^0)_Q} = (z_0)_Q\,,\ (r_0)_Q$ **	-2^0: $1 - 1$ $r_0 = 0 \geq 0 \rightarrow z_0 = 1$	$\frac{1001}{1} = \underbrace{(1001)_2}_{(z_0)_2}\ ;\ r_0 = 0$
	Ergebnis: $z_7, z_6, \ldots, z_0$ 1 1 101111	*Ergebnis:* z_2 z_1 z_0 $(10)_2$ $(11)_2$ $(1001)_2$ 2 3 9

* $(r_m)_Q \equiv$ Divisionsrest: $(Z^m)_Q > (r_m)_Q \geq 0$

** $(r_0)_Q$ ist der gebrochene Teil von $(N)_Q$, d.h. bei ganzen Zahlen $(N)_Q$ ist $(r_0)_Q = 0$

*** Subtraktion anstelle von Division

**** Rest $r_4 < 0$: letzte Subtraktion rückgängig machen

Konvertierungsverfahren D. Im letzten Fall wird entsprechend Gl. D sukzessive durch $(Z)_Q$ dividiert. Nach der Horner-Darstellung von N gilt (z_0 = Divisionsrest):

$$\begin{aligned} N &= \frac{(\ldots(z_m Z + z_{m-1})Z + \ldots z_1)Z + z_0}{Z} \\ &= \underbrace{(\ldots(z_m Z + z_{m-1})Z + \ldots + z_1)}_{Y \text{ (Ganze Zahl)}} \quad + \quad \frac{z_0}{Z} \end{aligned} \tag{6.6}$$

Dabei ist es vorteilhaft, daß keine Potenzen von Z verwendet werden und auch die höchste Potenz von Z im Zielsystem nicht ermittelt werden muß. Die Division ist vollständig durchzuführen, wobei die einzelnen Ziffern $(z_j)_Q$ (beginnend mit $j = 0$) aus den jeweiligen Resten entstehen und in das Zielsystem umgesetzt werden müssen. Abgeschlossen wird die Konvertierung, wenn sich Y zu Null ergibt.

Das letztgenannte Verfahren ist vor allem für eine maschinelle Konvertierung Dual → Dezimal sowie für die Handrechnung Dezimal → Dual geeignet, da hier lediglich Divisionen durch die Zahl Zwei im Dezimalsystem erforderlich sind.

Beispiele:

Allgemein		
$\frac{(N)_Q}{(Z)_Q}$	=	$(Y_0)_Q$ Rest $(z_0)_Q$
$\frac{(Y_0)_Q}{(Z)_Q}$	=	$(Y_1)_Q$ Rest $(z_1)_Q$
$\frac{(Y_1)_Q}{(Z)_Q}$	=	$(Y_2)_Q$ Rest $(z_2)_Q$
	$\vdots$	
$\frac{(Y_{m-2})_Q}{(Z)_Q}$	=	$(Y_{m-1})_Q$ Rest $(z_{m-1})_Q$
$\frac{(Y_{m-1})_Q}{(Z)_Q}$	=	$(Y_m)_Q$ Rest $(z_m)_Q$
$(z_m z_{m-1} \ldots z_2 z_1 z_0)_Q$		

Dezimal → Dual		Dual → Dezimal		
$(239)_{10} \rightarrow (N)_2$		$(11101111)_2 \rightarrow (N)_{10}$		
$\frac{239}{2}$ =	119 Rest 1	$\frac{(11101111)_2}{(1010)_2}$	=	$(10111)_2$ Rest $(1001)_2$
$\frac{119}{2}$ =	59 Rest 1			
$\frac{59}{2}$ =	29 Rest 1			
$\frac{29}{2}$ =	14 Rest 1			
$\frac{14}{2}$ =	7 Rest 0			
$\frac{7}{2}$ =	3 Rest 1			
$\frac{3}{2}$ =	1 Rest 1	$\frac{(10111)_2}{(1010)_2}$	=	$(10)_2$ Rest $(11)_2$
$\frac{1}{2}$ =	0 Rest 1	$\frac{(10)_2}{(1010)_2}$	=	$(0)_2$ Rest $(10)_2$
$(11101111)_2$		$(10)_2(11)_2(1001)_2 = (239)_{10}$		

6.3 Rechnen im Dualsystem

Da nur zwei unterschiedliche Ziffern existieren, ist das Rechnen im Dualsystem wesentlich einfacher als im Dezimalsystem. Generell lassen sich Multiplikation und Division auf mehrfaches Anwenden von Addition bzw. Subtraktion zurückführen und selbst die Subtraktion kann durch Einsatz der Komplementdarstellung von Zahlen mit Hilfe einer Addition bewerkstelligt werden. Insofern weist ein Rechner für die Durchführung elementarer arithmetischer Operationen aus Kostengründen oftmals nur ein Addierwerk für Dualzahlen auf.

6.3.1 Addition und Multiplikation

Das Addieren von Dualzahlen erfolgt analog zu einer Addition im Dezimalsystem, wobei die folgenden Grundregeln zu beachten sind:

$$\begin{aligned} 0+0 &= 0 \\ 0+1 &= 1 \\ 1+0 &= 1 \\ 1+1 &= 10 \end{aligned}$$

Ein Übertrag wird dabei - genau wie im Dezimalsystem - zur nächsthöheren Stelle addiert.

Beispiel:

$$(1111)_2 + (0110)_2 = (10101)_2$$

1. Summand	1 1 1 1
2. Summand	0 1 1 0
Übertrag	1 1 1 0
Ergebnis	1 0 1 0 1

Die Multiplikation erfolgt prinzipiell wie im Dezimalsystem. Da im Multiplikator nur die Ziffern 0 und 1 vorkommen können, ergeben sich die Teilprodukte aus dessen jeweiligen Stellen und dem Multiplikanden sehr einfach entweder zu Null oder als der Wert des Multiplikanden; das Ergebnis resultiert dann aus der Summe der Teilprodukte.

Beispiel:

$$(11)_{10} * (13)_{10} = (143)_{10}$$

Multiplikand	Multiplikator
1 0 1 1 *	1 1 0 1
	1 0 1 1
	0 0 0 0
	1 0 1 1
	1 0 1 1
Übertrag	1 1 1 1
Ergebnis	1 0 0 0 1 1 1 1

6.3.2 Darstellung negativer Zahlen und Subtraktion

Vorzeichen und Betrag. Für die bisherigen Betrachtungen haben wir bei den Zahlen stillschweigend ein positives Vorzeichen vorausgesetzt und dieses der Einfachheit halber weggelassen. Tatsache ist aber, daß Zahlen aus Vorzeichen und Betrag bestehen, so daß für weiterführende Überlegungen z.B. die folgende vollständige Zahlendarstellung gewählt werden muß:

$$A = \text{sign}(A) \cdot |A|$$
$$B = \text{sign}(B) \cdot |B|$$
$$S = \text{sign}(S) \cdot |S|$$

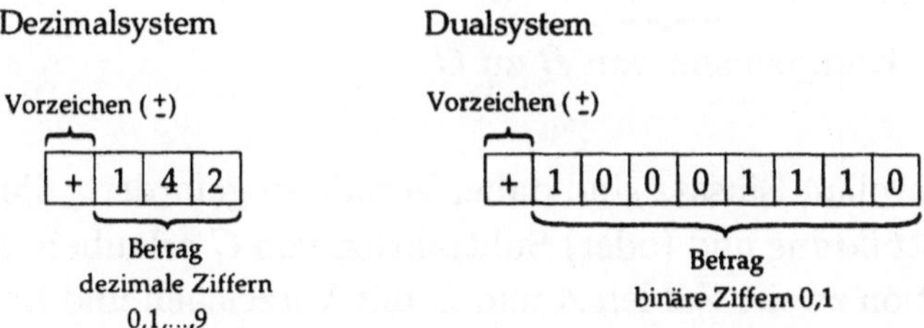

Sollen nun zwei Zahlen mit Hilfe eines Operators Op, z.B. Addition oder Subtraktion, miteinander verknüpft werden, so sind für deren vorzeichenrichtige Verarbeitung gewisse Regeln zu beachten. Insbesondere ergeben sich für die Berechnung von $|S|$ in Abhängigkeit von sign(A), sign(B), Op und dem Verhältnis von $|A|$ zu $|B|$ drei verschiedene Möglichkeiten:

$$S = A \text{ Op } B = (\text{sign}(A) \cdot |A|) \text{ Op } (\text{sign}(B) \cdot |B|) \tag{6.7}$$

$$|S| = \begin{cases} |A| + |B| & \text{Addition} \\ |A| - |B| & \text{Subtraktion für den Fall } |A| \geq |B| \\ |B| - |A| & \text{Subtraktion für den Fall } |A| < |B| \end{cases}$$

Auch die Berechnung von sign(S) ist von diesen Gegebenheiten abhängig.

Als nachteilig bei dieser Darstellungsform erweist sich die Notwendigkeit, für die Durchführung der Operation in einem Rechner nicht nur ein echtes Subtraktionswerk vorsehen zu müssen, sondern auch eine Vorrichtung, in der die Bestimmung des Verhältnisses von $|A|$ zu $|B|$ durchgeführt wird. Wie bereits erwähnt, stehen in Digitalrechnern normalerweise nur Rechenwerke mit der Fähigkeit der Addition zur Verfügung. Subtraktionen müssen deshalb auf Additionen zurückgeführt werden, d.h. auf Additionen vorzeichenbehafteter (negativer) Zahlen.

Komplementdarstellung. Die *Komplementdarstellung* erlaubt eine einheitliche Behandlung sowohl positiver als auch negativer Zahlen, wobei die Subtraktion durch eine Komplementaddition ersetzt wird, d.h. auf eine Addition des Komplements mit anschließender Subtraktion einer Konstanten C zurückgeführt wird:

$$A - B = A + \underbrace{C - B}_{\text{Komplement von } B \text{ zu } C} - C$$

Für den sinnvollen Einsatz sind dabei Verfahren gefordert, die eine einfache *Komplementbildung* und (oder) Subtraktion von C erlauben. Abb. 6.4 stellt die Subtraktion zweier Zahlen A und B mit Vorzeichen und Betrag bzw. mit Komplementen graphisch dar.

Für bestimmte Werte der Konstanten C wird die Komplementbildung und die Korrektursubtraktion von C besonders einfach (vergleiche Abb. 6.3).

Das *(B–1)-Komplement* (auch *Einerkomplement* genannt) stellt die Ergänzung zur höchsten Zahl in einem erlaubten Zahlenbereich dar ($C = B^n - 1$)

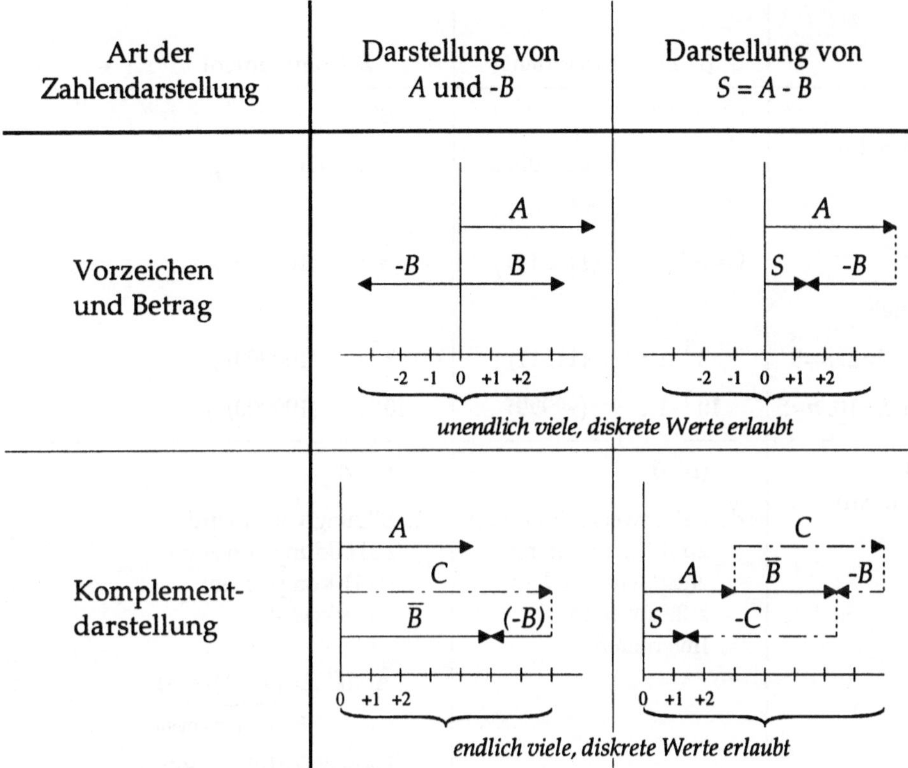

Abb. 6.3 Darstellung der Subtraktion

und ergibt sich durch bitweises Invertieren der einzelnen Dualstellen. Das *B–Komplement* dagegen (auch *Zweierkomplement* genannt) bildet die Ergänzung einer Zahl zur nächsthöheren Basispotenz ($C = B^n$); es ergibt sich, indem man nach der bitweisen Invertierung der einzelnen Dualstellen noch eine 1 hinzufügt, d.h. aus dem (B – 1)–Komplement mit anschließender Addition einer 1.

Zur besseren Veranschaulichung der Verhältnisse bei der Komplementdarstellung ist es zweckmäßig, sich den erlaubten endlichen Zahlenbereich als einen *Zahlenkreis* darzustellen. Wird eine Zahl daraus als ein n–Tupel von Ziffern mit der Basis B dargestellt, dann existieren $C = B^n$ verschiedene erlaubte Zahlen. Aufgrund der jeweiligen Vorschrift zur Komplementbildung wird der Zahlenkreis in zwei Hälften geteilt, wobei der jeweilige Zahlenbereich um den Betrag der höchsten Basispotenz eingeschränkt wird: Positive Zahlen führen nun eine 0 in der höchstwertigen Stelle und negative Zahlen eine 1. Abb. 6.5 vermittelt die einfache graphische Beziehung zueinander.

	$(B\text{-}1)$-Komplement	B-Komplement
C (allgemein)	$B^n\text{-}1$ *	B^n *
	B^n: $(100\,..\,00)_B$	B^n: $(100\,...\,0)_B$
	-1 : $-(000\,..\,01)_B$	
	$C{=}B^n\text{-}1$: $(11\,..\,11)_B$	$C{=}B^n$: $(100\,..\,0)_B$
Beispiel:		
C für B=2, n=5	2^5-1 : $(11111)_2$	2^5: $(100000)_2$
C für B=10, n=5	10^5-1 : $(99999)_{10}$	10^5: $(100000)_{10}$
C - A (allgemein)	$(B^n\text{-}1)\text{-}A$ $\overline{A}$: ziffernweises Ergänzen zu B^n-1; im Binären entspricht das dem ziffernweisen Invertieren	$B^n\text{-}A$ $\overline{A}$: Bildung von $\overline{A}$ wird auf Bildung von $\overline{A}$ im $(B\text{-}1)$-Komplement zurückgeführt: $\overline{A}=B^n\text{-}A=\underbrace{(B^n\text{-}1)\text{-}A}_{(B\text{-}1)\text{-Komplement}}+1$ Danach Addition von 1
Beispiel: B=2, n=5 A=01011 $\overline{A}$=?	C: 11111 A: 01011 $\overline{A}=C\text{-}A$: 10100	$\overline{A}=C\text{-}A$: C: 100000; A: 01011; -; $\overline{A}$: 10101 $\overline{A}$ über $(B\text{-}1)$-Kompl.: A: 01011; ziffernweises invertieren 10100; +1: + 00001; $\overline{A}$: 10101

* B = Basis des Zahlensystems (binär: B = 2);
n = max. zulässige Potenz der erlaubten Zahlen

Abb. 6.4 (B – 1)- und B–Komplement

Dabei fällt auf, daß die symmetrische Teilung des (B – 1)–Komplements zwei Nullen mit unterschiedlichen Vorzeichen erzeugt. Im praktischen Umgang läßt sich jedoch zeigen, daß die Verwendung beliebig ist.

Vorzeichengerechte Addition und Subtraktion. Für den praktischen Ablauf einer Rechenoperation ergeben sich vier wesentliche Schritte. Sind negative Zahlen im Spiel, muß zunächst eine Komplementbildung vorge-

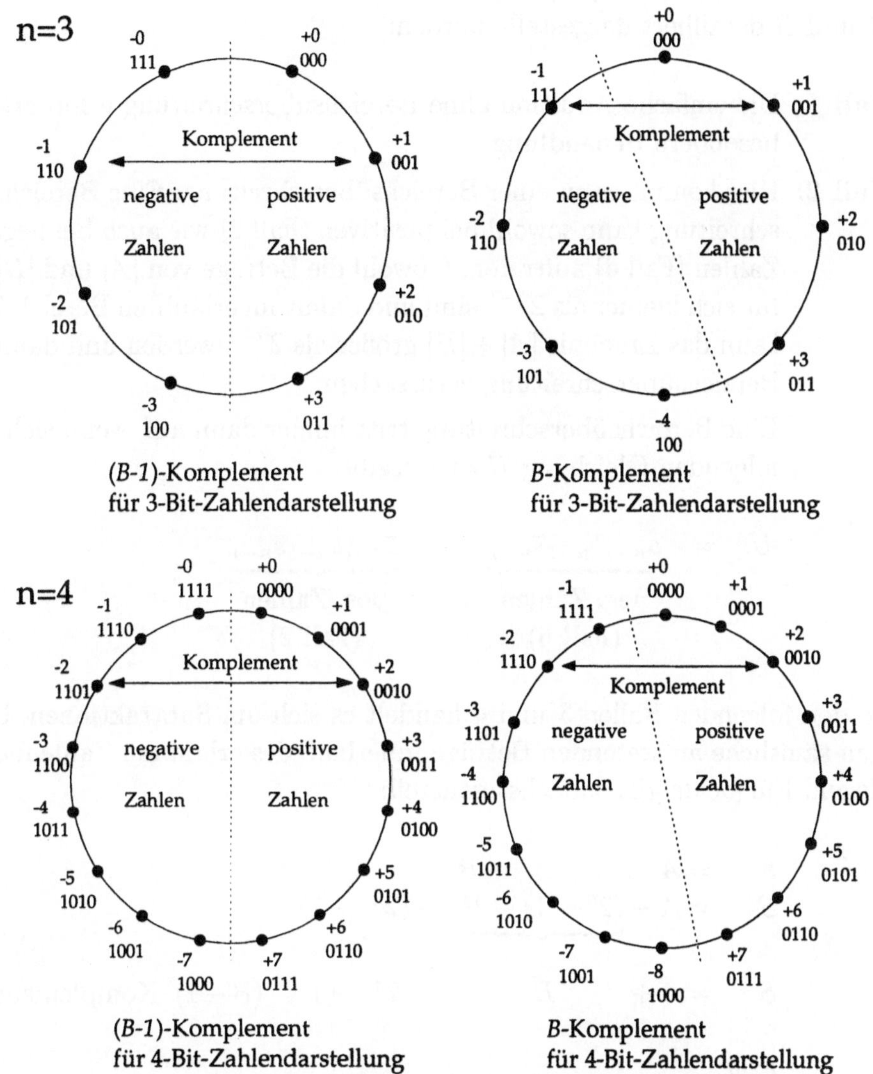

Abb. 6.5 Graphische Darstellung positiver und negativer Zahlen (im B– bzw. (B – 1)–Komplement) als Zahlenkreis am Beispiel von 3 Bit und 4 Bit breiten Zahlen

nommen werden, bevor die Addition der beiden Operanden erfolgt. Danach ist nötigenfalls eine *Ergebniskorrektur* vorzunehmen und abschließend ist das Ergebnis hinsichtlich einer möglichen *Bereichsüberschreitung* zu überprüfen. In Abhängigkeit von Betrag und Vorzeichen der Operanden und von der Operation selbst (Addition oder Subtraktion) sind dabei verschiedene Fälle zu unterscheiden, die in Abb. 6.6 und Abb. 6.7 mit Hilfe der Zahlen A und B detailliert dargestellt werden:

Fall 1: Die einfache Addition ohne Bereichsüberschreitung erfordert keine besondere Behandlung.

Fall 2: Hier kommt es zu einer Bereichsüberschreitung: Eine Bereichsüberschreitung kann sowohl bei positiven (Fall 2) wie auch bei negativen Zahlen (Fall 6) auftreten. Obwohl die Beträge von $|A|$ und $|B|$ jeder für sich kleiner als 2^{n-1} sind und damit im erlaubten Bereich liegen, kann das Ergebnis $|A| + |B|$ größer als 2^{n-1} werden und damit eine Bereichsüberschreitung verursachen.

Eine Bereichsüberschreitung tritt immer dann auf, wenn sich in der folgenden Gleichung $\ddot{U}$ zu 1 ergibt:

$$\ddot{U} = \underbrace{a_{n-1}b_{n-1}\overline{s}_{n-1}}_{\substack{\text{neg. Zahlen} \\ \text{(Fall 6)}}} \vee \underbrace{\overline{a}_{n-1}\overline{b}_{n-1}s_{n-1}}_{\substack{\text{pos. Zahlen} \\ \text{(Fall 2)}}}$$

In den folgenden Fällen 3 und 4 handelt es sich um Subtraktionen, bei denen sämtliche auftretenden Beträge innerhalb des erlaubten Zahlenbereichs liegen. Für beide gilt zunächst generell:

$$S = A - B$$
$$S = A + \underbrace{(2^n - 1) - B}\ -(2^n - 1)$$
$$S = A + \overline{B} - 2^n + 1 \quad \text{(B – 1)–Komplement}$$

bzw.

$$S = A + \underbrace{2^n - B}\ - 2^n$$
$$S = \underbrace{A + \overline{B}}_{a)} \ \underbrace{- 2^n}_{b)} \ \underbrace{}_{c)} \quad \text{B–Komplement}$$

Fall 3: Teil a) ergibt sich zu $\geq 2^n$. Es kommt damit zu einem *Überlauf* und damit zu $S > 0$. Wegen der 360°–Drehung im Zahlenkreis muß b) nicht berücksichtigt werden, jedoch muß c) im Falle des (B − 1)-Komplements durch eine zusätzliche Korrektur (+1) berücksichtigt werden; es tritt dann eine 1 in der Schutzstelle auf, die im sog. „*Einerrücklauf*" zur Korrektur verwendet wird.

Fall 4: Teil a) ergibt sich zu $< 2^n$. Damit ist das Ergebnis mit $S \leq 0$ negativ; es tritt kein Überlauf auf. Die korrekte Komplementdarstellung des negativen Ergebnisses lautet damit:

$$\overline{S} = 2^n - 1 - (A - B)$$

Beim (B − 1)-Komplement muß eine Korrektur (+1) ausgeführt werden, wenn ein Überlauf stattfindet, d. h. es tritt eine 1 in der Schutzstelle auf; dagegen entfällt diese Korrekturaddition beim B-Komplement.

Fall 5: Die Verhältnisse entsprechen Fall 3. Bei Einsatz des (B − 1)-Komplements ist wieder eine Korrekturaddition notwendig.

Fall 6: Dieser letzte Fall entspricht Fall 2. Es kommt zu einer Bereichsüberschreitung und die Berechnung muß mit einem größeren Zahlenbereich wiederholt werden.

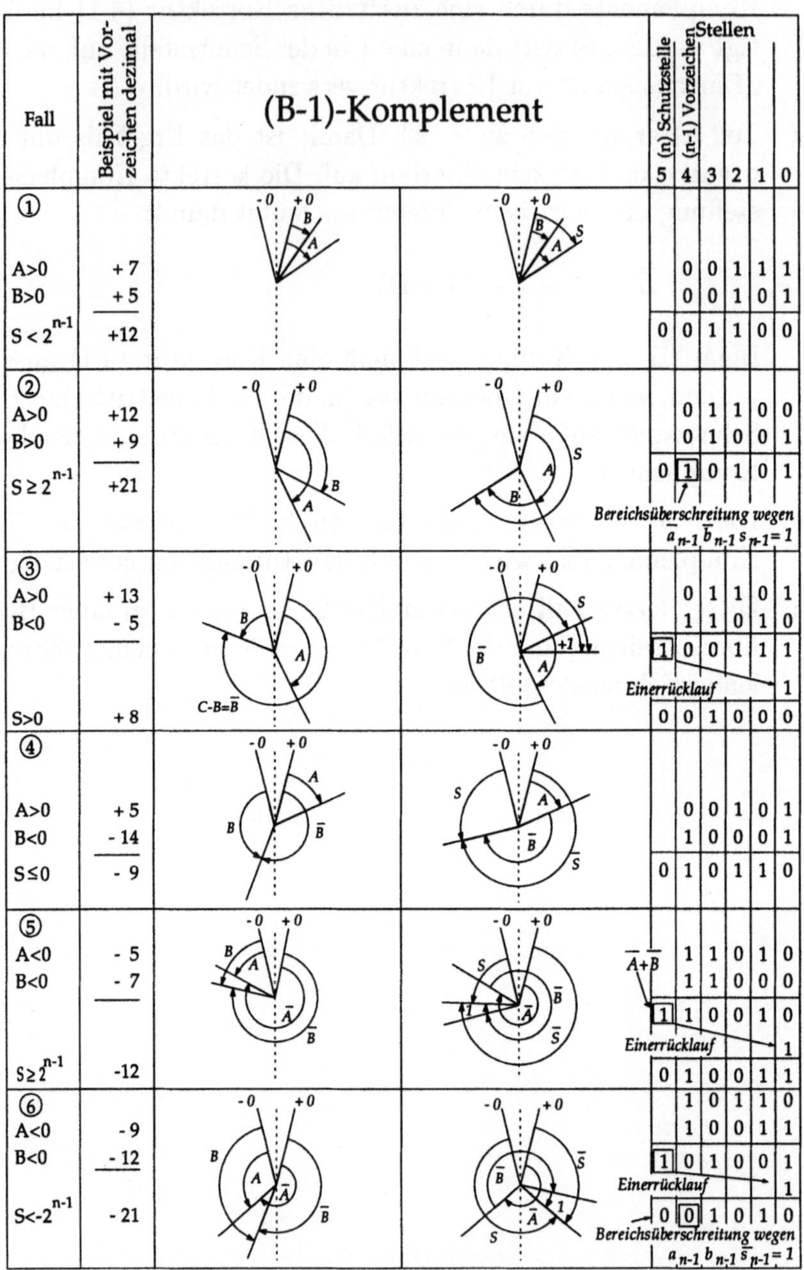

Abb. 6.6 Die sechs Fälle der vorzeichengerechten Addition zweier Zahlen im (B – 1)–Komplement (Beispiele für 5 Bit breite Zahlen)

Fall	Beispiel mit Vorzeichen dezimal	B-Komplement	(n) Schutzstelle 5	(n-1) Vorzeichen 4	Stellen 3	2	1	0
①								
A>0	+7			0	0	1	1	1
B>0	+5			0	0	1	0	1
$S<2^{n-1}$	+12			0	1	1	0	0
②								
A>0	+12			0	1	1	0	0
B>0	+9			0	1	0	0	1
$S\geq 2^{n-1}$	+21			[1]	0	1	0	1
			Bereichsüberschreitung wegen $\bar{a}_{n-1}\bar{b}_{n-1}s_{n-1}=1$					
③								
A>0	+13			0	1	1	0	1
B<0	-5			1	1	0	1	1
S>0	+8		(1) irrelevant	0	1	0	0	0
④								
A>0	+5			0	0	1	0	1
B<0	-14			1	0	0	1	0
S≤0	-9			1	0	1	1	1
⑤								
A<0	-5			1	1	0	1	1
B<0	-7			1	1	0	0	1
$S\geq -2^{n-1}$	-12		(1) irrelevant	1	0	1	0	0
⑥								
A<0	-9			1	0	1	1	1
B<0	-12			1	0	1	0	0
$S<-2^{n-1}$	-21		(1)	[0]	1	0	1	1
			Bereichsüberschreitung wegen $a_{n-1}b_{n-1}\bar{s}_{n-1}=1$					

Abb. 6.7 Die sechs Fälle der vorzeichengerechten Addition zweier Zahlen im B–Komplement (Beispiele für 5 Bit breite Zahlen)

6.4 Codes und Codierung

Unter einem *Code* versteht man (nach DIN 44300) eine Vorschrift für die eindeutige, nicht notwendigerweise auch umkehrbar eindeutige Zuordnung[3] (*Codierung*) der Zeichen eines Zeichenvorrates (Objektmenge) zu denjenigen eines anderen Zeichenvorrates (Bildmenge), aber auch den als Bildmenge auftretenden Zeichenvorrat selbst. Im Rahmen der vorliegenden Betrachtungen gehen wir immer von Mengen mit endlich vielen Zeichen aus. Die Menge $\{0, 1\}$ eines binären Systems ist dafür ein besonders einfaches Beispiel.

Bei Rechnern geht es hauptsächlich darum, die zu übertragende und zu verarbeitende Information in einer den jeweiligen Gegebenheiten angepaßten Form darzustellen (zu codieren). Bei der Auswahl eines geeigneten Codes spielen beispielsweise Fragen der einfachen Übertragung und Kombination, der Übertragungsgeschwindigkeit, des Speicherplatzes oder der Fehlerkorrektur eine Rolle. Entsprechend der binären Darstellungsmöglichkeiten der in einem Rechner vorhandenen Bauelemente werden die Zeichen des außerhalb der Rechenanlage verwendeten Zeichenvorrats, also i.a. Buchstaben und Ziffern, für die Übertragung und Verarbeitung in Rechenanlagen binär codiert.

Als *binäre Codes* bezeichnet man solche Codes, deren Bildmenge auf einem zweiwertigen Zeichenvorrat aufbaut. Meist ist dieser Zeichenvorrat als Bildmenge für eine eindeutige Zuordnung zu klein; um trotzdem die Vorteile einer zweiwertigen Darstellung nutzen zu können, bildet man deshalb Zeichenfolgen über $\{0, 1\}$. Solche Zeichenfolgen nennt man Worte bzw. - da sie über dem binären Zeichenvorrat gebildet sind - Binärworte. Bei den polyadischen Zahlensystemen haben wir mit dem Dualcode - der Zuordnungsvorschrift im Dualsystem - bereits den bekanntesten binären Code kennengelernt.

6.4.1 BCD–Codes

Bei der Kommunikation mit dem Benutzer ist der in digitalen Komponenten zur Darstellung von Zahlen hauptsächlich verwendete Dualcode zu unhandlich. Deshalb werden in diesen Fällen mit Hilfe von sog. *BCD–Codes* (Binary Coded Decimal Codes) die einzelnen Dezimalziffern getrennt durch eine

[3]Im praktischen Gebrauch ist ein Code allerdings nur in umkehrbar eindeutiger Form einsetzbar.

Dezimal	natürl. BCD-Code	Aiken-Code	Stibitz-Code (Dreiexzeß)	$\binom{5}{2}$-Code Zwei-aus-fünf-Code	Biquinär-Code
0	0000	0000	0011	11000	01 00001
1	0001	0001	0100	00011	01 00010
2	0010	0010	0101	00101	01 00100
3	0011	0011	0110	00110	01 01000
4	0100	0100	0111	01001	01 10000
5	0101	1011	1000	01010	10 00001
6	0110	1100	1001	01100	10 00010
7	0111	1101	1010	10001	10 00100
8	1000	1110	1011	10010	10 01000
9	1001	1111	1100	10100	10 10000
Gewichtung	8421 eindeutig	2421 nur bezüglich d. Codewörter eindeutig	— keine	(74210) nur bezüglich der Codewörter eindeutig Null hat Gewicht 11	50 43210

Abb. 6.8 Codierung von Dezimalziffern $(0, \ldots, 9)$

Binärkombination verschlüsselt. Dazu werden 4 Bit–Worte (digits, Tetraden) benötigt, die insgesamt sechzehn Bitkombinationen erlauben. Zur eindeutigen Unterscheidung der Dezimalziffern sind allerdings nur zehn Kombinationen notwendig, so daß es zahlreiche unterschiedliche Möglichkeiten der binär codierten Darstellung der zehn Dezimalziffern und damit unterschiedliche BCD–Codes gibt.

Der meist benutzte BCD–Code ist der 8-4-2-1 Code, auch *natürlicher BCD–Code* genannt. Bei ihm werden die Ziffern $0, \ldots, 9$ wie im Dualcode dargestellt. Die sechs nicht verwendeten Bitkombinationen 1010, ..., 1111 werden Pseudo–Tetraden genannt und dürfen nicht als Endergebnis von Verknüpfungen und Rechenoperationen auftreten.

Aus der Praxis sind noch zwei weitere BCD–Codes bekannt, der *Aiken–Code* (2-4-2-1) und der *Stibitz–Code* (auch *Dreiexzeß–Code* genannt). Beide sind negationssymmetrisch, d.h. die Zeichen für die Dezimalziffern 5 bis 9 entsprechen denjenigen für die Dezimalziffern 4 bis 0, wenn Nullen und Einsen vertauscht werden; damit läßt sich für die Subtraktion das *Neunerkomplement* (entspricht dem (B – 1)–Komplement im Dezimalsystem) durch einfache Invertierung finden.

6.4.2 EBCDI–Code

Bisher haben wir uns nur mit der Umwandlung und Darstellung von Zahlen durch geeignete Codes beschäftigt, welche die Grundlage für die gesamte Arithmetik als eine der Hauptaufgaben eines Rechners bilden. Zumindest an der Schnittstelle zu Ein–/Ausgabegeräten (E/A bzw. engl. I/O) benötigt man aber auch eine Darstellungsform für Zeichen allgemeiner Art, z.B. das Alphabet in Groß– und Kleinschreibung, Steuerzeichen und auch Ziffern im Rahmen eines Textes. Dafür haben sich sog. alphanumerische Codes als Standards durchgesetzt.

Ein weitverbreiteter Code, der sämtliche acht Bits eines Byte zur Darstellung eines Zeichens verwendet, ist der Extended Binary Coded Decimal Interchange Code, kurz *EBCDI–Code* genannt (siehe Abb. 6.9). Er eignet sich sowohl für die maschinenexterne wie unter bestimmten Voraussetzungen auch für die maschineninterne Datendarstellung und wird z.B. auf IBM–Großrechnern bzw. dazu steckerkompatiblen Anlagen eingesetzt.

Beispiel:

$$\underbrace{11100100}_{\text{U}}\ \underbrace{11100110}_{\text{W}}\ \underbrace{11000101}_{\text{E}}$$

Es gibt noch viele andere Codes, abhängig vom Datenträger (aktuell ist z.B. der Bar–Code auf Handelsgütern). Die Umformung in einen der Standardcodes besorgt dann das jeweilige E/A–Gerät und stellt so die Kompatibilität (Verträglichkeit) an der Schnittstelle zum Rechner her.

6.4.3 ASCII–Code

Der am häufigsten verwendete Code an den E/A–Schnittstellen von EDV–Anlagen ist aber der American Standard Code for Information Interchange

Bits		0	0	0	0	0	0	0	0	1	1	1	1	1	1	1	1
	b_3	0	0	0	0	0	0	0	0	1	1	1	1	1	1	1	1
	b_2	0	0	0	0	1	1	1	1	0	0	0	0	1	1	1	1
	b_1	0	0	1	1	0	0	1	1	0	0	1	1	0	0	1	1
	b_0	0	1	0	1	0	1	0	1	0	1	0	1	0	1	0	1
$b_7b_6b_5b_4$		0	1	2	3	4	5	6	7	8	9	A	B	C	D	E	F
0 0 0 0	0	Steuerzeichen															
0 0 0 1	1																
0 0 1 0	2																
0 0 1 1	3																
0 1 0 0	4	␣											.	<	(	+	|
0 1 0 1	5	&										!	$	*	)	;	
0 1 1 0	6	-	/									^	,	%		>	?
0 1 1 1	7											:	#	@	'	=	"
1 0 0 0	8		a	b	c	d	e	f	g	h	i						
1 0 0 1	9		j	k	l	m	n	o	p	q	r						
1 0 1 0	A			s	t	u	v	w	x	y	z						
1 0 1 1	B																
1 1 0 0	C		A	B	C	D	E	F	G	H	I						
1 1 0 1	D		J	K	L	M	N	O	P	Q	R						
1 1 1 0	E			S	T	U	V	W	X	Y	Z						
1 1 1 1	F	0	1	2	3	4	5	6	7	8	9						

'Zeichen'= $(b_7b_6b_5b_4b_3b_2b_1b_0)$ 'D'=$(11000100)_2 = (C4)_{16} = (196)_{10}$

'?'=$(01101111)_2 = (6F)_{16} = (111)_{10}$

Abb. 6.9 Tabelle für den „Extended Binary Coded Decimal Interchange Code (EBCDIC)“

(*ASCII–Code*), der sieben Bits zur Darstellung eines Zeichens benutzt und daher auch die Bezeichnung „ISO 7 Bit–Code“ (ISO = International Standardization Organization) trägt (Abb. 6.10). Unter DIN 66003 wurde er 1979 in die deutsche Normung übernommen.

Die sieben Bits erlauben 128 Kombinationsmöglichkeiten. Neben den Buchstaben und Ziffern enthalten die beiden ersten Zeilen der ASCII-Tabelle zusätzliche Zeichen, die zur Steuerung bei der Übertragung von Daten zwischen E/A–Geräten und dem Rechner bzw. zwischen E/A–Geräten untereinander dienen. Diese Zeichen dienten früher zur Steuerung der meist (elektromechanischen) Ein–/Ausgabegeräte und haben heute bis auf wenige Ausnahmen nur noch historische Bedeutung.

Das achte Bit eines Byte kann z.B. zur Kontrolle auf Fehlerfreiheit bei der

Datenübertragung verwendet werden. Ein gebräuchliches Verfahren ist die *Paritätsbildung* (parity check). Dabei gibt es zwei Möglichkeiten:

even parity: Ergänzt die Anzahl der Einsen auf geradzahlige Werte, z.B. $\underline{1}1010010$

odd parity: Ergänzt die Anzahl der Einsen auf ungeradzahlige Werte, z.B. $\underline{0}1010010$

Beispiele: Daten in ASCII, Darstellung even parity

$$UWE : \underbrace{01010101}_{\text{U}}\ \underbrace{11010111}_{\text{W}}\ \underbrace{11000101}_{\text{E}}$$

$$253 \quad : \underbrace{10110010}_{2}\ \underbrace{00110101}_{5}\ \underbrace{00110011}_{3}$$

Technisch wird die Paritätsbildung in einem sog. *Parity–Generator* vorgenommen. Nach der Übertragung werden die einzelnen Bytes in einem sog. *Parity–Checker* überprüft. Auf diese Weise lassen sich bestimmte Übertragungsfehler erkennen. Das (einfache) Verfahren ist jedoch nicht sehr umfassend, so daß oft aufwendigere Maßnahmen zur Fehlererkennung bis hin zur Fehlerkorrektur ergriffen werden müssen.

$b_3 b_2 b_1 b_0$	0000	0001	0010	0011	0100	0101	0110	0111	1000	1001	1010	1011	1100	1101	1110	1111
$b_6 b_5 b_4$	0	1	2	3	4	5	6	7	8	9	A	B	C	D	E	F
000 0	NUL	SOH	STX	ETX	EOT	ENQ	ACK	BEL	BS	TAB	NL	VT	NP	CR	SO	SI
001 1	DLE	DC1	DC2	DC3	DC4	NAK	SYN	ETB	CAN	EM	SUB	ESC	FS	GS	RS	US
010 2	␣	!	"	#	$	%	&	'	(	)	*	+	,	-	.	/
011 3	0	1	2	3	4	5	6	7	8	9	:	;	<	=	>	?
100 4	@	A	B	C	D	E	F	G	H	I	J	K	L	M	N	O
101 5	P	Q	R	S	T	U	V	W	X	Y	Z	[	\	]	^	_
110 6	`	a	b	c	d	e	f	g	h	i	j	k	l	m	n	o
111 7	p	q	r	s	t	u	v	w	x	y	z	{	|	}	~	DEL

allgemein: 'Zeichen' = $(0\, b_6\, b_5\, b_4\ b_3 b_2\, b_1\, b_0)_2$

Beispiele: 'D' = $(01000100)_2 = (44)_{16} = (68)_{10}$

'?' = $(00111111)_2 = (3F)_{16} = (63)_{10}$

Steuerzeichen:

SOH Start of Heading
STX Start of Text
ETX End of Text
EOT End of Transmission
ENQ Enquiry
ACK Acknowledge
BEL Bell
BS Backspace
TAB Horizontal Tabulation
VT Vertical Tabulation
FF Form Feed
CR Cariage Return
SO Shift-Out
SI Shift-In
DLE Data Link Escape
DC Device Control
NAK Not Acknowledge
SYN Synchronous Idle
ETB End of Transmission Block
CAN Cancel
EM End of Medium
SUB Substitute Character
LF Line Feed
GS Group Separator
RS Record Separator
US Unit Separator
␣ Space
DEL Delete

Abb. 6.10 Tabelle für den „American Standard Code for Information Interchange (ASCII)“

6.5 Zahlendarstellung im Rechner

6.5.1 Ganze Zahlen

Normalerweise arbeiten wir mit Zahlen ohne irgendeine besondere Beschränkung der Stellenzahl. In einem Rechner ist die Situation jedoch eine gänzlich andere. Unter dem Blickwinkel der Verarbeitung müssen hier folgende Gesichtspunkte in die Überlegungen mit einbezogen werden:

- Verarbeitungskomponenten, Speicher und Verbindungswege eines Rechners haben normalerweise eine einheitliche Breite, meist Vielfache von 8 Bit (8, 16, 32, 64 Bit).
- Der jeweils durch die Anzahl der Bits vorgegebene Zahlenbereich darf nicht überschritten werden, sofern die Zahlen als Ganzes verarbeitet werden sollen.
- Nicht benötigte Stellen einer (positiven) Zahl müssen bei der Darstellung mit führenden Nullen aufgefüllt werden.

Ganzzahlen oder auch *Integerzahlen* (int, short, long) sind ein Spezialfall von Festkommazahlen, bei denen der fraktionelle Anteil rechts vom Komma (gedacht rechts von der niederwertigsten Stelle) fehlt. Durch die vorgegebene Datenwortbreite wird der Wertebereich stark eingeschränkt; bei einer 16 Bit–Darstellung z.B. sind lediglich $2^{16} = 65536$ unterschiedliche Werte verfügbar, wobei noch die Vorzeichenmarkierung berücksichtigt werden muß.

6.5.2 Gleitkommazahlen

Bis jetzt wurden lediglich positive und negative ganze Zahlen als Bitfolgen dargestellt. Im technisch–wissenschaftlichen Bereich reichen die damit gegebenen Möglichkeiten hinsichtlich Genauigkeit und Zahlenbereich nicht aus; hier haben wir meist mit rationalen Zahlen wie 3.17, 0.12356 und 109.471, mit großen Zahlen wie 10^{17} und 10^{47}, oder mit kleinen Zahlen wie 10^{-15} und 10^{-31}, bzw. mit Mischformen wie $109.471 \cdot 10^{19}$ oder $1.74 \cdot 10^{-31}$ zu tun. Alle Zahlen dieser Art werden als *Real–Zahlen* bezeichnet und im Rechner in Form von *Gleitkommazahlen* gespeichert (float, double), wobei unter Real–Zahlen lediglich ein kleiner endlicher Bereich der reellen Zahlen dargestellt werden kann. Zur Vereinfachung der Rechenoperationen verwendet man häufig eine normalisierte, halblogarithmische Darstellung, bei der jede Gleitkommazahl R dargestellt wird als:

$$R = (V)M * B^E \tag{6.8}$$

Dabei gibt das Vorzeichenbit V an, ob es sich bei der vorliegenden Zahl um eine positive oder negative Zahl handelt. Der *Exponent* E (e Stellen) ist eine Dualzahl, z.B. im Bereich -64 bis $+63$, die angibt, mit welcher Potenz der Basis B die vorliegende Zahl zu multiplizieren ist. Meist wird $B = 2$ als Basis verwendet. Die *Mantisse* M letztlich (m Stellen) besteht aus Dualziffern $m_1 \ldots m_n$ und wird als

$$m_1 \cdot 2^{-1} + m_2 \cdot 2^{-2} + \ldots + m_n \cdot 2^{-n}$$

interpretiert. Eine zur Basis $B = 2$ normierte Gleitkommazahl ist eine solche, bei welcher der Exponent so gewählt wird, daß die Zahl in der Form

$$1.m_1 m_2 \ldots m_n \cdot 2^E$$

dargestellt werden kann. Bei der Verwendung derart normierter Gleitkommazahlen braucht die 1 vor dem Punkt gar nicht mehr gespeichert zu werden, da sie immer vorhanden sein muß.

Jede Gleitkommazahl kann in eine normierte Gleitkommazahl umgesetzt werden, weil eine Verschiebung der Bits um eine Stelle nach rechts bzw. links den Zahlenwert nicht ändert, wenn gleichzeitig der Exponent um 1 erhöht bzw. erniedrigt wird. Normierte Gleitkommazahlen haben den Vorteil, daß die Mantissenbits optimal ausgenutzt werden, da keine überflüssigen Nullen gespeichert werden müssen.

Daher betrachten wir im folgenden nur noch normierte Gleitkommazahlen mit dem Zahlenwert:

$$V 1.m_1 m_2 \ldots m_n \cdot 2^{Exponent}$$

Um die Verwendung von Programmen und Daten auf unterschiedlichen Rechnern zu erleichtern (Portabilität!), wurde für die Darstellung von Gleitkommazahlen die international anerkannte Norm (IEEE P754) verabschiedet, in der für die Wortlängen 32 Bit bzw. 64 Bit („einfache“ bzw. „doppelte“ Genauigkeit) E mit 8 bzw. 11 und M mit 23 bzw. 52 Stellen festgelegt ist. Abb. 6.11 zeigt Beispiele für Gleitkommazahlen einfacher Genauigkeit.

V	E	Mantisse	Zahlenwert
+	- 13	0100101011010110111111	0.0001577567163622
-	+ 44	1010101100000000000000	- 29343216566272
+	+ 20	0010110101110001011100 0	1234711

Abb. 6.11 Beispiele für Gleitkommazahlen

6.5.3 Verarbeitung von Gleitkommazahlen

Zur rechnerinternen Speicherung von Gleitkommazahlen wird eine normierte Darstellung verwendet. Darunter versteht man eine geeignete Anpassung von Mantisse und Exponent an die innerhalb der Gleitkommaarithmetik für beide jeweils zur Verfügung stehenden Bits, um möglichst viele Mantissenstellen nutzen zu können. Damit wird ein größerer Zahlenbereich abgedeckt, aber die Rechengenauigkeit kann durch Rundungsfehler sehr stark beeinträchtigt werden. Die Beschränkung der Mantisse auf eine bestimmte Stellenanzahl führt zum Abschneiden von Nachkommastellen bei Zwischenergebnissen, so daß das Endergebnis zumindest in der letzten Stelle ungenau wird.

Als Beispiel für Gleitkommaoperationen soll die Addition betrachtet werden. Vor Beginn der eigentlichen arithmetischen Verknüpfung muß zur Angleichung der Exponenten beider Operanden zunächst eine Kommaverschiebung vorgenommen werden und zur Anpassung der Mantisse des kleineren Exponenten eine Verschiebung nach rechts, wobei es zu einem Informationsverlust kommt. Nach der Addition ist wieder eine Normierung der Mantisse des Ergebnisses und ein Angleichen des Eponenten notwendig. Ist die Summe größer als der Mantissenbereich, so muß das Ergebnis um eine Stelle nach rechts verschoben und der Exponent um +1 erhöht werden. Damit ergibt sich erneut ein Stellenverlust.

Beispiel:

1. Aufgabe

$$\begin{array}{rll} & 0.99819 & \cdot 10^3 \\ + & 0.23419 & \cdot 10^1 \end{array}$$

2. Angleichung der Exponenten und Addition

$$\begin{array}{rlll} & 0.99819 & \cdot 10^3 & \\ + & 0.00234 & \cdot 10^3 & \text{(Informationsverlust!)} \\ \hline = & 1.00053 & \cdot 10^3 & \end{array}$$

3. Normierung des Ergebnisses
   $1.00053 \cdot 10^3 = 0.10005 \cdot 10^4$ (erneuter Informationsverlust!)

Bei einer Multiplikation bzw. Division müsssen prinzipiell die Mantissen multipliziert bzw. dividiert und die Exponenten addiert bzw. subtrahiert werden. Eventuell ist danach noch das Ergebnis zu normieren.

Literaturempfehlung:

[Kla89] Klar, R.: „Digitale Rechenautomaten"
Walter de Gruyter, Berlin 1989

[Mor92] Morgenstern, B.: „Elektronik, Band III:
Digitale Schaltungen und Systeme"
Vieweg, Braunschweig 1992

[Rem87] Rembold, U. (Hrsg.): „Einführung in die Informatik für
Naturwissenschaftler und Ingenieure"
C. Hanser, Wien 1987

7 Logische Schaltungen

Nach den Grundlagen zur Darstellung von Zahlen und Zeichen wollen wir uns auf dem Weg zum Digitalrechner nun in diesem Kapitel mit logischen Schaltungen und ihren Grundelementen, den logischen Gattern, befassen. Mit ihnen werden in digitalen Systemen, die nur Werte verarbeiten können, welche auf zweiwertigen bzw. binären Variablen beruhen, Informationen aus unterschiedlichen Quellen zu neuen Informationen verknüpft. Überlegungen zu den Techniken, auf denen diese Schaltungen beruhen, lassen wir in diesem Kontext außer Betracht. Tatsache ist aber, daß elektronische Halbleiterschaltungen in integrierter Technik dabei nicht nur die größte Bedeutung erlangt, sondern darüberhinaus den Siegeszug der Digitaltechnik überhaupt erst ermöglicht haben.

Digitale Systeme bestehen üblicherweise aus drei Gruppen von Schaltungen und deren Kombinationen:

- *aus Schaltnetzen* (combinatorial networks), d.h. logischen Schaltungen, die rein kombinatorisch zusammengesetzt sind und keinerlei Speicherfunktionen enthalten

- *aus Schaltwerken* (sequential networks), d.h. logischen Folgeschaltungen oder auch sequentiellen Schaltungen, die neben der Speicherung und Zeitverzögerung digitaler Signale auch die Impulserzeugung ermöglichen

- aus Sonderschaltungen z.B. zur Anpassung von Eingangs- und Ausgangssignalen, Pegelumsetzung und Leistungsverstärkung (Pegelwandler, Treiber, Sender-/Empfängerbausteine)

Die Sonderschaltungen sorgen lediglich dafür, daß der Gesamtaufbau eines digitalen Systems den technischen Gegebenheiten und Randbedingungen Rechnung trägt. Dem eigentlichen Ziel, nämlich der Ausführung logischer Funktionen, dienen allein die Schaltnetze und Schaltwerke.

7.1 Schaltnetze

Wie bereits erwähnt, sind *Schaltnetze* – auch *Zuordner* genannt – rein kombinatorische Digitalschaltungen, in denen es zu einem beliebigen Zeitpunkt für eine Eingangskonfiguration genau eine allein von dieser abhängige Ausgangskonfiguration gibt. Unter Konfiguration wird dabei die Kombination der an den Eingangs- bzw. Ausgangsleitungen anliegenden Werte verstanden.

7.1.1 Definition eines Schaltnetzes

Ein Schaltnetz ordnet also jeder Kombination von binären Eingangsvariablen $(x_0, \ldots, x_\nu, \ldots, x_{n-1})$ eine Kombination von binären Ausgangsvariablen $(y_0, \ldots, y_\mu, \ldots, y_{p-1})$ zu. Sämtliche Variablen (x_ν, y_μ) können lediglich die beiden Werte 1 und 0 (entsprechend True bzw. False) annehmen, wobei die Symbole allein für die Bezeichnung von zwei verschiedenen möglichen Zuständen verwendet werden; einen numerischen Wert stellen sie in diesem Zusammenhang nicht dar.

Die Eingangsvariablen x_ν sind als gegebene Signale aus binären Speichern oder Registern, Sensoren, Tasten oder von Ausgängen anderer Schaltnetze anzusehen. Die Ausgangsvariablen y_μ werden wiederum zu binären Speichern, zu weiteren Schaltnetzen oder zu Anzeigeelementen weitergeleitet oder führen zu anderen nach außen sichtbaren Reaktionen. In Abb. 7.1 ist das Blockschaltbild eines allgemeinen Schaltnetzes angegeben, wobei die Ausgangsgrößen y_μ über eine (logische) Funktion λ mit den Eingangsgrößen x_ν verknüpft sind (Abbildung).

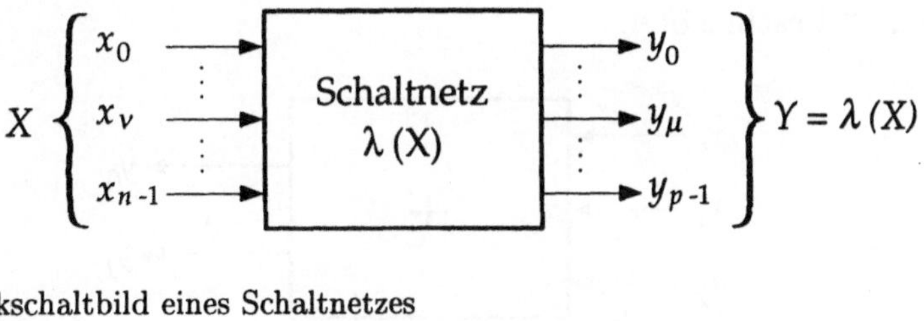

Abb. 7.1 Blockschaltbild eines Schaltnetzes

Ein *Eingangswort* (*Eingangsvektor*) X wird gebildet aus einer Binärkombination der Variablen $x_0 \ldots x_{n-1}$:

$$X = (x_{n-1}, x_{n-2}, \ldots, x_\nu, \ldots, x_0)$$

X^m kennzeichnet dabei ein bestimmtes Element der Menge X (z.B. $X^2 = (0,1,0)$), wobei gilt $val_2(X^m) = m$. Ein *Ausgangswort* (*Ausgangsvektor*) Y dagegen wird gebildet aus einer Binärkombination der Variablen $y_0 \ldots y_{p-1}$:

$$Y = (y_{p-1}, y_{p-2}, \ldots, y_\mu, \ldots, y_0)$$

Analog zu der Darstellung von X kann man auch Y durch einen Exponenten kennzeichnen.

7.1.2 Beschreibungsformen

Bei größeren Systemen ergeben sich komplexe Schaltnetze, die einer anschaulichen Betrachtungsweise nur noch schwer zugänglich sind. Man setzt deshalb zur Funktionsbeschreibung von logischen Schaltungen vereinfachte symbolische Darstellungen ein, wobei die individuelle Abhängigkeit der Ausgangsvariablen (Ausgangsvektor) eines Schaltnetzes von den Eingangsvariablen (Eingangsvektor) auf ganz unterschiedliche Weise aufgezeigt werden kann. Im folgenden werden dazu verschiedene Möglichkeiten vorgestellt.

Kurzsymbol. Für eine sehr abstrakte Darstellung von Schaltnetzen – z.B. im Zusammenhang mit dem Blockschaltbild eines komplexen digitalen Systems, das lediglich eine Übersicht über die einzelnen Funktionseinheiten und deren Verbindungen untereinander geben soll – verwendet man gerne Kurzsymbole. Als Repräsentant für ein häufig genutztes Schaltnetz kann zum Beispiel der Volladdierer durch das in Abb. 7.2 gezeichnete *Kurzsymbol* angegeben werden. Dabei wird neben der Darstellung der notwendigen Eingangs- und Ausgangsvariablen die Funktion des Schaltnetzes durch das Zeichen „+“ beschrieben.

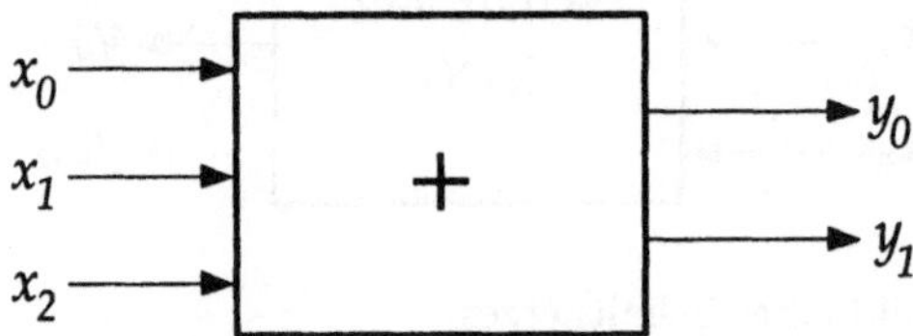

Abb. 7.2 Kurzsymbol eines Schaltnetzes

Wahrheitstabelle. Für die Darstellung auf einer weniger abstrakten Ebene, z.B. bei der Analyse oder Synthese von Schaltnetzen, bedient man sich

Eingangsvektor X			Ausgangsvektor Y	
x_2	x_1	x_0	y_1	y_0
0	0	0	0	0
0	0	1	1	0
0	1	0	1	0
0	1	1	0	1
1	0	0	1	0
1	0	1	0	1
1	1	0	0	1
1	1	1	1	1

Abb. 7.3 Wahrheitstabelle eines Schaltnetzes am Beispiel des Volladdierers

oft der *Wahrheitstabelle*, auch Werte-, Zustands- oder *Funktionstabelle* oder -tafel genannt (s.a. Abschnitt 2.1). Mit ihr können die Zusammenhänge zwischen den Eingangs- und Ausgangsvariablen eines Schaltnetzes durch einfache Zuordnung beschrieben werden.

Wie wiederum das Beispiel des Volladdierers in Abb. 7.3 zeigt, werden auf der linken Seite der Tabelle alle $2^3 = 8$ möglichen Kombinationen der Eingangsvariablen (x_0, x_1, x_2) aufgeführt. Dabei werden die 0/1-Kombinationen üblicherweise so angeordnet, daß sie als Dualzahl gelesen in aufsteigender Reihenfolge stehen. Auf der rechten Seite sind die den jeweiligen Eingangskombinationen zugeordneten Werte der Ausgangsvariablen y_0 und y_1 notiert.

Formeldarstellung. Die Zusammenhänge zwischen den Eingangs- und Ausgangsvariablen eines Schaltnetzes lassen sich mit Hilfe der Schaltalgebra auch durch mathematische Formeln beschreiben. Im Falle des Beispiels aus Abb. 7.3 lauten die entsprechenden Formeln für die beiden Ausgangsvariablen:

$$y_0 = \overline{x}_2 x_1 x_0 \vee x_2 \overline{x}_1 x_0 \vee x_2 x_1 \overline{x}_0 \vee x_2 x_1 x_0$$
$$y_1 = \overline{x}_2 \overline{x}_1 x_0 \vee \overline{x}_2 x_1 \overline{x}_0 \vee x_2 \overline{x}_1 \overline{x}_0 \vee x_2 x_1 x_0$$

Netz von Elementarschaltungen. Oberhalb der technischen Realisierung liegt die logische Ebene. Hier wird das Schaltnetz in ein Netz von logischen Elementarschaltungen aufgelöst und mit definierten *Gattersymbolen* dargestellt, die letzlich technischen Schaltungen entsprechen. Abb. 7.4 zeigt die Darstellung des Volladdierers auf der Grundlage der in Abschnitt 7.2 beschriebenen logischen Grundfunktionen.

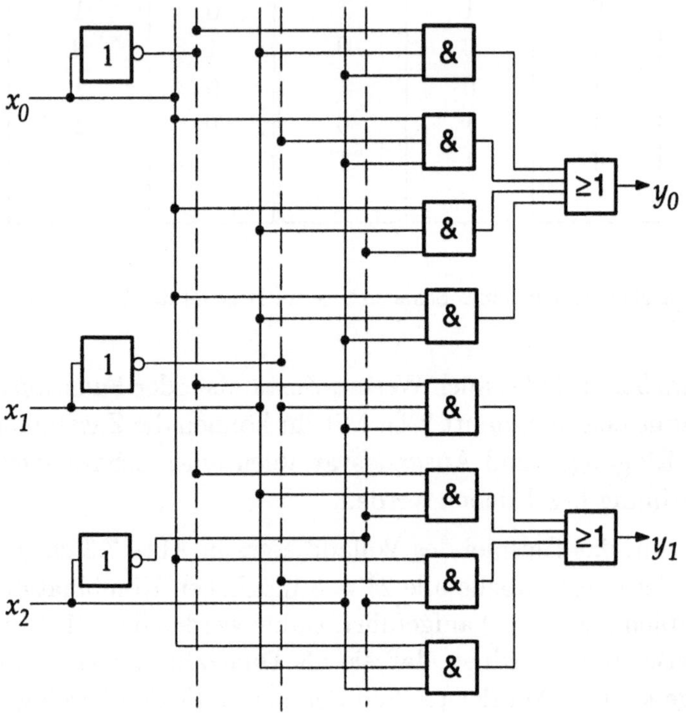

Abb. 7.4 Netz von Elementarschaltungen

Formale Beschreibung der Booleschen Funktion mit Hilfe einer Programmiersprache. Diese sehr abstrakte Form der Darstellung, die für verschiedene Ebenen geeignet ist, gewinnt gerade im Zusammenhang mit der automatischen Synthese von digitalen Systemen vom Entwurf bis zur hochintegrierten Realisierung auf einem Halbleiterchip immer mehr an Bedeutung. Die Beschreibung kann sowohl in einer der bekannten universellen Programmiersprachen wie zum Beispiel C erfolgen oder in speziellen sog. Hardware–Beschreibungssprachen wie VHDL oder Verilog. Abb. 7.5 zeigt einen in VHDL geschriebenen Programmausschnitt.

```
...

    --The entity declaration:
    entity Adder is

      port (X0, X1, X2 : in bit;
               Y0, Y1     : out bit);
    end Adder;

    --The architecture body:

    architecture Behavioural of Adder is

    begin
               Y0 <= ((not X2) and X1 and X0) or
                     (X2 and (not X1) and X0) or
                     (X2 and X1 and (not X0)  or
                     (X2 and X1 and X0) after 5ns;
               Y1 <= ((not X2) and (not X1) and X0) or
                     ((not X2) and X1 and (not X0)) or
                     (X2 and (not X1) and (not X0)) or
                     (X2 and X1 and X0) after 5ns;
    end Behavioural;
...
```

Abb. 7.5 Programmausschnitt einer in VHDL beschriebenen logischen Schaltung (Volladdierer)

7.2 Logische Funktion und Schaltalgebra

Durch eine *logische Funktion* wird jeder der 2^n Wertekombinationen von Variablen $x_{n-1}, \ldots, x_0$ eindeutig ein Wert $f(x_{n-1}, \ldots, x_0)$ zugeordnet; damit ist eine logische Funktion eine zweiwertige Funktion von zweiwertigen Variablen. Technisch entspricht sie einem Schaltnetz mit einer Ausgangsvariablen und zeigt deren Abhängigkeit von den Eingangsvariablen auf.

Anhand der bereits beschriebenen Wahrheits- oder Funktionstabelle läßt sich nun weiterführend allgemein angeben, wieviele nichtäquivalente logische Funktionen insgesamt bei einer gegebenen Anzahl n von Eingangsvariablen existieren: In 2^n Zeilen wird zu jeder der möglichen Eingangskombinationen der zugehörige Funktionswert geschrieben. Da er sowohl zu 0 als auch zu 1 angenommen werden kann, gibt es bei n Eingangsvariablen insgesamt 2^{2^n} unterscheidbare logische Funktionen. So gibt es z. B. die beiden nullstelligen Funktionen 0 und 1, also Konstanten.

7.2.1 Logische Funktionen von einer Variablen

Nach den obigen Ausführungen gibt es für eine Variable x_0 insgesamt $2^1{=}2$ Eingangskombinationen und $2^{2^1}{=}4$ mögliche logische Funktionen (y_0, y_1, y_2, y_3); sie werden als *Null-* und *Einsfunktion* (konstante Funktionen) und als *Identität* und *Negation* bezeichnet. Die Funktionstabelle in Abb. 7.6 zeigt die Beziehungen und bereits auch die schaltalgebraische Darstellung, auf die im folgenden noch eingegangen wird. Ergänzend dokumentiert die hochgestellte Eins hinter den Ausgangsvariablen y_i die Abhängigkeit von einer einzigen Eingangsvariablen.

Sinnvoll ist im allgemeinen nur die Negation, die eine (durch einen Operator darstellbare) Verknüpfung darstellt und damit zu den logischen Grundfunktionen gezählt wird.

7.2.2 Logische Funktionen von mehreren Variablen

Logische Grundfunktionen von zwei Variablen ($y{=}f(x_0, x_1)$). Wir verwenden dazu ein anschauliches Modell. Aus der Physik kennen wir alle die Verhältnisse in einem elektrischen Schaltkreis. Betrachten wir dort zwei Kontakte x_0 und x_1, die wie in Abb. 7.7 in Reihe geschaltet sind, wobei ein offener Kontakt dem Wert 0 und ein geschlossener Kontakt dem Wert 1

Eingangs-kombinationen	Eingangs-variable	Ausgangsvariablen				
		y_0^1	y_1^1	y_2^1	y_3^1	Bezeichnung
	x_0	0	x_0	$\overline{x}_0$	1	Funktions-tabelle
X^0	0	0	0	1	1	
X^1	1	0	1	0	1	
		Nullfunktion	Identität	Negation	Einsfunktion	Name der log. Funktion

Abb. 7.6 Logische Funktionen von einer Variablen

entspricht. Ob dann in der Leitung ein Strom fließen kann oder nicht, hängt allein von einer ganz bestimmten Wertekombination der Variablen x_0 und x_1 ab. Stromfluß am Ausgang wird dabei als 1 gewertet, während 0 keinen Stromfluß bedeutet. Bei einer Reihenschaltung kann y nur dann den Wert 1 annehmen, wenn x_0 und x_1 gleichzeitig 1 sind. Wir bezeichnen die daraus abgeleitete logische Funktion als die *UND–Funktion* (engl. AND) oder auch *Konjunktion.* Die Situation kann man auch mit einer formalen Beschreibung wiedergeben.

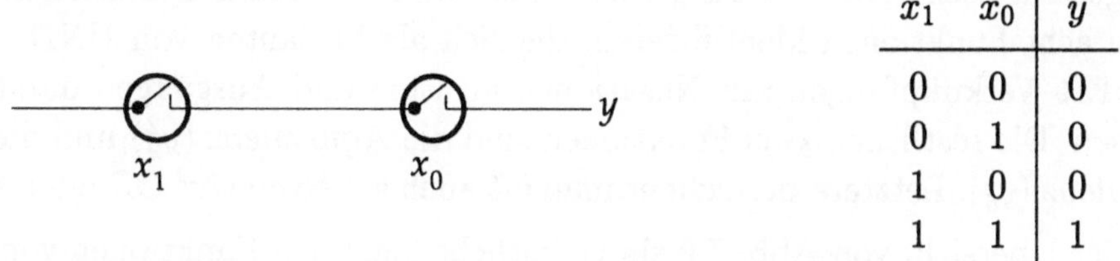

x_1	x_0	y
0	0	0
0	1	0
1	0	0
1	1	1

Formale Beschreibung der Situation: $y = x_0 \wedge x_1$ (bzw. $x_0 x_1$)

Abb. 7.7 UND–Verknüpfung

Schaltet man die Kontakte dagegen parallel, ergibt sich die *ODER–Funktion* (engl. OR), auch *Disjunktion* genannt (Abb. 7.8). Die Ausgangsvariable y ist immer dann 1, wenn eine der beiden Variablen x_0 oder x_1 den Wert 1 annimmt.

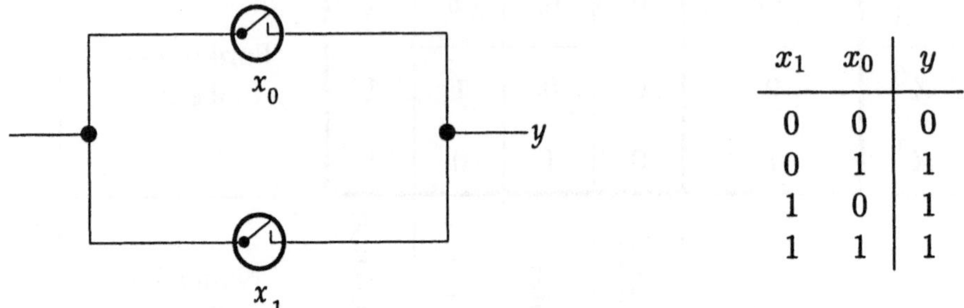

x_1	x_0	y
0	0	0
0	1	1
1	0	1
1	1	1

Formale Beschreibung der Situation: $y{=}x_0 \vee x_1$ (bzw. $x_0 + x_1$)

Abb. 7.8 ODER–Verknüpfung

Wie die Negation lassen sich auch UND– und ODER–Funktion mit einem Operator darstellen. Alle drei Verknüpfungen bilden zusammen die *logischen Grundfunktionen*, mit denen – wie noch gezeigt werden wird – alle nur denkbaren logischen Funktionen realisiert werden können. Technisch stehen sie als handelsübliche UND– und ODER–Gatter bzw. als *Negator* für den Aufbau von logischen Schaltungen zur Verfügung.

Alle logischen Funktionen von zwei Variablen. Nachdem wir die beiden logischen Grundfunktionen mit zwei Eingangsvariablen vorab behandelt haben, wollen wir die logischen Funktionen von zwei Variablen abschließend ganz allgemein betrachten. Entsprechend den obigen Aussagen gibt es bei zwei Variablen $2^2{=}4$ Eingangskombinationen und damit $2^4{=}16$ unterscheidbare logische Funktionen ($y_0^2, \ldots, y_{15}^2$). In Abb. 7.9 lassen sich neben den insgesamt sechs Null–, Eins–, Identitäts– und Negations–Funktionen weitere acht Funktionen identifizieren, die sich als Varianten von UND– bzw. ODER–Verknüpfungen mit Negationen an Ein– und Ausgängen darstellen lassen. Die restlichen zwei Funktionen sind die *Äquivalenz* (y_9^2) und die *Antivalenz* (y_6^2). Letztere bezeichnet man oft auch als *Exclusive OR* oder XOR.

In der Übersicht von Abb. 7.9 sind sämtliche logischen Funktionen von zwei Eingangsvariablen mit den schaltalgebraischen Funktionssymbolen und den heute für die Darstellung als logische Gatter gebräuchlichen graphischen Kurzzeichen zusammengefaßt.

		algebr. Darst.	Funktionstabelle				Benennung	Schaltsymb.
Ausgangsvariablen	y_0^2	0	0	0	0	0	Nullfunktion	0 ——
	y_1^2	$x_0 \wedge x_1$	0	0	0	1	UND (Konjunktion)	x_1 x_0 &
	y_2^2	$\overline{x_0} \wedge x_1$	0	0	1	0	(UND)	x_1 x_0 &
	y_3^2	x_1	0	0	1	1	(Identität)	x_1 ——
	y_4^2	$x_0 \wedge \overline{x_1}$	0	1	0	0	(UND)	x_1 x_0 &
	y_5^2	x_0	0	1	0	1	(Identität)	x_0 ——
	y_6^2	$x_0 \not\equiv x_1$	0	1	1	0	XOR (Antivalenz)	x_1 x_0 =
	y_7^2	$x_0 \vee x_1$	0	1	1	1	ODER (Disjunktion)	x_1 x_0 ≥1
	y_8^2	$\overline{x_0 \vee x_1}$	1	0	0	0	NOR (Peirce-Fkt.)	x_1 x_0 ≥1
	y_9^2	$x_0 \equiv x_1$	1	0	0	1	XNOR (Äquivalenz)	x_1 x_0 =
	y_{10}^2	$\overline{x_0}$	1	0	1	0	(Negation)	x_0 1
	y_{11}^2	$\overline{x_0} \wedge x_1$	1	0	1	1	Implikation	x_1 x_0 ≥1
	y_{12}^2	$\overline{x_1}$	1	1	0	0	(Negation)	x_1 1
	y_{13}^2	$x_0 \vee \overline{x_1}$	1	1	0	1	Implikation	x_1 x_0 ≥1
	y_{14}^2	$\overline{x_0 \wedge x_1}$	1	1	1	0	NAND (Sheffer-Fkt.)	x_1 x_0 &
	y_{15}^2	1	1	1	1	1	Einsfunktion	1 ——
Eingangsvariablen		x_1	0	0	1	1		
		x_0	0	1	0	1		
Kombination der Eingangsvariablen			X^0	X^1	X^2	X^3		

Abb. 7.9 Logische Funktionen von zwei Variablen

Logische Funktionen von n Variablen. Wie bereits oben beschrieben, lassen sich allgemein bei n Eingangsvariablen 2^n Kombinationen und damit 2^{2^n} logische Funktionen unterscheiden. Sie alle können durch geeignete Zusammenschaltung der wenigen logischen Grundfunktionen realisiert werden. Es sei in diesem Zusammenhang darauf hingewiesen, daß die UND– bzw. ODER–Funktion natürlich auch mit mehr als zwei Eingängen definiert werden kann. Zur Bedeutung und Veranschaulichung verwende man wieder das Modell der Reihen- bzw. Parallelschaltung von Schaltern.

Schaltsymbole für logische Funktionen. Oftmals ist die technische Realisierung und damit der innere Aufbau ohne Bedeutung, so daß man sich für die Darstellung von logischen Funktionen mit Schaltsymbolen begnügen kann. Zusammenfassend zeigt Abb. 7.10 die heute gebräuchlichen Schaltsymbole für die bekanntesten logischen Funktionen. Zusätzlich sind die Symbole nach der alten DIN–Norm sowie die amerikanische Schreibweise angegeben.

Ergänzend sei in diesem Zusammenhang auf die Darstellung der sog. „verdrahteten Logik“ (wired logic) hingewiesen. Abb. 7.11 zeigt dazu die grafische Wiedergabe einer UND– und einer ODER–Schaltung.

Bei der UND–Schaltung entsteht der Wert 1 am Ausgang immer nur dann, wenn alle die Ausgangslinie schneidenden und mit einem Kreuz markierten Eingangslinien den Wert 1 aufweisen (wired AND). Bei der ODER–Schaltung dagegen entsteht am Ausgang der Wert 1, wenn mindestens eine der die Ausgangslinie schneidenden und mit einem Kreis markierten Eingangslinien den Wert 1 aufweist (wired OR).

Diese Symbolik wird gerne benutzt, weil sie eine relativ einfache und übersichtliche Darstellung logischer Verknüpfungen erlaubt und auch der technischen Realisierung in moderner Integrationstechnik (z.B. programmierbare Logik, PLD) nahekommt. Da sie prinzipiell keine Auskunft gibt, welches die Eingänge bzw. die Ausgänge der logischen Verknüpfung sind, ist es zur besseren Orientierung zweckmäßig, Richtungspfeile zu verwenden, falls der Signalfluß nicht aus dem Kontext hervorgeht. In Abb. 7.11 sind bei der verdrahteten UND–Schaltung die Ausgänge waagerecht und bei der ODER–Schaltung senkrecht gezeichnet. Dies ist ohne tiefere Bedeutung und entspricht lediglich der Anordnung in späteren Beispielen.

Benennung	Formel	Schaltsymbole nach DIN 40700 (Teil 14)	alte Symbole	
			deutsch	amerikanisch
UND (AND)	$x_0 \wedge x_1$ $\left(\begin{array}{c} x_0\, x_1 \\ x_0 \cdot x_1 \end{array} \right)$	&		
ODER (OR)	$x_0 \vee x_1$ $(x_0 + x_1)$	≥1		
NAND	$\overline{x_0 \wedge x_1}$ $(x_0 \mid x_1)$	&		
NOR	$\overline{x_0 \vee x_1}$ $(x_0 \downarrow x_1)$	≥1		
XOR (Exclusive OR)	$x_0 \not\equiv x_1$ $\left(\begin{array}{c} x_0 \veebar x_1 \\ x_0 \oplus x_1 \end{array} \right)$	=	$\not\equiv$ $\oplus$	
Äquivalenz	$x_0 \equiv x_1$	=	$\equiv$	
Negation	$\overline{x}$ $(\neg\, x)$	1		

Abb. 7.10 Logische Funktionen und ihre Schaltsymbole

7.2.3 Rechenregeln der Schaltalgebra

Bisher haben wir von logischen Funktionen gesprochen und auf schaltalgebraische Darstellungen hingewiesen, ohne den Hintergrund dafür zu liefern. An dieser Stelle soll noch einmal kurz darauf eingegangen werden.

Um komplexere logische Schaltungen aus den vorgestellten logischen Grundfunktionen UND, ODER und Negation systematisch entwerfen oder analy-

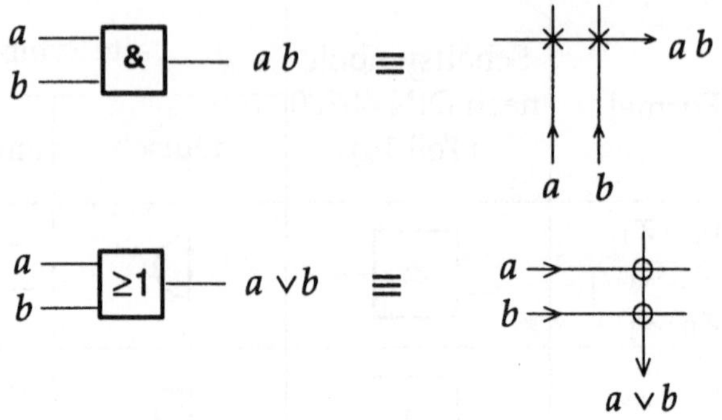

Abb. 7.11 Graphische Darstellung verdrahteter Logik (wired logic)

sieren zu können, benötigt man Hilfsmittel. Ein solches Hilfsmittel ist die *Schaltalgebra* (auch logische Algebra genannt), die eine mathematische Beschreibung logischer Verknüpfungsvorgänge erlaubt. Sie geht auf *Claude E. Shannon* zurück, der 1938 nachwies, daß die prinzipiellen Eigenschaften von Serien– und Parallelschaltungen von Schaltern mit der Schaltalgebra als einer speziellen Booleschen Algebra, die nur zwei verschiedene Aussagen kennt, beschrieben werden können. Shannon bezog sich dabei auf die *Boolesche Algebra*, eine algebraische Struktur, die der englische Mathematiker *George Boole* (1815–1864) als mathematisches Hilfsmittel zur systematischen und abstrakten Behandlung der Logik entwickelt hat.

Der bisher benutzte Begriff der logischen Funktion stellt nichts anderes dar als einen mit den Mitteln der Schaltalgebra beschriebenen logischen Zusammenhang, den man auch Schaltfunktion nennt. Eine *Schaltfunktion*, vereinfacht oft auch nur Funktion genannt, ist damit eine verbal oder formal darstellbare eindeutige Zuordnungsvorschrift, welche die Abhängigkeit einer Ausgangsvariablen von (binären) Eingangsvariablen aufzeigt. Da diese Variablen nur endlich viele Werte annehmen können, bezeichnet man sie als (in diesem Fall binäre) *Schaltvariable*.

Die Schaltalgebra wird heute zur formalen Beschreibung und Umformung von Schaltnetzen benutzt. Es soll an dieser Stelle allerdings ausdrücklich darauf hingewiesen werden, daß mit der symbolischen Beschreibungsweise lediglich die logische Funktion eines Schaltnetzes erfaßt wird, ohne dabei in irgendeiner Form die jeweiligen geräte– und schaltungstechnischen Randbedingungen zu berücksichtigen. Insofern kann und soll die Schaltalgebra nichts über technisch so wesentliche Punkte wie Schaltzeiten, Signallaufzeiten, Spannungstoleranzen oder Belastbarkeit einer (elektronischen) Schaltung aussagen. Für solche Fragestellungen müssen die Datenblätter der jeweiligen technischen Gatterrealisierungen herangezogen werden.

Aus der Definition der UND–, ODER– und Negations–Funktion lassen sich nun die Rechenregeln der Schaltalgebra ableiten, mit denen diese als algebraische Struktur charakterisiert wird. Die für den vorliegenden Rahmen notwendigen Regeln sind in Abb. 7.12 zusammenfassend dargestellt und bilden die Grundlage für eine Reihe von Vereinfachungsverfahren bei Schaltnetzen, um damit technische Vorteile zu erzielen.

Konjunktion	Disjunktion
Rechnen mit einer Variablen und 0 und 1	
$\overline{x} \wedge \overline{x} = \overline{x}$	$\overline{x} \vee \overline{x} = \overline{x}$
$\overline{x} \wedge x = 0$	$\overline{x} \vee x = 1$
$x \wedge x = x$	$x \vee x = x$
$\overline{x} \wedge 0 = 0$	$\overline{x} \vee 0 = \overline{x}$
$\overline{x} \wedge 1 = \overline{x}$	$\overline{x} \vee 1 = 1$
$x \wedge 0 = 0$	$x \vee 0 = x$
$x \wedge 1 = x$	$x \vee 1 = 1$
Kommutatives Gesetz	
$x_0 \wedge x_1 = x_1 \wedge x_0$	$x_0 \vee x_1 = x_1 \vee x_0$
Assoziatives Gesetz	
$x_0 \wedge x_1 \wedge x_2 = x_0 \wedge (x_1 \wedge x_2)$	$x_0 \vee x_1 \vee x_2 = x_0 \vee (x_1 \vee x_2)$
Distributives Gesetz	
$x_0 \wedge (x_1 \vee x_2) = (x_0 \wedge x_1) \vee (x_0 \wedge x_2)$	$x_0 \vee (x_1 \wedge x_2) = (x_0 \vee x_1) \wedge (x_0 \vee x_2)$
Aus dem distributiven Gesetz abgeleitete Vereinfachungsregel	
$(x_0 \vee x_1) \wedge (x_0 \vee \overline{x}_1) = x_0$	$(x_0 \wedge x_1) \vee (x_0 \wedge \overline{x}_1) = x_0$
De Morgan'sche Gesetze	
$\overline{x_0 \wedge x_1 \wedge x_2 \ldots} = \overline{x}_0 \vee \overline{x}_1 \vee \overline{x}_2 \ldots$	
$\overline{x}_0 \wedge \overline{x}_1 \wedge \overline{x}_2 \ldots = \overline{x_0 \vee x_1 \vee x_2 \ldots}$	

Abb. 7.12 Rechenregeln der Schaltalgebra

Zusätzlich beschreiben die beiden sog. *De Morgan'schen Gesetze* (*Augustus De Morgan*, 1806–1871) die auf dem Dualitätsprinzip beruhenden Beziehungen zwischen einer beliebigen Funktion und ihrem Komplement:

1. Das Komplement einer UND–Verknüpfung von Variablen ist gleich der ODER–Verknüpfung der Komplemente dieser Variablen:

$$\overline{x_0 \wedge x_1} = \overline{x}_0 \vee \overline{x}_1$$

2. Das Komplement einer ODER–Verknüpfung von Variablen ist gleich der UND–Verknüpfung der Komplemente dieser Variablen:

$$\overline{x_0 \vee x_1} = \overline{x}_0 \wedge \overline{x}_1$$

Das *Dualitätsprinzip* sagt aus, daß man die einer Funktion funktionell völlig gleichwertige *Komplementfunktion* erhält, indem man ODER mit UND bzw. UND mit ODER vertauscht und die Variablen invertiert.

Der Beweis der Rechengesetze kann durch einen Vergleich der Funktionstabellen für die linke und rechte Seite der Gleichung erfolgen. Als Beispiel wird in Abb. 7.13 das erste De Morgan'sche Gesetz für zwei Variablen bewiesen:

$$\overline{x_0 \wedge x_1} = \overline{x}_0 \vee \overline{x}_1$$

x_0	x_1	$x_0 \wedge x_1$	$\overline{x_0 \wedge x_1}$	$\overline{x}_0$	$\overline{x}_1$	$\overline{x}_0 \vee \overline{x}_1$
0	0	0	1	1	1	1
0	1	0	1	1	0	1
1	0	0	1	0	1	1
1	1	1	0	0	0	0

≡ q.e.d.

Abb. 7.13 Beweis des 1. De Morgan'schen Gesetzes

7.3 Darstellung von logischen Funktionen durch normierte Ausdrücke

Wie bereits angedeutet, können alle logischen Funktionen mit Hilfe der drei Grundfunktionen zusammengesetzt und realisiert werden. Dazu bedient man sich normierter Verfahren, die im folgenden besprochen werden sollen. Ausgehend von einer Funktionstabelle beschreiben solche sog. *Normalformen* eine logische Funktion in Gleichungsform.

7.3.1 Disjunktive Normalform (DNF)

Definition des Begriffes Minterm. Ein *Minterm* ist eine logische Funktion, die nur für eine einzige Eingangskombination aller n Eingangsvariablen oder deren Komplemente den Wert 1 ergibt und bei allen anderen Kombinationen den Wert 0; damit entspricht der Minterm einer konjunktiven Verknüpfung. Da alle Eingangsvariablen zu dem *Produktterm* beitragen, nennt man eine solche Verknüpfung auch eine vollständige Konjunktion oder *Vollkonjunktion*. Bei n Eingangsvariablen kann man entsprechend der Anzahl der Eingangskombinationen insgesamt 2^n unterscheidbare Minterme definieren.

Abb. 7.14 zeigt die vier möglichen Minterme K_0 bis K_3 bei zwei Eingangsvariablen anhand einer Funktionstabelle und in schaltalgebraischer Darstellung.

x_0	x_1	K_0	K_1	K_2	K_3
0	0	1	0	0	0
0	1	0	1	0	0
1	0	0	0	1	0
1	1	0	0	0	1

$$K_0 = \overline{x}_0\overline{x}_1$$
$$K_1 = \overline{x}_0 x_1$$
$$K_2 = x_0\overline{x}_1$$
$$K_3 = x_0 x_1$$

Abb. 7.14 Die vier möglichen Minterme bei zwei Eingangsvariablen

Bei gegebener Funktionstabelle läßt sich durch Überlagerung von Mintermen, d.h. durch eine disjunktive Verknüpfung (ODER), jede logische Funktion in normierter Form darstellen. Formal nennt man diese Art der Darstellung die *disjunktive Normalform (DNF)*. In der Literatur findet man dafür manchmal den Begriff kanonische disjunktive Normalform oder auch disjunktive kanonische Form.

Beispiel einer DNF. Abb. 7.15 zeigt beispielhaft eine Funktionstabelle mit drei Eingangsvariablen, in der zusätzlich die zur Erstellung der gesuchten logischen Funktion benötigten Minterme angegeben sind. Zunächst werden die einzelnen Minterme K_i aus den Eingängen bzw. den negierten Eingängen gebildet und zwar für jede Eingangskombination, für welche der Ausgang der Schaltung den Wert 1 annimmt:

$$\begin{aligned} K_0 &= \overline{x}_0 x_1 \overline{x}_2 \\ K_1 &= \overline{x}_0 x_1 x_2 \\ K_2 &= x_0 \overline{x}_1 x_2 \\ K_3 &= x_0 x_1 \overline{x}_2 \\ K_4 &= x_0 x_1 x_2 \end{aligned}$$

Die Konjunktionen K_0 bis K_4 enthalten alle Eingangsvariablen x_0, x_1, x_2 und werden deshalb vereinbarungsgemäß Vollkonjunktionen genannt.

Eingangsvariablen			Negationen			Minterme					Ausgangs-variable
x_0	x_1	x_2	$\overline{x}_0$	$\overline{x}_1$	$\overline{x}_2$	K_0	K_1	K_2	K_3	K_4	y
0	0	0	1	1	1	0	0	0	0	0	0
0	0	1	1	1	0	0	0	0	0	0	0
0	1	0	1	0	1	1	0	0	0	0	1
0	1	1	1	0	0	0	1	0	0	0	1
1	0	0	0	1	1	0	0	0	0	0	0
1	0	1	0	1	0	0	0	1	0	0	1
1	1	0	0	0	1	0	0	0	1	0	1
1	1	1	0	0	0	0	0	0	0	1	1

Abb. 7.15 **Funktionstabelle mit zusätzlicher Angabe der verwendeten Minterme**

Die disjunktive Normalform ist die disjunktive Verknüpfung aller Minterme, für welche die Ausgangsvariable y den Wert 1 annimmt; d.h., eine ODER–Schaltung (Disjunktion) sorgt dafür, daß alle einzelnen Minterme am Ausgang erscheinen:

$$y = K_0 \vee K_1 \vee K_2 \vee K_3 \vee K_4$$
$$y = \overline{x}_0 x_1 \overline{x}_2 \vee \overline{x}_0 x_1 x_2 \vee x_0 \overline{x}_1 x_2 \vee x_0 x_1 \overline{x}_2 \vee x_0 x_1 x_2$$

Die Abbildungen 7.16 und 7.17 zeigen zwei unterschiedliche schaltungstechnische Realisierungen der DNF.

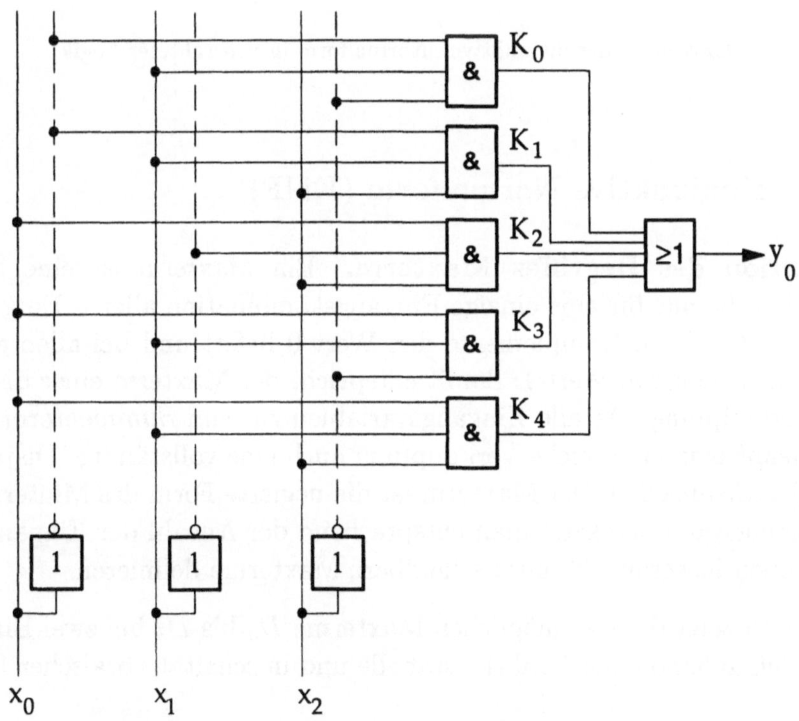

Abb. 7.16 Realisierung der disjunktiven Normalform

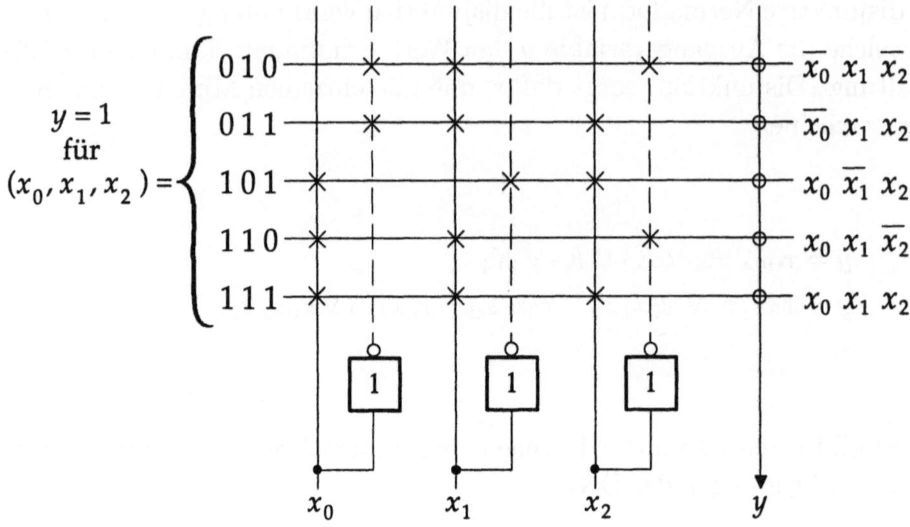

Abb. 7.17 Darstellung der disjunktiven Normalform in verdrahteter Logik

7.3.2 Konjunktive Normalform (KNF)

Definition des Begriffes Maxterm. Ein *Maxterm* ist eine logische Funktion die nur für eine einzige Eingangskombination aller n Eingangsvariablen oder deren Komplemente den Wert 0 liefert und bei allen anderen Kombinationen den Wert 1; damit entspricht der Maxterm einer disjunktiven Verknüpfung. Da alle Eingangsvariablen zu dem *Summenterm* beitragen, nennt man eine solche Verknüpfung auch eine vollständige Disjunktion oder *Volldisjunktion*. Der Maxterm ist die negierte Form des Minterms. Bei n Eingangsvariablen kann man entsprechend der Anzahl der Eingangskombinationen insgesamt 2^n unterscheidbare Maxterme definieren.

Abb. 7.18 zeigt die vier möglichen Maxterme D_0 bis D_3 bei zwei Eingangsvariablen anhand einer Funktionstabelle und in schaltalgebraischer Darstellung.

Bei gegebener Funktionstabelle läßt sich durch Überlagerung von Maxtermen, d.h. durch eine konjunktive Verknüpfung (UND), jede logische Funktion in normierter Form darstellen. Formal nennt man diese Art der Darstellung die *konjunktive Normalform (KNF)*. In der Literatur findet man dafür manchmal den Begriff kanonische konjunktive Normalform oder auch

x_0	x_1	D_0	D_1	D_2	D_3
0	0	0	1	1	1
0	1	1	0	1	1
1	0	1	1	0	1
1	1	1	1	1	0

$$D_0 = x_0 \vee x_1$$
$$D_1 = x_0 \vee \overline{x}_1$$
$$D_2 = \overline{x}_0 \vee x_1$$
$$D_3 = \overline{x}_0 \vee \overline{x}_1$$

Abb. 7.18 Die vier möglichen Maxterme bei zwei Eingangsvariablen

konjunktive kanonische Form. Sie stellt die duale Form zur disjunktiven Normalform dar.

Beispiel einer KNF. Abb. 7.19 zeigt analog zu Abb. 7.15 beispielhaft eine Funktionstabelle mit drei Eingangsvariablen, in der zusätzlich die zur Erstellung der gesuchten logischen Funktion benötigten Maxterme angegeben sind. Zunächst werden die einzelnen Maxterme D_i durch Invertierung der Eingangsvariablen gebildet und zwar für jede Eingangskombination, für welche der Ausgang der Schaltung den Wert 0 annimmt:

$$\begin{aligned} D_0 &= x_0 \vee x_1 \vee x_2 \\ D_1 &= x_0 \vee x_1 \vee \overline{x}_2 \\ D_2 &= \overline{x}_0 \vee x_1 \vee x_2 \end{aligned}$$

Die Disjunktionen D_0 bis D_2 enthalten alle Eingangsvariablen x_0, x_1, x_2 und werden deshalb vereinbarungsgemäß Volldisjunktionen genannt.

Die konjunktive Normalform ist die konjunktive Verknüpfung aller Maxterme, für welche die Ausgangsvariable y den Wert 0 annimmt; d.h., eine UND–Schaltung (Konjunktion) sorgt dafür, daß alle einzelnen Maxterme am Ausgang erscheinen:

$$\begin{aligned} y &= D_0 \wedge D_1 \wedge D_2 \\ &= (x_0 \vee x_1 \vee x_2) \wedge (x_0 \vee x_1 \vee \overline{x}_2) \wedge (\overline{x}_0 \vee x_1 \vee x_2) \end{aligned}$$

Die Abbildungen 7.20 und 7.21 zeigen zwei unterschiedliche schaltungstechnische Realisierungen der KNF. Ein Vergleich der schaltungstechnischen

Realisierungen von KNF und DNF zeigt, daß die KNF immer dann die weniger aufwendige Methode darstellt, wenn mehr Einsen als Nullen am Ausgang auftreten. Im Gegensatz dazu ist die DNF günstiger bei mehr Nullen als Einsen am Ausgang.

Eingangsvariablen			Negationen			Maxterme			Ausgangs-variable
x_0	x_1	x_2	$\overline{x}_0$	$\overline{x}_1$	$\overline{x}_2$	D_0	D_1	D_2	y
0	0	0	1	1	1	0	1	1	0
0	0	1	1	1	0	1	0	1	0
0	1	0	1	0	1	1	1	1	1
0	1	1	1	0	0	1	1	1	1
1	0	0	0	1	1	1	1	0	0
1	0	1	0	1	0	1	1	1	1
1	1	0	0	0	1	1	1	1	1
1	1	1	0	0	0	1	1	1	1

Abb. 7.19 Funktionstabelle mit zusätzlicher Angabe der verwendeten Maxterme

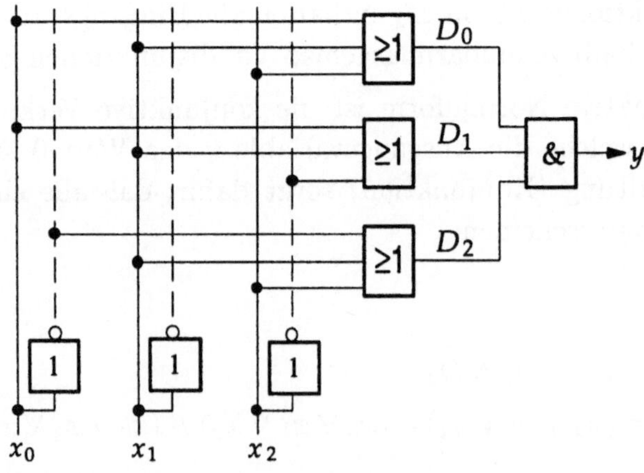

Abb. 7.20 Realisierung der konjunktiven Normalform

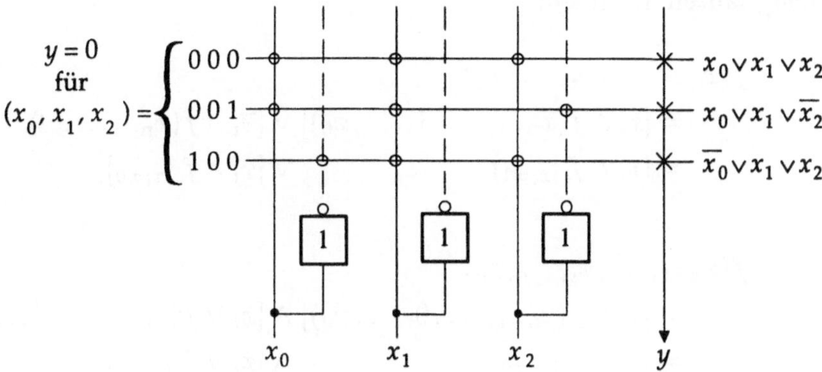

Abb. 7.21 Darstellung der konjunktiven Normalform in verdrahteter Logik

7.3.3 Entwicklungssatz nach Shannon

Grundsätzlich kann mit den vorgestellten Normalformen jede beliebige logische Funktion unabhängig von der Zahl der Variablen eindeutig dargestellt werden. Wir sind bisher davon ausgegangen, daß als Grundlage eine Funktionstabelle zur Verfügung steht, aus der sich die notwendige Normalform und damit die Schaltung direkt entwickeln läßt. Häufig jedoch ist ein beliebiger schaltalgebraischer Ausdruck Ausgangspunkt einer Aufgabe, der keiner der Normalformen entspricht. Um ihn nach unterschiedlichen Gesichtspunkten bewerten zu können, stellt sich deshalb oft die Aufgabe, ihn zu einer der Normalformen zu entwickeln.

Die nächstliegende Lösung ist sicher das Aufstellen einer Funktionstabelle, indem man den Ausdruck schrittweise für jede mögliche Belegung - evtl. über mehrere Zwischenstufen - auswertet. Dieser Weg ist in Abhängigkeit von der Komplexität des Audrucks oft langwierig und fehleranfällig. Dagegen bietet sich mit dem sog. *Entwicklungssatz* nach Shannon ein Verfahren an, das auf einer systematischen Vorgehensweise beruht. Ergänzend wollen wir uns kurz damit auseinandersetzen.

Der Entwicklungssatz gibt die Möglichkeit, eine von n Variablen abhängige Funktion in zwei Teilfunktionen mit je $n-1$ Variablen aufzutrennen. Die beiden zueinander dualen Formen dieser Trennung, auch Separation genannt [LTh96], lauten allgemein:

$$\begin{aligned} &f(x_{n-1},\ldots,x_i,\ldots,x_0) \\ &\quad = [x_i \wedge f(x_{n-1},\ldots,1,\ldots,x_0)] \vee [\overline{x}_i \wedge f(x_{n-1},\ldots,0,\ldots,x_0)] \\ &\quad = [x_i \wedge f\,|_{x_i=1}] \qquad\qquad\qquad \vee [\overline{x}_i \wedge f\,|_{x_i=0}] \end{aligned}$$

bzw.

$$\begin{aligned} &f(x_{n-1},\ldots,x_i,\ldots,x_0) \\ &\quad = [x_i \vee f(x_{n-1},\ldots,0,\ldots,x_0)] \wedge [\overline{x}_i \vee f(x_{n-1},\ldots,1,\ldots,x_0)] \\ &\quad = [x_i \vee f\,|_{x_i=0}] \qquad\qquad\qquad \wedge [\overline{x}_i \vee f\,|_{x_i=1}] \end{aligned}$$

Dabei bedeutet

$f\,|_{x_i=0}$: In der Funktion f wird die Variable $x_i = 0$ gesetzt; damit entfallen alle Terme, die x_i enthalten.

$f\,|_{x_i=1}$: In der Funktion f wird die Variable $x_i = 1$ gesetzt; damit entfallen alle Terme, die $\overline{x}_i$ enthalten.

Die beiden jeweils entstehenden Restfunktionen nennt man auch *Kofaktoren* von f nach der Variablen x_i.

Führt man das oben gezeigte Verfahren entsprechend fort, lassen sich Funktionen nacheinander nach weiteren Variablen bearbeiten. Im Extremfall entwickelt man nach allen vorhandenen Variablen und erhält schließlich konstante Restfunktionen mit dem Wert 0 bzw. 1. Dieser Wert entspricht genau dem Funktionswert für diejenige Belegung der Variablen, die beim sukzessiven Einsetzen gebildet wird.

Als Beispiel sei die Antivalenz–Funktion gegeben. Gesucht wird die zugehörige Disjunktive Normalform:

$$\begin{aligned} y &= x_1 \not\equiv x_2 \\ &= x_1(x_2 \not\equiv 1) \vee \overline{x}_1(x_2 \not\equiv 0) \\ &= x_2[x_1(1 \not\equiv 1) \vee \overline{x}_1(1 \not\equiv 0)] \vee \overline{x}_2[x_1(0 \not\equiv 1) \vee \overline{x}_1(0 \not\equiv 0)] \\ &= x_2x_1(1 \not\equiv 1) \vee x_2\overline{x}_1(1 \not\equiv 0) \vee \overline{x}_2x_1(0 \not\equiv 1) \vee \overline{x}_1\overline{x}_1(0 \not\equiv 0) \\ &= x_2x_1 0 \vee x_2\overline{x}_1 1 \vee \overline{x}_2x_1 1 \vee \overline{x}_2\overline{x}_1 0 \\ &= x_2\overline{x}_1 \vee \overline{x}_2x_1; \end{aligned}$$

7.3.4 Minimierung

Die Normalform einer gegebenen logischen Funktion ist oftmals redundant und stellt damit häufig nicht die einfachste Form dar. Einfach bedeutet in diesem Zusammenhang eine Darstellung mit möglichst wenigen Variablen und möglichst wenigen Verknüpfungen, so daß daraus resultierend die technische Realisierung einen geringeren Aufwand erfordert. Als Aufwand wird dabei die Summe sämtlicher Gattereingänge einer Schaltung angesehen. Sie gibt ganz grob den technischen Aufwand wieder, der zur Herstellung einer Schaltung notwendig ist bzw. bestimmt die zur Herstellung einer integrierten Halbleiterschaltung benötigte (Silizium–)Fläche. So stellen beispielsweise die beiden Ausdrücke „$abc \vee ab \vee a\bar{b}$" bzw. „$a$" ein und dieselbe Funktion dar. Die so vereinfachten Formen einer logischen Funktion heißen disjunktive bzw. konjunktive Minimalform (auch irredundante Form). Es sei in diesem Zusammenhang aber darauf hingewiesen, daß auch andere Kriterien zur Definition des Aufwands (z. B. Energieverbrauch) herangezogen werden können.

Das Aufsuchen solcher möglichst einfacher Lösungen zu einer gegebenen logischen Funktion nennt man *Minimierung*; damit sind Methoden angesprochen zur zweistufigen Realisierung einer logischen Funktion mit minimalem Aufwand. Die wichtigsten Verfahren beruhen auf den Gesetzen der Schaltalgebra, dem sog. KV–Diagramm, oder der Methode nach *Quine–McCluskey*. Wir wollen uns die ersten beiden Verfahren näher ansehen.

Minimierung mit Hilfe der Schaltalgebra. Grundlage aller Verfahren sind zwei bereits behandelte Gesetze der Schaltalgebra, nämlich

$$x \vee \bar{x} = 1 \quad und \quad x \wedge \bar{x} = 0$$

Lassen sich bei der Darstellung einer gegebenen logischen Funktion Paare von Termen finden, die sich lediglich dadurch unterscheiden, daß eine gemeinsame Eingangsvariable in nicht invertierter (direkter) bzw. invertierter Forn auftritt, so wird durch Ausklammern dieser Variablen genau eine der oben genannten Situationen erzeugt und damit eine Vereinfachung erzielt. Dabei kann ein Term ohne weiteres mehrfach zu einer Paarbildung herangezogen werden, sofern daraus letztlich eine Vereinfachung resultiert. Am besten vergegenwärtigen wir uns den Ablauf anhand eines Beispiels.

Gegeben sei die folgende aus fünf Mintermen bestehende Funktion:

$$y = \underset{(1)}{\bar{a}\,\bar{b}\,\bar{c}\,d} \vee \underset{(2)}{\bar{a}\,\bar{b}\,c\,\bar{d}} \vee \underset{(3)}{\bar{a}\,\bar{b}\,c\,d} \vee \underset{(4)}{\bar{a}\,b\,\bar{c}\,\bar{d}} \vee \underset{(5)}{\bar{a}\,b\,\bar{c}\,d}$$

Zunächst werden durch Umstellung der Terme Paare gebildet, wobei Term (5) hier zweckmäßigerweise doppelt verwendet wird:

$$y = \underset{(1)}{\bar{a}\,\bar{b}\,\bar{c}\,d} \vee \underset{(5)}{\bar{a}\,b\,\bar{c}\,d} \vee \underset{(2)}{\bar{a}\,\bar{b}\,c\,\bar{d}} \vee \underset{(3)}{\bar{a}\,\bar{b}\,c\,d} \vee \underset{(4)}{\bar{a}\,b\,\bar{c}\,\bar{d}} \vee \underset{(5)}{\bar{a}\,b\,\bar{c}\,d}$$

Durch Ausklammern ergeben sich nun Konstellationen, die den Fortfall der Klammerinhalte erlauben und damit zur gewünschten Vereinfachung der logischen Funktion führen:

$$y = \bar{a}\,\bar{c}\,d\,\underbrace{(\bar{b} \vee b)}_{=1} \vee \bar{a}\,\bar{b}\,c\,\underbrace{(\bar{d} \vee d)}_{=1} \vee \bar{a}\,b\,\bar{c}\,\underbrace{(\bar{d} \vee d)}_{=1}$$

$$y = \bar{a}\,\bar{c}\,d \vee \bar{a}\,\bar{b}\,c \vee \bar{a}\,b\,\bar{c}$$

Generell kann eine Paarbildung von Termen durchaus auf unterschiedliche Weise erfolgen, so daß sich für ein und dieselbe logische Funktion verschiedene gültige Minimierungsergebnisse bilden lassen.

Minimierung mit Hilfe von Karnaugh-Diagrammen. Ein wegen seiner Übersichtlichkeit besonders anschauliches Verfahren beruht auf dem weitverbreiteten Karnaugh–Veitch–Diagramm (Karnaugh–Diagramm oder oft auch *KV–Diagramm* genannt), einer graphischen Darstellung der Funktionstabelle bzw. logischen Funktion. Dieses in Matrixform angeordnete Diagramm wird eingesetzt, um die Nachbarschaftsverhältnisse der einzelnen Terme graphisch leichter sichtbar zu machen. Wie die Funktionstabelle stellt es eine Auflistung aller Kombinationen der Eingangsvariablen dar, wobei jedem Feld genau eine Kombination zugeordnet wird und sich beim Übergang zwischen Nachbarfeldern der Wert nur einer einzigen Variablen ändert. Bei n Variablen ergeben sich demnach 2^n Felder; dabei kann die Indizierung grundsätzlich beliebig sein, muß aber eindeutig sein (Beispiele in den Abbildungen 7.22 und 7.23).

Zur Darstellung einer in Normalform vorliegenden logischen Funktion in einem Karnaugh–Diagramm werden den einzelnen Feldern der Matrix im Falle

b \ a	0	1
0	$\bar{a}\bar{b}$ 0	$a\bar{b}$ 2
1	$\bar{a}b$ 1	ab 3

Abb. 7.22 Karnaugh-Diagramm mit zwei Variablen

c \ ab	00	01	11	10
0	$\bar{a}\bar{b}\bar{c}$ 0	$\bar{a}b\bar{c}$ 2	$ab\bar{c}$ 6	$a\bar{b}\bar{c}$ 4
1	$\bar{a}\bar{b}c$ 1	$\bar{a}bc$ 3	abc 7	$a\bar{b}c$ 5

Abb. 7.23 Karnaugh-Diagramm mit drei Variablen

der DNF die Minterme (als Einsen) bzw. im Falle der KNF die Maxterme (als Nullen) zugeordnet. Abb. 7.24 zeigt beispielhaft die Darstellung der bereits im schaltalgebraischen Verfahren verwendeten logischen Funktion in zwei KV–Diagrammen mit unterschiedlicher Indizierung.

Die Minimierung erfolgt analog zum schaltalgebraischen Verfahren durch Zusammenfassung von jeweils zwei benachbarten Feldern (in einer gedachten Schleife), wobei einzelne Terme auch mehrfach mit einbezogen werden können; weiterhin können Terme auch über die Ränder der Matrix hinaus erfaßt werden (siehe Abb. 7.25). Das Beispiel in Abb. 7.25 zeigt auch, daß man die einzelnen Terme evtl. auf verschiedene Weise zusammenfassen kann.

Angrenzende Zweier–Schleifen lassen sich u.U. zu Vierer–Schleifen vereinigen (Abb. 7.26a, b); entsprechendes gilt auch für weitere Zusammenfassungen (Abb. 7.26c, d). Isolierte Terme können dagegen nicht minimiert werden und müssen folglich vollständig wiedergegeben werden (siehe Beispiel Abb. 7.26a, „Einer–Schleife“).

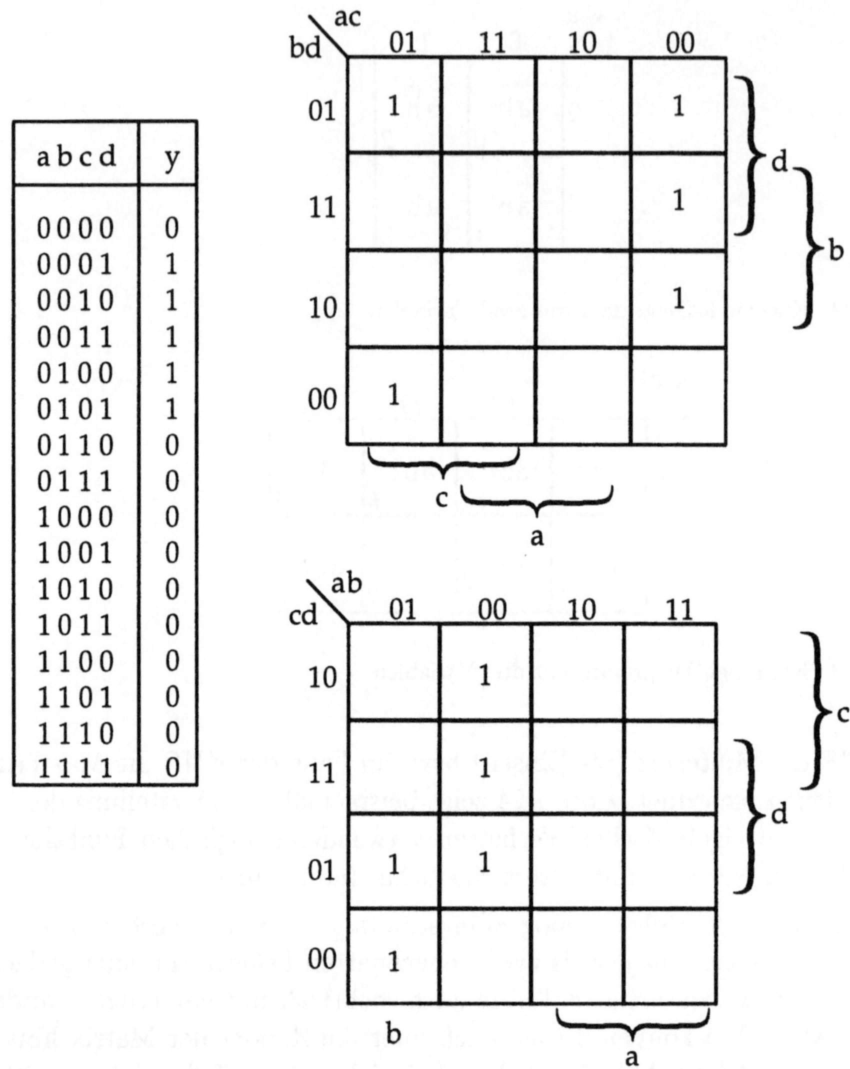

a b c d	y
0 0 0 0	0
0 0 0 1	1
0 0 1 0	1
0 0 1 1	1
0 1 0 0	1
0 1 0 1	1
0 1 1 0	0
0 1 1 1	0
1 0 0 0	0
1 0 0 1	0
1 0 1 0	0
1 0 1 1	0
1 1 0 0	0
1 1 0 1	0
1 1 1 0	0
1 1 1 1	0

Abb. 7.24 Beispiel in zwei KV–Diagrammen mit unterschiedlicher Indizierung

Bei bis zu vier Variablen ist das Karnaugh–Diagramm in der gezeigten zweidimensionalen Form anschaulich benutzbar. Für höhere Variablenzahlen und auch für vermaschte Netze gibt es algebraische Verfahren, die praktisch nur mit Rechnerunterstützung ausgewertet werden können (z.B. das bereits erwähnte Verfahren nach Quine–McCluskey [Wey68]).

Wegen der Dualität zwischen DNF und KNF kann die Minimierung nach Karnaugh ebenso auf die konjunktive Normalform angewendet werden; an-

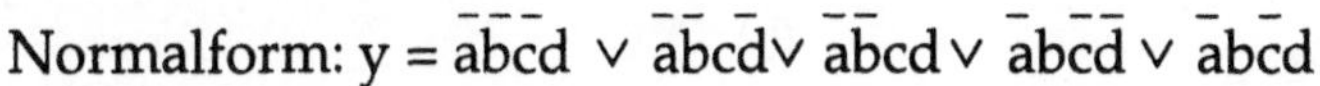

Normalform: $y = \bar{a}\bar{b}\bar{c}d \vee \bar{a}b\bar{c}\bar{d} \vee \bar{a}\bar{b}cd \vee \bar{a}\bar{b}c\bar{d} \vee \bar{a}b\bar{c}d$

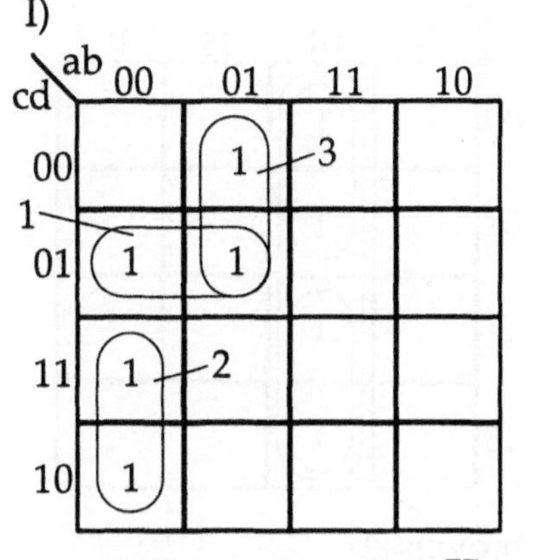

II)

Schleife 1 elim. b ⟶ $\bar{a}\bar{c}d$
Schleife 2 elim. d ⟶ $\bar{a}\bar{b}c$
Schleife 3 elim. d ⟶ $\bar{a}b\bar{c}$

Schleife 1 elim. c ⟶ $\bar{a}\bar{b}d$
Schleife 2 elim. d ⟶ $\bar{a}\bar{b}c$
Schleife 3 elim. d ⟶ $\bar{a}b\bar{c}$

Lösung I): $y = \bar{a}\bar{c}d \vee \bar{a}\bar{b}c \vee \bar{a}b\bar{c}$
Lösung II): $y = \bar{a}\bar{b}d \vee \bar{a}\bar{b}c \vee \bar{a}b\bar{c}$

Abb. 7.25 Beispiele für die Minimierung der gegebenen Funktion y mit vier Variablen mit Hilfe eines KV-Diagramms

statt der „Einsen“ werden dabei analog die „Nullen“ dargestellt und zusammengefaßt. Ein Beispiel dazu zeigt Abb. 7.27.

Don't Cares. Normalerweise ist bei logischen Funktionen in kanonischer Normalform allen Kombinationen der Eingangsvariablen ein definierter Wert der Ausgangsvariablen zugeordnet. Andererseits sind auch Funktionstabellen möglich, bei denen die Ausgangsvariablen wertmäßig nicht vollständig definiert sind. Für Eingangskombinationen, bei denen Ausgangswerte nicht definiert sind (*don't care Terme* bzw. *don't cares*), können im Zuge der Minimierung beliebige Ausgangswerte (0 oder 1) zugeordnet werden.

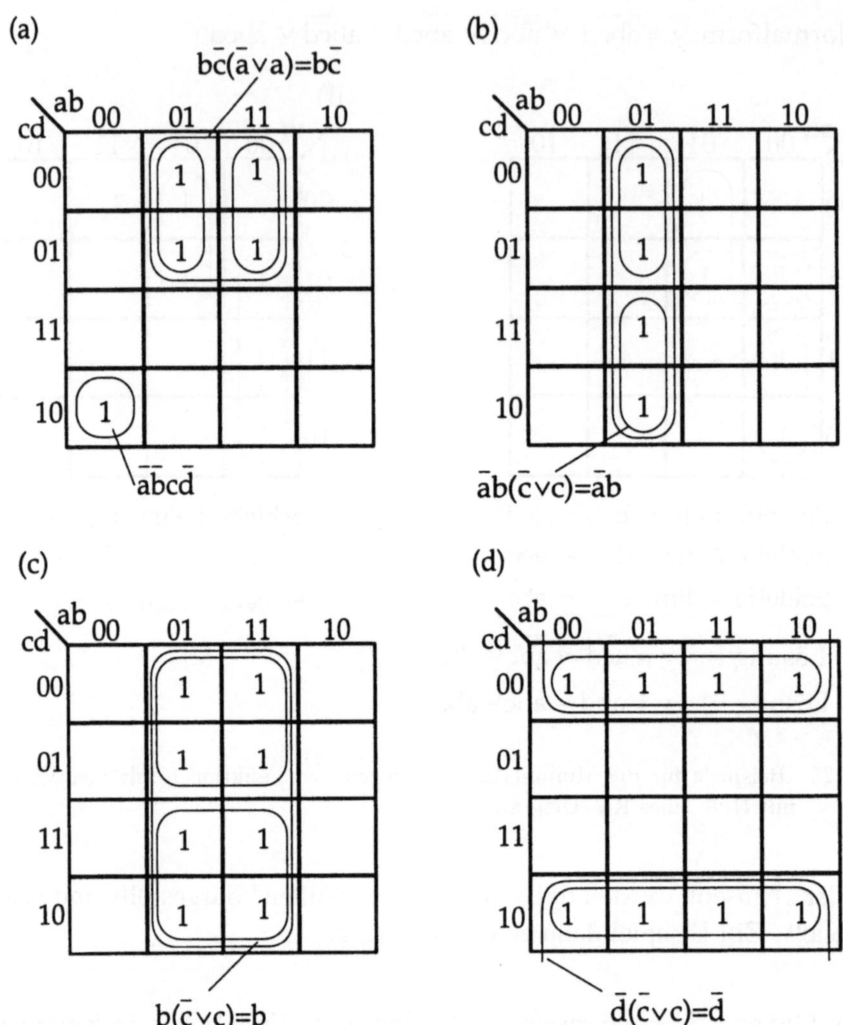

Abb. 7.26 Weitere Möglichkeiten der Zusammenfassung von vier und acht Feldern

Minimierung einer KNF

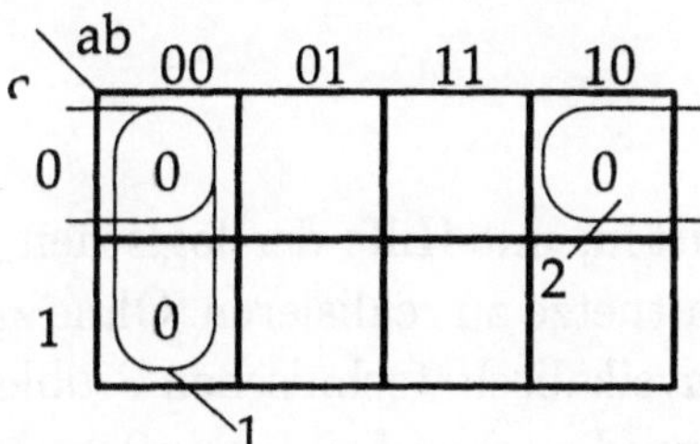

Schleife 1 elim. c ⟶ $a \vee b$
Schleife 2 elim. a ⟶ $b \vee c$

$$y_{KNF} = (a \vee b) \wedge (b \vee c)$$

Vergleich mit der Minimierung der DNF

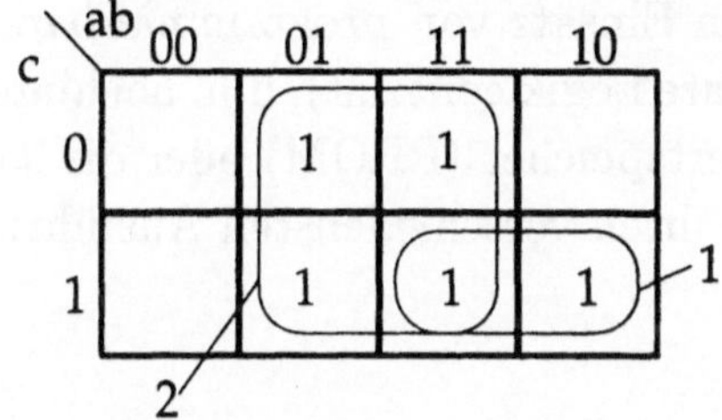

Schl.1 elim. b ⟶ ac
Schl.2 elim. a, c ⟶ b

$$y_{DNF} = ac \vee b$$

Ausrechnung nach dem distributiven Gesetz:

$$y_{DNF} = ac \vee b = (a \vee b) \wedge (b \vee c) = y_{KNF}$$

Abb. 7.27 Beispiel für die Minimierung einer KNF

7.4 Praktische Betrachtungen zum Schaltungsentwurf

Bisher haben wir nur den Weg beschritten, mit Hilfe der logischen Grundfunktionen und der Normalformen Schaltnetze zu realisieren. Ohne zunächst weiter auf die dabei auch zu lösenden physikalisch–technischen Probleme einzugehen, soll auf logischer Ebene ergänzend noch auf einige weitere Möglichkeiten der Schaltungsrealisierung bzw. –vereinfachung hingewiesen werden. Dabei beschränken wir uns hier auf die Realisierung mit einzelnen logischen Gattern und verzichten auf den Einsatz von *programmierbarer Logik* (verschiedentlich auch personalisierbare Logik genannt), d.h. hochintegrierte elektronische Schaltkreise wie Festwertspeicher (PROM) oder die sog. Programmable Logic Devices (PLDs) in ihren verschiedensten Ausführungsformen.

7.4.1 Die logischen Grundfunktionen und Normalformen mit NAND– und NOR–Schaltungen

In Abschnitt 7.2 haben wir bei den möglichen logischen Funktionen aus zwei Variablen auch *NAND* (*Sheffer–Funktion*) und *NOR* (*Peirce–Funktion*) kennengelernt. Über die Rechengesetze der Schaltalgebra kann jede der drei logischen Grundfunktionen, d.h. UND, ODER und Negation ausschließlich mit solchen NAND– bzw. NOR–Gattern realisiert werden (Abb. 7.28). Damit ist bewiesen, daß sowohl NAND– als auch NOR–Verknüpfungen vollständige logische Systeme darstellen, mit denen beliebige Schaltnetze verwirklicht werden können. Dies ist besonders interessant, da beide Gattertypen für bestimmte Schaltkreisfamilien charakteristisch sind, d.h. in bestimmten elektronischen Technologien besonders einfach realisiert werden können.

Wie Abb. 7.29 zeigt, läßt sich jede logische Funktion bzw. jedes Schaltnetz in disjunktiver Normalform (DNF) unmittelbar mit NAND–Gattern realisieren. Entsprechendes gilt für die konjunktive Normalform (KNF) und NOR–Gatter (Abb. 7.30). Es ist darauf hinzuweisen, daß bei diesen Umwandlungen die Topologie der Schaltung und die Eingangs– und Ausgangsvariablen völlig unverändert erhalten bleiben; lediglich die verschiedenen Zwischenwerte erscheinen in invertierter Form.

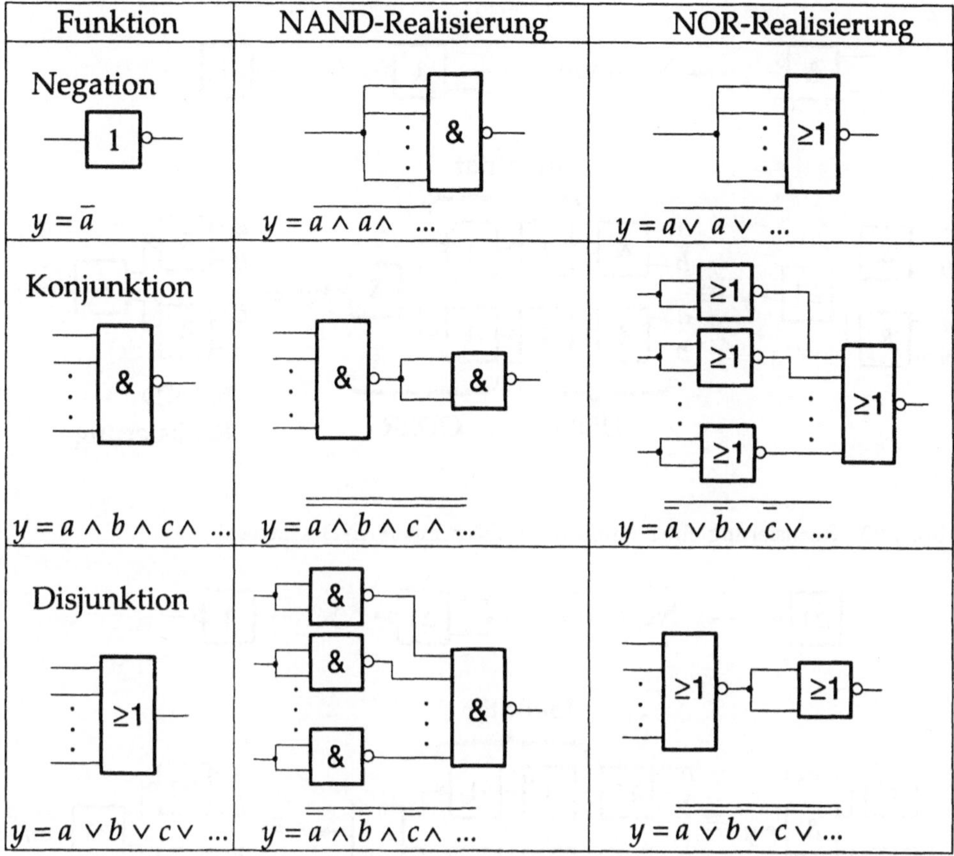

Abb. 7.28 Realisierung der Grundfunktionen mit NAND- und NOR-Gattern

7.4.2 Mehrstufigkeit

Durch die Realisierung einer Schaltung in mehr Stufen als die durch die Normalformen vorgegebenen lassen sich oftmals „Vereinfachungen" erzielen, z.B. durch die Einsparung von Gattereingängen und damit verbunden geringeren Leistungsverbrauch; manchmal liegt die Notwendigkeit des Einsatzes auch in einer begrenzten Lagerverfügbarkeit unterschiedlicher Gattertypen begründet. Ein Beispiel für die zwei- und dreistufige Realisierung ein und derselben logischen Funktion zeigt Abb. 7.31.

Einen wesentlichen Nachteil der Mehrstufigkeit stellt allerdings die Vergrößerung der Schaltzeit dar, die durch die Zahl der Stufen beeinflußt wird. Ein elektrisches Signal benötigt zum Durchlaufen eines jeden Gatters Zeit in der Größenordnung von Nanosekunden, die sich durch die Hintereinander-

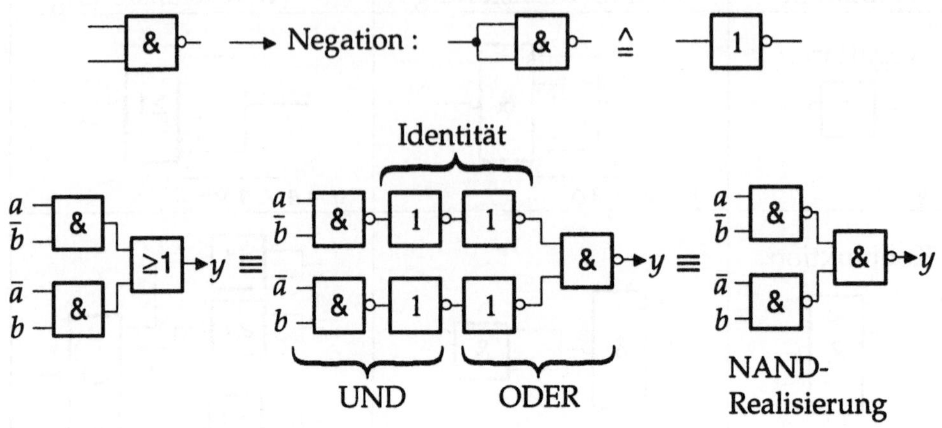

Abb. 7.29 Realisierung einer Funktion in DNF mit NAND–Gattern

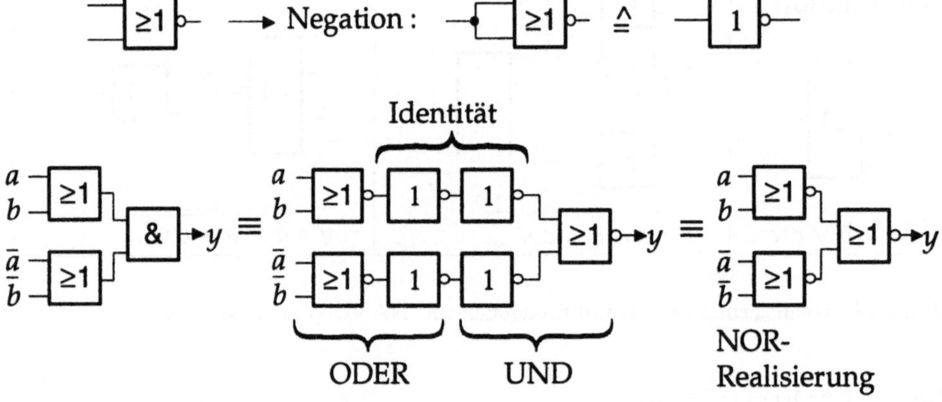

Abb. 7.30 Realisierung einer Funktion in KNF mit NOR–Gattern

schaltung aufsummieren und damit zu Problemen führen können. Die Realisierung einer Normalform dagegen bedeutet immer nur die Hintereinanderschaltung von höchstens drei Gattern, d.h. also drei Gatterlaufzeiten, wobei eine eventuelle Negation am Eingang bereits berücksichtigt ist.

7.4.3 Vermaschungen

Ein allgemeines Schaltnetz mit einer beliebigen Anzahl von Ausgangsvariablen kann durch Zusammenfügen der logischen Funktionen der einzelnen

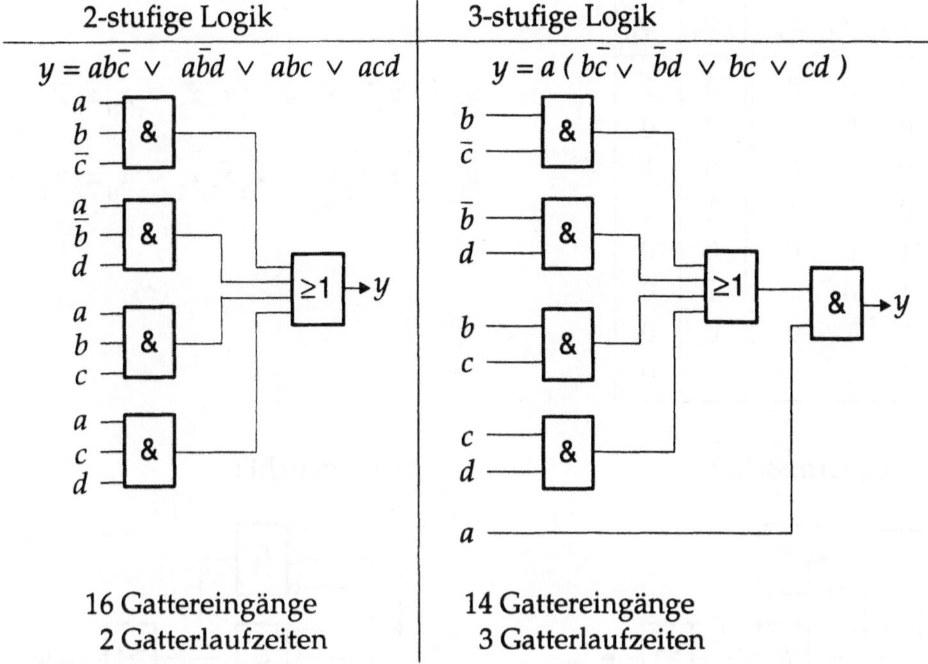

Abb. 7.31 Mehrstufige Schaltnetzrealisierung

Ausgangsvariablen ($y_0, y_1, \ldots$) realisiert werden. Abb. 7.32a zeigt dazu ein Beispiel mit den einzelnen Mintermen, die völlig getrennt voneinander realisiert wurden.

Wenn ein und derselbe Minterm für mehrere Ausgangsvariablen verwendet wird, kann er aus logischer Sicht auch problemlos mehrfach benutzt werden anstatt ihn mehrfach zu realisieren (es sei in diesem Zusammenhang allerdings darauf hingewiesen, daß sich die Lage aus elektrischer Sicht wegen des damit verbundenen FAN–IN bzw. FAN–OUT (siehe Abschnitt 7.4.4) eventuell problematischer darstellt).

Ein Beispiel zeigt Abb. 7.32b. Dort wird der Produktterm $x_0 x_1 \overline{x}_2$ gleichermaßen sowohl für die Ausgangsvariable y_0 als auch für y_1 verwendet, d.h. beide Funktionen sind miteinander vermascht.

7.4.4 Ergänzende Hinweise zur elektronischen Realisierung

Wir haben bisher bewußt nur die Realisierung der Schaltnetze mit Hilfe der Schaltalgebra, d.h. allein auf logischer Ebene, betrachtet und nur gelegent-

x_2	x_1	x_0	y_1	y_0
0	0	0	0	1
0	0	1	0	0
0	1	0	0	1
0	1	1	1	1
1	0	0	0	0
1	0	1	1	0
1	1	0	0	0
1	1	1	1	0

$$y_0 = \overline{x}_0\overline{x}_1\overline{x}_2 \vee \overline{x}_0 x_1 \overline{x}_2 \vee x_0 x_1 \overline{x}_2$$

$$y_1 = x_0 x_1 \overline{x}_2 \vee x_0 \overline{x}_1 x_2 \vee x_0 x_1 x_2$$

(a) unvermascht :

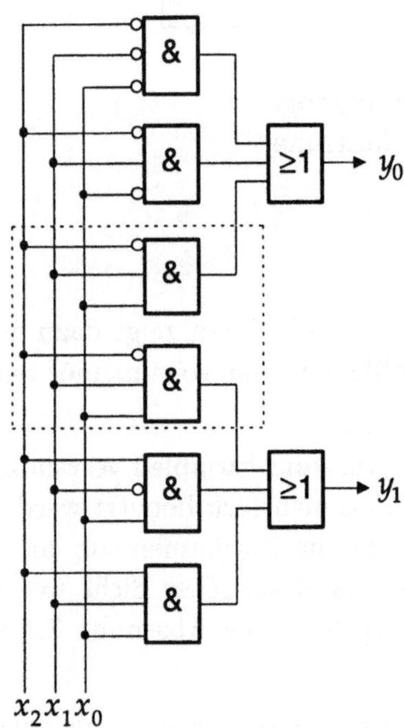

(b) vermascht :

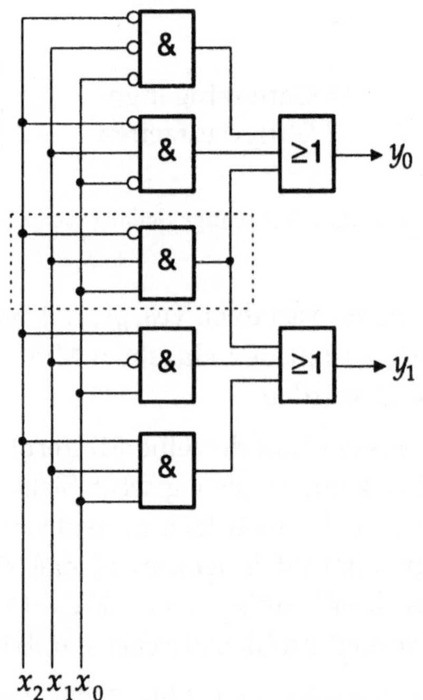

Abb. 7.32 Beispiel eines vermaschten Schaltnetzes

lich auf das eine oder andere Problem bei der (im Normalfall) elektronischen Realisierung hingewiesen. Tatsache ist aber, und darauf kann nicht eindringlich genug hingewiesen werden, daß der Aufbau logischer Funktionen nicht auf das einfache Zusammenstecken käuflicher elektronischer Gatterbausteine beschränkt ist, sondern wegen der vielen Randbedingungen und wegen sich teilweise gegenseitig ausschließender Zielstellungen sehr häufig die anspruchsvolle Lösung einer komplexen ingenieurwissenschaftlichen Aufgabe darstellt. Dabei spielen Begriffe wie z. B. Schaltzeiten, Energiebedarf, Standardisierung und Kosten eine wesentliche Rolle. Man sucht auch nicht nach irgendeiner Lösung, sondern ist bestrebt, eine der Aufgabenstellung angepaßte und wirtschaftliche Lösung zu erreichen.

Es soll deshalb abschließend kurz auf einige aus dem elektronischen Aufbau von Gattern resultierende Kenndaten und auf wirtschaftliche Überlegungen eingegangen werden.

Kenndaten von Schaltkreisen. Ein Blick auf die von den Herstellern logischer Bauelemente herausgegebenen Datenblätter ergibt selbst für einen sehr einfachen Schaltkreis einige Seiten an Information. Die wesentlichen Kenndaten eines typischen Schaltkreises zeigt Abb. 7.33.

Der Temperaturbereich gibt dem Entwickler an, wie kalt oder warm seine Schaltung werden darf, ohne daß dadurch die anderen Kenndaten des Bauelements unzulässig beeinflußt werden, d.h. ihrerseits die Bereichsgrenzen einhalten. Für den alltäglichen Einsatz, d.h. im Bereich von etwa 25°C, ist diese Wertangabe von untergeordneter Bedeutung; elektronische Komponenten sollen jedoch auch unter extremen klimatischen Bedingungen einwandfrei arbeiten.

Die verschiedenen Spannungswerte definieren die extremen Bedingungen für die Ein- bzw. Ausgänge (worst case). V_{OL} z.B. gibt die maximale Ausgangsspannung für den Fall an, daß der Ausgang den Wert 0 zeigt. Bei höheren Spannungen muß man davon ausgehen, daß der Baustein defekt ist.

Sehr wichtig sind die Angaben über die verschiedenen Ströme, die zwischen einzelnen Gattern fließen können. Abb. 7.33 kann man z.B. entnehmen, daß der Eingangsstrom in ein Gatter im (logischen) 1–Zustand, I_{IH}, maximal 40μA sein darf. Der maximale Strom in einen Ausgang im (logischen) 1–Zustand, I_{OH}, ist mit -400μA angegeben. Das Minuszeichen zeigt dabei an, daß der Strom aus dem Gatter herausfließt. Ströme fließen in einen Gatterausgang mit dem Wert 0 hinein und aus einem Gatterausgang mit dem Wert 1 heraus. In einem engen Zusammenhang mit diesen Strömen stehen die Angaben des FAN–IN und FAN–OUT.

FAN–OUT (FO, Ausfächerungsfaktor, Ausgangslastfaktor) ist die normierte Ausgangsbelastbarkeit. Die Normierung bezieht sich auf den Strom, den

Temperature range	(commercial)	0 C to	+	70°C	
Temperature range	(military)	−55 C to	+	125°C	
Operating voltage		5 V	+	5%	
Maximum Ratings					
Storage temperature		−65 C to	+	150°C	
Supply voltage		−0.5 V to	+	7 V	
DC input current		−30 mA to	+	5.0 mA	
DC Characteristics	Min.	Typ.		Max.	Units
V_{OH} output high voltage	2.7	3.4			V
V_{OL} output low voltage				0.4	V
V_{IH} input high voltage	2.0				V
V_{IL} input low voltage				0.8	V
I_{IL} input low current				−0.36	mA
I_{IH} input high current				40	μA
I_{OH} output high current				−400	μA
I_{OL} output low current				8	mA
Switching Characteristics					
t_{LH} low–to–high delay	10 ns (max.)				
t_{HL} high–to–low delay	12 ns (max.)				

Abb. 7.33 Beispiel für Schaltkreisdaten (Low-Power-Schottky-TTL)

ein Eingang einer einfachen Schaltung (NAND, NOR, ...) derselben Schaltungsfamilie (z.B. ECL, TTL, CMOS,...) benötigt, um den Wert 1 oder 0 richtig lesen zu können (zu Schaltungsfamilien siehe z.B. [Pau95]). D.h., ein FO von zehn bedeutet, daß dieser Ausgang mit maximal zehn Eingängen belastet werden darf, um auch bei ungünstigsten Voraussetzungen einwandfreies Arbeiten zu gewährleisten.

Gatter, deren Eingänge eine größere Last darstellen (XOR, komplexere Schaltungen), werden mit einem FAN–IN größer Eins (FI, Eingangslastfaktor) gekennzeichnet. Das *FAN–IN* gibt an, um welchen Faktor die Belastung größer ist als bei einfachen Schaltungen. Daraus ergibt sich, daß an jedem Punkt einer Schaltung die Summe aller FI kleiner gleich dem FO des damit verbundenen Ausgangs sein muß (Abb. 7.34).

Da verschiedene Schaltkreisfamilien z.T. sehr unterschiedliche Nennströme haben, kann auch ein einfacher Eingang für einen Ausgang einer anderen

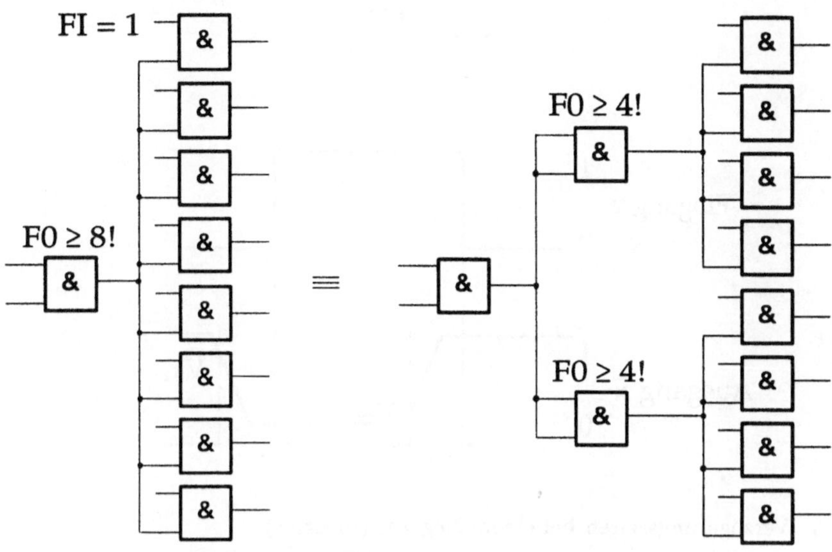

Abb. 7.34 Beispiel einer Schaltnetzrealisierung mit Begrenzung auf FAN–OUT = 4

Technik ein FI von größer Eins, aber auch kleiner Eins haben. So kann z.B. bei typischen Normalausgängen und –eingängen (FO=10, FI=1) ein „Low–Power–Schottky–TTL“(LSTTL)–Gatter nur zwei „Schottky–TTL“(STTL)–Eingänge treiben. Umgekehrt können „starke“ Ausgänge viele „schwache“ Eingänge treiben (z.B. ein STTL–Ausgang 50 LSTTL–Eingänge).

Weitere wichtige Kennwerte von logischen Bauelementen sind die verschiedenen Verzögerungszeiten, die bei einer seriösen Schaltungsrealisierung keinesfalls vernachlässigt werden dürfen. Abb. 7.35 zeigt die Verhältnisse bei einem einfachen Negator. Ein idealer Impuls am Eingang des Gatters wird mit deutlicher Verzögerung und Verschleifung seiner Flanken am Ausgang weitergegeben. Die Zeit t_{HL} ist die Verzögerungszeit zwischen der steigenden Flanke des Eingangsimpulses und dem Punkt, an dem der Gatterausgang den Wert V_{OL} erreicht hat. Umgedreht ist t_{LH} die Zeit zwischen der fallenden Flanke des Eingangs und dem Zeitpunkt, an dem der Ausgang den Wert V_{OH} erreicht hat.

Wirtschaftliche Überlegungen. Wirtschaftliche Überlegungen bei der Realisierung von logischen Schaltungen hängen eng mit der vorgesehenen Anwendung zusammen. Während z.B. bei Schaltungen für Satellitenmissionen Gewicht, Zuverlässigkeit und Leistungsverbrauch entscheidend sind, wird eine Schaltung für eine Waschmaschine allein nach den Kosten beurteilt.

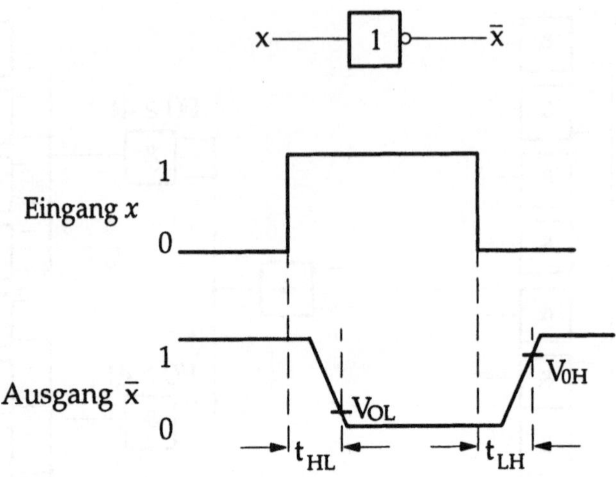

Abb. 7.35 Verzögerungszeiten bei einem Negator (Inverter)

Da alle Schaltungen eine große Anzahl unterschiedlicher elementarer logischer Funktionen verwenden, wird man versuchen, die Anzahl der notwendigen Gattertypen und damit die Anzahl der einzelnen integrierten Schaltkreise zu reduzieren. Oftmals liegt man mit einer etwas aufwendigeren Schaltung, die aber wenige unterschiedliche Schaltkreise verwendet, wesentlich günstiger. Eine andere Möglichkeit ist der Einsatz von hochintegrierten Schaltkreisen. Dazu gehören z.B. die ROMs (Read Only Memories), die in Abschnitt 8.1.3 kurz angesprochen werden und die man im sog. „Look Up Table"-Verfahren benutzen kann. Damit lassen sich Schaltkreise in disjunktiver Normalform unmittelbar realisieren. Ähnliche, aber erweiterte Möglichkeiten bietet das weite Gebiet der programmierbaren Logik, bei der wie bei den ROMs ursprünglich universelle hoch- und höchstintegrierte Bausteine durch Programmierung zur Realisierung von Schaltnetzen und auch Schaltwerken (siehe Abschnitt 7.6) herangezogen werden können. Schlagworte hierzu sind FPLA (Field Programmable Logic Array) oder PAL (Programmable Array Logic).

7.5 Beispiele für Standard-Schaltnetze

Im folgenden werden einige grundlegende Bausteine für Rechnerstrukturen vorgestellt, die Schaltnetze im anfangs definierten Sinne sind, d.h. kombinatorische Netzwerke, bei denen das Verhalten der Ausgänge allein von den jeweiligen Wertekombinationen der Eingangsvariablen bestimmt wird.

7.5.1 Halb- und Volladdierer

Die Addition als die einfachste binäre Rechenoperation gehört zu den grundlegenden Funktionen eines Rechners und wird normalerweise in der ALU (Arithmetic and Logic Unit) durchgeführt. Addierer sind Schaltnetze, die (vorzugsweise) Dualzahlen stellenweise (bitweise) addieren. Wir können uns deshalb beispielhaft auf Schaltnetze für die Addition zweier Dualziffern beschränken, deren Ausgangsvariablen die Summe der beiden Ziffern und den Stellenübertrag darstellen.

Halbaddierer. Ein *Halbaddierer* (HA) betrachtet die Werte zweier Ziffern als Eingangsvariablen und addiert sie zu einer Summe s und zu einem Übertrag c für die nächsthöhere Stelle. Er berücksichtigt damit allerdings keinen Übertrag von der (in der Reihenfolge der Wertigkeit) vorherigen Stelle als zusätzliche Eingangsvariable, was bei einer Addition z.B. der niederwertigsten Stellen a_0 bzw. b_0 zweier Dualzahlen A und B auch nicht notwendig ist (c_{-1} wäre in diesem Fall Null). Werden zwei Dualziffern addiert, ergibt sich daraus die in 7.36 dargestellte Funktionstabelle.

a_0	b_0	s_0	c_0
0	0	0	0
0	1	1	0
1	0	1	0
1	1	0	1

$$s_0 = \bar{a}_0 b_0 \vee a_0 \bar{b}_0 = (a_0 \not\equiv b_0)$$

$$c_0 = a_0 b_0$$

Abb. 7.36 Funktionstabelle des Halbaddierers

Anhand der beiden Funktionsgleichungen läßt sich leicht erkennen, daß eine weitere Vereinfachung mit Hilfe der Minimierung nicht möglich ist. So ergibt sich abschließend das in Abb. 7.37 gezeigte Schaltnetz.

Volladdierer. Bei der Addition höherwertigerer Stellen zweier Dualzahlen muß zusätzlich der Übertrag von der nächstniedrigeren Stelle berücksichtigt

Kurzsymbol: a_0 — H — s_0, b_0 — H — c_0

Unvermaschte Realisierung:

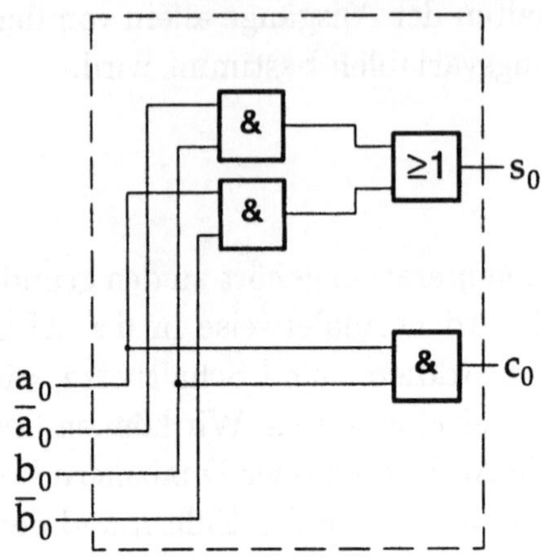

Vermaschte Realisierung:

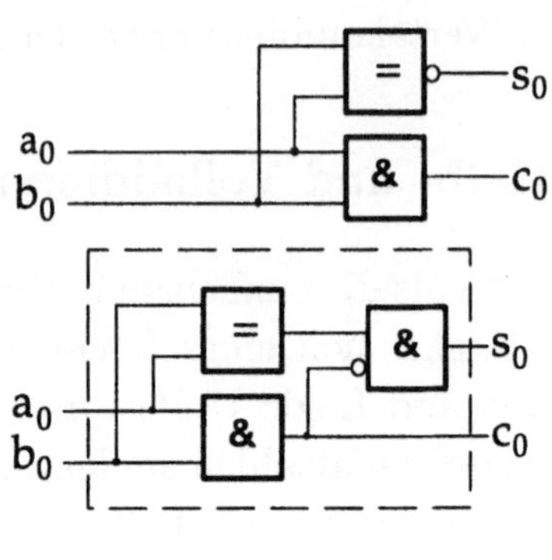

Abb. 7.37 Realisierung des Halbaddierers

werden, so daß drei Eingangsvariablen addiert werden müssen. Für diese Art Addition reicht ein Halbaddierer nicht mehr aus; vielmehr benötigt man dazu einen sog. *Volladdierer.*

$c_{\nu-1}$	a_ν	b_ν	c_ν	s_ν
0	0	0	0	0
0	0	1	0	1
0	1	0	0	1
0	1	1	1	0
1	0	0	0	1
1	0	1	1	0
1	1	0	1	0
1	1	1	1	1

Abb. 7.38 Funktionstabelle des Volladdierers

Ein solcher Volladdierer berücksichtigt bei der Addition zweier Dualziffern a_ν und b_ν auch den *Übertrag* $c_{\nu-1}$ der vorherigen Stelle. Aus der entsprechenden Funktionstabelle in Abb. 7.38 ergeben sich für Summe und Übertrag in DNF die Gleichungen

$$s_\nu = \bar{a}_\nu \bar{b}_\nu c_{\nu-1} \vee \bar{a}_\nu b_\nu \bar{c}_{\nu-1} \vee a_\nu \bar{b}_\nu \bar{c}_{\nu-1} \vee a_\nu b_\nu c_{\nu-1} \quad (7.1)$$

$$c_\nu = \bar{a}_\nu b_\nu c_{\nu-1} \vee a_\nu \bar{b}_\nu c_{\nu-1} \vee a_\nu b_\nu \bar{c}_{\nu-1} \vee a_\nu b_\nu c_{\nu-1} \quad (7.2)$$

und nach Minimierung der Gleichung für den Übertrag die disjunktive Form:

$$c_\nu = a_\nu b_\nu \vee a_\nu c_{\nu-1} \vee b_\nu c_{\nu-1} \quad (7.3)$$

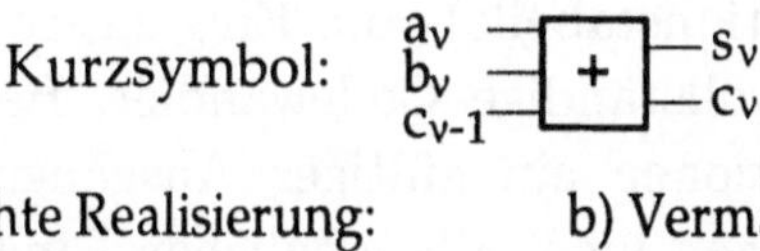

a) Unvermaschte Realisierung:

b) Vermaschte Realisierung:

Abb. 7.39 Realisierung des Volladdierers

Die in Abb. 7.39a wiedergegebene Realisierung beruht auf den Funktionsgleichungen (7.1) und (7.3); Abb. 7.39b dagegen zeigt ergänzend eine alternative vermaschte Lösung unter Verwendung von Halbaddierern.

7.5.2 Codewandler

Codewandler (Umsetzer) sind Schaltnetze, welche ganz allgemein die Aufgabe haben, Worte von einem Code in einen anderen umzuwandeln. Sie realisieren die Funktion einer Umwandlungstabelle und werden u.a. zur Kopplung digitaler Teilsysteme mit unterschiedlichen Codes und an der Schnittstelle digitaler Systeme (z.B. zur Ziffernanzeige digitaler Zähl- oder Rechenergebnisse) verwendet.

Führt man den Eingängen eines Codewandlers einen n Bit–Eingangsvektor (Eingangscodewort) zu, so tritt an seinen Ausgängen ein m Bit–Ausgangsvektor (Ausgangscodewort) auf, der in definierter Weise (entsprechend den Eintragungen in der Funktionstabelle) vom Eingangscodewort abhängt. Es gibt vollständige und unvollständige Codewandler. Bei ersteren ist jeder der 2^n Eingangskombinationen ein gültiger Ausgangsvektor zugeordnet. Bei letzteren werden dagegen nicht alle möglichen Eingangskombinationen berücksichtigt.

Besonders häufig werden die beiden speziellen Gruppen der Codierer und Decodierer verwendet.

Codierer. *Codierer* (Codeverschlüssler, Encoder) wandeln den „1 aus n"–Code in einen kompakteren Code um, meistens in den Dualcode. Sie codieren (verschlüsseln) jedes Einzelsignal und geben ihm einen Namen (Code). Abb. 7.40 zeigt das Symbol und die reduzierte Funktionstabelle, Abb. 7.41 die Realisierung mit Einzelgattern sowie in verdrahteter Logik. Es wird dabei vorausgesetzt, daß immer nur genau ein Eingangssignal aktiv (Wert 1) ist. Damit kann nur eine sehr begrenzte Auswahl der möglichen Eingangskombinationen auftreten und über die nur rudimentäre disjunktive Normalform ergibt sich eine dementsprechend einfache Realisierung. Entspricht die Zahl der Eingangsleitungen einer Zweierpotenz (n=n_0=2^m), werden mindestens m=ld n_0=ld n Leitungen für den Ausgangscode benötigt. Tritt der Fall $n < n_0$ auf, so muß ld n nach oben aufgerundet werden, um die notwendige Zahl an Ausgangsleitungen zu erhalten (m=$\lceil$ld $n\rceil$).

Decodierer. *Decodierer* (Codeentschlüssler, Decoder) arbeiten genau umgekehrt: Aus einem kompakten (meist Dual-)Code erzeugen sie einen „1 aus n"–Code. Sie „entschlüsseln" den Eingangscode und weisen jeder Eingangskombination genau ein Aktivsignal auf einer einzelnen Ausgangsleitung zu. Abb. 7.42 zeigt Kurzsymbol und Funktionstabelle, Abb. 7.43 mögli-

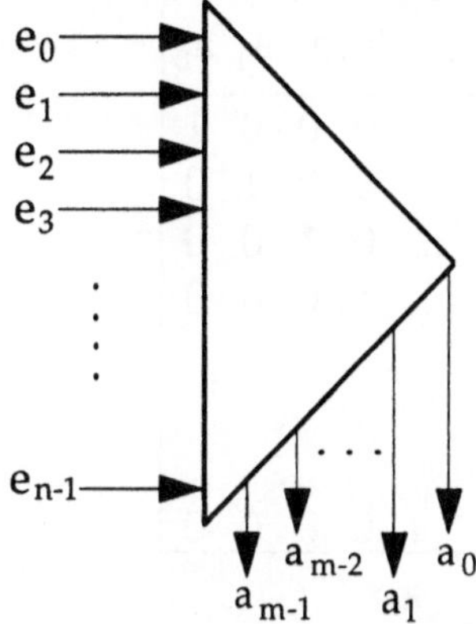

e_{n-1}...	e_3	e_2	e_1	e_0	a_{m-1}...	a_1	a_0
0 ...	0	0	0	1	0 ...	0	0
0 ...	0	0	1	0	0 ...	0	1
0 ...	0	1	0	0	0 ...	1	0
0 ...	1	0	0	0	0 ...	1	1
.		.			.		.
.		.			.		.
.		.			.		.
1 ...	0	0	0	0	1 ...	1	1

$m = \lceil \mathrm{ld}\, n \rceil$

Abb. 7.40 Kurzsymbol und Funktionstabelle eines Codierers

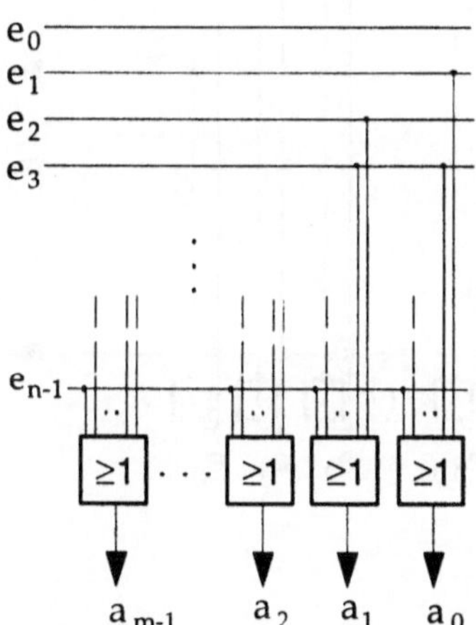

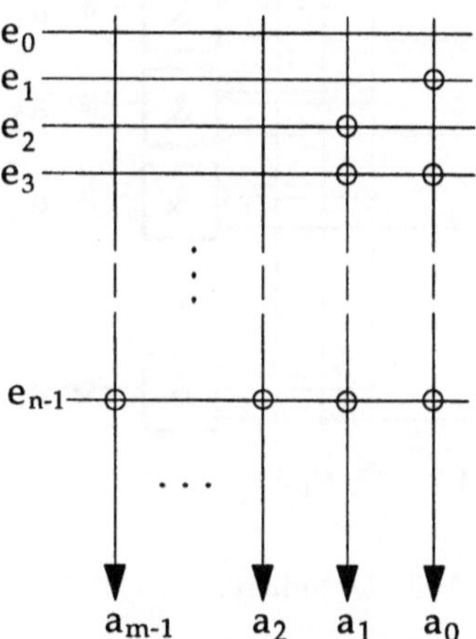

Abb. 7.41 Codierer

che Realisierungen des Decodierers. Die Zahl der Ausgangsleitungen m ist gleich der Zahl der benutzten Binärkombinationen der n Eingangsleitungen ($m = m_0 = 2^n$). Da die DNF für jede Ausgangsvariable nur jeweils aus einem Minterm besteht, fallen die schalttechnischen Lösungen wieder sehr einfach aus.

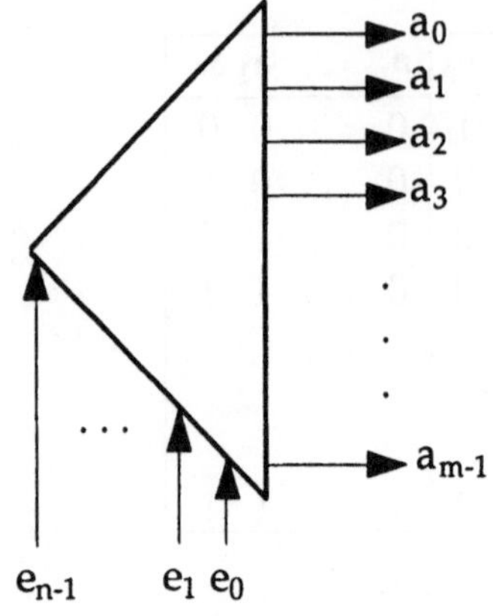

e_{n-1} ... $e_1 e_0$	a_{m-1} ... $a_3 a_2\ a_1\ a_0$
0 ... 0 0	0 ... 0 0 0 1
0 ... 0 1	0 ... 0 0 1 0
0 ... 1 0	0 ... 0 1 0 0
0 ... 1 1	0 ... 1 0 0 0
. .	. .
. .	. .
. .	. .
1 ... 1 1	1 ... 0 0 0 0

$m = 2^n$

Abb. 7.42 Kurzsymbol und Funktionstabelle eines Decodierers

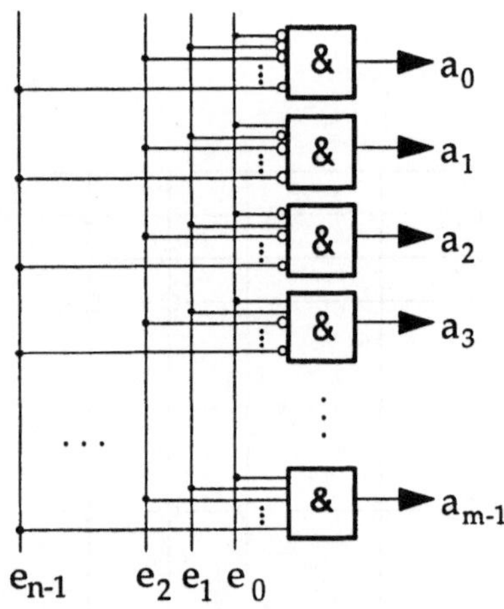

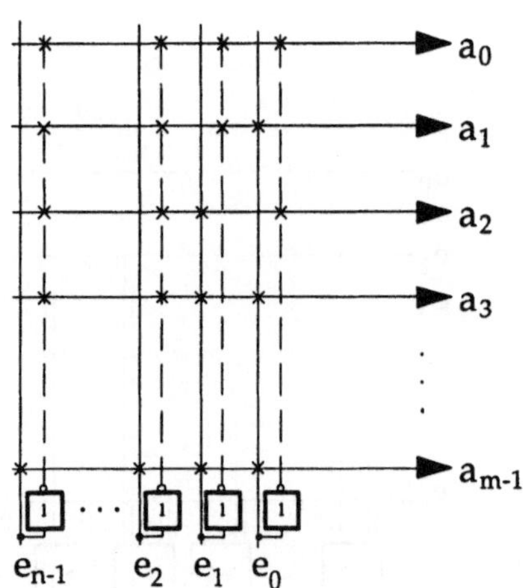

Abb. 7.43 Decodierer

7.5.3 Multiplexer und Demultiplexer

Sollen Informationen von einer Gruppe von Informationskanälen an eine andere übergeben werden, sind zur Durchschaltung der vielfältigen Übergabemöglichkeiten eigenständige Steuerungen notwendig. Dabei spielen „Schalter" für die Zuteilung eines aus n möglichen Informationswegen auf einen weiterführenden Kanal (*Multiplexer*) sowie die Zuordnung eines Kanals auf einen von n möglichen Kanälen (*Demultiplexer*) eine besondere Rolle.

Im folgenden sollen Multiplexer und Demultiplexer als regelmäßige Anordnungen von Gattern und Decodierern betrachtet werden. Dabei werden die Eingänge $E = (e_{n-1}, \ldots, e_i, \ldots, e_0)$ eines Schalters in Abhängigkeit von zusätzlichen Steuereingängen $S = (s_{n-1}, \ldots, s_i, \ldots, s_0)$ an die Ausgänge $A = (a_{n-1}, \ldots, a_i, \ldots, a_0)$ durchgeschaltet.

Multiplexer. Wir gehen zunächst von einem Schaltnetz aus, das in Abhängigkeit von Steuereingängen s_i die entsprechenden Eingänge e_i an die zugeordneten Ausgänge a_i durchschaltet. Die disjunktive Verknüpfung aller dieser Ausgänge liefert den Ausgang a, der damit zunächst die Überlagerung aller angesteuerten und damit aktiven Eingänge bildet. Verbindet man nun zusätzlich die Steuereingänge dieses sog. Mischers mit den Ausgängen eines Decodierers (1 aus n), erhält man als Gesamtanordnung einen Multiplexer (kurz MUX genannt), der in Abhängigkeit vom Steuervektor S^* lediglich einen damit ausgewählten Eingang e_i an den zugeordneten Ausgang a_i durchschaltet (Abb. 7.44). Der Steuervektor S^* wirkt dabei wie eine Art Adresse, welche die Auswahl eines einzigen Eingangs (anstatt der Überlagerung mehrerer Eingangssignale) zur Durchschaltung an den Ausgang erlaubt.

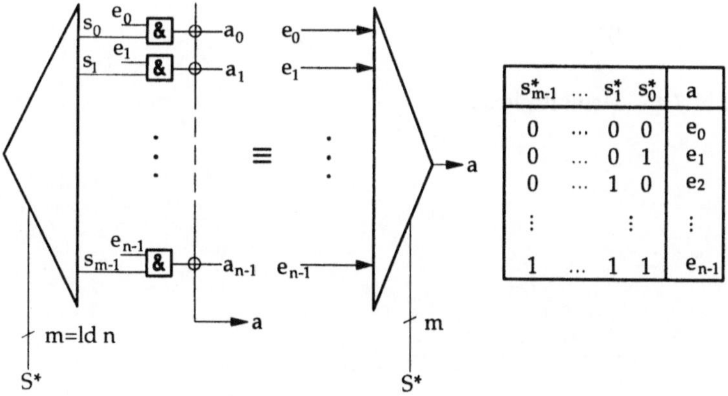

s^*_{m-1}	...	s^*_1	s^*_0	a
0	...	0	0	e_0
0	...	0	1	e_1
0	...	1	0	e_2
⋮		⋮		⋮
1	...	1	1	e_{n-1}

Abb. 7.44 Multiplexer

Demultiplexer. Hier betrachten wir genau den umgekehrten Fall. In Abhängigkeit von mehreren (n) Steuereingängen s_i wird ein Eingang e an die zugeordneten Ausgänge a_i durchgeschaltet. Man erhält damit zunächst einen Verteiler. Verbindet man zusätzlich dessen Steuereingänge mit den Ausgängen eines Decodierers (1 aus n), erhält man den Demultiplexer, kurz DEMUX genannt. In Abhängigkeit vom Steuervektor S^*, der hier ebenfalls als Adresse zu interpretieren ist, wird der Eingang e zum entsprechenden Ausgang a_i durchgeschaltet (Abb. 7.45).

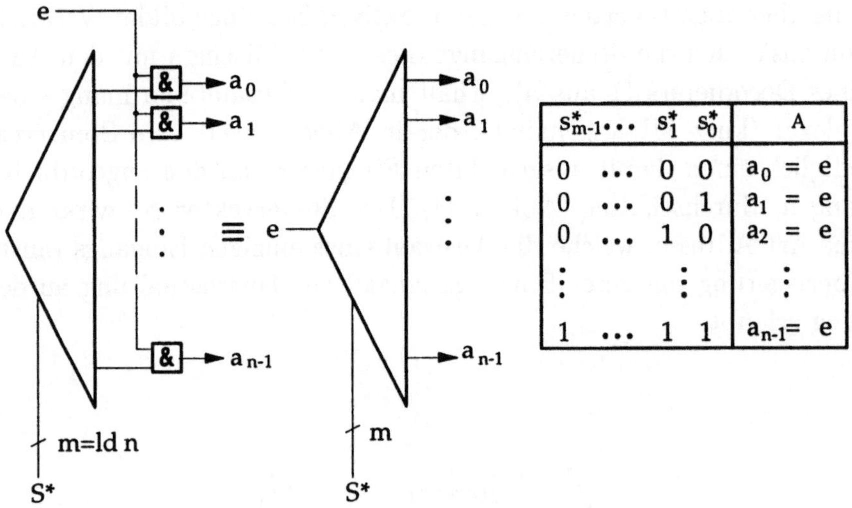

s^*_{m-1} …		s^*_1	s^*_0	A
0	…	0	0	a_0 = e
0	…	0	1	a_1 = e
0	…	1	0	a_2 = e
⋮		⋮		⋮
1	…	1	1	a_{n-1} = e

Abb. 7.45 Demultiplexer

7.6 Schaltwerke

7.6.1 Definition

Mit den Schaltnetzen wurden bisher lediglich Verknüpfungsschaltungen beschrieben, deren Ausgangsvariablen allein von den augenblicklichen Wertekombinationen der Eingangsvariablen bestimmt werden. *Schaltwerke* (sequential networks) dagegen sind Schaltungen, bei denen die Ausgangsfunktionen darüber hinaus zusätzlich auch von Speicherinhalten innerhalb der Schaltung selbst, dem sog. inneren Zustand, abhängen. Dazu werden zusätzliche Speicherelemente benötigt, die in der Lage sind, Informationen für eine bestimmte Zeit (τ) zu speichern bzw. zu verzögern. Damit bestimmen aktuelle Eingangsdaten und derzeitiger innerer Zustand zusammen die aktuellen Ausgangsdaten und den nächsten inneren Zustand eines Schaltwerks. Dieser kann sich über die Zeit verändern, ist also dynamisch; zusätzlich wird damit der Zeitpunkt bedeutsam, zu dem ein Schaltwerk betrachtet wird.

Abb. 7.46 zeigt den prinzipiellen Aufbau eines Schaltwerks, bestehend aus dem Schaltnetz und zusätzlichen Speicher–Verzögerungselementen in der Rückkopplungsschleife.

Man kann die Speicherelemente zu einem sog. *Zustandsregister* Z zusammenfassen[1], dessen Ausgänge mit $Z = z_0, z_1, \ldots, z_{m-1}$ benannt werden. Die Eingänge des Zustandsregisters dagegen werden mit $Z' = (z'_0, z'_1, \ldots, z'_{m-1})$ bezeichnet. Der Eingangsvektor $X = (x_0, \ldots, x_{n-1})$ und der Ausgangsvektor $Y = (y_0, \ldots, y_{p-1})$ des Schaltwerks sind Teile der Eingänge (X, Z) und Ausgänge $(Y, \ Z')$ des kombinatorischen Schaltnetzes N.

Die *Rückkopplung* von Z' auf Z kann unterschiedlich gestaltet werden. Wird die speichernde Wirkung allein durch die Signallaufzeiten auf den Rückkopplungsleitungen (technisch häufig problematisch!) oder durch ungetaktete Verzögerungselemente bewirkt, so spricht man von einem *asynchronen Schaltwerk*. Erfolgt dagegen der Übergang von einem stabilen inneren Zustand in einen stabilen Folgezustand in Abhängigkeit von einem zusätzlichen *Zeitsignal* (*Takt*, clock), so spricht man von einem *synchronen Schaltwerk*.

Die weitaus größere technische Bedeutung haben die synchronen Schaltwerke, bei denen alle inneren Prozesse gemeinsam durch den Takt ausgelöst werden. Damit nehmen nicht nur die einzelnen Signalvektoren (X, Y, Z, etc.)

---
[1]Register werden in Kapitel 8 näher betrachtet

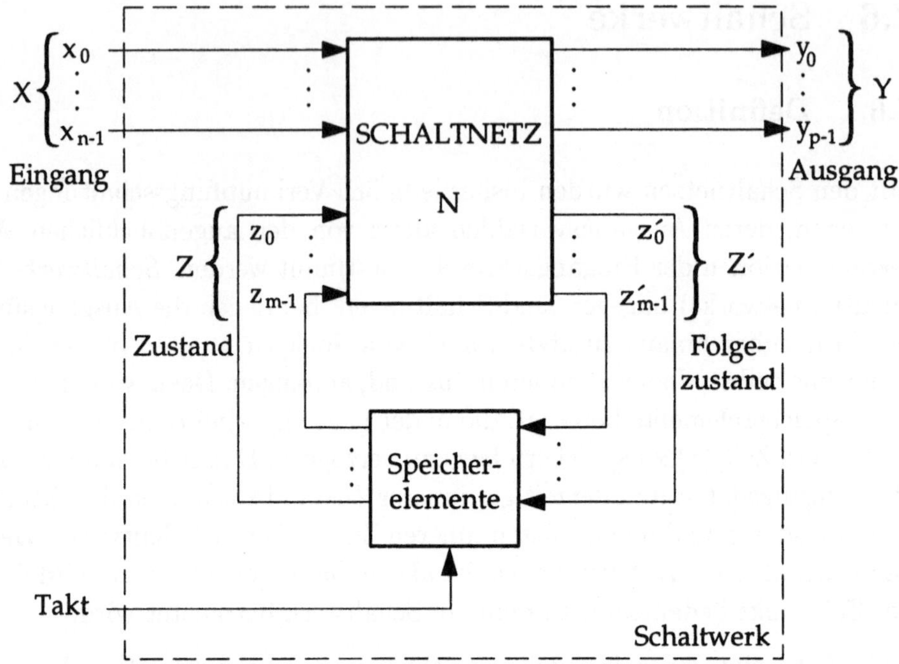

Abb. 7.46 Blockschaltbild eines Schaltwerks

endlich viele digitale Werte an, sondern auch die Zeit wird in diskrete Taktintervalle eingeteilt. Man spricht dann z.B. von einem aktuellen *Zustand* $(t = n)$, einem vorherigen Zustand $(t = n - 1)$ und einem nachfolgenden Zustand $(t = n + 1)$. Dabei löst der Folgezustand Z' des aktuellen, n–ten Taktintervalls den Zustand des Schaltwerks für das nächste, $(n + 1)$–te Taktintervall aus:

$$Z^{n+1} = Z'^{n} \qquad \text{Folgezustand}$$

Der *Folgezustand* als weiterer Vektor am Ausgang des Schaltnetzes ist i.a. ebenfalls abhängig vom aktuellen Zustand Z^n und dem Eingangsvektor X^n des Schaltwerks. Wir nennen diese funktionale Beziehung die Übergangsfunktion δ:

$$Z^{n+1} = Z'^{n} = \delta(Z^n, X^n) \qquad \text{Übergangsfunktion}$$

Die Grundlage für die formale Behandlung von Schaltwerken liefert das Modell des *endlichen Automaten* (finite state automaton, FSA), der bereits in

Abschnitt 3.3 formal behandelt wurde. Ein Schaltwerk stellt nichts anderes dar als die Realisierung eines endlichen deterministischen Automaten. Im Unterschied zur abstrakten Darstellung in Abschnitt 3.3 verwenden wir für die technische Realisierung die folgende Darstellung, wobei X, Y und Z Vektoren von binären Werten sind:

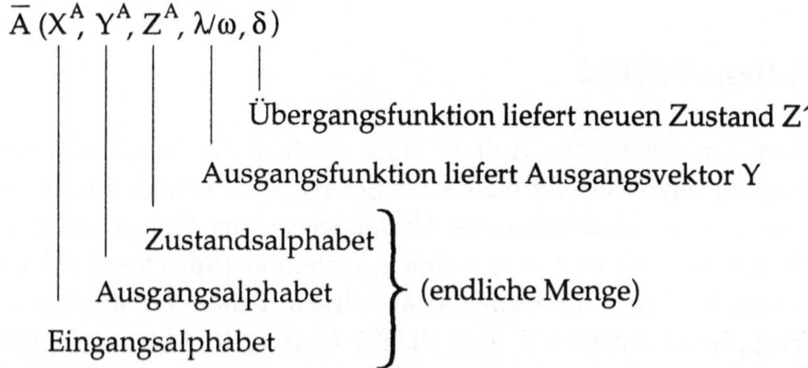

Ebenso wie Schaltnetze lassen sich grundsätzlich auch Schaltwerke durch eine Funktionstabelle beschreiben. Zusätzlich zu den Eingängen sind dabei aber alle internen Zustände als unabhängige Variablen aufzuführen:

z.B.:

z^n	x_1^n	x_2^n	z^{n+1}	y^n
0	0	0	.	.
.	.	.	.	.

Die Synthese von Schaltwerken wird hier nicht näher behandelt.

7.6.2 Flipflops

Das Zustandsregister eines Schaltwerks wird in den meisten Fällen aus sog. Flipflops gebildet. Unter einem *Flipflop* (FF) versteht man ein elementares binäres Speicherelement, das ein Bit Information speichern kann. Mit Hilfe einer geeigneten Ansteuerung können genau zwei stabile Zustände dargestellt werden. Elektrisch gesehen ist das Flipflop ein bistabiler Multivibrator.

Jedes Flipflop kann für sich als rudimentäres asynchrones Schaltwerk beschrieben werden, das genau eine Zustandsvariable besitzt, hier Q genannt;

der Ausgangswert ist dabei fest mit dem Zustandswert gekoppelt und hängt damit nicht direkt von den Werten der Eingangsvariablen ab. Neben den Gattern zählt das Flipflop zu den wichtigsten Grundelementen digitaler Schaltungen; es wird z.B. als Grundbaustein für Register oder Speicher, Zähler und Frequenzteiler eingesetzt.

7.6.2.1 RS-Basis-Flipflop

Wie sieht nun der prinzipielle Aufbau eines solchen Flipflop aus? Führt man den Ausgang eines Gatters oder eines Schaltnetzes wieder auf den eigenen Eingang zurück, erhält man eine Abhängigkeit vom eigenen aktuellen Zustand. Diese kann sich in einem stabilen Verhalten (Speichern) oder in einem instabilen Verhalten (Schwingen) auswirken. Schaltet man dagegen in die Rückkopplungsschleife z.B. des ODER–Gatters in Abb. 7.47a noch ein UND–Gatter mit einem zusätzlichen Steuereingang, so ergibt sich ein Element mit zwei einstellbaren stabilen Zuständen. Man bezeichnet einen Punkt der Ringstruktur als den Ausgang mit dem Namen Q und spricht von einem „gesetzten Flipflop“, wenn $Q = 1$ ist, und von einem „rückgesetzten Flipflop“, wenn $Q = 0$ ist. In Abhängigkeit von den beiden Steuereingängen S (set) und R (reset) können die Funktionen Speichern, Setzen und Rücksetzen ausgeführt werden.

Ein solches Element nennt man *RS–Basis–Flipflop* ; eine Umformung nach De Morgan führt zu der bekannten Struktur aus zwei kreuzweise rückgekoppelten NOR-Gattern (Abb. 7.47b). Das Schaltsymbol und die dieser Realisierung zugrundeliegende Funktionstabelle sind in den Abbildungen 7.47c und 7.47d dargestellt.

Sind beide Eingänge im Ruhezustand $(R, S) = (0, 0)$, dann wird der aktuelle Zustand gespeichert; er entspricht dem „alten Zustand“ ($Q = Q_{old}$). Ist nur S aktiv, ($(R, S) = (0, 1)$), dann wird das Flipflop gesetzt ($(Q, \overline{Q}) = (1, 0)$); ist dagegen nur R aktiv, ($(R, S) = (1, 0)$), dann wird das Flipflop zurückgesetzt ($(Q, \overline{Q}) = (0, 1)$).

Sind beide Eingänge gleichzeitig aktiv, ($(R, S) = (1, 1)$), dann zeigen beide Ausgänge den Wert 0 ($(Q, \overline{Q}) = (0, 0)$). Dies stellt einen besonderen Zustand dar, da die beiden Ausgänge normalerweise immer invers zueinander sind; schon aus diesem Grunde könnte man diesen Zustand als unzulässig betrachten. Problematischer wirkt sich allerdings der Übergang von dort in die Speicherfunktion aus ($(R, S) = (1, 1) \rightarrow (0, 0)$). Theoretisch geht

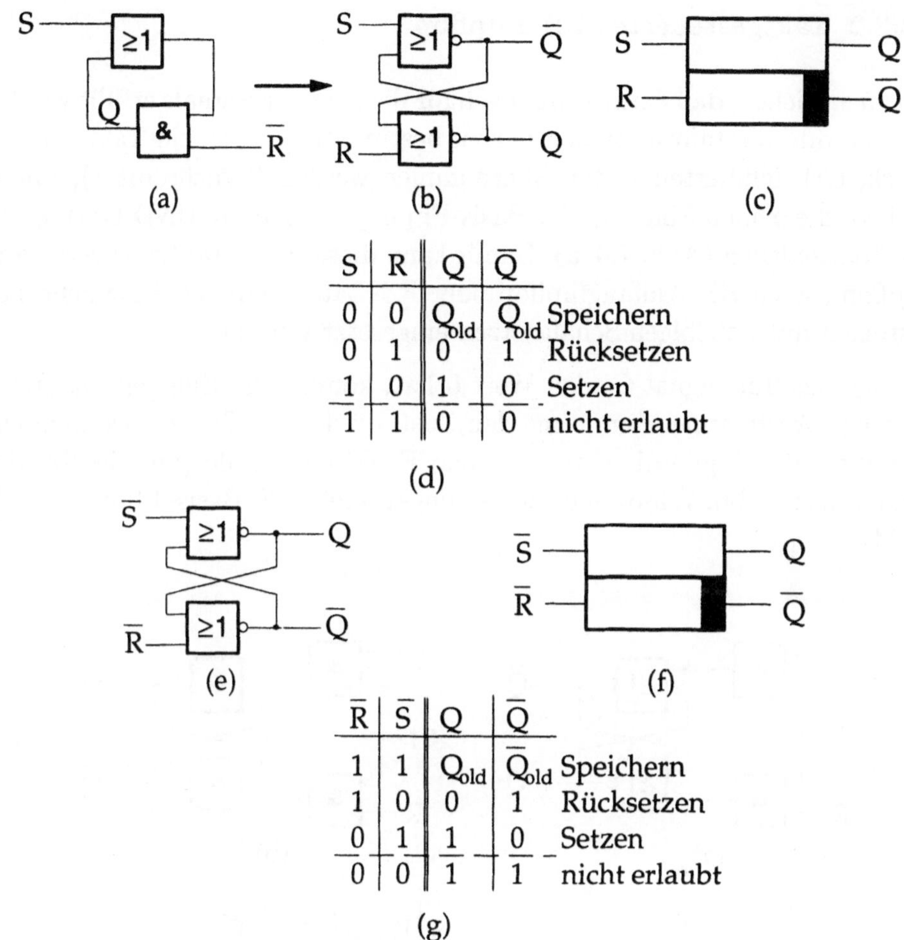

(d)

S	R	Q	$\overline{Q}$	
0	0	Q_{old}	$\overline{Q}_{old}$	Speichern
0	1	0	1	Rücksetzen
1	0	1	0	Setzen
1	1	0	0	nicht erlaubt

(g)

$\overline{R}$	$\overline{S}$	Q	$\overline{Q}$	
1	1	Q_{old}	$\overline{Q}_{old}$	Speichern
1	0	0	1	Rücksetzen
0	1	1	0	Setzen
0	0	1	1	nicht erlaubt

Abb. 7.47 RS-Basis-Flipflop

das Element in einen sog. „metastabilen“ Zustand über, d.h. aufgrund kleiner Unsymmetrien in der Ansteuerung oder in der elektronischen Schaltung stellt sich praktisch undefiniert einer der beiden möglichen stabilen Zustände ein (entweder $(Q, \overline{Q}) = (0, 1)$ oder $(Q, \overline{Q}) = (1, 0)$). Da der Folgezustand also in jedem Falle unbestimmt ist, wird die Ansteuerung mit $(R, S) = (1, 1)$ als nicht erlaubt angesehen.

Ergänzend zeigen die Abbildungen 7.47e, 7.47f und 7.47g Schaltung, Symbol und Funktionstabelle für die Version des RS–Basis–Flipflop aus zwei kreuzweise rückgekoppelten NAND–Gattern.

7.6.2.2 Taktgesteuertes RS–Flipflop

Um zu erreichen, daß Zeitbedingungen für die Eingangssignale erfüllt werden können, d.h. die Informationen nur zu bestimmten, durch ein Taktsignal T (clock, Cl) definierten Zeiten übernommen werden (Synchronität), bilden zwei vor die beiden Eingänge des Basis-Flipflop geschaltete UND-Gatter eine Art Torschaltung (Abb. 7.48a). Damit kann dieses dann *taktgesteuerte RS–Flipflop* , auch RS–Auffangflipflop oder RS–Latch genannt, in synchronen Systemen mit beliebigen Schaltnetzen eingesetzt werden.

Solange das Taktsignal Cl den Wert 0 hat, können die Eingänge R und S beliebige Werte annehmen, ohne den Zustand des Flipflop zu beeinflussen. Erst für $Cl = 1$ gilt die entsprechende Funktionstabelle (für die NAND–Version nach Abb. 7.48b) wie für das ungetaktete RS–Basis–Flipflop (Abb. 7.48d).

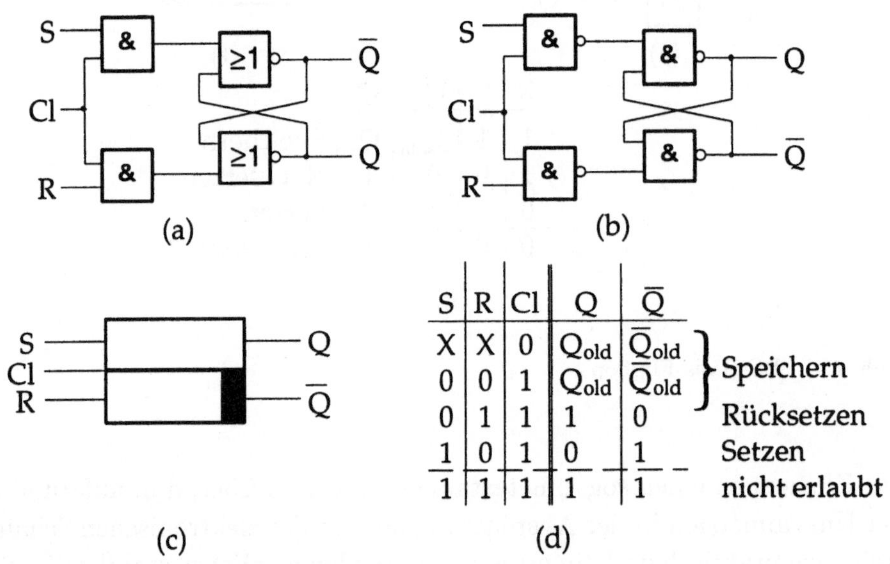

S	R	Cl	Q	$\overline{Q}$	
X	X	0	Q_{old}	$\overline{Q}_{old}$	Speichern
0	0	1	Q_{old}	$\overline{Q}_{old}$	
0	1	1	1	0	Rücksetzen
1	0	1	0	1	Setzen
1	1	1	1	1	nicht erlaubt

Abb. 7.48 Taktgesteuertes RS–Flipflop

D–Flipflop. Verbindet man S– und R–Eingang des taktgesteuerten RS–Flipflop über einen Inverter, dann erhält man das in Abb. 7.49a dargestellte taktpegelgesteuerte *D–Flipflop*, das auch als D–Auffangflipflop oder D-Latch bezeichnet wird. Durch diese Beschaltung wird die metastabile Ansteuerung $(R, S) = (1, 1)$ ausgeschlossen und beide Ausgänge sind zueinander immer invers, so daß man auch von einem negierten Ausgang sprechen kann. Allerdings gibt es nun keinen Ruhezustand des Eingangs mehr ($(R, S) = (0, 0)$), so daß mit jeder Taktperiode der anliegende Eingangswert übernommen wird. Damit bildet der Ausgang ein zeitlich verzögertes Abbild des Eingangs (daher auch der Name „D" wie Delay).

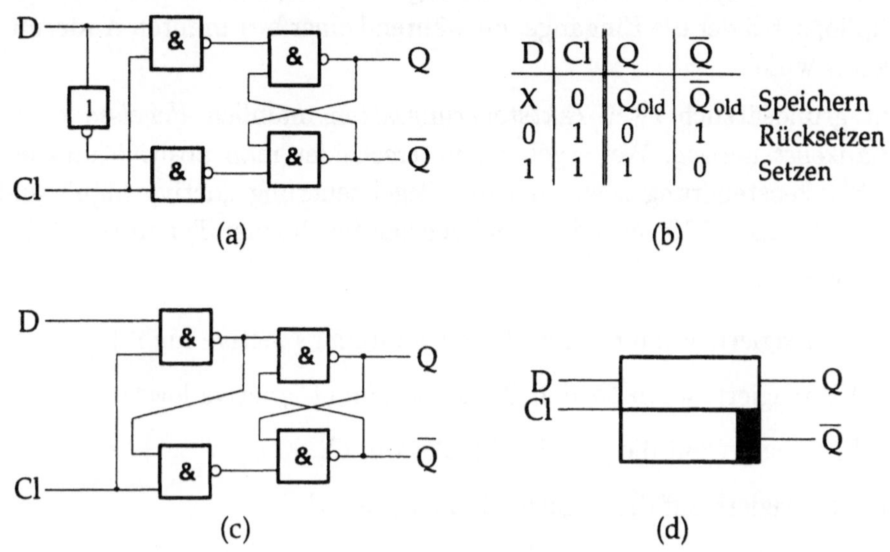

D	Cl	Q	$\overline{Q}$	
X	0	Q_{old}	$\overline{Q}_{old}$	Speichern
0	1	0	1	Rücksetzen
1	1	1	0	Setzen

Abb. 7.49 Taktpegelgesteuertes D–Flipflop (D–Latch)

7.6.2.3 System–Flipflops

Um technisch die einwandfreie Funktion eines rückgekoppelten Schaltnetzes (Schaltwerkes) zu gewährleisten, müssen die Ausgänge des Zustandsregisters solange stabil bleiben, bis sich der Folgezustand Z' – nach Durchlaufen des Schaltnetzes N – sicher auf den neuen Wert von Z eingeschwungen hat.

Ein einfaches getaktetes Flipflop (nach Abb. 7.48 oder 7.49) als Komponente z_i des Zustandsregisters genügt dieser Bedingung nicht, weil sich nach Aktivierung des Eingangs (alter Folgezustand) durch den Taktimpuls bereits nach zwei minimalen Gatterlaufzeiten (z.B. DNF ohne vorgeschaltete Negatoren) eine Zustandsänderung am Ausgang Q bemerkbar machen kann. Bei ebenfalls minimaler Schaltnetzverzögerung (z.B. gar keine Verzögerung bei einer Durchschaltung) kann dann eine erneute Rückwirkung auf die Flipflop-Eingänge so schnell erfolgen, daß noch während des betrachteten Taktintervalls bereits wieder ein neuer unkontrollierter Ausgangswert eingestellt wird.

Ein Flipflop im Rückkopplungskreis eines Schaltwerks muß also die Eigenschaft besitzen, daß der Flipflop–Eingang bereits wieder gesperrt ist, bevor eine Zustandsänderung des Ausgangs daran erneut wirksam wird. Wir nennen ein solches Element *System–Flipflop*. Derartige Flipflops können ohne Probleme auch auf sich selbst rückgekoppelt werden (vgl. Abb. 7.52, JK–MS–FF). Eine Möglichkeit der Realisierung bietet die Taktflankensteuerung von Flipflops, bei der die Eingänge nur während einer bestimmten Änderung des Taktes wirken.

Es gibt grundsätzlich zwei *Taktsteuerungsarten*, nämlich *Pegelsteuerung* und *Flankensteuerung*. Weitergehend unterscheidet man positive und negative Flankensteuerung sowie bei der Pegelsteuerung „active high“ und „active low“. Abb. 7.50 zeigt die Schaltzeichen für die vier Typen von Taktsteuerungen:

a) Das FF reagiert, wenn *Cl* den Wert 1 annimmt („active high“)

b) Das FF reagiert, wenn *Cl* den Wert 0 annimmt („active low“)

c) Das FF reagiert auf die positive Flanke von *Cl*

d) Das FF reagiert auf die negative Flanke von *Cl*

Auf einzelne Realisierungen soll hier nicht näher eingegangen werden.

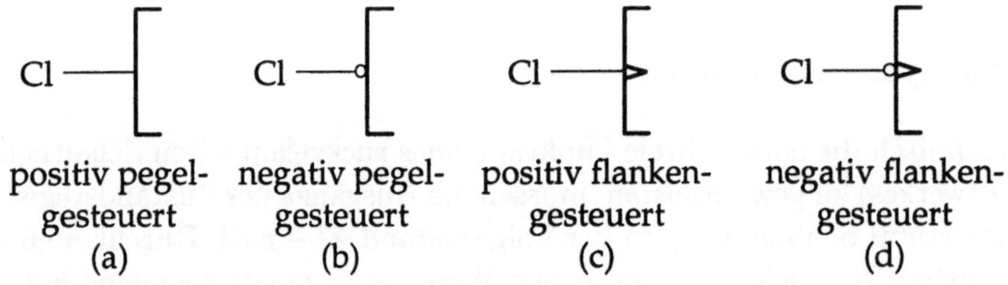

Abb. 7.50 Schaltsymbole der Taktsteuerungsarten

Master–Slave–Flipflop. Eine andere Technik zur Lösung des angesprochenen Rückkopplungsproblems ist die Verwendung eines statischen Zwischenspeichers, d.h. man schaltet zwei getaktete Flipflops (mit zeitlich versetzten Taktsignalen) in Reihe. Eine solche Struktur wird als *Master–Slave–Flipflop* bezeichnet. Sie bietet den Vorteil, daß in ihr einfache taktgesteuerte Flipflops verwendet werden können, die für sich allein die Systembedingung nicht erfüllen würden.

Abb. 7.51 zeigt ein Master–Slave–Flipflop in der Darstellung aus zwei getakteten RS–Flipflops mit invertierten Takten (7.51a) und das zugehörige Schaltsymbol (7.51b). Als Alternative zur exakten Darstellung des Zeitverhaltens des Master–Slave–Flipflop kann seine Funktionsweise vereinfachend folgendermaßen beschrieben werden:

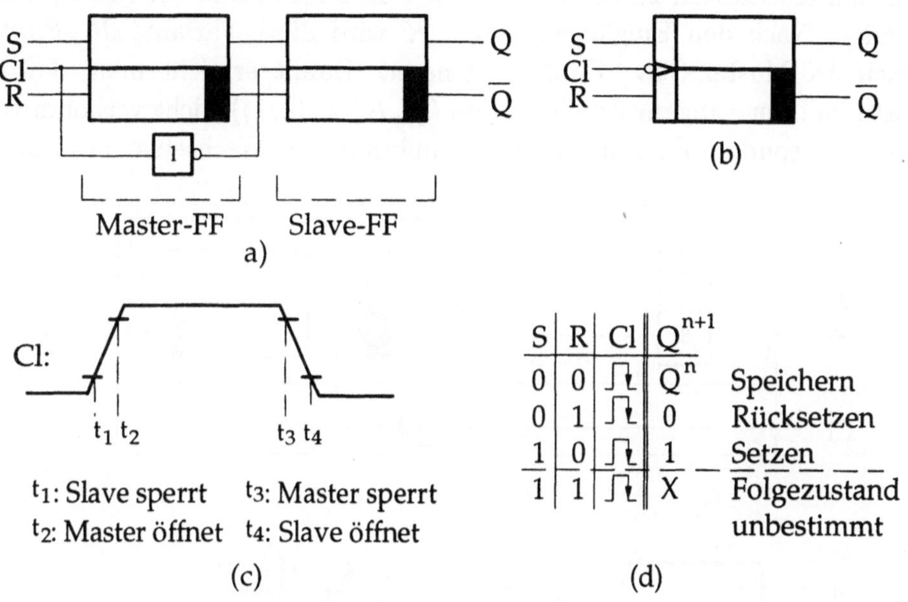

Abb. 7.51 RS–MS–Flipflop

Solange Cl den Wert 1 hat, ist der Eingang des Master–Flipflop freigegeben und der des Slave–Flipflop gesperrt. Am Ausgang liegt also der im Slave gespeicherte Zustand, unabhängig vom Zustand des Masters. Schaltet Cl auf den Wert 0, wird der Eingang des Masters gesperrt und der zuletzt anliegende Wert gespeichert. Außerdem wird der Slave geöffnet, so daß der Ausgang des Masters den Slave–Zustand und damit den Ausgang bestimmt.

Damit niemals eine direkte Durchverbindung vom Eingang des Masters auf den Ausgang des Slave auftreten kann, muß die zeitliche Abfolge von Sperren und Öffnen nach Abb. 7.51c gewährleistet sein: Bei $Cl = 0$ ist der Master gesperrt und der Slave geöffnet. An der positiven Flanke von Cl muß zunächst der Slave sperren (t_1), bevor der Master öffnen darf (t_2). An der negativen Flanke muß dann zuerst der Master wieder sperren (t_3), bevor der Slave öffnen darf (t_4). Es scheint also nach außen im wesentlichen nur eine Taktflanke wirksam zu sein (in diesem Fall die negative), so daß sich die in Abb. 7.51d dargestellte Funktionstabelle ergibt.

7.6.2.4 Flipflop–Schaltungsvarianten

JK–Flipflop. Nachdem – per Definition – ein Systemflipflop auf sich selbst rückgekoppelt werden kann, ist es möglich und üblich, die Ausgänge über Kreuz zurückzukoppeln und sie als zusätzliche Bedingung für das Setzen und Rücksetzen zu benutzen; Abb. 7.52 zeigt dies in der Master–Slave Version. Nach den Eingängen J und K wird diese Variante *JK–Flipflop* (auch JK–Master–Slave–Flipflop) genannt. Damit erreicht man, daß der letzte Fall der Eingangskonfiguration $((J, K) = (1, 1))$ nicht verboten bleiben muß, sondern die sehr nützliche Funktion des „Wechselns" bewirkt.

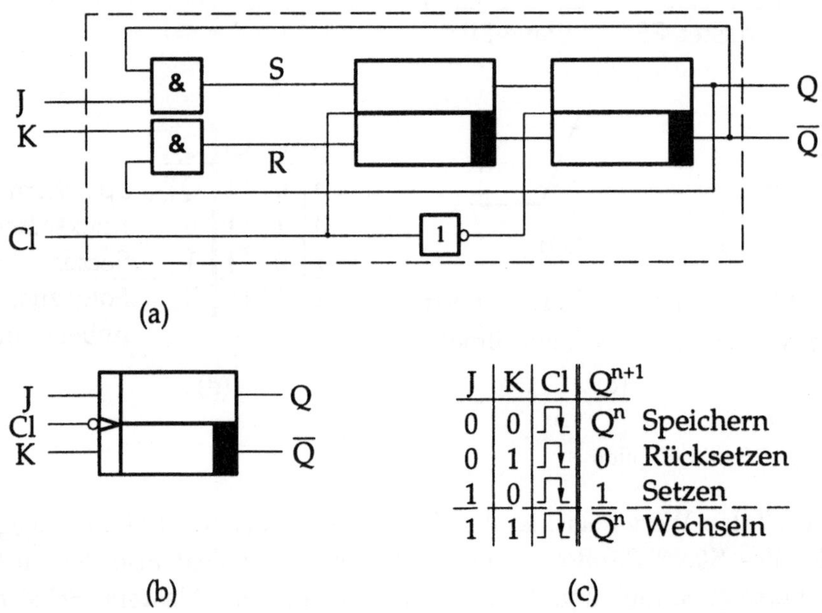

J	K	Cl	Q^{n+1}	
0	0	⎍	Q^n	Speichern
0	1	⎍	0	Rücksetzen
1	0	⎍	1	Setzen
1	1	⎍	$\overline{Q}^n$	Wechseln

Abb. 7.52 JK–Master–Slave–Flipflop

W–Flipflop. Verbindet man die beiden JK–Eingänge eines JK–Master–Slave–Flipflop miteinander, entsteht das sog. Wechsel–Flipflop, kurz *W–Flipflop* genannt (Abb. 7.53). Bei $W = 1$ wechselt es mit jedem Takt seinen Zustand, bei $W = 0$ speichert es den letzten Zustand. Dieses Flipflop wird auch als Toggle-Flipflop (T–Flipflop) bezeichnet.

Literaturempfehlung:

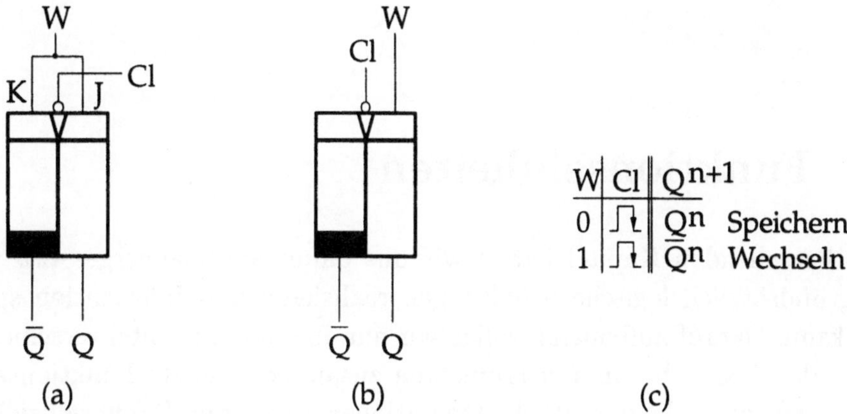

Abb. 7.53 W–Flipflop

[Bor89] Borucki, L.: „Funktionaler Entwurf digitaler Schaltungen“ Teubner, Stuttgart 1989

[Mor92] Morgenstern, B.:„Elektronik, Band III: Digitale Schaltungen und Systeme“ Vieweg, Braunschweig 1992

[Pau95] Paul, R.: „Elektrotechnik und Elektronik für Informatiker, Band 2: Grundgebiete der Elektronik„ Teubner, Stuttgart 1995

[SSc93] Schiffmann, W.; Schmitz, R: „Technische Informatik I“ Springer, Berlin 1993

[Wey68] Weyh, U.: „Elemente der Schaltungsalgebra“ Oldenbourg, München 1968

8 Funktionseinheiten

Im vorhergehenden Kapitel haben wir uns damit auseinandergesetzt, wie man grundsätzlich logische Schaltungen realisieren und Information speichern kann. Darauf aufbauend wollen wir nun in diesem Kapitel verschiedene, aus den bisher bekannten Elementen zusammengesetzte Funktionseinheiten betrachten, die wesentliche Operationen ausführen. Damit vollziehen wir den nächsten Schritt hin zum Verständnis des Digitalrechners und seiner Komponenten, der dann Gegenstand des darauffolgenden Kapitels sein wird.

8.1 Speicher und Register

Generell stellt die Speicherung von Information neben der eigentlichen Verarbeitung und der Übertragung einen wesentlichen Bestandteil der digitalen Datenverarbeitung dar. Das kleinste Speicherelement bildet der 1 Bit–Speicher, der durch ein Flipflop realisiert werden kann und über die Grundfunktionen Schreiben, Speichern und Lesen verfügt. Durch Zusammenfassen vieler solcher Elemente ergeben sich größere Speicher mit unterschiedlichen Kenngrößen. Eine solche Zusammenfassung kann verschieden strukturiert vorgenommen werden, so daß sich unterschiedliche Speicherorganisationen ergeben. Darüberhinaus wird das Verhalten oftmals durch die der Realisierung zugrundeliegenden unterschiedlichen Technologien, d.h. das Speichermedium selbst, beeinflußt.

Zur allgemeinen Charakterisierung von Speichern bedient man sich bestimmter Kenngrößen:

• Die *Speicherkapazität* begrenzt den Umfang der Information, die gespeichert werden kann, und wird meist in Bits, Bytes oder Worten angegeben.

• Unter der *Zugriffszeit* versteht man die zum Auffinden und Lesen bzw. Schreiben von Information benötigte Zeit; sie ist abhängig von der technischen Realisierung und kann die Verarbeitungsgeschwindigkeit eines Gesamtsystems ganz wesentlich beeinflussen. Daneben findet man auch noch den Begriff der *Zykluszeit*. Darunter versteht man – vor allem bei Speichern mit zerstörenden Leseverfahren wie z.B. den schon historischen Ferritkernspeichern – die Zeit, die zum Auffinden, Lesen und Wiederherstellen (Zurückschreiben) einer Information benötigt wird.

• Unter wirtschaftlichen Gesichtspunkten könnte man noch die *Speicherkosten* erwähnen, die pro Bit bzw. pro Byte angegeben werden. Im Gegensatz zur Vergangenheit, in der die Kosten für die Informationsspeicher den Gesamtpreis eines Rechensystems oft ganz maßgeblich beeinflußt haben, spielen sie bei den heute verfügbaren Technologien und der damit verbundenen preiswerten Herstellung als Massenware normalerweise nicht mehr die entscheidende Rolle.

	Kapazität	Zugriffszeit	Kosten/Byte
Magnetplatte	1 GB	ms	10^{-7} DM
Halbleiterspeicher	16 MBit	ns	10^{-5} DM

Abb. 8.1 Typische Kennwerte für Speicher (Stand 1997)

Bei der *Speicherorganisation* werden zwei Gruppen von Speichern unterschieden:

• bei Speichern mit *sequentiellem Zugriff* (sequential access) hängt die Zugriffszeit zu einer Speicherzelle von deren räumlicher Lage im Speicher ab. Ein typisches Beispiel dafür ist das *Magnetband* (*Kassettenlaufwerk*, *Streamer*).

• bei Speichern mit *wahlfreiem Zugriff* (random access) ist die Zugriffszeit zu jeder beliebigen Speicherzelle im Prinzip gleich groß. Ein typisches Beispiel dafür ist der weiter unten beschriebene *Schreib–/Lesespeicher* (*RAM*).

Abschließend noch ein kurzer Blick auf die verschiedenen heute zur Verfügung stehenden Speichermedien. Dabei unterscheidet man:

• *Mechanische Speicher*, wie z.B. *Lochkarten* und *Lochstreifen*, die heute praktisch keine Verwendung mehr finden

• *Magnetische Speicher*, wie die heute ebenfalls kaum mehr verwendeten *Ferritkernspeicher* oder die überall als Massenspeicher eingesetzten *Oberflächenspeicher* (*Hard Disk*, *Floppy Disk*, *Streamer*)

- *Optische Speicher*, die sich weniger als *holographische Speicher* durchgesetzt haben, aber wegen ihrer hohen Speicherkapazität zunehmend als *CD–ROM* Verwendung finden (Laserprinzip)

- *Halbleiterspeicher*, die als Register und Speicher (z.B. RAM) in unterschiedlichen Varianten eingesetzt werden

Bereits in Abschnitt 7.1.1 haben wir bei der Definition eines Schaltnetzes davon gesprochen, daß deren Eingangsvariablen als Signale beispielsweise aus binären Registern oder Speichern anzusehen sind und auch die Ausgangsvariablen wiederum u.a. zu binären Speichern weitergeleitet werden. Sehen wir uns also diese binären Speicher näher an, wobei wir uns hier auf Halbleiterspeicher im direkten Umfeld der logischen Schaltungen beschränken und damit die magnetischen Massenspeicher in der Peripherie eines Rechensystems zunächst außer Betracht lassen.

8.1.1 Register

Register werden als kleine Zwischenspeicher an vielen Stellen eines Rechensystems eingesetzt und haben meist die Speicherkapazität eines oder mehrerer Worte. Sie dienen der kurzzeitigen Aufbewahrung (Zwischenspeicherung) von binärer Information wie Befehlen, Adressen oder Daten und werden auch zur *Serien–/Parallelwandlung* eingesetzt. Einzelne Register oder Registeranordnungen lassen sich entsprechend ihrer Wortbreite aus Flipflops zusammensetzen. Da sie direkt angesprochen werden, ist ihre Zugriffszeit sehr gering.

Parallelregister. Der typische Fall des Registers ist eine parallele Anordnung von Flipflops zur Pufferung von Information zwischen zwei Verarbeitungsschritten. Dabei werden vollständige Worte parallel geschrieben bzw. gelesen. Abb. 8.2 zeigt beispielhaft einen Datentransport zwischen zwei Registern A und B in Realisierungen mit RS– und D–Flipflops; zusätzlich wird noch das Kurzsymbol vorgestellt, wie es bei der abstrakteren Darstellung in Blockschaltbildern Verwendung findet. Im Zusammenhang mit *Parallelregistern* ist der parallele Datentransport üblich, der sich durch eine hohe Übertragungsgeschwindigkeit auszeichnet, andererseits aber einen erhöhten Aufwand an Verbindungsleitungen (und evtl. zusätzlicher Steuerlogik) erfordert.

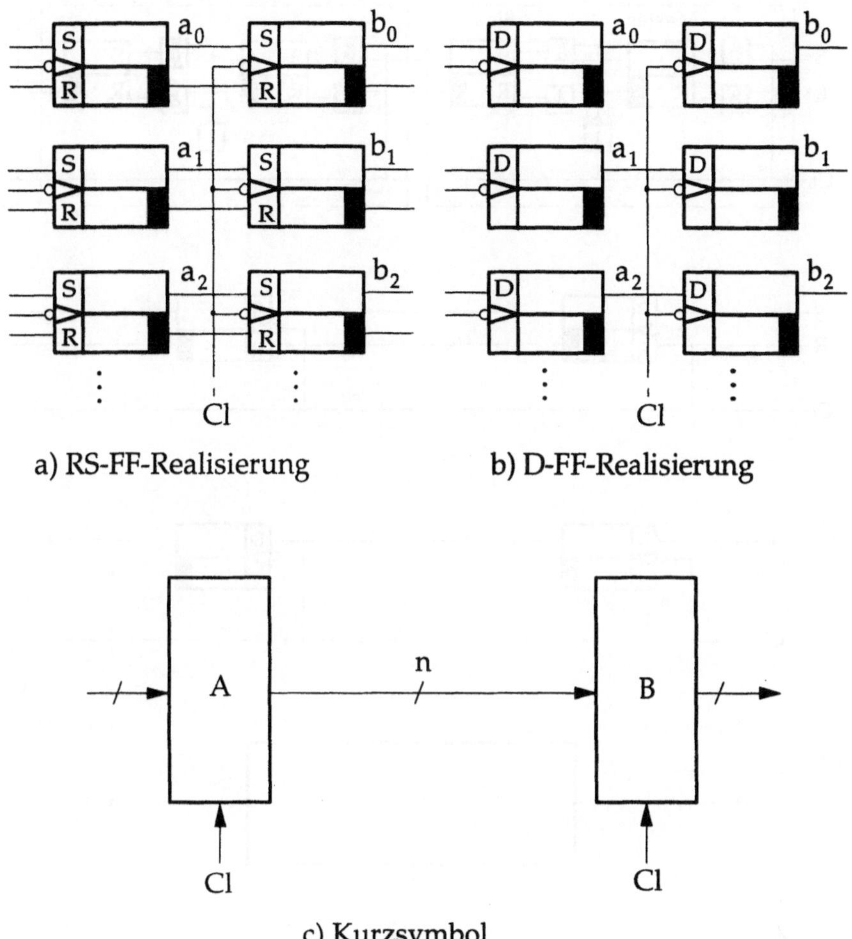

Abb. 8.2 Datentransport zwischen zwei Parallelregistern

Schieberegister (Serielles Register). Bei vielen Anwendungen ist es üblich oder zweckmäßig, Daten seriell in eine Kette von hintereinandergeschalteten Flipflops zu schieben. Ein zusätzliches Taktsignal (*Schiebetakt*) sorgt dafür, daß bei jedem Taktimpuls ein Flipflop stets den Inhalt seines Vorgängers übernimmt und gleichzeitig seinen ursprünglichen Inhalt an den Nachfolger abgibt. Damit wird taktweise der Inhalt des Registers um eine Stelle verschoben.

Abb. 8.3a zeigt den Aufbau eines Schieberegisters als Kette von RS–Flipflops. Grundsätzlich muß hier dafür gesorgt werden, daß der „alte" Inhalt eines Flipflops übertragen wurde und das Flipflop „leer" ist, bevor

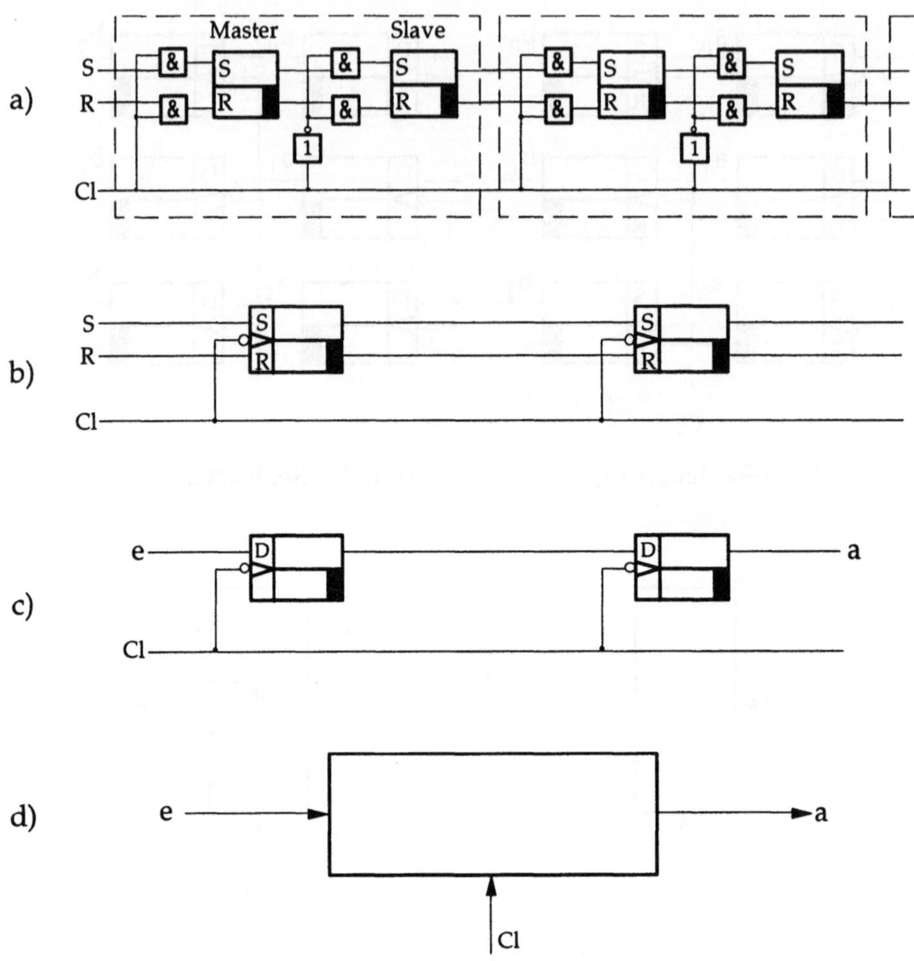

Abb. 8.3 Schieberegister (serieller Datentransport)

ein „neuer“ Inhalt übernommen wird. Im Prinzip müssen die Steuerimpulse für den Transport demnach also vom Ausgang zum Eingang hin zeitlich gestaffelt sein. Üblicherweise taktet man jedoch jedes zweite Flipflop gleichzeitig, so daß sich eine Master–Slave–Anordnung ergibt. Abb. 8.3b zeigt die entsprechende Darstellung mit System–Flipflops und Abb. 8.3c eine analoge Darstellung mit D–Flipflops.

Bisher wurde immer von einer Schieberichtung von links nach rechts ausgegangen. Natürlich sind auch Register mit entgegengesetzter Schieberichtung bzw. mit beiden Schieberichtungen möglich.

Das Kurzsymbol eines Schieberegisters ist in Abb. 8.3d dargestellt. Mit jedem Schiebetakt (Cl) wird der Inhalt des Registers A um eine Position nach rechts geschoben. Das vollständige Auslesen eines Registers mit n Bits dauert dann zwar n Taktperioden, aber die Zahl der äußeren Anschlüsse ist – im Gegensatz zur parallelen Übertragungsweise – minimal.

Häufig werden Kombinationen aus Parallel– und Schieberegistern eingesetzt, die man je nach Verarbeitungsrichtung als *Serien–Parallel–Umsetzer* bzw. *Parallel–Serien–Umsetzer* bezeichnet. Erstere werden benötigt, um bitseriell eingegebene Worte parallel weiterverarbeiten zu können. Letztere wandeln in umgekehrter Weise parallele Worte in eine zeitliche Bitfolge um, z.B. für eine serielle Datenübertragung über größere Entfernungen. Ein bekanntes Beispiel für eine Kombination aus Parallel– und Schieberegistern stellt das FIFO (First–In–First–Out) dar, die Hardware–Realisierung einer Warteschlange.

8.1.2 Schreib–/Lesespeicher (RAM)

Größere Mengen von Daten speichert man nicht mehr in direkt zugreifbaren Registern, sondern in wortorganisierten, matrixförmigen Speichern, deren einzelne Speicherworte mit Hilfe einer Adresse über einen Decoder ausgewählt werden. Man spricht dann auch von einem *Adreßspeicher*, genauer von einem ortsadressierten Speicher (im Gegensatz zum inhaltsadressierten Speicher, bei dem zur „Adressierung" von Daten Suchworte eingesetzt werden).

Schreib–/Lesespeicher sind üblicherweise derartige Speicher mit *wahlfreiem Zugriff* (*Random Access Memory, RAM*), d.h. auf die einzelnen Speicherplätze kann in beliebiger Reihenfolge mit der gleichen zeitlichen Verzögerung zugegriffen werden. Abb. 8.4 zeigt das Blockschaltbild eines RAM mit einem zusätzlichen Adreßregister (AR) und einem Speicherregister (SR): Zu einer bestimmten Zeit kann genau ein Speicherplatz adressiert und danach der Inhalt des jeweiligen Speicherwortes gelesen bzw. geschrieben werden.

Abb. 8.5 zeigt das prinzipielle Schaltbild einer einzelnen *Speicherzelle* innerhalb einer Matrix mit den verschiedenen Anschlußleitungen, und Abb. 8.6 das mögliche Detailschaltbild einer *Speichermatrix* mit RS–Flipflops und zusätzlicher Logik. Für den Schreibvorgang wird die Steuerleitung W (Write) aktiviert, so daß die an den Eingangsleitungen ($I = i_{m-1}, \dots i_1, i_0$) anliegende Information die Setz– bzw. Rücksetzeingänge der entsprechenden Flipflops des ausgewählten Speicherwortes beeinflußt. Beim Lesen dagegen wird

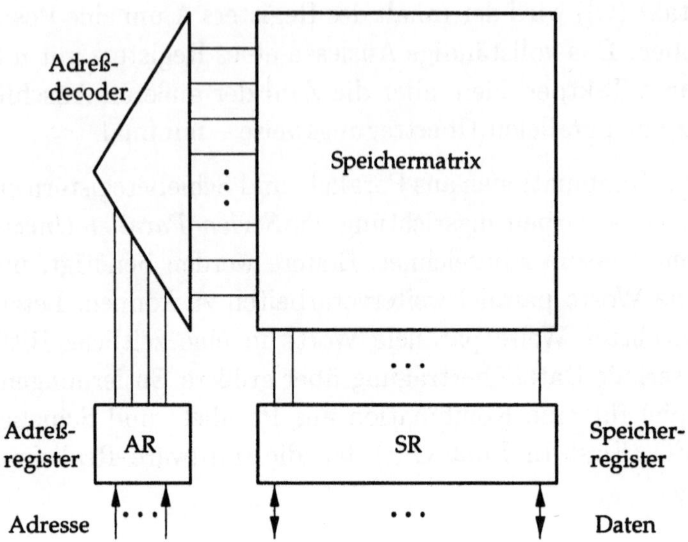

Abb. 8.4 Blockschaltbild eines wortorganisierten ortsadressierten Speichers (RAM)

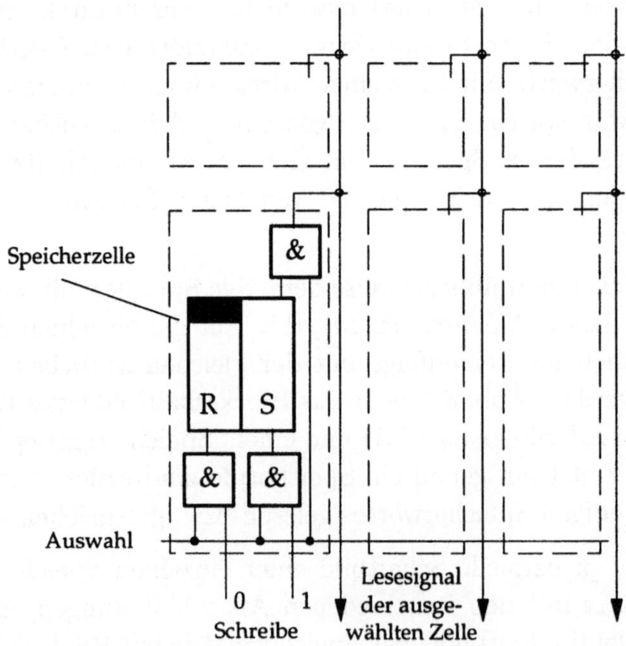

Abb. 8.5 Speicherzelle

der Inhalt des ausgewählten Speicherwortes durch die Wired–OR–Schaltung auf die internen Leseleitungen (l_μ) gegeben. Diese werden jedoch – wie gezeigt – meist erst durch ein Steuersignal R (Read) ebenfalls über ein Wired–OR an den Ausgang ($O = o_{m-1} \dots o_1, o_0$) durchgeschaltet, so daß mehrere solcher Speicherbereiche an die gleichen Ausgangsleitungen (o_μ) angeschlossen werden können.

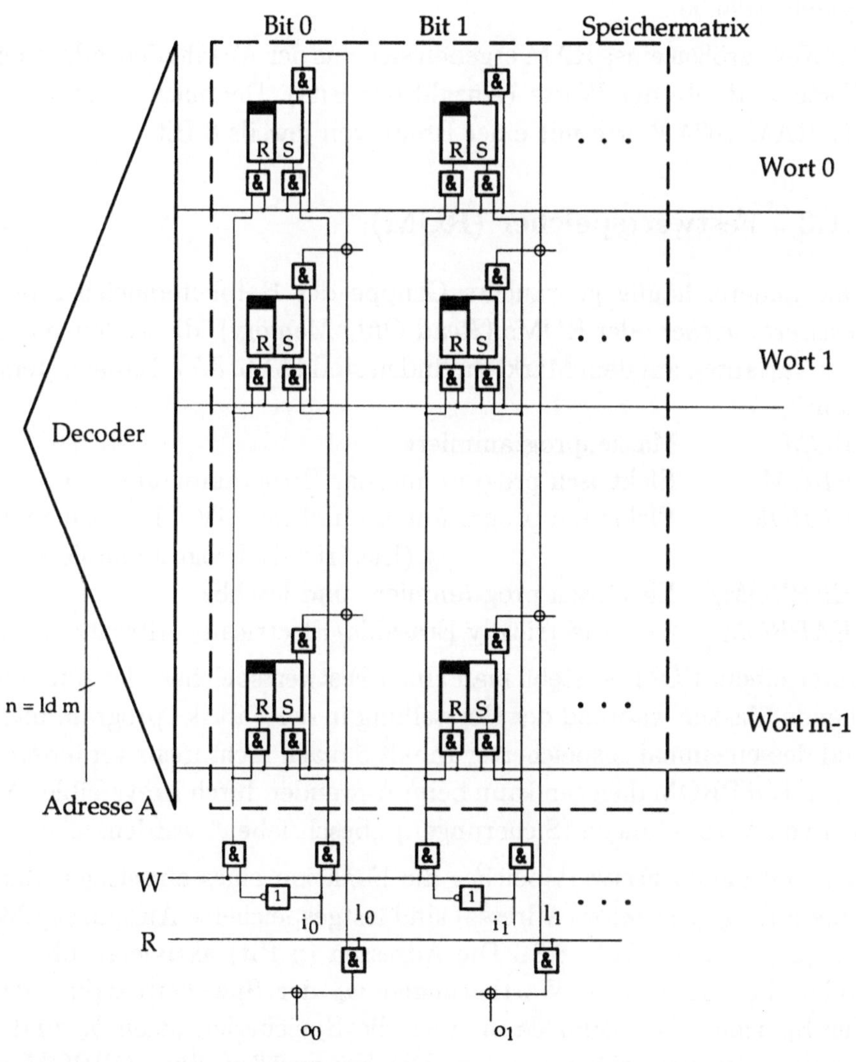

Abb. 8.6 Realisierung eines RAM mit RS–Flipflops

Generell entspricht die logische Darstellung nicht dem praktischen technischen Aufbau, weil man dazu nicht universelle Flipflops und Gatter verwendet, sondern – je nach Technologie – spezielle Speicherelemente und Verknüpfungsschaltungen, mit denen sich wesentlich günstigere technische Eigenschaften erreichen lassen. Bei den *statischen Speichern* (SRAM) werden Flipflops eingesetzt, während bei den *dynamischen Speichern* (DRAM) dynamische, nach dem Kondensatorprinzip arbeitende Basiszellen verwendet werden. Da letztere in Abhängigkeit von der Zeit ihre Ladung verlieren, müssen sie in regelmäßigen Abständen wieder aufgeladen werden (Refresh-Zyklen) [Pau95].

Die Kenngrößen eines RAM ergeben sich aus der Anzahl der (adressierbaren) Worte × Breite der Worte (Anzahl der Bits). Demnach enthält ein 1K×8 Bit-RAM 1024 Worte mit einer Breite von jeweils 8 Bit.

8.1.3 Festwertspeicher (ROM)

Eine andere, häufig gebrauchte Gruppe der Halbleiterspeicher bilden die *Festwertspeicher* oder ROMs (*Read Only Memory*), die in den verschiedensten Varianten auf dem Markt zu finden sind (Abb. 8.7). Dabei unterscheidet man:

ROM	Maskenprogrammiert
PROM	Elektrisch programmierbar (Programmable ...)
EPROM	Elektrisch programmier- und mit UV-Licht löschbar (Electrically Programmable ...)
EEPROM/ EAPROM	Elektrisch programmier- und löschbar (Electrically Erasable/Electrically Alterable ...)

Unter einem ROM versteht man einen Festwertspeicher, der durch entsprechende Masken während der Herstellung in der Fabrik „programmiert" wird und dessen einmal gespeicherter Inhalt danach nicht mehr verändert werden kann. Ein PROM dagegen kann beim Anwender durch irreversibles Ausbrennen von Verbindungen (Sicherungen) „beschrieben" werden.

Generell haben Festwertspeicher die Funktion eines einseitigen Zuordners: Einem Eingangsvektor (Adresse) sind festgespeicherte Ausgangsgrößen (Daten) zugeordnet (Abb. 8.8). Die Adressen (n Bit) aktivieren über den Decoder die zugehörigen Wortleitungen w_v der Speichermatrix. Der Inhalt der Speicherzellen kann dann über die Speicherleitungen b_μ und die Leseverstärker ausgegeben werden. Die Kenngrößen eines (P)ROM sind die Wortanzahl 2^n mal der Anzahl der Bits pro Wort.

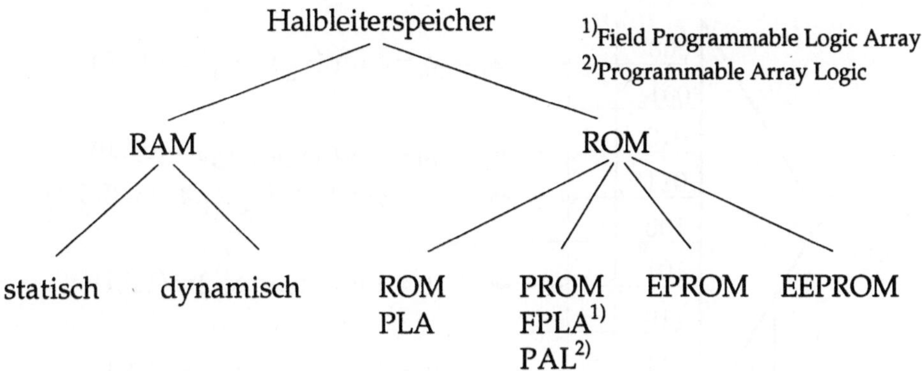

Abb. 8.7 Übersicht über gebräuchliche Halbleiterspeicher

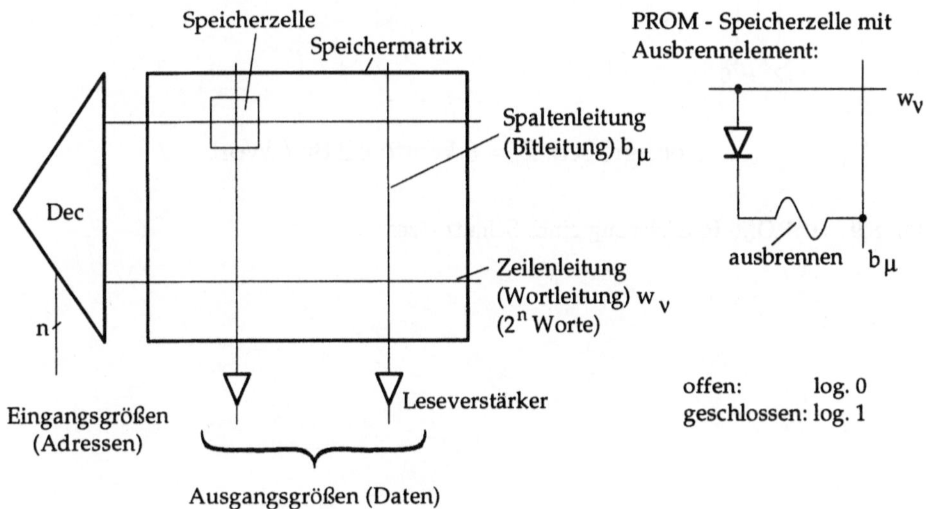

Abb. 8.8 Prinzipieller Aufbau eines (P)ROM

Man erhält die in Abb. 8.9 beispielhaft dargestellte (P)ROM-Version einer Schaltnetzrealisierung, indem man lediglich die Funktionstabelle auf den Speicher abbildet. Die Eingangsmatrix mit allen Kombinationen der Eingangsvariablen des Schaltnetzes ist automatisch durch die angelegte Adresse und den Decoder gegeben, während das Verhalten der einzelnen Ausgangsvariablen spaltenweise in der Speichermatrix angegeben werden muß.

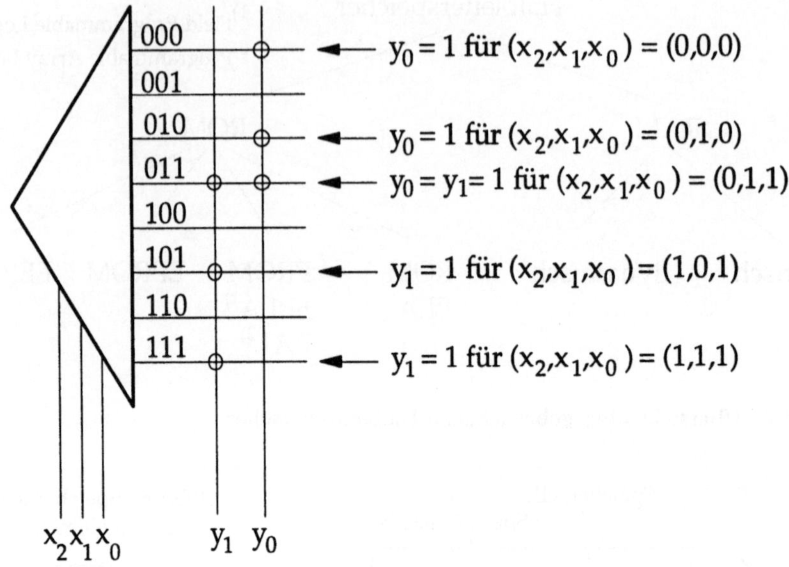

Abb. 8.9 (P)ROM–Realisierung eines Schaltnetzes

8.2 Zähler

Zähler werden in digitalen Komponenten häufig eingesetzt und können relativ einfach durch rückgekoppelte Schaltnetze, d.h. Schaltwerke, realisiert werden; Abb. 8.10 zeigt das allgemeine Blockschaltbild. Da sich der jeweilige Folgezustand eines Zählers allein aus dem vorhergehenden Zustand ergibt, d.h. $Z' = \delta(Z)$, und das Schaltwerk außer dem allen Speicherelementen gemeinsamen Takt über keine weiteren Eingänge verfügt, bezeichnet man solche Anordnungen als synchrone autonome Systeme bzw. in der Ausdrucksweise der Informatik auch als synchrone autonome Automaten. Durch entsprechende logische Verknüpfungen im Schaltnetz können unterschiedliche Zählstrukturen aufgebaut werden. Wir betrachten im folgenden nur bestimmte synchrone autonome Systeme als Zähler.

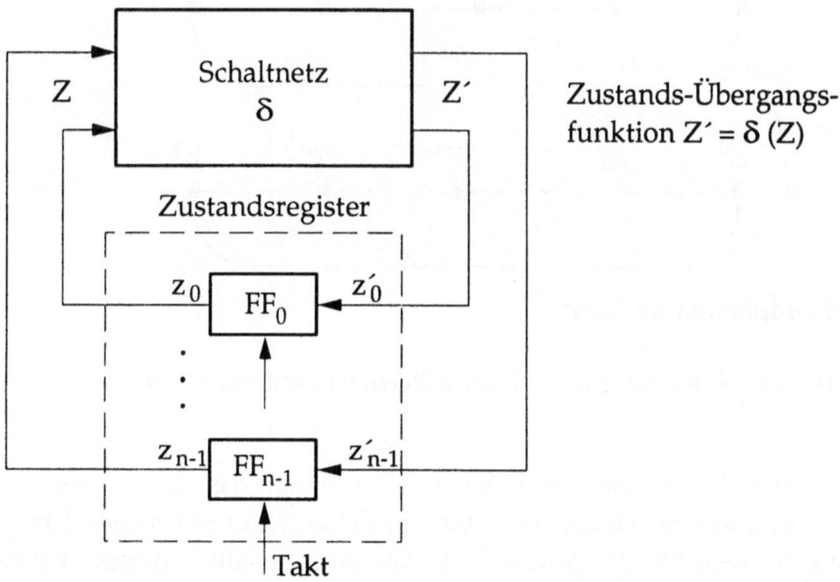

Abb. 8.10 Realisierung von Zählern

8.2.1 Binärzähler

Mit einem *Binärzähler* können 2^n verschiedene Zustände erzeugt werden, wobei die Ausgangskombination des Folgezustands jeweils um Eins erhöht wird (Abb. 8.11). Andere Zähler können aber auch andere Zählcodes realisieren, bei denen die Anzahl der Zustände auch $< 2^n$ sein kann.

Zustand	$z_{n-1} \dots z_1 \; z_0$	Binärzähler	andere Zähler
Z^0	0 … 0 0		
Z^1	0 … 0 1		
Z^2	0 … 1 0		
⋮	⋮	⋮	
Z^{2^n-2}	1 … 1 0		
Z^{2^n-1}	1 … 1 1		

a) Übergangstabelle

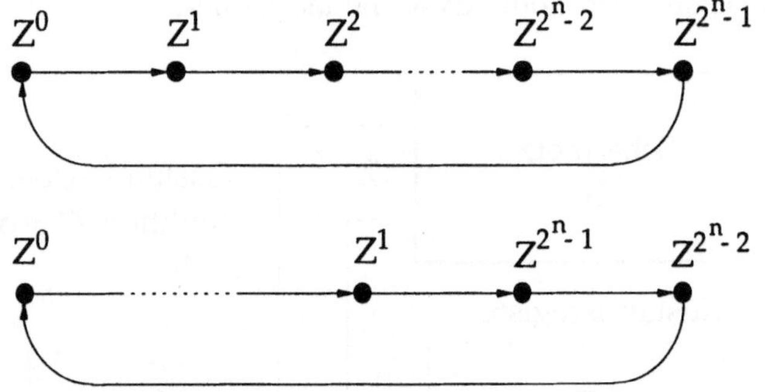

b) Graphendarstellung

Abb. 8.11 Zustandsfortschaltung bei Binärzählern und anderen Zählern

Da für die Zählfunktion des Zählers generell nur das Schaltnetz verantwortlich ist und das Zustandsregister des Schaltwerks mit seinen Ein- und Ausgängen allein die Ausgangs- bzw. Eingangsvariablen dieses Schaltnetzes bildet, kann eine *Übergangstabelle* oder *Flußtabelle* zur Funktionsbeschreibung des Zählers herangezogen werden. Betrachten wir zunächst eine Realisierung, bei der das Zustandsregister aus den einfach zu beschaltenden D-Flipflops gebildet wird; dann ist die Flußtabelle mit dem genauen Abbild der Zustände und der Folgezustände mit der Funktionstabelle des entsprechenden Schaltnetzes identisch. Abb. 8.12 zeigt beispielhaft die Flußtabelle für einen vorwärtszählenden Binärzähler.

Wie die folgende Überlegung zeigt, wird der Realisierungsaufwand für eine solche Lösung jedoch unverhältnismäßig hoch. Bei einem n-stelligen

	Zustand			Folgezustand		
	z_2	z_1	z_0	z_2'	z_1'	z_0'
Z^0	0	0	0	0	0	1
Z^1	0	0	1	0	1	0
Z^2	0	1	0	0	1	1
Z^3	0	1	1	1	0	0
Z^4	1	0	0	1	0	1
Z^5	1	0	1	1	1	0
Z^6	1	1	0	1	1	1
Z^7	1	1	1	0	0	0

Abb. 8.12 Funktionstabelle für einen vorwärtszählenden Binärzähler mit D–Flipflops im Zustandsregister (Modulo 8–Zähler)

Binärzähler enthält die Übergangstabelle 2^n verschiedene Eingangskombinationen. Pro Ausgangsvariable in der Übergangstabelle ergeben sich dann z.B. bei Verwendung der DNF $1/2 \times 2^n$ zu realisierende Einsen. Damit werden für das entsprechende Schaltnetz bei n Ausgangsvariablen $n \times 2^{n-1}$ UND-Gatter mit je n Eingängen und n ODER-Gatter mit je 2^{n-1} Eingängen notwendig. Man sucht deshalb nach Möglichkeiten zur Vereinfachung.

In einem ersten Schritt kann man die D–Flipflops des Zustandsregisters durch RS–MS–Flipflops ersetzen, die das Halten des alten Speicherzustands erlauben. Das zugehörige Schaltnetz muß nun lediglich die Änderungen der einzelnen Flipflop–Zustände vornehmen. Als Beispiel nehmen wir dazu den bereits in der Funktionstabelle von Abb. 8.12 vorgestellten *Modulo 8–Zähler*, dessen Struktur Abb. 8.13 zeigt. Berücksichtigt man die Speichereigenschaften der verwendeten Flipflops, erhält man für die Realisierung des Schaltnetzes die Funktionstabelle nach Abb. 8.14. Muß das Bit eines Flipflop wie im gekennzeichneten Beispiel bei z_1 im Übergang von Zustand 1 in Zustand 2 verändert werden, geschieht das durch die Setz- bzw. Rücksetzkombination ($S = 1, R = 0$ bzw. $S = 0, R = 1$) der RS–MS–Flipflops. Bleibt eine Bitposition bei der Zustandsfortschaltung unverändert, wird das durch die Speicherkombination $S = R = 0$ erreicht. Damit hat sich zwar die Anzahl der Ausgangsvariablen verdoppelt, aber die Zahl der bei der Realisierung zu berücksichtigenden Einsen wurde entscheidend reduziert.

Für die in Abb. 8.14 angegebenen Ausgangsvariablen läßt sich nun die DNF

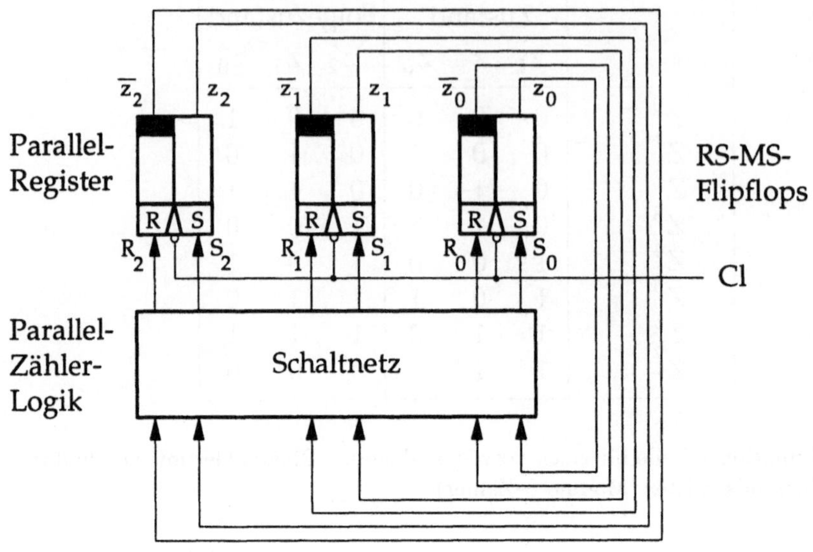

Abb. 8.13 Schaltwerk für einen Modulo 8–Zähler

Dezimal	Eingänge			Folgezustand					
	z_2	z_1	z_0	S_2	R_2	S_1	R_1	S_0	R_0
0	0	0	0	0	0	0	0	1	0
1	0	0	1	0	0	(1)	0	0	1
2	0	1	0	0	0	0	0	1	0
3	0	1	1	1	0	0	1	0	1
4	1	0	0	0	0	0	0	1	0
5	1	0	1	0	0	1	0	0	1
6	1	1	0	0	0	0	0	1	0
7	1	1	1	0	1	0	1	0	1
0	0	0	0	0	0	0	0	1	0

Abb. 8.14 Funktionstabelle für das Schaltnetz eines Modulo 8–Zählers

angeben und eine Minimierung durchführen. Insgesamt ergeben sich für die Ausgangsvariablen des Schaltnetzes dann folgende Funktionen:

$$\begin{aligned}
S_0 &= \overline{z}_0 \\
R_0 &= z_0 \\
S_1 &= \overline{z}_1 z_0 \\
R_1 &= z_1 z_0 \\
S_2 &= \overline{z}_2 z_1 z_0 \\
R_2 &= z_2 z_1 z_0
\end{aligned}$$

Daraus erhält man den in Abb. 8.15 dargestellten Aufbau des Modulo 8–Zählers.

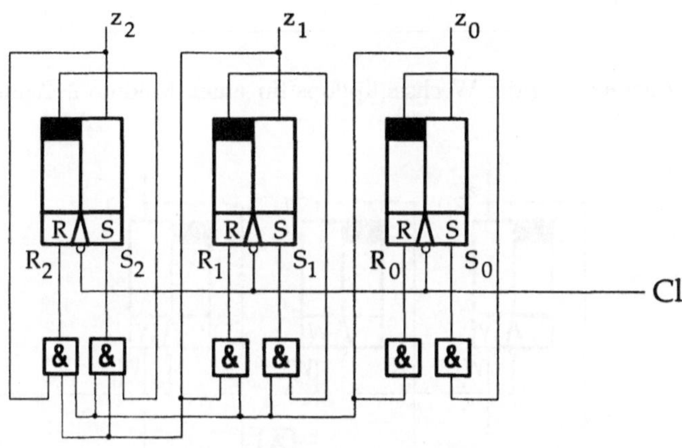

Abb. 8.15 Realisierung eines Modulo 8–Zählers mit RS–MS–FFs

Aus der Schaltung wird ersichtlich, daß der Binärzähler mit als Wechselflipflops geschalteten RS–MS–Flipflops realisiert wurde. Als weitere Vereinfachung bietet sich deshalb an, Wechselflipflops unmittelbar als Speicherelemente in die Rückführungszweige einzubauen. Den formalen Zusammenhang zeigt die Tabelle von Abb. 8.16, woraus sich eine Realisierung nach Abb. 8.17 ergibt.

Wie bereits in Kapitel 7 besprochen, lassen sich durch Mehrstufigkeit und Vermaschungen oftmals aufwandsgünstigere Schaltungen erzielen. Beides läßt sich im Prinzip der *Kaskadierung*, die wir in einem letzten Vereinfachungsschritt einsetzen wollen, wiederfinden (Abb. 8.18). Danach kann ein logisches Gatter mit dem Ausgang y in eine Kaskade zweier Gatter mit den Ausgängen y' bzw. y'' aufgespalten werden. Dies ist dann besonders sinnvoll, wenn auch der Ausgang y' benötigt wird, wodurch eine Vermaschung entsteht.

Überträgt man dieses Prinzip auf den bisher betrachteten Modulo 8–Zähler,

	Minimiert	mit Wechsel-FF
S_0	$z_0' = \bar{z}_0$	$w_0 = 1$
R_0	$\bar{z}_0' = z_0$	
S_1	$z_1' = \bar{z}_1 z_0$	$w_1 = z_0$
R_1	$\bar{z}_1' = z_1 z_0$	
S_2	$z_2' = \bar{z}_2 z_1 z_0$	$w_2 = z_1 z_0$
R_2	$\bar{z}_2' = z_2 z_1 z_0$	

Abb. 8.16 Ansteuerung der Wechselflipflops für einen Modulo 8–Zähler

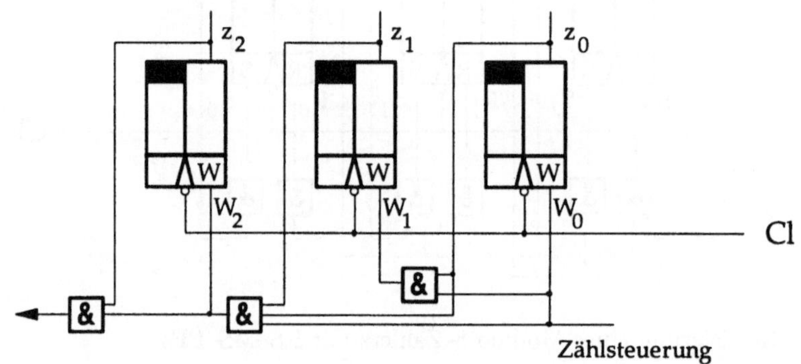

Abb. 8.17 Realisierung eines Modulo 8–Zählers mit Wechselflipflops und unvermaschter (paralleler) Zähllogik

ergibt sich unter Benutzung der Transformationen in Abb. 8.19 die in Abb. 8.20 angegebene kaskadierte Realisierung.

Ein Nachteil der Kaskadierung darf allerdings nicht verschwiegen werden. Bei zunehmender Zählergröße steigt die Verzögerungszeit des Schaltnetzes

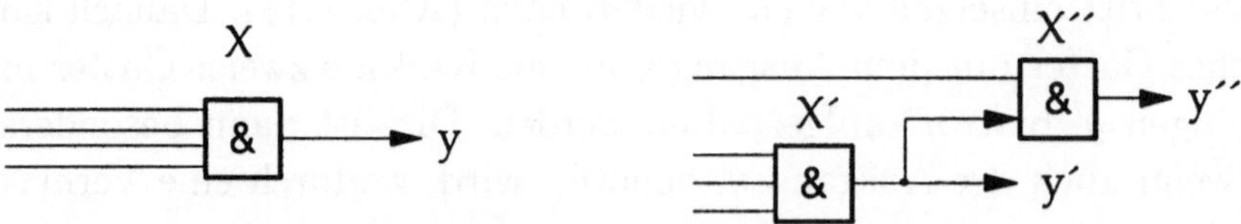

Abb. 8.18 Prinzip der Kaskadierung

durch die serielle Anordnung der Zähllogik. Dadurch wird wegen des geringeren Bauteilebedarfs die Realisierung zwar billiger als mit einer parallelen Zähllogik, das Gesamtsystem wird jedoch langsamer aufgrund der Hintereinanderschaltung der Gatter und der sich daraus ergebenden Beschränkung der Taktfrequenz nach oben.

mit Wechsel-FF	Kaskade
$w_0 = 1$	$w_0 = 1$
$w_1 = z_0$	$w_1 = z_0 w_0$
$w_2 = z_1 z_0$	$w_2 = z_1 w_1$

Abb. 8.19 Kaskadierung der Wechselflipflop–Ansteuerung für einen Modulo 8–Zähler

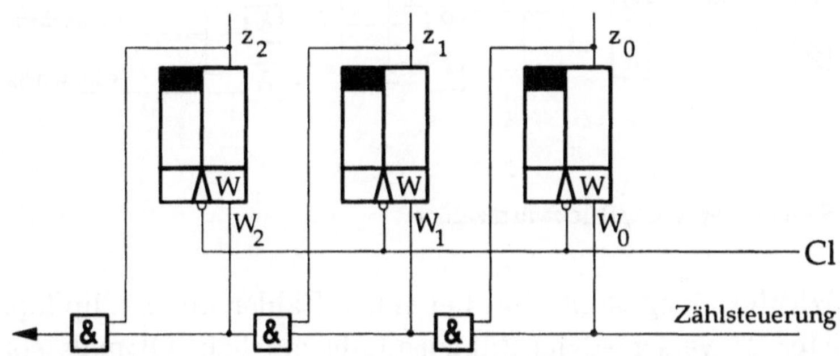

Abb. 8.20 Realisierung eines Modulo 8–Zählers mit Wechselflipflops und vermaschter (serieller) Zähllogik (Kaskadierung)

8.2.2 Weitere Bauformen

Eine intensive Beschäftigung mit den verschiedensten Arten von Zählern wie z.B. Gruppenzähler, Dezimalzähler und Zähler in anderen Codes sowohl in synchroner als auch asynchroner Arbeitsweise und in paralleler wie auch in serieller Realisierung würde den Rahmen dieser Einführung sprengen und bleibt deshalb weiterführender Literatur vorbehalten (z.B. [Mor92,Pau95]). Stellvertretend seien nur zwei weitere Zählerbeispiele kurz angesprochen.

Vor–/Rückwärtszähler. Bisher haben wir immer nur den Zähler mit einer Zählrichtung betrachtet. Mit Hilfe von zusätzlichen Steuersignalen und ergänzender Logik kann jedoch leicht ein weiterer Zählmodus installiert werden. Abb. 8.21 zeigt die Schaltung eines synchronen *Vorwärts-/Rückwärtszählers*, bei dem die Umschaltung für den jeweiligen Betrieb über die beiden zusätzlichen Eingänge „Vorwärts" und „Rückwärts" erfolgt.

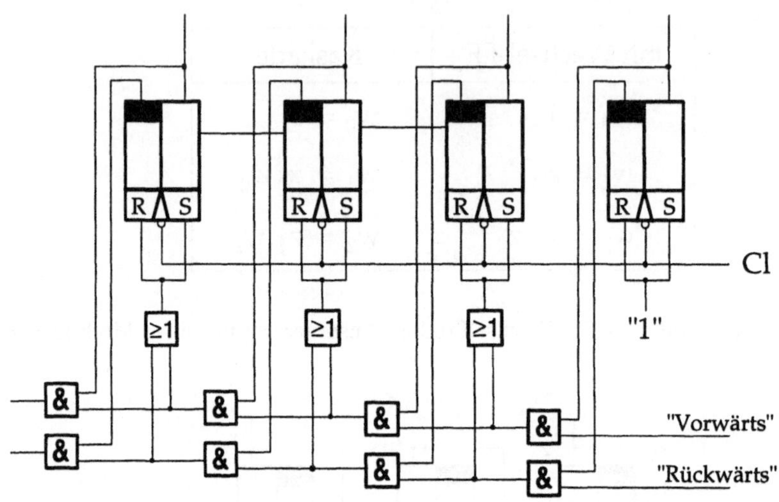

Abb. 8.21 Synchroner Vor-/Rückwärtszähler

Rückstellzähler. Insgesamt sind bei einem Zähler mit n Flipflops im Zustandsregister 2^n verschiedene Zählzustände möglich. Oftmals soll jedoch nur ein (kleinerer) Zählbereich $N < 2^n$ ausgenutzt werden, so daß der Zählvorgang nach einer bestimmten Anzahl von Taktzyklen abgebrochen wird und wieder von vorne beginnt. Für einen *Rückstellzähler* bieten sich zwei Verfahren an, die an einem Beispiel (mit $n = 3$ und $N = 5$) erläutert werden sollen. Es existiert ein maximaler Zählbereich von $2^3 = 8$ verschiedenen Zuständen, von denen jedoch nur fünf genutzt werden sollen. Im ersten Verfahren wird vom Anfangszustand $N_A = 0$ ausgehend vorwärts gezählt und nach Erreichen des Endzustands $N_E = 4$ wieder auf N_A zurückgestellt. Im zweiten Verfahren wird von $N_A = 4$ ausgehend rückwärts gezählt und nach Erreichen von $N_E = 0$ auf den Anfangszustand vorgestellt (Abb. 8.22).

Das Rückstellen nach Erreichen des Endzustands N_E kann bei beiden Verfahren von zusätzlichen Schaltnetzen zur Abfrage (Abfragenetz) und Einstellung (Einstellnetz) übernommen werden. Damit hat man die Möglichkeit, durch eine aufgabenspezifische Realisierung der Abfrage- und Einstellogik

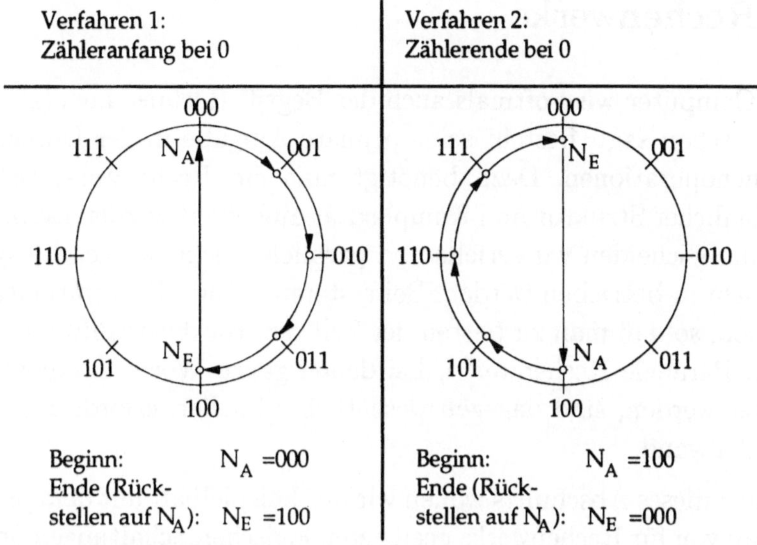

Abb. 8.22 Rückstellverfahren für Zähler

die Anfangs- und Endwerte eines Zählers hardwaremäßig zu „programmieren“ (Abb. 8.23).

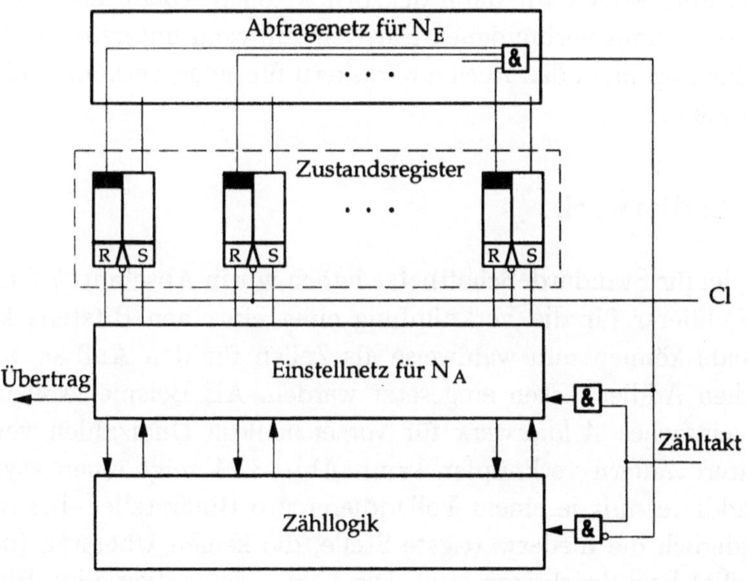

Abb. 8.23 Rückstellzähler

8.3 Rechenwerke

Für den Computer wird oftmals auch der Begriff Rechner benutzt und wie der Name schon sagt, besteht seine primäre Aufgabe in der Durchführung von Rechenoperationen. Dazu benötigt man ein *Rechenwerk*, welches in unterschiedlicher Struktur und Komplexität aufgebaut werden kann. Hauptsächlich unterscheiden wir serielle und parallele Rechenwerke, die synchron oder asynchron betrieben werden. Bei ersteren erfolgt die Verarbeitung bitweise seriell, so daß man zu Lasten der Zeit den Hardwareaufwand reduzieren kann. Parallele Rechenwerke, bei denen ganze Worte in einem Schritt verarbeitet werden, sind dagegen wesentlich schneller, erfordern aber auch höheren Aufwand.

Im Rahmen dieses Abschnitts wollen wir uns beispielhaft mit dem prinzipiellen Aufbau von für Rechenwerke geeigneten logischen Schaltungen beschäftigen, so daß die Wirkungsweise erkannt und der Blick für mögliche Alternativen geschärft wird. Bereits in einem früheren Abschnitt (Abschn. 6.3) wurde festgehalten, daß sich mit Hilfe der Komplementdarstellung die vier arithmetischen Grundoperationen auf die Addition zurückführen lassen; insofern genügt für den Minimalaufbau eines Rechenwerks zunächst ein Addierwerk, welches wir im ersten Unterabschnitt betrachten wollen. In einem zweiten Unterabschnitt wollen wir dann den prinzipiellen Ablauf einer Multiplikation und den damit verbundenen Hardwareaufwand untersuchen, bevor wir zum Schluß allgemein den Rechenwerkskern für einen herkömmlichen Rechner behandeln.

8.3.1 Addierwerk

Als Beispiel für Standard–Schaltnetze haben wir in Abschnitt 7.5 den Halb– und Volladdierer für die Verknüpfung einer einzelnen Bitstelle kennengelernt. Beide können nun wahlweise als Zellen für den Aufbau von unterschiedlichen Addierwerken eingesetzt werden. Als Beispiel wollen wir uns hier ein einfaches *Addierwerk* für vorzeichenlose Dualzahlen vornehmen, das mehrere Ziffern verknüpfen kann. Abb. 8.24 zeigt einen asynchronen Paralleladdierer mit je einem Volladdierer pro Binärstelle; eine Ausnahme bildet lediglich die niederwertigste Stelle, die keinen Übertrag (der vorherigen Stelle) berücksichtigen muß. Die beiden zu addierenden Bits sind in jeweils einem Speicherelement a_ν und b_ν abgelegt. Das Ergebnisbit wird im Summenspeicherelement s_ν abgespeichert. Mit dem Paralleladdierer können die Zahlen A und B stellenweise parallel addiert werden, wobei die einzelnen Überträge vollständig intern berücksichtigt werden und lediglich der Übertrag der letzten Stelle nach außen als Überlauf in Erscheinung tritt. Eine mögliche Vereinfachung dieser Realisierung ergibt sich aus der Zusammenfassung des Operandenregisters A mit dem Summenregister S zum Akkumulator AK. Damit wird ein Register gespart, jedoch wird der Summand A bei dieser Anordnung durch Überschreiben mit dem Ergebnis $S = A + B$ zerstört.

Die Addition mit einer solchen Anordnung (*ripple carry adder*) dauert allerdings relativ lange, da das Ergebnis einer Stelle immer erst dann korrekt berechnet werden kann, wenn das Endergebnis der Stelle davor feststeht. Somit ist die Technik mit dem seriellen Übertrag von Stufe zu Stufe zwar einfach, jedoch steigen die Additionszeiten proportional zur Wortbreite an, weil die vielstellige Übertragungskette die längste Laufzeit verursacht, und begrenzen so die maximale Taktfrequenz. Abb. 8.25 zeigt ergänzend das Blockschaltbild eines Paralleladdierers.

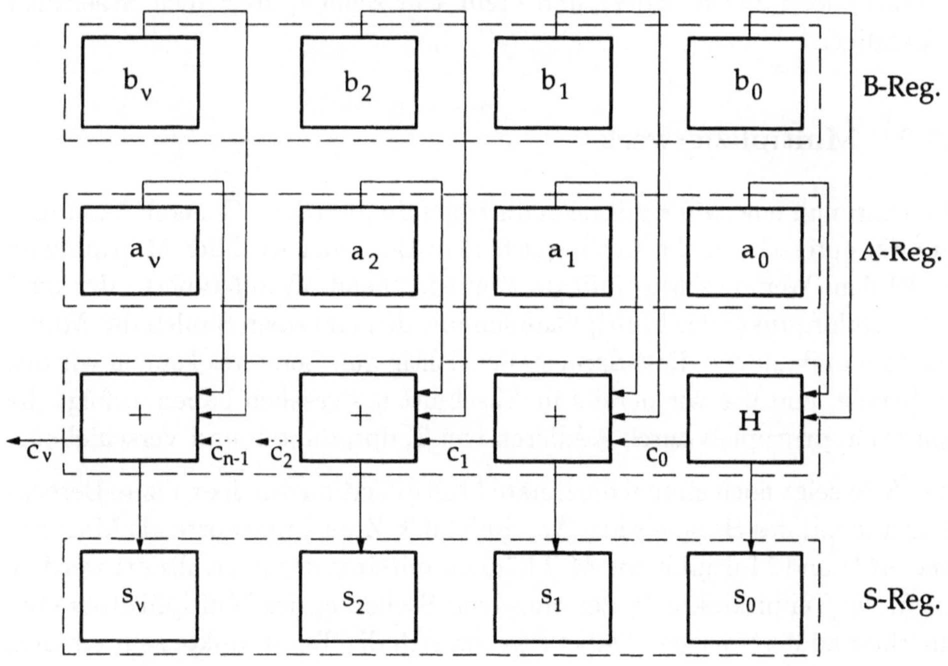

Abb. 8.24 Paralleladdierer mit seriellem Übertrag

Mit Varianten einer solchen Anordnung kann man die durch die serielle Bildung des Übertrags entstehenden Geschwindigkeitsbeschränkungen um-

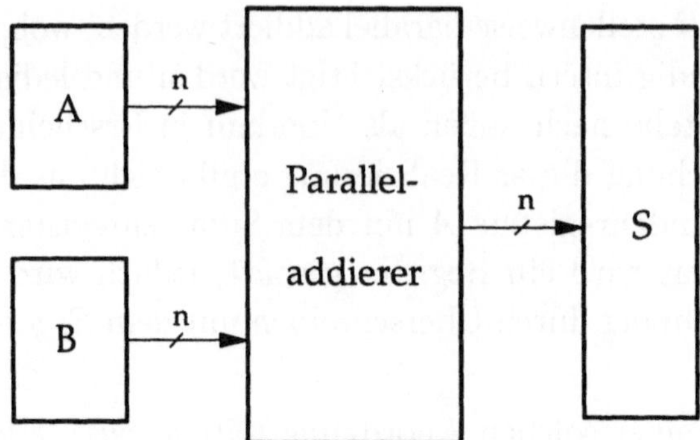

Abb. 8.25 Blockschaltbild eines Paralleladdierers

gehen; so können Paralleladdierer sehr aufwendig z.B. zweistufig als Addiererkaskaden aufgebaut werden. Das klassische Verfahren benutzt eine eigene Übertrags–Vorausberechnung, die versucht, die Bildung der einzelnen Überträge vorweg parallel durchzuführen und weiterzuleiten. Solche Addierer (*carry look ahead adder*) sind dann sehr schnell, aber auch wesentlich aufwendiger.

8.3.2 Multiplizierwerk

Wie kann nun eine *Multiplikation* durchgeführt werden? Generell kann dies auf zwei unterschiedliche Arten geschehen: Entweder wird der *Multiplikand* gemäß dem Wert des *Multiplikators* entsprechend oft aufaddiert oder man bildet *Teilprodukte* des Multiplikanden mit den einzelnen Stellen des Multiplikators und addiert diese dann stellenrichtig auf. Letzteres kennen wir aus der Schule, und wie wir bereits in Abschnitt 6.3 gesehen haben, erfolgt die Operation prinzipiell durch Addieren von Teilprodukten und Verschieben.

Abb. 8.26 zeigt noch einmal die binäre Multiplikation durch explizite Berechnung anhand des Beispiels aus Abschnitt 6.3. Zwei Binärworte als Multiplikand MD und Multiplikator MQ können miteinander multipliziert werden, indem die Teilprodukte P_i der einzelnen Stellen q_i des Multiplikators stellenrichtig addiert werden. Dabei ergeben sich die Teilprodukte sehr einfach, nämlich:

$$q_i = 0 : P_i = 0$$
$$q_i = 1 : P_i = MD * 2^i \text{ (}MD\text{ wird um } i \text{ Stellen nach links verschoben)}$$

Prinzipiell ist es möglich, in einem Rechenwerk wie bei der bekannten Handrechnung alle Teilprodukte P_i nacheinander zu errechnen, zu speichern und am Schluß stellenrichtig aufzuaddieren. Diese Vorgehensweise ist jedoch für eine Maschine ungünstig, da zunächst alle Teilprodukte zwischengespeichert und dann in speziellen, sehr schnellen und damit aufwendigen Multiplizierwerken abschließend zusammengefaßt werden müssen.

$$(11)_{10} * (13)_{10} = (143)_{10}$$

$$
\begin{array}{rcr}
MD & & MQ \\
1011 & * & 1101 \\
\hline
 & & 1011 \\
 & & 0000 \\
 & & 1011 \\
 & & 1011 \\
\hline
 & & 10001111
\end{array}
\qquad
\begin{array}{l}
P_0 = q_0 * MD * 2^0 \\
P_1 = q_1 * MD * 2^1 \\
P_2 = q_2 * MD * 2^2 \\
P_3 = q_3 * MD * 2^3
\end{array}
$$

Abb. 8.26 Beispiel für eine binäre Multiplikation

Bei den meisten Rechenwerken wird deshalb nach einem Verfahren gearbeitet, das auf dem vorhandenen Addierwerk aufbaut und bei dem die einzelnen Teilprodukte sofort stellenrichtig zu einem Zwischenergebnis aufaddiert werden. Abb. 8.27 zeigt den Ablauf einer Multiplikation von zwei vierstelligen Dualzahlen in einer tabellenartigen Zusammenstellung, wobei jede Zeile als ein (Teil-)Rechenschritt anzusehen ist.

Wir gehen davon aus, daß entsprechend Abb. 8.28 zu Beginn der Multiplikand in einem Register MD und der Multiplikator in einem Register MQ abgespeichert ist; der Akkumulator AK enthält Nullen, ist also gelöscht. Während eines Rechenschritts wird nun der Inhalt von MD immer dann zum Inhalt des Akkkumulators hinzuaddiert, wenn die niederwertigste Stelle in MQ (q_0) gleich 1 ist; danach werden in jedem Falle die Inhalte von AK und MQ gemeinsam um eine Stelle nach rechts verschoben, d.h. insbesondere der Wert von a_0 rutscht in die höchste Stelle von MQ. Gleichzeitig geht die niedrigste Stelle von MQ verloren. Der Inhalt von MD ändert sich dabei nicht. Der Vorgang wird zyklisch solange wiederholt, bis alle Stellen des Multiplikators abgearbeitet sind; das Gesamtergebnis findet sich abschließend in AK und MQ.

Werden die einzelnen Operationen bitseriell durchgeführt, sind maximal n^2

MD								
	d_3	d_2	d_1	d_0				
	1	0	1	1				

MD Multiplikandenregister
MQ Multiplikatorregister
AK Akkumulator

AK					MQ			
a_4	a_3	a_2	a_1	a_0	q_3	q_2	q_1	q_0
0	0	0	0	0	1	1	0	1
0	0	0	0	0	1	1	0	1
0	1	0	1	1	1	1	0	1
0	0	1	0	1	1	1	1	0
0	0	1	0	1	1	1	1	0
0	0	0	1	0	1	1	1	1
0	1	1	0	1	1	1	1	1
0	0	1	1	0	1	1	1	1
1	0	0	0	1	1	1	1	1
0	1	0	0	0	1	1	1	1

Abb. 8.27 Zusammenstellung der einzelnen Multiplikationsschritte

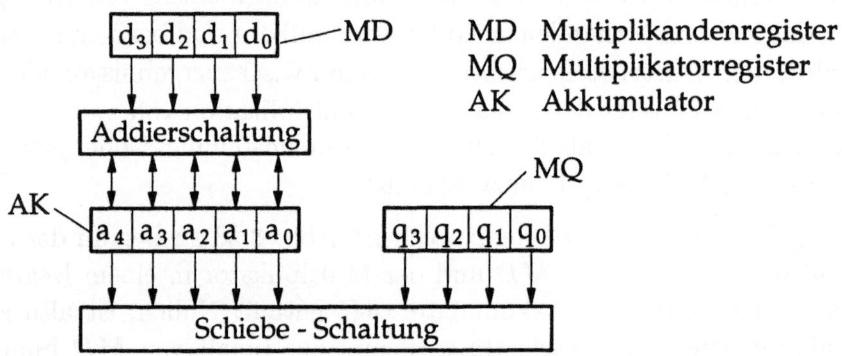

Abb. 8.28 Aufbau des Multiplizierwerks

Arbeitstakte erforderlich. Bei einer zeilenweisen bitparallelen Arbeitsweise sind dagegen nur $2n$ Takte notwendig. Weitere Beschleunigungen lassen sich erreichen, wenn man Addition und Schieben jeweils in einem Arbeitsschritt kombiniert. Auch die Addition mehrere Stellen gleichzeitig oder das Schieben um mehrere Stellen, wenn im MQ-Register (am Anfang oder Ende) mehrere Nullen stehen, trägt zu einer Geschwindigkeitserhöhung genauso bei wie eine Multiplikation mit einem zusätzlichen Übertragsregister, bei welcher der Übertrag erst am Ende der gesamten Operation vollständig abgebaut wird.

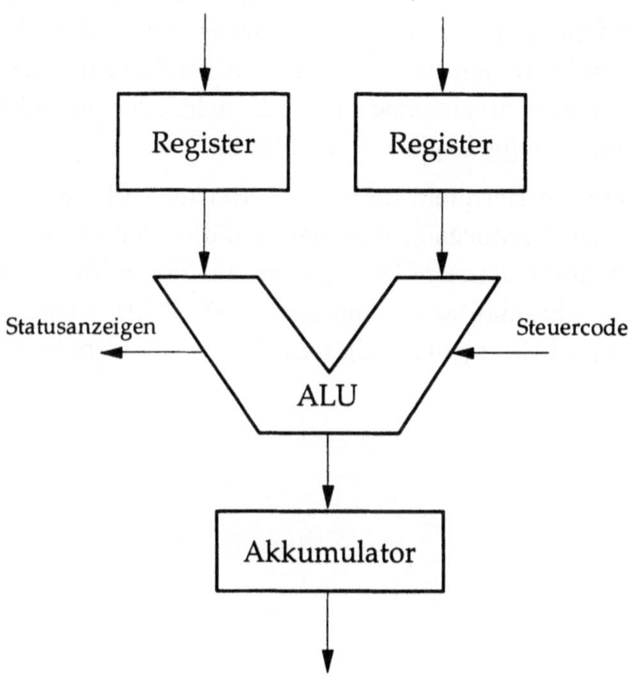

Abb. 8.29 Blockschaltbild einer ALU

8.3.3 Arithmetisch/Logische Verarbeitungseinheit

Neben den arithmetischen Verknüpfungen haben wir bisher schon eine ganze Reihe von logischen Funktionen und sonstige Verknüpfungen (wie z.B. Schiebefunktionen, Vergleiche, Erzeugung von Konstanten) kennengelernt, die in einem universellen „Rechenwerk" ebenfalls ausführbar sein sollten. Eine derart umfassende Komponente nennt man eine *arithmetisch/logische Verarbeitungseinheit* (*Arithmetic and Logic Unit, ALU*). Gemäß einem vorgegebenen Steuercode verknüpft eine solche ALU die Inhalte von Eingaberegistern und legt das Ergebnis in einem Ausgaberegister ab; gleichzeitig werden dazu u.U. verschiedene Flags gebildet. Diese Einzelbitanzeigen, auch *Bedingungsbits* genannt, signalisieren z.B. bei arithmetischen Operationen einen Übertrag (Carry–Bit C), das Negativ– oder Nullergebnis (Negative–Bit N bzw. Zero–Bit Z) oder beim Überschreiten des Zahlenbereichs der

Zweierkomplement–Zahlen den Überlauf (Overflow–Bit V), und werden von bedingten Sprungbefehlen (s. Abschnitt 9.2.4) zur Bedingungsüberprüfung verwendet. Entsprechend Abb. 8.29 besteht eine derartige Anordnung im wesentlichen aus der eigentlichen Verarbeitungseinheit sowie zwei Eingaberegistern für die Operanden und einem Ausgaberegister, dem Akkumulator. Bei aufwendigeren Versionen steht zur kurzzeitigen Speicherung von Werten oftmals auch ein ganzer Registersatz mit z.B. acht oder sechzehn Universalregistern und ergänzender Logik zur Verfügung.

Wir haben bisher als Beispiele immer nur Rechenwerke für ganze Zahlen (integer) betrachtet. Ergänzend sei deshalb auf die ebenfalls wichtigen BCD-Werte oder aber Gleitkommazahlen hingewiesen, deren Verarbeitung entweder als weitere Funktionalität in eine universelle ALU integriert sein kann oder in speziellen ALUs eigenständig realisiert wird (*Coprozessor*).

8.4 Steuerwerk

Spätestens während der Behandlung der beiden unmittelbar vorhergehenden Unterabschnitte muß eigentlich die Frage entstanden sein, wer denn eigentlich dem Multiplizierwerk – entsprechend dem vorgegebenen Algorithmus – die Durchführung der verschiedenen Operationen im Ablauf der einzelnen Rechenzyklen „befiehlt" bzw. woher der Steuercode für die vielfältigen Funktionen einer ALU kommt. Dieser Abschnitt soll mit einer Erläuterung der Grundprinzipien der Steuerung von digitalen Prozessen mit getakteten (synchronen) Schaltwerken bzw. Steuerwerken dem entstandenen Informationsmangel abhelfen.

8.4.1 Beispiel Multiplizierwerk

Als Beispiel verwenden wir das bereits aus dem vorhergehenden Abschnitt bekannte *Multiplizierwerk*; dazu soll das zum korrekten Ablauf des vorgegebenen Algorithmus notwendige *Steuerwerk* entworfen werden. Zunächst ergänzen wir Abb. 8.28 um einige Zusätze, wie sie in Abb. 8.30 angebracht worden sind.

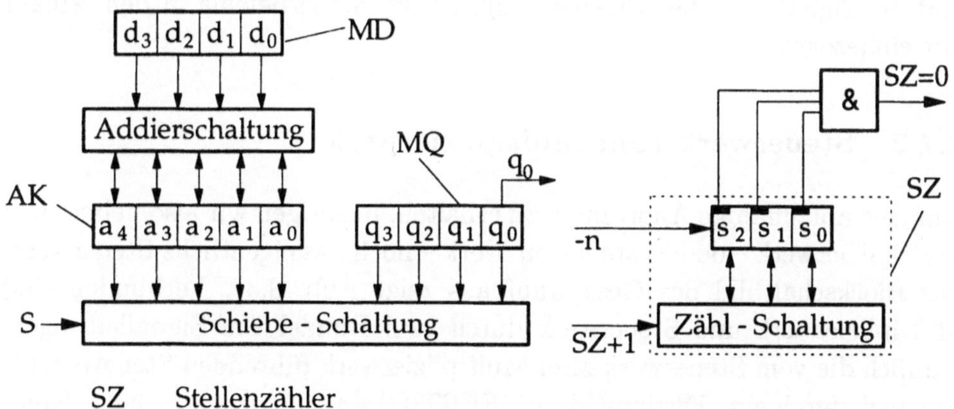

Abb. 8.30 Erweiterter Aufbau des Multiplizierwerks

Ein digitaler Prozeß kann nicht durch „Hinschauen" feststellen, ob u.a. alle Stellen des Multiplikators im entsprechenden Register bereits abgearbeitet sind oder fälschlicherweise zum Beispiel bereits Stellen des Ergebnisses (nachgeschoben aus dem Akkumulator AK) in die Multiplikation miteinbezogen wurden: Ein *Stellenzähler* SZ (realisiert als Rückstellzähler) kann dies verhindern. Er wird vor Beginn der Multiplikation entsprechend der Zahl der Stellen in MQ auf den Anfangswert $-n$ eingestellt und pro Rechenzyklus um Eins zurückgezählt. Bei Erreichen des Nullzustands sind dann alle Stellen des Multiplikators berücksichtigt worden und die Multiplikation ist damit beendet.

Weiter wurden in Abb. 8.30 einige Signalleitungen eingeführt, deren Bedeutung im Zusammenhang mit der Beschreibung der erweiterten Ablaufbeschreibung der Multiplikation sofort erkennbar wird.

Aus den bisherigen Betrachtungen wissen wir schon, daß für die eigentliche Durchführung der Multiplikation die *Steuerbefehle* „Addieren" (+) und „Schieben" (S) notwendig sind. Diese müssen für die Steuerung des Rückstellzählers um die Befehle „Zähler laden" ($-n$) und „Zähler inkrementieren" (SZ+1) erweitert werden. Außerdem müssen dem Steuerwerk für notwendige Entscheidungen Rückmeldungen an die Hand gegeben werden können, die sich aus dem aktuellen Zustand des Multiplizierwerks ergeben. Dazu gehört, ob das niederwertigste Bit des Multiplikatorregisters eine Null oder Eins beinhaltet (q_0) und ob der Stellenzähler den Nullzustand erreicht hat (SZ=0). Die erweiterte Ablaufbeschreibung in Abb. 8.31 faßt die Verhältnisse noch einmal zusammen. Dabei wurden der Status des Stellenzählers und die Signale für die Rückmeldungen bzw. Steuerbefehle in den Ablauf mit einbezogen.

8.4.2 Steuerwerk zum Multiplizierwerk

Um eine ablauffähige Anordnung zu erhalten, benötigen wir also neben dem Multiplizierwerk - dem gesteuerten Werk - noch das eigentliche Steuerwerk; das Blockschaltbild des Gesamtaufbaus zeigt Abb. 8.32. Verbunden sind Multiplizierwerk und Steuerwerk durch zwei Bündel von Signalleitungen, nämlich die vom Steuerwerk zum Multiplizierwerk führenden Steuerbefehle (ergänzt durch eine Fertigmeldung (FERTIG) an eine übergeordnete Komponente) und die entgegengesetzt laufenden Rückmeldungen, die als Bedingungen den internen Ablauf des Steuerwerks beeinflussen. Letztere wurden ebenfalls durch ein Startsignal (START) einer übergeordneten Komponente ergänzt.

Definitionen. Betrachten wir zunächst einige allgemeine Definitionen. Die Steuerbefehle auf der untersten Ebene der Befehlshierarchie eines di-

MD $d_3\ d_2\ d_1\ d_0$ 1 0 1 1	Status des Multiplizierwerks		Rückmeldungen		Steuerbefehle für den nächsten Taktzyklus				
AK $a_4\ a_3\ a_2\ a_1\ a_0$	MQ $q_3\ q_2\ q_1\ q_0$	SZ $s_2\ s_1\ s_0$	q_0	SZ = 0	+	S	SZ + 1	-n	
0 0 0 0 0	1 1 0 1	0 0 0	1	1	0	0	0	1	-n laden
0 0 0 0 0	1 1 0 1	1 0 0	1	0	1	0	0	0	Addieren
0 1 0 1 1	1 1 0 1	1 0 0	1	0	0	1	1	0	Schieben, SZ+1
0 0 1 0 1	1 1 1 0	1 0 1	0	0	0	0	0	0	Nicht Addieren
0 0 1 0 1	1 1 1 0	1 0 1	0	0	0	1	1	0	Schieben, SZ+1
0 0 0 1 0	1 1 1 1	1 1 0	1	0	1	0	0	0	Addieren
0 1 1 0 1	1 1 1 1	1 1 0	1	0	0	1	1	0	Schieben, SZ+1
0 0 1 1 0	1 1 1 1	1 1 1	1	0	1	0	0	0	Addieren
1 0 0 0 1	1 1 1 1	1 1 1	1	0	0	1	1	0	Schieben, SZ+1
0 1 0 0 0	1 1 1 1	0 0 0	1	1	0	0	0	0	Fertig

Abb. 8.31 Erweiterte Ablaufbeschreibung der Multiplikation

gitalen Systems sind elementare auslösende Steuersignale für Mikrooperationen, die unmittelbar auf die Hardware einwirken. Eine *Mikrooperation* stellt eine verdrahtete *Elementaroperation* dar, d.h. eine in der Hardware nicht mehr weiter teilbare Operation, die i.a. in einem einzigen Taktintervall (Hardwaretakt) ausgelöst werden kann.

Die Zusammenfassung der Menge der in einer Taktzeit ausgelösten Steuersignale für simultan ablaufende Mikrooperationen nennt man einen *Mikrobefehl*; er benötigt i.a. ebenfalls nur ein einziges Taktintervall zur Ausführung.

Eine Folge von nacheinander auszuführenden Mikrobefehlen bezeichnet man als *Mikroprogramm*.

Kehren wir nun wieder zu unserem Steuerwerksbeispiel zurück und beziehen die neuen Begriffe mit ein. Allgemein versorgt das Steuerwerk das zu steuernde Werk im Rahmen eines Mikroprogramms mit einer Sequenz von Mikrobefehlen, die aus mehreren Signalen für Mikrooperationen bestehen können; letztere sind mit den Ausgangsvariablen y_μ des Steuerwerks identisch. Bezogen auf unser aktuelles Beispiel sind dies:

+	Addieren
S	Schieben
SZ+1	Stellenzähler inkrementieren
−n	−n in Stellenzähler laden
FERTIG	Multiplikation abgeschlossen

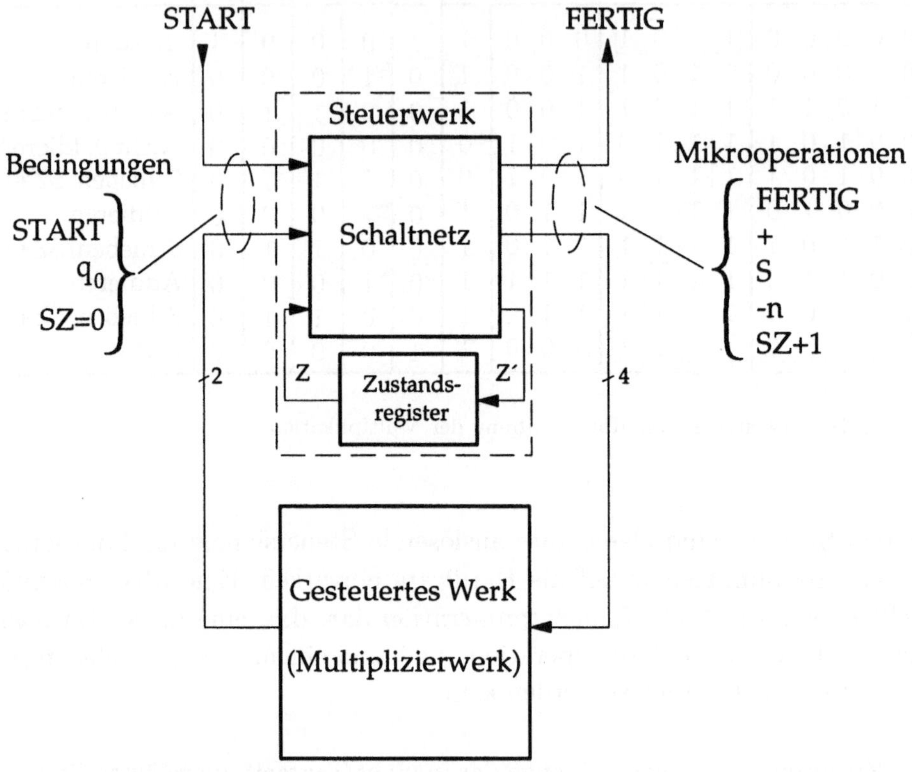

Abb. 8.32 Blockschaltbild der Gesamtanordnung

Realisierung des Steuerwerks. In einem ersten Schritt muß die Abfolge der Signale für die Mikrooperationen (und evtl. die Zusammenfassung zu Mikrobefehlen) festgelegt werden. Mikrobefehle können eine einzige Mikrooperation auslösen (rein serielle Abarbeitung, *vertikale Mikroprogrammierung*) oder aber je nach Situation mehrere Mikrooperationen zusammenfassen (parallele Abarbeitung, *horizontale Mikroprogrammierung*). Wir bleiben hier bei der sehr leicht verständlichen rein vertikalen Mikroprogrammierung, so daß der Ablauf einer Mikrooperation mit einem Mikrobefehl identisch ist.

Ein bewährtes Hilfsmittel zur Darstellung der Abfolge ist das bereits bekannte *Flußdiagramm*, d.h. ein gerichteter Graph, der die notwendigen Mikrooperationen (*Knoten*) in der gewünschten Reihenfolge verbindet. Die Verbindungen (*Kanten*) hängen i.a. von den Bedingungen aus dem gesteuerten Werk ab, welche die Menge der Eingangsvariablen x_ν des Steuerwerks bilden. Das Flußdiagramm für unser Multiplikationsbeispiel (Abb. 8.33) enthält aber nicht nur die Mikrooperationen als *Aktionsknoten* mit genau einem *Nachfolgeknoten*, sondern entsprechend den durch die Bedingungen vorgegebenen *Binärverzweigungen* auch *Verzweigungsknoten* mit dem entsprechenden Namen der Eingangsvariablen und den Verbindungen zu den alternativen Nachfolgeknoten. Beide Arten von Knoten sind prinzipiell von jedem anderen Knoten aus zu erreichen.

Wir benutzen hier eine rein sequentielle Arbeitsweise und bezeichnen deshalb diese Ablaufdarstellung als „*Von–Neumann–Flußdiagramm*". Es ist so zu verstehen, daß zu jeder Zeit (in jedem Taktintervall eines synchronen Schaltwerks) immer genau nur einer der Knoten aktiv ist. Jedem der Knoten (Aktionen wie auch Verzweigungen) ist je ein *Zustand* zugeordnet; damit entspricht die Menge der Knoten der zu unterscheidenden Anzahl der Zustände Z des Schaltwerks, die mit minimal n_z Bits codiert werden können:

$$n_z = \lceil \text{ ld } |Z| \rceil$$

Der Nachteil dieser („Von–Neumann"–)Steuerwerkstruktur ist, daß während der Taktzyklen, in denen Verzweigungsknoten aktiv sind, keine Mikrooperationen ausgelöst werden. Es entstehen an den Ausgängen Pausen in der Abfolge (z.T. sogar mehrere Takte nacheinander, wenn mehrere Binärbedingungen abgefragt werden müssen), die sich störend bemerkbar machen können. Man denke z.B. an die komplexe Steuerung einer Ampelanlage mit verschiedenen Beeinflussungsmöglichkeiten!

Will man solche Zwangspausen vermeiden, muß dafür gesorgt werden, daß in jedem Knoten (d.h. in jedem Zustand des Schaltwerks, also auch in jeder Taktperiode) zumindest eine Mikrooperation ausgelöst wird. Die reinen Verzweigungen der Von–Neumann–Darstellung dürfen also nicht mehr als getrennte Knoten erscheinen, sondern müssen soweit wie möglich mit Aktionen zu neuen Knoten (Zuständen) zusammengefaßt werden; als erfreulicher Nebeneffekt sinkt dadurch auch die Anzahl der insgesamt notwendigen Zustände (Die Theorie der Schaltwerke bietet dafür verschiedene Vorgehensweisen an; als weiterführende Literatur sei z.B. [Wen74] empfohlen). Abb.

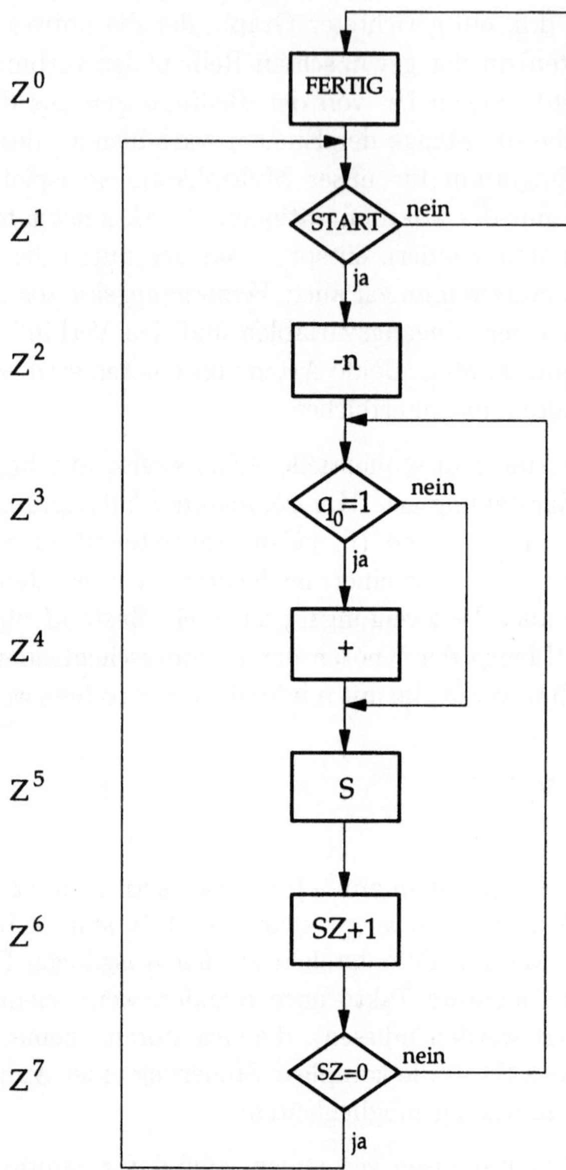

Abb. 8.33 Von–Neumann–Flußdiagramm

8.34 zeigt das Flußdiagramm eines nach diesem Prinzip konzipierten Steuerwerks einschließlich der *Zustandscodierung*. Dabei kann noch eine weitere Vereinfachung vorgenommen werden. Die beiden Mikrooperationen S und $SZ{+}1$ sind völlig unabhängig voneinander und beeinflussen sich somit ge-

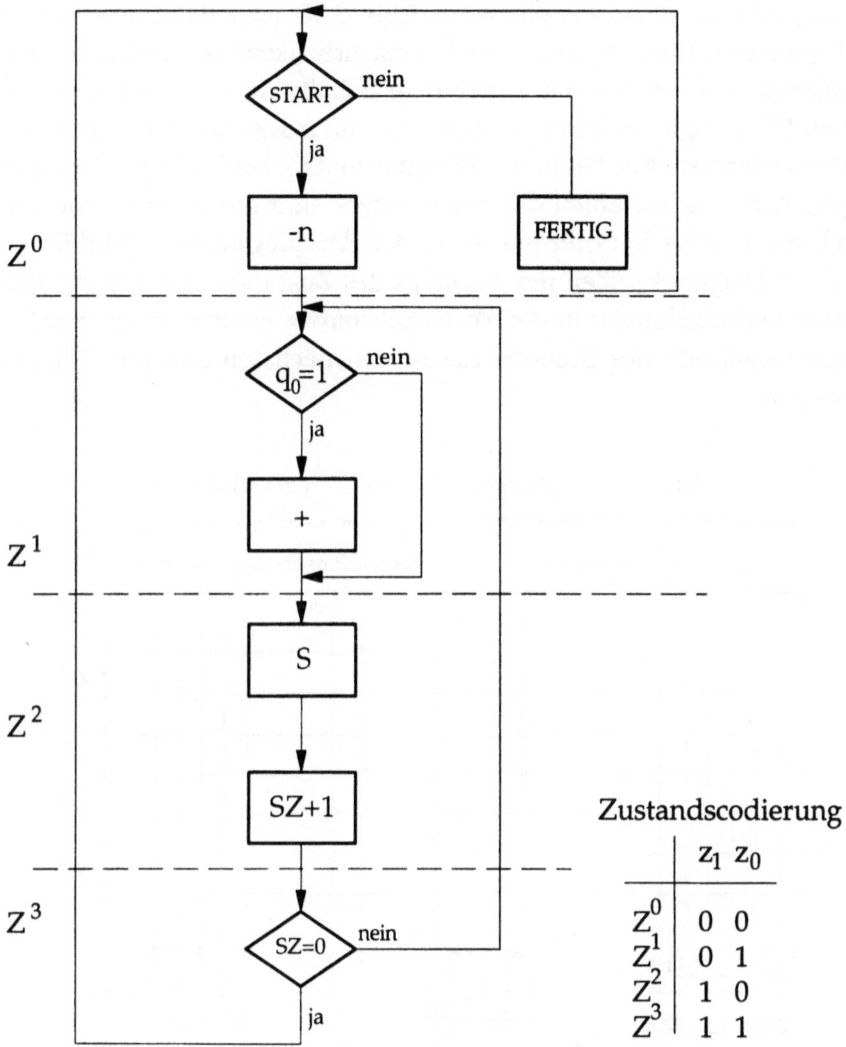

	z_1	z_0
Z^0	0	0
Z^1	0	1
Z^2	1	0
Z^3	1	1

Abb. 8.34 Flußdiagramm der realisierten Lösung

genseitig nicht; deshalb können sie auch parallel ausgelöst, d.h. in einem Mikrobefehl bzw. zu einem Zustand zusammengefaßt werden. Auf diese Weise müssen im Steuerwerk nur vier Zustände unterschieden werden, die mit zwei Bits codiert werden können.

Damit kann der letzte Schritt der Realisierung des Schaltwerks auf der Basis des vorliegenden Flußdiagramms erfolgen. Es muß zunächst der Flipflop–Typ für das *Zustandsregister* festgelegt werden, bevor das eigentliche Schaltnetz in disjunktiver Form erstellt wird. Abb. 8.35 zeigt das Steuerwerk für die Multiplikation (aus Gründen der Übersichtlichkeit) in verdrahteter Logik. Eingangsvariablen für das zugehörige Schaltnetz sind neben den Bedingungen (Eingänge des Schaltwerks) auch die Ausgänge der Flipflops des Zustandsregisters; sie werden in der Eingangsmatrix konjunktiv miteinander verknüpft. Ausgangsvariablen des Schaltnetzes sind die Mikrooperationen, die durch disjunktive Verknüpfungen in der Ausgangsmatrix gebildet werden, und die Eingangsgrößen der Flipflops des Zustandsregisters, die durch disjunktive Verknüpfungen in der Fortschaltmatrix erzeugt werden und für das „Weiterschalten" des Steuerwerks in den nächsten Zustand (Folgezustand) sorgen.

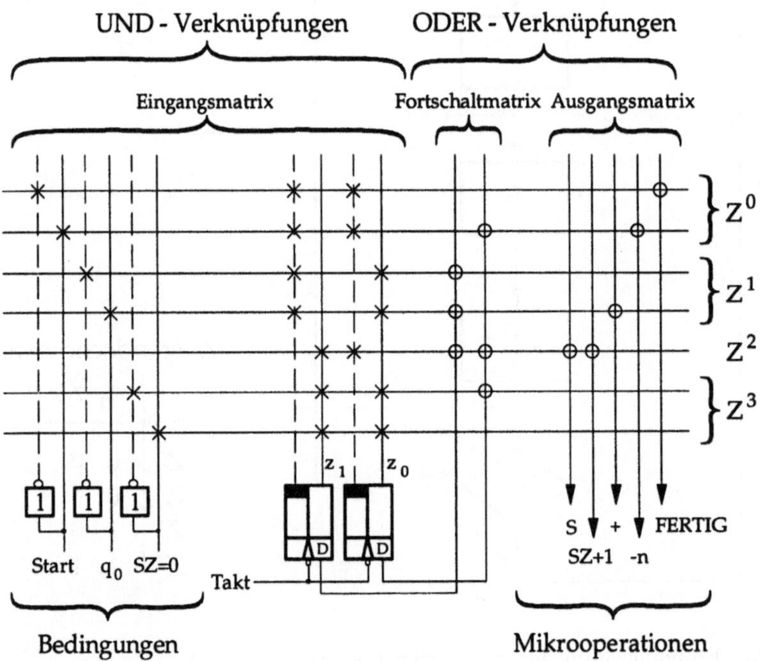

Abb. 8.35 Realisierung des Steuerwerks

Literaturempfehlung:

[Kla89] Klar, R.: „Digitale Rechenautomaten“
Walter de Gruyter, Berlin 1989

[Mor92] Morgenstern, B.: „Elektronik, Band III:
Digitale Schaltungen und Systeme“
Vieweg, Braunschweig 1992

[Pau95] Paul, R.: „Elektrotechnik und Elektronik für Informatik,
Band 2: Grundgebiete der Elektronik“
Teubner, Stuttgart 1995

[GSo95] Gumm, H.-P.; Sommer, M.: „Einführung in die Informatik“
Addison-Wesley, Bonn 1995

9 Digitalrechner

Beginnend in Kap. 7 haben wir uns mit den Schaltnetzen und Schaltwerken zunächst die Grundlagen der logischen Schaltungen erarbeitet. Im vorhergehenden Kapitel haben wir daraus dann beispielhaft verschiedene Funktionseinheiten zusammengestellt, die in den unterschiedlichsten digitalen Komponenten immer wieder zu finden sind. Mit diesem Wissen sind wir nun auch in der Lage, unser eigentliches Ziel anzugehen, nämlich den *Digitalrechner* in der Gesamtheit seines Aufbaus und seiner Wirkungsweise zu erfassen. Dies soll die Aufgabe des vorliegenden Kapitels sein. Danach soll der Leser mit den in einem Digitalrechner ablaufenden grundsätzlichen Mechanismen vertraut und je nach Neigung zur Vertiefung seiner Kenntnisse in der Lage sein, von dieser Plattform aus Brücken zum weiten Gebiet der *Rechnerorganisation* und *Rechnerarchitektur* zu schlagen.

9.1 Beispiel Personal Computer

Zur Abgrenzung und als praktisches Beispiel können wir zunächst den heute nahezu allgegenwärtigen *Personal Computer*, in der täglichen Umgangssprache einfach nur PC genannt, heranziehen. Mit ihm wollen wir die notwendigen Funktionen der Verarbeitung bestimmen und die gängigen Schlagworte festhalten. Weitere Ausformungen von Digitalrechnern werden wir dann in Abschnitt 9.4 besprechen.

Aus dem mittlerweile fast täglichen Umgang mit dem PC lassen sich leicht die zentralen Grundfunktionen eines Rechners ableiten: Daten müssen transportiert, verarbeitet und gespeichert werden. Für die Verarbeitung der Daten ist das Herz eines Rechners (Abb. 9.1) zuständig, der sog. *Prozessor*, der auch die Verantwortung für die gesamte *Steuerung* trägt. Gespeichert werden die Daten entweder im sog. *Arbeitsspeicher* (auch *Hauptspeicher* genannt) oder in den *Massenspeichern* (auch *Hintergrundspeicher* genannt), die man als *Hard Disk*, *Floppy Disk*, *Streamer* oder *CD–ROM* im Laden kaufen kann. Datentransport bedeutet das Bewegen von Daten sowohl innerhalb des Rechners zwischen den einzelnen bereits genannten Funktionseinheiten

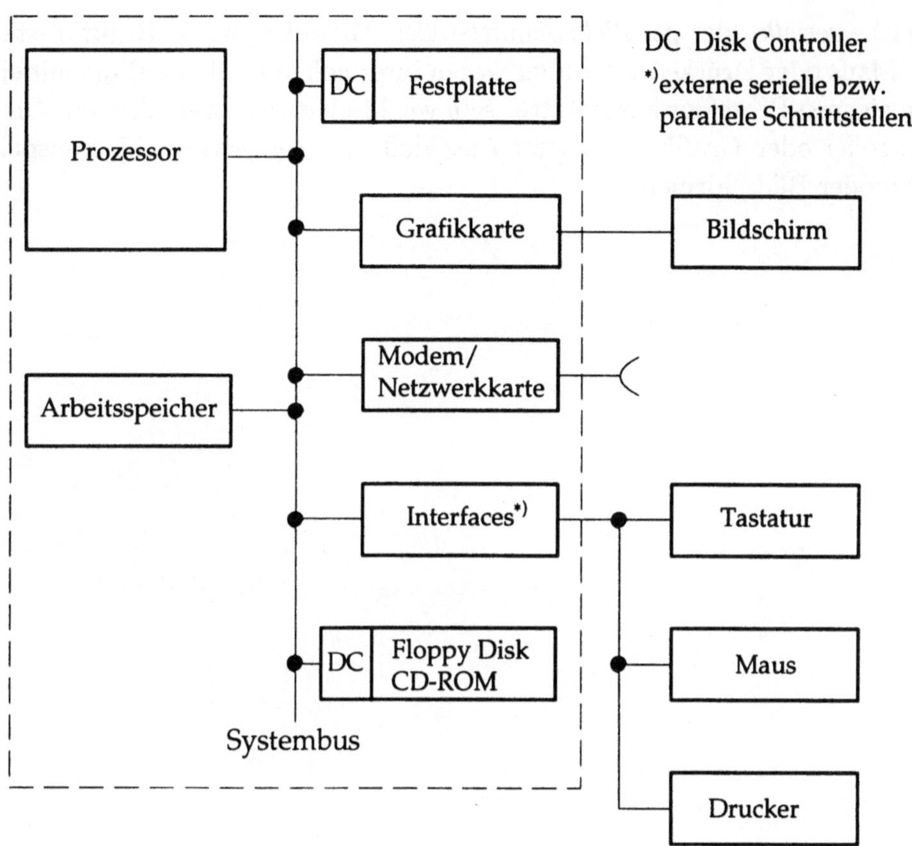

Abb. 9.1 Hardwareaufbau eines PC-Systems

über die internen Verbindungen als auch das Zuführen bzw. Abführen von Daten an den Benutzer über die Ein- und Ausgabe des Rechensystems, das auf verschiedene Art und Weise erfolgen kann. Beispiele für die unterschiedlichsten Geräte der *Rechnerperipherie* sind *Bildschirm* (*Terminal*), *Tastatur* (*Keyboard*), *Maus* (Pointing Device), *Drucker* (*Printer*) oder *Netzwerkkarte/Modem* zum Online-Anschluß des Systems an ein Netz; auch die Massenspeicher können teilweise als Transportmedium eingesetzt werden und erfüllen somit eine Doppelfunktion. Darüberhinaus sind für spezielle Anwendungen noch eine Vielzahl weiterer Ein-/Ausgabegeräte (z.B. *Digitalisiertablett*, *A/D-Wandler* bzw. *D/A-Wandler*) üblich.

Damit die Peripheriegeräte mit ihren unterschiedlichen Anforderungen an den Systembus eines Rechners angeschlossen werden können, sind zusätzliche Anpassungsschaltungen, die sog. *Interfaces*, notwendig. Diese können einfache *serielle* oder *parallele Schnittstellen* darstellen, wie z. B. für Tastatur, Maus oder Drucker, oder aber wegen ihrer hohen Funktionalität mit einem eigenen Prozessor ausgestattet sein wie Modems/Netzwerkkarten, *Disk Controller* oder *Grafikkarten* zum Anschluß von Netzwerken, Massenspeichern oder Bildschirmen.

9.2 Universalrechner

Nach dieser mehr gegenständlichen Einführung des Digitalrechners wollen wir im weiteren von der konkreten Ausführungsform abstrahieren und die generelle Grundstruktur eines programmgesteuerten Universalrechners näher betrachten. Man spricht deshalb von einem *Universalrechner*, weil Struktur und Organisation des Rechners so ausgerichtet sind, daß er prinzipiell für jede beliebige Aufgabe einsetzbar ist und erst durch geeignete Software für die besonderen Belange einer konkreten Anwendung „spezialisiert", d.h. programmiert, wird.

9.2.1 Grundstruktur und Operationsprinzip

Die grundlegende Struktur und das Organisationsprinzip der heutigen Rechner beruhen auf dem Konzept des speicherprogrammierbaren Rechners, das nach gemeinsamen Arbeiten mit anderen Wissenschaftlern von *John von Neumann* im Jahre 1946 veröffentlicht wurde. Deshalb werden diese Rechner, die aus dem Blickwinkel der *Rechnerorganisation* als Rechner minimalen Hardware–Aufwands angesehen werden, heute oft auch als „von Neumann Rechner" bezeichnet. Ihre Struktur besteht aus

- der *Zentraleinheit* (Central Processing Unit, *CPU*), durch die der gesamte Programmablauf gesteuert wird und in der die einzelnen Befehle eines Programms interpretiert und ausgeführt werden

- dem *Arbeitsspeicher* , in dem das auszuführende Maschinenprogramm und seine Daten abgelegt sind

- der *Ein–/Ausgabe* (Interfaces), welche die Verbindung zu den peripheren Ein–/Ausgabegeräten schafft und damit die Kommunikation zwischen dem Rechner und seiner Umwelt ermöglicht

- dem internen *Systembus*, der statt individueller Punkt–zu–Punkt–Verbindungen als eine gemeinsame Verbindung den Informationsaustausch zwischen allen Komponenten ermöglicht.

Abb. 9.2 zeigt das Blockschaltbild des Universalrechners. Die Zentraleinheit besteht aus dem *Befehlswerk* (auch *Leitwerk* genannt) und dem *Rechenwerk*. Das Befehlswerk organisiert den gesamten Programmablauf und dabei

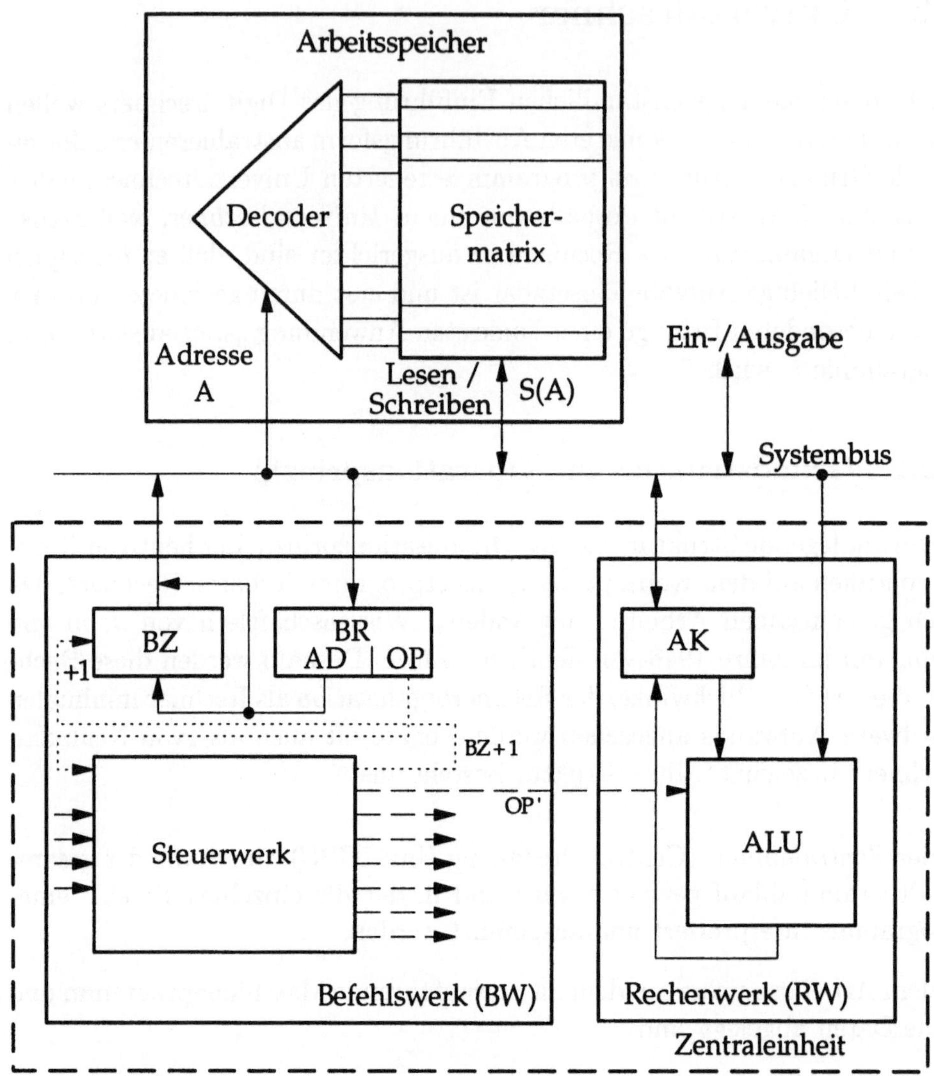

Abb. 9.2 Blockschaltbild des Universalrechners (v. Neumann–Rechner)

u.a. den Speicherzugang zu Befehlen und Daten; es entschlüsselt die Befehle und löst die einzelnen Operationen und die Fortschaltung zum nächsten Befehl aus. Herausragende Bestandteile des Befehlswerks sind neben dem eigentlichen *Steuerwerk* der *Befehlszähler* (BZ), der die aktuelle *Befehlsadresse* enthält, und das *Befehlsregister* (BR), in dem jeder aus dem Speicher kommende Befehl zur Interpretation abgelegt wird. Außerdem besitzt das Befehlswerk noch ein hier nicht berücksichtigtes sog. *Statusregister* zur

Zwischenspeicherung spezifischer Steuerinformationen. Das Rechenwerk, das mit dem Steuerwerk des Befehlswerks kommuniziert, besitzt ebenfalls eine autonome Ablaufsteuerung, z.B. für die Bearbeitung komplexer arithmetischer Operationen.

Beide Ablaufsteuerungen sind Steuerwerke nach der bekannten Definition, die man oft auch als *Mikroprogrammsteuerwerke* bezeichnet; ihre *Mikroprogramme* liegen i.a. für eine bestimmte *Rechnerarchitektur* fest. Allerdings gibt es auch veränderbare Mikroprogramme. Damit kann im Prinzip jeder Benutzer seine private Rechnerarchitektur, insbesondere seinen eigenen Maschinenbefehlscode, aufbauen. Dem überlagert ist die eigentliche *Ablaufsteuerung* für das vom Benutzer im Arbeitsspeicher abgelegte Programm.

Die Speichermatrix des Arbeitsspeichers (vereinfachend oft nur als RAM bezeichnet) ist nach Speicherworten organisiert, die normalerweise jeweils aus mehreren Bytes bestehen. Dessen ungeachtet bezieht sich die Kapazitätsangabe eines Speichers normalerweise auf die Anzahl Bytes (z.B. 8 MB RAM).

Der Systembus besteht meist aus mehreren unterschiedlich breiten Leitungsbündeln, die getrennt für die Übertragung von Daten (z.B. 8 ... 64 Bit), Adressen (16 ... 64 Bit) und einzelnen Steuer– bzw. Statussignalen zuständig sind.

Im heutigen Sprachgebrauch verwendet man für die Zentraleinheit oft auch den Begriff des *Prozessors* und meint damit eigentlich den Prozessorchip eines Rechners. Im Zuge der zunehmenden Komplexität integrierter Schaltkreise enthalten solche Chip–Rechnerkerne heute als Teil der Zentraleinheit oft umfassende Sätze besonders schneller Register, die universell eingesetzt werden können, oder *Coprozessoren* für spezielle Verarbeitungsaufgaben (z.B. Fließkomma–Arithmetik); darüberhinaus werden heute z.B. auch eine eigenständige *Speicherverwaltungseinheit* (Memory Management Unit, *MMU*) oder *Caches* (*Pufferspeicher*) für Befehle und Daten integriert, die als kleine schnelle Zwischenspeicher in der *Speicherhierarchie* (und auch bezüglich ihrer Zugriffsgeschwindigkeit) zwischen den Registern und dem eigentlichen Arbeitsspeicher angesiedelt sind und für eine Beschleunigung des Befehlsablaufs sorgen sollen. Ebenfalls zur Beschleunigung dienen oftmals zusätzliche lokale Verbindungen zwischen CPU und Arbeitsspeicher, die – getrennt vom eigentlichen Systembus – ohne Rücksicht auf die Kompatibilität von Schnittstellen nach außen besonders schnell ausgelegt werden können.

Ein im Arbeitsspeicher abgelegtes *Maschinenprogramm* wird sequentiell Befehl nach Befehl abgearbeitet. Abb. 9.3 zeigt zunächst nur grob den prinzipiellen Ablauf eines Maschinenbefehlsaufrufs. Das *Operationsprinzip* des von Neumann–Rechners folgt bei der Befehlsabarbeitung grundsätzlich einem starren *Zweiphasenschema*. In der ersten Phase – Befehlshol– oder *FETCH–Phase* genannt – wird mit Hilfe der im Befehlszähler BZ gehaltenen Adresse A der Inhalt des entsprechenden Speicherwortes S(A) aus dem Speicher geholt und – da implizit in dieser Phase als Befehl betrachtet – im Befehlsregister BR zur weiteren Bearbeitung abgelegt. Der Befehlszähler BZ wird anschließend automatisch um +1 erhöht (*BZ+1–Mechanismus*) und zeigt damit auf die nächste Befehlsadresse in der sequentiellen Abfolge des Programms. In der darauffolgenden Phase – der Befehlsausführungs– oder *EXECUTE–Phase* – wird der im Befehlsregister enthaltene Befehl decodiert (d.h. festgestellt, was geschehen soll) und dann die entsprechende Aktion durchgeführt. Für die detaillierte Ablaufsteuerung wird auf Abschnitt 9.2.5 verwiesen.

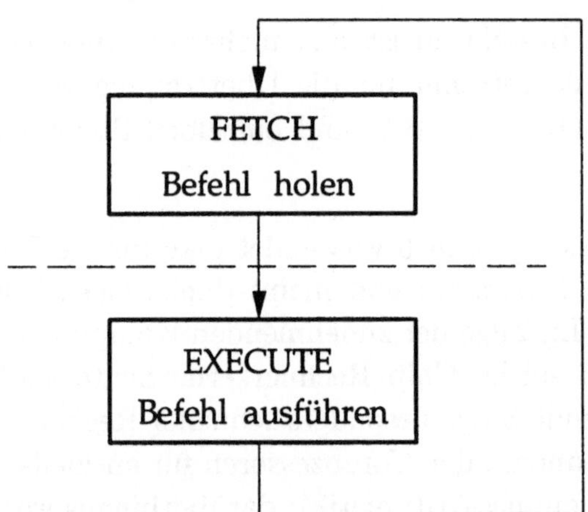

Abb. 9.3 Operationsprinzip des Universalrechners

Das vorgestellte Operationsprinzip und der damit vorgegebene Befehlsablauf erlauben eine hohe Flexibilität. Jedoch muß eine erhebliche Leistungsminderung in Kauf genommen werden durch den sog. „von Neumann–Flaschenhals“, der aus der nur einfachen Auslegung der einzelnen Komponenten und der streng sequentiellen Arbeitsweise resultiert. Darüberhinaus sind im Arbeitsspeicher sowohl die Befehle eines Programms als auch die dazugehörigen Daten gemeinsam abgelegt. Da es die Aufgabe eines Programms ist, die jeweiligen Daten durch Bearbeitung zu verändern, werden über diese Verbindung in beiden Richtungen ständig Informationen transportiert. Dabei besteht ein Großteil der Übertragungslast nicht aus signifikanten Daten, sondern lediglich aus Adressen von Daten oder aus Befehlen und Daten, die wiederum benötigt werden, um solche Adressen zu berechnen. D.h., ein Großteil dieser Informationsflut betrifft lediglich Verwaltungsangaben darüber, wo die eigentlichen Daten zu finden sind, so daß die effektive Verarbeitungsleistung eines Rechners in Abhängigkeit von diesem Verwaltungs–Overhead sinkt.

9.2.2 Struktur von Maschinenbefehlen

Jeder Rechnertyp besitzt entsprechend seiner Auslegung einen eigenständigen Satz von Maschinenbefehlen, der neben den elementaren Befehlen je nach Anwendungsbereich auch komplexere Befehle für spezielle Anforderungen enthält. Insofern unterscheiden sich die Befehlssätze unterschiedlicher Rechnertypen auf Maschinenebene. Für uns ist es in diesem Zusammenhang zunächst lediglich notwendig, die allgemeine Struktur von Maschinenbefehlen zu erarbeiten.

Nach Abb. 9.4 umfaßt ein *Maschinenbefehl* Information, die in zwei wesentliche Bereiche unterteilt werden kann: OP enthält Angaben über die Operation selbst (oft auch mit *OpCode* bezeichnet) und AD (wie Adresse) enthält Angaben über den bzw. die *Operanden*.

Information über die Operanden (Daten)	Information über die Operation
AD	*OP*

Abb. 9.4 Struktur eines Maschinenbefehls

Bei näherer Betrachtung müssen Maschinenbefehle die folgenden fünf wesentlichen Funktionen erfüllen:

- Spezifizierung der Operation, die auf dem/den Operanden ausgeführt werden soll (OpCode)

- Angabe des ersten Operanden bzw. der Adresse, unter der er zu finden ist

- Angabe des zweiten Operanden bzw. der entsprechenden Adresse. Diese Angabe entfällt bei monadischen Operationen.

- Angabe des Speicherplatzes bzw. der Adresse, unter der das Ergebnis abgelegt werden soll

- Angabe der Adresse des Befehls, der als nächster ausgeführt werden soll

Ein Teil dieser Angaben kann implizit erfolgen, so daß Platz pro Befehl eingespart wird. Praktisch bei allen Maschinensprachen entfällt z.B. die Angabe darüber, welcher Befehl als nächster ausgeführt werden soll; man nimmt grundsätzlich immer denjenigen als nächsten an, der im Speicher auf den augenblicklich bearbeiteten Befehl folgt (siehe BZ+1–Mechanismus). Auch bei den Operandenadressen können Einsparungen erfolgen, wie sich noch zeigen wird.

9.2.2.1 Befehlstypen und Befehlsformate

Grundsätzlich lassen sich die Befehle einer Maschinensprache in mehrere Gruppen einteilen. Dazu gehören:

- Befehle, die eine von der Zentraleinheit auszuführende Datenmanipulation spezifizieren (Rechenwerksbefehle)

- Befehle, die den Datenfluß zwischen dem Arbeitsspeicher und der Zentraleinheit bzw. innerhalb der Zentraleinheit steuern (Transportbefehle)

- Befehle, die den Interpretationsfluß eines Maschinenprogramms steuern (Sprungbefehle)

- Befehle, die das System beeinflussen, bzw. Befehle zur Steuerung der Ein–/Ausgabe

Abb. 9.5 zeigt eine einfache Befehlsliste mit den jeweiligen Auswirkungen der verschiedenen Befehle.

Beispiel:

$$<AK> + <n> \rightarrow AK$$

Befehlstyp	*OP*	*AD*	Bedeutung
Rechenwerks-	+	n	$\langle AK\rangle + \langle n\rangle \rightarrow AK$
befehle	−	n	$\langle AK\rangle - \langle n\rangle \rightarrow AK$
	*	n	$\langle AK\rangle * \langle n\rangle \rightarrow AK$
	/	n	$\langle AK\rangle \,/\, \langle n\rangle \rightarrow AK$
	X±1		$\langle X\rangle \pm 1 \rightarrow X$
Transport-	LOAD	n	$\langle n\rangle \rightarrow$ AK
befehle	STORE	n	$\langle AK\rangle \rightarrow n$
	LOADX	n	$\langle n\rangle \rightarrow$ X
Sprung-	C	n	Nächster Befehl in n
befehle			(statt $BZ+1$)
	Cc	n	Nächster Befehl in n,
			wenn $\langle AK\rangle \leq 0$
	Ci	n	Nächster Befehl in n,
			wenn $\langle i\rangle > 0$
	Cu	n	Nächster Befehl in n,
			$BZ+1 \rightarrow Stack$
	Cr		$\langle Stack\rangle \rightarrow$ BZ
System-	HLT	-	Anhalten
befehle,	OUT	n	$\langle AK\rangle \rightarrow n$
E/A–Befehle	INP	n	$\langle n\rangle \rightarrow AK$
	NOP	-	Leerbefehl (ohne Wirkung)

Abb. 9.5 Beispiel einer Befehlsliste

Diese Anweisung bewirkt, daß der Inhalt des Akkumulators *AK* und der Inhalt einer Speicheradresse n addiert werden und das Ergebnis wieder im Akkumulator abgelegt wird.

Die Wirkung der verschiedenen Befehle wird in den Abschnitten 9.2.3 bzw. 9.2.4 näher behandelt.

Bei einem festen *Befehlsformat* haben alle Befehle die gleiche Länge, die entweder der Wortbreite des Arbeitsspeichers oder einem Teil davon entspricht. Bei letzterem können mehrere Befehle pro FETCH–Phase in die Zentraleinheit geholt werden, wodurch Speicherzugriffszyklen eingespart werden.

Bei einem variablen Befehlsformat haben die Befehle verschiedener Gruppen eine unterschiedliche Länge, die durch den Gruppencode erkennbar ist. Man kann dabei verschiedene Relationen zwischen Befehlslänge und Speicherwortbreite finden. Im einen Fall entspricht die Länge des kürzesten Befehls der Speicherwortbreite, im anderen Fall ist diese die Länge des platzaufwendigsten Befehls. In beiden Fällen jedoch entspricht die Befehlslänge üblicherweise einem ganzzahligen Vielfachen der Länge des kürzesten Befehls.

9.2.2.2 Adressen

Wie wir bereits festgestellt haben, sind die einzelnen Befehle eines Maschinenprogramms im Arbeitsspeicher unter aufeinanderfolgenden Adressen abgelegt; mit Hilfe der im Befehlszähler gespeicherten Adresse wird auf den aktuellen Befehl zugegriffen. Auch die Operanden zu den Befehlen werden – zumindest soweit es sich um Variablen im Sinne von Programmvariablen handelt – meist nicht unmittelbar als Teil der Befehle gespeichert, sondern über Adressen angesprochen. Dabei bezeichnet die Adresse für einen Operanden ein Speicherwort, ein Register des Rechenwerks oder auch ein Register an der Schnittstelle zu einem Ein–/Ausgabegerät. Weiter haben wir bereits festgestellt, daß zur Ausführung eines komplexen Befehls bis zu drei Adressen für Operanden und Ergebnis notwendig sind. Es gibt nun verschiedene Möglichkeiten, dazu die notwendigen Informationen zu erhalten.

Mehrere Adressen pro Befehl. Gehen wir z.B. von der Berechnung $C = A + B$ aus. Die Addition benötigt zwei Operanden, außerdem muß der Speicherplatz für das Ergebnis bekannt sein; demnach müßten drei Adressen angegeben werden (Abb. 9.6).

Adresse von A	Adresse von B	Adresse von C	OpCode (Addition)

Abb. 9.6 Wortstruktur eines Dreiadreßbefehls

Bei *Dreiadreßbefehlen* werden alle notwendigen Adreßangaben explizit dargestellt, so daß jeder Befehl selbsterklärend ist. Nachteilig ist jedoch der benötigte Speicherbedarf pro Befehl und damit verbunden die unnötig lange Befehlsausführungszeit. Gehen wir von heute üblichen 32 Bit–Adressen aus, so kann man sich leicht ausrechnen, daß im vorliegenden Fall ein einziger Befehl mehrere (32 Bit–)Speicherworte umfassen muß, die alle nacheinander aus dem Arbeitsspeicher geholt werden.

Bei *Zweiadreßbefehlen* dagegen entfällt die explizite Adreßangabe für das Ergebnis C. Da sie aber nach wie vor in irgendeiner Weise festgehalten werden muß, ist eine überdeckende oder implizite Spezifizierung notwendig. Dafür sind zwei Möglichkeiten bekannt:

- Das Ergebnis wird immer in einem einmal festgelegten Register abgelegt, normalerweise dem Akkumulator (*implizite Adressierung*). Damit dessen Inhalt, der dabei laufend überschrieben wird, noch anderweitig verwendet werden kann, muß ein Transportbefehl vom Akkumulator zum Arbeitsspeicher bzw. umgekehrt existieren.

- Die Adresse des Operanden B stellt gleichzeitig die Adresse des Ergebnisses dar (*überdeckende Adressierung*). Damit der ursprüngliche Operand über die Dauer des Befehls hinaus erhalten bleiben kann, ist ebenfalls ein Transportbefehl notwendig, der allerdings auf mindestens zwei beliebige Adressen anwendbar sein muß. Damit stellt diese Möglichkeit eine Verallgemeinerung der vorhergehenden dar.

Eine Adresse pro Befehl. Steht der Einsatz von Zweiadreßbefehlen nicht in Einklang mit den Randbedingungen, dann gibt es die Möglichkeit, *Einadreßbefehle* zu definieren. Grundsätzlich kann man mit einer einzigen Adresse pro Befehl auskommen, wenn man komplexe Befehle in mehrere elementare auflöst und zusätzlich eine implizite Adressierung unter Zuhilfenahme des Akkumulators einsetzt (Abb. 9.7).

Adresse	OpCode

Abb. 9.7 Wortstruktur eines Einadreßbefehls

Das obige Beispiel $C = A + B$ muß dann z.B. in die folgende Sequenz von Einadreßbefehlen aufgelöst werden:

- Lade den Inhalt eines Speicherworts (erster Operand A) in den Akkumulator, z.B. LOAD A

- Addiere den Inhalt eines Speicherworts (zweiter Operand B) zum Inhalt des Akkumulators, z.B. +B

- Speichere den Inhalt des Akkumulators in ein Speicherwort (Ergebnis C), z.B. STORE C

Nulladreßbefehle. Auch *Nulladreßbefehle* sind möglich, wenn wir für die eigentliche Verarbeitung von Daten einen *Kellerspeicher* (*stack*) organisieren, wie wir ihn schon aus anderen Bereichen kennen.

Alle drei Adreßangaben müssen in diesem Fall implizit erfolgen. Man legt dabei einen Kellerspeicher zugrunde, bei dem die beiden obersten Speicherplätze des Stapels die Funktion eines Akkumulators übernehmen. Eine Operandenmanipulation läuft dann so ab, daß jeweils die beiden obersten Plätze des Kellerspeichers miteinander verknüpft und anschließend gelöscht werden; das Ergebnis wird wieder im obersten Speicherplatz abgelegt.

Rechner mit einer solchen Nulladreßstruktur werden auch als *Stackrechner* bezeichnet.

Typische Rechenbefehle dabei sind:

MOP	Monadischer Operator für das oberste Speicherwort
DOP	Dyadischer Operator für die beiden obersten Speicher- worte

Typische Transportbefehle dabei sind:

PUSH	Auf den Stapel geben (Schreiben)
POP	Vom Stapel abziehen (Lesen)

Registerkurzadressen. Heutige Rechner haben anstelle eines einzigen Akkumulators in der Zentraleinheit einen Satz von universell verwendbaren Registern, die von ihrer Funktion her u.a. wie Akkumulatoren eingesetzt werden können. Zur Benutzung muß dann im Befehl statt einer Speicheradresse die entsprechende *Registeradresse* angegeben werden, die z.B. bei acht Registern nur 3 Bit erfordert. Ein Beispiel für einen Befehl mit wahlweiser Register- und Speicheradressierung zeigt Abb. 9.8; dabei wird auch die vorteilhafte Nutzung des Speicherplatzes deutlich.

9.2.2.3 Adressierungsformen

Bisher sind wir davon ausgegangen, daß als Teil des Befehls immer nur die Adresse eines Registers oder eines Speicherwortes direkt angegeben wird.

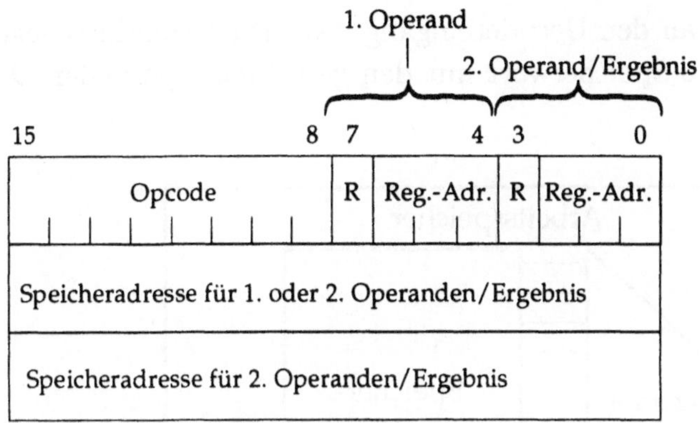

Abb. 9.8 Befehl mit wahlweiser Register- und/oder Speicheradressierung

Tatsache ist jedoch, daß Prozessoren darüber hinaus eine Reihe von zusätzlichen Möglichkeiten der *Adreßmodifikation* bieten, bei denen die sog. *effektive Adresse* als die tatsächliche Adresse aus mehreren Teilen gebildet wird. Dies kann aus den verschiedensten Gründen sowohl vor Ablauf eines Programms geschehen (als Funktion des Laders, s. Kapitel 10) als insbesondere auch während der Laufzeit (*dynamische Adressenberechnung*).

Durch Register- und Speicheradressierung sowie durch die Kombination der unterschiedlichen Adreßmodifikationen können viele verschiedene Adressierungsformen gebildet werden (bekannt sind z.B. bei Mikroprozessoren fast zwanzig verschiedene Formen). Hier sollen nur die grundlegenden Formen im Zusammenhang mit der Adressierung des Arbeitsspeichers näher behandelt werden. Der Einfachheit halber gehen wir dabei von Einadreßbefehlen aus.

Generell können Befehle mit Hilfe von *Zusatzbits*, z.B. bei arithmetischer Verarbeitung hinsichtlich der Rundung, Normalisierung oder einer höheren Genauigkeit, modifiziert werden; auch unterschiedliche Adressierungsformen können damit gekennzeichnet werden. Die notwendigen Angaben dazu werden entweder als Teil des Operationscodes oder als Teil der Adresse angesehen. In unseren Beispielen für die Adressierungsformen gehen wir vereinfacht davon aus, daß sie Teil der Adresse sind.

Direkte Adressierung. Den Standardfall stellt die *direkte Adressierung* (direct, absolute) dar, wie wir sie bisher kennengelernt haben. Dabei wird die im Adreßteil des Befehlsregisters enthaltene *absolute Adresse* als effektive Adresse an den Decodereingang des Arbeitsspeichers gegeben und das entsprechende Speicherwort mit den gesuchten Operanden aktiviert (Abb. 9.9).

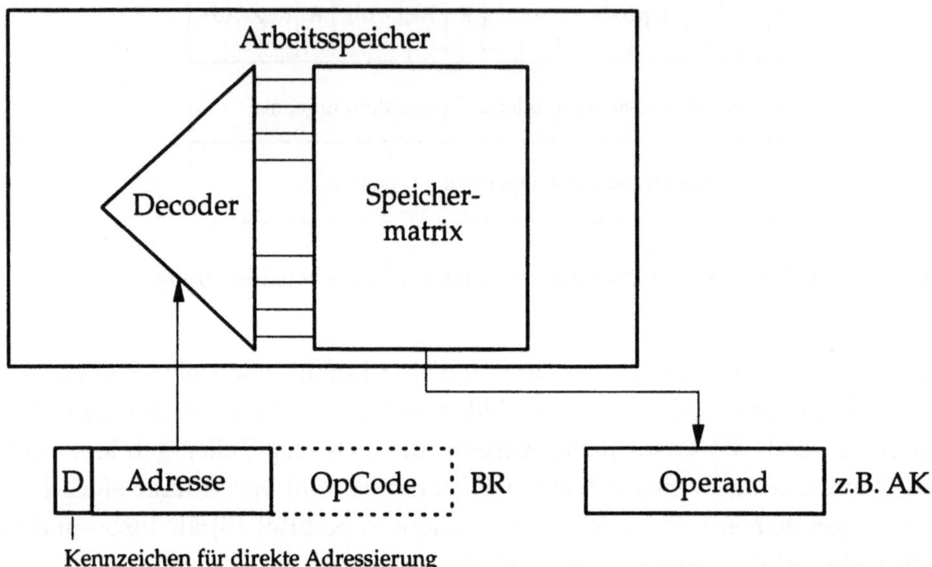

Abb. 9.9 Direkte Adressierung

Unmittelbare Adressierung. Bei der unmittelbaren oder auch Direktoperand–Adressierung (immediate) stellt die „Adresse" im Befehlsregister den Operanden selbst dar (Abb. 9.10), d.h. eine Adressierung im bekannten Sinne entfällt und damit auch der sonst notwendige Speicherzugriff in der EXECUTE-Phase. Die *unmittelbare Adressierung* eignet sich nur für Konstanten, da der Code von Befehlen zur Laufzeit üblicherweise nicht verändert werden kann.

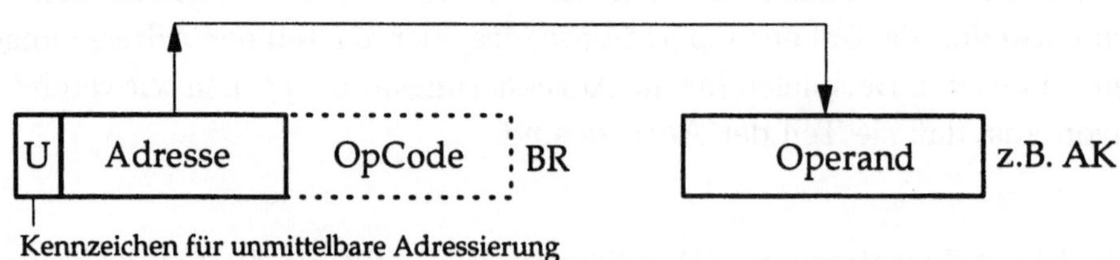

Abb. 9.10 Unmittelbare Adressierung

Relative Adressierung. Die *relative Adressierung* ist in vielfältiger Weise anzutreffen und erlaubt u.a. in einfacher Form die Adressierung tabellenmäßig gespeicherter Information. Da dabei nur ein Teilbereich des Adreßraums abgedeckt werden muß, können relative Adressen kürzer sein und benötigen damit weniger Platz; außerdem kann man damit Maschinencode leichter verschieben. Grundsätzlich unterscheidet man mit der *Basisadressierung* und der *Seitenadressierung* zwei verschiedene Vorgehensweisen. In beiden Fällen stellt jedoch die im Befehl angegebene Adresse eine Adreßverschiebung (auch displacement oder offset genannt) dar.

Bei der **Basisadressierung** (Abb. 9.11) wird – ganz allgemein entsprechend der Unterteilung eines *logischen Adreßraums* in beliebige Unterräume – die effektive Adresse durch Addition der relativen Adresse mit einer in einem Register gespeicherten festen Basis gebildet:

$$\text{Effektive Adresse } n = \text{Basis } n_0 + \text{relative Adresse } \Delta n$$

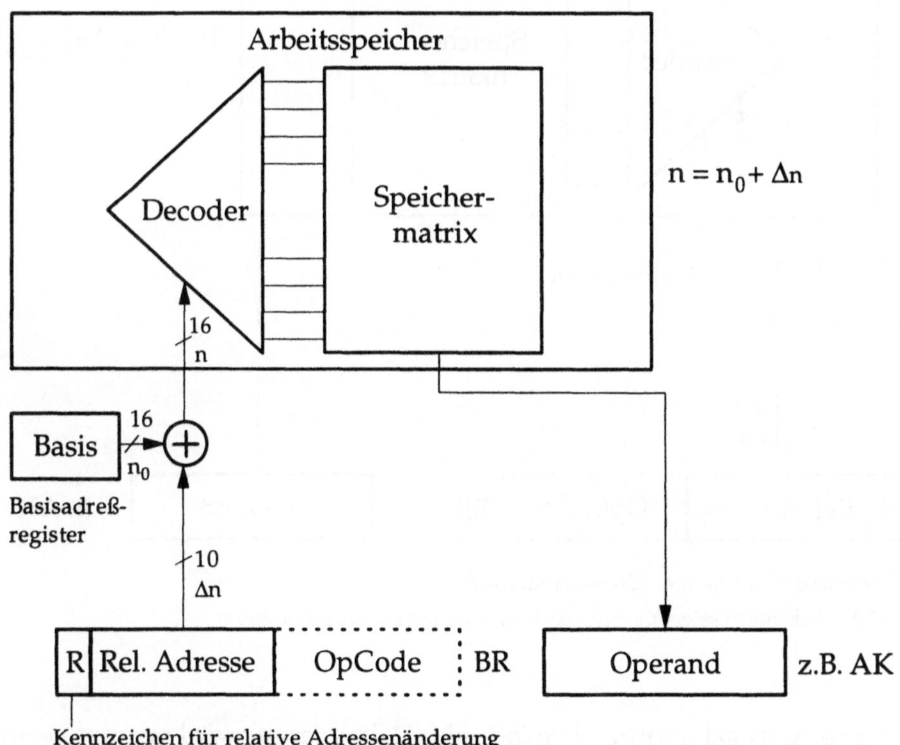

Abb. 9.11 Basisadressierung

Andererseits kann es aus technischen Gründen zweckmäßig sein, den *physikalischen Adreßraum* gleichmäßig in eine Anzahl von Unterräumen konstanter Größe einzuteilen. Diese Unterräume werden Seiten (pages) genannt. Da die Adressen eines solchen Unterraumes zusammenhängend sind, lassen sich die entsprechenden Speicherplätze ebenfalls relativ adressieren. Bei der **Seitenadressierung** (paging) besteht die effektive Adresse eines Speicherplatzes aus der *Seitennummer* (Seitenadresse n_0) und der relativen Adresse (Δn). Unter der Voraussetzung, daß die Seitengrößen einer Zweierpotenz entsprechen, kann die effektive Adresse n durch einfache *Konkatenation* von Seitennummer und relativer Adresse gebildet werden. In Abb. 9.12 ergibt die Zusammenfassung der 5 Bit breiten Seitennummer und der 8 Bit breiten relativen Adresse die 13 Bit breite effektive Adresse; eine explizite Addition entfällt.

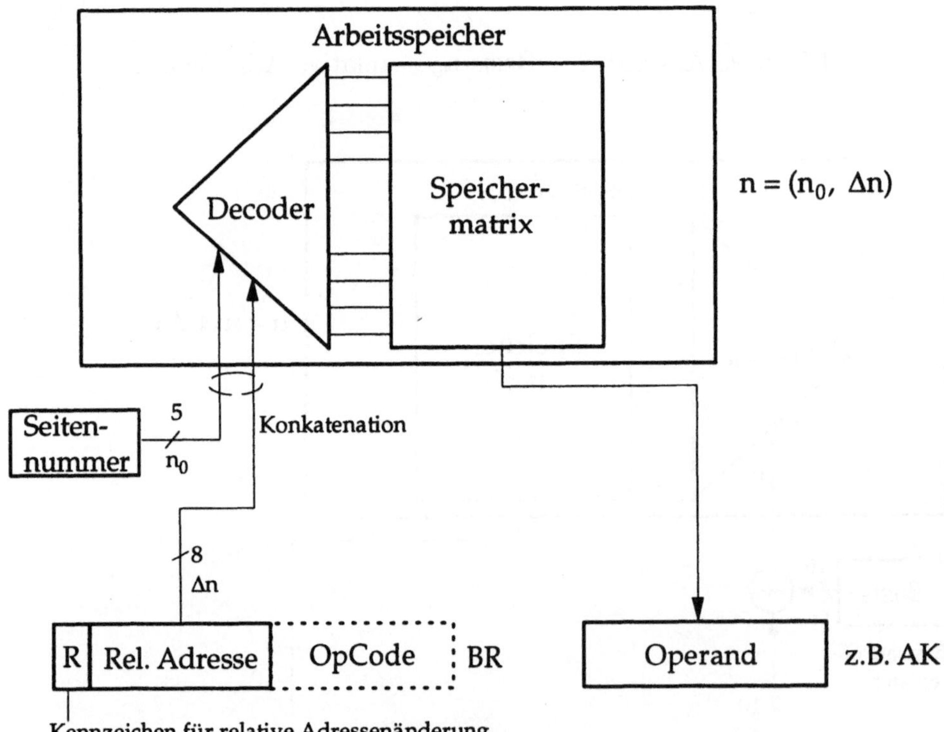

Abb. 9.12 Seitenadressierung mit expliziter Seitennummernangabe

Indirekte Adressierung. Die *indirekte Adressierung* wird benutzt, wenn die tatsächlichen Speicheradressen während des Programmierens noch unbekannt sind und erst zur Laufzeit des Programms bestimmt werden. Schon bei höheren Programmiersprachen ist diese Art der Adreßmodifikation unter dem Begriff des Zeigers (z.B. call by reference) bekannt.

Bei der indirekten Adressierung (indirect) ergibt sich die effektive Adresse des gesuchten Operanden aus dem Inhalt des Speicherwortes der angegebenen Adresse (Adresse von Adresse), wobei sich der Vorgang prinzipiell wiederholen kann:

$$\text{gesuchter Operand} = \langle\langle \text{angegebene Adresse} \rangle\rangle$$

Die Wortstruktur und den Zugriffsmechanismus zeigt Abb. 9.13; Abb. 9.14 verdeutlicht eine mögliche Speicherbelegung.

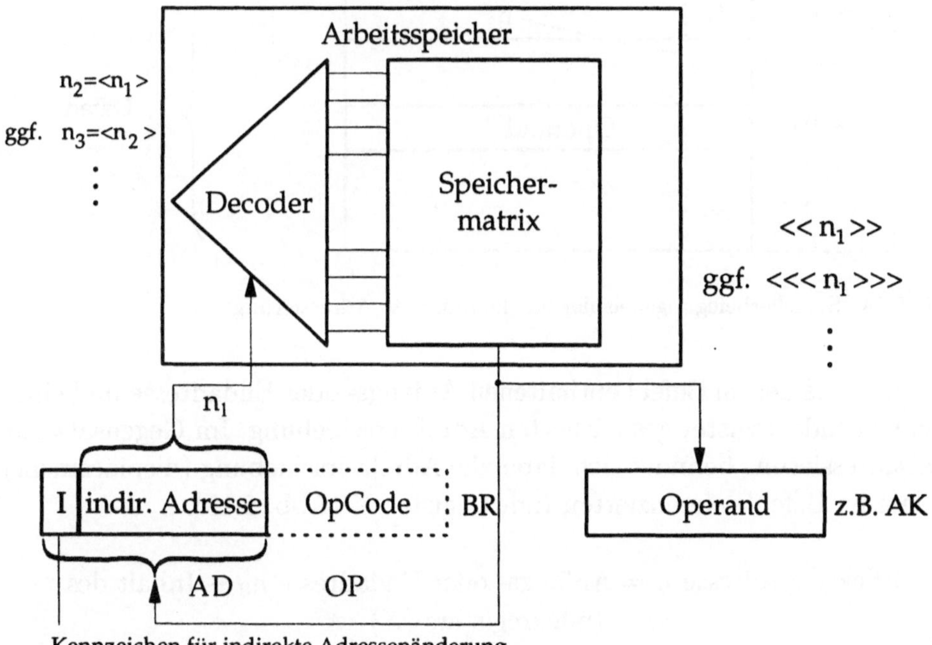

Abb. 9.13 Indirekte Adressierung mit wiederholter Substitution (Kennzeichen *I* wird zusammen mit der Adresse ersetzt und ggf. erneut abgearbeitet)

Indizierte Adressierung. Diese Adressierungsform wird gerne verwendet, wenn Blöcke von hintereinander gespeicherten Operanden, z.B. die Elemente eines Feldes (bzw. Array oder Vektors) Gegenstand der Verarbeitung sind. Die effektive Adresse ergibt sich bei der *indizierten Adressierung* als

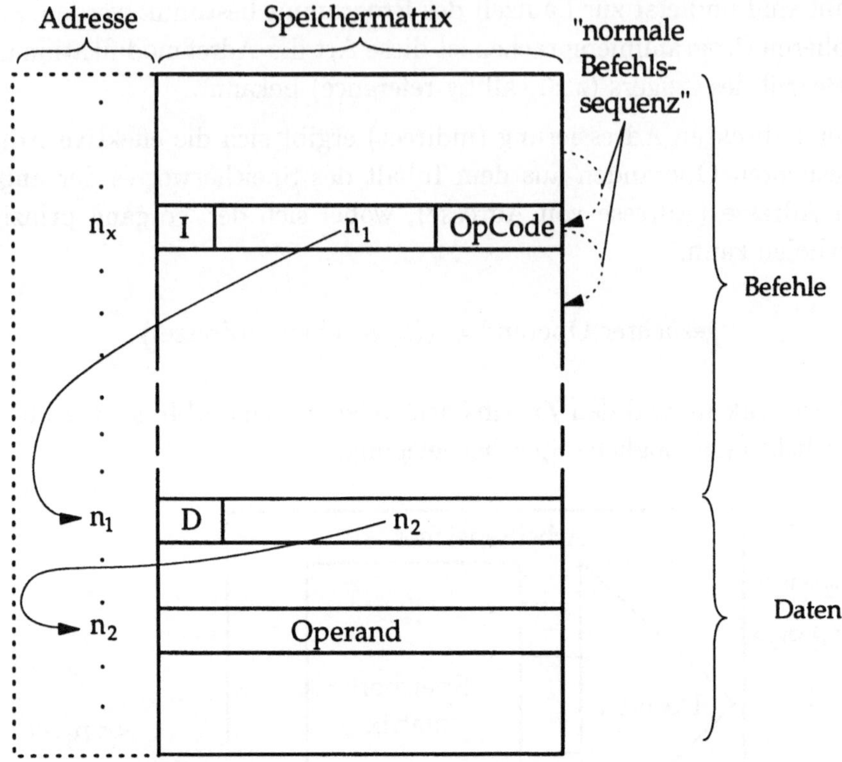

Abb. 9.14 Speicherbelegungsbeispiel für die indirekte Adressierung

Addition aus der im Befehl enthaltenen Anfangs- oder Endadresse und einer in einem Indexregister gespeicherten Adreßverschiebung. Im Gegensatz zur Basisadressierung befindet sich dabei die Adreßverschiebung (displacement) in dem im Befehl referenzierten Indexregister X (Abb. 9.15).

$$\text{Effektive Adresse } n = \text{Anfangs- oder Endadresse } n_0 + \text{Inhalt des Indexregisters } \langle X \rangle$$

Für die Durchführung dieser Adreßmodifikation wird zusätzlich benötigt:

- Ein Addierwerk für die Berechnung der Adresse. Dabei kann die Addition in einem speziellen Werk oder auch im Rechenwerk erfolgen.
- Ein spezielles Indexregister X oder die Möglichkeit der Verwendung eines dazu geeigneten Universalregisters
- Zusatzbefehle, wie

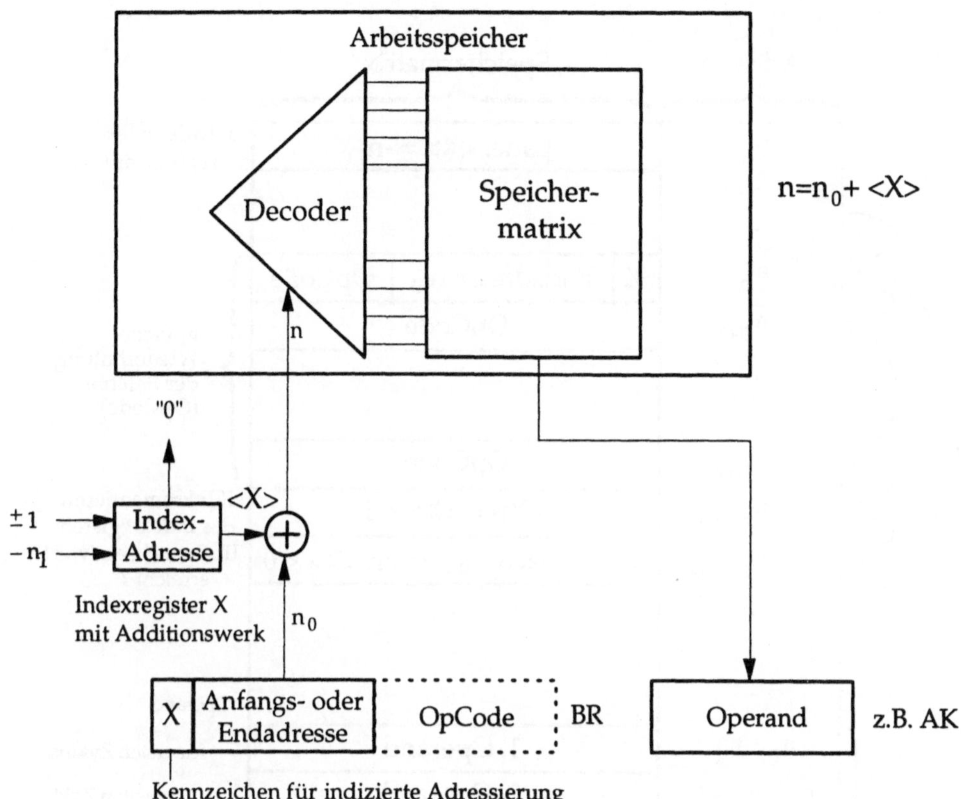

Abb. 9.15 Indizierte Adressierung

– Laden des Indexregisters X (z.B. LOADX) mit $-n_1$ (n_1 = Zahl der gewünschten Wiederholungen)

– Verändern des Indexregisters (+1, −1; evtl. $\pm m$, abhängig vom Datentyp)

– Möglichkeit eines bedingten Sprungs in Abhängigkeit vom Status des Indexregisters (wenn der Bereichsendwert (z.B. Null) erreicht ist).

Abb. 9.16 zeigt einen Programmausschnitt mit einer indizierten Adressierung und die Belegung des Speicherraums mit den dazugehörigen Operanden.

Wie bereits anfangs erwähnt, können diese grundlegenden Adreßmodifikationen auch im Zusammenhang mit einer Registeradressierung durchgeführt werden. Analog zur direkten Adressierung im Speicher wird beispielsweise bei der *direkten Registeradressierung* die Registerbezeichnung R (Kurzadresse) zur Ermittlung des Operanden benutzt, d.h. der Operand entspricht

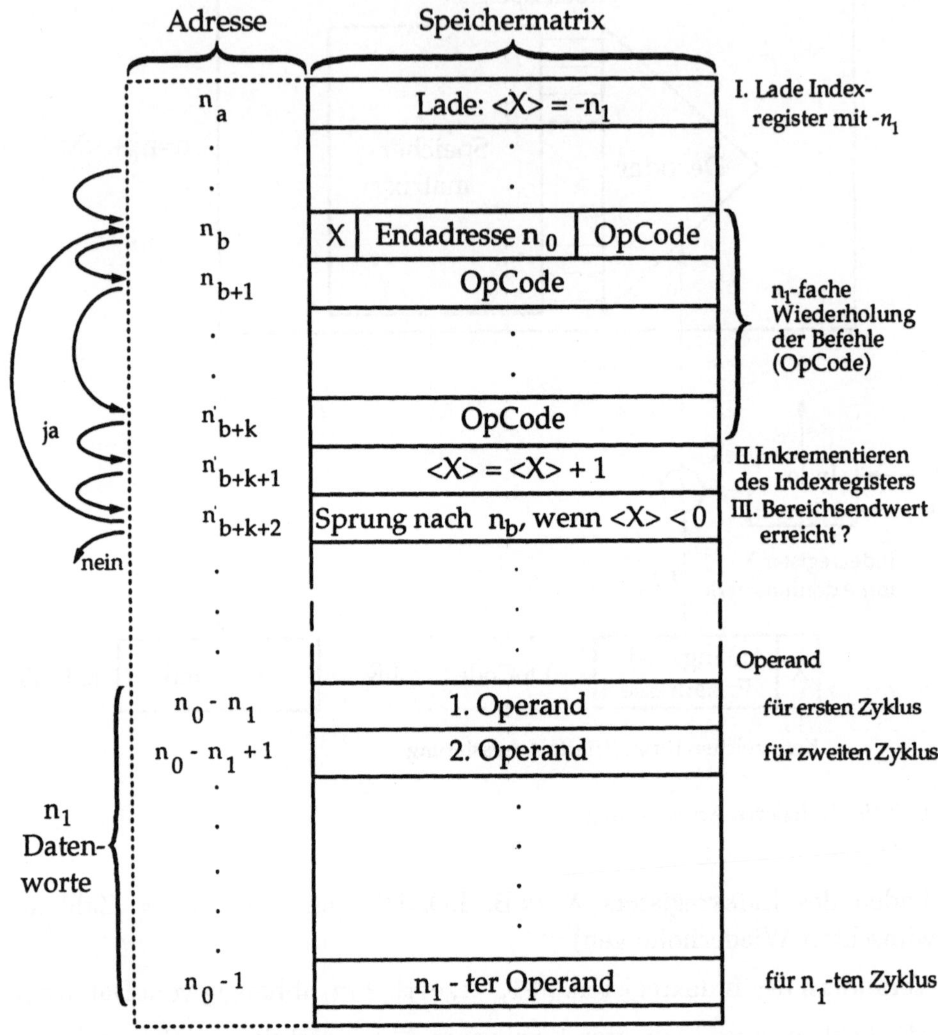

Abb. 9.16 Programmausschnitt mit indizierter Adressierung

dem Inhalt des durch R bezeichneten Registers. Entsprechend gilt bei der *indirekten Registeradressierung* , daß der gesuchte Operand dem Inhalt derjenigen Speicherzelle entspricht, deren Adresse in dem durch R spezifizierten Register steht.

9.2.3 Befehle zur Datenmanipulation

Im Zusammenhang mit den Adressen hat sich gezeigt, daß diese im wesentlichen die Gruppe der Transportbefehle beeinflussen (siehe Abb. 9.5). System- bzw. E/A-Befehle sollen hier nicht weiter besprochen werden, so daß sich dieser und der nächste Abschnitt ganz auf die Rechenwerksbefehle und Sprungbefehle beschränken kann. Erstere lösen Aktionen im Rechenwerk aus, letztere Aktionen im Befehlswerk.

9.2.3.1 Logische und arithmetische Befehle

Zunächst sei noch festgehalten, daß wie bei höheren Programmiersprachen auch auf Maschinenbefehlsebene die Operanden nach Datentypen unterschieden werden können, deren Format und deren Interpretation die von den Befehlen ausgelöste Bearbeitung je nach Typ mehr oder weniger beeinflussen. Beispiele für solche *Datentypen* sind:

- Einzelbit als Zustandsgröße bzw. Bitstring (Vektor von Bits)
- Dualzahl ohne Vorzeichen (z.B. 8, 16, 32 Bit)
- Zahlen in B-Komplement-Darstellung (Zweierkomplement) und verschiedenen Standardformaten
- BCD-Ziffern in gepackter (z.B. zwei Ziffern/Byte) oder ungepackter Form (z.B. eine Ziffer/Byte)
- Gleitkommazahl (mit einfacher bzw. doppelter Genauigkeit)
- Strings aus verschiedenen Standardformaten

Logische Befehle. Zu den elementaren Manipulationen von Binärfolgen zählen vor allem die logischen Operationen, die teilweise auch von den höheren Programmiersprachen bekannt sind und hier auf der Maschinenbefehlsebene ihr Gegenstück finden. Allgemein üblich sind die vier folgenden Befehle

- AND logisches UND
- OR logisches (inklusives) ODER
- XOR exklusives ODER
- NOT Negation

Dabei werden die jeweils korrespondierenden Stellen der Operanden gemäß der angegebenen Operation miteinander verknüpft.

Arithmetische Befehle. Für **ganzzahlige Operanden** stehen mindestens die Addition und die Subtraktion als *arithmetische Befehle* zur Verfügung, in den meisten Fällen heute auch Multiplikation und Division. Ihre Ausführung kann auf unterschiedliche Weise in Hardware oder Software erfolgen. Einige Rechner verfügen zusätzlich über arithmetische Befehle für **Dezimalzahlen** und erlauben so deren einfache und direkte Manipulation.

Für **Gleitkomma–Operanden** stehen wiederum die Befehle für Addition, Subtraktion, Multiplikation und Division zur Verfügung. Bei älteren Rechnern können solche Befehle fehlen und müssen dann substituiert werden. Deshalb soll im folgenden kurz beispielhaft der Ablauf der Gleitkomma–Addition beschrieben werden, damit ersichtlich wird, wie mit Hilfe von Operationen auf Ganzzahlen und Verschiebeoperationen eine Realisierung vorgenommen werden kann:

1. Angleichung der Exponenten
Der kleinere Exponent wird an den größeren durch Rechtsverschiebung angeglichen. Falls die Differenz zwischen beiden größer ist als die Mantissenlänge, werden alle signifikanten Stellen herausgeschoben, so daß die Summe gleich der größeren Zahl ist.

2. Addition der Mantissen
Die Mantissen werden als ganze Zahlen interpretiert und entsprechend addiert.

3. Abschlußbehandlung

Abhängig von den Vorzeichen der beiden Operanden werden im letzten Schritt Korrekturen am Ergebnis vorgenommen.

Gleiche Vorzeichen: Ist bei der Addition der Mantissen ein Überlauf aufgetreten, so ist die Mantisse des Ergebnisses um eine Stelle nach rechts zu schieben (bei gleichzeitigem Nachziehen einer „1“). Hat der Exponent allerdings schon eine maximale Größe erreicht, führt dieser Schritt zu einem Überlauf.

Ungleiche Vorzeichen: Ist das Ergebnis Null, wird auch eine Null als Endergebnis angegeben. Andernfalls erfolgt eine Normalisierung der Mantisse.

9.2.3.2 Schiebebefehle

Die meisten Rechner verfügen über zwei Arten von *Schiebebefehlen* (Shift). Bei *logischen Verschiebungen* wird der Inhalt eines Registers oder einer Speicherzelle als einfache Bitfolge aufgefaßt und dementsprechend ganzheitlich behandelt. Bei *arithmetischen Verschiebungen* dagegen wird der Inhalt eines Registers oder einer Speicherzelle als Dualzahl in B–Komplement-Darstellung aufgefaßt, d.h. das höchstwertige Bit (most significant bit, MSB) als Stelle für das Vorzeichen bleibt bei den Verschiebeoperationen unverändert erhalten.

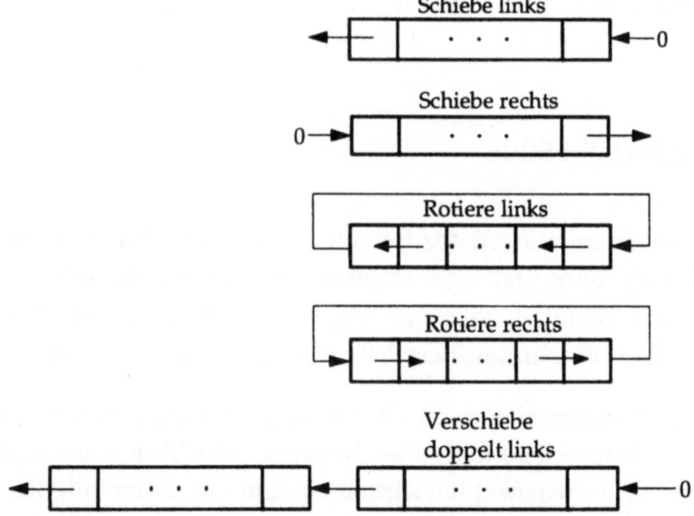

Abb. 9.17 Logische Verschiebungen

Verschiebungen können je nach Rechner entweder grundsätzlich um eine Stelle oder aber – entsprechend den expliziten Angaben im Befehl – um beliebig viele Stellen erfolgen. Im übrigen entspricht die Verschiebung um eine Stelle nach links einer Multiplikation mit der Zahl Zwei, die Verschiebung um eine Stelle nach rechts einer (ganzzahligen) Division durch die Zahl Zwei.

Beispiele für beide Arten von Verschiebungen zeigen die Abbildungen 9.17 und 9.18.

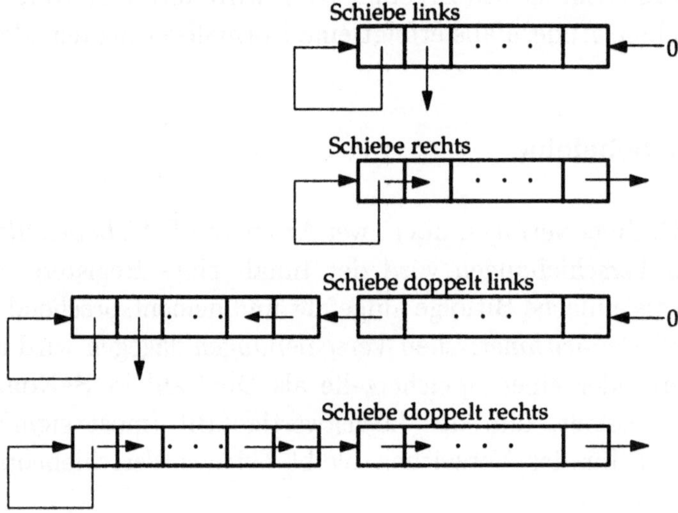

Abb. 9.18 Arithmetische Verschiebungen

9.2.3.3 Vergleichsbefehle

Vergleichsbefehle ermöglichen das Setzen von internen Zustandsbits des Befehlswerks (flags), ohne daß das Ergebnis des Vergleichs wie bei anderen Befehlen für den Benutzer sichtbar abgespeichert wird. Ihre Wirkung ist vor allem für die weiter unten beschriebenen Sprungbefehle wichtig.

Vergleichsbefehle lassen sich ganz allgemein so charakterisieren, daß sie auf Worte des Arbeitsspeichers und/oder Register oder Teile davon (durch entsprechende Masken ausgewählt) wirken, indem sie deren Inhalte im Sinne von Bitfolgen, ganzen Zahlen o.ä. miteinander vergleichen; d.h., es wird entweder eine logische Verknüpfung oder eine Subtraktion durchgeführt.

9.2.4 Befehle zur Steuerung des Programmablaufs

Wie bereits in Abschnitt 9.2.2 besprochen, werden Maschinenbefehle in den meisten Fällen entsprechend der im Arbeitsspeicher angegebenen Reihenfolge hintereinander ausgeführt. Deshalb kann auf die explizite Angabe der Adresse des Folgebefehls in einem Maschinenbefehl verzichtet werden; stattdessen kommt der bereits erwähnte *BZ+1-Mechanismus* des Befehlszählers zum Tragen. Als Ausgleich dafür müssen jedoch mit der Gruppe der *Sprungbefehle* spezielle Befehle zur Verfügung stehen, damit die durch das Maschinenprogramm vorgegebene Reihenfolge (analog zu höheren Programmiersprachen) unterbrochen werden kann. Sprungbefehle ermöglichen die Verlagerung des Interpretationsflusses zu einem anderen Befehl als dem in der Abfolge nächsten (BZ+1) und stellen damit eine Möglichkeit zur Steuerung des Programmablaufs dar.

9.2.4.1 Sprünge und Verzweigungen

Man unterscheidet auf Maschinenebene zwischen *unbedingtem Sprung* (jump) und *bedingtem Sprung*, auch *Verzweigung* (branch) genannt. Ihre Wirkung besteht darin, daß die im Befehl enthaltene Arbeitsspeicheradresse in den Befehlszähler geladen wird und damit die vorsorglich in der FETCH-Phase mit „BZ+1“ gebildete Adresse überschrieben wird. Bei Verzweigungen wird diese (bedingte) Veränderung des Befehlszählers vom Zustand verschiedener Statusanzeigen oder von explizit angegebenen Vergleichsoperationen abhängig gemacht. Gebräuchliche Formen von Verzweigungen sind z.B.

- Springe, falls Ergebnis der letzten ALU-Operation gleich Null
- Springe, falls Ergebnis der letzten ALU-Operation negativ
- Springe, falls erster Operand kleiner als zweiter
- Springe, falls Anzeige mit Maske xxx übereinstimmt

9.2.4.2 Unterprogrammsprünge

Eine besondere Form der Steuerung des Programmablaufs stellt der *Unterprogrammsprung* dar; in der Wirkung entspricht er dem Prozedur- oder Funktionsaufruf höherer Programmiersprachen. Unterprogramme können aus verschiedenen Stellen des Hauptprogramms, von anderen Unterprogrammen und sogar von sich selbst (rekursiv) aufgerufen werden; nach ihrer Abarbeitung wird wieder an der entsprechenden Stelle des Hauptprogramms fortgefahren. Insofern unterscheiden sich Unterprogrammsprünge von den oben genannten Sprüngen in erster Linie dadurch, daß die Stelle im Hauptprogramm (Befehlsadresse), von der aus der Sprung erfolgt, automatisch zwischengespeichert wird, so daß nach Beendigung des Unterprogramms eine Rückkehr dorthin möglich ist. Entsprechend sieht der Rücksprung aus einem Unterprogramm die automatische Wiedereinsetzung der zwischengespeicherten Befehlszähleradresse vor.

Für die Zwischenspeicherung der Rücksprungadresse gibt es verschiedene Möglichkeiten. Üblich ist ihre Zwischenablage auf dem *System–Stack*, wodurch die Abarbeitung geschachtelter Unterprogrammaufrufe und rekursiver Aufrufe erleichtert wird. Anfangs war auch die Ablage der Rücksprungadresse in einem Register verbreitet. Bei geschachtelten Unterprogrammaufrufen wurde dann allerdings vom Programmierer eine explizite Verwaltung aller alten Rücksprungadressen gefordert. Die sehr alte Variante der Reservierung eines (einzigen) Speicherwortes am Anfang eines Unterprogramms, in welche die Rücksprungadresse beim Einsprung automatisch eingetragen wird, entspricht dagegen nicht mehr den Erfordernissen heutiger Programmiertechniken, da damit z.B. die Rekursion, d.h. der Wiedereinsprung in dasselbe Unterprogramm, ausgeschlossen wird.

9.2.4.3 Unterbrechungen

Die *Unterbrechung*, gemeinhin auch *Interrupt* genannt, stellt eine erweiterte Form des Unterprogrammaufrufs dar. Sie bewirkt eine Art impliziten, d.h. vom Programmierer in den meisten Fällen nicht vorhersehbaren und auch nicht beeinflußbaren Unterprogrammaufruf, der automatisch bei Vorliegen gewisser Systembedingungen erfolgt. Die Ursachen von Unterbrechungen lassen sich nach internen und externen Unterbrechungen unterscheiden. Interne Unterbrechungen (traps) treten immer synchron zur aktuellen Befehlsabarbeitung auf, während externe Unterbrechungen (interrupts) asynchron erfolgen.

Interne Unterbrechungen (d.h. synchron zum jeweiligen Befehlsablauf) werden beispielsweise verursacht durch

• Programmfehler, wie z.B.

– Division durch Null

– Bereichsüberschreitung bei arithmetischen Operationen

– Mißachtung von Schutzmechanismen (z.B. Schreiben in eine Seite, auf die nur lesender Zugriff erlaubt ist)

– undefinierter Operationscode

– unzulässige Hauptspeicheradresse

– Stacküberlauf

– Versuch, ein nicht vorhandenes Ein-/Ausgabegerät anzusprechen.

• Hardwarefehler, wie z.B.

– Stromausfall

Andere Fehler, wie der Ausfall eines Speichermoduls, wurden in alten Rechenanlagen nur indirekt als Programmfehler sichtbar. Heutzutage findet man in größeren Anlagen sog. Wartungsprozessoren, die die einzelnen Baugruppen einer Platine kontrollieren und somit beim Auftreten eines Hardwarefehlers gezielte Information über die Fehlerquelle geben können.

• Erzeugte Unterbrechungen

Viele Rechenanlagen erlauben die explizite Erzeugung von Unterbrechungen. Dies geschieht dadurch, daß im Programmstatuswort ein *Trap-Bit* gesetzt wird, das die Unterbrechung des ausgeführten Programms nach dem nächsten Befehl bewirkt. Diese Möglichkeit wird beispielsweise bei Testhilfen für Maschinenprogramme genutzt.

• Programmierte Unterbrechungen

Fast alle Rechner verfügen über spezielle Maschinenbefehle, die ebenfalls eine Unterbrechung bewirken; man nennt diese Befehle Systemaufrufe. Sie dienen dazu, Betriebssystemfunktionen von Benutzerprogrammen aus aufzurufen. Gegenüber normalen Unterprogrammaufrufen hat diese Methode den Vorteil, daß der Benutzer nicht die Anfangsadresse des aufzurufenden Unterprogramms kennen muß, was zu einer Trennung von Betriebssystem und Benutzersoftware führt.

Externe Unterbrechungen werden von Ein–/Ausgabegeräten asynchron zum jeweiligen Befehlsablauf erzeugt. Ursache ist das Senden bestimmter Statusinformationen von einem Gerät an den Rechner, wie „Controller bereit", „Fehler", o.ä. Dieser Vorgang bewirkt, daß in der Schnittstelle (dem Interface), welche die Anpassung des Gerätes an das Ein–/Ausgabesystem des Prozessors vornimmt, ein Unterbrechungssignal für die Zentraleinheit erzeugt wird.

Bei allen Unterbrechungen müssen in der Zentralheit prinzipiell die folgenden Schritte ausführbar sein:

- Das Befehlswerk wird durch ein Unterbrechungssignal veranlaßt, nach Abarbeitung des gerade aktuellen Befehls nicht zum in der Reihenfolge nachfolgenden überzugehen.
- Die Adresse dieses nächsten Befehls (im Befehlszähler) muß an einer vereinbarten Stelle im Arbeitsspeicher (z.B. im System–Stack) zwischengespeichert werden, um eine spätere Fortsetzung des unterbrochenen Programms zu ermöglichen. Auch das Statusregister muß zwischengespeichert werden.
- Die Anfangsadresse des Unterprogramms für die Bearbeitung der Unterbrechungsursache (interrupt service routine) muß an einer fest vereinbarten Stelle im Arbeitsspeicher verfügbar sein (*Vektortabelle*).
- Für dieses Unterprogramm müssen Hinweise über die Unterbrechungsursache im Arbeitsspeicher oder in speziellen Registern zur Verfügung stehen.
- Zusätzlich sollte es möglich sein, die Annahme von Unterbrechungssignalen für eine gewisse Zeit zu unterbinden (maskieren). Überlagern sich Unterbrechungen, d.h. trifft während der Ausführung einer Unterbrechungsbearbeitungsroutine ein weiteres Unterbrechungssignal ein, so muß wieder nach dem bekannten Schema verfahren werden. Ob ein derartiges Signal jedoch akzeptiert wird, wird in einem Prioritätenschema geregelt. Jedem möglichen Unterbrechungssignal wird dabei eine Maßzahl für die Dringlichkeit der Bearbeitung zugeordnet (*Priorität*); nur Unterbrechungssignale, deren Priorität größer ist als die der gerade bearbeiteten Unterbrechungsursache, können wirksam werden.

9.2.5 Ablaufsteuerung

Nach der Behandlung der Befehlsstruktur und der verschiedenen Befehlsgruppen ist nun das Wissen vorhanden, um noch einmal die *Ablaufsteuerung*

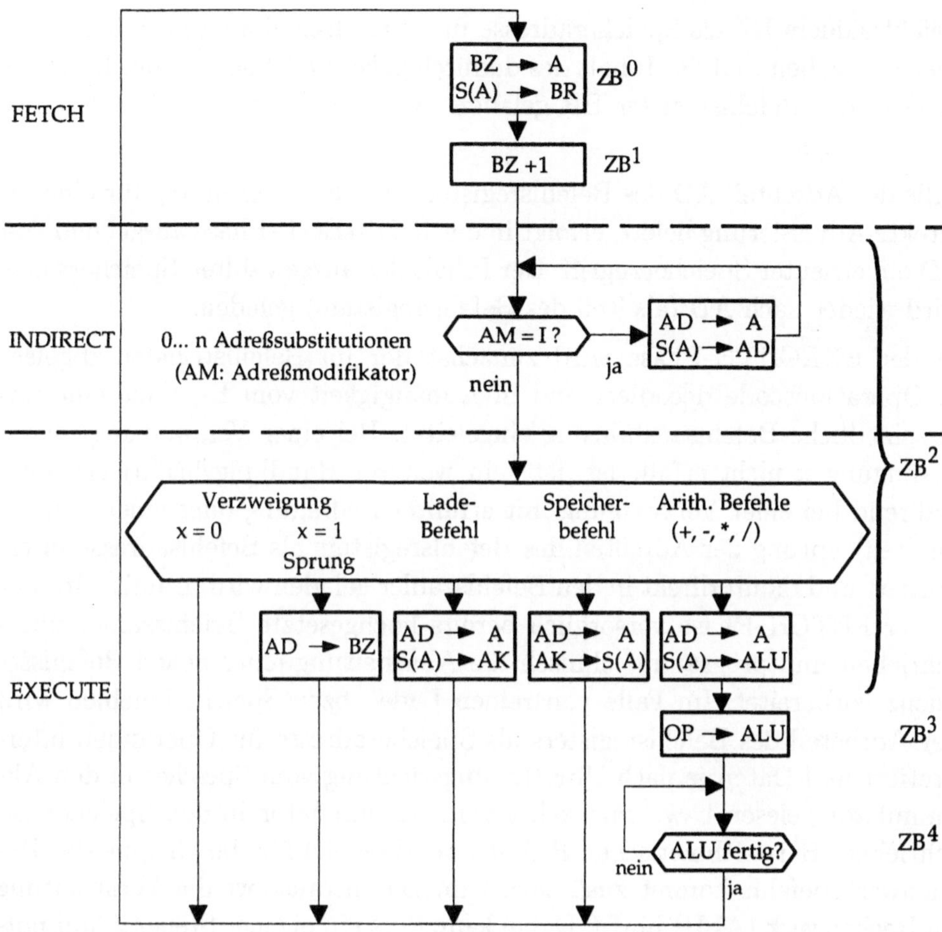

Abb. 9.19 Ablaufsteuerung des von Neumann–Universalrechners (Flußdiagramm)

des Universalrechners aufzugreifen, die mit dem in Abb. 9.3 veranschaulichten Organisationsprinzip zunächst nur sehr vage angedeutet wurde.

Abb. 9.19 zeigt detailliert die Ablaufsteuerung im Befehlswerk des Universalrechners nach von Neumann und berücksichtigt dabei auch die durch indirekte Adressierung (evtl. mehrfach) notwendige zusätzliche *INDIRECT–Phase* für einen weiteren Zugriff auf den Arbeitsspeicher.

Vereinfacht gehen wir von Einadreßbefehlen und einer reinen Speicheradressierung sowie einem einzigen Akkumulator aus; außerdem lassen wir die unmittelbare Adressierung unberücksichtigt. In der FETCH–Phase durchläuft das Steuerwerk zwei Zustände (ZB^0, ZB^1). Zunächst wird der Inhalt des

Befehlszählers BZ als Speicheradresse für einen Befehl an den Arbeitsspeicher übergeben und der Inhalt des dadurch gekennzeichneten Speicherworts S(A) in das Befehlsregister BR geladen. Außerdem wird der Befehlszähler um +1 erhöht.

Falls der Adreßteil AD des Befehlsregisters eine Kennzeichnung für eine indirekte Adressierung liefert, erfolgt in der INDIRECT–Phase ausgehend von AD ein erneuter Speicherzugriff. Der Inhalt des ausgewählten Speicherworts wird wieder nach AD (als Teil des Befehlsregisters) geladen.

In der EXECUTE–Phase wird zunächst der im Befehlsregister abgelegte Operationscode decodiert und in Abhängigkeit vom Ergebnis eine unterschiedliche Befehlsausführung eingeleitet. Bei einer Verzweigung, deren Bedingung x nicht erfüllt ist, ist kein weiterer Handlungsbedarf gegeben, während bei einer Verzweigung mit erfüllter Bedingung oder einem (unbedingten) Sprung der Adreßteil des Befehlsregisters als Befehlsadresse interpretiert und damit direkt in den Befehlszähler geladen wird. Damit wird der in der FETCH–Phase vorsorglich bereits hochgesetzte Befehlszähler überschrieben und programmtechnisch die Abarbeitung einer neuen Befehlssequenz vorbereitet. Im Falle von reinen Lade– bzw. Speicherbefehlen wird der Adreßteil des Befehlsregisters als Speicheradresse für Operanden interpretiert und Daten je nach Übertragungsrichtung vom Speicher in den Akkumulator gelesen bzw. umgekehrt vom Akkumulator in den Speicher geschrieben. Bei arithmetischen Befehlen als Beispiel für die Gruppe der Rechenwerksbefehle kommt zusätzlich zum Datentransport die Verarbeitung im Rechenwerk (ALU) hinzu. Dabei kann dort ein eigener Steuerablauf notwendig werden (siehe z.B. Multiplikation), so daß die EXECUTE–Phase erst nach Ablauf des Steuerzyklus im Rechenwerk beendet werden kann.

Es soll abschließend noch einmal betont werden, daß es sich hier lediglich um die ganz grundsätzliche Ablaufsteuerung eines Universalrechners handelt. Moderne Rechner bauen auf diesem Prinzip auf, jedoch gestaltet sich ihre Ablaufsteuerung in Abhängigkeit von vielen verschiedenen Maßnahmen zur Leistungssteigerung wesentlich komplexer. Schlagworte wie z.B. *Pipelining* oder *Cache* stehen für derartige Konzepte, zu deren Erarbeitung auf weiterführende Literatur (u.a. [LFl93]) verwiesen wird.

9.3 Ein-/Ausgabegeräte

An einen Rechner läßt sich eine Vielzahl von verschiedenen Ein- und Ausgabegeräten anschließen, die entsprechend ihren Aufgaben und der Technologie nach den unterschiedlichsten Prinzipien aufgebaut sind und jeweils spezielle Ansteuerungen erfordern. Unterscheiden kann man sie nach ihrem Verwendungszweck und ihrem Verhalten, wobei auch die Datenrate bei der Übertragung eine Rolle spielt. Aus einer mehr abstrakten Sicht ist für die Kommunikation des Rechners mit seiner Umgebung die *Ein-/Ausgabe* zuständig (s. Abb. 9.2). In der Realität gibt es dagegen praktisch für jedes Gerät eine eigene Schnittstelle, das sog. Interface, dessen Komplexität vom einfachen Register bis zum aufwendigen Steuerwerk (*Controller*) reichen kann. Ein solches Interface für serielle oder parallele (meist 8 Bit) Datenübertragung ist nicht nur zur rein elektrischen Anpassung zwischen Systembus und Aussenwelt notwendig, sondern es sorgt durch seine Hardware auch für eine geeignete normierte Darstellung der Daten in beiden Richtungen auf der untersten Ebene.

Abb. 9.20 zeigt eine Auswahl von gängigen Ein-/Ausgabegeräten. Gewissermaßen zur Standardausrüstung eines Rechners gehören neben einem *Datensichtgerät* mit *Tastatur* und *Maus* ein *Drucker* und *Massenspeicher*. Daneben wird es immer selbstverständlicher, auch einen *Netzanschluß* mit Hilfe einer *Netzwerkkarte* oder über ein *Modem* zu installieren, um die Kommunikation mit anderen Rechnern zu ermöglichen. Ergänzen läßt sich das System weiter z.B. durch einen Plotter, ein *Digitalisiertablett* für CAD-Anwendungen, oder durch einen *Scanner* zur direkten Abtastung von Bildern und Texten. Wir wollen uns lediglich kurz mit Datensichtgeräten, Druckern und Massenspeichern beschäftigen.

9.3.1 Systemeinbindung

Bevor wir uns jedoch den einzelnen Gerätetypen zuwenden, betrachten wir zunächst noch etwas näher die allgemeine Einbindung von Komponenten für die Ein-/Ausgabe in das System. Dazu gehört vor allem deren Ansteuerung durch die Zentraleinheit des Rechners. Während die *Interfaces* zwischen dem Systembus und der Ein-/Ausgabe in vielen Fällen nach außen eine an das jeweilige periphere Gerät angepaßte individuelle *Schnittstelle* bieten, werden sie intern von der CPU über den Systembus einheitlich als eine Ansammlung von Registern gesehen (*I/O-Ports*). Für jedes periphere Gerät gibt

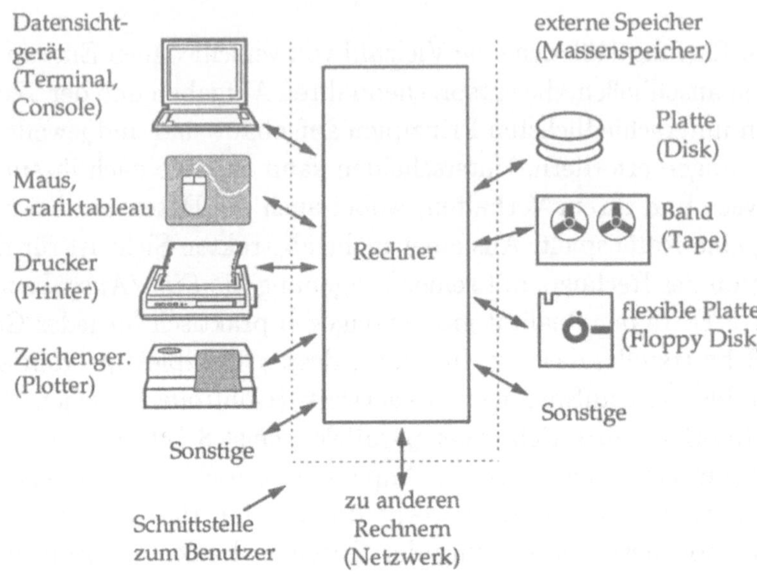

Abb. 9.20 Auswahl gängiger Ein-/Ausgabegeräte

es ein oder mehrere Register zur Übernahme bzw. Zwischenspeicherung von Daten, Steuerkommandos oder Statusmeldungen, die – ähnlich wie Speicherworte – über Adressen angesprochen werden können. Auf diesen Sachverhalt hatten wir schon in Abschnitt 9.2.2 hingewiesen. Die Adressen sind entweder Teil des insgesamt zur Verfügung stehenden (Speicher-)Adreßraums, hinter denen sich statt Speicherworten die verschiedenen I/O-Register verbergen (*Memory Mapped I/O*), oder bilden einen separaten Ein-/Ausgabe-Adreßraum (*Isolated I/O*). Letzteres bedingt dann aber eigenständige Ein-/Ausgabebefehle, die auf dem Systembus über ein Steuersignal die Unterscheidung der unterschiedlichen Adreßräume bewirken (s. Abb. 9.5). Auf diese Weise reduziert sich eine Ein-/Ausgabe-Aktion zu bzw. von einem peripheren Gerät auf der untersten Ebene auf eine unterschiedlich lange Sequenz von Maschinenbefehlen, durch die Daten (interpretiert als eigentliche Information, Steuerbefehle oder Statusmeldungen) zwischen der CPU und dem jeweiligen Register eines Interface übertragen werden.

Anforderungen über ein Peripheriegerät sind externe Ereignisse, auf die der normale Programmablauf im Rechner entsprechend reagieren muß. Will man dafür nicht eine Abfrage über alle Eingabegeräte programmieren, die in regelmäßigen Abständen z.B. als Unterprogramm aufgerufen wird und damit die Effizienz eines Systems wesentlich beeinträchtigen kann, muß ein Mechanismus zur Verfügung stehen, der bei laufendem Programm auf entsprechende Ereignisse von außen aufmerksam macht. Moderne Rechner verfügen deshalb heute über umfassende Konzepte, bei denen asynchrone *Unterbrechungen*, die sog. *Interrupts*, zunächst externe Ereignisse signalisieren und damit der CPU Gelegenheit geben, eine Ein–/Ausgabeaktion einzuleiten (s. auch Abschnitt 9.2.4).

Für alle diese und weitere hier nicht näher besprochene Aufgaben der individuellen Steuerung der Interfaces und der daran angeschlossenen Peripheriegeräte (z.B. Blocktransfer, DMA) sind heute sehr hardwarenah programmierte Softwareteile zuständig, die als sog. *Gerätetreiber* (device driver) in das jeweilige Betriebssystem eingebunden werden (siehe Kapitel 10). Damit wollen wir diesen ersten Überblick zur Systemeinbindung beenden und uns im folgenden nur noch ganz allgemein der Wirkungsweise verschiedener Gerätetypen für die Ein–/Ausgabe zuwenden.

9.3.2 Datensichtgeräte

Unter *Datensichtgeräten* werden sowohl *Monitore* als reines Ausgabemedium verstanden als auch *Terminals*, die als eigenständige E/A–Einheiten zusätzlich noch über *Tastatur* und *Maus* verfügen. Als Bildschirme werden normalerweise Kathodenstrahlröhren eingesetzt, die im Prinzip wie ein *Fernsehbildschirm* arbeiten und sowohl monochrome als auch farbige Darstellungen liefern. Dabei wird das Bild durch einen Elektronenstrahl zeilenweise von links nach rechts aufgebaut. Daneben werden wegen ihres geringen Platz– und Energiebedarfs heute zunehmend flimmmerfreie *Flachbildschirme* verwendet, die sowohl als Flüssigkristall–, Elektrolumineszenz– oder Plasmadisplays verfügbar sind und mittlerweile auch als sog. Aktivmatrix–Farbdisplays (Thin–Film–Transistor–Farbdisplays, TFT) auf dem Markt sind. Generell erfolgt die Darstellung eines Bildes durch eine bestimmte Anzahl von Bildelementen (Bildpunkte, auch als *Pixel* bezeichnet), die über Programme einzeln angesteuert werden (Abb. 9.21). Zur Ausgabe von Text genügt dagegen eine zeichenweise Bearbeitung des Bildschirms. Als Standard ist z.B. eine Auflösung (Spaltenzahl x Zeilenzahl) von 720x400 Punkten (Herkules–Grafikkarte) im *Textmodus* (beispielsweise 25 Zeilen mit je 80 Spalten (für ein Zeichen) bzw. von 640x480 Punkten im *Grafikmodus* bekannt (Video Graphics Array, VGA). Hochauflösende Geräte kommen dagegen z.B. auf 1620x1280 Bildelemente. Eine wesentliche Rolle bei Bildröhren spielt die *Bildwiederholfrequenz* (50–90 Hz), die ursächlich für das Flimmern verantwortlich ist und damit wesentlich das Arbeiten am Bildschirm beeinflußt.

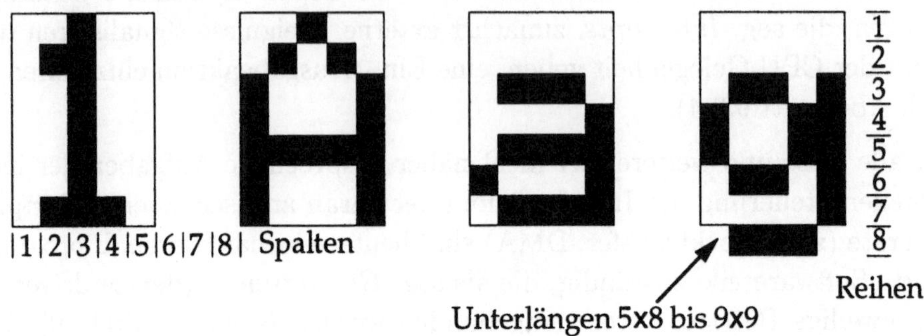

Abb. 9.21 Zeichendarstellung im Punktraster (5×7 – Matrix zzgl. Abstand)

Das Interface für die parallele Ausgabe von Daten an ein Datensichtgerät, die *Grafikkarte*, ist heute relativ aufwendig und umfaßt neben einem zentralen Steuerbaustein zur Ansteuerung u.a. einen Bildspeicher sowie einen Zeichen- und Videosignalgenerator.

Tastaturen (keyboards) dienen als Eingabegerät für Text– und Steuerinformationen und besitzen neben dem Schriftzeichenfeld mit Tasten für Buchstaben, Ziffern und Sonderzeichen meist noch zusätzliche Felder für weitere Aufgaben (Numerik, Cursor, Funktionstasten). Es gibt keine einheitlichen Tastaturen; üblich ist jedoch eine Beschriftung aller Tasten mit einer Standardbelegung. Die Eingabe eines Zeichens erfolgt durch Betätigen der jeweiligen Taste, wodurch eine Codekombination (meist entsprechend dem ASCII–Code) ausgelöst und über das Interface seriell an den Rechner übergeben wird.

Eine *Maus* als zusätzliches Eingabegerät nimmt Relativbewegungen auf, wenn sie auf einer Unterlage bewegt wird, und dient hauptsächlich der Positionsbestimmung auf dem Bildschirm (Mauszeiger); zusätzlich verfügt sie normalerweise über mehrere Funktionstasten zur Programmsteuerung. Positionsänderungen werden dabei als x/y-Koordinatenwerte entweder mechanisch durch eine Rollkugel oder optisch durch Abtasten einer gerasterten Unterlage über Dioden erfaßt und in digitalisierter Form ebenfalls seriell über das Interface an den Rechner weitergegeben.

9.3.3 Drucker

Soll die Ausgabe von Daten auf Papier als sog. *Hardcopy* erfolgen, sind *Drucker* oder – im selteneren Fall von besonderen grafischen Anforderungen – sog. *Plotter* als Zeichenmaschinen notwendig. Gerade bei Druckern gibt es eine Vielzahl von Ausführungsformen, die sich durch Aufbau des Druckbildes, Technologie des Druckvorgangs und Organisation des Druckablaufs voneinander unterscheiden (Abb. 9.22).

		Aufbau des Druckbildes	
		Zeichen	Matrix
Technologie des Druckvorgangs	Anschlag- drucker (Farbband)	Typenrad Kugelkopf Kette Walze	Nadel
	Nicht- anschlag- drucker		Tintenstrahl Thermo Laser

Abb. 9.22 Übersicht Drucker

Beim Aufbau des *Druckbildes* unterteilt man nach reinen *Zeichendruckern* (character printer) mit einem fest vorgegebenen und damit begrenzten Zeichenvorrat, wie z.B. bei den früher verbreiteten *Typenraddruckern* oder *Kugelkopfdruckern*, und nach *Matrixdruckern*, mit denen beliebige Grafiken und Texte dargestellt werden können, da bei ihnen das Druckbild aus vielen einzelnen Punkten zusammengesetzt wird. Nimmt man die Technologie des *Druckvorgangs* als Unterscheidungsmerkmal, so sind *Anschlagdrucker* (impact printer) wie die *Farbbanddrucker* und *Nichtanschlagdrucker* (non impact printer) wie *Tintenstrahldrucker*, *Thermodrucker* und *Laserdrucker* zu nennen. Zuletzt kann man noch nach der Organisation des *Druckablaufs* unterscheiden, wobei neben dem zeichenweisen Druck *Zeilendrucker* (line printer), wie z.B. *Kettendrucker* oder *Walzendrucker*, und *Seitendrucker* (page printer), wie die heute weitverbreiteten Laserdrucker zu berücksichtigen sind. Wie man sich leicht vorstellen kann, hat die Organisation des Druckablaufs entscheidenden Einfluß auf die *Druckgeschwindigkeit*, die im Bereich von 7–15 Zeichen/sec. (bei Zeichendruckern) bis ca. 150 Seiten/min. bei Hochleistungs–Laserdruckern liegt.

Am weitesten verbreitet ist heute die Gruppe der Matrixdrucker. Für die Qualität des Druckbildes ist dabei die Anzahl der Punkte entscheidend, die in horizontaler bzw. vertikaler Richtung ausgebracht werden können (Maßeinheit dots per inch, dpi). *Nadeldrucker* arbeiten mit einem Farbband und mehreren übereinandergestellten Nadeln, die einzeln angesteuert werden können. Bei einem einfachen Druckbild werden die Zeichen z.B. in einer 7x9–Matrix dargestellt, während stärker auflösende Nadeldrucker mit 24 oder sogar 48 Nadeln in überlappender Anordnung arbeiten. Tintenstrahldrucker arbeiten nach dem gleichen Prinzip, haben anstelle der Nadeln jedoch schon in der Standardausführung einen Tintenkopf mit 50 winzigen Düsen, über die feine Tintentropfen auf das Papier gespritzt werden. Thermodrucker drucken mit Hilfe einer thermochemischen Farbreaktion auf Spezialpapier und verwenden dabei Mikroheizelemente. Laserdrucker, die sich heute auch als Tischgeräte durchgesetzt haben, arbeiten dagegen nach dem xerographischen Aufzeichnungsverfahren (Ladungsbild auf Fototrommel), wie es von Kopiergeräten her bekannt ist.

Drucker werden normalerweise über eine einfache Parallelschnittstelle an den Rechner angeschlossen. Insbesondere Laserdrucker heutiger Bauweise verfügen intern jedoch über eine komplexe Steuerung, die oftmals von einem eigenen kleinen Rechner (Microcontroller) mit zusätzlichem Pufferspeicher übernommen wird. So ist es z.B. auch möglich, die an solche Drucker zu übertragende Datenmenge – die punktweise Beschreibung einer Druckseite kann über 1 MB an Daten umfassen – zu reduzieren. Man überträgt dann nicht mehr die Information für jeden einzelnen Druckpunkt, sondern in komprimierter Form eine Art Druckbildbeschreibung (z.B. in *PostScript–Notation*), die vom Drucker entsprechend interpretiert und in die Ansteuerung des Laserstrahls umgesetzt wird.

9.3.4 Massenspeicher

Aktuell notwendige Programme und Dateien, auf welche die Zentraleinheit eines Rechners unmittelbar zugreifen können muß, werden im (flüchtigen) Arbeitsspeicher vorgehalten, der Teil des Rechners ist. Alle anderen Daten dagegen werden im Hintergrund auf sog. Massenspeichern abgelegt. Je nach Ausbaugrad verfügt ein Rechensystem über mehrere (nichtflüchtige) *Massenspeicher*, die in der Peripherie angesiedelt sind und den vorzugsweise blockweisen Datenaustausch z.B. über *Disk Controller* als parallele Schnittstelle zum Rechner erlauben. Gegenüber dem in Halbleitertechnik aufgebauten Arbeitsspeicher haben die Massenspeicher durchgängig den Vorteil, daß die gespeicherte Information bei Abschaltung der Stromversorgung nicht verlorengeht. Die mechanische Komponente allerdings beeinflußt die Zugriffsgeschwindigkeit ganz wesentlich. Von der Zuordnung her sind Massenspeicher als kombinierte Ein-/Ausgabegeräte anzusehen.

Bei der Technologie unterscheidet man die *magnetische Speicherung* und die *optische Speicherung*; auch Speicher mit magneto-optischen Verfahren werden angeboten.

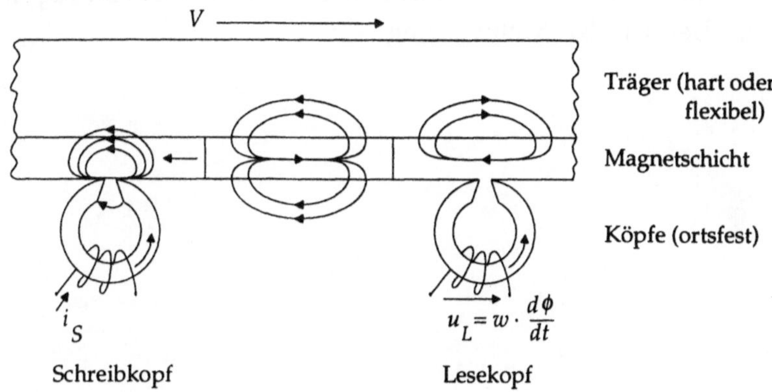

Abb. 9.23 Magnetische Oberflächenaufzeichnung

Bei der magnetischen Speicherung werden Daten bitweise gelesen bzw. geschrieben, indem sich ein sog. *Schreib-/Lesekopf* und ein magnetisch beschichtetes Medium fallweise induktiv beeinflussen (Abb. 9.23). Bei *Magnet-Plattenspeichern*, die zur langfristigen Online-Speicherung von Daten heute am weitesten verbreitet sind, werden die Daten bitseriell in konzentrischen Spuren auf einer rotierenden Scheibe in sog. *Sektoren* blockweise abgelegt, wobei der Schreib-/Lesekopf an einem radial bewegbaren Arm befestigt ist. Bei *Festplatten* (hard disk) „fliegt“ der Kopf mit geringem Abstand über die Magnetschicht, die bis zu 2000 Spuren enthält. Hochleistungsplatten haben eine *Speicherkapazität* von bis zu 10 GB bei einer mittleren Zugriffszeit von ca. 10 ms. Bei den technologisch weniger aufwendigen *Disketten* (floppy disk) wird der Schreib-/Lesekopf während der Datenübertragung auf die Oberfläche abgesenkt, so daß der Zugriff nicht verschleißfrei geschieht. Bei Disketten (z.B. 3,5 Zoll) ist heute bei 80 Spuren eine Speicherkapazität von 1,44 MB und eine mittlere Zugriffszeit von ca. 120 msec üblich.

Auch bei *Magnetbandgeräten* (tape, streamer), die im wesentlichen zur Archivierung von Daten eingesetzt werden und deren Kapazitäten ebenfalls im GB–Bereich liegen, ist der Zugriff nicht verschleißfrei. Da die Daten rein sequentiell abgelegt werden, ist der Zugriff von der Lage abhängig und kann Minuten dauern.

Bei *optische Platten* (optical disks) werden die Daten bitweise in besonders beschichteten Oberflächen auf konzentrischen Spuren mit Hilfe von Laserlicht eingebrannt; auch das Lesen erfolgt mit einem Laserstrahl. Massenspeicher in dieser Technologie sind heute hauptsächlich in Form von *CD–ROMs* als *Festwertspeicher* verfügbar und haben eine Kapazität von ca. 650 MB; die mittlere Zugriffszeit liegt bei etwa 150 msec. Ihre Verwendung liegt vorzugsweise im Bereich der Archivierung.

9.4 Realisierung von Rechnern

Im Zusammenhang mit dem Blockschaltbild des Universalrechners in Abschnitt 9.2 ist bereits angeklungen, daß zur Vermittlung des grundsätzlichen Verständnisses zunächst nur der prinzipielle Aufbau eines speicherprogrammierbaren Rechners betrachtet wurde und aktuelle Realisierungen über eine Vielzahl von ergänzenden Komponenten verfügen; Grund dafür ist die preiswert verfügbare Hardware und der Wunsch nach benutzerfreundlichen und leistungsfähigen Rechnern. Tatsächlich baut man für den praktischen Einsatz von Rechenanlagen heute wesentlich aufwendigere Maschinen, um ganz allgemein die Effektivität der Anlage zu erhöhen oder auch speziellen Anforderungen zu genügen. Abgesehen von den hier nicht weiter betrachteten Taschenrechnern oder ähnlichen Derivaten gibt es viele verschiedene Ausformungen des speicherprogrammierbaren Rechners, die meist einen wirtschaftlichen Kompromiß zwischen verschiedenen Grundanforderungen darstellen:

- Einerseits wird zur Ausnutzung des Speicherplatzes eine möglichst große logische Leistung pro Befehlswort angestrebt mit eventuell mehreren Varianten wie ein Befehl/Wort, mehrere Befehle/Wort oder mehrere Worte/Befehl, und feste oder variable Befehlslänge zugelassen. Andererseits hat man gerade in der jüngeren Vergangenheit erkannt, daß ein einfaches bzw. einheitliches Befehlsformat Voraussetzung für eine schnelle Abarbeitung in der Zentraleinheit ist, welches aber den Speicherplatz u.U. nicht optimal nutzt.

- Zur Unterstützung des Benutzers und eines automatischen Übersetzers strebt man eine einfache Programmierbarkeit an. Dabei wird z.B. häufig vorkommenden Operationen ein eigener Befehlscode zugeordnet, während man seltener gebrauchte Operationen aus mehreren Grundoperationen zusammensetzt. Andererseits versuchte man lange Zeit, die semantische Lücke zwischen den verschiedenen Ebenen von Programmiersprachen durch zusätzliche Befehle zu schließen; dies führt zu umfangreichen Befehlssätzen.

- Als Hardware noch teuer war, war man bestrebt, die Rechner möglichst einfach und mit minimalem Aufwand zu bauen. Da Hardware heute preiswert ist und Software die entscheidenden Kosten eines Rechensystems verursacht, spielt dieses Argument bei Rechnern nur noch eine untergeordnete Rolle.

- Die höchste Priorität noch vor der Zuverlässigkeit genießt in den meisten Fällen immer noch die Forderung nach maximaler Geschwindigkeit.

Mit zunehmender Leistungsfähigkeit der Rechner werden immer neue Einsatzgebiete bzw. Fragestellungen erschlossen, die wiederum leistungsfähigere Anlagen erfordern (grand challenges); so bleibt diese Forderung permanent erhalten.

9.4.1 Einzelsysteme

Die lange Zeit gängige Einteilung von Digitalrechnern berücksichtigte *Mikrorechner*, *Minirechner* und *Großrechner*. Heute bildet die Basis für die meisten Verwendungen der *Mikroprozessor*, d.h. eine hochintegrierte Realisierung der Zentraleinheit mit Zusatzfunktionen, der oftmals als Ein–Chip–Lösung entweder in Form einer Standardkomponente oder als herstellerspezifisches Design den Kern einer Rechenanlage bildet. Bei den sog. *Mikrocontrollern* als Steuerungen für kleine technische Systeme (embedded systems) geht diese Integration so weit, daß vollständige Rechnerstrukturen auf einem Chip zusammengefaßt werden. Im Gegensatz dazu bilden die *Signalprozessoren* spezielle Lösungen für Zentraleinheiten, wie sie vor allem zur Unterstützung der Signalverarbeitung (z.B. Sprachanalyse, Bildverarbeitung) gefordert sind.

Ein **Mikrorechner** ist heute ein Kleinrechner auf Mikroprozessorbasis (Beispiel s. Abb. 9.24), der i.a. nur einen Benutzer bedienen kann. „Klein“ bezieht sich dabei primär auf Größe und Preis, wohingegen früher wesentliche Kriterien wie Wortlänge oder Arbeitsspeicherkapazität in den Hintergrund treten. Üblich sind heute auch hier Wortbreiten von 32 Bit und mehrere MBytes an Arbeitsspeicherkapazität. Unter Mikrorechner zählen sowohl die etwas weniger leistungsfähigen Home Computer als auch die breite Skala der *Personal Computer* (PC), die heute vom privaten Haushalt bis zum täglichen Arbeitsbereich (Büro, Industrie) ein weites Anwendungsfeld finden.

Auch die nächste Leistungsklasse der **Arbeitsplatzrechner** oder sog. *Workstations* basiert auf Mikroprozessoren; damit sind die Grenzen zwischen den Leistungsklassen fließend geworden. Augenfälligstes Unterscheidungsmerkmal ist die Möglichkeit, mehrere Benutzer gleichzeitig zu bedienen. Der Grund dafür liegt allerdings hauptsächlich in einem komplexeren Betriebssystem. Workstations findet man vornehmlich bei technisch–wissenschaftlichen Anwendungen (z.B. Grafik), d.h. in Forschung und Entwicklung. Infolge zunehmender Leistungsfähigkeit stoßen Cluster solcher Workstations heute immer häufiger in darüberliegende Leistungsklassen vor und ersetzen damit

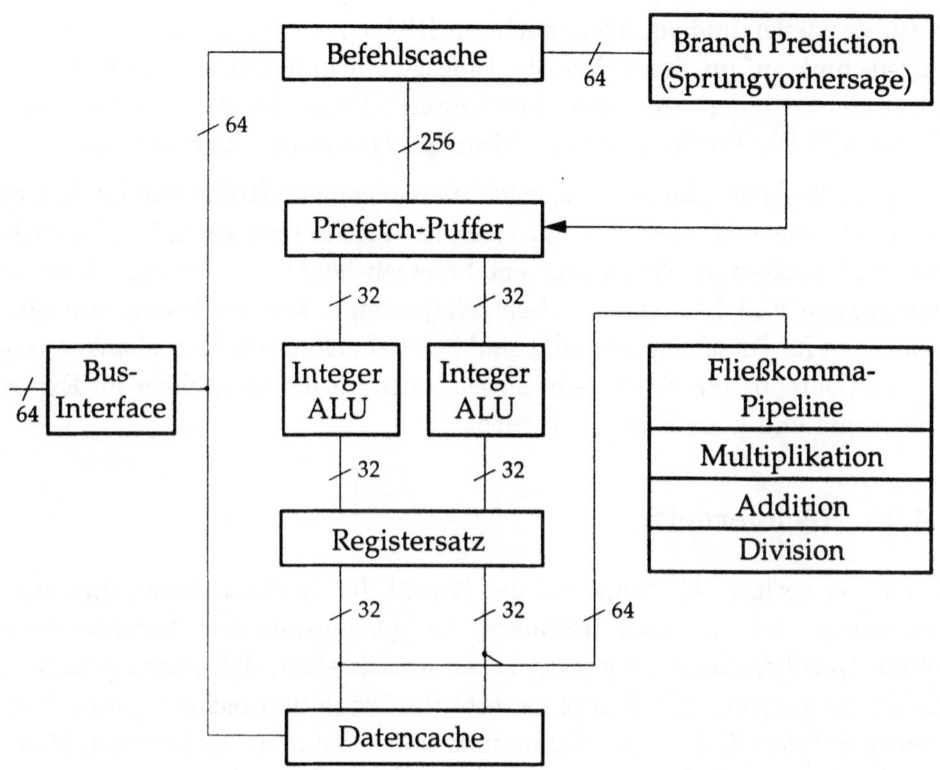

Abb. 9.24 Blockschaltbild eines modernen Mikroprozessors (Intel Pentium)

die dort vorherrschenden Rechnerarchitekturen. Insofern sind auch hier die Übergänge fließend.

Großrechner (*mainframes*), die von sehr vielen Anwendern gleichzeitig benutzt werden können, werden besonders in Rechenzentren eingesetzt, wie sie Banken, Versicherungen, Verwaltungseinrichtungen u.a. (beispielsweise für Datenbanken und Buchungssysteme) betreiben. Sie zeichnen sich durch großen Durchsatz (meist gemessen in MIPS oder MFLOPS, million instructions per second bzw. million floating point operations per second) und ein relativ hohes Investitionsvolumen aus, das sehr große Arbeitsspeicherkapazitäten, ein breitgefächertes Spektrum von Massenspeichern und eine vielseitige und umfangreiche Rechnerperipherie umfaßt.

Die Leistungsspitze bilden heute die **Höchstleistungsrechner** (*Superrechner*, supercomputer) einiger weniger Hersteller weltweit, die als *Vektorrechner* und immer mehr als *Parallelrechner* eigene Klassen in der Rechnerarchitektur darstellen und vor allem auch mit Hilfe einer sehr aufwendigen Schaltungstechnik auf maximale Verarbeitungsgeschwindigkeit ausgerichtet sind. Selbst hier beginnen sich wegen ihres besseren Preis–/Leistungsverhältnisses Cluster von Workstations als sog. Mini–Supercomputer zu etablieren.

Für spezielle Anwendungsbereiche hat man angepaßte Rechnerarchitekturen entwickelt, die sich allerdings nur teilweise durchsetzen konnten. Ein wichtiges und wachsendes Marktsegment besetzen heute die *Prozeßrechner* für Steuerungen und Leitsysteme (Echtzeitsysteme), weniger bedeutsam oder sogar noch im Forschungsstadium sind Spezialrechner für Datenbankanwendungen (Datenbankrechner) oder anwendungsspezifische Rechner für Expertensysteme und künstliche Intelligenz.

9.4.2 Rechnernetze

Bereits im vorigen Abschnitt fiel der Begriff der *Rechnercluster*, d.h. einer Anordnung von mehreren Rechnern, die gemeinsam eine Aufgabe bearbeiten. Darüberhinaus ist ganz generell festzustellen, daß durch geänderte Randbedingungen – nämlich preiswerte Hardware und technologische Fortschritte auf dem Gebiet der Kommunikation – die ursprünglich unabhängigen Bereiche der Informationssammlung, des Informationstransports und der Informationsverarbeitung immer mehr verschmelzen. Rechensysteme wurden somit im Laufe ihrer Entwicklung immer komplexer und werden bezüglich ihres Aufbaus oft nicht mehr an einem Ort konzentriert, sondern entsprechend den Anforderungen an verschiedenen Orten verteilt. Bei solchen *verteilten Systemen* (distributed systems) unterscheidet man sog. *Verbundsysteme* und *Rechner–Netzwerke*. Bei Verbundsystemen ist der Einsatz mehrerer miteinander verbundener unabhängiger Rechner für den Anwender transparent, d.h. die Aufgabe der Verteilung liegt bei einem dafür geeigneten Betriebssystem. Bei Rechner–Netzwerken dagegen nimmt der Anwender selbst Verbindung mit einer Maschine auf, d.h. das Netzwerk–Management muß persönlich übernommen werden.

Rechner können verbunden werden durch

- direkte Leitungen, d.h. Punkt–zu–Punkt–Verbindungen
- analoge oder digitale Netze, d.h. Mehrpunkt–Verbindungen (z.B. Vermaschung)
- hierarchische Netze, d.h. Netze von Netzen

Man spricht von lokalen Netzen (local area network, *LAN*) oder globalen Netzen (wide area network, *WAN*), je nachdem, ob sich ein Rechnernetz auf einen begrenzten Raum beschränkt oder ob es sich über einen größeren Bereich (Land, Erdteil) erstreckt. Entsprechend unterschiedlich sind die Eigenschaften solcher Netze.

	7	Anwendungsschicht application layer
	6	Datendarstellungsschicht presentation layer
Anwendersystem	5	Kommunikations- steuerungsschicht session layer
Transportsystem (Netzwerk)	4	Transportschicht transport layer
	3	Vermittlungsschicht network layer
	2	Sicherungsschicht data link layer
	1	Bitübertragungsschicht physical link layer

Abb. 9.25 ISO/OSI-Referenzmodell

Zur Kommunikation zwischen Rechnern gehört neben der rein physikalischen Verbindung auch ein *Kommunikationsprotokoll*, das hauptsächlich durch Software repräsentiert wird. Ein solches Protokoll ist umso notwendiger, je mehr Rechner unterschiedlichster Art miteinander kommunizieren sollen, und regelt u.a.

- Art und Abfolge der notwendigen elektrischen Signale bei Aufbau, Halten und Abbau einer Verbindung (Übertragungstechnik)
- Adressierung und Fehlererkennung bzw. –korrektur
- die Reihenfolge, in der Partner miteinander kommunizieren

- die Sprache und den Umfang der Sprache (Anweisungen), in der Partner miteinander umgehen.

Damit Informationen zwischen unterschiedlichsten Rechnern und über inhomogene Netze ohne Beeinträchtigung des Benutzers abgewickelt werden können, wurden *Standardprotokolle* entwickelt, z.B. im Rahmen des sog. *OSI-Referenzmodells* (Open Systems Interconnection) der ISO (International Standard Organisation). Es beschreibt in einem streng hierarchisch gegliederten Sieben-Schichtenmodell (Abb. 9.25) die verschiedenen für eine geordnete Kommunikation notwendigen Funktionen (Dienste).

Literaturempfehlung:

[LFl93] Liebig, H.; Flik, Th.: „Rechnerorganisation“
Springer, Berlin 1993

[HPa94] Hennesy, J.L.;Patterson, D.A.: „Rechnerarchitektur“
Vieweg, Braunschweig 1994

[Pro87] Proebster, W.E.: „Peripherie von Informationssystemen“
Springer, Berlin 1987

[Ta90a] Tanenbaum, A.S.: „Computer-Netzwerke“
Wolfram's Fachverlag, Attenkirchen 1990

10 Systemsoftware

Aus dem einleitenden Kapitel 1 wissen wir, daß Rechensysteme als eine Hierarchie von Software– und Hardwarekomponenten betrachtet werden können. Dabei liegt die Anwendungssoftware in der höchsten Ebene, bei deren Ausführung die Funktionalität der darunterliegenden Systemsofware genutzt wird. Diese wiederum baut auf der Funktionalität der Hardware auf, unter der wir den Rechner mit seiner Peripherie verstehen. Die oberste Ebene der Hierarchie, die Anwendungssoftware, haben wir mit den allgemeinen Untersuchungen zu Algorithmen und ihrer Programmierung bereits grundlegend behandelt. Die unterste Hierarchieebene, die Hardware, haben wir in den letzten drei Kapiteln nach dem Bottom–Up Verfahren ebenfalls ausführlich kennengelernt. So bleibt noch die Betrachtung der *Systemsoftware* in der Ebene dazwischen: Was rechtfertigt ihr Vorhandensein, welche Aufgaben hat sie, wodurch unterscheidet sie sich von der Anwendungssoftware? Aus der Bezeichnung kann man als sicher nur entnehmen, daß es sich um Software handelt.

Tatsache ist, daß die noch so umfangreich ausgestattete Hardware eines Rechensystems für sich allein einem Benutzer noch keine allzu große Hilfe bietet, seine Anwendungsprogramme einigermaßen komfortabel ablaufen zu lassen. Probleme entstehen z.B. schon beim Laden und Start eines Programms, das entweder ganz rudimentär nur in Schriftform vorliegt oder bereits grundsätzlich ablauffähig auf dem Hintergrundspeicher abgelegt ist. Wie kommt es auf einfache Weise in den Hintergrundspeicher bzw. von dort zur eigentlichen Abarbeitung durch die Zentraleinheit in den Arbeitsspeicher des Rechners? Weiter haben wir gelernt, daß die Verwendung von Maschinensprachen bzw. maschinennahen Sprachen im Gegensatz zu höheren Programmiersprachen eine aufwendigere Programmierung bedeutet, da erstere sich mehr auf den Rechner beziehen und damit für den Anwendungszweck oft ungeeignet sind. Deshalb werden heute problemorientierte höhere Programmiersprachen eingesetzt, die der Rechner aber erst nach einer geeigneten Übersetzung bzw. Interpretation verstehen kann. Bei der Programmierung einer Aufgabenstellung selbst sind wir gewohnt, mehr oder weniger „grenzenlos“ Programmcode und Datenfiles zu erzeugen. Eine uns noch unbekannte Komponente sorgt dafür, daß beides zur richtigen Zeit mit der begrenzten Kapazität des Arbeitsspeichers korreliert. Grundsätzlich sind auch die Ein-/Ausgabemöglichkeiten eines Rechners nur schwierig zu benutzen, da jedes einzelne Peripheriegerät ganz spezielle Eigenschaften hat und somit eine individuelle Ansteuerung erfordert. Dennoch sind wir als Programmierer gewohnt, mit einfachen Anweisungen die Ein-/Ausgabe zu organisieren und von der notwendigen detaillierten Organisation verschont zu bleiben. Und schließlich erwarten wir von einem leistungsfähigen Rechner heute auch, daß seine Ressourcen unter Zuhilfenahme einer effizienten Zuteilungsstrategie wirtschaftlich genutzt werden können und er u.U. mehreren Nutzern „gleichzeitig" zur Verfügung steht.

Zur Unterstützung der Benutzer und zur wirtschaftlichen Nutzung des Rechners werden - oftmals vom Hersteller des Rechners selbst - ergänzende Programme zur Verfügung gestellt, so daß sich ein vollständiges *Rechensystem* als eine Kombination aus dem eigentlichen *Rechnersystem* und *Systemprogrammen*, d.h. aus Hardware und *Systemsoftware*, darstellt. Ursprünglich neigte man dazu, die Systemsoftware mit dem Betriebssystem eines Rechners gleichzusetzen; damit umfaßte es nicht nur die ureigensten *Organisationsprogramme*, sondern in Erweiterung der Aufgaben auch die sog. *Übersetzungs-* und *Dienstprogramme*. Nachdem damit Betriebssysteme immer umfangreicher und unhandlicher wurden, besinnt man sich heute wieder mehr auf das Wesentliche und definiert unter Betriebssystem nur noch die eigentlichen Organisationsprogramme zur Handhabung der Hardware. Damit versteht man heute unter Systemsoftware das Betriebssystem und davon getrennt die sog. Dienstprogramme, die man auch als spezielle Anwenderprogramme betrachten kann. Ersteres kann als Zusammenfassung aller Programme gesehen werden, welche „die Ausführung der Benutzerprogramme, die Verteilung der Betriebsmittel auf die einzelnen Benutzerprogramme und die Aufrechterhaltung der Betriebsart steuern und überwachen" [Inf89]. Unter letztere dagegen fallen neben den verschiedenen *Sprachübersetzern* u.a. der *Editor* zur Erstellung von Programmen und Text, oder *Linker* und *Lader* zur Verknüpfung und Übertragung von Programmen sowie der *Debugger* als Testhilfe für Programme. Neben diesen gibt es eine Vielzahl weiterer Dienstprogramme für die unterschiedlichsten Aufgaben, z.B. Compilergeneratoren und Skriptinterpreter. Teils werden sie zusammen mit dem Betriebssystem geliefert, teilweise können sie auch völlig unabhängig davon erworben werden; insofern werden sie oft mehr der Ebene der Anwendungsprogramme zugerechnet.

10.1 Dienstprogramme

Das Betriebssystem stellt Funktionen zur Verfügung, die eine geregelte Verwaltung der Ressourcen eines Rechnersystems sicherstellen. Dazu gehört die Verwaltung von Dateien, Speicher und Prozessen. Diese Funktionen bilden ein gedankliches Modell für ein Rechnersystem, das bereits sehr viel komfortabler zu benutzen ist als die reine Hardware. Anwendungsprogramme stützen sich auf diese Funktionen ab. Dienstprogramme sind als spezielle Anwenderprogramme anzusehen, die aber vorwiegend die Arbeit mit dem Rechner unterstützen. Dazu gehören insbesondere:

- Editoren zur Textbearbeitung
- Kommandointerpreter (Shells)
- Sprachübersetzer und Interpreter
- Binder und Ladeprogramme
- Compilerwerkzeuge
- Such- und Ersetzungswerkzeuge für Text
- Textdruck und Layout
- Netzbrowser
- Email–Werkzeuge
- Installationswerkzeuge für Programmsysteme
- Integrierte Software–Entwicklungs–Umgebungen (SEU)

Diese Liste ist keineswegs vollständig und soll nur Beispiele für Dienstprogramme angeben. Die komplexe Systemadministration für den Systemverwalter wird ebenfalls durch solche Dienstprogramme unterstützt. In diesem Abschnitt kann daher nur kurz auf bestimmte Aspekte einiger dieser Dienstprogramme eingegangen werden. Dabei konzentrieren wir uns auf diejenigen Werkzeuge, die bei der Erstellung von ablauffähigen Programmen verwendet werden.

10.1.1 Compiler und Interpreter

Die Beziehung zwischen Compiler (Übersetzer) und Interpreter wurde bereits in Kapitel 4 genauer dargelegt. Ein Interpreter für eine Sprache kann aufgefaßt werden als eine (gedachte) Maschine, die ein Programm und eine Eingabe zu diesem Programm liest und dann die Ausgabe berechnet. Ob ein solcher Interpreter durch eine Hardware realisiert wird oder selbst durch ein Programm, also durch Software, ist dabei nicht wesentlich.

Da ein realer Rechner über einen speziellen Prozessor verfügt, besitzt er auch einen festgelegten Interpreter, der für eine bestimmte Maschinensprache ausgelegt ist. Diese Maschinensprache ist an der Hardware–Struktur orientiert. Operationen in dieser Sprache verknüpfen und transportieren Registerinhalte und führen Programmsprünge aus, die den Ablauf des Maschinenprogramms beeinflussen. Die algorithmische Lösung eines Problems wird aber meistens in einem abstrakten mathematischen Modell entworfen. Eine höhere Programmiersprache stellt Mittel zur Verfügung, mit denen solche Modelle beschreibbar sind, und mit denen die Funktionen für ein solches Modell möglichst in der Sprache des Modells formuliert werden können. Wie die Datenstrukturen einer höheren Programmiersprache in die primitive Speicherstruktur eines realen Rechners übertragen werden, wurde in Kapitel 4 durch den Begriff der Speicherabbildung für die einzelnen Konstrukte bereits erklärt.

Um einen Interpreter für eine höhere Programmiersprache zu erhalten, kann man ein spezielles Maschinenprogramm verwenden, das die Funktion des Interpreters für die höhere Programmiersprache realisiert. Ein solches Programm heißt dann auch ein Interpreter. Man kann aber auch ein anderes spezielles Maschinenprogramm verwenden, das ein Programm der höheren Programmiersprache in ein Maschinenprogramm übersetzt, welches die gleiche Wirkung (Semantik) hat wie das ursprüngliche Programm unter einem Interpreter. Ein solches Programm heißt Übersetzer oder Compiler.

An dieser Stelle sollte auch erwähnt werden, daß es nicht einmal notwendig ist, diese speziellen Programme (Compiler oder Interpreter) in der Maschinensprache zu erstellen, obwohl dies nach unserer Einführung nahegelegt wird. Wenn eine Programmiersprache genügend ausdrucksstark ist (universell), dann kann man Interpreter und Compiler auch in der Sprache selbst schreiben. Es würde aber hier zu weit führen, wenn man die Technik beschreiben wollte, wie man dann zu ablauffähigen Compilern oder Interpretern auf einer speziellen Zielmaschine gelangt (Bootstrapping, siehe [Wir84]).

Es soll jetzt ganz kurz auf die Arbeitsweise dieser speziellen Programme eingegangen werden.

10.1.1.1 Compiler

Ein Compiler übersetzt Programme einer Quellsprache L in semantisch äquivalente Programme einer Zielsprache L'. Eine Programmiersprache besitzt eine bestimmte Syntax, und das bedeutet, daß jedes Programm (und auch Teile davon) nach ganz bestimmten Regeln zusammengesetzt ist. In Kapitel 3 und Kapitel 4 wurde auf solche Regeln schon genauer eingegangen. Man verwendet aus praktischen Gründen kontextfreie Grammatiken zur präzisen Formulierung der Regeln. Diese werden durch eine BNF oder durch die sehr intuitiven Syntaxdiagramme dargestellt.

Wenn man etwa ein C–Programm vorgelegt bekommt, dann kann man im Prinzip die Regeln angeben, die zur Konstruktion dieses speziellen Programms verwendet wurden. So kann man den Programmtext zerlegen in Definitionen und Anweisungen. Eine Anweisung kann eine einfache Wertzuweisung sein, oder sie kann aus anderen Anweisungen bestehen, die z.B. im Rumpf einer **while**–Anweisung vorkommen u.s.w.. Diese syntaktische Struktur kann man in der Form eines Ableitungsbaumes darstellen. Abb. 3.29 zeigt dazu ein Beispiel. Das Textstück $x + (y + 13) * 9$ ist in diesem Beispiel syntaktisch ein Ausdruck, der wieder aus anderen Ausdrücken zusammengesetzt ist. An den Blättern dieses Ableitungsbaumes stehen schließlich die einzelnen Druckzeichen, aus denen das Textstück besteht. Die Bedeutung des Textstückes, also des Ausdrucks, ist eine Rechenvorschrift, die für den Ausdruck einen Wert berechnet, wobei die Werte der Variablen x und y herangezogen werden sollen. Diese Rechenvorschrift läßt sich aus der Struktur des Ableitungsbaumes automatisch erzeugen.

An diesem einfachen Beispiel kann man die wichtigsten Komponenten eines Compilers erkennen. Ganz grob kann man den Compiler in zwei Komponenten zerlegen (Abb. 10.1). Der *Analyseteil* hat die Aufgabe, aus dem Programmtext auf der Basis der Grammatik, die der Sprache zugrundeliegt, einen Ableitungsbaum zu konstruieren. Der Programmtext liegt dabei als normaler Strom von ASCII–Zeichen (Zeichenstrom) etwa in einer Textdatei vor. Der *Syntheseteil* verwendet den Ableitungsbaum und erzeugt dazu passende Instruktionsfolgen für die Zielsprache.

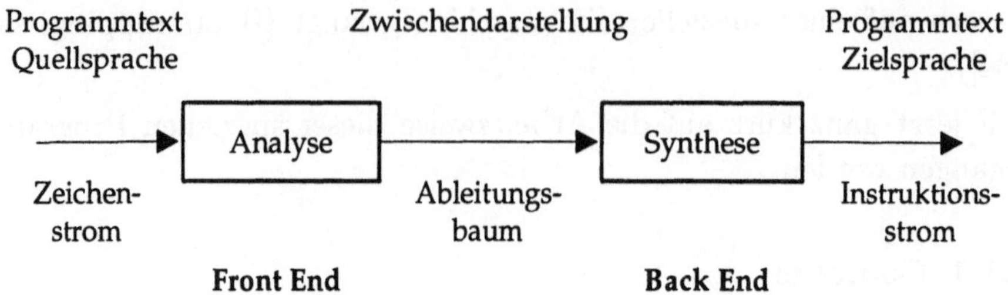

Abb. 10.1 Grobstruktur eines Compilers

Man verwendet aber meistens andere Formen der Zwischendarstellung. Die Information des vollständigen Ableitungsbaumes ist für die Synthese nicht immer nötig. In unserem Beispiel dient die Klammerung des Teilausdrucks nur zum Aufbau des Ableitungsbaumes. Ist die Baumstruktur des Ausdrucks gefunden, dann ist die Rechenvorschrift auch noch eindeutig, wenn man die Klammerung entfernt. Ein so reduzierter Baum heißt auch Syntaxbaum.

Die Einteilung eines Compilers in Analyseteil (*Front End*) und Syntheseteil (*Back End*) hat einen großen praktischen Vorteil. Der Analyseteil basiert nur auf der Struktur der Quellsprache und erzeugt eine standardisierte Zwischendarstellung. Der Syntheseteil basiert auf der genauen Kenntnis der Zielsprache und verwendet die Zwischendarstellung als Eingabe. Wenn man verschiedene Quellsprachen in die gleiche Zielsprache übersetzen will, dann benötigt man nur jeweils einen eigenen Analyseteil bei gleichem Syntheseteil. Umgekehrt benötigt man zur Übersetzung einer Quellsprache in mehrere Zielsprachen nur einen Analyseteil und für jede Zielsprache einen eigenen Syntheseteil. Um n verschiedene Quellsprachen auf jeweils m verschiedene Zielsprachen abzubilden, benötigt man also nicht $n * m$ verschiedene Compiler, sondern nur n Analyseteile und m Syntheseteile.

Analyse und Synthese können ihrerseits wieder in verschiedene Aufgaben unterteilt werden. Wir wollen diese feinere Unterteilung noch kurz skizzieren, ohne aber auf die vielen interessanten Detailprobleme des Compilerbaus eingehen zu können [ASU89].

Die Analyse wird meistens in drei Teile aufgeteilt (Abb. 10.2):

- lexikalische Analyse
- syntaktische Analyse
- semantische Analyse

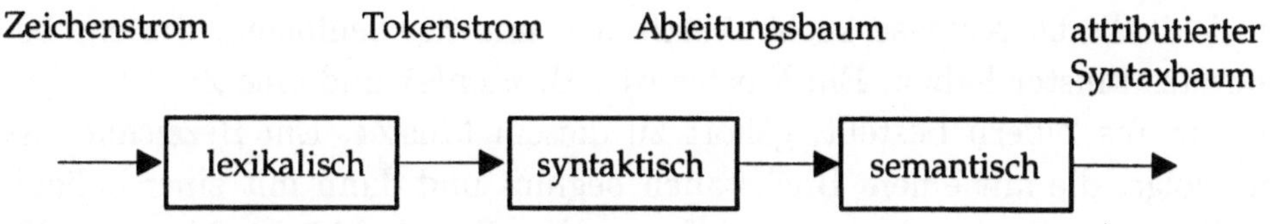

Abb. 10.2 Analyseteil eines Compilers

Diese Bezeichnungen sind historisch entstanden, und sind etwas verwirrend, wenn man davon ausgeht, daß der Analyseteil generell für die syntaktische Analyse zuständig ist. Genauer wird die syntaktische Analyse nach verschiedenen Eigenschaften der Sprache aufgeteilt. Diese Aufteilung läßt sich mit der Sprachhierarchie nach Chomsky genauer erklären. Wir wollen hier eher von der Anschauung ausgehen.

Die Aufgabe der lexikalischen Analyse ist es, den Zeichenstrom der Eingabe in Abschnitte zu unterteilen, so daß jeder Abschnitt zu einem lexikalischen Muster gehört. Ein Muster ist eine (reguläre) Menge von Zeichenreihen und jedes Muster erhält einen Namen. Diese Namen für Muster heißen *Token*. So wird aus dem Zeichenstrom ein Tokenstrom. Nehmen wir als Beispiel einmal das extrem triviale Programm:

```
main {
    int x = 21;
    cout << x;
}
```

Der Zeichenstrom für den Compiler ist dann wie in Abb. 10.3 gegeben. Er besteht aus 28 Zeichen.

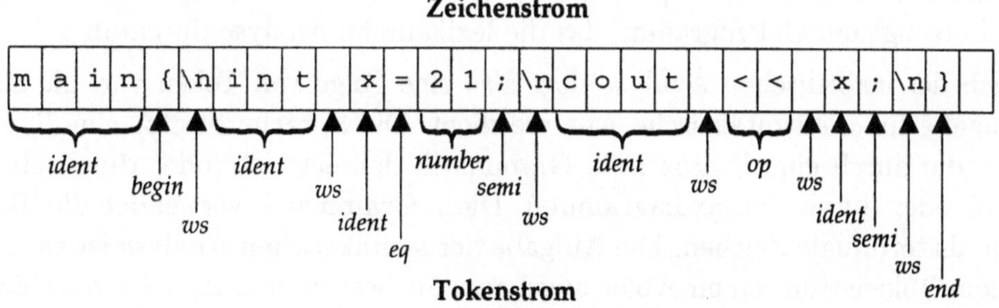

Abb. 10.3 Zerlegung des Zeichenstroms in einen Tokenstrom

Die lexikalische Analyse sucht Abschnitte mit Zeichenfolgen, die ein bestimmtes Muster haben. Ein Muster ist z.B. *number* und eine Zeichenfolge, die nur aus Ziffern besteht, gehört zu diesem Muster. Ein Bezeichner ist eine Folge, die mit einem Buchstaben beginnt und dann mit einer beliebigen Folge aus Buchstaben oder Ziffern endet. Das zugehörige Muster heißt *ident*. Bestimmte Muster haben nur Zeichenfolgen der Länge eins, wie z.B. das Semikolon. Zeilenumbrüche, Blankzeichen und Tabulatorzeichen werden als white space (*ws*) bezeichnet und treten im Tokenstrom nicht mehr auf. Sie dienen aber als Trennzeichen für bestimmte Muster. Der Tokenstrom für unser Beispiel wäre dann:

ident begin ident ident eq number semi ident op ident semi end

Er besteht nur noch aus 12 Token. Die lexikalische Analyse kann auch entscheiden, ob ein Bezeichner (wie hier `int`) ein Schlüsselwort der Sprache ist. Eine Zeichenfolge, die zum Muster *number* gehört, kann gleich in die interne Zahldarstellung übertragen werden. Vom Programmierer gewählte Bezeichner werden in eine sogenannte *Symboltabelle* eingetragen. An diese Bezeichner werden im weiteren Verlauf der Analyse bestimmte Attributwerte gebunden. Wenn ein Bezeichner etwa eine Variable von Typ `int` bezeichnet, dann wird an den Bezeichner ein passender Speicherplatz gebunden.

Ein Programm, das die Aufgabe der lexikalischen Analyse erledigt, heißt auch ein *Scanner*. Es wurde bereits gesagt, daß die Muster der lexikalischen Analyse reguläre Mengen sind. Man verwendet daher das Modell des endlichen Automaten (siehe Kapitel 3) zur Erkennung der verschiedenen Muster. Es gibt spezielle Compilerwerkzeuge zur automatischen Generierung eines Scanners. Ein solches Werkzeug ist das Dienstprogramm LEX. Man definiert für LEX die einzelnen Muster durch reguläre Ausdrücke und bestimmte Aktionen, die ausgeführt werden sollen, wenn ein Muster erkannt wurde. Diese Definition erfolgt in einer speziellen Sprache. LEX liest eine solche Definition und erzeugt ein C–Programm, das die lexikalische Analyse durchführt.

Nach der lexikalischen Analyse liegt also eine Folge von Token vor, die als Eingabe für die syntaktische Analyse dient. Die Sprache besitzt eine Syntax, die durch eine kontextfreie Grammatik definiert ist (oder durch eine BNF oder durch Syntaxdiagramme). Diese Grammatik verwendet die Token als terminale Zeichen. Die Aufgabe der syntaktischen Analyse ist es, zu einem Tokenstrom einen Ableitungsbaum zu bestimmen. Es gibt verschiedene Methoden, diesen Ableitungsbaum aus dem Tokenstrom zu ermitteln. Ein Programm, das diese Aufgabe löst, heißt auch ein *Parser*.

Bei der *top–down* Methode versucht man, den Ableitungsbaum ausgehend von der Wurzel aufzubauen. Dazu muß man herausfinden, welche Regel der Grammatik als erste angewendet wurde. Hat man diese gefunden, so kann man jedes Symbol auf der rechten Seite der Regel wieder als Wurzel eines Ableitungsbaumes betrachten. So kann man den gesamten Ableitungsbaum rekursiv bestimmen.

Bei der *bottom–up* Methode geht man umgekehrt vor. Man versucht, den Ableitungsbaum von den Blättern ausgehend, zur Wurzel hin zu bestimmen. Dazu versucht man, den letzten Ableitungsschritt zu ermitteln, der die vorgelegte Tokenfolge erzeugt hat. Wenn man ihn gefunden hat, dann kann man die rechte Seite der Ableitungsregel durch ihre linke Seite ersetzen. Ein solcher Schritt heißt eine Reduktion. Reduzieren ist die Umkehrung von Ableiten. Wenn es gelingt, durch eine Folge von Reduktionsschritten den gegebenen Tokenstrom auf das Startsymbol der Grammatik zu reduzieren, dann hat man so auch einen Ableitungsbaum gefunden.

Allerdings ist diese Aufgabe in der Praxis wesentlich schwieriger zu lösen, als es hier erscheint. Wenn es im Einklang mit der Eingabe mehr als eine Möglichkeit für den ersten Ableitungsschritt gibt, dann ist das top–down Verfahren nichtdeterministisch. Man muß also den ersten Schritt wählen und auf dieser Hypothese weiterarbeiten. Sobald ein Widerspruch mit der Eingabe auftritt, muß man wieder zurückgehen (Backtracking) und eine andere der noch vorhandenen Möglichkeiten ausprobieren. Ein solches Verfahren ist aber wegen der hohen Rechenzeit für die Praxis nicht brauchbar. Man muß daher spezielle Forderungen an die Grammatik stellen, um zu einem deterministischen Analyseverfahren zu gelangen.

Wenn die Syntax einer Programmiersprache durch eine kontextfreie Grammatik definiert wird, dann liegt es nahe, den Analyseprozeß mit dem Modell des *Kellerautomaten* (siehe Kapitel 3) zu beschreiben. Auch für die automatische Erzeugung eines Parsers gibt es Compilerwerkzeuge. Das bekannte Dienstprogramm YACC verwendet als Eingabe eine spezielle Form zur Darstellung der Ableitungsregeln, die der BNF sehr ähnlich ist. Wie bei LEX kann man gewisse Aktionen definieren, die ausgeführt werden sollen, wenn eine bestimmte syntaktische Struktur erkannt wurde.

Der Parser erzeugt (zumindest gedanklich) einen Ableitungsbaum. Es gibt nun Programme, die sind bezüglich der Grammatik syntaktisch korrekt, sollen aber trotzdem als fehlerhaft gekennzeichnet werden, da sie Fehler enthalten, die zur Übersetzungszeit erkannt werden können. Ein Beispiel für einen solchen Fehler ist die falsche Verwendung einer Variablen in einem Ausdruck. Wenn an einer Stelle in einem Ausdruck ein Wert oder eine Variable vom Typ `int` stehen muß, dort aber eine Variable vom Typ `double` steht, dann ist das ein *Typfehler*. Ein solcher Fehler kann zur Übersetzungszeit erkannt werden.

Die Aufgabe der semantischen Analyse besteht darin, solche Fehler zu erkennen. Es wird also (u.a.) geprüft, ob die Typen konsistent verwendet wurden. Auch die Verwendung einer Variablen, die nicht zuvor deklariert wurde, ist ein Fehler, der durch die semantische Analyse ermittelt werden kann. Man verwendet zur Behandlung der semantischen Analyse attributierte Grammatiken. Es handelt sich dabei um Attributwerte, die man den nichtterminalen Symbolen einer kontextfreien Grammatik zuordnen kann. Die Attributwerte in einem konkreten Ableitungsbaum müssen dabei ganz bestimmte vorher festgelegte Beziehungen untereinander haben. Ein Attributwert hängt funktional von anderen Attributwerten ab. Wenn der Ableitungsbaum vorliegt, kann man die Attributwerte berechnen. Man erhält so einen attributierten Syntaxbaum. Aus dieser Bewertung mit Attributen kann man dann die gesuchten Fehler ermitteln.

Der Syntheseteil eines Compilers soll aus einer Zwischendarstellung ein Programm in der Maschinensprache einer gegebenen Zielmaschine erzeugen (Abb. 10.4). Als Zwischendarstellung für den Syntheseteil kann ein attributierter Syntaxbaum verwendet werden. Es wird jedoch oft eine einfache Sprache verwendet, die dann auch als Text abgelegt werden könnte. Eine solche Sprache ist der *Drei-Adreß-Code* (TAC, three-address-code). Dieser hat schon die Form einer Maschinensprache für eine standardisierte Maschine, die aber nicht real existiert. Ein Programm in dieser Sprache ist eine Folge von Instruktionen, und eine Instruktion verwendet jeweils maximal drei symbolische Registernamen (Adressen). Für eine zweistellige Operation werden zwei Adressen für die Operanden und eine für die Ablage des Ergebnisses angegeben. Typische Formen solcher Instruktionen sind:

- A := B *op* C (op ist eine binäre Operation)
- A := *op* B (op ist ein unäre Operation)
- A := B (Move-Instruktion)
- GOTO m (unbedingter Sprung nach m)
- IF_ZERO A GOTO m (bedingter Sprung nach m)

Vor einer Instruktion kann dabei eine symbolische Marke stehen, die dann als Sprungziel m für Programmsprünge angegeben werden kann. Eine solche Sprache ist den üblichen Maschinensprachen schon sehr ähnlich und läßt sich daher leicht in die unterschiedlichen Zielsprachen übersetzen.

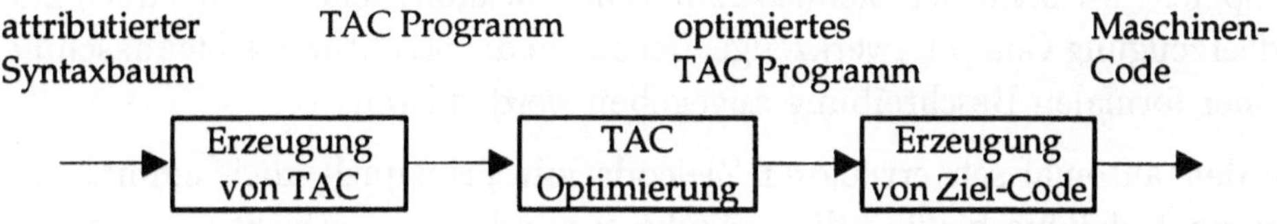

Abb. 10.4 Syntheseteil eines Compilers

Die Erzeugung eines Programms im TAC–Format aus einem attributierten Syntaxbaum ist gedanklich der erste Schritt zur Synthese des Zielprogramms. Aber oft wird diese Zwischenform schon als Ausgabe des Analyseteils berechnet, denn das kann mit den Methoden der Attributauswertung geschehen.

In einem zweiten Schritt wird dann der Zwischencode optimiert. Die automatische Erzeugung des Zwischencode besteht aus bestimmten Standardsequenzen für bestimmte Konstrukte der Quellsprache. Diese werden nach der Struktur des Quellprogramms in einer rekursiven Art und Weise zusammengesetzt. Das bedeutet, daß diese Sequenzen nicht nur einfach hintereinander geschrieben werden, sondern auch ineinander verschachtelt werden. Dabei entstehen dann aber zum Teil unnötige Datentransporte oder auch Programmsprünge zur nächstfolgenden Instruktion oder ähnliche Situationen, die zwar semantisch korrekt sind, die aber leicht durch einfachere Instruktionsfolgen ersetzt werden können. Das Einsparen von unnötigen Instruktionen führt aber später auch zu effizienteren Zielprogrammen.

Die Techniken der Optimierung können hier nicht weiter behandelt werden. Es muß aber gesagt werden, daß gerade die Optimierung im Compilerbau über die Effizienz des erzeugten Maschinencodes entscheidet. Und Compiler werden auf dem Markt nicht zuletzt danach beurteilt, wie effizient die von ihnen erzeugten Programme ablaufen.

Bemerkung 1 *Der Begriff "Optimierung" ist in diesem Zusammenhang nicht ganz korrekt gewählt. Ein Optimum ist ein Extremum unter definierten Nebenbedingungen. Die Optimierung im Compilerbau ist aber eigentlich nur der Versuch einer Verbesserung. Es wird dabei i.a. nicht ein Programm von nachweislich minimaler Laufzeit erzeugt. Die Methoden der Optimierung* *sind heuristisch, d.h. sie beruhen auf Erfahrungen und Annahmen, die zu Verbesserungen führen; aber nicht ein Optimum garantieren.*

Aus dem so optimierten Zwischencode kann dann der Maschinencode für die Zielmaschine erzeugt werden. Dazu muß natürlich der Instruktionssatz und die Speicherstruktur der Zielmaschine genau bekannt sein. Es gibt auch zur Codeerzeugung Compilerwerkzeuge, bei denen die Struktur der Zielmaschine in einer formalen Beschreibung angegeben werden kann.

Für den automatisch erzeugten Zielcode gilt prinzipiell noch einmal das Argument, daß hierbei überflüssige oder zumindest ungeschickt konstruierte Codesequenzen erzeugt werden. So kann in einem letzten Schritt auch der Zielcode optimiert werden.

Als eine globale Datenstruktur verwendet ein Compiler eine Symboltabelle, in die Symbole und zugehörige Attributwerte eingetragen werden. Außerdem ist eine ganz wesentliche Teilaufgabe des Compilers bisher noch nicht erwähnt worden. In jeder Stufe des Analyseprozesses können Fehler auftreten.

Ein lexikalischer Fehler liegt vor, wenn die vorliegende Zeichenfolge nach dem letzten gefundenen Muster nicht mehr mit einer Zeichenfolge beginnt, die zu einem definierten Muster gehört. Wenn etwa in einem C–Programm nach einem Trennzeichen (ws) eine Folge von Zeichen auftritt, die mit einer Ziffer beginnt und dann mit Buchstaben endet. Eine solche Folge ist weder Zahl noch Bezeichner.

Ein syntaktischer Fehler liegt vor, wenn an einer Stelle im Analyseprozess keine Regel der Grammatik mehr anwendbar ist. Das kann z.B. vorkommen, wenn zu einer geöffneten Klammer nicht die zugehörige geschlossenen Klammer gefunden wird. Ein solcher Fehler ist nicht lexikalisch, aber syntaktisch.

Semantische Fehler sind bereits erwähnt worden als Typfehler oder die Verwendung nicht deklarierter Variablen.

In allen diesen Fällen liegt ein Fehler vor, der nicht nur als solcher erkannt werden soll. Viel schwieriger ist die Aufgabe, nach dem Auftreten eines Fehlers trotzdem mit der Analyse fortzufahren (error recovery), um eventuell weitere Fehler in einem Durchlauf zu erkennen und anzuzeigen. Ein Compiler, der nach dem ersten erkannten Fehler abbricht, würde heute nicht mehr akzeptiert werden.

Zusammenfassend sind die wesentlichen Funktionen eines Compilers in der Abb. 10.5 dargestellt.

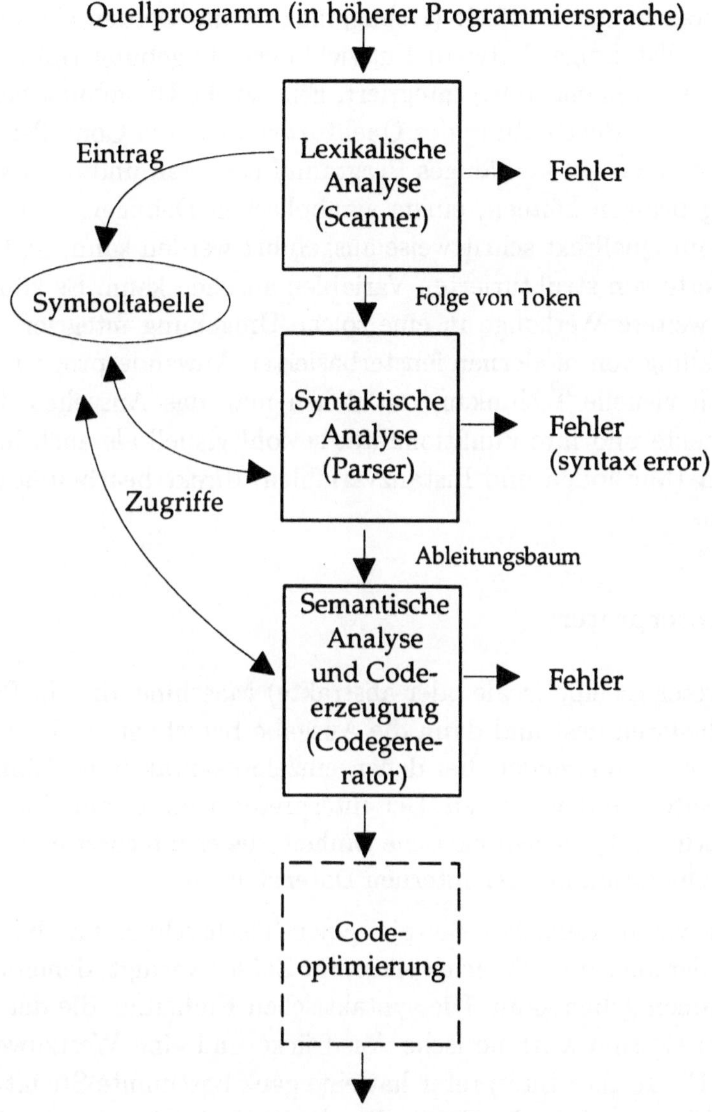

Abb. 10.5 Die einzelnen Phasen der Programmübersetzung

Ein Compiler ist ein Dienstprogramm mit sehr vielen Optionen (Compilerschalter). Compileroptionen werden durch Eingabeparameter in der Kommandozeile festgelegt. Mit solchen Optionen kann man die Form der Ausgabe festlegen, die Art der Fehlerbeschreibung und Tolerierung, die Art der Optimierung oder die Einbeziehung von Debug–Information für die symbolische Fehlersuche zur Laufzeit (Debugging). Heute werden Compiler auch oft in eine vollständige Software–Entwicklungs–Umgebung (integrated development environment, IDE) integriert. Eine solche Umgebung besteht aus einem Editor zur Bearbeitung des Quelltextes, aus dem Compiler und Linker, die zusammen ein lauffähiges Programm erzeugen und auch gleich zur Ausführung bringen können, einem symbolischen Debugger, mit dem das Programm im Quelltext schrittweise ausgeführt werden kann, und mit dem man die Werte von strukturierten Variablen ansehen kann. Es können aber noch viele weitere Werkzuge in eine solche Umgebung integriert sein. Bei der Entwicklung von modernen fensterbasierten Anwenderprogrammen verwendet man visuelle Techniken, mit denen man das Aussehen der Oberflächenelemente und ihre Funktionalität sowohl visuell als auch in der Objektstruktur (Methoden und Instanzvariablen) direkt bearbeiten und auch testen kann.

10.1.1.2 Interpreter

Ein Interpreter ist eine (reale oder abstrakte) Maschine, die ein Programm und Eingabedaten liest und dann die Ausgabe berechnet. Meistens werden sie für Sprachen verwendet, bei denen einzelne syntaktische Einheiten direkt verarbeitet werden können. Der Interpreter arbeitet auf einer internen Datenstruktur und jede syntaktische Einheit, die er interpretieren kann, bewirkt eine Operation auf der internen Datenstruktur.

Betrachten wir als einfaches Beispiel einen Tischrechner für die Grundrechenarten, der aber über Speicherplätze für Zahlen verfügt, denen man symbolische Namen geben kann. Die syntaktischen Einheiten, die der Interpreter verarbeitet, sind arithmetische Ausdrücke und eine Wertzuweisung an Variablen. Ein solcher Interpreter hat eine ganz bestimmte Struktur. Er erwartet als Eingabe einen Ausdruck (Read). Ist diese Eingabe abgeschlossen, dann wird der Ausdruck ausgewertet (Evaluate) und der Wert wird ausgedruckt (Print). Dieser Read–Eval–Print Zyklus wird nun stets wiederholt. Eine kleine Beispielsitzung für einen solchen Interpreter kann ohne weiteren Kommentar verstanden werden. Dabei ist '<' die Eingabeaufforderung und '>' ein Zeichen, das die Ausgabe des Interpreters anzeigt.

```
< radius = 3.2
> 3.2
< hoehe = 7.4
```

```
> 7.4
< volumen = radius*radius*PI*hoehe
> 238.0573249
< radius
> 3.2
< volumen
> 238.0573249
```

Es wird als Übung empfohlen, ein C++-Programm zu schreiben, das diesen Interpreter realisiert. Dazu müssen die Bezeichner in einer Symboltabelle abgelegt und mit internen Variablen vom Typ `double` verbunden werden. Die Zahlen müssen von der Zeichenfolge der Eingabe in die interne Zahldarstellung überführt werden. Schließlich müssen arithmetische Ausdrücke syntaktisch analysiert werden (Syntaxbaum), um sie auswerten zu können. Bei einem Eingabefehler soll der Interpreter den Fehler möglichst genau beschreiben und lokalisieren. Eine Read-Eval-Print Schleife ist der äußere Rahmen dieses Programms.

Man erkennt, daß der Interpreter eine syntaktische Analyse durchführen muß wie ein Compiler. Aber anstatt einen neuen Programmtext in einer anderen Sprache zu erzeugen, wird aus der syntaktischen Struktur direkt eine Aktion auf einer internen Datenstruktur ausgeführt. Der Analyseteil eines Interpreters ist dem eines Compilers sehr ähnlich.

Die Anwendung von Interpretern ist sehr vielfältig. Einmal werden sie als Kommandointerpreter für Betriebssysteme verwendet. Eine spezielle Sprache (Skript-Sprache, Shell-Sprache) legt die Syntax für Betriebssystemaufrufe fest. Mit einfachen Instruktionen kann man auf die Systemzeit zugreifen, Dateiattribute verändern, Dateien bewegen oder löschen, Programme ausführen usw. Außerdem enthalten solche Sprachen meist Kontrollstrukturen, wie `for`- und `while`-Schleifen und ein `if-then-else`. Damit lassen sich dann komplexe Aufgaben auf der Betriebssystem-Ebene lösen. Immer wenn man als Benutzer auf der Betriebssystem-Ebene mit dem Rechner arbeitet, dann läuft ein spezieller Interpreter, nämlich der Kommandointerpreter (eine shell).

Wenn man ein Programm schreibt, das einen Dialog mit dem Benutzer durchführt, dann kann man dafür ebenfalls einen Interpreter verwenden, der die Benutzerkommandos liest und interpretiert.

Interpreter spielen aber auch eine Rolle im Zusammenhang mit Compilern. Da unterschiedliche Rechner mit unterschiedlichen Prozessoren ausgestattet sein können, sind die eingebauten Interpreter (auf der Prozessor–Ebene) also nicht einheitlich. Um eine Programmiersprache L auf möglichst viele Rechnersysteme zu portieren, muß man also viele verschiedene Compiler (zumindest Back Ends) erstellen. Man kann dieses Problem aber auch mit dem Konzept des Interpreters lösen. Man definiert eine spezielle Zwischensprache L' und erstellt einen Compiler, der L nach L' übersetzt. Die Sprache L' ist dabei eine Maschinensprache für eine abstrakte (aber genau spezifizierte) Maschine M. Um Programme der Sprache L auf einem bestimmten Rechner ablaufen zu lassen, implementiert man auf diesem Rechner einen Interpreter für die Zwischensprache L'. Man kann auch sagen, daß man ein Programm schreiben muß, das die Maschine M simuliert. Dieser Interpreter kann wiederum in einer Programmiersprache geschrieben werden, die auf dem gegebenen Rechner zur Verfügung steht.

So verwenden viele Implementationen von Programmiersprachen einen Compiler, der in eine Zwischensprache übersetzt, die dann von einem mitgelieferten Interpreter interpretiert wird.

10.1.2 Assembler

Assembler sind Übersetzungsprogramme, die aber wesentlich einfacher strukturiert sind als Compiler für höhere Programmiersprachen; sie werden seltener auch als *Assemblierer* bezeichnet. Aus früheren Kapiteln wissen wir, daß es Assemblersprachen gibt – im täglichen Umgang verwirrenderweise oft ebenfalls Assembler genannt, die lediglich eine etwas abstraktere, aber in der Struktur identische und damit nur wenig höhere Form einer Maschinensprache darstellen. Sie sind deshalb ebenfalls nur für einen ganz bestimmten Rechnertyp einsetzbar. Von der jeweiligen Maschinensprache unterscheiden sie sich hauptsächlich dadurch, daß Befehle und Operanden anstelle des für den Menschen nur schwer verständlichen Binärcodes aus Nullen und Einsen durch leichter merkbare *mnemonische Symbole* (z.B. MOVE, SUB, JMP) dargestellt werden. Normalerweise ist jedem Assemblerbefehl direkt ein einziger Maschinenbefehl zugeordnet (Abb. 10.6).

Aufgabe des Assemblers als Übersetzer ist es, die Folge der symbolischen Befehle und Operanden aus der maschinenorientierten Assemblersprache (source code) in den Binärcode der Maschinensprache (object code) zu überführen und dabei die vorhandenen *Marken* und symbolischen Operanden in *Adressen* umzurechnen; außerdem müssen die *Pseudobefehle* bearbeitet werden.

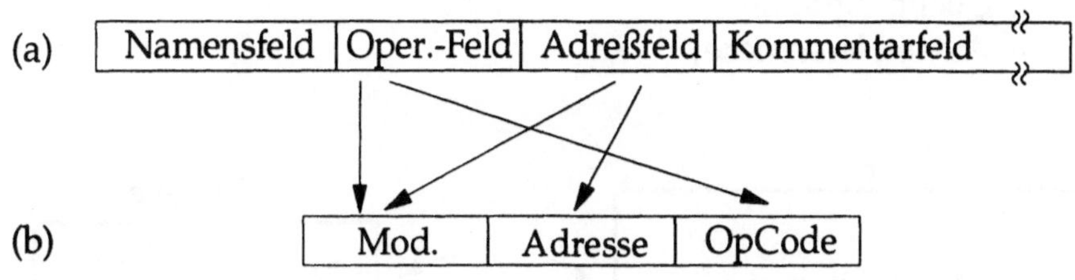

Abb. 10.6 Relation Assemblerbefehl (a) – Maschinenbefehl (b)

Dazu ist zunächst die Identifizierung der Felder eines Assemblerbefehls notwendig und eine Syntaxanalyse des gesamten Befehls durchzuführen. Pseudobefehle, d.h. Befehle, die nur zur Steuerung der Übersetzung dienen und später nicht im Maschinencode auftauchen, werden identifiziert und zur Übersetzungszeit ausgeführt. Alle Datenwerte werden in die interne binäre Darstellung überführt und der jeweilige binäre Operationscode (OpCode) erzeugt. Schließlich müssen die Adressen berechnet, die *symbolischen Namen* durch die tatsächlichen Adressen ersetzt und externe Adreßbezüge gesammelt werden. Außerdem kann abschließend nach Wunsch ein Programmprotokoll oder eine Liste der Querverweise und der Fehlermeldungen erstellt werden.

Assemblersprachen waren früher formatgebunden und haben eine einfache Syntax, so daß sich ein unkomplizierter Ablauf der lexikalischen und syntaktischen Analyse und damit ein relativ einfacher Übersetzungsvorgang ergibt (Abb. 10.7).

Die eigentliche Übersetzung geschieht häufig in zwei Durchläufen. Während des ersten Durchlaufs (1. *Assemblerpaß*) wird das Programm durch einen *Scanner* in *Token* zerlegt und die *Symboltabelle* erzeugt. Außerdem wird überprüft, ob Marken definiert wurden, die *Mnemocodes* der Befehle gültig sind und die Operanden formal korrekt notiert wurden. Pseudobefehle werden ausgeführt. Im zweiten Durchgang (2. Assemblerpaß) wird durch den *Parser* die Syntax überprüft. Dabei werden die Beziehungen zwischen Namen und Speicheradressen zusammengetragen und in die Symboltabelle eingetragen. Unter Einbeziehung dieser Einträge werden die Adressen jedes Assemblerbefehls in die numerische Adresse der entsprechenden Speicherstelle umgesetzt und schließlich durch Umsetzung der Operation jedes Assemblerbefehls in den zugehörigen OpCode der Maschinensprache der Objektcode vervollständigt. Daran kann sich ein zusätzlicher *Protokollpaß* anschließen (Abb. 10.7, unten).

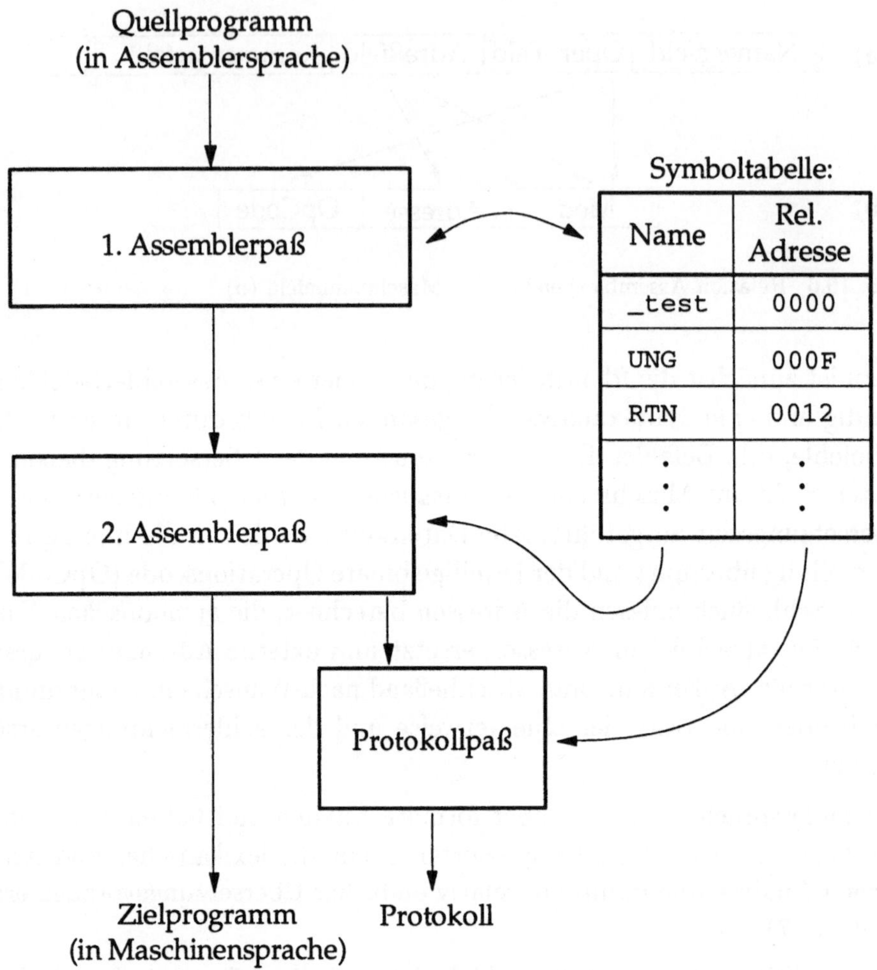

Abb. 10.7 Ablauf des Assembliervorgangs

Ergänzend sei erwähnt, daß häufig auch sog. *Disassembler* eingesetzt werden, die im Rahmen des Möglichen eine ungefähre Rückübersetzung von der Maschinen- in die Assemblersprache erlauben.

10.1.3 Hilfsmittel zur Programmerstellung

Neben der Sprachübersetzung bieten *Dienstprogramme* auch Unterstützung bei der Lösung von Standardproblemen. Zu ihnen zählen neben Programmen z.B. zum Sortieren von Daten oder Statistik- und Abrechnungsprogrammen vor allem alle die Hilfsmittel, die neben den Sprachübersetzern heute eine

Rel. Adresse	Inhalt	Name	OpCode	Parameter	Kommentar
0000		_test	PROC	FAR	;Beginn der Routine
		PUBLIC	_test		;Beginn der Definition des
					;globalen Symbols _test
0000	55		PUSH	BP	;Alter Base-Pointer -> Stack
0001	8B EC		MOV	BP,SP	;Stack-Pointer -> Base-Pointer
0002					;
0003	8B 46 06		MOV	AX,[BP+6]	;Parameter aus Stack -> AX-Reg.
0004					;
0005					;
0006	D1 E8		SHR	AX,1	;AX-Register 1 Bit nach rechts
0007					;schieben
0008	72 05		JC	UNG	;Falls Carry-Register==1,
0009					;dann Sprung nach <UNG>
000A	33 C0		XOR	AX,AX	;"gerade": 0 -> AX-Register
000B					;
000C	EB 04 90		JMP	RTN	;Sprung nach <RTN>
000D					;
000E					;
000F	B8 0001	UNG:	MOV	AX,1	;"ungerade": 1 -> AX-Register
0010					;
0011					;
0012	8B E5	RTN:	MOV	SP,BP	;Base-Pointer -> Stack-Pointer
0013					;
0014	5D		POP	BP	;Alten Base-Pointer restaurieren
0015	CB		RET		;Ruecksprung
					;
0016		_test	ENDP		;Ende der Routine
			END		;Ende der Definition von _test
; Test, ob eine Ganzzahl gerade oder ungerade ist					
; (Intel 80X86-Assembler)					
; Parameter: Zu testende Ganzzahl					
; Rueckgabewert: 0 -> Zahl gerade, 1 -> Zahl ungerade					

Abb. 10.8 Beispiel für ein Programmprotokoll

komfortable Umgebung zur Programmerstellung ausmachen: Das sind im wesentlichen *Editor*, *Linker*, *Lader* und *Debugger* (Abb. 10.9), mit denen wir uns im folgenden beschäftigen wollen. Im Laufe der Programmentwicklung entstehen so verschiedene Dateien, die durch eine geeignete Erweiterung des Dateinamens unterschieden werden (z.B. xxx.obj für Objektcode).

10.1.3.1 Editor

Editoren (in der wenig gebräuchlichen deutschen Übersetzung auch Dateiaufbereiter genannt) erlauben in den meisten Fällen die interaktive, d.h. vom Benutzer gesteuerte und überwachte Erfassung von Texten auf dem Rechner (siehe Abb. 10.9) sowie deren Bearbeitung und Abspeicherung.

Normalerweise wird ein einmal erzeugtes Quellprogramm auf dem Hinter-

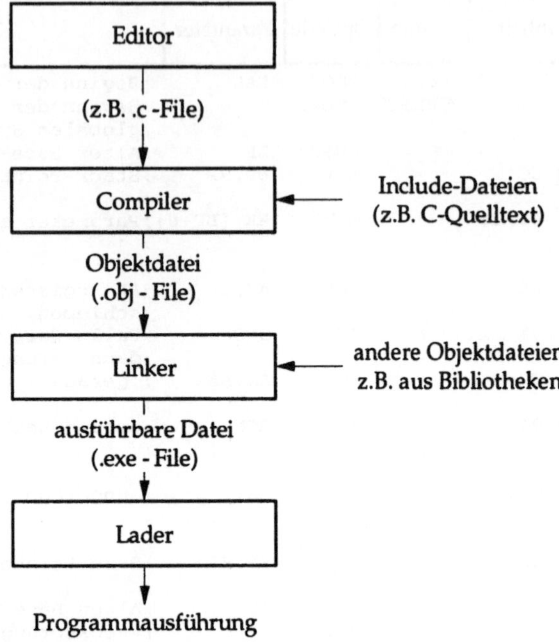

Abb. 10.9 Programmerstellung im Rechner

grundspeicher als Textdatei abgelegt (z.B. ein C–Quellprogramm in einer Datei xxx.c), so daß es je nach Erfordernis immer wieder abgerufen werden kann. Insbesondere während seiner Erstellung und Erprobung sind üblicherweise eine ganze Reihe von Änderungen notwendig, die das Suchen, Einfügen, Ändern und Löschen von Zeichen oder Textteilen an einer bestimmten Stelle erfordern. Dazu erhält der Editor als Eingabe über das Betriebssystem die zur Bearbeitung notwendigen Teile des Quellprogramms und zusätzlich z.B. über die Tastatur des Rechners die entsprechenden Bearbeitungsbefehle (Abb. 10.10). Grundsätzlich arbeitet der Editor also auf Kopien der Originaldaten im Arbeitsspeicher. Nach Abschluß der Arbeiten werden die geänderten Quelldaten wieder auf den Hintergrundspeicher zurückgeschrieben.

Es gibt viele verschiedene Editoren für die unterschiedlichsten Anwendungen (z.B. Text, Graphik) und selbst auf einem Rechner sind oft mehrere verfügbar. Anfangs waren Editoren wenig komfortabel und arbeiteten nur zeilenorientiert (z.B. *ed* in UNIX–Systemen), d.h. zum Ändern schon geschriebener Programme mußte entweder die entsprechende Zeile neu geschrieben oder fehlerhafte Zeichen mußten mit Hilfe einer umständlichen

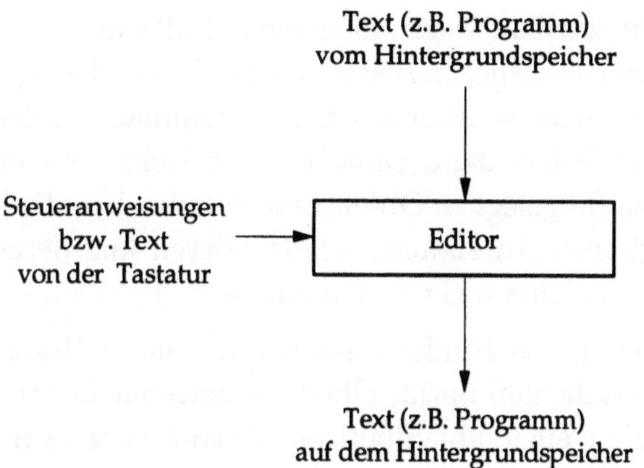

Abb. 10.10 Blockschaltbild zum Editor

Befehlsfolge ersetzt werden. Heute dagegen arbeiten die meisten Editoren bildschirmorientiert (z.B. *vi* in UNIX–Systemen), d.h. man kann auf dem Bildschirm die betreffenden Textstellen direkt überschreiben oder Zeichenfolgen einfügen bzw. löschen (Cut und Paste).

Tatsächlich kann ein Editor nicht nur zur Änderung von Quellprogrammen verwendet werden, sondern auch zur Bearbeitung allgemeiner Textanordnungen, die man auf Hintergrundspeichern abgelegt hat, wie z.B. Briefe, Dokumentationen und Verzeichnisse. Weiterentwicklungen der Editoren für die speziellen Zwecke der Text- oder Graphikverarbeitung sind die allseits bekannten Textverarbeitungssysteme oder Zeichenprogramme bis hin zu komfortablen Desk Top Publishing–Systemen, mit denen heute das Layout von Büchern und Zeitschriften erstellt wird. Im Gegensatz zu WYSIWYG–Darstellungen (What You See Is What You Get) gibt es auch völlig anders arbeitende Texterstellungssysteme. TEX (LATEX) z.B. benötigt als Eingabe eine Textbeschreibung, die durch Übersetzung in ein Druckbild überführt wird [Knu91].

10.1.3.2 Linker

Moderne Programmiersprachen bieten heute Modularisierungskonzepte, so daß insbesondere komplexe Programme nicht im ganzen übersetzt werden müssen, sondern zweckmäßigerweise in einzelnen Teilen unabhängig voneinander bearbeitet werden können. Eine solche Vorgehensweise ist immer dann ganz besonders vorteilhaft, wenn z.B. Teile von Programmen von verschiedenen Personen erstellt werden, wenn allgemeine Teillösungen – meist als Funktionen in speziellen Bibliotheken zusammengefaßt – einbezogen werden, oder wenn Programmteile in verschiedenen Programmiersprachen erstellt werden. Der Übersetzer liefert dann zunächst eine Reihe von unabhängigen Objektprogrammen (abgelegt in Objektdateien xxx.obj), die jeweils für sich einen eigenen logischen Adreßraum repräsentieren und deren logische Zusammengehörigkeit zunächst nicht erkennbar ist.

Die Aufgabe des *Linkers* (auch *Binder* genannt), der meist Bestandteil des Betriebssystems ist, besteht nun darin, alle diese getrennt übersetzten Teile für die Ausführung in einer ablauffähigen Gesamtdatei (z.B. xxx.exe) zusammenzufügen (Abb. 10.11). Dazu werden in den verschiedenen Teil–Objektprogrammen die Externbeziehungen aufgelöst, d.h. Adressen von Variablen eingesetzt, die in anderen Teil–Objektprogrammen definiert sind, und damit sämtliche logischen Adreßräume zu einem einzigen zusammengesetzt.

10.1.3.3 Lader

Ausführbare Maschinenprogramme werden bis zu ihrem Einsatz im Hintergrundspeicher (als sog. EXE–Files) abgelegt. Der *Lader* (loader), der ebenfalls meist Bestandteil des Betriebssystems ist, sorgt vor der Abarbeitung eines solchen Programms im Rechner für die Übertragung in dessen Arbeitsspeicher. Dazu läßt er sich von der Speicherverwaltung des Betriebssystems zunächst den Arbeitsspeicherbereich zuweisen, in dem das Maschinenprogramm abgelegt werden soll. Beim eigentlichen Ladevorgang werden dann alle logischen Programmadressen durch entsprechende physikalische Adressen des Arbeitsspeichers ersetzt und alle adreßabhängigen Referenzen an die aktuelle Position im Arbeitsspeicher angepaßt.

Im Gegensatz zum Lader hat der meist in einem Festwertspeicher (ROM) abgelegte sog. Urlader die Aufgabe, nach dem Einschalten durch Laden eines ersten Programms automatisch einen definierten Anfangszustand des Rechners herbeizuführen; man nennt dies auch *Selbstladetechnik* (Bootstrap).

10.1.3.4 Debugger

Einen *Debugger* (wörtl. Entwanzer) setzt man als Werkzeug in der Testphase eines Programms zur Erkennung, Lokalisierung und Beseitigung möglicher Fehler durch Protokollierung der Programmausführung ein. Sein Einsatz

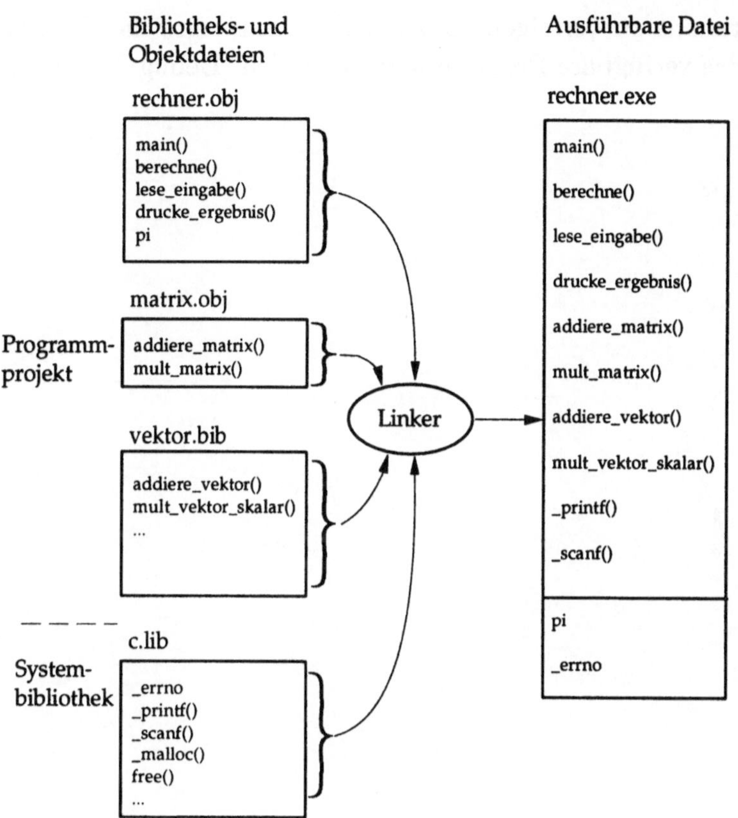

Abb. 10.11 Linken eines Programms

ist immer dann sinnvoll, wenn Abweichungen vom ursprünglich spezifizierten Verhalten eines Programms festgestellt werden; für einen umfassenden Programmtest ist er dagegen weniger geeignet. Hierzu werden heute spezielle Testumgebungen eingesetzt. Debugger sind fallweise auch auf die Unterstützung höherer Programmiersprachen ausgerichtet. Mit ihrer Hilfe kann z.B. ein laufendes Programm durch Einführung von sog. *Breakpoints* an jeder beliebigen Stelle gestartet und unterbrochen werden; außerdem läßt sich damit eine Einzelbefehlsausführung mit Protokollierung der CPU-Register durchführen (tracen). Zur Korrektur bzw. zur Parametereinstellung lassen sich Speicherinhalte verändern und zur Kontrolle von Programmaktivitäten Speicherauszüge erstellen (memory dump).

Heute verwendet man meist symbolische Debugger, mit denen es möglich ist, den Ablauf des Programms und die Datenstrukturen auf der Ebene des

Quellprogramms zu verfolgen. Dazu werden umfangreiche Zusatzinformationen in das verfügbare Programm eingebunden (Debug–Version).

10.2 Betriebssystem

Ein Rechensystem soll kosteneffizient, d.h. möglichst durch mehrere Anwender gleichzeitig auf einfache Weise zuverlässig und wirtschaftlich genutzt werden können. Eine solche Forderung verbietet, daß sich reine Anwender ohne zusätzliche Hilfe an der Bedienung der komplexen Hardware versuchen, und auch geübtem Bedienpersonal kann es mittlerweile nur noch ansatzweise gelingen, sämtliche Ressourcen zufriedenstellend einzusetzen. Um dies zu gewährleisten, ist eine mehr oder weniger automatische Steuerung aller internen Abläufe notwendig, wozu die Bereitstellung einer geradezu überwältigenden Fülle von Einzelfunktionen erforderlich ist. Alle diese Aufgaben übernimmt das *Betriebssystem* (operating system), das damit die wichtigste und komplexeste Komponente der Systemsoftware eines Rechners darstellt. Nach DIN 44300 wird es definiert als „die Programme eines digitalen Rechensystems, die zusammen mit den Eigenschaften der Rechenanlage die Grundlage der möglichen Betriebsarten des digitalen Rechensystems bilden und insbesondere die Abwicklung von Programmen steuern und überwachen."

Die vielen unterschiedlichen Aufgaben eines Betriebssystems lassen sich in drei wesentlichen Punkten zusammenfassen:

- Das Betriebssystem entlastet den Benutzer eines Rechensystems von der Aufgabe, sich mit speziellen Eigenschaften der Hardware wie z.B. der Begrenzung der Arbeitsspeicherkapazität oder den teilweise äußerst komplizierten Eigenschaften der zahlreichen und sehr verschiedenen Ein-/Ausgabegeräte beschäftigen zu müssen.

- Das Betriebssystem unterstützt den Benutzer bei Programmaufruf und Programmablauf, so daß er beispielsweise zur Datenmanipulation auf einfache Weise bestimmte Daten von einem definierten Eingabegerät anfordern und die Ergebnisse wiederum über ein definiertes Ausgabegerät ausgeben kann.

- Das Betriebssystem ermöglicht unter Zuhilfenahme geeigneter Zuteilungsstrategien und unter Beachtung bestimmter Randbedingungen die effiziente Nutzung der unterschiedlichen Hardware–Ressourcen durch u.U. mehrere gleichzeitig aktive Benutzer.

Im Detail verbergen sich hinter dieser Aufzählung die unterschiedlichsten Aufgaben zur Abwicklung von Benutzerprogrammen (job control, scheduling, program allocation, interrupt handling) mit Überwachung und Verwaltung der Hardware– und Software–Betriebsmittel (resource management) und der Bereitstellung und Verwaltung von Dateisystemen (file management). Dazu gehört u.a. die Überwachung der internen und externen Kommunikation, d.h. zwischen verschiedenen Programmen (multiprogramming) und gegebenenfalls zwischen verschiedenen Prozessoren eines Rechners (multiprocessing) oder auch mit anderen Rechensystemen. Und schließlich gehören dazu die Überwachung der Auslastung (performance) und die Behandlung von Hardware/Software–Fehlern (reliability) oder Fragen des Datenschutzes und der Datensicherung. Im Rahmen dieses Abschnitts können jedoch nur die wichtigsten im Überblick behandelt werden.

10.2.1 Einsatz und Klassifizierung

Da lange Zeit fast jeder Rechnerhersteller ein eigenes Betriebssystem als unbedingt notwendig angesehen hat, gibt es heute eine Vielzahl der verschiedensten Ausführungsformen. *Standard–Betriebssysteme* , wie z.B. *UNIX* im Bereich der Workstations oder Windows NT in der PC–Welt, setzen sich nur mühsam durch und sind bei größeren Rechensystemen, die meist herstellerspezifische Betriebssysteme verwenden, praktisch unbekannt. Dennoch ähneln sich die Grundfunktionen für alle Rechner mehr oder weniger stark und die verschiedenen Ausformungen unterscheiden sich im wesentlichen durch Umfang und Art der Realisierung der einzelnen Betriebsystemfunktionen.

Will man die generellen Unterschiede herausarbeiten, so kann man eine Klassifizierung nach verschiedenen Kriterien versuchen:

Größe der zugrundeliegenden Hardware–Konfiguration. Hierbei unterscheidet man beispielsweise *Mikrorechner*, *Mainframes* oder *Superrechner*, die *Single*– oder *Multiprogramming* erlauben. Dazu gehören aber auch *Einprozessor*– oder *Mehrprozessorrechner*, die ebenfalls *Single*– bzw. *Multiprocessing* gestatten, und nicht zuletzt *verteilte Systeme.* Letztere bestehen aus einem Netz von Rechensystemen, die – koordiniert durch ein sog. *verteiltes Betriebssystem* – weitgehend unabhängig voneinander gemeinsame Aufträge bearbeiten. Im Idealfall ist ein solches System für den Benutzer transparent, d.h. es stellt sich nach außen als ein einziges Rechensystem dar.

Typ des (primär) unterstützten Anwendungsbereiches. Darunter fällt der *Stapelbetrieb* (batch mode) mit seiner sequentiellen oder parallelen Abarbeitung voneinander unabhängiger sog. Stapelaufträge, die einen aus Steueranweisungen, Programmen und Daten bestehenden vollständigen Benutzerauftrag darstellen. Während diese Betriebsform für die 60er Jahre ganz allgemein typisch war, ist sie heute lediglich noch auf Höchstleistungsrechnern üblich. Dagegen hat sich heute allgemein der sog. *Dialogbetrieb* (time sharing mode) durchgesetzt, der mehreren Benutzern gleichzeitig interaktive Bearbeitungsmöglichkeiten erlaubt. Darunter fällt aber auch der *Echtzeitbetrieb* (real time mode), der durch die Berücksichtigung teilweise sehr strikter Zeitbedingungen besonders in der Prozeßdatenverarbeitung immer mehr an Bedeutung gewinnt.

Portabilität. Während früher wie auch heute noch in weiten Bereichen das Betriebssystem auf ein ganz spezielles Rechnersystem zugeschnitten war (z.B. VMS von DEC, VM von IBM oder BS 2000 von Siemens), versucht man heute mehr und mehr, Betriebssysteme durch Standardisierung hardwareunabhängig und damit portabel zu gestalten. Auf diese Weise sind sie auf verschiedenen Rechnern lauffähig. Ein Beispiel dafür ist UNIX (LINUX).

Struktur. Lange Zeit waren Betriebssysteme monolithisch organisiert; d.h., sämtliche Funktionen wurden in einem einzigen, sehr großen und unstrukturierten Programm (mehrere MByte) zusammengefaßt (Abb. 10.12a). Heute dagegen besinnt man sich nach dem Motto „Small is beautiful" wieder auf das Wesentliche. In sog. *Mikrokernel–Systemen* wird nur noch ein Kern von Hauptfunktionen (kernel) zusammengefaßt. Alle anderen Funktionen sind als eigenständige (System–)Programme realisiert und arbeiten als nebenläufige Prozesse (Abb. 10.12b).

Trotz der verschiedenen Anpassungen an unterschiedliche Anforderungen bestimmter Umgebungen lassen sich allgemeine Konstruktionsprinzipien und Strategien angeben. Im folgenden wollen wir nun die wichtigsten Bestandteile eines Betriebssystems und ihre Wirkungsweise herausarbeiten.

10.2.2 Prozesse

Ein Rechensystem verfügt über eine Reihe von *Hardware–Betriebsmitteln*, die nach Möglichkeit effizient genutzt werden sollen. Dazu gehört natürlich in

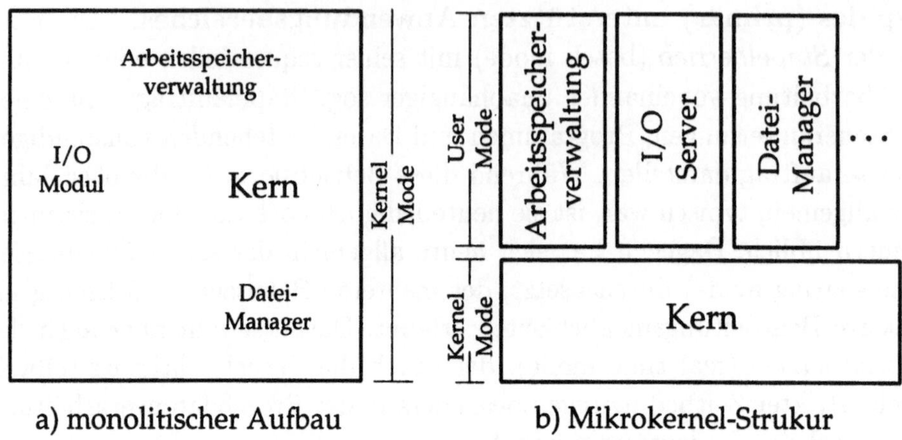

Abb. 10.12 Verschiedene Aufbaumöglichkeiten eines Betriebssystems

erster Linie der *Prozessor* (bzw. die Zentraleinheit), aber auch der Arbeitsspeicher und die verschiedenen peripheren Geräte zählen dazu. Auf diese Weise ist prinzipiell eine Quasiparallelität in der Bearbeitung von Programmen möglich, so daß Rechner mehrere Aufgaben scheinbar gleichzeitig erledigen können. Dies kann innerhalb eines Programms geschehen, aber vor allem auch zwischen mehreren Programmen, wie es beim *Mehrprogrammbetrieb* (multiprogramming) der Fall ist. Dabei wird der Prozessor des Rechners entweder nach Bedarf (weil z.B. gerade eine Ein–/Ausgabe zu bearbeiten ist) oder entsprechend einer Zeitscheibenaufteilung zwischen mehreren unabhängigen Aufgaben hin– und hergeschaltet, wobei jedesmal ein Teilstück des Programmcodes ausgeführt wird; die Aktivierung einer neuen Aufgabe setzt immer den Abschluß oder die Verdrängung (preemption) der vorhergehenden Aufgabe voraus. Da die Verschachtelung der verschiedenen Aufgaben in sehr kleinen Zeiteinheiten (ca. 10 bis 100 ms) geschieht, erhält der Benutzer den Eindruck einer kontinuierlichen Abarbeitung paralleler Aufgaben bei allerdings entsprechend verminderter Geschwindigkeit (Abb. 10.13).

Zur besseren Überwachung und Steuerung solcher paralleler Aufgaben hat man das sog. *Prozeßmodell* eingeführt, bei dem alle ausführbaren Programme eines Rechners in eine Anzahl von *Prozessen* (tasks) eingeteilt werden. Diese Prozesse betrachtet man als virtuellen Prozessoren zugeordnete Einheiten, die tatsächlich jedoch nur den in den meisten Fällen vorhandenen einen (realen) Prozessor in Anspruch nehmen können. Damit wird deutlich zwischen der logischen Programmstruktur und der Anzahl realer Prozessoren unterschieden (*Virtualisierung*).

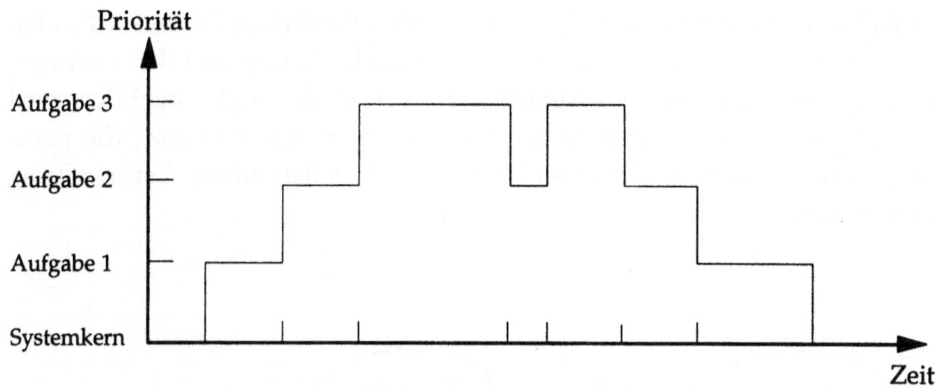

Abb. 10.13 Zeitliche Verschachtelung einzelner Aufgaben

10.2.2.1 Definition und Arbeitszustände

Ein Prozeß steht für eine beliebige Aktion auf dem Rechner, die ein Programm, Eingaben, Ausgaben und einen Zustand besitzt und der Hardware– und Software–Betriebsmittel zugeteilt werden müssen; zu ersteren gehört neben dem Prozessor insbesondere auch der notwendige Speicherplatz. Damit verkörpert ein Prozeß gewissermaßen ein gerade laufendes Programm mit seinem dazugehörigen Datensatz, d.h., er besteht aus Befehlen und Daten im Arbeitspeicher des Rechners, dem Inhalt von CPU–Registern einschließlich dem aktuellen Befehlszählerstand und einer Tabelle offener Dateien mit ihrem jeweiligen Bearbeitungszustand. Alle Aufgaben auf einem Rechner (Anwendungsprogramme oder auch einzelne Funktionen des Betriebssystems) können so als eine Sammlung von sequentiellen Prozessen (*Benutzerprozesse* oder *Systemprozesse*) gesehen werden, die ineinander verschachtelt ablaufen. Benutzerprozesse führen von einem Benutzer aufgerufene Programme aus, wie z.B. das Übersetzen von Programmen. Systemprozesse dagegen sind für die Ausführung von Teilen des Betriebssystems verantwortlich, wie z.B. die Datei– oder Betriebsmittelverwaltung.

Durch Aufspaltung können von Prozessen identische Kopien erzeugt werden (fork), sie können aber auch wieder zusammengeführt werden (join). Prozesse arbeiten meist unabhängig voneinander und konkurrieren um die jeweiligen *Betriebsmittel*; andererseits können sie über Nachrichten oder *Synchronisationssignale* miteinander kooperieren, um z.B. Werte auszutauschen oder gemeinsame Informationen zu nutzen. In der Regel laufen sie geordnet ab, d.h., sie werden gestartet, beendet, überwacht und von anderen Prozessen beeinflußt. So nehmen sie jeweils einen von drei möglichen *Prozeßzuständen* ein, wobei in der Literatur verschiedentlich noch ein ergänzender Anfangszustand (Initiierung) und ein Endezustand (Terminierung) aufgeführt wird (Abb. 10.14). In diese ergänzenden Zustände gelangen Prozesse, die gerade in das Rechensystem eintreten bzw. es nach vollständiger Verarbeitung wieder verlassen.

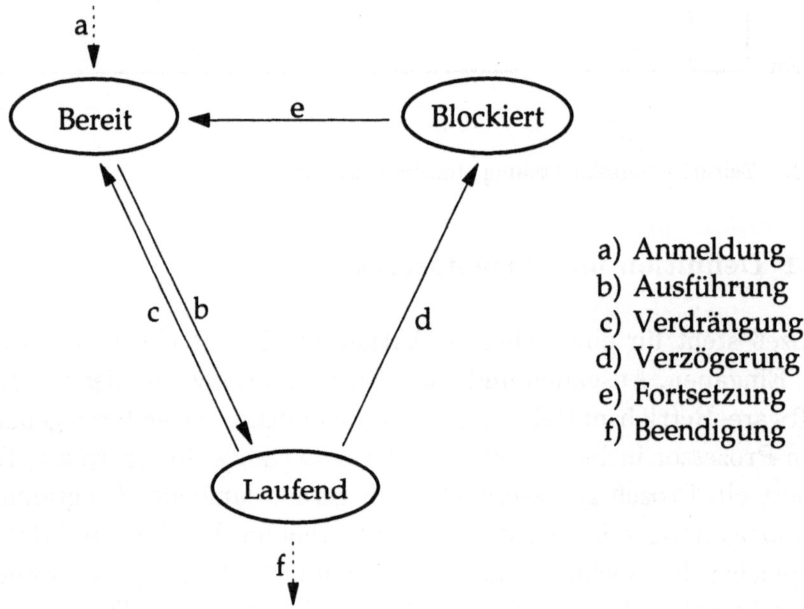

Abb. 10.14 Zustände eines Prozesses

„Bereit" (suspended) ist ein Prozeß jeweils, wenn er z.B. nach erfolgter Initiierung ausführbar ist und auf die Zuteilung des gerade von einem anderen Prozeß belegten Prozessors wartet. Im „Laufend"- Zustand (oft auch „Aktiv", running) ist dem Prozeß dann der Prozessor zugeteilt, so daß seine Befehle ausgeführt werden können. Oftmals muß die weitere Verarbeitung unterbrochen werden, weil z.B. bestimmte Ereignisse, die für den Ablauf eines Prozesses notwendig sind, noch nicht eingetreten sind. Dann wird der laufende Prozeß vom Prozessor genommen und in den „Blockiert"-Zustand (waiting) überführt. Dort wird er beispielsweise solange gehalten, bis eine angeforderte Ein-/Ausgabe abgeschlossen ist. Mit der Erfüllung der jeweiligen Bedingungen kann der Prozeß dann wieder in den „Bereit"-Zustand versetzt werden. Ein Übergang vom „Laufend"- in den „Bereit"-Zustand tritt im allgemeinen auf, wenn die Ausführung eines Prozesses von der Betriebsmittelverwaltung zwangsweise unterbrochen wird, weil Platz für einen dringender und daher vorrangig zu bearbeitenden Prozeß geschaffen werden muß. Die Unterbrechung eines laufenden Prozesses bedingt in jedem Fall das Retten der CPU-Registerinhalte in einen dafür vorgesehenen Bereich des Arbeitsspeichers. Andererseits muß der Inhalt der Register wieder zurückgeladen werden, wenn ein bereiter Prozeß wieder aktiv werden soll. Alle nicht laufenden Prozesse werden in einer Warteschlange gehalten.

Für den geordneten Ablauf der einzelnen Prozesse sind ergänzende Informationen erforderlich. Deshalb verwaltet das Betriebssystem eine sog. *Prozeßtabelle*, die für jeden einzelnen Prozeß bestimmte Einträge enthält. Dazu gehört insbesondere der Name des Prozesses, der systemintern meist aus einer eindeutigen, fortlaufenden *Prozeßnummer* (process identification, PID) besteht, während Benutzer einen externen Namen verwenden. Aber auch Angaben z.B. über die Priorität, die Stellung in der Prozeßhierarchie und die Zugriffsrechte sowie über den Zustand der benutzten Register oder Speicherbereiche werden dort zentral gehalten.

10.2.2.2 Prozeßscheduling

Der *Prozeßwechsel* (task switching), d.h. die eigentliche Umschaltung zwischen den einzelnen Prozessen und den jeweiligen Prozeßzuständen wird vom *Prozeßumschalter*, auch *Scheduler* genannt, ausgelöst und überwacht. Dieser bildet die unterste Schicht eines Betriebssystems (während die darüberliegenden Schichten nur noch aus aufzurufenden Prozessen bestehen) und wird normalerweise angestoßen, wenn ein aktiver Prozeß eine Ein-/Ausgabe oder ein anderes Betriebsmittel verlangt und damit blockiert wird (*Unterbrechung*), ein gerade laufender Prozeß abgeschlossen worden ist, oder aber seine vorgesehene Prozessor-Zeit verbraucht ist und er somit einem anderen Prozeß weichen muß. Während der Zustandsübergang der Verzögerung prozeßabhängig ist, werden Durchführung bzw. Verdrängung vom Scheduler initiiert und sind somit prozeßunabhängig (siehe Abb. 10.14).

Für die Zuteilung der einzelnen Prozesse an den Prozessor (möglicherweise auch an mehrere Prozessoren), *Prozeß-Scheduling* genannt, gibt es die unterschiedlichsten Strategien. Auf ihnen bauen eine Reihe von *Scheduling-Algorithmen* auf, die mehr oder weniger den folgenden, teilweise einander widersprechenden Kriterien entsprechen:

- Jedem Prozeß steht ein gerechter Anteil an der zur Verfügung stehenden Prozessorzeit zu (Fairness)
- Die Kapazitätsauslastung des Prozessors soll stets optimal sein (Effizienz)
- Das Antwortverhalten für die interaktiv arbeitenden Benutzer soll minimiert werden (Antwortzeit)
- Die Anzahl der Aufträge pro Zeitintervall soll möglichst groß werden (Durchsatz)
- Die Wartezeit auf die Ausgabe von Stapelaufträgen soll minimiert werden (Verweilzeit)
- Der Rechenaufwand für die Scheduling-Entscheidungen soll minimal sein (Scheduling–Overhead)

Die einfachste Methode besteht darin, jedem Prozeß eine Priorität einzuräumen. Der Prozessor wird dann dem jeweils höchstprioren bereiten Prozeß zugeordnet, solange dieser aktiv sein will oder bis ein anderer Prozeß höherer Priorität bereit ist. Allerdings wird dabei der Prozeß höchster Priorität eindeutig begünstigt, während über die Ausführung von Prozessen geringerer Priorität überhaupt keine konkreten Aussagen möglich sind. Insofern läßt sich diese Methode z.B. bei der gleichzeitigen Bearbeitung mehrerer Anwenderprogramme nicht einsetzen.

Eine gerechtere Methode bietet sich dagegen mit der *Zeitscheibenaufteilung* (*Timesharing*) an. Hier ist die Zuteilung des Prozessors nicht allein von der Priorität eines Prozesses abhängig, sondern jeder bereite Prozeß erhält in regelmäßigen Abständen Zugriff auf den Prozessor (*Zeitmultiplexverfahren*). Der Scheduler wird immer dann eine neue Zuteilung vornehmen, wenn der aktive Prozeß ein Ereignis abwarten muß oder aber eine vorher festgelegte Zeit abgelaufen ist. Letztere ist als *Zeitscheibe* definiert und wird in Abhängigkeit vom jeweiligen System üblicherweise im Millisekunden–Bereich festgelegt. Im Idealfall erfolgt die Zuteilung solcher Zeitscheiben nur an bereite Prozesse derart, daß jeder Prozeß während eines bestimmten Zeitabschnitts eine garantierte Mindestzuteilung erhält und die einem Programm zugeteilte Anzahl Zeitscheiben nach einiger Zeit möglichst proportional zu seiner Priorität ist. Die weitverbreitete einfachere Version (Abb. 10.15) dagegen besteht nur aus einer zyklischen Zuweisung an bereite Prozesse, die in einer bestimmten Reihenfolge aufgerufen werden und jeweils eine Zeitscheibe erhalten (*Round Robin–Verfahren*).

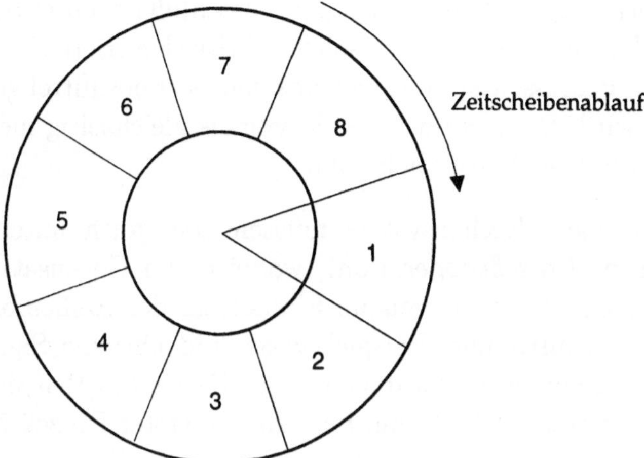

Abb. 10.15 Zeitscheiben-Verfahren

10.2.2.3 Prozeßkommunikation

Arbeiten mehrere Prozesse infolge einer wechselseitigen oder gemeinsamen Benutzung von Betriebsmitteln zusammen, besteht die generelle Gefahr von Konflikten. Durch Synchronisierung läßt sich erreichen, daß gleichzeitig ausführbare Prozesse im Konfliktfall nacheinander abgearbeitet werden und bei voneinander abhängigen Prozessen die vorgeschriebene Reihenfolge eingehalten wird (*Prozeßsynchronisation*). So können sich beispielsweise aus der gemeinsamen Nutzung von Datenbereichen zeitkritische Situationen ergeben, die zu einem völlig unkontrollierten Zugriffsverhalten auf diese Daten führen. Entsprechende Abhilfemaßnahmen bergen dagegen immer die Gefahr, daß z.B. durch gegenseitiges Blockieren von Prozessen eine *Systemverklemmung* (deadlock) entsteht. Dies versucht man durch zusätzliche Überprüfungen zu verhindern.

Grundsätzlich lassen sich derartige Situationen mit zwei Verfahren der Synchronisierung lösen, wobei es ganz allgemein darum geht, daß innerhalb abhängiger Prozesse gemäß vorgegebener Bedingungen eine festgelegte Reihenfolge eingehalten wird. Bei sog. kritischen Abläufen kann durch *wechselseitigen Ausschluß* (mutual exclusion) sichergestellt werden, daß gemeinsame Betriebsmittel nicht gleichzeitig in Beschlag genommen werden, solange ein Prozeß diese exklusiv benutzen will. In diesem Zusammenhang bezeichnet man die Teile des Programmcodes in einem Prozeß, in dem auf solche gemeinsam benutzten Betriebsmittel zugegriffen wird, auch als *kritische Be-*

reiche (critical region). Wechselseitiger Ausschluß bedeutet dann, zu verhindern, daß die Befehlsfolge eines solchen kritischen Bereichs durch Zugriffe von anderen Prozessen auf das gemeinsame Betriebsmittel gestört oder unterbrochen wird. D.h., es dürfen sich niemals gleichzeitig mehrere Prozesse in ihrem kritischen Bereich befinden.

Prozesse in einem Rechensystem müssen aber auch miteinander kooperieren können (*Prozeßkooperation*), wobei es im Gegensatz zum wechselseitigen Ausschluß auf die genaue Einhaltung der Reihenfolge aller beteiligten Prozesse ankommt. Beispielsweise sind einzelne Signale oder aber auch große Datenmengen zu übertragen. Klassisches Beispiel dafür ist das Erzeuger/Verbraucher–Problem, bei dem ein erster Prozeß Nachrichten erzeugt, die ein zweiter Prozeß verbraucht.

Zur Bewerkstelligung der verschiedenen Synchronisationsmechanismen müssen Prozesse miteinander über sog. *Kommunikationsprimitive* kommunizieren. Kommunikationsprimitive sind Operationen, die von Bedingungen abhängig sein können. Dazu gehören *Semaphore*, *Monitore* und *Ereigniszähler* sowie der Nachrichtenaustausch (SEND, RECEIVE). *Binärsemaphore*, bei denen die Synchronisationsbedingung durch eine einfache 1 Bit–Information dargestellt wird und die man sich sehr vereinfacht als Rot/Grün–Signale zur Sicherung von Verkehrsabschnitten vorstellen kann, bilden dafür das elementarste Werkzeug. In einer allgemeineren Ausführung bestehen Semaphore dagegen aus einem Zähler und einer Warteschlange zur Zwischenspeicherung blockierter Prozesse, so daß mehrere Prozesse hinsichtlich eines kritischen Bereichs überwacht werden können. Auf einen Semaphor (z.B. in Abb. 10.16) kann nur mit zwei Operationen zugegriffen werden. Die sog. P–Operation (Warteoperation, entsprechend Rot) wird i.a. zu Beginn eines kritischen Bereichs ausgeführt, während die sog. V–Operation (Signaloperation, entsprechend Grün) am Ende eines kritischen Bereichs erfolgt (Abb. 10.16).

Monitore stellen eine Sammlung von Funktionen dar, die neben der Synchronisation zusätzlich den eigentlichen Zugriff auf die Ressource erlauben. Ein Beispiel für den Nachrichtenaustausch stellen die sog. *Pipes* dar, die UNIX als Werkzeug zur Komunikation zwischen Prozessen zur Verfügung stellt. Pipes sind FIFO-ähnliche Strukturen, bei denen Schreib- bzw. Lesezeiger den durchfließenden Datenstrom überwachen und notfalls durch Verzögerung dafür sorgen, daß am Ausgang niemals mehr Daten gelesen werden als am Eingang geschrieben worden sind.

```
Prozess 1                         Prozess 2
...                               ...
P(s);                             P(s);
{                                 {

\ kritischer Bereich              \ kritischer Bereich

}                                 }
V(s);                             V(s);
...                               ...
```

holl. **P**asseer = Betreten, holl. **V**erlaat = Verlassen

Abb. 10.16 Beispiel zum Semaphor-Konzept

10.2.3 Speicherverwaltung

Betriebsmittel sind alle zur Durchführung eines Prozesses notwendigen Objekte des Rechensystems. Eine wesentliche Aufgabe des Betriebssystems besteht darin, alle vorhandenen Betriebsmittel zu verwalten. Ein Prozeß kann erst dann ausgeführt werden, wenn sämtliche dazu benötigten *Betriebsmittel* zur Verfügung stehen. Dazu gehören die *Hardware–Ressourcen*, wie z.B. *Zentraleinheit*, *Speicher* oder *E/A–Geräte*, oder aber die *Software–Ressourcen*, wie z.B. Programme oder Daten.

Allgemeine Aufgabe der *Betriebsmittelverwaltung* ist es, darauf zu achten, daß einerseits nach Anforderung durch die Prozesse innerhalb einer angemessenen Zeit die Zuteilung aller benötigten Betriebsmittel erfolgt und andererseits diese effizient genutzt werden. Im einzelnen gehört dazu:

- die Administration, d.h. z.B. die Buchführung über den jeweiligen Gerätestatus und das Führen von Statistiken. Dazu wird eine sog. *Betriebsmitteltabelle* geführt, die den jeweiligen Belegungszustand wiedergibt, oder der sog. *Betriebsmittel–Kontrollblock*, der die aktuelle Belegung für jeden einzelnen Prozeß anzeigt.

- die Festlegung einer *Zuteilungsstrategie*. Diese kann statisch zu Beginn oder aber auch dynamisch entsprechend den aktuellen Erfordernissen erfolgen.

- die Belegung bzw. Freigabe von Betriebsmitteln für bestimmte Prozesse. Dabei kann eine individuelle Nutzung (dedicated) erforderlich sein wie z.B.

bei Druckern, teilweise ist aber auch eine gemeinsame Nutzung (shared) möglich, z.B. bei Speicherbereichen.

- die Synchronisation von Prozessen bei der Belegung bzw. Freigabe von Betriebsmitteln, z.B. durch Nachrichten oder andere höhere Hilfsmittel

- die Ausführung der verschiedenen Funktionen zum Betreiben von Betriebsmitteln

Programme und Daten eines Rechensystems finden nur zu einem geringen Teil im Arbeitsspeicher eines Rechners Platz und sind deshalb im Normalfall auf dem Hintergrundspeicher abgelegt. Erst beim Starten eines Prozesses, d.h., wenn sie unmittelbar zur Ausführung benötigt werden, erfolgt ihre Übertragung in den Arbeitsspeicher des Rechners, da sie nur von dort durch die Zentraleinheit direkt bearbeitet werden können. Deshalb ist der Arbeitsspeicher eines der wichtigsten und damit gefragtesten Betriebsmittel eines Rechensystems.

Generell erfolgt die Überführung des z.B. für einen zur Ausführung bereiten Prozeß benötigten Programms in Bereiche des Arbeitsspeichers in mehreren Transformationsschritten, die statisch oder dynamisch durchgeführt werden können. Zunächst enthält ein Quellprogramm zur Bezeichnung von Daten oder Verzweigungsbereichen vom Programmierer beliebig gewählte u.U. mehrdeutige *symbolische Namen* (*Bezeichner*), die mit Hilfe der sog. *Namensfunktion* in eindeutige *logische Adressen* überführt werden. Dabei wird von einer hypothetischen Startadresse (meist Null) ausgegangen. Sobald der tatsächliche (physische) Speicherbereich zugewiesen wird, werden die logischen Adressen mit Hilfe der sog. *Speicherfunktion* in die *physikalischen Adressen* des Arbeitsspeichers überführt. Dabei wird das Programm vom zunächst z.B. mit Null beginnenden hypothetischen Speicherbereich in den mit der zugewiesenen Speicheradresse beginnenden physikalischen Bereich verschoben (relocation). Den tatsächlichen Inhalt der Adressen, die jeweiligen Werte, erhält man erst in einem letzten Schritt mit Hilfe der sog. *Inhaltsfunktion*, die durch den eigentlichen Speicherzugriff in der Hardware repräsentiert wird (siehe Kapitel 8). Während die Namensfunktion durch das Zusammenspiel von *Compiler* und *Linker* ausgeführt wird, erfährt die Speicherfunktion eine direkte Unterstützung durch das Betriebssystem entweder statisch vor Beginn eines Programmlaufs durch den *Lader* oder dynamisch während der Laufzeit. Die wesentlichen Aufgaben sind dabei neben dem eigentlichen physikalischen Transfer die *Speicherzuteilung* (allocation) und die damit in Zusammenhang stehende Verfolgung bestimmter *Zuteilungsstrategien.*

Benötigt die Zentraleinheit im Zusammenhang mit einem laufenden Prozeß Informationen aus dem Arbeitsspeicher, die sich dort z.Zt. noch nicht befinden, so müssen diese zunächst im Hintergrundspeicher gesucht und in den Arbeitsspeicher übertragen werden. Ist dieser jedoch vollständig belegt, muß zuvor Platz geschaffen werden und andere Information in den Hintergrundspeicher ausgelagert werden. Die oben genannten Transformationsschritte schaffen erst die Voraussetzung dafür, daß Prozessen unter dem Aspekt einer hohen Speicherauslastung Speicherbereiche flexibel zugewiesen werden können. Für alle damit verbundenen Fragen der Belegung bzw. Zuweisung und Freigabe von Speicherraum sowie der Auslagerung von Programmen und Daten, aber auch des Speicherschutzes, zeichnet im Rahmen des Betriebssystems die *Speicherverwaltung* verantwortlich; ihre effiziente Wirkungsweise hängt ganz entscheidend von der Art der Speicherzuteilung und der evtl. erforderlichen Zuteilungsstrategien ab. Weitere Funktionen zum eigentlichen Betrieb des Betriebsmittels wie im Falle von Druckern oder elektromechanisch angetriebenen Hintergrundspeichern sind hier nicht erforderlich.

10.2.3.1 Partitionierung des Speichers

Bevor ein Programm ausgeführt werden kann, muß die Zuteilung von Bereichen des Arbeitsspeichers für Programm und Daten geklärt sein. Eine solche Zuteilung kann statisch oder dynamisch erfolgen. Dabei ergeben sich wegen der Begrenzung der Arbeitsspeicherkapazität zwei Probleme. Zum einen übersteigt oft der von einem Prozeß angemeldete Speicherbedarf die gesamte verfügbare Arbeitsspeicherkapazität, so daß Programme und Daten geteilt und je nach Bedarf in den Speicher geladen werden müssen. Zum anderen müssen im Falle des Mehrprogrammbetriebs mehrere aktive Prozesse den Arbeitsspeicher gemeinsam benutzen.

Feste Partitionierung. Im Fall der statischen Speicherzuteilung wird der Speicherplatz dem Prozeß vor Ausführung zugewiesen. Die einfachste Form der Speicherverwaltung erlaubt lediglich, einen einzigen Prozeß im Speicher zu halten; somit kann der gesamte Speicherraum diesem Prozeß zugewiesen werden. Bei *Mehrprogrammbetrieb* dagegen beruht das am wenigsten aufwendige Verfahren auf einer festen *Speicherpartitionierung.* Dabei wird der vorhandene Speicher in eine Anzahl von Bereichen gleicher Größe, sog.

Partitionen, eingeteilt. Verallgemeinert man diese Form, so erhält man Partitionen unterschiedlicher Größe, um so den verschiedenen Anforderungen durch die Prozesse besser gerecht zu werden (Abb. 10.17). Die Größen der Partitionen werden allerdings bei der Initialisierung eines Systems festgelegt und können während der Laufzeit nicht geändert werden. Dafür erfordert die Ablaufsteuerung zur Laufzeit nur ein Minimum an Software.

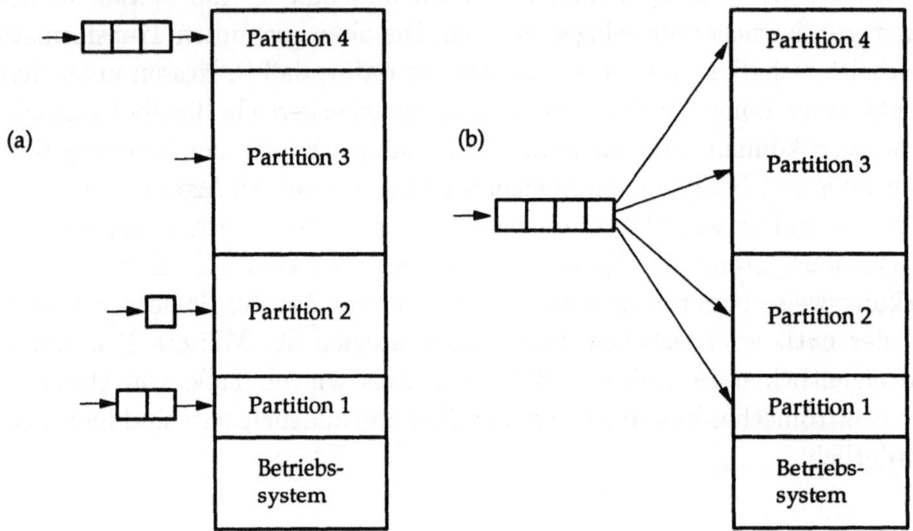

Abb. 10.17 Feste Partitionierung unter Verwendung von
a) getrennten Warteschlangen für jede Partition
b) einer gemeinsamen Warteschlange für alle Partitionen

Eine ungeschickte Festlegung der Partitionsgrößen führt zu einer zu geringen Auslastung des Arbeitsspeichers, die wiederum stark die Effizienz des gesamten Rechensystems beeinflußt. Deshalb ist die Technik der festen Partitionierung nur dann geeignet, wenn Größe und Häufigkeit der anfordernden Prozesse bekannt ist. In einem solchen Fall können die Partitionen so gewählt werden, daß sie der größtmöglichen Anforderung entsprechen. Auch die Ablaufsteuerung für die einzelnen Partitionen ist sorgfältig zu bedenken. Dazu sind in Abb. 10.17 zwei Möglichkeiten aufgezeigt. Ist eine eigene Warteschlange für jede Partition vorhanden, kann ein Prozeß an die kleinste Partition verwiesen werden, deren Größe seine Anforderung gerade abdeckt. Allerdings bleiben dann evtl. Partitionen ungenutzt, wenn keine Prozesse mit geeigneten Platzforderungen vorhanden sind. Eine größere Flexibilität zur Anpassung an die jeweilige Situation bei allerdings größerem Aufwand bietet das zweite Verfahren, bei dem die Prozesse den verschiedenen Partitionen aus einer einzigen Warteschlange heraus dynamisch zugeteilt werden. Dann können auch Prozesse mit geringem Speicherbedarf einer sonst ungenutzten größeren Partition zugeteilt werden.

Variable Partitionierung. Die statische Speicherzuteilung kann auch in der Form einer variablen Partitionierung erfolgen. Dabei werden die Partitionsgrößen nicht bei der Initialisierung des Systems festgelegt, sondern jeweils den neu eintreffenden Prozessen angepaßt; jeder Prozeß bekommt zu Beginn genau den benötigten Speicherplatz zugewiesen. Zunächst reicht die (freie) Partition über den gesamten Speicher. Bei der Anforderung durch einen Prozeß wird der benötigte Platz für eine neue Partition abgespalten; die verkleinerte freie Partition bleibt übrig. Auf diese Weise setzt sich im Laufe der Zeit der gesamte Speicher aus einer Menge von Partitionen variabler Größe zusammen, die teils belegt, teils unbelegt sind, da auch immer wieder Prozesse beendet werden. Die Situation des Speichers nach Belegung und Freigabe durch verschiedene Prozesse zeigt Abb. 10.18. Bei einer Momentaufnahme des Speichers sind drei Partitionen durch aktive Prozesse belegt; danach werden drei weitere Prozesse eingelagert und kurze Zeit später zwei Prozesse beendet.

Wie Abb. 10.18 weiter zeigt, wird auf diese Weise der Speicher in immer kleinere Partitionen unterteilt. Die Zerstückelung bzw. *Fragmentierung* (fragmentation) führt mit der Zeit so weit, daß bei Prozeßanforderungen der Speicher plötzlich als belegt gemeldet wird, weil der benötigte freie Speicherplatz zusammenhängend nicht mehr zur Verfügung steht, obwohl überall noch kleine freie Bereiche vorhanden sind. Neben der Zuteilung der Partitionen hat daher die Speicherverwaltung vor allem auch die Aufgabe, in solchen Fällen eine *Speicherbereinigung* (garbage collection) durchzuführen. Die Partitionen mit aktiven Prozessen werden zusammengeschoben, wobei eine Änderung aller adreßsensitiven Größen notwendig wird (relocation), und die vielen kleinen freien Partitionen werden zusammengefaßt. Die Situation vor und nach einer solchen Komprimierung zeigt Abb. 10.19.

Oft benötigen Prozesse mehr Speicherplatz, als im Arbeitsspeicher zur Verfügung steht, wie dies z.B. normalerweise bei Timesharing-Systemen der Fall ist. Um in einer solchen Situation Platz zu schaffen, müssen eigentlich laufende Prozesse immer wieder auf den Hintergrundspeicher ausgelagert und nach einiger Zeit wieder zurückgeholt werden (*swapping*).

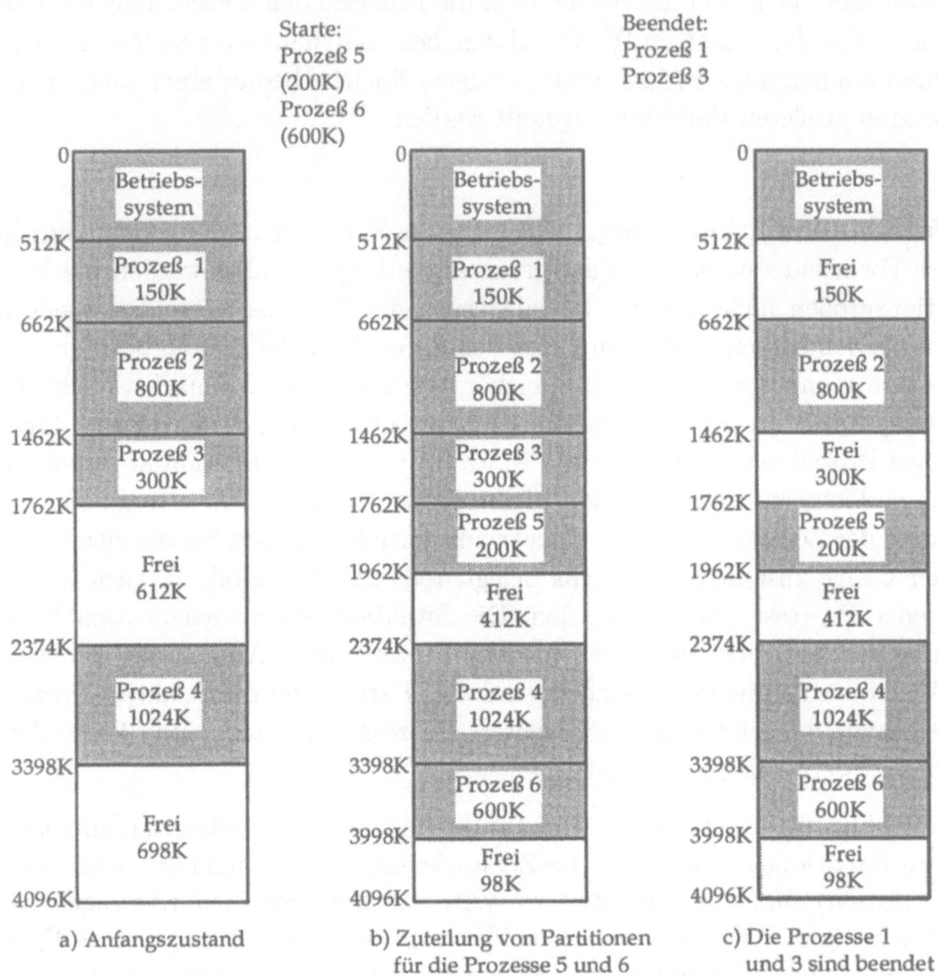

Abb. 10.18 Speichersituation bei variabler Partitionierung

Abschließend noch eine Ergänzung: Bei unseren bisherigen Überlegungen sind wir immer davon ausgegangen, daß für das Programm und seine Daten bei einer Einprogrammumgebung der gesamte Arbeitsspeicher bzw. bei einer Mehrprogrammumgebung die größtmögliche Partition ausreicht. Falls dies nicht zutrifft, muß das Programm in kleinere Einheiten zerlegt werden, die getrennt in den Speicher geladen werden. Bei einer Überlagerung (*overlay*) werden mit fortschreitender Bearbeitung des Programms die einzelnen Teile ersetzt bzw. überschrieben. Die Vorschrift, nach der diese Überlagerungen

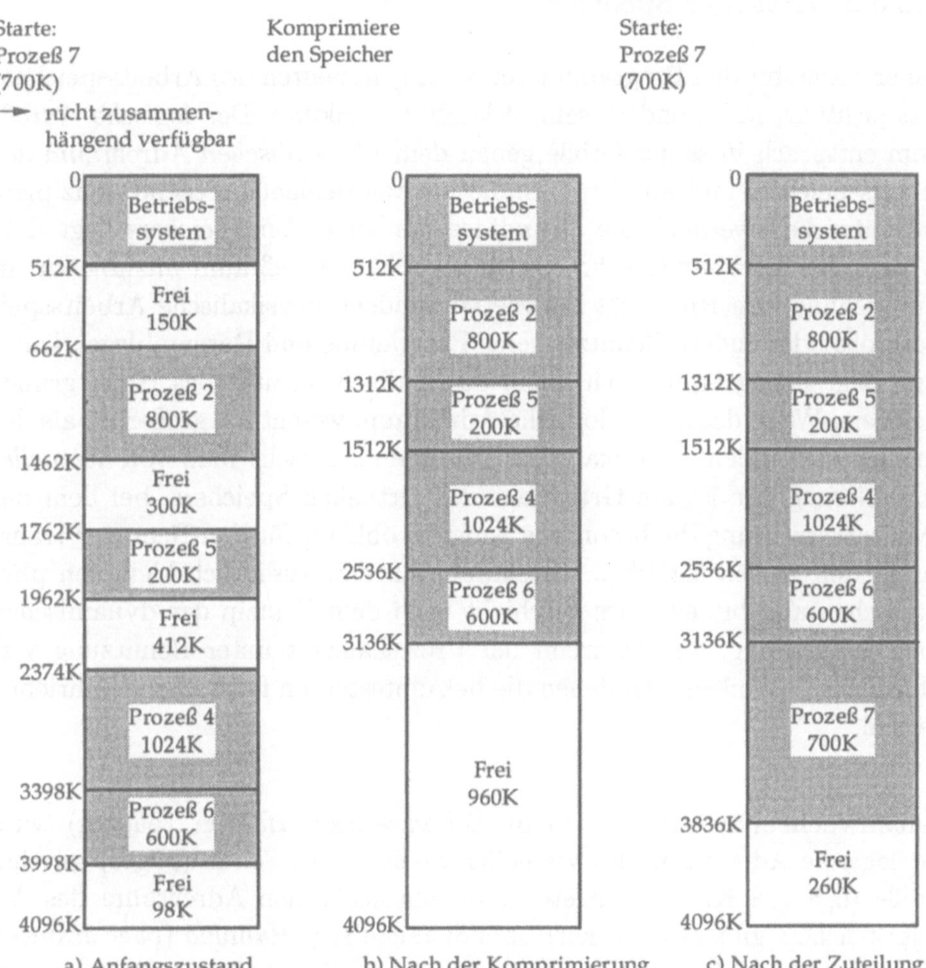

Abb. 10.19 Komprimierung des Speichers bei variabler Partitionierung

vorgenommen werden, ist allerdings nicht Sache der Speicherverwaltung, sondern liegt in der unmittelbaren Verantwortung des jeweiligen Programmierers.

10.2.3.2 Virtueller Speicher

Bisher waren für den Programmierer die Eigenschaften des Arbeitsspeichers stets sichtbar, insbesondere seine Platzbeschränkung. Der *logische Adreßraum* entsprach in seiner Größe genau dem *physikalischen Adreßraum* des Arbeitsspeichers und alle Programme mußten dementsprechend konzipiert und entwickelt werden. Die Grundidee des *virtuellen Speichers* liegt darin, dem Benutzer einen sehr großen logischen Adreßraum anzubieten, in dem er ohne jede Rücksicht auf die vorhandene physikalische Arbeitsspeichergröße oder andere Benutzer seine Programme und Daten ablegen kann. Eine Begrenzung ergibt sich allein durch die Kapazität des Hintergrundspeichers. Wenn damit der logische Adreßraum wesentlich größer ist als der wirklich vorhandene physikalische Adreßraum, spricht man von *virtueller Adressierung*. Sie ist die Grundlage des virtuellen Speichers, bei dem der Speicherverwaltung die besondere Aufgabe obliegt, für den Benutzer transparent den großen logischen Adreßraum auf den wesentlich kleineren physikalischen abzubilden. Dies geschieht nach dem Prinzip der dynamischen Speicherzuteilung, d.h. während der Prozeßlaufzeit unter Benutzung verschiedener Techniken, von denen die bekanntesten im folgenden beschrieben werden.

Seitenwechselverfahren. Beim *Seitenwechselverfahren* (paging) wird der logische Adreßraum des virtuellen Speichers in *Seiten* (pages) gleicher Größe (0,5 ... 8 KByte) eingeteilt. Im physikalischen Adreßraum des Arbeitsspeichers gibt es dazu korrespondierende sog. *Rahmen* (page frames). Die von einem laufenden Prozeß mit logischen Seiten belegten Rahmen werden von der Speicherverwaltung in einer *Seitentabelle* (page table) verwaltet, die während der Prozeßlaufzeit als Grundlage für die dynamische Adreßumformung dient. Abb. 10.20 zeigt das Prinzip. Die von der Zentraleinheit kommende logische Adresse wird in eine *Seitennummer* und den sog. *Offset*, eine *relative Adresse* hinsichtlich dieser Seite, zerlegt. Mit der Seitennummer kann mit Hilfe der Seitentabelle die Anfangsadresse des zugeordneten Rahmens (Rahmennummer) ermittelt werden, so daß sich die letztlich dem Arbeitsspeicher übermittelte physikalische Adresse aus der *Konkatenation* von Rahmennummer und Offset ergibt.

Das Seitenwechselverfahren berücksichtigt vor allem die physikalischen Gegebenheiten des Arbeitsspeichers, der durch die Ein-/Auslagerung stets gleich großer Seiten nicht zerstückelt wird. Allerdings werden die zu ei-

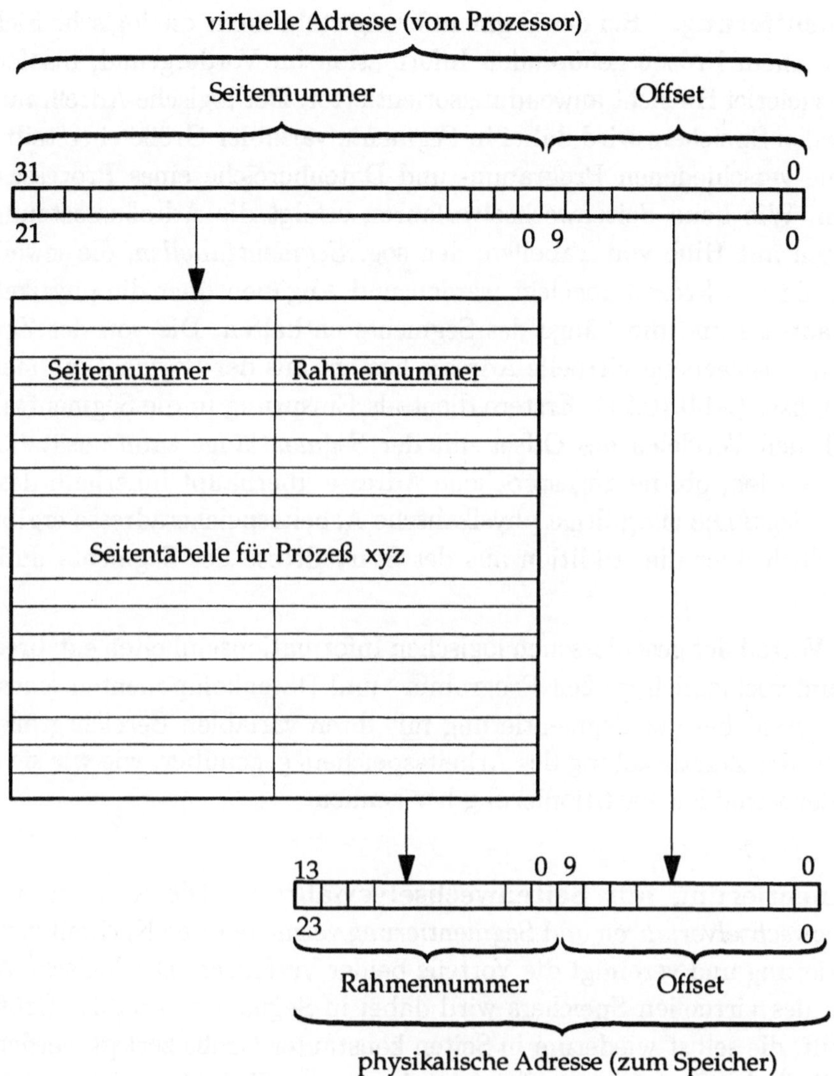

Abb. 10.20 Adreßumformung beim Seitenwechselverfahren

nem Prozeß gehörenden Programm- und Datenkomponenten auf mehrere Rahmen im Arbeitsspeicher verteilt und bilden somit keine geschlossene logische Einheit mehr. *Paging* kann auch über mehrere Stufen erfolgen. SUN's SPARC-Prozessoren z.B. unterstützen ein vierstufiges Seitenwechselverfahren.

Segmentierung. Bei der *Segmentierung* steht mehr die logische Sicht aller zu einem Prozeß gehörenden Information im Vordergrund; insofern ist sie in vielerlei Hinsicht anwendungsorientierter. Der logische Adreßraum des virtuellen Speichers wird dabei in *Segmente* variabler Größe eingeteilt, welche die verschiedenen Programm- und Datenbereiche eines Prozesses enthalten. Wie beim Seitenwechselverfahren erfolgt die Adreßumsetzung dynamisch mit Hilfe von Tabellen, den sog. *Segmenttabellen*, die jeweils für jeden aktiven Prozeß angelegt werden und Angaben über die physikalische Startadresse und die Länge des Segments enthalten. Die von der Zentraleinheit ausgegebene virtuelle Adresse besteht aus der *Segmentnummer* und dem *Offset* (Abb.10.21). Erstere dient als Einsprung in die Segmenttabelle. Durch den Vergleich des Offset mit der *Segmentlänge* kann zusätzlich geprüft werden, ob die angesprochene Adresse überhaupt innerhalb des Segments liegt. Die endgültige physikalische Arbeitsspeicheradresse ergibt sich schließlich über die Addition aus der Startadresse des Segments und dem Offset.

Dem Vorteil der geschlossenen logischen Informationseinheiten entsprechend den unterschiedlich großen Programm- und Datenkomponenten eines Prozesses steht bei der Segmentierung mit ihren variablen Bereichsgrößen die Gefahr der Zerstückelung des Arbeitsspeichers gegenüber, wie wir sie schon von der variablen Partitionierung her kennen.

Segmentierung mit Seitenwechselverfahren. Die Kombination aus *Seitenwechselverfahren* und *Segmentierung* vermeidet den Nachteil der Fragmentierung und vereinigt die Vorteile beider Verfahren. Der logische Adreßraum des virtuellen Speichers wird dabei in Segmente variabler Größe unterteilt, die selbst wiederum in Seiten konstanter Größe zerlegt werden. Der physikalische Speicherzugriff erfolgt in diesem Fall über eine zweidimensionale virtuelle Adresse, die sich aus drei Komponenten zusammensetzt. Dabei erfolgt die Abbildung der logischen in die physikalische Adresse in zwei Schritten über die *Segmenttabelle* und eine jedem Segment zugeordnete *Seitentabelle*; beide Tabellenarten werden durch die Speicherverwaltung initiiert und fortgeschrieben. Abb. 10.22 zeigt die Adreßumformung. Der höherwertige Teil der logischen Adresse entspricht der *Segmentnummer* und dient als Einsprung in die Segmenttabelle, aus der die Startadresse der zugehörigen Seitentabelle geholt wird. Im zweiten Schritt wird dann über die *Seitennummer* der logischen Adresse die Rahmennummer des Arbeitsspeichers ermittelt. Die endgültige physikalische Adresse ergibt sich aus dieser

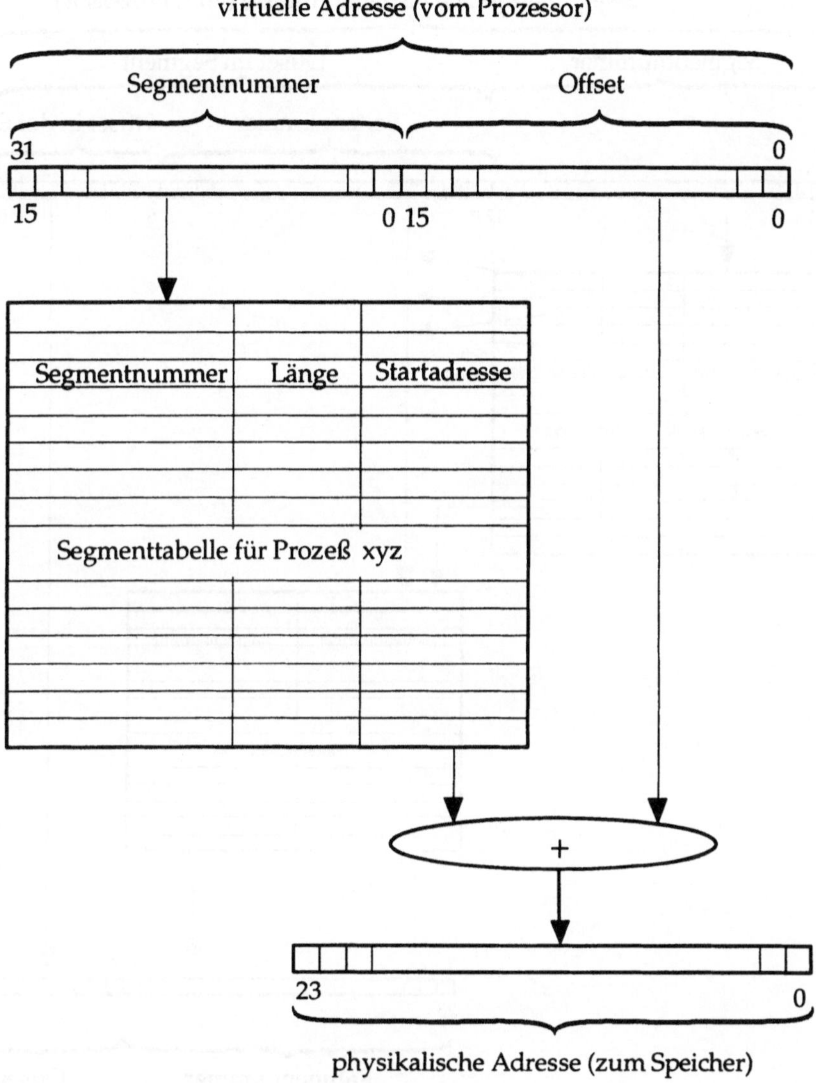

Abb. 10.21 Adreßumformung bei der Segmentierung

Rahmennummer und dem Offset-Teil der logischen Adresse (die gängigen Intel-Prozessoren z.B. unterstützen dieses Verfahren).

Zuteilungsstrategien. Die virtuelle Adressierung hat zur Folge, daß Prozesse ablaufen können, die nicht mehr geschlossen im Arbeitsspeicher abgelegt sein müssen. Greift die Zentraleinheit z.B. auf Seiten (oder Segmente)

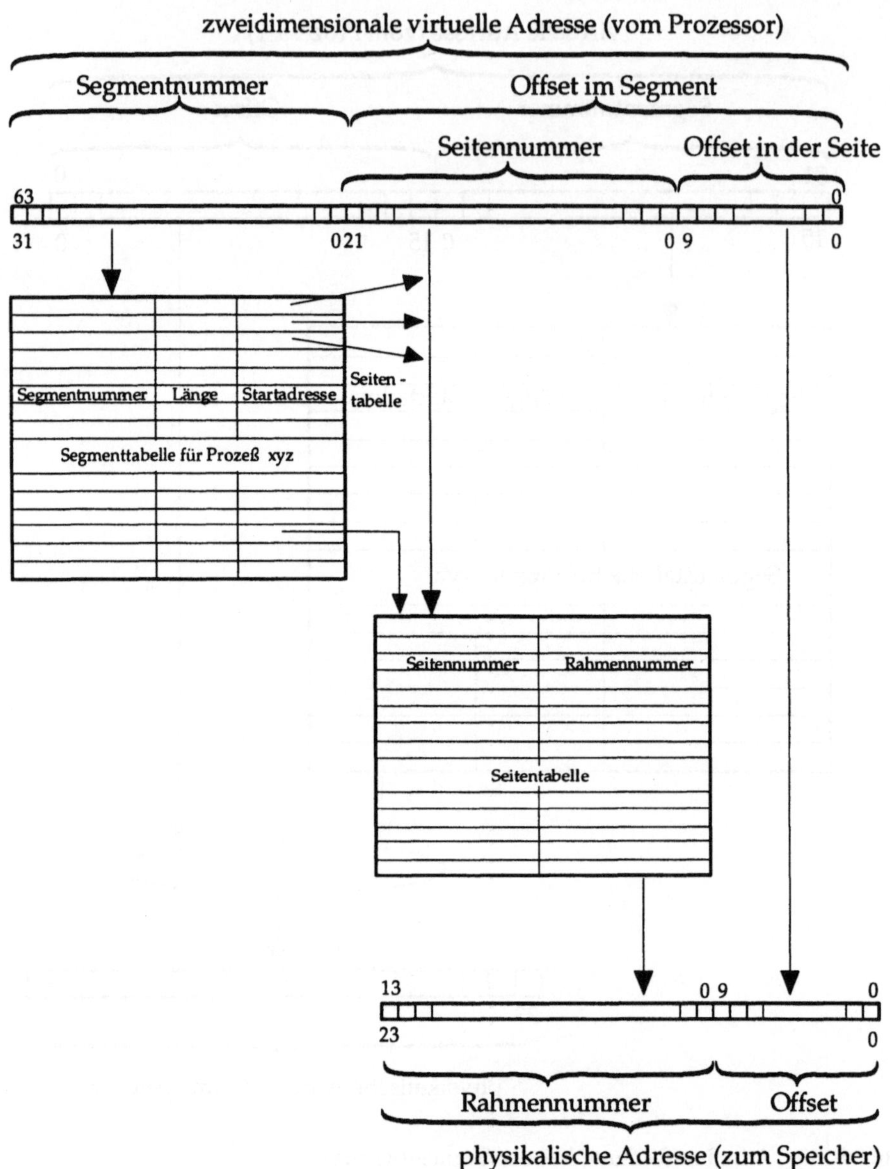

Abb. 10.22 Adreßumformung bei der Segmentierung mit Seitenwechselverfahren

zu, die nicht im Arbeitsspeicher vorhanden sind, wird der Prozeß solange blockiert, bis die benötigte Seite aus dem Hintergrundspeicher herangeholt ist. Dafür muß allerdings vorher der Inhalt irgendeines Speicherbereichs ausgelagert werden (swapping). Neben dem Zuteilungsverfahren hängt deshalb die Effizienz einer Speicherverwaltung ganz entscheidend davon ab, welche

Seiten im Arbeitsspeicher belassen und welche Seiten auf den Hintergrundspeicher ausgelagert werden sollen. Außerdem spielt der Zeitpunkt der Auslagerung eine wichtige Rolle.

Die erste Frage wird durch verschiedene *Verdrängungsstrategien* gelöst, von denen die folgenden die gängigsten sind:

- *FIFO* (first in first out, auch longest resident). Von allen im Arbeitsspeicher eingelagerten Seiten wird diejenige zuerst entfernt, die dort bereits die längste Zeit eingelagert ist. Dabei unterstellt man, daß sie nicht mehr benötigt wird.

- *LRU* (least recently used). Es verläßt die Seite den Arbeitsspeicher, die im Vergleich zu den anderen eingelagerten Seiten am längsten nicht mehr benutzt wurde. Vermutlich wird sie deshalb auch in der Zukunft nicht mehr benötigt.

- *LFU* (least frequently used). Es wird die Seite aus dem Arbeitsspeicher entfernt, auf die im Vergleich mit den anderen eingelagerten Seiten in der jüngeren Vergangenheit am wenigsten zugegriffen wurde. Dabei wird unterstellt, daß sie auch in naher Zukunft nicht häufiger benutzt wird.

Der Zeitpunkt der Auslagerung einer Seite (oder eines Segments) wird durch die gewählte *Nachschubstrategie* bestimmt. Dabei unterscheidet man „Auf Verlangen“ (demand paging) und „Vorgeplant“ (preplanned paging). Bei ersterer wird die Seite zu dem Zeitpunkt nachgeladen, zu dem sie benötigt wird, d.h. im Falle eines Seitenfehlers (Interrupt). Letzteres wird eingesetzt, wenn das Verhalten des Prozesses im voraus bekannt ist und entsprechend vorgeplant werden kann. Damit können Seitenfehler und damit verbundene Verzögerungen in der Programmausführung weitgehend vermieden werden.

Die Verwaltung des virtuellen Speichers, insbesondere die Adreßumsetzung, wird bei heutigen Rechensystemen meist durch spezielle, auf dem Prozessorchip integrierte Hardware, die *Speicherverwaltungseinheit* (memory management unit, *MMU*), unterstützt.

10.2.4 Dateisystem

Datenverarbeitung umfaßt die Übertragung, Bearbeitung und Speicherung von Informationen, und letzteres bedeutet für sämtliche Anwendungen nicht nur ein mehr oder weniger zufälliges Ablegen, sondern systematisches Abspeichern, so daß Informationen auch schnell wiedergefunden werden können. Wie wir bereits gelernt haben, können Programme und Daten eines laufenden Prozesses in seinem eigenen Adreßraum abgespeichert werden; dabei ist allerdings in der Regel eine Begrenzung durch die Größe des (virtuellen) Adreßraums gegeben.

Verallgemeinern wir das Problem, so ergeben sich wesentliche Forderungen. Teilweise müssen sehr große Mengen an Daten abgespeichert werden können, die den Adreßraum eines Prozesses bei weitem übersteigen. Dabei sei vor allem z.B. an Reservierungssysteme von Bahnverwaltungen oder Fluglinien, an die Kontenverwaltung von Bankhäusern oder an die Datenbestände kommunaler Verwaltungen, Versicherungen oder großer Industrieunternehmen erinnert. Weiter muß für viele Daten eine längere Lebensdauer als nur bis zum Abschluß eines Prozesses gewährleistet sein, damit sie zu gegebener Zeit für einen erneuten Zugriff zur Verfügung stehen. Als Beispiel dafür seien Datenbanken erwähnt. Und schließlich sollen Daten oftmals nicht nur für einen Prozeß zugänglich sein, sondern gleichzeitig vielen Benutzern zur Verfügung stehen; Beispiele dafür sind das Telefonbuch oder Auskunftssysteme.

Aus all diesen Überlegungen kristallisiert sich heraus, daß alle Daten möglichst unabhängig von Prozessen gehalten werden müssen. Sie werden deshalb in getrennten Einheiten, den *Dateien* (files) abgelegt, die wiederum von einer Komponente des Betriebssystems, dem *Dateisystem* (file system), verwaltet werden. Dessen Funktionalität umfaßt neben speziellen Eigenschaften typischerweise das Erstellen und Löschen von Dateien, die Unterstützung des Zugriffs auf Dateien und vor allem den Schutz vor nichtautorisiertem Zugriff, die Verwaltung des verfügbaren Platzes im Hintergrundspeicher bzw. in den Hintergrundspeichern, und die Sicherung der Dateien gegen Verlust und Zerstörung aufgrund von Systemfehlern (Hard- bzw. Software). Grundsätzlich ist dabei die logische Sicht des Benutzers von der physikalischen Sicht des Entwicklers zu trennen. Aus der Sicht des Benutzers interessiert vor allem, welche Eigenschaften Dateien haben und wie sie benutzt werden.

10.2.4.1 Dateien

In der Regel arbeiten Hintergrundspeicher zur längerfristigen Speicherung von Informationen auf der Hardware–Ebene blockweise. Bei Plattenspeichern z.B. werden Daten in sog. *Sektoren* abgelegt, die wiederum auf bestimmten *Spuren* des Speichermediums zu finden sind. Diese Begriffe leiten sich aus der physikalischen Struktur der Plattenspeicher ab. Wichtige Teile der Adresse sind dabei Geräte- sowie *Spur*– und *Sektornummern*. Die Organisation auf dieser Ebene ist Aufgabe des Betriebssystems, das für diese Zwecke insbesondere Programme zum Schreiben und Lesen für die jeweils verwendeten Gerätetypen, die sog. *Gerätetreiber* (device driver), bereithält. Das Betriebssystem bietet aber noch weitergehende Unterstützung, indem es dem Benutzer durch seine *Dateiverwaltung* eine Sicht der Informationsspeicherung auf einer so hohen Abstraktionsebene bietet, daß er sich um die gerätespezifischen Eigenschaften und deren Bedienung überhaupt nicht mehr kümmern muß; die Grundlage dafür bieten Dateien und dafür geeignete Zugriffsmechanismen. Sie schirmen den Benutzer von Details ab und gestatten auf einfache Weise, Informationen auf einem Hintergrundspeichermedium in strukturierter und damit übersichtlicher Form zu speichern und später wieder zu lesen.

Aktive Prozesse erzeugen Dateien, die auch nach deren Beendigung weiter bestehen bleiben. Jede neue Datei erhält einen Namen, über den später auch andere Prozesse zugreifen können, falls sie geeignete Zugriffsrechte besitzen. Viele Betriebssysteme unterstützen die Erzeugung von Namen mit zusätzlichen, z.B. durch einen Punkt vom eigentlichen Namen getrennten Erweiterungen (extensions), die zum einen dem Benutzer einen Hinweis auf den jeweiligen Inhalt geben, zum anderen aber auch verschiedenen Anwendungsprogrammen als Zuordnungshinweis dienen können. Einige Beispiele in Abb. 10.23 müßten uns mittlerweile aus vorherigen Kapiteln geläufig sein. Neben dem Namen ordnen Betriebssysteme Dateien zusätzliche Elemente zu, die sog. *Dateiattribute*. Beispiele dafür sind Datum und Uhrzeit ihrer Erzeugung oder der benötigte Speicherplatz und Zugriffsrechte.

`file.bak`	Sicherungskopie der Datei
`file.c`	C Quellcode–Datei
`file.doc`	WORD Textdatei
`file.exe`	Ausführbares Binärprogramm
`file.lib`	Bibliothek von Objektcode–Dateien
`file.obj`	Objektcode–Datei (Ausgabe des Compilers)
`file.tex`	Eingabe für das TeX-Textverarbeitsprogramm
`file.txt`	Allgemeine Textdatei

Abb. 10.23 Beispiele für Erweiterungen von Dateinamen

Dateien können intern auf ganz unterschiedliche Weise strukturiert sein (Abb. 10.24). Viele Dateien bestehen lediglich aus einer Folge von Bytes, deren Bedeutung lediglich dem jeweiligen Anwendungsprogramm geläufig ist. Auf diese Art und Weise steht dem Benutzer ein Höchstmaß an Flexibilität zur Verfügung, da er sich durch keinerlei vorgegebene Formalismen eingeengt fühlen muß; allerdings erhält er dabei aber auch keine besondere Unterstützung. Eine Möglichkeit der Strukturierung bietet die Einteilung von Dateien in eine Folge von *Sätzen* (records) gleicher Länge, die wiederum eine interne Gliederung in *Felder* (fields) aufweisen können. Operationen können sich dann auf einen Satz oder auf ein Feld beziehen. Am weitesten verbreitet in der kommerziellen Datenverarbeitung ist heute eine Struktur, bei der eine Datei als ein *Baum* von Sätzen gegliedert ist, die alle unterschiedlich lang sein können. Jeder Satz hat an einer ganz bestimmten Position ein sog. *Schlüsselfeld*, nach dessen Inhalt der Baum sortiert ist. Man sucht deshalb nicht mehr nach dem nächsten Satz in einer Reihe von Sätzen, sondern wesentlich schneller direkt nach dem Satz mit einem bestimmten *Schlüssel.*

Viele Betriebssysteme unterstützen unterschiedliche Typen von Dateien. Meist handelt es sich dabei um gewöhnliche Dateien mit den Daten der einzelnen Benutzer, die entweder *ASCII-Dateien* oder *Binärdateien* darstellen. Für die Verwaltung des Dateisystems sind darüberhinaus zusätzliche Dateien notwendig, die sog. *Verzeichnisse* oder *Kataloge* (directory, folder). Außerdem gibt es z.B. in UNIX spezielle zeichen- oder blockorientierte Dateien in Verbindung mit der Ein-/Ausgabe, um spezielle Geräte wie Terminals, Drucker und Netzwerke bzw. Hintergrundspeicher nachzubilden (device), d.h. genauso wie Dateien zu behandeln.

Der Dateizugriff ist ganz wesentlich abhängig von der *logischen Dateiorganisation.* Die einfachste Form ist die rein *sequentielle Organisation* einer Datei, die den Gegebenheiten von Bandspeichern entspricht. Dabei wird allein über die Position auf Bytes oder auf Sätze einer Datei zugegriffen (Abb. 10.25a). Angesichts der heute meist eingesetzten Plattenspeicher und der Forderung nach einem schnellen Zugriff, wie er z.B. bei Reservierungssystemen notwendig ist, hat sich der *Direktzugriff* durchgesetzt, der nicht über die Position, sondern über einen Schlüssel erfolgt (Abb. 10.25b). Dabei wird über sog. *Indextabellen* oder mit Hilfe eines Algorithmus (z.B. *Hashing*) ein unmittelbarer Zusammenhang zwischen Schlüsseln und den physikalischen Speicheradressen von Sätzen erzeugt, so daß ein direkter und wahlfreier Zugriff erfolgen kann. Die Reihenfolge der Abspeicherung ist dann beliebig.

Indexsequentielle Dateien bilden eine Mischform aus sequentieller und direk-

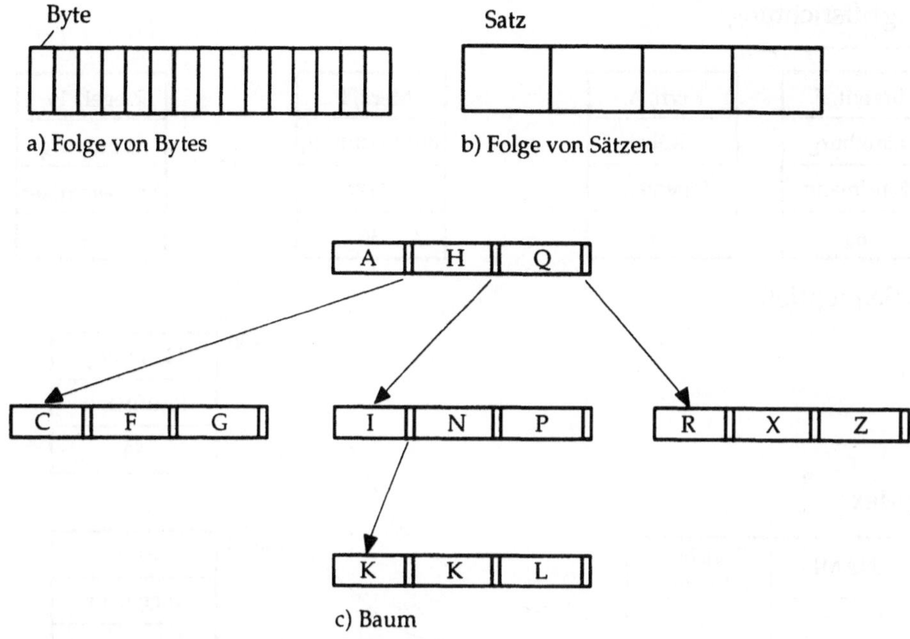

Abb. 10.24 Unterschiedliche Dateistrukturen

ter Dateiorganisation. Dabei wird eine Gruppe von Sätzen, die nach einem bestimmten Merkmal geordnet sind, in gleich große Einheiten unterteilt, die wiederum unter einem Schlüssel zusammengefaßt werden.

Auf die unterschiedlichen Dateioperationen zur Speicherung und zum Wiederauffinden soll nicht weiter eingegangen werden. Beispiele für die gebräuchlichsten Befehle wurden bereits in Kapitel 4 besprochen.

10.2.4.2 Verzeichnisse

Zur Verwaltung der Dateien werden üblicherweise *Verzeichnisse* (directories) oder *Kataloge* (catalogues) angelegt, die wiederum Dateien darstellen. Sie sind zur Identifizierung und Plazierung aller Dateien notwendig und Benutzer- oder Systemprozesse haben nur über sie Zugang auf benötigte Dateien. Am zweckmäßigsten ordnet man Verzeichnisse hierarchisch an, wie es das UNIX-Beispiel in Abb. 10.26 zeigt. Vorstellbar ist dabei ein einziges Verzeichnis für das gesamte System, das von allen Benutzern gemeinsam benutzt wird, oder aber ein Verzeichnis pro Benutzer. Typischerweise enthält ein solches Verzeichnis pro Datei einen Eintrag. Soll eine Datei geöffnet werden, durchsucht das Dateiverwaltungssystem das Verzeichnis, entnimmt die

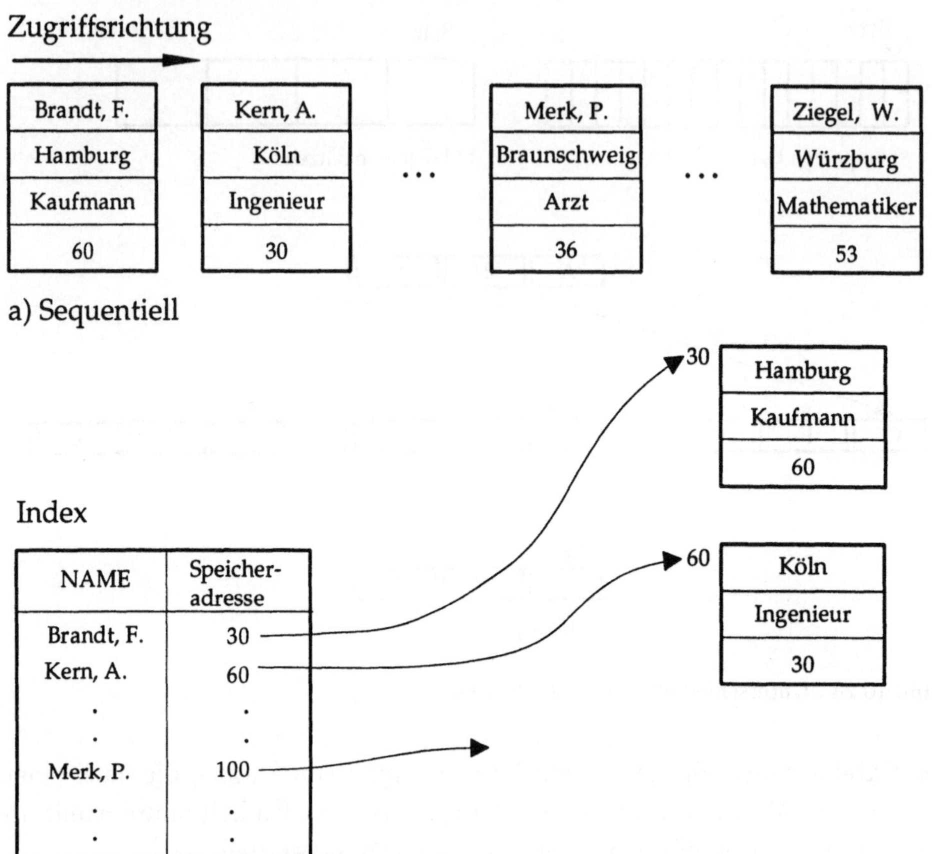

Abb. 10.25 Verschiedene Möglichkeiten des Dateizugriffs

jeweilige Plattenadresse und – soweit notwendig - weitere Attribute und legt sie in einer Tabelle im Arbeitsspeicher ab. Um den Weg zu einer Datei zu finden, muß der Weg dorthin durch einen absoluten oder relativen *Pfadnamen* spezifiziert werden, unter UNIX z.B. mit `usr/bartels/a.c`.

Analog zu den Dateioperationen sind auch Verzeichnisoperationen definiert. Beispiele dazu aus UNIX sind u.a. `mkdir` (Anlegen eines Verzeichnisses), `rmdir` (Entfernen eines Verzeichnisses) oder `ls` (Auflisten eines Verzeichnisses).

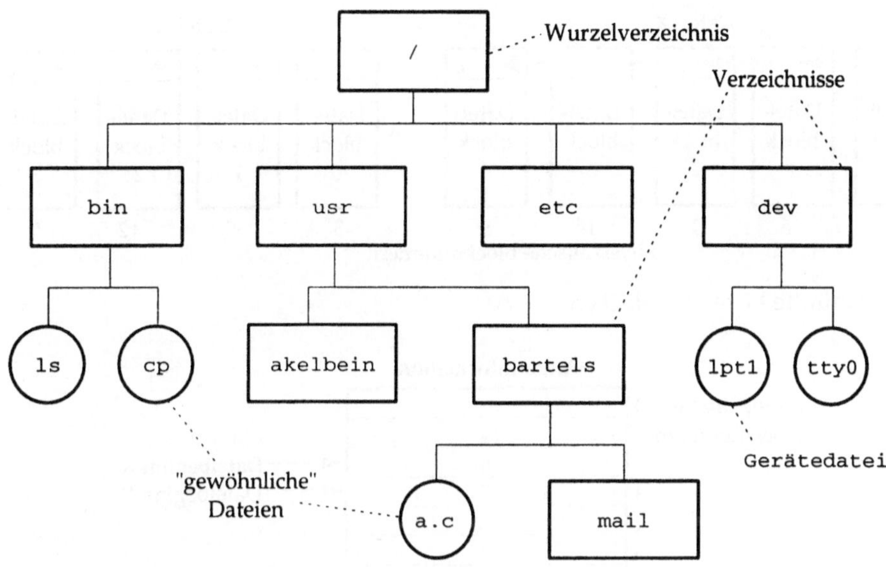

Abb. 10.26 Verzeichnishierarchie am Beispiel von UNIX

10.2.4.3 Dateisystemrealisierung

Bisher haben wir das Dateisystem nur aus der Sicht des Benutzers betrachtet. Abschließend wollen wir die Betrachtungsweise wechseln und uns verschiedene Methoden zur *physikalischen Dateiorganisation* ansehen. Ein wichtiger Begriff in diesem Zusammenhang ist der des *linearen Blocks*, der als physikalischer Satz meist mehrere logische Sätze enthält (*Blockungsfaktor*). Entsprechend den festen bzw. variablen Längen von logischen Sätzen kann auch die Blocklänge fest bzw. variabel sein. Die Realisierung der physikalischen Organisation einer Datei erfolgt durch die physikalische Speicherverwaltung des Dateisystems und läuft auf die Verwaltung der externen Speicher hinaus, d.h. auf das Speichern, Lesen und Verändern von Blöcken.

Man spricht von einer *kontinuierlichen Speicherung*, wenn sämtliche, einer Datei zugeordneten Blöcke in physikalisch benachbarten Speicherbereichen abgelegt werden (Abb. 10.27a). Ein Beispiel dafür ist die sequentielle Speicherung auf einem Magnetband. Diese Organisation ist einfach zu implementieren, da nur die Adresse des ersten Blocks, das sog. *Etikett*, bekannt sein muß. Nachteilig ist, daß bereits bei Erzeugung der Datei deren endgültige Größe bekannt sein muß. Außerdem tritt der bereits von der Arbeitsspeicherverwaltung her bekannte Effekt der Fragmentierung mit den damit zusammenhängenden Problemen auf.

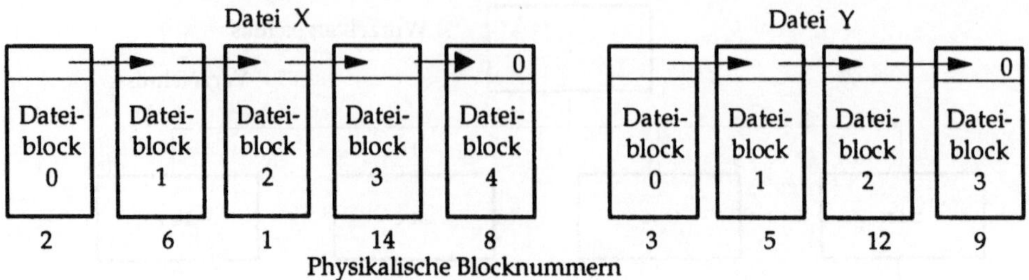

a) Verknüpfte Liste von Blöcken

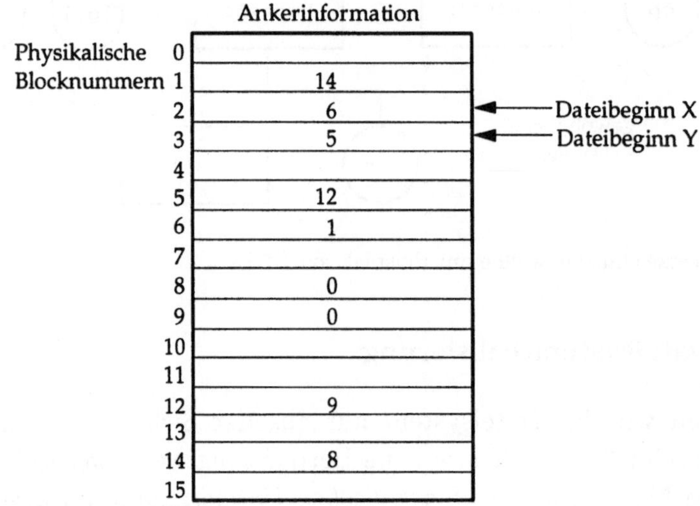

b) Verknüpfte Liste mit Tabelle im Hauptspeicher

Abb. 10.27 Physikalische Organisation von Dateien

Die andere generelle Methode ist die der *gestreuten Speicherung*, bei der mehrere Verfahren üblich sind. Eine Möglichkeit ist die gestreute Speicherung mittels einer verknüpften Liste. Ähnlich der bekannten verketteten Liste enthält das erste Wort in jedem Block den Zeiger auf den nächsten Block. Somit kann jeder beliebige physikalische Block als Teil einer Datei herangezogen werden; es ist lediglich ein Verzeichniseintrag auf den ersten Block der Datei notwendig. Die Datei kann in ihrer Größe dynamisch verändert werden und es entstehen keine Verluste durch Fragmentierung. Nachteilig ist allerdings der extrem langsame wahlfreie Zugriff. Dieser Nachteil läßt sich durch eine Kombination aus verknüpfter Liste und Index vermeiden (Abb. 10.27b). In einer zusätzlichen Tabelle im Arbeitsspeicher werden zentral alle Ankerinformationen, d.h. die Zeiger auf die einzelnen Blöcke einer Datei, abgelegt. Auf diese Weise ist alle Verwaltungsinformation während der ganzen Arbeitszeit im Arbeitsspeicher vorhanden, was wiederum als Nachteil angesehen wird.

Inode xyz →

Typ + Zugriffsrecht
Referenzzähler
Benutzernummer + Gruppennummer
Länge in Bytes
Erstellungsdatum
Modifikationsdatum
Datum des letzen Zugriffs
Verweis auf den Datenblock 0
⋮
Verweis auf den Datenblock 9
Verweis auf einfach-indirekten Block
Verweis auf zweifach-indirekten Block
Verweis auf dreifach-indirekten Block

Abb. 10.28 Beispiel eines Dateikopfs

Eine dritte Möglichkeit bildet die Organisation einer Datei über einen sog. *Dateikopf* – auch Index-Node oder *Inode* (inode) genannt, eine kleine Tabelle fester Größe, die während der Benutzung einer Datei speicherresident gehalten wird und Attribute und Plattenadressen einer Datei enthält (Abb. 10.28). Dabei werden nur die ersten wenigen Blockadressen im Dateikopf selbst gespeichert, so daß lediglich für kleine Dateien alle notwendigen Informationen dort vorhanden sind.

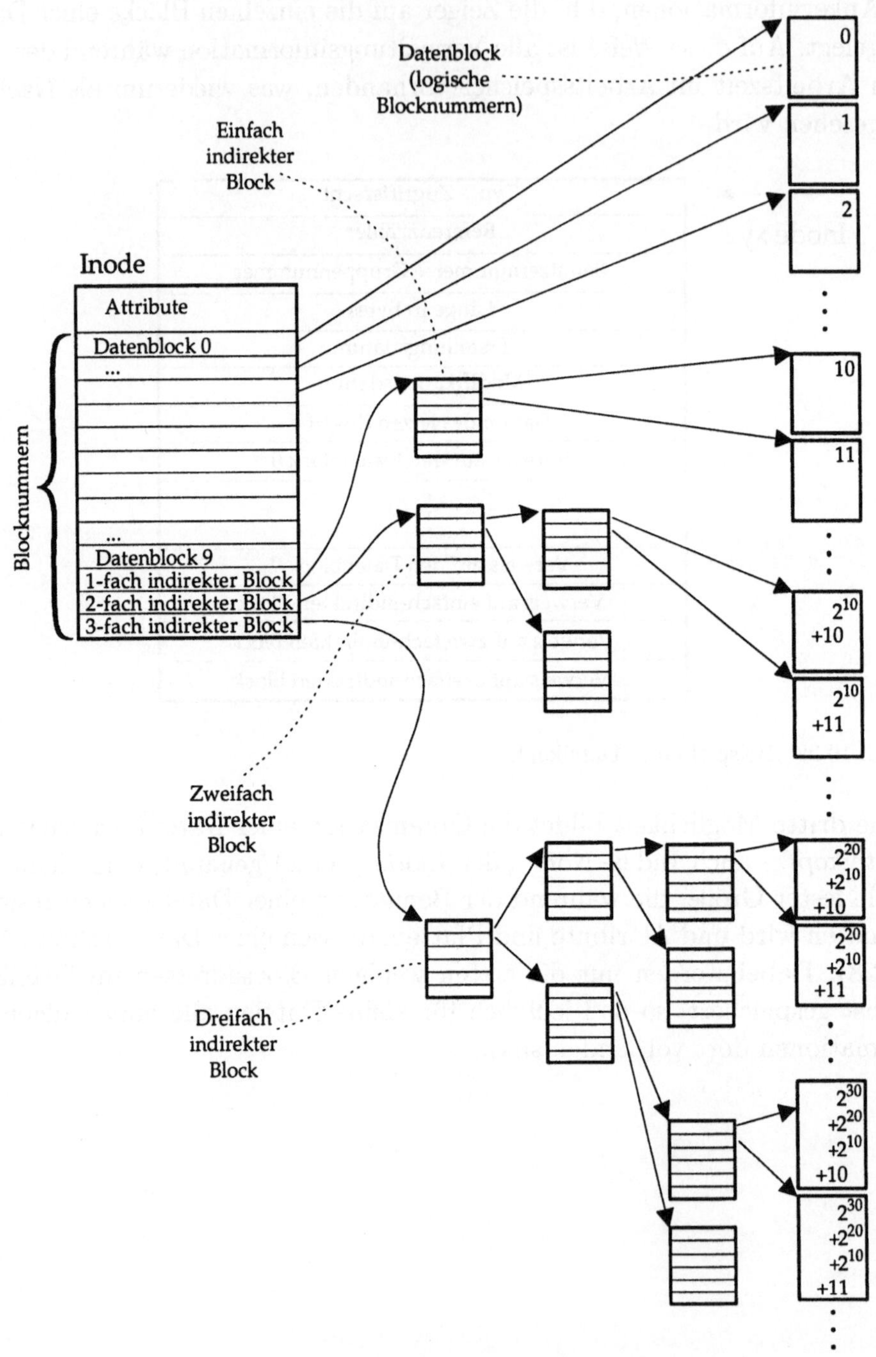

Abb. 10.29 Dateiorganisation über einen Dateikopf (Beispiel UNIX)

Für größere Dateien gibt es zusätzliche Blöcke mit weiteren Blockadressen, auf die jeweils einfach, zweifach oder dreifach indirekt zugegriffen werden kann. Abb. 10.29 zeigt die Organisation, wie sie in UNIX realisiert ist.

Die gesamte Struktur eines Dateisystems, wie es z.B. in UNIX verwirklicht ist, zeigt abschließend Abb. 10.30. Am Anfang der gespeicherten Informationen liegen Boot–Block und Superblock. Letzterer enthält u.a Angaben über die Größe des Dateisystems in Blöcken zu je 512 Byte bzw. 1 KByte, die Namen des logischen *Datenträgers* (volume label) und des Dateisystems sowie die Größe der *Dateikopfliste* (inode list) und verschiedene Zeiger auf die ersten Elemente bestimmter Listen. Daran schließt sich die Liste der Dateiköpfe an, gefolgt von den Daten- und Verweisblöcken der Dateien und den noch freien Speicherblöcken.

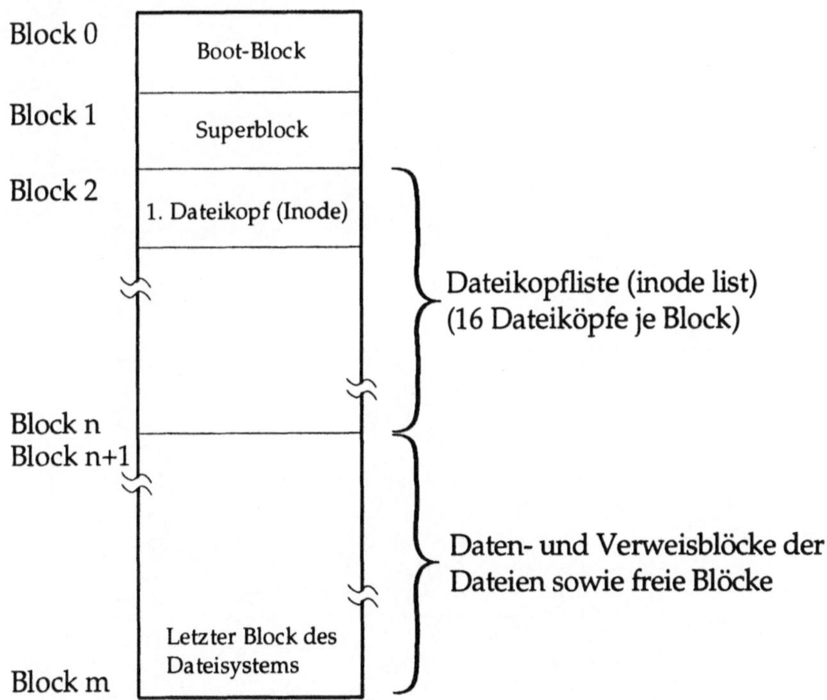

Abb. 10.30 Struktur eines Dateisystems (Beispiel UNIX)

Literaturempfehlung:

[GLi90] Goldschlager, L.; Lister, A.: „Informatik – Eine moderne Einführung"
Hanser/Prentice-Hall, München/London 1990

[Gul88] Gulbins, J.: „UNIX"
Springer, Berlin 1988

[Tan94] Tanenbaum, A.S.: „Moderne Betriebssysteme"
Hanser/Prentice-Hall, München/London 1994

Literatur

[AS88] Alber, K.; Struckmann, W.: *Einführung in die Semantik von Programmiersprachen*
BI Wiss. Verlag, Mannheim, 1988.

[ASS91] Abelson, H.; Sussman, G.J.; Sussman, J.: *Struktur und Interpretation von Computerprogrammen*
Springer, 1991.

[ASU89] Aho, V.A.; Sethi, R.; Ullman, J.D.: *Compilerbau, Teil 1 u. Teil 2*
Addison-Wesley (Deutschland) GmbH, 1989

[Bal82] Balzert, H.: *Die Entwicklung von Softwaresystemen*
BI Mannheim, 1982.

[BSh90] Bic, L.; Shaw, A.C.: *Betriebssysteme – Eine moderne Einführung*
Hanser/Prentice-Hall, München/London 1990

[Boo91] Booch, G.: *Object-Oriented Design with Applications*
Benjamin/Cummings, Redwood City, CA, 1991.

[Bor89] Borucki, L.: *Digitaltechnik*
Teubner, Stuttgart 1989

[BSS90] Blieberger, J.; Schildt, G.-H.; Schmid, U.; Stöckler, S.: *Informatik*
Springer, Wien 1990

[Bro93] Broy, M.: *Informatik – eine grundlegende Einführung, Teil II*
Springer, Berlin 1993

[Bou87] Bourne, S.R.: *Das UNIX System V*
Addison-Wesley, 1987

[Bud91] Budd, T.: *An Introduction to Object-Oriented Programming*
Addison-Wesley, 1991

[BW81] Bauer, F.L.; Wössner, H.: *Algorithmische Sprache und Programmentwicklung*
Springer, 1981

[CLR90] Cormen, T.H.; Leiserson, C.E.; Rivest, R.L.: *Introduction to Algorithms*
MIT Press, 1990

[CM84] Clocksin, W.F.; Mellish, C.S.: *Programming in Prolog (2nd Ed.)*
Springer, Berlin, Heidelberg, 1984.

[Cod70] Codd, E.F.: *A relational model of data for large shared data banks*
CACM, 13(6):337–387, 1970

[Det89] Detering, R.: *UNIX Handbuch System V*
Sybex, Düsseldorf 1989

[DF88] Dijkstra, E.W.; Feijen, W.H.J.: *A Method of Programming*
Addison-Wesley, 1988.

[DP88] Dörfler, W.; Peschek, W.: *Einführung in die Mathematik für Informatiker*
Hanser Verlag, 1988

[Eis90] Eisenberg, M.: *Programming in Scheme*
MIT Press, 1990

[EM85] Erig, H.; Mahr, B.: *Fundamentals of Algebraic Specifications 1*
Springer, 1985

[Esc93] Eschermann, B.: *Funktionaler Entwurf digitaler Schaltungen*
Springer, Berlin 1993

[FLi94] Flik, Th.; Liebig, H.: *Mikroprozessortechnik*
Springer, Berlin 1994

[FWH92] Friedman, D.P.; Wand, M.; Haynes, T.: *Essentials of Programming Languages*
MIT Press, 1992.

[GKP89] Graham, R.L.; Knuth, D.E.; Pataschnik, O.: *Concrete Mathematics*
Addison-Wesley, 1989

[GLi90] Goldschlager, L.; Lister, A.: *Informatik – Eine moderne Einführung*
Hanser/Prentice-Hall, München/London 1990

[GR83] Goldberg, A.; Robson, D.: *Smalltalk-80, The Language and its Implementation*
Addison-Wesley, 1983.

[Gra68] Graetzer, G.: *Universal Algebra*
van Nostrand, 1968

[Gri81] Gries, D.: *The Science of Programming*
Springer, 1981

[GSo95] Gumm, H.-P.; Sommer, M.: *Einführung in die Informatik*
Addison-Wesley, Bonn 1995

[GTW78] Gogoun, J.; Thatcher, T.W.; Wagner, E.G.: *An initial approach to the specification, correctness, and implementation of abstract data types*
In R.T. Yeh, Editor, *Current Trends in programming Methodology 4*
S. 80–149. Prentice-Hall, 1978.

[Gul88] Gulbins, J.: *UNIX*
Springer, Berlin 1988

[Gun92] Gunther, C.A.: *Semantics of Programming Languages, Structures and Techniques*
MIT Press, Cambridge MA, 1992

[GZe92] Gärtner, M.; Zeidler, H. Ch.: *Informatik für Ingenieure – Grundzüge der Datentechnik*
Vorlesungsskript TU Braunschweig 1992

[Haa84] Haack, O.: *Einführung in die Digitaltechnik*
Teubner Studienskripten, Stuttgart 1984

[Her92] Herold, H.: *lex und yacc, Lexikalische und syntaktische Analyse*
Addison-Wesley, 1992

[HPa94] Hennesy, J.L.; Patterson, D.A.: *Rechnerarchitektur*
Vieweg, Braunschweig 1994

[HS76] Horowitz, E.; Sahni, S.: *Fundamentals of Data Structures*
Comput. Science Press, Pitman, 1976

[HU88] Hopcroft, J.E.; Ullman, J.D.: *Einführung in die Automatentheorie, Formale Sprachen und Komplexitätstheorie*
Addison-Wesley, Bonn, 1988

[Inf89] *Informatik-Duden*
Dudenverlag, Mannheim 1989

[Jun90] Jungnickel, D.: *Graphen, Netzwerke und Algorithmen*
BI Wiss. Verlag, Mannheim, 1990

[Kal90] Kaldewaij, A.: *Programming: The Derivation of Algorithms*
Prentice Hall, 1990

[Kin90] Kingston, J.H.: *Algorithms and Datastructures; Design, Correctnes, Analysis*
Addison-Wesley, 1990

[Kla89] Klar, R.: *Digitale Rechenautomaten*
Walter de Gruyter, Berlin 1989

[Knu68] Knuth, D.E.: *The Art of Computer Programming, Fundamental Algorithms*
Addison-Wesley, 1968

[Knu91] Knuth, D.E.: *Computers and Typesetting*
Vol. A–E, Addison-Wesley Co., Reading, MA 1987-1991

[Kow96] Kowalk, W.P.: *System Modell Programm, Vom GOTO zur objektorientierten Programmierung*
Spektrum Akademischer Verlag, 1996

[Kru89] Kruse, R.L.: *Programming with Datastructures*
Prentice Hall, 1989

[KS89] Kiyek, K.-H.; Schwarz, F.: *Mathematik für Informatiker 1 und 2*
Teubner, Stuttgart, 1989

[KW73] Kameda, T.; Weihrauch, K.: *Einführung in die Codierungstheorie I*
BI Wiss. Verlag, Mannheim, 1973

[Leh94] Lehmann, G.: *Schaltungsdesign mit VHDL*
Franzis, Poing 1994

[LFl93] Liebig, H.; Flik, Th.: *Rechnerorganisation*
Springer, Berlin 1993

[Lip95] Lipp, H.M.: *Grundlagen der Digitaltechnik*
Oldenbourg, München 1995

[LMB92] Levine, J.R.; Mason, T.; Brown, D.: *lex & yacc*
O'Reilly & Assoc., 1992

[LTh96] Liebig, H.; Thome, S.: *Logischer Entwurf digitaler Systeme*
Springer, Berlin 1996

[Mär94] Märtin, Ch.: *Rechnerarchitektur*
Hanser, München 1994

[Mal79] Malitz, J.: *Introduction to Mathematical Logic*
Springer Verlag, 1979.

[Mey88] Meyer, B.: *Object-oriented Software Construction*
Prentice Hall, 1988

[Mic96] Michalewicz, Z.: *Genetic Algorithms + Data Structures = Evolution Programs*
Springer-Verlag, 1996

[Mor92] Morgenstern, B.: *Elektronik, Band III: Digitale Schaltungen und Systeme*
Vieweg, Braunschweig 1992

[Mul94] Mulmuley, K.: *Computational Geometry, An Introduction through randomized Algorithms*
Prentice-Hall Inc., Englewood Cliffs NJ, 1994

[NH86] Nievergelt, J.; Hinrichs, K.: *Programmierung und Datenstrukturen, Eine Einführung anhand von Beispielen*
Springer-Verlag, Berlin, Heidelberg, 1986

[NH93] Nievergelt, J.; Hinrichs, K.: *Algorithms & Data Structures, with Applications to Graphics and Geometry*
Prentice Hall, 1993

[Pau91] Paulson, L.C.: *ML for the Working Programmer*
Cambridge Univ. Press, 1991

[Pau95] Paul, R.: *Elektrotechnik und Elektronik für Informatiker, Band 2: Grundgebiete der Elektronik*
Teubner, Stuttgart 1995

[PHe94] Patterson, D.A.; Hennesy, J.L.: *Computer Organization and Design - The Hardware/Software Interface*
Morgan Kaufmann Publ., San Mateo 1994

[Pro87] Proebster, W.E.: *Peripherie von Informationssystemen*
Springer, Berlin 1987

[Qua95] Qualline, S.: *Practical C++ Programming*
O'Reilly & Assoc., Inc., 1995

[Rab76] Rabin, M.O.: *Probabilistic algorithms*
In J.F. Traub, Editor, *Algorithms and Complexity*
S. 21–30, Academic Press, 1976

[Rem87] Rembold, U. (Hrsg.): *Einführung in die Informatik für Naturwissenschaftler und Ingenieure*
Hanser, München 1987

[Rin92] Ring, H.: *Programmieren in C++, von Pascal zur objektorientierten Programmierung in Borland C++*
McGraw-Hill, 1992

[Sal78] Salomaa, A.K.: *Formale Sprachen*
Springer Verlag, Berlin Heidelberg, 1978

[Sch87] Schöning, U.: *Logik für Informatiker*
BI, Wiss. Verlag, Mannheim, 1987

[Sch88] Schnupp, P.: *Standard-Betriebssysteme*
Oldenbourg, München 1988

[Sed88] Sedgewick, R.: *Algorithms (2nd Ed., Pascal Version)*
Addison-Wesley, Reading MA, 1988

[Set89] Sethi, R.: *Programming Languages, Concepts and Constructs*
Addison-Wesley, 1989

[Sha48] Shannon, C.E.: *A mathematical theory of communication*
Bell Systems Technical Journal, 27:379–423, 623–656, 1948

[Sie89] Siegert, H.-J.: *Betriebssysteme: Eine Einführung*
Oldenbourg, München 1989

[Spe67] Speiser, A.P.: *Digitale Rechenanlagen*
Springer, Berlin 1967

[Spi96] Spivey, M.: *An Introduction to Logic Programming through Prolog*
Prentice Hall, 1996

[SSc92] Schiffmann, W.; Schmitz, R: *Technische Informatik II*
Springer, Berlin 1992

[SSc93] Schiffmann, W.; Schmitz, R: *Technische Informatik I*
Springer, Berlin 1993

[Ste67] Steinbuch, K.; Rupprecht, W.: *Nachrichtentechnik*
Springer, Berlin 1967

[Swa93] Swade, D.D.: *Der mechanische Computer des Charles Babbage*
Spektrum der Wissenschaft, (4), 1993

[Ta90a] Tanenbaum, A.S.: *Computer-Netzwerke*
Wolfram's Fachverlag, Attenkirchen 1990

[Ta90b] Tanenbaum, A.S.: *Structured Computer Organization*
Prentice-Hall, Englewood Cliffs 1990

[Tan94] Tanenbaum, A.S.: *Moderne Betriebssysteme*
Hanser/Prentice-Hall, München/London 1994

[Ten91] Tennent, R.D.: *Semantics of Programming Languages*
Prentice Hall, 1991

[Weh85] Wehnes, H.: *Fortran 77, Strukturierte Programmierung mit Fortran 77*
Carl Hanser Verlag, München, 1985

[Wei88] Weizsäcker, C.F.: *Aufbau der Physik*
dtv, 1988

[Wel95] Welch, B.B.: *Practical Programming in Tcl and Tk*
Prentice Hall PTR, 1995

[Wen74] Wendt, S.: *Entwurf komplexer Schaltwerke*
Springer, Berlin 1974

[Wet93] Wettstein, H.: *Systemarchitektur*
Hanser, München 1993

[Wey68] Weyh, U.: *Elemente der Schaltungsalgebra*
Oldenbourg, München 1968

[Wir84] Wirth, N.: *Compilerbau*
Teubner, Stuttgart 1984

[Wit95] Witt, K.-U.: *Elemente des Rechneraufbaus*
Hanser, München 1995

[WS90] Wall, L.; Schwartz, R.L.: *Programming Pearl*
O'Reilly & Assoc., 1990

[Zil95] Zilahi-Szabó, M.G.: *Kleines Lexikon der Informatik*
Oldenbourg, München 1995

Index